研究生教学用书

教育部研究生工作办公室推荐

高等反应工程

（第三版）

Advanced Reaction Engineering

朱炳辰　翁惠新　朱子彬　编著

应卫勇　江洪波　朱学栋　修订

中国石化出版社

内 容 提 要

本书以石油加工、基本有机化工、合成氨生产中的催化反应过程为背景,重点讨论石油加工过程中的多重反应体系动力学,催化剂失活反应动力学,催化反应器设计概论,气-固相多段绝热和连续换热式反应器,径向及轴径向二维流动反应器,气-液-固三相反应及反应器,并介绍催化反应过程的进展。

本书根据化学工程与技术学科的化学工艺和工业催化的硕士研究生学位课程"高等反应工程"的教学大纲编写,是学位课程的教材,同时也是学术专著,可供科研单位、设计院所、企业的工程技术人员使用。

图书在版编目(CIP)数据

高等反应工程/朱炳辰,翁惠新,朱子彬编著.—3版.
—北京:中国石化出版社,2019.8
ISBN 978-7-5114-5389-1

Ⅰ.高… Ⅱ.①朱… ②翁… ③朱… Ⅲ.化学反应
工程-教材 Ⅳ.TQ03

中国版本图书馆 CIP 数据核字(2019)第 175246 号

中国石化出版社出版发行

地址:北京市朝阳区吉市口路 9 号
邮编:100020 电话:(010)59964500
发行部电话:(010)59964526
http://www.sinopec-press.com
E-mail:press@sinopec.com
北京柏力行彩印有限公司印刷
全国各地新华书店经销
*
710×1000 毫米 16 开本 32 印张 531 千字
2019 年 8 月第 3 版 2019 年 8 月第 1 次印刷
定价:78.00 元

第 三 版 序

朱炳辰、翁惠新、朱子彬编著的《催化反应工程》(第一版),中国石化出版社于 2000 年 2 月出版;修订版于 2010 年 7 月出版。

华东理工大学化工学院为了加强化学工程与技术学科硕士研究生的培养,出版硕士研究生教学的系列教材,提升硕士研究生的教学质量,要求开展《催化反应工程》教材的修订工作。化学工程与技术学科硕士研究生的学位课程为"高等反应工程",为适应教学需求,《催化反应工程》改名为《高等反应工程》。

本书根据化学工程与技术学科的化学工艺和工业催化的硕士研究生学位课程"高等反应工程"的教学大纲编写,是学位课程的教材,同时也是学术专著,可供科研单位、设计院所、企业的工程技术人员使用。

本书的主要内容是以石油加工、基本有机化工、合成氨生产中的催化反应过程为背景,重点讨论石油加工过程中的多重反应体系动力学,催化剂失活反应动力学,催化反应器设计概论,气-固相多段绝热和连续换热式反应器,径向及轴径向二维流动反应器,气-液-固三相反应及反应器,并介绍催化反应过程的进展。

本书对《催化反应工程(修订版)》的主要修改内容如下:

第一章"多重反应体系动力学",对部分内容作了适当精简,其中"五、催化裂化十一集总动力学模型的开发与应用"删减了模型的建立、产率预测计算、模型的工业验证、模型的工业应用等内容,仅保留装置因素的设置与求取,并与"四、催化裂化十集总动力学模型"内容相合并;对第七节"多重反应体系动力学的研究进展"作了精简,以单事件动力学模型作为例子进行详细介绍,其余模型仅列出相关参考文献;更新了《大气污染防治法》和汽车尾气排放标准等相关信息;删除了利用正交关系计算第三特征向量和矩阵 X 求逆等内容;修改了速率常数 k_{ij} 的下标表示方法、可逆单分子系统图、丁烯的异构化反应图、实例的图。

第三章"催化反应器设计概论",修改了 Topsфe 型径向氨合成塔以及结构参数表中的流体流动方向;对于反应物 A,反应速率 r_A 为:$r_A = -\dfrac{\mathrm{d}N_A}{\mathrm{d}V_R}$,或 $r_A = -\dfrac{\mathrm{d}N_A}{\mathrm{d}w}$,或 $r_A = -\dfrac{\mathrm{d}N_A}{\mathrm{d}S}$;修改了单系列大型化催化反应器中关于大型化甲醇合成反应器的内容。

第四章"多段绝热式催化反应器",关于龙格-库塔法求解常微分方程,修改了自变量、常微分方程、数值解的表示方法;对于绝热催化床平推流一维拟均相模型,以例 4-1 中温变换反应器的求解为例子,补充了中温变换反应器催化床一维拟均相模型、基础数据、求解结果;对于绝热催化床一维非均相模型,以多段球形催化床甲醇合成反应器的非均相数学模型为例,补充了催化剂的内扩散有效因子的计算式。

第五章"连续换热式催化反应器",修改了单管逆流式、双套管并流式、三套管并流式、单管并流式催化床及温度分布示意图;修改了三套管催化床温度及浓度分布计算框图、三套管氨合成塔反应器示意图;精简了连续换热式催化床的一维模型的内容,在反应及传热的数学模型中,以三套管并流式氨合成反应器催化床为例,建立平推流一维拟均相模型;修改了环氧乙烷合成反应系统物料衡算表及计算式;修改了乙烯氧化合成环氧乙烷管式反应器催化床的二维非均相数学模型以及失活速率方程。

第六章"径向反应器和轴径向二维流动反应器",修改了集流管流速与管长关系图、集流流道静压分布图、合流穿孔阻力系数与速比的关系图、径向反应器流体流动分布示意图,补充了轴径向反应器大型冷模实验装置示意图。

第七章"气-液-固三相反应及反应器",修改了气液并流向上、液体为连续相的气-液-固体系操作流型图,修改了总体速率 $r_{A,g}$ 的计算式;将第三节的"三、机械搅拌反应器中三相床甲醇合成"替换为"三、机械搅拌反应器中三相床费托合成",将例 7-2 的"机械搅拌鼓泡悬浮式反应器中三相床甲醇合成"替换为"机械搅拌釜反应器中活性炭负载钴基催化剂上的 CO 消耗宏观动力学";增加了第八节的"三、鼓泡淤浆床费托合成"以及"例 7-7 鼓泡淤浆床费托合成反应器数学模拟"。

华东理工大学曹发海教授审阅了本书,提出了宝贵的意见和积极的建议,提高了书稿的质量,作者深表感谢。

各章的修订人为:绪论,第二章催化剂失活反应动力学中例 2-3,第三章催化反应器设计概论,第四章多段绝热式催化反应器,第五章连续换热式催化反应器,第七章气-液-固三相反应及反应器和第八章催化反应过程进展——应卫勇;第一章多重反应体系动力学和第二章催化剂失活反应动力学——江洪波;第六章径向反应器及轴径向二维流动反应器——朱学栋。

马宏方、钱炜鑫、李瑞江、周靖宇、盛海兵、黄宇轩、徐志强、韩忠昊、吴贤参加了资料整理和例题编写、运算工作。

由于修订人的水平有限,书中存在错误和疏漏之处,敬请读者批评指正。

应卫勇　江洪波　朱学栋
2019 年 7 月

目　　录

绪　　论

石油加工、基本有机化工和合成氨是我国的重要工业，其中的核心过程是催化反应过程，绝大多数使用固体催化剂和气-固相催化反应器。中华人民共和国建立 70 年来，我国与上述工业有关的广大科技工作者在老一辈科学家领导下，经过多年的艰辛奋斗、发展和创新，自力更生，在关键催化剂开发方面，获得丰硕成果，如催化裂化、加氢裂化、催化重整、丙烯腈合成、环氧乙烷合成、乙苯脱氢、甲醇合成和合成氨装置的成套催化剂的研究成果，已基本达到国际同步水平，关键的工业催化剂，全部使用国产产品；同时相应地研究了有关的催化反应动力学和传递过程，对工业多相反应器的操作条件进行了与工业催化剂相适应的修改，改进了工业催化反应器的设计，自行开发了新型催化反应器，如径向流动丁烯催化氧化脱氢和负压操作的轴径向流动乙苯脱氢催化反应器等正在研究三相淤浆床甲醇合成和环氧乙烷合成反应器等。

催化反应动力学和催化反应器的研究组成了催化反应工程，而催化反应工程是化学反应工程的最主要内容。在多相催化反应器中进行的多相反应除了反应分子在催化剂表面上的反应外，还必须包括相际和催化剂颗粒内的质量、热量和动量的传递过程。研究反应分子间的反应机理和反应速率的化学反应动力学称为本征动力学；研究工业规模化学反应器中化学反应过程与质量、热量、动量传递过程同时进行的化学反应与物理变化过程综合的过程动力学称为宏观动力学。以宏观动力学为基础，还要进一步对工业反应装置的结构设计、最佳操作条件的确定及控制、模拟放大等进行研究，以期应用于生产实践，获得良好的技术经济效果。

1957 年第一次欧洲化学反应工程会议系统地总结并论述了上述有关宏观动力学及反应过程的工程分析的若干基本问题，确定了"化学反应工程学"的名称。40 多年来，化学反应工程学有了很大的发展，成为"化学工程学"的重要学科分支，尤其是 20 世纪 60 年代电子计算机技术的应用，数值计算方法和现代测试技术的发展，能够洞察许多反应相内的物理与化学现象，使得许多表征宏观反应过程的联立代数方程、非线性常微分及偏微分方程能求得数值解，化学反应工程的基础理论和实际应用都有了很大的飞跃。化学反应工程及其中的催化反应工程广泛地应用了化学、化工热力学、流体力学、传热、传质以及生产工艺、经济学等方面的理论知识和经验，是这些理论知识和经验在工业反应器设计和最佳化方面的综合。

早期研究化工单元操作的传统方法是经验归纳法，将实验数据用因次分析和相似方法整理而获得经验的关联式。这种方法在管道内单相流体流动的压力降、对流给热及不带化学反应的气、液两相间的传质等方面都得到了广泛的应用。由于化学反应工程涉及多种影响参数及参数之间的相互作用的复杂关系，例如化学反应与传质、传热过程的相互交织，连续流动反应器中流体流动状况影响到同一截面反应物的转化率的不均匀性，化学反应速率与温度的非线性关系等，传统的因次分析和相似方法已不能反映化学反应工程的基本规律，而必须用数学方法来描述工业反应器中各参数之间的关系。这种数学表达式称为数学模型。有了数学模型，才可能用数学方法来模拟反应过程，这种模拟方法称为数学模拟方法。用数学模拟方法来研究化学反应工程，比传统的经验方法能更好地反映其本质。

数学模拟方法的基础是数学模型，数学模型的基础是对过程多种影响因素的分析或称为物理模型。数学模型按照处理问题的性质可以分为：化学动力学模型、流动模型、传递模型及宏观动力学模型。

工业反应器中宏观动力学模型是化学动力学模型、流动模型及传递模型的综合，是本书所要讨论的核心内容。如果气-固相催化反应着重讨论单颗粒的宏观反应动力学，则宏观动力学模型是化学动力学模型与传递过程模型的综合。如果讨论的是整个反应器，那么宏观动力学模型还应将流动模型包括在内。

各种工业反应过程的实际情况是复杂的，尤其是流动反应器内流体和固体的运动状况和多孔固相催化剂内的宏观反应过程和固相催化剂由于某种原因而失活，一方面由于对过程还不能全部地观测和了解；另一方面由于数学知识和计算手段的限制，用数学模型来完整地、定量地反映事物全貌目前还是不现实的。因此，将宏观反应过程的规律加以去粗取精的加工，根据主要的矛盾和矛盾的主要方面提出一定的模型，并在一定的条件下将过程加以合理简化，是十分必要的。简化是数学模拟方法的重要环节。合理简化模型要能达到下列四方面的要求：（1）不失真；（2）能满足应用的要求；（3）能适应当前实验条件，以便进行模型鉴别和参数估值；（4）能适应现有计算机的能力。

　　数学模型的建立是以来源于实验研究对于客观事物规律性的认识而在一定的条件下加以合理简化的工作，在不同的条件下其简化内容也是不相同的。各种简化模型是否失真，要通过不同规模的科学实验和生产实践去检验和考核，对原有的模型进行修正，使之更为合理。物理化学中的理想气体定律，化工单元操作中吸收过程的双膜论，都是在一定条件下建立的行之有效的合理的简化模型。

　　将小型实验获得的科研成果应用于工业装置，并综合各方面的有关因素提出最佳化设计和操作方案，这就是"工程放大"和"最佳化"。一般来说，化工产品生产的单元操作设备，如换热设备，由于影响因素比较少，放大及最佳化还比较易于收效，而催化反应器由于其中所进行的过程涉及化学反应、流动状况、传热及传质等错综复杂、相互关联的多参数，它的工程放大和最佳化的难度比进行物理过程的单元操作设备要大得多，成为整个生产系统的工程放大和最佳化的关键。

　　以往要把小型实验的研究成果推广到工业生产中使用，需要经历一系列的中间试验，通过中间试验来考核不同规模的生产装置能否达到小型实验所预期的效果。中间试验不仅耗费大量的人力、物力和财力，并且试验的周期相当长，一般要三五年甚至更长一些，这就会延误大型装置的建设。如果没有掌握反应过程的规律，未能从分析反应器结构和各种参数对反应过程的影响中找到关键所在，即使小型试验成功，而较大规模的生产试验往往也会失败。因此，要求尽可能地掌握反应过程的基本规律，掌握各种工业反应器中有关结构参数和操作参数对反应器操作性能的影响，以求尽可能地减少中试的层次和增大放大的倍数。人们在实践中提出了各种化工生产的工程放大方法，主要有相似放大法、经验放大法和数学模拟放大法。

　　生产装置以模型装置的某些参数按比例放大，即按相同准数对应的原则放大，称为相似放大法。例如，按照设备的几何尺寸比例放大，称为几何相似放大；按照因次分析得出的准数来比拟，如按照表征流体流动的雷诺准数相同，称为准数相似放大。由于工业反应器中化学反应过程与流体流动过程、热量及质量传递过程交织在一起，而它们之间的函数关系又是非线性的，用单一的相似放大法往往是片面的，会顾此失彼而失败。

　　某些催化反应器的反应体积往往采用经验计算或定额计算的方法来放大，也就是根据催化剂的时空产率（单位体积催化床在单位时间内获得的产品量)或空间速度来放大，称为经验放大。这种方法往往在某些复杂的过程，特别是多相流动过程，对其流动掌握甚少，或者某些多重反应网络，其动力学模型不明，很难奏效。采用经验放大法一般只适用于相同或相近似的条件下进行小倍数的工程放大。

经验放大法的局限性很大，只可以在相近似的条件下使用，如果希望通过改变反应过程的操作条件和反应器的结构来改进反应器的设计，或者进一步确定反应器的最佳设计方案或操作方案，经验放大法是不适用的，应该用数学模拟放大法。数学模拟放大方法由于掌握了工业反应过程的内在规律，可以增大放大倍数，缩短放大周期，可以用来评比各类反应器的结构及操作参数，寻求反应器的最佳设计。还可以用数学模型来研究反应过程中操作参数改变时反应装置的行为，从而达到操作最佳化。因此，数学模拟方法既是进行工程放大和最佳化设计的基础，也是制订最佳操作和控制方案的基础。

我国在充分开展有关催化反应过程的化学特征、热力学、催化剂的组成和制备方法和催化剂工程设计、反应动力学及流体力学研究的基础上，通过实践及理论分析，运用数学模拟方法，成功地开发了多种具有我国特色的催化反应器，如流化催化裂化工业装置，固定床径向及轴径向氨合成、甲醇合成、丁烯氧化脱氢、乙苯脱氢等催化反应器，固定床轴向内冷自热式及绝热-管式复合型大型甲醇合成反应器，丙烯腈流化床反应器，流化床萘氧化制苯酐反应器等。应予强调的是，流体力学和流场结构的研究是许多新型反应器如径向及轴径向固定床反应器开发的基础，流化床和气-液-固三相床的流体力学、传热、传质及气体分布和分离构件又是各种新型流化床和三相床反应器的基础。工程与工艺相互结合与渗透，必将推进催化反应过程、装备和生产工艺的不断创新、发展和深化。

第一章　多重反应体系动力学

在化学反应工程课程中，已经对不可逆反应、可逆反应、平行反应和串联反应等基本多重反应(multiple reaction)动力学行为进行过讨论。通过对某一化学反应过程的动力学分析，可以了解到：

(1) 产品的产率和性质；

(2) 最优化的生产条件；

(3) 对反应器进行选型和设计。

所以，人们对于化学反应动力学非常重视，如原化学工业部明确规定：开发一个新催化剂必须有完整的化学动力学数据。

但是，在石油加工和基本有机化工等过程中，长期缺少对过程的动力学研究。主要原因在于：

(1) 这些过程尤其像炼油过程中的原料或产物组成复杂。例如铂重整原料中有 280 多种单体烃，而催化裂化原料和产物有近万种单体化合物。由于体系中组分复杂，往往使研究工作无从着手。

(2) 每种单体又可进行形形色色的反应，使反应过程异常复杂。

所以，长期以来炼油过程的开发和设计都是采用小型→中型→半工业化→大型工业化一步步逐级放大过程。如果开发一个新催化剂，往往需要 8~10 年才能在工业上应用。要找出最佳操作条件，也只能在大型装置上摸索和试验。

组分较多的反应体系称为复杂反应体系。研究复杂反应体系的动力学规律时，将面临二个方面的困难[1]：

(1) 反应体系各组分间的强偶联。例如二甲苯异构化反应(见图1-1)，体系中三个组分互相影响，每个组分的浓度变化均受其他二个组分影响。

(2) 参与反应的组分数可能多至成千上万，难以处理每种化合物的反应。

本章将介绍在工程实践中是如何处理这类多重反应动力学问题的，其中第一、二、三节着重介绍如何解决面临的第一个困难问题，即用学过的线性代数知识，对多重反应体系进行数学处理，把各组分高度偶联的系统变为非偶联系统。第四、五、六节将着重介绍在炼油催化过程中如何采用集总分族的方法来解决面临的第二个困难问题。

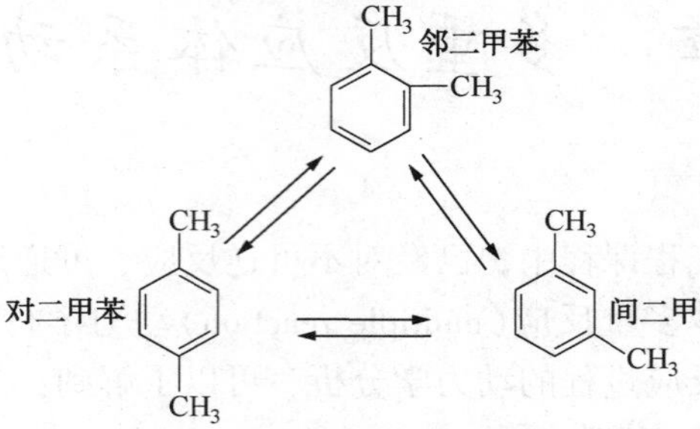

CH₃ 邻二甲苯
CH₃

CH₃

对二甲苯
CH₃

CH₃ 间二甲苯
CH₃

图 1-1　二甲苯异构化反应

第一节　可逆单分子系统多重反应体系动力学

一、三组元可逆单分子系统

对于有 n 个组元参加的系统，如果每对组元分子之间的相互反应都是一级反应，定义该反应系统为单分子反应系统。

先来研究一个具有三个组元的可逆单分子反应系统（如图 1-2 所示）。

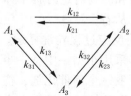

图 1-2　可逆单分子系统

对于这样一个一级可逆反应系统，用 A_i 表示第 i 种组元，它的浓度用摩尔分率表示为 a_i。由 i 组元到 j 组元的反应速率常数用 k_{ij} 表示。注意速率常数的下标，第一个数字为反应物，第二个数字为产物。则图1-2 所示该反应系统各组元浓度变化的速率为：

$$\frac{\mathrm{d}a_1}{\mathrm{d}t} = -(k_{12} + k_{13})a_1 + k_{21}a_2 + k_{31}a_3$$

$$\frac{\mathrm{d}a_2}{\mathrm{d}t} = k_{12}a_1 - (k_{21} + k_{23})a_2 + k_{32}a_3 \qquad (1-1)$$

$$\frac{\mathrm{d}a_3}{\mathrm{d}t} = k_{13}a_1 + k_{23}a_2 - (k_{31} + k_{32})a_3$$

式（1-1）中的负项表示由某组元 i 反应生成其他组元的反应速率的总和（即 a_i 的消耗速率），而正项则表示由各其他组元 j 返回生成某组元 i 的速率（即 a_i 的生成速率）。

式(1-1)是一组一阶线性常微分方程，它的通解为：

$$a_1 = c_{10} + c_{11}e^{-\lambda_{11}t} + c_{12}e^{-\lambda_{12}t}$$

$$a_2 = c_{20} + c_{21}e^{-\lambda_{21}t} + c_{22}e^{-\lambda_{22}t}$$

$$a_3 = c_{30} + c_{31}e^{-\lambda_{31}t} + c_{32}e^{-\lambda_{32}t}$$

其中，c、λ 为与速率常数有关的常参数。

如果已知速率常数 k_{ij}，则在解式(1-1)过程中，可计算出常数 c、λ，问题容易解决。但是，通常的动力学问题是要由实验取得的浓度和时间关系，即用 a–t 来求出 k_{ij}，这就存在困难了。这是因为 c、λ 不能通过实验直接测得，而是由 a–t 关系按曲线拟合法用上面通解式拟合而得到的。在上述三组元系统中，有 15 个待定的 c、λ 参数，需要大量的试验数据才能进行拟合，拟合的结果仍不准确，而且不能外推到其他初始组成的反应浓度。

此外，由于速率常数 k 和 c、λ 之间无明确的关系，所以即使求得 c、λ 再求 k 也不能求出。

如果按式(1-1)由纯组元 i 生成各组元 j 的初速来求 k，则也因为转化率低使分析误差较大，而无法正确求取 k。

对于最简单的三组元系统已经如此，可见对于比三组元更复杂的反应系统，则困难会更大。

下面再从矩阵的概念来讨论多重反应动力学按传统的方法遇到困难的原因。可以把式(1-1)用矩阵形式来表示：

$$\begin{pmatrix} \dfrac{\mathrm{d}a_1}{\mathrm{d}t} \\[2mm] \dfrac{\mathrm{d}a_2}{\mathrm{d}t} \\[2mm] \dfrac{\mathrm{d}a_3}{\mathrm{d}t} \end{pmatrix} = \begin{pmatrix} -(k_{12}+k_{13}) & k_{21} & k_{31} \\ k_{12} & -(k_{21}+k_{23}) & k_{32} \\ k_{13} & k_{23} & -(k_{31}+k_{32}) \end{pmatrix} \begin{pmatrix} a_1 \\ a_2 \\ a_3 \end{pmatrix}$$

$$(1-2)$$

式(1-2)中列矩阵 $\begin{pmatrix} a_1 \\ a_2 \\ a_3 \end{pmatrix}$ 为组成向量，可用 $\boldsymbol{a}$ 表示。等号右边的方阵是速率常数矩阵，用 $\boldsymbol{K}$ 表示。等号左边的浓度变化速率的列矩阵可用 $\dfrac{\mathrm{d}\boldsymbol{a}}{\mathrm{d}t}$ 表示：

这样，式(1-2)可变为简写的形式：

$$\frac{\mathrm{d}\boldsymbol{a}}{\mathrm{d}t} = \boldsymbol{K}\boldsymbol{a} \qquad (1-3)$$

对于这样的单分子可逆反应系统，有两个约束条件，即：

(1) 质量守恒。反应系统总质量恒定不变，其摩尔分率之和总是为1。

即
$$\sum_{i=1}^{n} a_i = 1 \qquad (1-4)$$

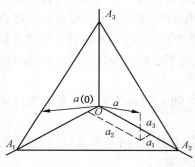

图 1-3　三维空间的反应三角形

可用图 1-3 表示质量守恒。图 1-3 中坐标轴为直角坐标轴，称为 A 坐标系统（或称自然坐标系统）。A_1、A_2、A_3 三个纯组分，即 A 坐标系统的（１００），（０１０），（００１）三点处。由于质量守恒，$\sum_{i=1}^{n} a_i = 1$，故 OA_1、OA_2、OA_3 构成组成空间，向量 $\boldsymbol{a}$ 的终端必定在 $A_1A_2A_3$ 组成的平面上。

例如图 1-3 中任意组成向量 $\boldsymbol{a}$，它的终端在 $A_1A_2A_3$ 平面上。它对 A_1、A_2、A_3 的各坐标轴分量为 a_1、a_2、a_3，而且 $a_1 + a_2 + a_3 = 1$

$A_1A_2A_3$ 构成的三角形称为反应三角形，它所处的平面称为反应平面。

向量的终点在三角形边线上则必有一个分量为 0，如图 1-3 中：

$$\boldsymbol{a}_1 = \begin{pmatrix} 0.7 \\ 0 \\ 0.3 \end{pmatrix}$$

(2) 不会发生负向量。即 $a_i \geqslant 0$。故生成向量 $\boldsymbol{a}$ 必在三者均为正的正卦限中。

由动力学方程［式(1-1)］知，a_1 随时间的变化速率 $\dfrac{\mathrm{d}a_1}{\mathrm{d}t}$ 不仅与 a_1 有关，而且与 a_2、a_3 有关。

按照线性代数的知识，可把 $\dfrac{\mathrm{d}\boldsymbol{a}}{\mathrm{d}t} = \boldsymbol{K}\boldsymbol{a}$ 式中的 $\boldsymbol{K}$ 看作为一个线形变换，把 $\dfrac{\mathrm{d}\boldsymbol{a}}{\mathrm{d}t}$ 看作为一个新的向量 $\boldsymbol{a}'$，这时上式则变成

$$a' = Ka \tag{1-5}$$

即组成向量 a 在矩阵 K 的作用下发生变换，产生了一个新的向量 a'，使原来的组成向量 a 不但长度发生了变化，而且发生了转动，方向也发生了变化。如图 1-4 所示。

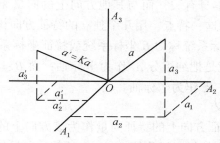

图 1-4　向量 a 在 K 矩阵作用下发生转动

　　这说明在多重反应体系中某一组分的变化速率不仅与本身浓度变化有关，而且还与体系中其他组分的浓度有关，所以组分高度偶联的性质是多重反应动力学难于求解的原因之一。美籍华人著名学者韦潜光教授[2,3]对于这类体系，利用矩阵的特征方向，开发了一个十分有价值的研究方法，为研究多重反应动力学作出了杰出的贡献。

二、特征方向法

（一）找出非偶联关系式

　　特征向量的定义：对 n 阶方阵 A 和 n 维非零列向量 a，如有一个数 λ，使得 $Aa = \lambda a$ 成立，则 λ 称为矩阵的特征值（特征根），a 为矩阵 A 的特征值所对应的特征向量。

　　可把特征向量的概念用于多重反应系统。按照线性代数理论，在组成空间中常存在几个独立方向，使位于这些方向上的向量在矩阵 K 的作用下只发生长度变化，不发生方向变化，这些独立方向称为特征方向。

　　今设 a_j^+ 为第 j 个特征方向上的一个向量，则按特征向量的概念：

$$Ka_j^+ = -\lambda_j a_j^+ \tag{1-6}$$

式中，a_j^+ 是以 A 为坐标轴表示的特征向量；$-\lambda_j$ 是一个纯量常数，$-\lambda_j$ 称为矩阵 K 的特征值，它为非正实数，故前加一负号。由式（1-3）可得：

$$\frac{\mathrm{d}a_j^+}{\mathrm{d}t} = Ka_j^+ \tag{1-7}$$

联立式(1-6)和式(1-7)得:

$$\frac{d\boldsymbol{a}_j^+}{dt} = -\lambda_j \boldsymbol{a}_j^+ \qquad (1-8)$$

从式(1-8)可以看到特征向量具有非常可贵的性质,即特征向量 $\boldsymbol{a}_j^+$ 的变化速率仅与 $\boldsymbol{a}_j^+$ 本身有关,而与其他方向上的向量无关,即完全非偶联。因而可以利用这一特点,用几个独立的特征方向构成新的组成空间坐标轴(该新的坐标系统称为 B 坐标系统或特征坐标系统)来实现解偶。原来的 A 坐标系统是把纯组分 A_i 作为坐标轴;而 B 坐标系统,则把假想的新的特征物质 B_j 作为坐标轴。

(二) $\boldsymbol{b}$ 的定义

选取第 j 个特征方向上的特征向量作为该方向上的单位向量,新的每一个特征物质 B_j 的量表示为第 j 方向上的单位向量的乘数,该乘数用 b_j 表示。这样,用 B 坐标系表示的组成向量为 $\boldsymbol{b}$,它也是一个列向量,对三组元系统来说,$\boldsymbol{b} = \begin{pmatrix} b_0 \\ b_1 \\ b_2 \end{pmatrix}$

现在,如令第 j 个特征方向上的单位向量表示成 A 坐标系的列矩阵为 $\boldsymbol{X}_j$,$\boldsymbol{X}_j = \begin{pmatrix} x_{1j} \\ x_{2j} \\ x_{3j} \end{pmatrix}$,那么在第 j 个特征方向上的任意向量 $\boldsymbol{a}_j^+$ 为:

$$\boldsymbol{a}_j^+ = b_j \boldsymbol{X}_j \qquad (1-9)$$

把式(1-9)代入式(1-8)得:

$$\frac{db_j \boldsymbol{X}_j}{dt} = \frac{db_j}{dt} \boldsymbol{X}_j = -\lambda b_j \boldsymbol{X}_j$$

由于单位向量 $\boldsymbol{X}_j$ 是常数,所以

$$\frac{db_j}{dt} = -\lambda_j b_j \qquad (1-10)$$

这样,每种假想的纯物质 B_j 量的变化速率完全与其他 B 物质无关,由于每一个特征方向可得到一个微分方程,对于三组元系统,有:

$$\frac{db_0}{dt} = -\lambda_0 b_0$$

$$\frac{db_1}{dt} = -\lambda_1 b_1$$

$$\frac{\mathrm{d}b_2}{\mathrm{d}t} = -\lambda_2 b_2 \qquad (1-11)$$

写成矩阵形式为

$$\frac{\mathrm{d}\boldsymbol{b}}{\mathrm{d}t} = \boldsymbol{\Lambda b} \qquad (1-12)$$

式中，$\boldsymbol{\Lambda}$ 是 $\boldsymbol{B}$ 系统的速率常数矩阵，它是一个对角方阵，它相当于 A 系统的速率常数矩阵 $\boldsymbol{K}$。

$$\boldsymbol{\Lambda} = - \begin{pmatrix} \lambda_0 & 0 & 0 \\ 0 & \lambda_1 & 0 \\ 0 & 0 & \lambda_2 \end{pmatrix}$$

（三）λ 的求取

将式(1-11)的一阶常微分方程组求解得：

$$b_0 = b_0^0 \mathrm{e}^{-\lambda_0 t}$$
$$b_1 = b_1^0 \mathrm{e}^{-\lambda_1 t} \qquad (1-13)$$
$$b_2 = b_2^0 \mathrm{e}^{-\lambda_2 t}$$

对 B 系统，质量守恒定律也必须满足。在式(1-13)中当 $t \rightarrow \infty$ 时，b_0、b_1、b_2 均趋于零，这样就不符合质量守恒定律了。所以，B 物种的量 b_j 不能同时为零。因此，必定至少有一个特征根，例如 $-\lambda_0$ 其值为零，使得所有时间时 $b_0 = b_0^0$，以符合质量守恒。

$-\lambda_0$ 等于 0 的物理意义如下：

在体系达到平衡时，对每个平衡组分 a_i^* 来说，它们的变化速率为零，即：

$$\frac{\mathrm{d}a_i^*}{\mathrm{d}t} = 0$$

对于单分子可逆系统，有 $\dfrac{\mathrm{d}\boldsymbol{a}}{\mathrm{d}t} = k\boldsymbol{a}$

平衡时 $\dfrac{\mathrm{d}\boldsymbol{a}^*}{\mathrm{d}t} = 0$，则 $k\boldsymbol{a}^* = 0$

上式可以看作为：$\qquad k\boldsymbol{a}^* = 0 \cdot \boldsymbol{a}^* \qquad (1-14)$

前面推出的式(1-6)为 $k\boldsymbol{a}_j^+ = -\lambda_j \boldsymbol{a}_j^+$

比较式(1-6)与式(1-14)可见，0 相当于特征值 $-\lambda_j$，平衡组成向量 $\boldsymbol{a}^*$ 相当于特征向量 $\boldsymbol{a}_j^+$。所以，从上面的分析可以看到，平衡向量是系统的特征向量，它的特征值为零。因此，$-\lambda_0 = 0$ 的物理意义是用平衡向量作为一个特征向量的特征根。现令 $\boldsymbol{a}^* = \boldsymbol{X}_0$，即把平衡向量作为一个特征方向的单位向量。

对于可逆体系，只要反应条件不变，平衡点是唯一的。所以只有一个 $-\lambda_0 = 0$ 的特征向量，不可能还有一个 $-\lambda_i = 0$ 的特征向量。该平衡向量已经考虑了体系的全部质量，其他各特征向量不贡献质量。

由于 $-\lambda_0 = 0$，则对于一个三组元系统：

$$\boldsymbol{\Lambda} = -\begin{pmatrix} 0 & 0 & 0 \\ 0 & \lambda_1 & 0 \\ 0 & 0 & \lambda_2 \end{pmatrix} \tag{1-15}$$

将式（1-15）每个元素除以 λ_2 得：

$$\boldsymbol{\Lambda}' = -\begin{pmatrix} 0 & 0 & 0 \\ 0 & \lambda_1/\lambda_2 & 0 \\ 0 & 0 & 1 \end{pmatrix} \tag{1-16}$$

即 $\boldsymbol{\Lambda} = \lambda_2 \boldsymbol{\Lambda}'$

将式（1-13）的第 2，第 3 个式子两边分别取对数得：

$$\ln b_1 = \ln b_1^0 - \lambda_1 t \tag{1-17}$$

$$\ln b_2 = \ln b_2^0 - \lambda_2 t \tag{1-18}$$

由式（1-17）与式（1-18）联立，消去 t 并重新整理后可得直线方程：

$$\ln b_1 = \ln \frac{b_1^0}{(b_2^0)^{\lambda_1/\lambda_2}} + \frac{\lambda_1}{\lambda_2} \ln b_2 \tag{1-19}$$

用实验方法，在不同的反应时间 t 测得组成向量 $\boldsymbol{a}$ 值，再由 $\boldsymbol{a}$ 求得 $\boldsymbol{b}$ 值，则可用不同时间的 $\ln b_1$ 对 $\ln b_2$ 作图，直线的斜率即为 λ_1/λ_2，由此可求得 $\boldsymbol{\Lambda}'$。

式（1-19）推广到 n 组元单分子可逆系统时即变成：

$$\ln b_i = \ln \frac{b_i^0}{(b_j^0)^{\lambda_i/\lambda_j}} + \frac{\lambda_i}{\lambda_j} \ln b_j \tag{1-20}$$

（四）由 $\boldsymbol{a}$ 求取 $\boldsymbol{b}$

从前面的讨论中知道，采用 B 坐标系统具有非偶联的优点。因此，需要找到一个方法，使组成向量能从 A 坐标系统转化到 B 坐标系统，反过来也能从 B 坐标系统转化为 A 坐标系统。

任意向量 $\boldsymbol{a}$ 是等于沿着特征方向的一组向量 $\boldsymbol{a}_j^+$ 之和，对于组成向量 $\boldsymbol{a}$ 也不例外。即

$$\boldsymbol{a} = \sum_{j=0}^{n-1} \boldsymbol{a}_j^+$$

由式（1-9）知，$a_j^+ = b_j X_j$，代入上式得

$$a = \sum_{j=0}^{n-1} b_j X_j \qquad (1-21)$$

按向量分量形式写上式得：

$$a_1 = \sum_{j=0}^{n-1} b_j x_{1j} = b_0 x_{10} + b_1 x_{11} + b_2 x_{12} + \cdots + b_{n-1} x_{1(n-1)}$$

$$a_2 = \sum_{j=0}^{n-1} b_j x_{2j} = b_0 x_{20} + b_1 x_{21} + b_2 x_{22} + \cdots + b_{n-1} x_{2(n-1)}$$

$$\vdots$$

$$a_n = \sum_{j=0}^{n-1} b_{jnj} = b_0 x_{n0} + b_1 x_{n1} + b_2 x_{n2} + \cdots + b_{n-1} x_{n(n-1)}$$

用矩阵形式可表示为：

$$\begin{pmatrix} a_1 \\ a_2 \\ \vdots \\ a_n \end{pmatrix} = \begin{pmatrix} x_{10} & x_{11} & \cdots & x_{1,(n-1)} \\ x_{20} & x_{21} & \cdots & x_{2,(n-1)} \\ \vdots & \vdots & \vdots & \vdots \\ x_{n0} & x_{n1} & \cdots & x_{n,n-1} \end{pmatrix} \begin{pmatrix} b_0 \\ b_1 \\ \vdots \\ b_{n-1} \end{pmatrix}$$

这是矩阵 X 与向量 b 的乘法方程式，即：

$$a = Xb \qquad (1-22)$$

式中，X 矩阵每一列可表示成：

$$X_j = \begin{pmatrix} x_{1j} \\ x_{2j} \\ \vdots \\ x_{nj} \end{pmatrix}$$

X 也可写成：

$$X = ((X_0)(X_1)(X_2)\cdots(X_{n-1}))$$

式中，每一个向量两边的圆括号用来强调它们是写成 A 坐标系的一个列矩阵，而不是一个行矩阵。

由式（1-22）可以看出，由单位特征向量 X_j 形成的矩阵 X 把 B 坐标系的 b 组成向量变换成 A 坐标系的 a 组成向量。

实际应用中，从 A 坐标系变换到 B 坐标系也是需要的。在式（1-22）的等式两边乘特征向量矩阵 X 的逆矩阵 X^{-1}，则

$$X^{-1}a = XX^{-1}b$$

由于

$$X^{-1}X = 1$$

则
$$X^{-1}a = b$$

这样，特征向量矩阵 X 的逆矩阵 X^{-1} 把 A 坐标系统的 a 组成向量变换成 B 坐标系统的 b 组成向量。

（五）由 Λ、X 求 K

由前面讨论可知道，矩阵 Λ 是 B 坐标系统的速率常数矩阵，它相似于 A 坐标系统的 K 矩阵。为了求得 K 矩阵，需要找出把矩阵 Λ 变成矩阵 K 的变换。

单位特征向量 X_j 在矩阵 K 的特征方向上，所以在该方向上，任意长度的向量在 K 矩阵作用下只发生长度的变化，所以
$$KX_j = - \lambda_j X_j$$

对于 n 个特征方向可写成矩阵形式：
$$K[(X_0)(X_1)(X_2)\cdots(X_{n-1})] = KX \qquad (1-23)$$
$$K[(X_0)(X_1)(X_2)\cdots(X_{n-1})] =$$
$$[0(X_0) - \lambda_1(X_1) - \lambda_2(X_2)\cdots - \lambda_{n-1}(X_{n-1})] = X\Lambda \quad (1-24)$$

注意矩阵 Λ 必须写在矩阵的 X 右边，以保证 X 中第 j 列向量将与 Λ 矩阵中的对角元素 $-\lambda_j$ 相乘。

由式（1-23）和式（1-24）得：
$$KX = X\Lambda$$

式中，X 为速率常数矩阵 K 的特征向量矩阵，Λ 为它的特征值矩阵。

上式两边分别右乘矩阵 X^{-1}，得：
$$KXX^{-1} = X\Lambda X^{-1}$$

所以
$$K = X\Lambda X^{-1} \qquad (1-25)$$

在实际应用时，求 Λ 较困难，而求 Λ' 很方便，不需要精确的反应时间。利用 Λ'，可以求出相对速率常数矩阵 K'。

例如，对于一个三组元可逆单分子反应体系
$$\Lambda = -\begin{pmatrix} 0 & 0 & 0 \\ 0 & \lambda_1 & 0 \\ 0 & 0 & \lambda_2 \end{pmatrix} \qquad \Lambda' = -\begin{pmatrix} 0 & 0 & 0 \\ 0 & \lambda_1/\lambda_2 & 0 \\ 0 & 0 & 1 \end{pmatrix}$$

则 $\Lambda = \lambda_2 \Lambda'$，其中 λ_2 是纯量。

代入 $K = X\Lambda X^{-1}$ 中

得 $K = \lambda_2 X\Lambda' X^{-1}$

令 $K' = X\Lambda' X^{-1}$

则
$$K = \lambda_2 K'$$

K' 称为相对速率常数矩阵。

（六）求取 X

前面介绍了求取 b、Λ' 和 K' 的方法，要求得这些向量和矩阵，必须先求出特征向量矩阵 X。

到现在为止，仅知道一个单位特征向量 X_0，它就是平衡组成向量 a^*。由于平衡组成向量已代表了系统的全部质量，所以其他的特征向量对于系统的质量没有贡献，也即它们不可能有垂直于反应平面的分量，而必须平行于反应平面，如图 1-5 所示。

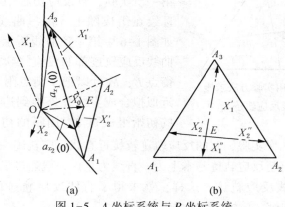

(a)   (b)

图 1-5 A 坐标系统与 B 坐标系统

图 1-5 中，A_1，A_2，A_3 是原来的自然坐标系统。X_0，X_1，X_2 组成 B 坐标系统，即速率常数矩阵 K 的特征方向所构成的坐标系统。由于 X_1 和 X_2 平行于反应平面，也就是平行于反应三角形 $A_1A_2A_3$，所以可把 X_1 和 X_2 平行移动到位于平衡点 E 的 X_0 的终端，如图 1-5 中的 X'_1 和 X'_2，它们将完全在反应平面上。X'_1 和 X'_2 即为经过平衡点的直线反应轨迹。在反应三角形的边界和直线反应轨迹交点的初始组成 $a_{x_1}(0)$ 和 $a_{x_2}(0)$ 将分别沿这两根直线反应轨迹反应到平衡点 E。图 1-5(b) 中的 X''_1 和 X''_2 分别是 X'_1 和 X'_2 的延长线，也代表了直线反应轨迹。两根直线反应轨迹中，一根称为慢直线反应轨迹，另一根称为快直线反应轨迹。

由图 1-5(a) 可知，向量和：
$$a_{x_1}(0) = X_0 + X_1$$

$$a_{x_2}(0) = X_0 + X_2$$

由上两式得：

$$X_1 = a_{x_1}(0) - X_0$$
$$X_2 = a_{x_2}(0) - X_0$$

$(1-26)$

平衡组成 X_0 已知，现在只要通过实验求出直线反应轨迹，即可求得 $a_{x_1}(0)$ 和 $a_{x_2}(0)$，从而可求得单位特征向量 X_1 和 X_2。

图 1-6 用实验方法求慢直线反应轨迹

在确定直线反应轨迹时，可以利用任意组成的混合物进行第一次实验。通常，采用纯物质（如图 1-6 中的 A_1）进行第一次实验，将反应历程中组成的变化标绘在组成图上，得一曲线反应轨迹，如图 1-6 中第一条曲线所示。由于所有曲线反应轨迹都和慢直线轨迹相切于平衡点 E，故可以把平衡点附近的实验点近似拟合成直线并外推到边界，得到新的初始组成点 2。用新的初始组成点 2 出发进行第二次实验，它的反应轨迹较接近直线反应轨迹一些了。如此重复数次，直至反应轨迹基本上为一直线为止。一般通过三四次实验即可确定该直线反应轨迹。这样，就求得了直线反应轨迹的初始组成 $a_{x_1}(0)$，从而由式（1-26）即可求出 X_1。

至于 X_2 的求取，可以不另做实验，而是通过一个变换使快、慢直线反应轨迹互相正交来求取。

这样，对于一个三组元可逆单分子系统的特征向量矩阵 X 的三个列向量都已求得。

$$X = ((X_0)(X_1)(X_2))$$

矩阵 X 的逆矩阵 X^{-1} 可用通常的线性代数求逆的方法算得。现在计算机比较普及，矩阵求逆都有标准程序，也可采用韦潜光教授介绍的简便方法，即

令

$$L = X^T D^{-1} X$$

式中，L 是一个对角阵，它的逆矩阵 L^{-1} 也是一个对角阵，其对角线上各元素即为 L 矩阵中的对角线上相应元素的倒数。

则

$$X^{-1} = L^{-1} X^T D^{-1}$$

上述方法也可推广至四组元或四组元以上的可逆单分子系统。

三、丁烯异构化反应动力学实例

前面介绍了如何用特征方向，把高度偶联的多重反应系统变为非偶联的系统，从而求出可逆单分子体系多重反应的相对速率常数，下面举丁烯异构化的实际例子进一步加以说明[4]。

丁烯在纯氧化铝催化剂上的反应如图1-7所示。丁烯的三个异构体1-丁烯、顺-2-丁烯和反-2-丁烯发生相互转化反应，现在要求求出丁烯三个异构体的相互转化反应的相对速率常数。丁烯的组成向量为：

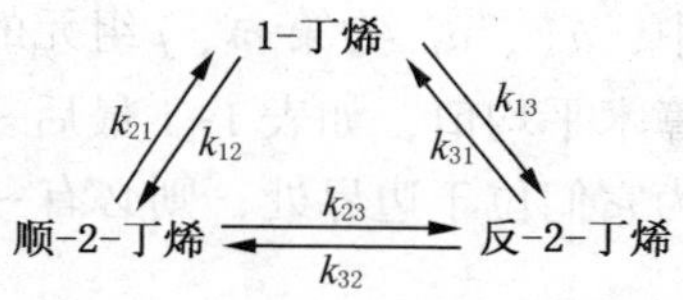

图 1-7　丁烯的异构化反应

$$a = \begin{pmatrix} 1 - 丁烯摩尔分率 \\ 顺 - 2 - 丁烯摩尔分率 \\ 反 - 2 - 丁烯摩尔分率 \end{pmatrix}$$

（一）由实验确定第 1 和第 2 特征向量

可用实验的方法，求得丁烯异构化反应的平衡值为：

$$a^* = X_0 = \begin{pmatrix} 0.1436 \\ 0.3213 \\ 0.5351 \end{pmatrix}$$

它就是第一特征向量。为了求第二特征向量，可以用任意方便的初始组成，如纯的顺-2-丁烯进行反应，用实验方法确定到平衡附近的反应轨迹。用平衡点附近处接近直线部分的数据拟合成一直线，外推到反应三角形的边上，得到一个新的初始组成向量：

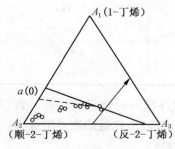

$$a(0) = \begin{pmatrix} 0.240 \\ 0.760 \\ 0.000 \end{pmatrix}$$

如图1-8所示。

图 1-8　对三组元系统会聚新的初始组成向量

该组成被用作一个新的初始组成。然后从这个初始组成出发，进行第二次实验会聚。表1-1列出了第二次会聚时接近平衡点处的 12 个组成点。由于它们非常接近直线反应轨迹，故可以用最小二乘法把它们拟合成直线。用最小二乘法求会聚后拟合直线边界处组成的公式为：

$$\frac{a_m - a_m^*}{a_j - a_j^*} = \frac{\langle a_m \rangle - a_m^*}{\langle a_j \rangle - a_j^*}$$

式中，a_m^*、a_j^* 为第 m、j 组元的平衡浓度；$\langle a_m \rangle$ 和 $\langle a_j \rangle$ 为第 m、j 组元的算术平均值，如表 1-1 最后一行表所列；a_m^* 和 a_j^* 为边界处的浓度。因为它们位于边界处，则必有一个组分浓度为零，另一个组元的浓度即

可用上式求出。用这个方法求得的新的初始组成为 $\begin{pmatrix} 0.3286 \\ 0.6714 \\ 0.0000 \end{pmatrix}$。

表 1-1　用于第二次会聚的组成系列

1-丁烯	顺-2-丁烯	反-2-丁烯
0.1622	0.3604	0.4775
0.1776	0.3769	0.4455
0.1664	0.3595	0.4741
0.1654	0.3622	0.4724
0.1690	0.3671	0.4639
0.1603	0.3441	0.4955
0.1537	0.3471	0.4992
0.1571	0.3464	0.4965
0.1542	0.3431	0.5027
0.1521	0.3451	0.5028
0.1525	0.3408	0.5067
0.1532	0.3416	0.5052
总和 1.9237	4.2343	5.8420
平均值 0.16031	0.35286	0.48683

上述过程可重复进行，直到连续直线外推所得边界值接近一致（第三位小数的数值不大于 2）。此时求得的直线反应轨迹的边界组成为：

$$\boldsymbol{a}_{x_1}(0) = \begin{pmatrix} 0.3492 \\ 0.6508 \\ 0.0000 \end{pmatrix}$$

则第 2 特征向量 X_1 为:

$$X_1 = a_{x_1}(0) - X_0 = \begin{pmatrix} 0.3492 \\ 0.6508 \\ 0.0000 \end{pmatrix} - \begin{pmatrix} 0.1436 \\ 0.3213 \\ 0.5351 \end{pmatrix} = \begin{pmatrix} 0.2056 \\ 0.3295 \\ -0.5351 \end{pmatrix}$$

(二) 从第一、二特征向量计算第三特征向量

向量 X_2 可用正交关系从向量 X_0 和 X_1 进行计算。

$$X_2 = \begin{pmatrix} -0.1436 \\ 0.1724 \\ -0.0288 \end{pmatrix}$$

边界上的初始组成 $a_{x_2}(0)$ 为:

$$a_{x_2}(0) = X_0 + X_2 = \begin{pmatrix} 0.1436 \\ 0.3213 \\ 0.5351 \end{pmatrix} + \begin{pmatrix} -0.1436 \\ 0.1724 \\ -0.0288 \end{pmatrix} = \begin{pmatrix} 0.0000 \\ 0.4937 \\ 0.5063 \end{pmatrix}$$

将 X_0、X_1 及 X_2 特征向量进行组合得特征向量矩阵 X。

$$X = \begin{pmatrix} 0.1436 & 0.2056 & -0.1436 \\ 0.3213 & 0.3295 & 0.1724 \\ 0.5351 & -0.5351 & -0.0288 \end{pmatrix}$$

从 X 的数值来看,平衡组成向量 X_0 的各元素之和为 1,说明它包括了系统的全部质量。而 X_1 和 X_2 的各元素之和为零,说明它们是非平衡特征向量,不包括系统的质量。

(三) 矩阵 X 的求逆

矩阵 X 的求逆可用线性代数方法计算,也可利用平衡向量来计算。

(四) 特征根比值的实验测定和相对速率常数矩阵的计算

沿纯的顺-2-丁烯至平衡点附近的反应轨迹(即用于计算第一次会聚的反应轨迹),可以得到一系列组成 $a(t)$。由 $b = X^{-1}a$,可把组成向量 $a(t)$ 转化为 B 坐标系统,得 $b(t)$,见表 1-2。每个 $b(t)$ 中第一个元素是 b_0,第二个是 b_1,第三个是 b_2。

用 $\ln b_1$ 对 $\ln b_2$ 作图,得一直线,该直线的斜率就是 λ_1/λ_2,见图 1-9。

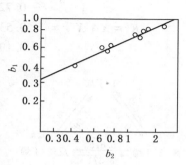

图 1-9 $\ln b_1$ 对 $\ln b_2$ 作图

表 1-2　　由 $a(t)$ 求得的 $b(t)$

t	$a(t)$	$b(t)$	t	$a(t)$	$b(t)$
t_0	$\begin{pmatrix} 0.0000 \\ 1.0000 \\ 0.0000 \end{pmatrix}$	$\begin{pmatrix} 1.0000 \\ 0.8784 \\ 2.2579 \end{pmatrix}$	t_5	$\begin{pmatrix} 0.1396 \\ 0.6603 \\ 0.2001 \end{pmatrix}$	$\begin{pmatrix} 1.0000 \\ 0.5798 \\ 0.8582 \end{pmatrix}$
t_1	$\begin{pmatrix} 0.0387 \\ 0.9191 \\ 0.0422 \end{pmatrix}$	$\begin{pmatrix} 1.0000 \\ 0.8187 \\ 1.9028 \end{pmatrix}$	t_6	$\begin{pmatrix} 0.1411 \\ 0.6487 \\ 0.2102 \end{pmatrix}$	$\begin{pmatrix} 1.0000 \\ 0.5629 \\ 0.8233 \end{pmatrix}$
t_2	$\begin{pmatrix} 0.0543 \\ 0.8897 \\ 0.0560 \end{pmatrix}$	$\begin{pmatrix} 1.0000 \\ 0.8001 \\ 1.7677 \end{pmatrix}$	t_7	$\begin{pmatrix} 0.1468 \\ 0.6354 \\ 0.2178 \end{pmatrix}$	$\begin{pmatrix} 1.0000 \\ 0.5517 \\ 0.7676 \end{pmatrix}$
t_3	$\begin{pmatrix} 0.0703 \\ 0.8477 \\ 0.0820 \end{pmatrix}$	$\begin{pmatrix} 1.0000 \\ 0.7607 \\ 1.5995 \end{pmatrix}$	t_8	$\begin{pmatrix} 0.1620 \\ 0.5230 \\ 0.3150 \end{pmatrix}$	$\begin{pmatrix} 1.0000 \\ 0.3883 \\ 0.4279 \end{pmatrix}$
t_4	$\begin{pmatrix} 0.0854 \\ 0.8177 \\ 0.0969 \end{pmatrix}$	$\begin{pmatrix} 1.0000 \\ 0.7400 \\ 1.4650 \end{pmatrix}$			

由图 1-9 可知,直线的斜率为: $\dfrac{\lambda_1}{\lambda_2} = 0.4769$

$$\Lambda' = \begin{pmatrix} 0 & 0 & 0 \\ 0 & -\dfrac{\lambda_1}{\lambda_2} & 0 \\ 0 & 0 & -1 \end{pmatrix} = \begin{pmatrix} 0 & 0 & 0 \\ 0 & -0.4769 & 0 \\ 0 & 0 & -1.0000 \end{pmatrix}$$

$$K' = X\Lambda'X^{-1} = \begin{pmatrix} -0.7245 & 0.2381 & 0.0515 \\ 0.5327 & -0.5273 & 0.1736 \\ 0.1918 & 0.2892 & -0.2251 \end{pmatrix}$$

以 k_{31} 作为相对基准,将矩阵 K' 各个元素除以 0.0515,即得以 k_{31} 为基准的相对速率常数矩阵 K。

$$K = \begin{pmatrix} -14.068 & 4.632 & 1.000 \\ 10.344 & -10.239 & 3.371 \\ 3.724 & 5.616 & -4.371 \end{pmatrix}$$

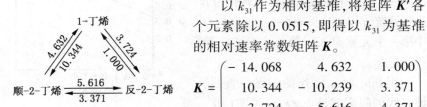

因此,对纯氧化铝催化剂在 230℃时丁烯的异构化反应(在一全玻璃反应器中进行)来说,其相对速率常数如右图所示。

第二节　含有不可逆反应步骤的单分子 系统多重反应体系动力学

上一节讨论了可逆单分子系统多重反应体系动力学，在炼油和石油化工的多重反应体系中经常遇到的是含有不可逆反应步骤的单分子系统。例如，在上节所举的丁烯异构化反应例子中，如果丁烯发生裂解反应，生成 $C_1 \sim C_3$ 的低分子烃类，则系统变成图 1-10 所示的含有不可逆步骤的反应系统。

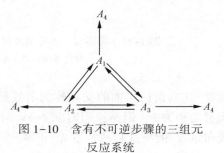

图 1-10 中，A_1、A_2 和 A_3 分别表示 1-丁烯、顺-2-丁烯和反-2-丁烯。A_4 为裂解产物，即 $C_1 \sim C_3$ 的低分子烃类。这一系统可以看成是由可逆的三组元系统和三个不可逆反应步骤所组成

图 1-10　含有不可逆步骤的三组元
反应系统

的反应系统。Wei-Prater[5~7]仍采用特征向量法来解决这种反应系统的动力学问题。下面仍以三组元为基础来讨论这种含有不可逆反应步骤的单分子系统处理方法。

一、与可逆系统的比较

图 1-10 含有不可逆步骤的反应系统与图 1-2 所示的可逆反应系统相比较，有许多不同的性质。

对于图 1-2 这样的反应系统，存在着一个特征衰减常数为零的平衡组成向量 X_0，它包括了系统的所有质量。平衡组成向量的各元素之和为 1，而任何非平衡特征向量，由于它不包括质量，它的各元素之和为零。

对于图 1-10 那样的含不可逆步骤的反应系统，不存在平衡特征向量 X_0。由于发生不可逆的裂化反应，组成空间的所有反应轨迹都朝原点移动，形成了一群围绕仅有的一根直线反应轨迹的曲线，如图 1-11 所示。由于反应不是在可逆系统时的反应平面（$A_1A_2A_3$ 反应三角形）上进行，所以对于含不可逆步骤的反应系统，不能把三角形 $A_1A_2A_3$ 称为反应平面，而改称为（1,1,1）平面。

仅有的直线反应轨迹称为射线向量 X_r，它可以由实验确定，射线

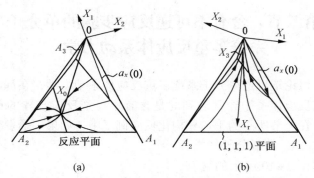

图 1-11 可逆与含不可逆步骤的三组元系统的几何特性

(a)可逆系统；(b)含不可逆步骤系统

向量与(1,1,1)平面的交点称为射线解。在(1,1,1)平面上射线解的各元素之和为 1。但是，当时间 $t \to \infty$ 时，此点也趋向于原点。因此，射线向量 X_r 的特征衰减常数 λ_r 非零。

射线向量 X_r 的实验测定方法：用不同的初始组成做实验，取接近原点的各实验点用最小二乘法关联直线，得一假想射线向量 X'_r，再以 X'_r 为初始浓度做实验，得到新的较接近原点的实验点拟合成直线，得一新的假想射线向量 X''_r，如与 X'_r 值相差不多，则 X''_r 即为所求射线向量。如果相差较多，则继续做实验，直至两次求得的假想射线向量基本相符为止，最后一次即为所求射线向量 X_r。

对于图 1-2 的可逆系统，当某组成向量 $a_x(0)$ 位于平衡向量 X_0 和特征向量之一 X_i 所组成的平面内时，它向平衡衰减的方程形式为：

$$a_x(t) = X_0 + b_i(t)X_i \qquad (1-27)$$

对每一个特征向量 X_i，都存在一条自然直线反应轨迹，如图 1-11(a)所示。

但是，对于图 1-10 那样的含不可逆步骤的反应系统，由于反应轨迹未限制在(1,1,1)平面内，故它们必定朝原点衰减。当某组成向量 $a_x(0)$ 位于射线向量 X_r 和其他特征向量之一 X_i 组成的平面内时，组成向量 $a_x(t)$ 朝原点衰减的方程为：

$$a_x(t) = b_r(t)X_r + b_i(t)X_i \qquad (1-28)$$

由于式(1-28)中的两个特征向量 X_r 和 X_i 均有非零的衰减常数，所以反应轨迹都是曲线的。唯一的一个直线反应轨迹是射线向量本身，即 $b_i = 0$ 时，见图 1-11(b)。

式(1-28)也表明最初在 X_r 和 X_i 所形成的平面中的任一组成向量，当它向原点衰减时总是保持在该平面内。因此，如果在 (X_r,X_i) 平面内把沿曲线反应轨迹的组成点用投影方法投影到 $(1,1,1)$ 平面上，就可得到一根相当于可逆系统中自然直线反应轨迹那样的虚拟直线反应轨迹，这一投影等价于代替反应期间系统失去的质量。

二、用虚拟直线反应轨迹求特征向量

虚拟直线反应轨迹可用平行射线投影法求得。平行射线投影法是将衰减的组成向量，用平行于射线向量 X_r 的平行向量投影到 $(1,1,1)$ 平面上，得到虚拟直线反应轨迹，如图 1-12 所示。

采用平行射线投影方法，组成向量 $a(t)$ 可用下面的方程转化为 $(1,1,1)$ 平面上的虚拟组成向量 $\hat{a}(t)$:

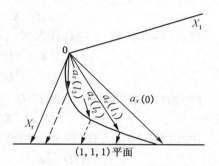

图 1-12　平行射线投影法

$$\hat{a}(t) = a(t) + \delta(t)X_r \tag{1-29}$$

式中，$\delta(t)$ 为标量，它的值是使向量 $\hat{a}(t)$ 的各元素之和为1，即:

$$1^T\hat{a}(t) = 1^T a(t) + \delta(t)1^T X_r = 1 \tag{1-30}$$

式中，1^T 为单位行向量 $(1,1,1)$。因为 X_r 在 $(1,1,1)$ 平面上，所以它的各元素之和为1，即 $1^T X_r = 1$。因此 $\delta(t)$ 可利用下式求得:

$$\delta(t) = 1 - 1^T a(t) \tag{1-31}$$

利用式(1-29)的变换，可以在 $(1,1,1)$ 平面上产生无数投影反应轨迹，其中只有两条是虚拟直线反应轨迹。这两条虚拟直线反应轨迹是与特征向量 X_1 和 X_2 相对应的。与可逆系统的自然直线反应轨迹类似，虚拟直线反应轨迹也能够用实验方法加以确定。

在射线向量 X_r 和虚拟直线反应轨迹的最初组成 $\hat{a}_x(0)$ 确定之后，由于 X_r、X_i 和由它们产生的虚拟直线反应轨迹的初始组成 $\hat{a}_x(0)$ 都共面，所以就确定了特征向量 X_i 所在的平面。因此，特征向量 X_i 可以被表示为射线向量 X_r 和 $\hat{a}_x(0)$ 的线性组合，即:

$$X_i = \hat{a}_x(0) + \gamma X_r \tag{1-32}$$

γ 为一标量。这样，在 (X_r, X_i) 平面内确定 X_i 就等价于计算系数 γ。γ 可以利用正交约束关系求出。把 X_i 和 X_r 化为正交系统的向量：

$$\overline{X_r} = D^{-1/2} X_r \qquad\qquad (1-33)$$

$$\overline{X_i} = D^{-1/2} X_i \qquad\qquad (1-34)$$

其中，矩阵 D 是假设在图 1-10 系统中不可逆步骤不存在时的平衡组成的对角阵，它可利用热力学关系算得。因为 D 是对角矩阵，故 $D^{-1/2}$ 也是对角矩阵。又因为 $\overline{X_r}$ 和 $\overline{X_i}$ 正交，所以：

$$\overline{X_i}^{\mathrm{T}}\, \overline{X_i} = 0 \qquad\qquad (1-35)$$

把式（1-33）、式（1-34）代入式（1-35）可得：

$$(D^{-1/2} X_r)^{\mathrm{T}} (D^{-1/2} X_i) = 0$$

$$X_r^{\mathrm{T}} (D^{-1/2})^{\mathrm{T}} D^{-1/2} X_i = 0$$

因为 $D^{-1/2}$ 是对角矩阵，所以 $D^{-1/2} = (D^{-1/2})^{\mathrm{T}}$。

因此

$$X_r^{\mathrm{T}} D^{-1} X_i = 0 \qquad\qquad (1-36)$$

把式（1-32）代入式（1-36）得：

$$X_r^{\mathrm{T}} D^{-1} [\hat{a}_x(0) + \gamma X_r] = 0$$

整理后得：

$$\gamma = -\frac{[X_r^{\mathrm{T}} D^{-1} \hat{a}_x(0)]}{[X_r^{\mathrm{T}} D^{-1} X_r]} \qquad\qquad (1-37)$$

由式（1-37）可算得 γ。γ 算得后，再利用式（1-32）可求得一个特征向量 X_i。

实际实验时，与可逆系统相仿，需先通过实验求得虚拟直线反应轨迹的初始组成向量 $\hat{a}_x(0)$。可以用任意初始组成的混合物 $a(0)$ 进行实验，利用式（1-29）投影到 $(1,1,1)$ 平面，求出虚拟反应轨迹。根据该虚拟反应轨迹接近 X_r 处的实验点拟合直线并外推到 $(1,1,1)$ 平面的边界处，得到新的初始组成向量 $a(0)$。按照这样的方法依次反复实验，直至拟合直线的初始组成向量基本一致为止，这一条拟合直线即为虚拟直线反应轨迹，它的边界组成即为初始组成向量 $\hat{a}_x(0)$。用实验求得 $\hat{a}_x(0)$ 后，即可用式（1-32）求得 X_i。

三、用正交关系求特征向量

通过求虚拟直线反应轨迹可以求出一个特征向量 X_1，利用求出的 X_r 和 X_1，进而可采用可逆系统类似的方法，用正交关系求出另一个特

征向量 X_2。

于是，求得的特征向量矩阵 X 为：$X = (X_r \ X_1 \ X_2)$。

四、特征根比 λ_i / λ_r 的求取

利用线性代数求逆矩阵方法或前面可逆系统介绍的求逆方法可求出特征向量矩阵 X 的逆矩阵 X^{-1}。由公式 $b(t) = X^{-1}a(t)$，把任意曲线反应轨迹（通常可从一纯组分出发做实验）转化为 B 坐标系统，则它们在 B 坐标系统的衰减方程为：

$$b_r(t) = b_r(0) e^{-\lambda_r t} \qquad (1-38)$$

$$b_1(t) = b_1(0) e^{-\lambda_1 t} \qquad (1-39)$$

$$b_2(t) = b_2(0) e^{-\lambda_2 t} \qquad (1-40)$$

将式（1-38）、（1-39）和（1-40）联立，消去 t 得两个方程：

$$\frac{b_1(t)}{b_1(0)} = \left(\frac{b_r(t)}{b_r(0)} \right)^{-\lambda_1/\lambda_r} \qquad (1-41)$$

$$\frac{b_2(t)}{b_2(0)} = \left(\frac{b_r(t)}{b_r(0)} \right)^{-\lambda_2/\lambda_r} \qquad (1-42)$$

式（1-41）、（1-42）等号两边取对数，作图得两根直线，直线的斜率分别为 λ_1/λ_r 和 λ_2/λ_r，从而可求得相对特征根矩阵 Λ'：

$$\Lambda' = - \begin{pmatrix} 1 & 0 & 0 \\ 0 & \lambda_1/\lambda_r & 0 \\ 0 & 0 & \lambda_2/\lambda_r \end{pmatrix} \qquad (1-43)$$

再用 $K' = X\Lambda'X^{-1}$ 可求出相对速率常数矩阵 K'。

上面所讨论的方法可推广到含不可逆步骤的 n 组元单分子系统。这时虚拟直线反应轨迹为 $(n-2)$ 条。这时仍可用平行投影方法投影到 $(1, 1, \cdots 1)$ 超平面，求出虚拟直线反应轨迹，从而求出特征向量 X_i。

五、含有不可逆反应步骤单分子系统实例

对于图 1-13 所示的一个含有不可逆反应步骤的单分子多重反应体系，它的速率常数矩阵式可表示为式（1-44）。

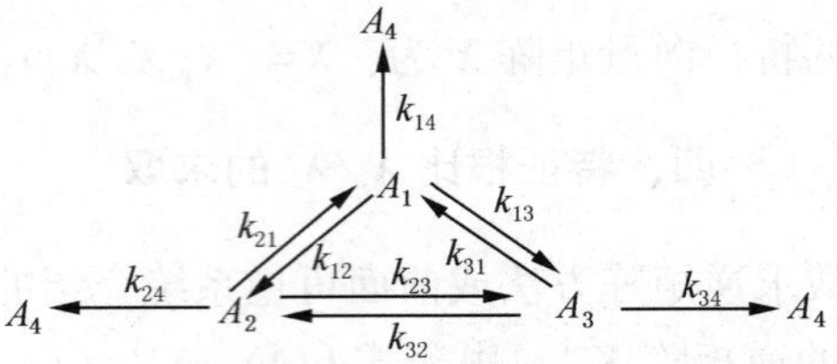

图 1-13   一个含有不可逆反应步骤的
单分子反应系统

$$
\begin{bmatrix}
\dfrac{\mathrm{d}a_1}{\mathrm{d}t} \\[2mm]
\dfrac{\mathrm{d}a_2}{\mathrm{d}t} \\[2mm]
\dfrac{\mathrm{d}a_3}{\mathrm{d}t}
\end{bmatrix}
=
\begin{pmatrix}
-(k_{12}+k_{13}+k_{14}) & k_{21} & k_{31} \\
k_{12} & -(k_{21}+k_{23}+k_{24}) & k_{32} \\
k_{13} & k_{23} & -(k_{31}+k_{32}+k_{34})
\end{pmatrix}
\times
\begin{pmatrix}
a_1 \\ a_2 \\ a_3
\end{pmatrix}
\qquad (1-44)
$$

用矩阵和向量符号表示为：

$$
\frac{\mathrm{d}\boldsymbol{a}}{\mathrm{d}t} = \boldsymbol{K}\boldsymbol{a}
$$

通过实验方法可求得该系统的射线向量，其值为：

$$
\boldsymbol{X}_{\mathrm{r}} =
\begin{pmatrix}
0.3126 \\ 0.2602 \\ 0.4272
\end{pmatrix}
$$

当该系统仅存在可逆步骤时，它的平衡浓度为：

$$
\boldsymbol{a}^{*} =
\begin{pmatrix}
a_1^{*} \\ a_2^{*} \\ a_3^{*}
\end{pmatrix}
=
\begin{pmatrix}
0.3158 \\ 0.1579 \\ 0.5263
\end{pmatrix}
$$

（一）求特征向量 $\boldsymbol{X}_1$

利用实验方法，采用平行射线投影技术可求出虚拟直线反应轨迹。

从初始组成 $\boldsymbol{a}(0) = \begin{pmatrix} 1 \\ 0 \\ 0 \end{pmatrix}$ 出发做实验，不同的时间 t 可得不同的实验

点，如表 1-3 中的 $a(t)$ 所示。

根据平行射线投影方法，$a(t)$ 投影到 $(1,1,1)$ 平面的方程为：

$$\hat{a}(t) = a(t) + \delta(t)X_r$$

由于 $\hat{a}(t)$ 在 $(1,1,1)$ 平面上，所以它的各分量之和为 1，即符合等式：

$$1^T\hat{a}(t) = 1$$

于是 $1^T\hat{a}(t) = 1^Ta(t) + \delta(t)1^TX_r = 1$

因为 $1^TX_r = 1$

所以 $\delta(t) = 1 - 1^Ta(t)$

利用上面的各式，可根据实验数据 $a(t)$ 求出 $\delta(t)$ 和 $\hat{a}(t)$，计算结果列于表 1-3 中。

表 1-3 用平行射线投影法求虚拟组成向量 $\hat{a}(t)$

t	$a(t)$	$1^Ta(t)$	$\delta(t)$	$\delta(t)X_r$	$\hat{a}(t)$
0	$\begin{pmatrix}1\\0\\0\end{pmatrix}$	1.0	0	$\begin{pmatrix}0\\0\\0\end{pmatrix}$	$\begin{pmatrix}1\\0\\0\end{pmatrix}$
0.01	$\begin{pmatrix}0.8634\\0.0095\\0.0862\end{pmatrix}$	0.9591	0.0409	$\begin{pmatrix}0.0128\\0.0107\\0.0174\end{pmatrix}$	$\begin{pmatrix}0.8762\\0.0202\\0.1036\end{pmatrix}$
0.02	$\begin{pmatrix}0.7500\\0.0182\\0.1489\end{pmatrix}$	0.9171	0.0829	$\begin{pmatrix}0.0260\\0.0215\\0.0354\end{pmatrix}$	$\begin{pmatrix}0.7760\\0.0397\\0.1843\end{pmatrix}$
0.04	$\begin{pmatrix}0.5765\\0.0325\\0.2239\end{pmatrix}$	0.8329	0.1671	$\begin{pmatrix}0.0523\\0.0435\\0.0713\end{pmatrix}$	$\begin{pmatrix}0.6288\\0.0760\\0.2952\end{pmatrix}$
0.08	$\begin{pmatrix}0.3646\\0.0509\\0.2606\end{pmatrix}$	0.6761	0.3239	$\begin{pmatrix}0.1012\\0.0843\\0.1384\end{pmatrix}$	$\begin{pmatrix}0.4658\\0.1352\\0.3990\end{pmatrix}$
0.20	$\begin{pmatrix}0.1336\\0.0557\\0.1605\end{pmatrix}$	0.3498	0.6502	$\begin{pmatrix}0.2032\\0.1692\\0.2778\end{pmatrix}$	$\begin{pmatrix}0.3368\\0.2249\\0.4383\end{pmatrix}$

利用接近平衡点附近的虚拟组成向量 $\hat{a}(t)$ 关联直线方程。现用 $t =$

0.08和 $t = 0.20$ 的两点关联直线方程，得初始组成向量 $\hat{\boldsymbol{a}}_1(0)$：

$$\hat{\boldsymbol{a}}_1(0) = \begin{pmatrix} 0.6603 \\ 0 \\ 0.3397 \end{pmatrix}$$

与纯可逆系统求直线反应轨迹相类似，用 $\hat{\boldsymbol{a}}_1(0)$ 作为初始组成做实验，又可得到不同的实验点，再用平行射线投影法求出 $(1,1,1)$ 平面上的虚拟组成向量，利用平衡点附近的虚拟组成向量关联直线方程，外推到 $a_2 = 0$ 的边界处，又求出新的初始组成向量 $\hat{\boldsymbol{a}}_2(0)$。继续上述过程，直至连续两次的初始组成向量基本一致为止。用这样的方法求得的虚拟直线反应轨迹的初始组成向量为：

$$\hat{\boldsymbol{a}}_x(0) = \begin{pmatrix} 0.4510 \\ 0 \\ 0.5490 \end{pmatrix}$$

特征向量 $\boldsymbol{X}_1$ 和 $\boldsymbol{X}_r$ 共面，因而：$\boldsymbol{X}_1 = \hat{\boldsymbol{a}}_x(0) + \gamma \boldsymbol{X}_r$　而

$$\gamma = -\frac{\boldsymbol{X}_r^{\mathrm{T}} \boldsymbol{D}^{-1} \hat{\boldsymbol{a}}_x(0)}{\boldsymbol{X}_r^{\mathrm{T}} \boldsymbol{D}^{-1} \boldsymbol{X}_r}$$

所以

$$\gamma = -\frac{(0.3126 \ 0.2602 \ 0.4272) \times \begin{pmatrix} 1/0.3158 & 0 & 0 \\ 0 & 1/0.1579 & 0 \\ 0 & 0 & 1/0.5263 \end{pmatrix} \begin{pmatrix} 0.4510 \\ 0 \\ 0.5490 \end{pmatrix}}{(0.3126 \ 0.2602 \ 0.4272) \times \begin{pmatrix} 1/0.3158 & 0 & 0 \\ 0 & 1/0.1579 & 0 \\ 0 & 0 & 1/0.5263 \end{pmatrix} \begin{pmatrix} 0.3126 \\ 0.2602 \\ 0.4272 \end{pmatrix}}$$

$$= -\frac{0.8920}{1.0850} = -0.8221$$

$$\boldsymbol{X}_1 = \hat{\boldsymbol{a}}_x(0) + \gamma \boldsymbol{X}_r = \begin{pmatrix} 0.4510 \\ 0 \\ 0.5490 \end{pmatrix} - 0.8221 \begin{pmatrix} 0.3126 \\ 0.2602 \\ 0.4272 \end{pmatrix} = \begin{pmatrix} 0.1940 \\ -0.2139 \\ 0.1978 \end{pmatrix}$$

把 $\boldsymbol{X}'_1$ 归一化，得：$\boldsymbol{X}_1 = \begin{pmatrix} 1.0905 \\ -1.2024 \\ 1.1119 \end{pmatrix}$。

（二）利用正交关系求特征向量 $\boldsymbol{X}_2$

$\boldsymbol{X}_2$ 可利用正交关系求出。

$$X_2 = \begin{pmatrix} -3.3714 \\ -0.2483 \\ 4.6197 \end{pmatrix}$$

所以特征向量矩阵 X 为：

$$X = (X_r \ X_1 \ X_2) = \begin{pmatrix} 0.3126 & 1.0905 & -3.3714 \\ 0.2602 & -1.2024 & -0.2483 \\ 0.4272 & 1.1119 & 4.6197 \end{pmatrix}$$

（三）特征根比 λ_i/λ_r 的求取

利用线性代数方法可求出特征向量矩阵 X 的逆矩阵 X^{-1}。

$$X^{-1} = \begin{pmatrix} 0.9128 & 1.5195 & 0.7474 \\ 0.2262 & -0.4986 & 0.1382 \\ -0.1388 & -0.0204 & 0.1140 \end{pmatrix}$$

由任意曲线反应轨迹可确定特征根比 λ_i/λ_r。采用表 1-3 的曲线反应轨迹 $a(t)$ 的数据，由 $b(t) = X^{-1}a(t)$ 把它们转换成 B 坐标，由 $\ln\dfrac{b_1(t)}{b_1(0)}$ 对 $\ln\dfrac{b_r(t)}{b_r(0)}$ 和 $\ln\dfrac{b_2(t)}{b_2(0)}$ 对 $\ln\dfrac{b_r(t)}{b_r(0)}$ 作图，得两直线，它们的斜率分别为 λ_1/λ_r 和 λ_2/λ_r。由曲线反应轨迹 $a(t)$ 转换为 $b(t)$，然后求 λ_1/λ_r 和 λ_2/λ_r，见表 1-4 和图 1-14。

表 1-4　由曲线反应轨迹 $a(t)$ 转换 $b(t)$ 求 λ_i/λ_r

$a(t)$	$b(t)$	$\dfrac{b_r(t)}{b_r(0)}$	$\dfrac{b_1(t)}{b_1(0)}$	$\dfrac{b_2(t)}{b_2(0)}$	$\ln\dfrac{b_r(t)}{b_r(0)}$	$\ln\dfrac{b_1(t)}{b_1(0)}$	$\ln\dfrac{b_2(t)}{b_2(0)}$
$\begin{pmatrix} 1 \\ 0 \\ 0 \end{pmatrix}$	$\begin{pmatrix} 0.9128 \\ 0.2262 \\ -0.1388 \end{pmatrix}$						
$\begin{pmatrix} 0.8634 \\ 0.0095 \\ 0.0862 \end{pmatrix}$	$\begin{pmatrix} 0.8670 \\ 0.2025 \\ -0.1102 \end{pmatrix}$	0.9498	0.8952	0.7939	-0.05148	-0.11068	-0.23074
$\begin{pmatrix} 0.7500 \\ 0.0182 \\ 0.1489 \end{pmatrix}$	$\begin{pmatrix} 0.8235 \\ 0.1812 \\ -0.0875 \end{pmatrix}$	0.9022	0.8011	0.6304	-0.10295	-0.22182	-0.48140

$a(t)$	$b(t)$	$\dfrac{b_r(t)}{b_r(0)}$	$\dfrac{b_1(t)}{b_1(0)}$	$\dfrac{b_2(t)}{b_2(0)}$	$\ln\dfrac{b_r(t)}{b_r(0)}$	$\ln\dfrac{b_1(t)}{b_1(0)}$	$\ln\dfrac{b_2(t)}{b_2(0)}$
$\begin{pmatrix}0.5765\\0.0325\\0.2239\end{pmatrix}$	$\begin{pmatrix}0.7430\\0.1451\\-0.0552\end{pmatrix}$	0.8140	0.6415	0.3977	-0.20579	-0.44400	-0.92207
$\begin{pmatrix}0.3646\\0.0509\\0.2606\end{pmatrix}$	$\begin{pmatrix}0.6049\\0.0931\\-0.0219\end{pmatrix}$	0.6627	0.4110	0.1578	-0.41145	-0.88775	-1.84655
$\begin{pmatrix}0.1336\\0.0557\\0.1605\end{pmatrix}$	$\begin{pmatrix}0.3265\\0.0246\\-0.00138\end{pmatrix}$	0.3577	0.1088	0.00994	-1.02809	-2.21867	-4.61095

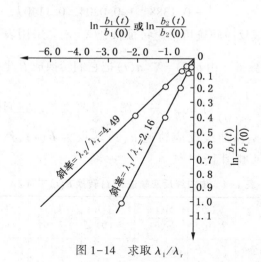

图 1-14　求取 λ_1/λ_r

由图 1-14 知：$\lambda_1/\lambda_r = 2.16$　　$\lambda_2/\lambda_r = 4.49$

所以　$\Lambda' = \begin{pmatrix} -1 & 0 & 0 \\ 0 & -\lambda_1/\lambda_r & 0 \\ 0 & 0 & -\lambda_2/\lambda_r \end{pmatrix} = \begin{pmatrix} -1 & 0 & 0 \\ 0 & -2.16 & 0 \\ 0 & 0 & -4.49 \end{pmatrix}$

（四）计算相对速率常数矩阵

相对速率常数矩阵 K' 可用下式求出：

$$\boldsymbol{K'} = \boldsymbol{X\Lambda'X}^{-1} = \begin{pmatrix} 0.3126 & 1.0905 & -3.3714 \\ 0.2602 & -1.2024 & -0.2483 \\ 0.4272 & 1.1119 & 4.6197 \end{pmatrix} \times \begin{pmatrix} -1 & 0 & 0 \\ 0 & -2.16 & 0 \\ 0 & 0 & -4.49 \end{pmatrix}$$

$$\times \begin{pmatrix} 0.9128 & 1.5195 & 0.7474 \\ 0.2262 & -0.4986 & 0.1382 \\ -0.1388 & -0.0204 & 0.1140 \end{pmatrix}$$

$$= \begin{pmatrix} -2.9193 & 0.3906 & 1.1665 \\ 0.1952 & -1.7131 & 0.2916 \\ 1.9458 & 0.9715 & -3.0158 \end{pmatrix}$$

如果以 k_{12} 作为相对标准，即取 $k_{12}=1$，则相对速率常数矩阵为：

$$\boldsymbol{K'} = \begin{pmatrix} -14.9554 & 2.0010 & 5.9759 \\ 1 & -8.7761 & 1.4938 \\ 9.9682 & 4.9769 & -15.4498 \end{pmatrix} \approx \begin{pmatrix} -15.0 & 2.0 & 6.0 \\ 1.0 & -8.8 & 1.5 \\ 10.0 & 5.0 & -15.5 \end{pmatrix}$$

所以，含不可逆步骤的单分子反应系统的各相对反应速率常数为：

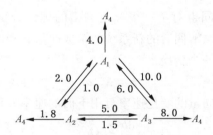

第三节　等时间法测定速率常数

韦潜光教授利用特征方向法求解多重反应系统动力学问题的理论研究的结果发表以后，各国研究者都尝试用这一分析方法去研究多重反应系统的动力学，并在三组元系统的研究中取得了一定的成果。

但是用这一方法去处理四组元和高于四组元的反应系统时发现，在高维反应空间中很难通过实验去确定后面的第二、第三条直线反应轨迹。即无论从什么组成向量出发进行反应，由于实验误差的干扰影响，最终反应轨迹总是趋近于"慢直线反应"轨迹，也就是第一条直线反应轨迹。然而，使用 Wei-Prater 法处理高维反应空间时，又必须要用实验去确定第二、第三条直至第$(n-2)$条直线反应轨迹。

一方面需求出其他直线反应轨迹，另一方面由于实验误差存在，又不可能测得这些直线反应轨迹[8,9]。

德国学者 Christoffel[9~11]为此提出了一个解决办法，该法巧妙地用下面的数学处理方法，在求第二条直线反应轨迹时，把实验测得的反应轨迹扣除已取得的特征向量贡献数：

$$\boldsymbol{a}(t) - c_1 x_0 - c_2 x_1 e^{-\lambda_1 t} = \delta(t) = c_3 x_2 e^{-\lambda_2 t} + \cdots$$

然后再用实验确定$\delta(t)$的直线反应轨迹。

在求第三条直线反应轨迹时，则为：

$$\boldsymbol{a}(t) - c_1 x_0 - c_2 x_1 e^{-\lambda_1 t} - c_3 x_2 e^{-\lambda_2 t} = c_4 x_3 e^{-\lambda_3 t} + \cdots$$

但使用这一方法时，仍需进行大量实验，且手续复杂。

祝敬民在博士学位论文[12]（轻质烷烃异构化反应的催化剂和动力学）中提出了一个求解高维系统多重反应动力学问题的新方法——等时间法。

一、等时间法的理论基础

按照 Wei 及其同事对于一级反应网络的理论分析，原来的多重反应系统用特征方向法解偶后的新系统的组成向量 $\boldsymbol{b}$ 和原反应系统的组成向量 $\boldsymbol{a}$ 之间存在着一个变换；

$$\boldsymbol{b} = \boldsymbol{X}^{-1} \boldsymbol{a}$$

新系统的组成向量的变化速率可用下面的速率方程表示：

$$\frac{\mathrm{d}\boldsymbol{b}}{\mathrm{d}t} = \boldsymbol{\Lambda} \boldsymbol{b}$$

该微分方程的解为：

$$b_0 = b_0^0 e^{-\lambda_0 t}$$
$$b_1 = b_1^0 e^{-\lambda_1 t}$$
$$\vdots$$
$$b_m = b_m^0 e^{-\lambda_m t}$$
$$\vdots$$
$$b_{n-1} = b_{n-1}^0 e^{-\lambda_{n-1} t}$$

这个解表示了 t 时刻时的组成向量和初始组成向量之间的关系。

将上面的式子以矩阵形式表示可得：

$$\boldsymbol{b}(t) = \exp(\boldsymbol{\varLambda}t)\boldsymbol{b}(0)$$

式中　$\boldsymbol{b}(t) = (b_0 \quad b_1 \cdots b_m \cdots b_{n-1})^{\mathrm{T}}$ 是解偶后新系统中 t 时刻的组成向量；

$\boldsymbol{b}(0) = (b_0^0 \quad b_1^0 \cdots b_m^0 \cdots b_{n-1}^0)^{\mathrm{T}}$ 是解偶后新系统中的初始组成向量。

$\exp(\boldsymbol{\varLambda}t)$ 是与速率常数矩阵的特征值有关的对角矩阵：

$$\exp(\boldsymbol{\varLambda}t) = \begin{pmatrix} e^{-\lambda_0 t} & & & & & \\ & e^{-\lambda_1 t} & & & & \\ & & \ddots & & & \\ & & & e^{-\lambda_m t} & & \\ & & & & \ddots & \\ & & & & & e^{-\lambda_{n-1} t} \end{pmatrix}$$

因为　$\boldsymbol{b} = \boldsymbol{X}^{-1}\boldsymbol{a}$

所以　$\boldsymbol{b}(t) = \boldsymbol{X}^{-1}\boldsymbol{a}(t)$　　　　$\boldsymbol{b}(0) = \boldsymbol{X}^{-1}\boldsymbol{a}(0)$

代入 $\boldsymbol{b}(t) = \exp(\boldsymbol{\varLambda}t)\boldsymbol{b}(0)$，得：

$$\boldsymbol{X}^{-1}\boldsymbol{a}(t) = \exp(\boldsymbol{\varLambda}t)\boldsymbol{X}^{-1}\boldsymbol{a}(0)$$

等式两边同时左乘 $\boldsymbol{X}$，得：

$$\boldsymbol{a}(t) = \boldsymbol{X}\exp(\boldsymbol{\varLambda}t)\boldsymbol{X}^{-1}\boldsymbol{a}(0) \qquad\qquad (1-45)$$

如果特征向量矩阵 $\boldsymbol{X}$ 和特征根矩阵 $\boldsymbol{\varLambda}$ 已知，则上式提供了一种变换，即将反应系统中的任一初始组成变换成为经 t 时间反应后的相应的组成。

若反应时间 t 相同，采用不同的初始组成经过上式的变换得到了作为初始组成的函数的等时间线，该式称为等时间方程式。

对于 n 组元组成的可逆单分子系统，若从 n 组初始组成向量 $\boldsymbol{a}_1(0), \boldsymbol{a}_2(0), \cdots, \boldsymbol{a}_n(0)$ 出发，分别进行等时间 t 的反应，可分别得到 n 组产物的组成向量 $\boldsymbol{a}_1(t), \boldsymbol{a}_2(t), \cdots \boldsymbol{a}_n(t)$。

用式(1-45)关联，可以写成：

$$[\boldsymbol{a}_1(t)\boldsymbol{a}_2(t)\cdots\boldsymbol{a}_n(t)] = \boldsymbol{X}\exp(\boldsymbol{\varLambda}t)\boldsymbol{X}^{-1}[\boldsymbol{a}_1(0)\boldsymbol{a}_2(0)\cdots\boldsymbol{a}_n(0)]$$

简写成：

$$\boldsymbol{A}_{n\times n}(t) = \boldsymbol{X}\exp(\boldsymbol{\varLambda}t)\boldsymbol{X}^{-1}\boldsymbol{A}_{n\times n}(0) \qquad\qquad (1-46)$$

式中，$\boldsymbol{A}_{n\times n}(t)$ 和 $\boldsymbol{A}_{n\times n}(0)$ 分别为 t 时刻的浓度向量矩阵和初始浓度向量矩阵，即：

$$A_{n \times n}(t) = \begin{pmatrix} a_{11}(t) & a_{21}(t) & \cdots & a_{n1}(t) \\ a_{12}(t) & a_{22}(t) & \cdots & a_{n2}(t) \\ \vdots & \vdots & \vdots & \vdots \\ a_{1m}(t) & a_{2m}(t) & \cdots & a_{nm}(t) \\ \vdots & \vdots & & \vdots \\ a_{1n}(t) & a_{2n}(t) & \cdots & a_{nn}(t) \end{pmatrix}$$

同样 $A_{n \times n}(0)$ 矩阵也可写成矩阵式。

由于 $A_{n \times n}(t)$ 和 $A_{n \times n}(0)$ 都是 $n \times n$ 阶矩阵,依次在式(1-46)两边同时右乘 $A_{n \times n}(0)^{-1}X$,则得:

$$A_{n \times n}(t) A_{n \times n}(0)^{-1}X = X\exp(\Lambda t) \qquad (1-47)$$

由于 X 是速率常数矩阵 K 的特征向量矩阵,所以从式(1-47)可以看出,速率常数矩阵的特征向量矩阵同时也是矩阵 $[A_{n \times n}(t) A_{n \times n}(0)^{-1}]$ 的特征向量矩阵,所不同的是 K 矩阵的特征值矩阵是 Λ,而后一矩阵的特征值矩阵为 $\exp(\Lambda t)$。

目前已有许多现成的求解矩阵的特征向量和特征值的计算方法可供使用,例如用穷举法。所以只要用实验方法得到了上述矩阵,通过计算机就可方便地求得反应速率常数矩阵的特征向量矩阵 X 和特征值矩阵 Λ,然后可以利用下式:

$$K = X\Lambda X^{-1}$$

方便地求取反应速率常数矩阵 K。

由于实验误差和计算误差的影响,有时单凭 n 次实验的结果还难以求得准确的反应速率常数。为了提高计算的准确度,需要更多的实验数据,这时式(1-46)两边的组成向量矩阵将成为 $n \times p$ 阶矩阵,$p > n$。为了使矩阵运算得以继续进行,最方便的方法是在式(1-46)两边同时右乘初始组成向量矩阵的转置阵,即:

$$A_{n \times p}(t) A_{n \times p}(0)^{T} = X\exp(\Lambda t) X^{-1} A_{n \times p}(0) A_{n \times p}(0)^{T}$$

然后在等式两边右乘 $[A_{n \times p}(0) A_{n \times p}(0)^{T}]^{-1}X$,得:

$$[A_{n \times p}(t) A_{n \times p}(0)^{T}][A_{n \times p}(0) A_{n \times p}(0)^{T}]^{-1}X = X\exp(\Lambda t)$$

这样,问题则化为求 $[A_{n \times p}(t) A_{n \times p}(0)^{T}][A_{n \times p}(0) A_{n \times p}(0)^{T}]^{-1}$ 矩阵的特征向量矩阵和特征值矩阵了,得到 X 和 Λ 后就可同样用下式求得 K:

$$K = X\Lambda X^{-1}$$

二、等时间法的可行性

祝敬民用 Wei-Prater 曾使用过的四组元反应系统的例子作为考证实例，探讨了应用等时间法的实验设计方法。

Wei-Prater 曾设想了如下的反应系统(文献[2] 257 页)：

在两两反应物反应的箭头上面标出了相应反应速率常数。由右图可见

$$k_{13} = k_{31} = k_{24} = k_{42} = 0$$

Wei-Prater 利用准确数据叠加了标准偏差为 1% 的高斯分布的随机误差或 0.001 摩尔分数的随机误差。

祝敬民作了两种实验设计：

1. 由单个反应初始组成出发

采用 $a(0) = \begin{pmatrix} 0.0550 \\ 0.3960 \\ 0.0510 \\ 0.4980 \end{pmatrix}$ 出发进行反应，得到各组分随时间变化的浓度分布曲线，见图 1-15。

用计算机拟合曲线，可以产生两组等时间数据：

$$A_{4\times7}(0) = \begin{pmatrix} 0.0550 & 0.1219 & 0.1498 & 0.1602 & 0.1628 & 0.1620 & 0.1599 \\ 0.3960 & 0.3361 & 0.2972 & 0.2720 & 0.2561 & 0.2464 & 0.2408 \\ 0.0510 & 0.1257 & 0.1779 & 0.2153 & 0.2426 & 0.2629 & 0.2784 \\ 0.4980 & 0.4163 & 0.3751 & 0.3524 & 0.3385 & 0.3286 & 0.3208 \end{pmatrix}$$

$$A_{4\times7}(0.005) = \begin{pmatrix} 0.0954 & 0.1390 & 0.1564 & 0.1621 & 0.1627 & 0.1611 & 0.1586 \\ 0.3629 & 0.3146 & 0.2832 & 0.2631 & 0.2506 & 0.2432 & 0.2392 \\ 0.0917 & 0.1540 & 0.1981 & 0.2300 & 0.2535 & 0.2711 & 0.2848 \\ 0.4500 & 0.3924 & 0.3622 & 0.3447 & 0.3332 & 0.3246 & 0.3174 \end{pmatrix}$$

利用幂法和穷举法[13]，由计算机计算相应的特征向量和特征值。然后用 $K = X\Lambda X^{-1}$ 计算出速率常数矩阵。文献[12]分别用 4 组、5 组、6 组和 7 组数据进行计算，发现采用 4 组数据计算的结果误差较大，而继续用 5 组、6 组和 7 组数据计算，则结果越来越逼近准确值，用 7 组数据计算出的结果显然已能很好地描写真实的反应情况。下面是等时间法所得的结果与 Wei-Prater 法和实际的 K 矩阵的比较：

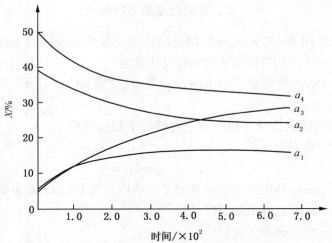

图 1-15   各组分随反应时间变化的浓度分布曲线

Wei-Prater 法

$$K = \begin{pmatrix} -54.82 & 1.06 & 0.10 & 25.63 \\ 3.17 & -20.87 & 14.82 & 0.07 \\ 0.39 & 19.77 & -16.86 & 3.88 \\ 51.26 & 0.04 & 1.94 & -29.58 \end{pmatrix}$$

实际的 K 矩阵

$$K = \begin{pmatrix} -53.00 & 1.00 & 0.00 & 25.00 \\ 3.00 & -21.00 & 15.00 & 0.00 \\ 0.00 & 20.00 & -17.00 & 4.00 \\ 50.00 & 0.00 & 2.00 & -29.00 \end{pmatrix}$$

等时间法

$$K = \begin{pmatrix} -53.33 & 0.91 & 0.12 & 25.01 \\ 2.98 & -20.97 & 14.99 & 0.02 \\ 0.45 & 19.73 & -16.99 & 3.94 \\ 49.88 & -0.12 & 1.87 & -28.60 \end{pmatrix}$$

　　从上面数据可以看出,使用等时间数据计算出的结果非常接近实际的 K 矩阵。与 Wei-Prater 法相比,则等时间法更接近于真值。但是,用等时间数据处理法仅需一条涨成整个反应空间的反应轨迹即可计算,大大减少了实验工作量。

2. 从不同的线性无关的初始组成出发

采用等时间法的另一种设计实验的方法是从不同的线性无关的反应初始组成出发,在相同的反应时间求取产物的组成向量数据(对于多相催化反应来说,需保持空速恒定)。

最简便的方法是从四种纯反应物出发进行反应,仍取 $t = 0.005$

$$A_{4\times4}(0) = \begin{pmatrix} 1 & 0 & 0 & 0 \\ 0 & 1 & 0 & 0 \\ 0 & 0 & 1 & 0 \\ 0 & 0 & 0 & 1 \end{pmatrix}$$

$$A_{4\times4}(0.005) = \begin{pmatrix} 0.7786 & 0.0042 & 0.0011 & 0.1022 \\ 0.0126 & 0.9037 & 0.0683 & 0.0017 \\ 0.0045 & 0.0910 & 0.9222 & 0.0169 \\ 0.2044 & 0.0011 & 0.0085 & 0.8792 \end{pmatrix}$$

仅用 4 组数据,得如下 K 矩阵:

$$K = \begin{pmatrix} -53.30 & 0.99 & 0.11 & 24.94 \\ 2.97 & -21.01 & 14.99 & 0.05 \\ 0.44 & 19.98 & -16.97 & 3.74 \\ 49.88 & 0.04 & 1.87 & -28.73 \end{pmatrix}$$

由 K 值可见,从不同初始组成出发实验,截取相同反应时间的组成数据进行计算,所得结果比用单个初始组成出发所得结果要好。

为了进一步考察误差对计算结果的干扰,又人为地加大误差量达 0.003 摩尔分数,这一误差量是 Wei-Prater 例题中叠加误差量的 3 倍,这时 $A(t)$ 和 K 分别为:

$$A(0.005) = \begin{pmatrix} 0.7820 & 0.0058 & 0.0011 & 0.1000 \\ 0.0128 & 0.8980 & 0.0683 & 0.0020 \\ 0.0028 & 0.0920 & 0.9221 & 0.0170 \\ 0.2024 & 0.0042 & 0.0085 & 0.8810 \end{pmatrix}$$

$$K = \begin{pmatrix} -52.29 & 1.34 & 0.09 & 24.32 \\ 3.03 & -22.30 & 15.05 & 0.13 \\ 0.04 & 20.26 & -16.99 & 3.77 \\ 49.22 & 0.70 & 1.85 & -28.22 \end{pmatrix}$$

可见,计算结果仍接近实际 K 矩阵,说明这种实验设计方法具有较强的抗误差干扰能力。

三、己烷异构化反应网络动力学模型的建立

祝敬民用等时间法研究了己烷各异构体在 $M-1$ 型催化剂上异构化反应的动力学行为,所提出的己烷异构化反应网络[14]见图 1-16。

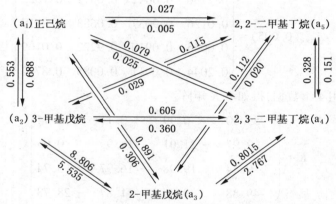

图 1-16　己烷在 Pd/HM 型催化剂上的反应体系

为了求取反应网络中各步反应的拟一级速率常数,在临氢总压为 2MPa(表压)、氢油比为 8,反应温度为 245℃的条件下,分别用正己烷、2-甲基戊烷、3-甲基戊烷、2,2-二甲基丁烷、2,3-二甲基丁烷五个己烷异构体进行反应, 采用等时间法求得了反应速率常数。

并且还在 215℃、230℃、260℃三种温度下进行反应, 利用阿累尼乌斯定律:

$$k = Ae^{-E/RT}$$

求得了各步反应的活化能和指前因子。

第四节　催化裂化动力学模型

通过上述三节介绍可知，韦潜光等所建立的单分子反应体系速率理论，将高度偶联的化学反应转换成一个非偶联体系，解决了多重反应体系动力学研究中所遇到的强偶联这一大困难，为多重反应体系的动力学研究开辟了一条新的途径。与此同时，多重反应体系的动力学研究中还面临另一大困难，即原料和产物的组分十分繁多，往往是一个非常复杂的混合物，而每一组分又能进行不止一种的反应。若要建立能详细描述每一组分在反应中的变化情况的动力学模型是不可能的，所以无法用一般的动力学研究方法来研究由成千上万个组分组成的复杂过程，为此必须探索适合这类多重过程的新处理方法。20 世纪 60 年代初期，Aris[15,16] 与韦潜光[17,18] 等提出了集总（Lumping）的方法，使这类组分繁多的多重体系的动力学研究有了新的突破。所谓集总即是将反应系统中众多的单一化合物，按其动力学特性相似的原则，归并为若干个虚拟的组分，称为集总；而在动力学的研究中，则把每个集总作为一虚拟的单一组分来考虑，然后去开发这些虚拟的集总组分的反应网络，建立简化了的集总反应网络的动力学模型。这种集总方法，首先在炼油催化加工过程的动力学研究中得到了成功的应用，并在指导工业装置的设计、操作和控制中取得了很好的效果。现在集总动力学模型的研究方法已广泛应用于煤化学加工、生物化学工程等许多其他的多重反应体系，并得到了很快的发展。

从本节起，首先通过一个典型的集总方法的应用实例，石油炼制中的催化裂化集总动力学模型的建立和发展过程的介绍，从中让读者对集总动力学模型的建立过程有个全面的了解。然后在此基础上，再对一些代表学者在集总的理论依据、集总的指导原则等方面作的一些研究工作和结果作一简单的归纳和介绍，使读者对整个集总这一方法从理论到实践有个全面的了解。

催化裂化过程是石油炼制工业中最重要的催化过程。就加工原料的数量来说，在各种炼油过程中，催化裂化仅次于原油蒸馏而居第二位。从催化剂的耗量来说，它是目前世界上耗量最大的过程。催化裂化以各种重质油（馏程一般为 300~500℃，目前也有掺炼渣油）为原料，以制取高辛烷值的汽油为主要目的。所以从经济效益来说，催化裂化过程又是居石油炼制各种催化过程的首位。为此，世界上各大石油公司都非常重视对催化裂化过程的研究。自从 1936 年第一套催化裂化工业装置建立至今近 80 年历史中，催化裂化无论在工艺和催化剂等方面都不断取得新的突破，发展很快。20 世纪 60 年代中期继沸石分子筛裂化催化剂、提升管催化裂化新工艺之后，又出现了催化裂化的动力学模型，大大推动了催化裂化工艺的开发和工业反应器的最优化设计和操作，使催化裂化过程的发展进入了一个新阶段。

一、催化裂化的化学反应

为要建立催化裂化的反应动力学模型，首先必须对催化裂化的化学反应有一个较深入的认识。

石油馏分是由多种烃类组成的，在此先讨论各种单体烃在裂化催化剂上的反应，然后再讨论石油馏分的催化裂化反应[19]。

（一）各类单体烃的催化裂化反应

1. 烷烃

烷烃主要发生分解反应，分解成较小分子的烷烃和烯烃。例如：

$$C_{16}H_{34} \longrightarrow C_8H_{16}+C_8H_{18}$$

生成的烷烃又可以继续分解成更小的分子。烷烃分解时多从中间的 C—C 键处断裂，而且分子越大越易断裂。同理，异构烷烃的反应速率又比正构烷烃的快。例如在某一相同的反应条件下，正十六烷的反应速率是正十二烷的 2~3 倍，而 2,7–二甲基辛烷是正十二烷的 3 倍。

2. 烯烃

（1）分解反应：分解为两个较小分子的烯烃。烯烃的分解反应速率比烷烃高得多，例如在同样条件下正十六烯的分解反应速率比正十六烷高一倍。其他分解规律均与烷烃分解反应的规律相同。

（2）异构化反应：烯烃的异构化反应有两种，一种是分子骨架结构改变，正构烯烃变成异构烯烃；另一种是分子中的双键向中间位置转移。例如：

$$C—C—C{=}C \longrightarrow \begin{matrix} C—C{=}C \\ | \\ C \end{matrix}$$

$$C—C—C—C{=}C \longrightarrow C—C{=}C—C—C$$

（3）氢转移反应：有两种情况：

a. 环烷烃或环烷–芳烃放出氢使烯烃饱和而自身变成稠环芳烃。

b. 两个烯烃分子之间发生氢转移反应，使一个变成烷烃，另一个则变成二烯烃。

氢转移反应是造成催化裂化汽油饱和度较高的主要原因。但氢转移反应速率较低，需要活性较高的催化剂。而且在高温下，例如 500℃ 左右，氢转移反应速率比分解反应速率低得多，所以高温时裂化汽油的烯烃含量高；在较低温度下，例如 400~450℃，氢转移反应速率降低的程度不如分解反应速率降低的程度大，于是在低温裂化时所得汽油的烯烃含量就会低些。

（4）芳构化反应：烯烃环化并脱氢生成芳香烃。例如：

$$C—C—C—C—C=C—C \longrightarrow \text{（苯环）}—C$$

3. 环烷烃

环烷烃的环可断裂生成烯烃，烯烃再继续进行上述各项反应。与异构烷烃相似，环烷烃的结构中有叔碳原子，因此分解反应速率较快。如果环烷烃带有较长的侧链，则侧链本身容易发生断裂。

环烷烃也能通过氢转移反应转化成芳烃。带侧链的五元环烷烃也可以异构化成六元环烷烃，再进一步脱氢生成芳香烃。

4. 芳香烃

芳香烃核 （六元环） 在催化裂化条件下十分稳定。例如苯、萘就难以进行反应。但是连接在苯核上的烷基侧链则很容易断裂生成较小分子的烯烃，而且断裂的位置主要是发生在侧链同苯核连接的键上。

多环芳香烃的裂化反应速率很低，主要的反应是缩合成稠环芳烃，最后成为焦炭，同时放出氢使烯烃饱和。

由以上列举的反应可见，在烃类的催化裂化反应中，不仅有大分子分解为小分子的反应，而且有小分子缩合成大分子的反应（甚至缩合至焦炭）。与此同时，还进行异构化、氢转移、芳构化等反应。而在这些反应中，分解反应是最主要的。

（二）石油馏分的催化裂化反应

石油馏分是由各种单体烃所组成的复杂的混合物。因此，在石油馏分进行催化裂化时，单体烃的反应规律是石油馏分进行反应的根据。例如石油馏分除了进行分解反应外，也进行异构化、氢转移、芳构化等反应；又如重馏分的反应速率比轻馏分的反应速率高等。但是组成石油馏分的各种烃类之间又有相互影响，因此石油馏分的催化裂化反应又有它本身的特点。主要表现在：

1. 各类烃之间的竞争吸附和对反应的阻滞作用

石油馏分的催化裂化反应是在固体催化剂表面上进行的。在一般催化裂化条件下，原料油是气相，因此催化裂化反应是属于气-固相催化反应过程。对整个气-固相催化反应过程来说，它包括了扩散、吸附、表面反应和脱附等七个步骤。因此烃类在催化剂表面上的化学反应，除了它的化学反应速率高低外，还取决于它在催化剂表面上吸附能力的大小。通过大量实验得知，石油馏分中的各种烃类在裂化催化剂表面上的吸附能力的强弱顺序大致如下：

稠环芳烃>稠环环烷烃>烯烃>单烷基侧链的单环芳烃>环烷烃>烷烃。

在同一族烃类中，则大分子的吸附能力比小分子的强。

若按化学反应速率的高低顺序排列，则大致情况如下：

烯烃>大分子单烷基侧链的单体烃>异构烷烃或环烷烃>小分子单烷基侧链的单环芳烃>正构烷烃>稠环芳烃。

显然这两个排列顺序是有差别的。特别突出的是稠环芳烃和小分子单烷基侧链($<C_8$)的单环芳烃，它们的吸附能力最强而化学反应速率却最低。因此，当裂化原料中含这类烃类较多时，它们就首先占据了催化剂表面，但是它们却反应得很慢，而且不易脱附，甚至缩合成焦炭，沉积在催化剂表面。这样就妨碍了其他烃类被吸附到催化剂表面进行反应，从而使整个石油馏分的反应速率降低。

2. 平行-顺序反应

由单体烃的催化裂化反应分析中可知，单体烃在催化裂化时可同时朝几个方向进行反应，而且反应的产物还可以继续进行反应。石油馏分也是如此，对于重质石油馏分的催化裂化，可以用图 1-17 作大致描述。由图 1-17 可见原料朝着几个方向同时进行反应，而且随着反应深度的加深，中间产物还会继续反应。因此，石油馏分的催化裂化反应是一个复杂的平行-顺序(连串)反应。

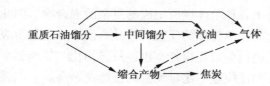

图 1-17　石油馏分的催化裂化反应

(虚线表示不重要的反应)

平行-顺序反应的一个重要特点是：反应深度对各产品产率的分布有重要的影响。随着反应时间的增长，转化率提高，最终产物气体和焦炭的产率一直增加。而由于汽油是反应的中间产物，故汽油的产率有一最高点，开始时增加，最高点后又下降，这是因为到一定反应深度后，汽油分解成气体的速率大于生成汽油的速率（如图 1-18 所示）。通常把反应产物再继续进行

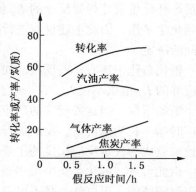

图 1-18　石油馏分催化裂化反应结果

的反应叫作二次反应。由图 1-17 可见，为避免汽油进一步分解成气体和高分子芳烃再进一步缩合成焦炭，在催化裂化反应器中，应对二次反应加以适当的控制。

认识石油馏分催化裂化反应的这个特点，对指导生产有重要意义。例如在工业生产中，如果主要目的产品是汽油，则应选择在汽油产率最高点处的单程转化率（即原料一次通过反应器的转化率）。如果要求更多的原料转化成产品，则应当将反应产物分馏，然后再把"未反应的原料"与新鲜原料混合，重新进入反应器。这里所说的"未反应的原料"是指反应产物中沸点范围与原料相当的那一部分，工业上称为回炼油或循环油。回炼油中实际上是包括了相当多的反应中间产物，其中芳烃含量比新鲜原料高，所以它比新鲜原料更难裂化。

二、催化裂化反应的热力学和动力学特征[20]

（一）烃类催化裂化反应的热力学特征

催化裂化装置一般采用的反应条件为温度 $450\sim520℃$，压力约 9.8×10^4Pa。在此条件下，对于烃类分解反应的标准等压位变化 ΔZ^0 是负值，而且平衡常数 K_p 很大。从热力学的观点来看，几乎可以全部分解成小分子的烷烃和烯烃，直至 C 和 H_2。例如对正辛烷的分解反应：

$$n\text{-}C_8H_{18} \longrightarrow n\text{-}C_5H_{12} + C_3H_6$$

在 $477℃$（750K）时，此反应的 $\Delta Z^0_{750} = -28.9kJ/mol$；$K_p = 102.3$。$K_p$ 值很大，可以认为 $n\text{-}C_8H_{18}$ 几乎可能全部分解。因此一般把烃类的分解反应看作是不可逆反应，或者说烃类的分解反应实际上不受化学平衡的限制。烃类催化裂化中的另一些反应，如环烷烃脱氢生成芳烃，烷烃

及烯烃环化生成芳烃等反应的 K_p 值也很大，在实际生产条件下也远未达到化学平衡。因此上述反应进行的深度主要是由化学反应速率和反应时间所决定。

催化裂化中还有一些反应，如异构化、某些氢转移反应、芳烃缩合反应等的 K_p 值虽不很大，在一般反应条件下不可能进行完全而受到化学平衡的限制。但这些反应的反应速率均较慢，在反应速率不甚高以及反应时间不长的条件下，反应进行的深度还远未达到化学平衡，这时反应速率就成为决定反应深度的主要因素了。

由此可见，催化裂化中最主要的分解反应，实际上是不存在化学平衡限制问题的，可以认为是不可逆反应。其他主要反应的 K_p 值也很大，在实际生产中远离化学平衡。因此对催化裂化一般可不研究它的化学平衡问题，而只需着重研究它的动力学问题。

烃类的分解反应、脱氢反应等都是吸热反应，而氢转移反应、缩合反应等则是放热反应。在一般条件下，分解反应是催化裂化中最重要的反应，而且它的热效应比较大，所以催化裂化反应总是表现为吸热反应。随着反应深度的加深，某些放热的二次反应如氢转移、缩合等反应渐趋重要，于是总的热效应降低。

（二）烃类催化裂化反应的动力学特征

动力学特征即指有关反应速率及其影响因素的规律。催化裂化反应是包括扩散、吸附、表面反应及脱附等七个步骤的气-固相催化反应，但在一般的工业生产条件下，催化裂化反应通常表现为由化学反应控制。因此本节也就着重从化学反应控制的角度来讨论影响烃类催化裂化反应速率的一些主要因素。

1. 催化剂活性

提高催化剂的活性有利于提高反应速率，也就是在其他条件相同时，可以得到较高的转化率，从而提高了反应器的处理能力。提高催化剂的活性还有利于促进氢转移和异构化反应，因此在其他条件相同时，所得裂化产品的饱和度较高，含异构烃类较多。

催化剂的活性决定于它的组成和结构，提高催化剂活性可通过如下措施：

（1）采用高活性的沸石分子筛裂化催化剂。

（2）采用小颗粒催化剂，因为小颗粒催化剂比大颗粒催化剂有较大的比表面积，催化剂的有效系数提高，因此小颗粒催化剂比大颗粒催化剂表现出较高的活性。

（3）尽量减少单位催化剂上的积炭量。在反应过程中，催化剂表面上的积炭会造成活性下降，采用高的剂油比，可使单位催化剂上的积炭较少，也就是催化剂活性下降的程度相应减小。此外，剂油比大时，原料与催化剂的接触机会也更充分，这些都有利于提高反应速率。

2. 反应温度

提高反应温度则反应速率增大。催化裂化反应的活化能约为 $41.8 \sim 125.5 kJ/mol$，温度每升高 10℃ 时反应速率约提高 $10\% \sim 20\%$。而烃类热裂化反应的活化能约为 $209.2 \sim 292.9 kJ/mol$，比催化裂化高得多，因此对温度的敏感程度也比催化裂化大得多。所以当反应温度提高时，热裂化反应速率提高得比催化裂化反应速率快得多，当反应温度提到一定值时（例如 500℃ 以上），热裂化反应渐趋重要，于是裂化产品中反映出热裂化反应产物的特征，例如气体中 C_1、C_2 增多，产品的不饱和度增大等，故催化裂化反应温度不宜过高。

反应温度还通过对各类反应的反应速率的影响来影响产品的分布和产品的质量。催化裂化是平行-顺序反应，可以简化为下式：

$$原料 \xrightarrow{E_1} 汽油 \xrightarrow{E_2} 气体$$
$$E_3 \downarrow$$
$$焦炭$$

式中，E_1、E_2、E_3 分别代表原料→汽油、汽油→气体和原料→焦炭三个反应的反应活化能。在一般情况下，$E_2 > E_1 > E_3$，故当反应温度提高时，汽油→气体的反应速率加快最多，原料→汽油的反应次之，而原料→焦炭的反应速率加快得最少。因此当反应温度提高时，如果所达到的转化率不变，则汽油产率降低，气体产率增加，而焦炭产率降低。

当提高反应温度时，各类反应的反应速率提高的程度也不同。分解反应（产生烯烃）和芳构化反应的 E 比氢转移反应的 E 大，因而前两类反应的速率随温度升高提高得较快，于是汽油中烯烃和芳烃含量有所增加，汽油的辛烷值有所提高。

3. 原料性质

对于工业用催化裂化原料，在族组成相似时，沸点范围越高则越容易裂化。但对沸石分子筛催化剂来说，沸程的影响并不重要，而当沸点范围相似时，含芳烃多的原料则较难裂化。可以用特性因素来大致地反映原料的族组成，特性因素小表示含芳烃多，因此特性因素小的原料较难裂化。图 1-19 表示了原料性质对反应速率的影响，图中纵坐标为强

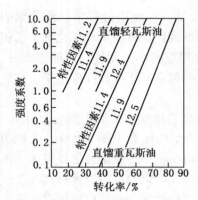

图 1-19 　原料性质及强度系数
对转化率的影响

度系数，是指剂油比与空速之比值。许多试验结果表明，剂油比和空速对反应深度的影响是方向相反而程度大致相当。因此常用强度系数来综合表示反应条件的苛刻程度，强度系数大表示反应条件苛刻。

原料性质也影响到产物分布，在同样的转化率时，石蜡基原料的汽油及焦炭产率较低，气体产率高。环烷基原料的汽油产率高，气体产率低；气体中含 H_2 及 CH_4 较多(气体的主要组分仍是 C_3、C_4)。芳香基原料的汽油产率居中，焦炭产率高，气体中含 H_2 及 CH_4 更多。这些现象与各种烃类的反应机理及反应速率有关。

裂化原料中的含硫化合物看来对催化裂化反应速率影响不大，但由于催化裂化催化剂是酸性催化剂，因此原料中若含有碱性氮化合物则会引起催化剂中毒而使活性下降。例如某直馏瓦斯油加入 0.1% 的喹啉后，瓦斯油的裂化反应速率几乎下降 50%。

4. 反应压力

确切地讲反应压力的影响是反应器内的油气分压对反应速率的影响。油气分压的提高意味着反应物的浓度提高，因而反应速率加快。根据一些研究数据分析，反应速率大约与油气分压的平方根成正比，然而，提高反应压力同时也就增加了原料中重质组分和产物在催化剂上的吸附量，因而生焦也随之增多，且影响明显。见表 1-5。

表 1-5 　催化裂化反应压力对生焦的影响

压力/Pa	3.9×10^4	5.9×10^4	9.8×10^4	17.7×10^4	26.5×10^4
焦炭产率(质量分数)/%	1.0	1.6	2.0	3.3	3.9

表 1-5 数据是轻质原料的情况，当采用重质原料油时，提高压力的影响将更为显著。而工业装置的处理能力又常常是受到再生系统烧焦能力的制约，因此工业上一般不采用太高的反应压力。目前采用的反应压力一般约 0.1~0.3MPa(表)。

（三）催化裂化反应动力学模型

前面主要定性地讨论了各种因素对催化裂化反应速率的影响，如果能把这些关系用动力学方程式定量地关联起来，那就可以定量地计算出在某些反应条件下将能获得怎样的反应结果，这无疑对反应器的设计和生产操作的优化都是非常有利的。

催化裂化过程在石油炼制工业中占有极其重要的地位，因此国外许多石油公司都非常重视催化裂化反应动力学模型的研究。但是由于石油馏分的催化裂化是一个包含有成千上万种组分同时进行反应的高度偶联的多重体系，所以不可能采用通常的动力学研究方法来建立它们的动力学方程。早期主要是一些经验的或半经验的关联式，这些关联式很不完善，都具有一定的局限性。直到 20 世纪 60 年代后，由于计算机的广泛使用以及化学反应工程等基础理论的迅速发展，为多重体系的动力学研究提供了理论依据，使催化裂化这样复杂的化学反应过程的动力学研究成为可能，出现了不少行之有效的动力学模型。详细内容可从有关资料中了解，本书不可能一一介绍，但在这些模型中最令人瞩目的是莫比尔公司威克曼等开发的催化裂化集总动力学模型[21~25]。此模型在 20 世纪60 年代中期开发至今已日趋成熟，并在工业上逐步得到应用，取得了良好效果。该模型是个机理性模型，模型参数都具有一定的物理意义，适应范围较广，模型拟合程度也高。据报道，此动力学模型的计算结果与实验数据间的误差只有 1.5% 左右。下面着重对威克曼等人开发的集总动力学模型作一详细的介绍。

三、催化裂化三集总动力学模型

威克曼等开发的催化裂化集总动力学模型分二个发展阶段：

20 世纪 60 年代中期建立了催化裂化三集总动力学模型[21~25]。该模型能预测生成汽油的选择性和选取最佳化条件，但是当原料组成有较大变化时，特别当有相当比例的二次加工油作为原料油时，模型会有较大偏差。

20 世纪 70 年代中期发展了催化裂化十集总动力学模型[26,27]。该模型能适应各种不同的原料而得到普遍应用，预测效果也比三集总动力学模型大大改善。

本节首先介绍催化裂化三集总动力学模型。

（一）模型的建立

三集总动力学模型将催化裂化系统简化为如下三个集总：

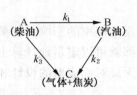

图1-20 催化裂化三集
总反应网络

（1）原料 A（柴油）。

（2）汽油 B（$C_5 \sim 210℃$）。

（3）气体（$C_1 \sim C_4$）+焦炭 C。

由上节介绍可知，催化裂化反应一般为不可逆反应，原料油可裂化生成汽油和气体+焦炭，汽油也能进一步裂化生成气体和焦炭。其反应网络如图1-20所示。

对图1-20的反应网络，可以用如下简单的反应式来表示：

$$A \xrightarrow{k_0} a_1B + a_2C \qquad (1-48)$$

$$B \xrightarrow{k_2} C \qquad (1-49)$$

式中 k_0——原料裂化速率常数，$k_0 = k_1 + k_3$；

$\quad\quad k_2$——汽油裂化速率常数；

a_1、a_2——分别代表每转化一个计量的 A 生成的 B 和 C 的化学计量系数。

对于等温、气相、活塞流反应器，且在质点内扩散可以略而不计的情况下，对上述反应系统可用下述二个连续方程式来描述：

$$\frac{\partial y_1}{\partial t} + U_v \frac{\partial y_1}{\partial Z} = -R_1(y_1, t) \qquad (1-50)$$

$$\frac{\partial y_2}{\partial t} + U_v \frac{\partial y_2}{\partial Z} = a_1 R_1(y_1, t) - R_2(y_2, t) \qquad (1-51)$$

式中 Z——反应器中某点的轴向距离；

$\quad\quad t$——时间；

$\quad\quad U_v$——油蒸气线速率；

y_1、y_2——分别为原料和汽油的瞬时质量分率；

R_1、R_2——分别为原料及汽油裂化时的反应速率项（与时间有关），它代表反应空间微元单元中的瞬时反应速率。

由于随着催化裂化反应的进行，催化剂表面会结焦，使催化剂的活性下降，从而影响反应速率。所以反应速率不但与浓度项（y_1, y_2）有关，而且是催化剂在反应器中停留时间的函数。大量实践证明，催化剂的生焦速率只是催化剂停留时间的函数，而基本上与进油速率无关，故可用 $\phi(t)$ 来表示。

三集总模型把整个原料看成一个组分，实际上它却是一个沸点范围较宽的复杂混合物。对于这样一个宽馏分的进料，各组分的裂化性能差异很大，某些组分易裂化，而另一些组分难裂化。当反应进行时，易裂化的组分首先裂化，于是难裂化的组分逐渐占优势，造成反应越来越慢，随着反应深度的增大，未转化原料的反应性越来越小。另外，在下面的推导中，各点的蒸气密度均认为恒等于原料蒸气密度，于是这二个因素均会使反应速率比按一级反应计算所得结果为低。实验证明，如按二级反应计算则结果比较符合。

根据上述结果可得柴油裂化反应速率应为：

$$R_1(y_1,\ t) = k_0\phi_1(t)y_1^2 \tag{1-52}$$

式中　$\phi_1(t)$——催化剂活性随催化剂停留时间衰减的函数。

对汽油来说，因为它的馏分窄，裂化性能差异范围也不大，故仍把汽油裂化看作一级反应：

$$R_2(y_2,\ t) = k_2\phi_2(t)y_2 \tag{1-53}$$

如以 L_0 表示反应器总高度，则轴向距离为 L 的某点的相对距离即即 $X = L/L_0$，同样若以 t_c 表示催化剂在反应器床层中的停留时间，则对某时间 t 的相对时间为 $\theta = t/t_c$。

又以 Ω 表示反应器截面积；F_0 表示原料油流率；ρ_1 为液体原料室温时的密度；ρ_0 和 ρ_v 分别表示在反应条件下原料油蒸气和油蒸气的密度；V_r 为反应器体积。则：

油蒸气线速率　　　　　$$U_v = \frac{F_0}{\rho_v \Omega} \tag{1-54}$$

液体空速　　　　　　　$$S = \frac{F_0}{\rho_1 V_r} \tag{1-55}$$

将上列关系式代入式(1-50)和式(1-51)，又因为反应时油蒸气密度不容易测得，可近似用原料油进反应器时的蒸气密度代替，即 $\rho_0 = \rho_v$则得：

$$B\frac{\partial y_1}{\partial \theta} + \frac{\partial y_1}{\partial x} = -\frac{\rho_0}{\rho_1 s}k_0\phi_1 y_1^2 \tag{1-56}$$

$$B\frac{\partial y_2}{\partial \theta} + \frac{\partial y_2}{\partial x} = -\frac{\rho_0}{\rho_1 s}[k_1\phi_1 y_1^2 - k_2\phi_2 y_2] \tag{1-57}$$

式中，$B = \dfrac{\rho_v V_r}{F_0 t_c}$，其中 $\dfrac{\rho_v V_r}{F_0} = t_v$ 为油蒸气通过的时间，所以 $B = \dfrac{t_v}{t_c}$。

$$k_1 = a_1 k_0 \tag{1-58}$$

对于流化床和移动床那样的定态反应器，组成不随时间变化，所以式(1-56)和式(1-57)第一项中的 $\frac{\partial y}{\partial \theta}$ 为零。对于固定床反应器，由于油蒸气通过的时间 t_v 远比催化剂停留时间 t_c 为短，所以 $B \approx 0$。这样，式(1-56)和式(1-57)中的第一项 $B\frac{\partial y}{\partial \theta}$ 就均为零。因此对于催化裂化三集总动力学模型，可用如下的微分方程式表示：

$$\frac{dy_1}{dx} = -\frac{K_0}{S}\phi_1 y_1^2 \qquad (1-59)$$

$$\frac{dy_2}{dx} = \frac{K_1}{S}\phi_1 y_1^2 - \frac{K_2}{S}\phi_2 y_2 \qquad (1-60)$$

式中　$K_i = \frac{\rho_0 k_i}{\rho_1}$，$i=0$，1，2。

（二）模型的求解

要求解上面的方程，必须先确定催化剂衰减函数 ϕ_1，ϕ_2 的性质。根据伏罕斯（Voorhies）[28] 的结论，认为催化剂的生焦速率仅是催化剂停留时间的函数，可用下面函数式表示：

$$\phi = e^{-\alpha t} = e^{-\alpha t_c \theta} = e^{-\lambda \theta} \qquad (1-61)$$

式中　α——减活速率常数；

　　　λ——失活因子，$\lambda = \alpha t_c$。

由于催化剂上同类型的活性中心既裂化柴油分子也裂化汽油分子，故衰减函数没有选择性。即：

$$\phi_1 = \phi_2 = e^{-\lambda \theta} \qquad (1-62)$$

于是模型方程式可改写为：

$$\frac{dy_1}{dx} = -\frac{K_0}{S}y_1^2 e^{-\lambda \theta} \qquad (1-63)$$

$$\frac{dy_2}{dx} = \frac{K_1}{S}y_1^2 e^{-\lambda \theta} - \frac{K_2}{S}y_2 e^{-\lambda \theta} \qquad (1-64)$$

可见该模型共有四个模型参数：λ 或（α），K_0，K_1 和 K_2。

1. 转化率的求解

令 $A = \frac{K_0}{S}$，则式(1-63)变为：

$$\frac{dy_1}{dx} = -Ay_1^2 e^{-\lambda \theta} \qquad (1-65)$$

下面分固定床、移动床和流化床三种情况，对模型方程式进行求解。

（1）固定床　固定床反应器的边界条件为：对所有 θ，$X=0$；$y_1=1$。由式（1-65）得：

$$\frac{\mathrm{d}y_1}{y_1^2} = -Ae^{-\lambda\theta}\mathrm{d}x \qquad\qquad (1-66)$$

$$y_1^{-1} = Ae^{-\lambda\theta}x + C \qquad\qquad (1-67)$$

代入边界条件，得 $C=1$

$$y_1 = \frac{1}{1+Axe^{-\lambda}} \qquad\qquad (1-68)$$

因在反应器出口取样，故 $X=1$。而取样时间 θ 从 0 到 1，故原料油的时间平均转化率 $\overline{\varepsilon}$ 为：

$$\overline{\varepsilon} = 1 - \overline{y_1} = 1 - \int_0^1 y_1 \mathrm{d}\theta = 1 - \int_0^1 \frac{\mathrm{d}\theta}{1+Ae^{-\lambda\theta}} = \frac{1}{\lambda}\ln\left[\frac{1+A}{1+Ae^{-\lambda}}\right]$$

$$(1-69)$$

根据式（1-69）可以由不同进料空速，不同停留时间的催化裂化实验测得的转化率数据 $\overline{\varepsilon}$，用参数估计的方法求出 A 和 λ，然后由 $A=\dfrac{K_0}{S}$ 和 $\lambda=\alpha t_c$ 求出 K_0 和 α。

由于 A 是综合速率常数与油蒸气在系统中停留时间之积，故可视为反应程度。而 λ 是失活速率常数和催化剂停留时间的乘积，可视为失活程度。因此，A 和 λ 分别表明了反应程度和失活程度。

（2）移动床　催化剂在移动床内与油气同向均匀移动，在床层某截面 x 处，催化剂的停留时间 $t=t_c x$，代入式（1-65）得：

$$\frac{\mathrm{d}y_1}{\mathrm{d}x} = -Ay_1^2 e^{-\lambda x} \qquad\qquad (1-70)$$

设边界条件为 $x=0$，$y_1=1$，则将式（1-70）移项积分得：

$$\frac{\mathrm{d}y_1}{y_1^2} = -Ae^{-\lambda x}\cdot\mathrm{d}x$$

所以　　　　　　　$$\frac{1}{y_1} = \frac{-A}{\lambda}e^{-\lambda x} + C$$

$$C = 1 + \frac{A}{\lambda}$$

代入边界条件，得　$$y_1 = \frac{\lambda}{\lambda + A(1-e^{-\lambda x})} \qquad\qquad (1-71)$$

转化率 $\varepsilon = 1 - y_1 = \dfrac{A(1 - \mathrm{e}^{-\lambda x})}{\lambda + A(1 - \mathrm{e}^{-\lambda x})}$ $(1 - 72)$

床层出口处 $x = 1$，其转化率为：$\varepsilon = \dfrac{A(1 - \mathrm{e}^{-\lambda})}{\lambda + A(1 - \mathrm{e}^{-\lambda})}$ $(1 - 73)$

（3）流化床   假定气相为活塞流，固相为全混流。

设 $I\mathrm{d}\theta$ 代表催化剂颗粒在停留时间为 θ 到 $\theta + \mathrm{d}\theta$ 间的年龄分布，则平均反应速率常数为：

$$\overline{K} = K_0 \int_0^\infty I(\theta)\,\mathrm{e}^{-\lambda\theta}\,\mathrm{d}\theta \qquad (1 - 74)$$

对全混流来说，$I(\theta) = \mathrm{e}^{-\theta}$，代入式(1-74)并积分后可得：

$$\overline{K} = \frac{K_0}{1 + \lambda}$$

在流化床中，催化剂的衰减公式，根据上述可表示为：

$$\phi = \mathrm{e}^{-\lambda\theta} = \frac{1}{1 + \lambda}$$

所以对于定态流化床来说，将上式代入式(1-65)，得：

$$\frac{\mathrm{d}y_1}{\mathrm{d}x} = -\frac{A}{1 + \lambda}y_1^2$$

积分后得： $-\dfrac{1}{y_1} = -\dfrac{A}{1 + \lambda}x + C$

代入边界条件 $x = 0$，$y_1 = 1$，得 $C = -1$

所以 $y_1 = \dfrac{1 + \lambda}{1 + \lambda + Ax}$ $(1 - 75)$

转化率 $\varepsilon = 1 - y_1 = \dfrac{Ax}{1 + \lambda + Ax}$ $(1 - 76)$

床层出口处，$x = 1$，其转化率为：$\varepsilon = \dfrac{A}{1 + \lambda + A}$ $(1 - 77)$

2. 汽油产率方程式

令 $\mathrm{d}u = \dfrac{\phi}{S}\mathrm{d}x$ ，则式(1-63)和式(1-64)可以进行坐标变换变成：

$$\frac{\mathrm{d}y_1}{\mathrm{d}u} = -K_0 y_1^2 \qquad (1 - 78)$$

$$\frac{\mathrm{d}y_2}{\mathrm{d}u} = K_1 y_1^2 - K_2 y_2 \qquad (1 - 79)$$

用式(1-79)除以式(1-78)得如下关系式:

$$\frac{dy_2}{dy_1} = \left(\frac{K_2}{K_0}\right)\frac{y_2}{y_1^2} - \frac{K_1}{K_0} \qquad (1-80)$$

因为在刚进反应器时,原料中无汽油,所以边界条件为: $x = 0$; $y_1 = 1$; $y_2 = 0$。

设 $r_1 = K_1/K_0$(初始选择性比)和 $r_2 = K_2/K_0$(过裂化比),求解式(1-80)微分方程式可得:

$$y_2 = r_1 r_2 e^{-r_2/y_1}\left[\frac{1}{r_2}e^{r_2} - \frac{y_1}{r_1}e^{r_2/r_1} - \text{Ein}(r_2) + \text{Ein}\left(\frac{r_2}{y_1}\right)\right] \qquad (1-81)$$

式中　$\text{Ein}(x) = \int_{-\infty}^{x}\frac{e^x}{x}dx$。

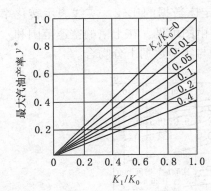

图 1-21　最大瞬时汽油产率

因此对固定床反应器,由式(1-69)用参数估计的方法求出 K_0 和 α 后,即可再根据实验的 λ_1、λ_2 值,利用式(1-81),采用参数估计的方法算出剩下的 K_1, K_2。当模型的四个参数 K_0, K_1, K_2 和 α 都求得后,就可利用模型,根据空速、停留时间等数据来预测转化率和汽油产率。

3. 最大汽油产率

由高等数学可知,函数 y_2 的极值(最大值或最小值)应在该函数的一阶导数为零处,所以最大汽油产率应发生在 $\frac{dy_2}{dy_1} = 0$ 处,故由式(1-80)右边等于零可得:

$$y_2^* = \frac{K_1}{K_2}y_1^2 = \frac{K_1}{K_2}(1 - \varepsilon^*)^2 \qquad (1-82)$$

式中　y_2^*——最大汽油产率;

ε^*——最大汽油产率时的转化率。

由式(1-81)和式(1-82),可在相应的 K_1/K_0 和 K_2/K_0 下求得最大汽油产率 y_2^*,结果示于图 1-21、图1-22。有了此图就可以很容易地根据两个选择性比值,算出最大汽油产率。

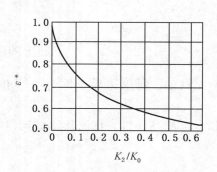

图 1-22　过裂化比与最大汽油产
率时转化率的关系

将式(1-82)代入式(1-81)，消去 K_1/K_0，解得与最大汽油产率相应的转化率与过裂化比的函数关系(与初始选择性无关)，将其作图如图 1-22 所示。

（三）预测能力的实验验证

模型的预测能力主要是指模型对各种不同性质和组成的原料油在宽范围操作条件下，预测裂化进料的转化率和汽油选择性的能力。

1. 转化率

图 1-23 表示对于纯的 ReX 分子筛催化剂，用固定床转化率方程[式(1-69)]的计算结果与实验室固定床数据的比较。实线表示转化率方程的计算值，而点子是实验数据。由图可见，在十倍的空速范围和六倍的催化剂停留时间范围内，该模型与实验数据十分吻合。

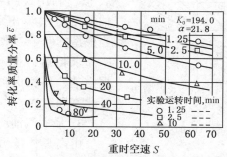

图 1-23　固定床模型对固定床数据的比较

2. 汽油选择性

催化裂化的主要指标之一是汽油选择性，它被定义为汽油产率与转化率之比，即 y_2/ε，而 $\varepsilon = 1 - y_1$，y_2 与 y_1 的关系可通过式(1-80)得到。

由式(1-80)可知，汽油产率随转化率变化，而与空速、催化剂停留时间、剂油比及失活函数均无关系，它仅是速率常数比、进料和汽油集总浓度的函数。因与催化剂停留时间无关，故对移动床、提升管、流化床以及固定床，均可用以求瞬时选择性。

图 1-24 表示了移动床装置的选择性性能，以汽油产率对转化率作

图。实线表示用式(1-73)和式(1-81)求得的解，而点子为实验点。从图中可以看出，在相当大的空速和催化剂停留时间范围内，实验数据与模型预测结果均能很好地吻合。

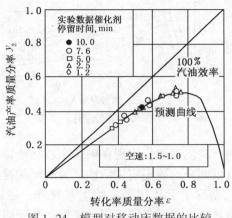

图 1-24 模型对移动床数据的比较

图 1-24 也证实了所有反应速率都等同衰减的假定是正确的。这个结果大大地简化了以后对选择性行为的分析，即对于定态装置如移动床、流化床来说，无论是催化剂停留时间、空速，还是催化剂的失活，都不影响选择性行为。

3. 汽油产率

采用各种实验条件，如不同的空速和不同的催化剂停留时间 t_c 对汽油产率作图，可以发现汽油产率的模型计算值与实验值能较好地一致。如图 1-25 所示。图中虚线为汽油产率的模型计算值，点子为不同停留时间时的实验点。

（四）三集总模型的应用

催化裂化三集总模型可以在以下几个方面得到广泛应用。

（1）根据反应程度数群 A 和失活程度数群 λ 的大小，可以比较不同的实验室反应器之间的转化率行为。威克曼等[20]利用三集总模型，比较固定床、移动床及流化床的反应和失活程度，从而定量说明了各类型反应器之间的差异。

（2）利用反应程度 A 和失活程度 λ 来评价催化剂。评价催化剂一般需在小型固定床反应器中进行。有了三集总模型后，可利用它来模拟一个规定的空速和停留时间的固定床试验，在计算出近似的 A 和 λ 后，

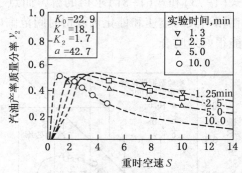

图 1-25　汽油产率与空速的关系

对于每一个催化剂，就能够评价出现在固定床、移动床或流化床装置中的转化性能，并可以此来检验固定床活性试验的可靠性。

（3）三集总模型除了上述用于实验室研究外，还用于改善工业操作。从上面模型的介绍可知，应用三集总模型能够预测给定原料油的转化率、生成汽油的选择性，并选取最佳操作条件。如：利用式（1-69）、式（1-73）和式（1-77）可预测各类反应器中的转化率。而利用式（1-81）和式（1-82）可预测汽油产率及最大汽油产率。若将式（1-82）与式（1-69）、式（1-73）、式（1-77）各式合并，可得最大汽油产率与操作变数空速（S）和催化剂停留时间（t_c）的关系：

对固定床

$$S^* = \frac{K_0 e^{-\alpha t_c}}{\left[\sqrt{\dfrac{K_1}{K_2 y_2^*}} - 1\right]} \qquad (1-83)$$

移动床

$$S^* = \frac{K_0(1 - e^{-\alpha t_c})}{\alpha t_c \left[\sqrt{\dfrac{K_1}{K_2 y_2^*}} - 1\right]} \qquad (1-84)$$

流化床

$$S^* = \frac{K_0}{(1 + \alpha t_c)\left[\sqrt{\dfrac{K_1}{K_2 y_2^*}} - 1\right]} \qquad (1-85)$$

式中　S^*——最大汽油产率时的空速。

上述方程给出了任意催化剂停留时间条件下，达到最大汽油产率所需要的空速。也可以用于计算任意给定空速条件下，得到最大汽油产率所需要的催化剂停留时间。式中所需的最大汽油产率 y_2^* 可以直接从图 1-21 中读出。这些关系对于给定催化剂和进料以生产最大汽油产率的反应系统设计是很有用的。在实际生产装置中，此关系也能用于确定任何给定的最大汽油产率下的空速和催化剂停留时间。

三集总模型在给予工业装置操作指导等方面，显示出它的很大优越性，且它简单，模型参数少，因此计算方便。然而从中也暴露了它的关键弱点，那就是在炼油厂中进料的改变是常见之事。对三集总模型来说，由于进料归为一个集总，没有考虑进料化学组成的不同，因此每改变一次进料，都必须以那种进料进行一系列实验，用其实验数据确定一组 K 和 α。模型不能外推，这显然是件十分麻烦的事，给三集总模型的应用带来一定的局限性。威克曼等曾经做过很大的努力，企图以某种关联来有效地确定进料组成对速率常数的影响，但都未能成功[29,30]；尤其对于焦化馏出油或催化裂化回炼油第二次加工进料，更难以适用。这个问题只有在出现了十集总催化裂化动力学模型后，才得到了解决。

四、催化裂化十集总动力学模型[26,27]

由上面介绍可知，三集总动力学模型能够预测特定原料油的转化率、汽油的产率和选择性，工业上可以利用三集总动力学模型来求取催化裂化的最佳操作条件。但是三集总动力学模型的动力学参数系随进料组成而变，因此对未做过实验的原料不能用上述方法外推，这是它的局限性。本节介绍的十集总动力学模型则可不受原料组成的限制，而很好地应用。十集总动力学模型除了包括空速、温度、压力和催化剂停留时间对转化率和产品分布的影响外，还考虑了原料中碱性氮中毒、重芳烃吸附对催化剂活性的影响和催化剂的时变失活。实践证明，该模型能对各种组成的催化裂化进料在相当宽的操作条件下预测催化裂化产品收率的变化规律，从而指导生产装置的设计和实现最佳化。

（一）模型的描述

十集总模型将原料和产物分成轻燃料油（用 LFO 表示）、重燃料油（用 HFO 表示）、汽油（用 G 表示）和气体+焦炭（用 C 表示）。轻、重燃料油又分别分成烷烃分子（P）、环烷烃分子（N）、芳烃环中的碳原子（C_A）和芳烃中取代基团（A），故总共为十个集总。十集总的反应网络如图 1-26 所示。

图 1-26 中还给出了烷烃分子速率常数的详细命名，其他反应步骤也类似。

十集总模型把催化裂化的原料和产品，按其分子类型和沸程分成十个集总。由图 1-26 的反应网络可见它具有如下特点：

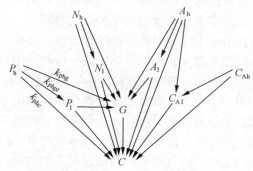

图 1-26　催化裂化十集总动力学模型反应网络图

P_1—烷烃分子，%（质），221~341℃；N_1—环烷烃分子，%（质），221~341℃；

C_{Al}—芳烃环中的碳原子，%（质），221~341℃；A_1—芳烃中取代基团，%（质），

221~341℃；P_h—烷烃分子，%（质），>341℃；N_h—环烷烃分子，%（质），>341℃；

C_{Ah}—芳烃环中的碳原子，%（质），>341℃；A_h—芳烃中取代基团，%（质），>341℃；

G—汽油（C_5~221℃），%（质）；C—（C_1~C_4+焦炭），%（质）；

$C_{Al}+P_1+N_1+A_1$=轻燃料油（221~341℃）；$C_{Ah}+P_h+N_h+A_h$=重燃料油（>341℃）

1. 遵循各类分子互不作用规律

由图 1-26 可知，重燃料油中的烷烃分子 P_h，将形成轻燃料油中的烷烃分子 P_1（$P_h \rightarrow P_1$）、G 集总分子（$P_h \rightarrow G$）和 C 集总分子（$P_h \rightarrow G$）。但烷烃与环烷烃、芳烃间无相互反应，即所谓各类分子互不作用。而唯一的例外是重燃料油中的取代基团可以裂化生成轻燃料油中的芳环（$A_h \rightarrow C_{Al}$）。

2. 芳环本身不生成汽油

模型假设轻、重燃料油中的芳烃（C_{Al} 和 C_{Ah}）不能生成汽油，只能生成 C 集总，即模型认为 C_{Ah}、C_{Al} 只是焦炭的提供者。但实际情况中，带侧链的芳环有可能因取代基除去而成为 G 集总中的分子（由于沸点降低的结果），在十集总模型中，把这个因素包括在侧链取代基团的裂化速率常数中，而认为 $C_{Al} \rightarrow G$ 和 $C_{Ah} \rightarrow G$ 的速率常数为零。

3. 将芳烃中的取代基团和芳环分别集总

十集总模型的另一特点是把芳烃中的取代基团和芳环分别集总，这样的集总方法有利于建立良好的动力学关系。因为取代基从芳环上裂

解下来非常容易，因此与较难裂化的芳环相比，有必要把它们当作一种单独的组分来进行反应。此外，由于从芳环上裂解下来的取代基团的裂化性能，类似于烷烃和环烷烃，而芳环的裂化性能则只裂化成 C 集总，因此二者有明显的区别，这样分开集总尤其适合于描述二次加工原料的裂化性能，威克曼等把芳环与取代基团（侧链）分别集总看作是十集总模型的关键[26]。

4. 模型假设所有反应均为一级不可逆反应，并把汽油馏分中的烷烃、环烷烃和芳烃均包括在一个集总中，如欲预测汽油组成和辛烷值，则要再细分汽油集总，因而需要更为复杂的动力学网络，以描述汽油馏分内部的组成变化。

（二）模型方程式的推导

对等温、气相、活塞流反应器，当质点内扩散可忽略不计时，实验室装置可用下述连续方程来描述：

$$\left(\frac{\partial \rho a_j}{\partial t}\right)_x + G_v\left(\frac{\partial a_j}{\partial x}\right)_t = r_j \qquad (1-86)$$

式中　a_j——气体中 j 集总浓度，mol/g；

　　　G_v——蒸气表面（横截面）质量流速，g/（cm^2·h）；

　　　ρ——气体密度，g/cm^3，按理想气体假定 $\rho = \dfrac{P\overline{MW}}{RT}$；

　　　r_j——j 集总反应速率，mol/（cm^3·h）；

　　　t——从运转开始算起的时间，h；

　　　x——从入口算起的进入反应器的距离，cm。

设反应器截面积和空隙分布均匀，且质量流速稳定，那么：

$$G_v = \rho U = 常数 \qquad (1-87)$$

式中　U——气体在床层中流速，cm/h。

j 集总在一级反应中的消失速率应正比于 j 集总的摩尔浓度 ρa_j（mol/cm^3）和催化剂对气体体积的质量密度（ρ_c/ε）。此外，重的惰性芳烃在催化剂表面上的吸附也影响了活性中心的作用，所以反应速率 r_j 为：

$$r_j = -K'_j(\rho a_j)\left(\frac{\rho_c}{\varepsilon}\right)\frac{1}{1 + K_h C_{Ah}} \qquad (1-88)$$

式中　ρ_c——催化剂床层密度，g/cm^3；

ε——床层空隙率；

K'_j——j集总速率常数，$(g/cm^3)^{-1} \cdot h^{-1}$；

C_{Ah}——芳环在重燃料油（>314℃）中的质量分数,%；

K_h——重芳环吸附系数，其数值与 C_{Ah} 有关。

由于催化剂不断失活，因而速率常数 K'_j 不是恒定的，它随时间而衰减。

由式（1-86）和式（1-88）可得：

$$\left(\frac{\partial \rho a_j}{\partial t}\right)_x + G_v \left(\frac{\partial a_j}{\partial x}\right)_t = -K_j \rho a_j \frac{\rho_c}{\varepsilon} \frac{1}{1 + K_h C_{Ah}} \qquad (1-89)$$

对定态的移动床或流化床，式（1-89）左端对时间的偏导数项为零。对于固定床和固定流化床，当油分子运动速率远比催化剂失活为快时，即可认为催化剂有均匀的活性和寿命，这样浓度随时间变化的速率大大小于随位置变化的速率，故式（1-89）左端第一项可忽略不计。

设催化剂床层总长为 L，在某截面处距离以 x 表示，则用 $X = x/L$ 表示床层中 x 截面处的无因次相对距离。

此外，用 S_{WH} 表示真实重时空速，它包括了惰性物质（如水蒸气、氮气）的影响［通常它占柴油原料不到 10%（摩尔）］。S_{WH} 的单位为 g 进料（油+惰性物）/h·g（催化剂）。

由 G_v 和 S_{WH} 的定义，得：$G_v = \dfrac{S_{WH}\rho_c L}{\varepsilon}$ \qquad (1-90)

将式（1-89）重新整理，得：

$$\frac{\mathrm{d}a_j}{\mathrm{d}X} = -\frac{1}{1 + k_h C_{Ah}} \frac{K'_j \rho a_j}{S_{WH}} \qquad (1-91)$$

和三集总模型一样，认为焦炭的生成仅与催化剂的停留时间有关，由生焦引起催化剂失活为非选择性的，所有速率常数都以相同的速率进行衰减。因而失活函数 ϕ 就成为一个标量，实际速率常数 K'_j 等于本征速率常数 K_j 乘失活函数 $\phi(t_c)$。即：

$$K'_j = K_j \phi(t_c) \qquad (1-92)$$

式中　K_j——不随时间而变化。

按理想气体假定：$\rho = \dfrac{P\,\overline{MW}}{RT}$ \qquad (1-93)

式中　$\overline{MW}$——气体混合物的平均摩尔质量。

将式(1-92)和式(1-93)代入式(1-91)，得：

$$\frac{\mathrm{d}a_j}{\mathrm{d}X} = -\frac{1}{1+K_{\mathrm{h}}C_{\mathrm{Ah}}} \frac{\phi(t_{\mathrm{c}})P\,\overline{MW}K_j a_j}{S_{\mathrm{WH}}RT} \qquad (1-94)$$

用矩阵形式表示：

$$\frac{\mathrm{d}a}{\mathrm{d}X} = \frac{1}{1+K_{\mathrm{h}}C_{\mathrm{Ah}}} \frac{P\,\overline{MW}\phi(t_{\mathrm{c}})}{S_{\mathrm{WH}}RT}\boldsymbol{Ka} \qquad (1-95)$$

式中　$\boldsymbol{K}$——速率常数矩阵，如图1-27所示。

　　　$\boldsymbol{a}$——组成向量。

	P_{h}	N_{h}	A_{h}	C_{Ah}	P_{l}	N_{l}	A_{l}	C_{Al}	G	C
P_{h}	$-(K_{PhPl}+K_{Phg}+K_{Phc})$	0	0	0	0	0	0	0	0	0
N_{h}	0	$-(K_{NhNl}+K_{Nhg}+K_{Nhc})$	0	0	0	0	0	0	0	0
A_{h}	0	0	$-(K_{AhAl}+K_{Ahg}+K_{AhCAl}+K_{Ahc})$	0	0	0	0	0	0	0
C_{Ah}	0	0	0	$-(K_{CAhCAl}+K_{CAhc})$	0	0	0	0	0	0
P_{l}	$v_{hl}K_{PhPl}$	0	0	0	$-(K_{Plg}+K_{Plc})$	0	0	0	0	0
N_{l}	0	$v_{hl}K_{NhNl}$	0	0	0	$-(K_{Nlc}+K_{Nlg})$	0	0	0	0
A_{l}	0	0	$v_{hl}K_{AhAl}$	0	0	0	$-(K_{Alg}+K_{Alc})$	0	0	0
C_{Al}	0	0	$v_{hl}K_{AhCAl}$	$v_{hl}K_{CAhCAl}$	0	0	0	$-K_{CAlc}$	0	0
G	$v_{hg}K_{Phg}$	$v_{hg}K_{Nhg}$	$v_{hg}K_{Ahg}$	0	$v_{lg}K_{Plg}$	$v_{lg}K_{Nlg}$	$v_{lg}K_{Alg}$	0	$-K_{gc}$	0
C	$v_{hc}K_{Phc}$	$v_{hc}K_{Nhc}$	$v_{hc}K_{Ahc}$	$v_{hc}K_{CAhc}$	$v_{lc}K_{Plc}$	$v_{lc}K_{Nlc}$	$v_{lc}K_{Alc}$	$v_c K_{CAlc}$	$v_{gc}K_{gc}$	0

图1-27　速率常数矩阵 K

$$
\boldsymbol{a} = \begin{pmatrix} P_\mathrm{h} \\ N_\mathrm{h} \\ A_\mathrm{h} \\ C_\mathrm{Ah} \\ P_\mathrm{l} \\ N_\mathrm{l} \\ A_\mathrm{l} \\ C_\mathrm{Al} \\ G \\ C \end{pmatrix}
$$

$\overline{MW}$ 不是常数，它随床层距离而变化，因为 a_j 的单位是 mol（j）/g（气体），则

$$
\overline{MW} = \frac{\Sigma a_j M_j}{\Sigma a_j} \tag{1-96}
$$

$\phi(t_\mathrm{c})$ 按下式计算，它与实验数据很符合：

$$
\phi(t_\mathrm{c}) = \frac{\alpha}{(p)(1 + \beta t_\mathrm{c}^v)} \tag{1-97}
$$

式中 α、β、γ——催化剂失活常数；

  p——入口处油分压，Pa。

式（1-95）为催化裂化十集总模型的基本方程。在图 1-27 的速率常数 $\boldsymbol{K}$ 矩阵中：

v_h1——化学计量系数（重燃料油摩尔质量/轻燃料油摩尔质量）；

v_hg——化学计量系数（重燃料油摩尔质量/汽油摩尔质量）；

v_hc——化学计量系数（重燃料油摩尔质量/C 集总摩尔质量）；

v_lg——化学计量系数（轻燃料油摩尔质量/汽油摩尔质量）；

v_lc——化学计量系数（轻燃料油摩尔质量/C 集总摩尔质量）；

v_gc——化学计量系数（汽油摩尔质量/C 集总摩尔质量）。

（三） 其他因素的处理

1. 氮中毒

碱性氮化物会使酸性裂化催化剂中毒。碱性氮的影响可在模型中用速率常数矩阵乘上因催化剂碱氮吸附而失活的失活函数 $f(N)$ 来表示。

$$
f(N) = \frac{1}{1 + \dfrac{K_\mathrm{n} \cdot \alpha \cdot \theta}{100 \times \beta}} \tag{1-98}
$$

式中　α——原料中碱性氮质量分数,%;

　　　　β——剂油比;

　　　　θ——催化剂的相对停留时间;

　　　K_n——碱性氮吸附系数。

当原料油中碱氮含量低于 0.04% 或剂油比较高时,可忽略碱氮影响,即 $f(N)=1$。

2. 时间平均值

由于实验室装置所得的催化裂化产品是操作期间所收集的混合物的平均值。而用模型方程[式(1-95)]求得的只是某一催化剂停留时间 t_c 时的瞬时值。为求时间平均值,必须对模型方程[式(1-95)]从床层进口到床层出口($X=0$ 到 $X=1$)积分,然后对反应器流出物再在整个操作期间($t_c=0$ 到 $t_c=t$)积分,采用下列坐标变换可大大简化计算手续:

令
$$\mathrm{d}W = \frac{\phi(t_c)p}{S_{WH}RT}\mathrm{d}X \qquad (1-99)$$

则
$$W = \frac{\phi(t_c)p}{S_{WH}RT}X \qquad (1-100)$$

因为产品在反应器出口收集,因此反应器出口 $X=1$,所以

$$W = \frac{\phi(t_c)p}{S_{WH}RT} \qquad (1-101)$$

将式(1-101)代入模型方程[式(1-195)]得:

$$\frac{\mathrm{d}\boldsymbol{a}}{\mathrm{d}W} = \frac{1}{1+K_h C_{Ah}}\frac{\boldsymbol{Ka}}{\Sigma a_j} \qquad (1-102)$$

由于 p、R、T 和 S_{WH} 已知,这样按六点高斯积分公式从 0 到 t_c 选择 6 个时间,从式(1-101)可求得 6 个坐标变换值 W,然后由式(1-102)求出 6 个时间的瞬时反应器流出物浓度($a_1\sim a_6$),代入高斯积分公式,即可求得 $\boldsymbol{a}$ 的时间平均值。

3. 焦炭产率

焦炭产率可用如下经验式计算:

催化剂含量
$$C = \frac{\alpha}{100}\left(\frac{t_c}{5.0}\right)^{0.2} \qquad (1-103)$$

式中　C——炭在催化剂上质量分数,%;

　　　t_c——催化剂停留时间;

α——与原料油组成有关的函数。

$$\alpha = \Psi(P_{10}, N_{10}, A_{10}, C_{Al0}, P_{h0}, N_{h0}, A_{h0}, C_{Ah0})$$

α 表示各种物种对生焦倾向的影响。

（四）模型参数的确定

催化裂化十集总动力学模型的速率常数矩阵 K 中共有 20 个反应速率常数（见图 1-27 所示），求取各个反应速率常数是建立模型的关键。由于催化裂化所用原料和所得产物组分复杂，而所列的十个集总又是虚拟组分，有一些是不能分离开来的。如 A_h 和 C_{Ah} 在模型中把它们作为二个集总来考虑，而实际上带取代基团的芳烃是一个分子，是无法把它们分开的，因而很难直接测定它们的本征动力学反应速率常数，那么如何通过试验得到这 20 个反应速率常数呢？

1. 反应速率常数的确定

十集总模型中的 20 个反应速率常数不是直接由实验测定的，而是利用非线性参数估计的改进最小二乘法确定的。

用实验室的催化裂化反应器，它可以是固定床或固定密相流化床反应器，在一定的温度和停留时间下进行催化裂化反应，于是可以得到气体+焦炭、汽油、轻燃料油的产率。用一系列沸程和组分各不相同的原料，分别进行等温的催化裂化反应，就可得到许多套各种操作条件下的产物产率的数据，然后根据模型方程式将计算结果与反应所得产物的产率进行拟合和参数估计，即可求出这些速率常数。

在十集总模型中，拟合优度的判别标准是：

$$f = \sqrt{\frac{\sigma_G^2 + \sigma_C^2 + 0.3\sigma_L^2}{N_D - N_P}} \tag{1-104}$$

式中　σ_G^2，σ_C^2，σ_L^2——分别为 G 集总、C 集总和 LFO 所有计算值与实验值的偏差平方和；

N_D——数据点的数目；

N_P——待估算的参数的数目。

这里有二个问题需要解决：

第一是在十集总模型中，微分方程式有 10 个，而待估计的参数却有 20 个，要一下子求出 20 个参数显然是不容易做到的，于是通常采用分层解决的方法。即先用轻燃料油（LFO）作原料进行催化裂化，这时模型的微分方程式减少至 6 个，利用 LFO、G、C 的产率，可估计出 k_{Plc}、k_{Plg}、k_{Nlc}、k_{Nllg}、k_{Alc}、k_{Alg}、k_{CAlc} 和 k_{gc} 8 个反应速率常数。然后再进行重燃料油馏分的催化裂化，利用 10 个微分方程和已求得的 8 个反应速率常数，再估计出其他 12 个反应速率常数。

或者采用个别集总浓度很高的原料进行催化裂化反应，如采用高浓度的重环烷烃 Nh 作为原料，就可以精确测定环烷烃 Nh 裂化的速率常数。显然采用这种高浓度的特定集总作为原料来测定反应速率常数，可大大提高模型参数的精确性，但这将使实验工作量大为增加。

第二是模型方程式中的 a 是包括十个集总的组成向量，在模型计算的过程中，需要这十个集总的组成数据，而其中像 C_{Ah}、A_h、C_{Al}、A_l 实际上是虚拟的组分，因此要求解十集总模型，还必须要建立一套行之有效的原料和产品的分析方法。

2. 原料和产物的分析

十集总模型把催化裂化原料分为 8 个集总，可以先用蒸馏的方法，把原料分成轻燃料油（LFO）和重燃料油（HFO）两大部分，并分别算出它们占原料的质量分数 Q_1 和 Q_2。然后利用质谱分析轻燃料油中烷烃和环烷烃的含量即 P'_1、N'_1；同样可用质谱分析重燃料油中的烷烃和环烷烃含量即 P'_h、N'_h。进而即可求得 P_1、N_1、P_h、N_h：

$$P_1 = P'_1 Q_1 \quad N_1 = N'_1 Q_1 \quad P_h = P'_h Q_2 \quad N_h = N'_h Q_2$$

利用烃类结构族组成分析的 n-d-M 法，可以分析轻燃料油和重燃料油中的芳环含量，即 C'_{Ah} 和 C'_{Al}。这样芳烃上的取代基团也就可求得了：

$$A'_h = 100 - P'_h - N'_h - C'_{Ah} \quad\quad A'_1 = 100 - P'_1 - N'_1 - C'_{Al}$$
$$A_1 = A'_1 Q_1 \quad A_h = A'_h Q_2 \quad C_{Al} = C'_{Al} Q_1; \quad\quad C_{Ah} = C'_{Ah} Q_2$$

对于催化裂化后所得的产物，需分析气体+焦炭、汽油和轻燃料油的产率。焦炭产率可用定碳仪测定催化剂上的焦炭含量而求得。气体可用排水集气法收集后，用气相色谱分析其组成，得到气体产率。汽油、轻燃料油产率可对收集到的催化裂化液体产物，利用程序升温色谱仪分析得到。

由此可见，十集总模型的原料和产物的分析问题也是完全可以解决的。

（五）模型的预测能力

用实验室固定密相流化床或固定床反应器，进行各种不同组分原料油的催化裂化反应，由实验数据采用非线性参数估计的改进最小二乘法，来确定各集总组分的反应速率常数 k_j，然后得到速率常数矩阵 K。结果表明，该模型不仅能对实验数据获得满意的拟合，而且能在较宽的反应条件范围内，对各种组成的催化裂化进料预测其催化裂化行为。模型能成功地预测转化率、汽油选择性、轻燃料油产率、轻质产品分布、碱氮中毒、重芳烃吸附和温度的影响等。

下面通过几个例子说明模型的预测能力。

（1）图 1-28 表示四种不同进料的汽油产率的实验值与模型预测值的比较，实线为模型预测曲线，点子为实验数据。

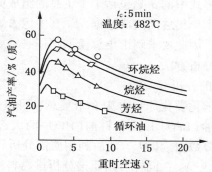

图 1-28　时间平均汽油产率的实验值对模型预测值

由图 1-28 可见，尽管这四种进料的性质和分子组成完全不同，得到的汽油产率也有很大差别，然而十集总模型却都能很好地预测它。尤其值得注意的是十集总模型同样能精确地预测回炼油进料的裂化性能，而三集总模型对这种进料的偏离较大。

（2）图 1-29 表示了重燃料油组分的实验值与模型预测值的比较。图中表示了重燃料油各组分随转化率的变化情况。由图 1-29 可以看出十集总模型的预测值与实验点拟合非常一致外，还可看出一个明显的特点，即无侧链芳环 C_{Ah} 的难裂化性。芳烃取代基团 A_h、环烷烃 N_h 和烷烃 P_h 的裂化反应均较 C_{Ah} 容易，故曲线均在 C_{Ah} 的上方。而无侧链重芳环以慢得多的速率进行裂化，因此 C_{Ah} 曲线比较平坦，在较高转化率时，C_{Ah} 就占有支配的地位。由于回炼油中具有较多的 C_{Ah}，图 1-29 的拟合一致性说明十集总模型能很好地适用于回炼油操作。

（3）图 1-30 表示了轻燃料油组分的实验值与模型预测值的比较。同样除了说明模型与实验结果拟合得非常一致外，还可由图看出，轻燃料油的烷烃 P_l、环烷烃 N_l 和取代基团 A_l 都随着转化率的增加而出现一个最大值。而由于轻燃料油芳环 C_{Al} 固有的难裂化性，又由于较重的芳环会产生轻的芳烃，因此 C_{Al} 的含量一直增加，当较高转化率时，油品

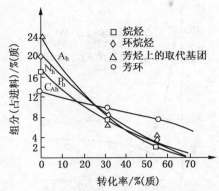

图 1-29　重燃料油(HFO)模型预测值对实验值比较

组分中芳环具有支配地位。

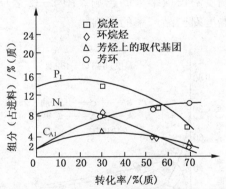

图 1-30　轻燃料油(LFO)模型预测值对实验值比较

（4）图 1-31 表示在确定反应速率常数时未使用过的原料 PA38 在反应温度 485℃和停留时间 1.25min 时，汽油集总、C 集总和轻燃料油产率的实验值与模型预测值的比较。由图可见，尽管 PA38 是未做过实验的原料油，但十集总模型仍能很好地适用，而这对三集总模型来说是做不到的。

（5）图 1-32 表示了模型预测温度对进料产率的影响情况。如果在某一温度下进行催化裂化实验，得到了在此温度下的一套十集总反应速率常数后，再在另一不同温度下进行催化裂化实验，即可得到另一温度下的反应速率常数，并从中可求得各集总进行催化裂化反应的活化能数值。有了活化能数值后，即可得到任意温度下的反应速率常数，十集总

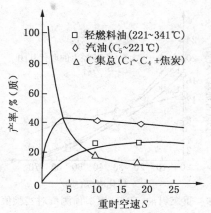

图1-31　含高芳烃原料(PA38)模型
预测值与实验产率比较

模型可用来预测温度对反应结果的影响。图1-32表明,十集总模型是能够精确地预测温度对产品产率的影响。

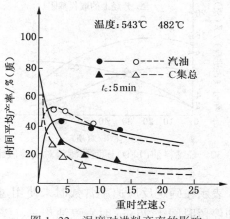

图1-32　温度对进料产率的影响

(6) 图1-33表示用实验室测得的反应速度常数来预测产物的产率,与工业试验中所得的轻燃料油、汽油、气体+焦炭的产率进行比较的结果。图中实线代表模型预测曲线,点代表工业提升管装置中的实测值。这种将模型与正在运转的工业提升管装置上取来的工业数据进行对比可以说是对模型的最关键的考验。一系列的比较图证明,模型是经得起考验的,图1-33只是其中之一,证明模型的预测值与工业提升管各取样点的产率数据吻合得相当好,这样的预测能力就能使炼油厂有足够的把握将十集总模型应用于工业操作中去。

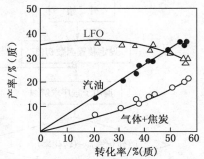

图 1-33 工业提升管样品的选择性曲线

（六）根据生产装置的操作数据求取装置因数

由于反应速率常数的测定，一般是在小型试验装置（固定床或固定流化床）上进行的。此外，各种工业催化裂化反应器中，都会有一些对反应结果有重要影响，但又难以确切地描述的因素，如催化剂和油气在反应器入口处的混合状况、提升管反应器中催化剂的滑落、流化床反应器中气泡，以及反应器出口处催化剂和油气的分离速率等。因此将实验测出的反应速率常数，直接应用到生产装置的计算中，将会有一定的偏差。

为了反映这些因素对产率分布的影响，设置了一些装置因数，以校正理论计算产率和实测产率之间的偏差。

一共有七个装置因数：

$\beta(1)$：用以校正 LFO、HFO 中各集总组分生成汽油的反应速率常数；

$\beta(2)$：用以校正 LFO、HFO 中各集总组分生成（气体+焦炭）的反应速率常数；

$\beta(3)$：用以校正汽油生成（气体+焦炭）的反应速率常数；

$\beta(4)$：用以校正 HFO 中各集总组分生成 LFO 中各集总组分的反应速率常数；

$\beta(5)$：用以校正所有的反应速率常数，使原料油转化率的理论计算值和实测值相一致；

$\beta(6)$：用以校正汽提效果对焦炭总产率的影响；

$\beta(7)$：用以校正原料油中所带的残炭对焦炭总产率的影响。

在应用 FCCLK 软件对某一生产装置进行操作优化计算前，必须先根据工业装置上采集的标定数据或平衡操作数据确定该装置的各个装置因数，求取装置因数的计算机框图如图 1-34 所示。

确定了装置因数以后，只需输入原料油的分析数据，就可预测计算各种操作条件下的产率分布，为优化操作提供依据。

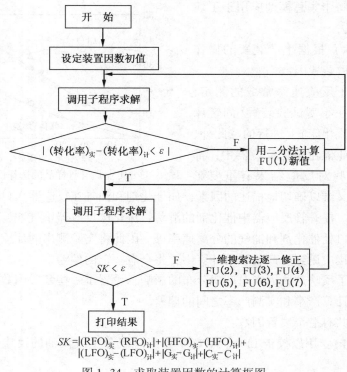

$$SK = |(RFO)_\text{实} - (RFO)_\text{计}| + |(HFO)_\text{实} - (HFO)_\text{计}| +$$
$$|(LFO)_\text{实} - (LFO)_\text{计}| + |G_\text{实} - G_\text{计}| + |C_\text{实} - C_\text{计}|$$

图 1-34 求取装置因数的计算框图

（七）模型的工业应用

指导和改进各炼油厂现有催化裂化装置的操作，是十集总模型最早的工业应用之一。利用这个模型，可以用十个集总组分去描述给定原料的特征，并预测在各种可能的操作条件下装置的特性，它还能描述把给定装置的操作变量限制在一定范围内的约束条件，使人们把注意力集中在允许的操作条件上。莫比尔公司利用十集总模型开发了一些图表[26]，它们可以表示在允许操作范围内装置的主要特性，这些图称为操作性能图，利用这些图可以预测最有利的操作方式，也可以根据改善产物产率的要求，放松各种装置约束条件的数值。

图 1-35 表示在一个工业提升管装置中，二个主要过程变量如何影响转化率的例子。从图中可见，转化率随提升管顶部平均温度的上升而增加，而随进料预热温度的上升而减小，这种似乎是反常的性质，是由于大多数流化催化裂化装置上所采用的热量平衡控制方式所引起的。知道原料预热温度升高，其直接结果将是反应器温度升高，这将为温度控

制器所感受到，为了保持反应器的温度，流量控制器将减少整个系统催化剂的循环量，从而引起提升管底部温度的下降（因为进入反应器的催化剂温度比原料油高）。催化剂循环量的降低，又将为原料油预热温度的上升所平衡，因而装置将在较高的原料油预热温度，和较低的催化剂循环量下达到新的稳定状态。催化剂循环量的降低将会减少反应器内活性中心的数目，从而引起转化率的下降。

图 1-36 表示了同一工业装置在不同的反应器温度和原料油预热温度下的汽油产率。看到在达到一最大值之前，汽油产率是随反应器温度的上升和原料油预热温度的降低而增加的。在反应器温度过高或预热温度过低时，会因为过度裂化而损失汽油，于是对该特定的原料油和催化剂，该最大汽油产率给出了最有利的操作，但是，其他各种装置约束条件可能会阻止达到这一最优化。

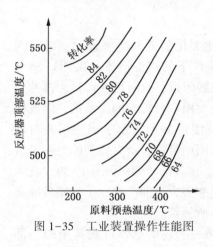
图 1-35 工业装置操作性能图

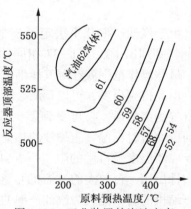
图 1-36 工业装置的汽油产率

限制装置操作的大部分约束是由再生器的操作引起的。图 1-37 表示对再生器温度所加的操作约束，可见该装置允许的最高再生器温度是 704℃。而为了保持催化剂的活性，要求尽可能多地烧掉催化剂上的焦炭，又限制了再生器温度不能低于 593℃，因为当温度低于 593℃ 时，留在催化剂上的焦炭太多，再生催化剂的活性太低。最高预热温度是受预热器能力限制的，而最低预热温度是由内部热交换的需求控制的，湿气压缩机的约束是受现有压缩机的能力限制的。这里可再一次看到，随着预热温度的变化，热平衡控制器将改变催化剂的循环量，因为再生器的温度将随着原料油预热温度的上升而上升，随着预热温度的上升，催化剂循环量将会减少，于是带出再生器的热量也减少了，从而引起再生器温度的上升。

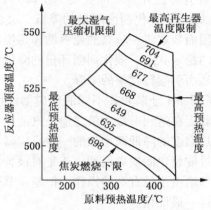

图 1-37　工业装置的再生器温度

　　由于汽油产率几乎决定了整个催化裂化装置的经济效益，所以图 1-38 特别列出了在图 1-37 相同约束条件下的汽油产率。由图1-38可见，最佳操作范围就在湿气压缩机约束线附近，这时可获得最大汽油产率。由此得到启发，可以预测一下，若改用一台较大的压缩机，以放松湿空气约束的话，将可得到多少效益。图1-39即表示了当使用一台较大的压缩机时，湿气压缩线的移动，从图中可见，这时碰到的另一矛盾是反应器温度受材质的限制——549℃。比较图 1-38 和图 1-39，就能够估计出用一台较大的压缩机究竟能增加多少汽油产率，于是便可确定大压缩机的费用能否为汽油产率的提高所补偿。

　　操作性能图可根据需要作出许多种，上述的只不过是其中的一部分。这些操作性能图已在实践中越来越明显地证明对炼油厂的各工业催化裂化装置是非常有用的。由于十集总模型很容易预测原料油的影响。所以对每一种特定的原料油都可以作出各种操作性能图，以预测最佳操作条件。

　　在开发和分析一个新设计时，也发现了十集总模型颇有价值的应用，它具有使各种设计的差别定量化的能力，可以帮助设计者在设计新反应器时，在最有利的方向上集中进行努力。

　　在实验室里，十集总模型已成为比较实验数据和评价新现象的内部标准。任何数据对集总模型的明显偏离，通常意味着下述二种可能性之一：或者数据是错误的，或者已发现了新的现象。还能通过和模型比较去鉴别工业操作中的混合特性和不均匀流动，并使之定量化。

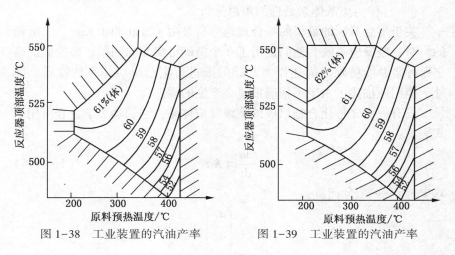

图 1-38　工业装置的汽油产率　　　　　图 1-39　工业装置的汽油产率

第五节　多重反应体系的集总理论和原则

一、集总理论分析

　　通过对组分进行集总来建立多重反应体系的动力学模型，这种方法在处理石油炼制、煤炭加工及生化工程中所遇到的一些多重反应过程时，获得了很大的成功。但是，这种做法也在理论上提出了一些问题，需要化学反应工程作出回答。例如，用一种具有若干化合物平均性质的虚拟组分去代替这些化合物，这种做法在理论上有无必然的根据？也就是说这种方法对多组分多重体系是否普遍有效？这种虚拟组分的动力学特性是否仍和单一化合物一样，能否依然沿用传统的动力学方程进行描述？在什么条件下，这种虚拟组分才能精确地描述它所代表的那些化合物的动力学特性？当把这类动力学模型外推到所开发模型的实验范围之外时，可能会发生什么情况？为了减少鉴别可供选择的集总方案的实验工作量，能否找到适当分族的普遍指导原则[31]？

　　如果说用集总（或分族）方法处理多重反应体系的动力学最早追溯到 R. B. Smith[32] 于 1959 年提出的三集总催化重整模型的话，那么在这以后几年，也就有人从理论上对上述问题进行过探讨，至今也取得了一些很有价值的结果。下面，根据把多组分多重反应体系作为离散体系或作为连续体系的不同处理方法，分别介绍国外一些学者的研究结果。

（一）作为离散体系处理的集总分析

关于集总系统的最早的综合理论分析是由 J. Wei 和 J. Kuo[33,34] 所做的，对一级反应系统，他们提出了一个精确可集总的判据，即他们能确定哪种集总能精确地描述作为基础的未进行集总反应体系的性质。此外，他们还描述了由于不精确集总会产生的误差。

设有一由 n 种化合物组成的一级反应体系，它的动力学方程可用下式表示：

$$\frac{\mathrm{d}\boldsymbol{a}}{\mathrm{d}t} = \boldsymbol{K}\boldsymbol{a} \qquad (1-105)$$

式中　$\boldsymbol{a}$——组分向量：

$$\boldsymbol{a} = \begin{pmatrix} a_1 \\ a_2 \\ \vdots \\ a_n \end{pmatrix}$$

$\boldsymbol{K}$——速率常数矩阵：

$$\boldsymbol{K} = \begin{pmatrix} -\sum_{j=1}^{n} K_{1j} & K_{21} & \cdots\cdots & K_{n1} \\ K_{12} & -\sum_{j=1}^{n} K_{2j} & \cdots\cdots & K_{n2} \\ \vdots & \vdots & \vdots & \vdots \\ K_{1n} & K_{2n} & \cdots\cdots & -\sum_{j=1}^{n} K_{nj} \end{pmatrix}$$

对一级反应体系，$\boldsymbol{K}$ 具有下列特性：

（1）非负的速率常数：$[K]_{ij} = -K_{ij} \leqslant 0$，$i \neq j$ 　　　　（1-106a）

（2）质量守恒：$1^{\mathrm{T}}K = 0^{\mathrm{T}}$ 　　　　（1-106b）

此式表明矩阵 $\boldsymbol{K}$ 的每一列元素之和等于 0，也即每一组分反应消失的量，等于它反应生成其余各组分的量之和。

（3）存在一平衡组成，$a_i^* > 0$，$i = 1, 2, \cdots\cdots, n$。

$$\boldsymbol{K}\boldsymbol{a}^* = 0 \qquad (1-106c)$$

且存在微观平衡：

$$K_{ji}a_j^* = K_{ij}a_i^* \qquad i, j = 1, 2, \cdots\cdots, n, i \neq j$$

例如，对三组分反应体系，其动力学方程可用矩阵形式写成：

$$\begin{pmatrix} \dfrac{\mathrm{d}a_1}{\mathrm{d}t} \\[2mm] \dfrac{\mathrm{d}a_2}{\mathrm{d}t} \\[2mm] \dfrac{\mathrm{d}a_3}{\mathrm{d}t} \end{pmatrix} = \begin{pmatrix} -13 & 2 & 4 \\ 3 & -12 & 6 \\ 10 & 10 & -10 \end{pmatrix} \begin{pmatrix} a_1 \\ a_2 \\ a_3 \end{pmatrix}$$

速率常数矩阵 $\boldsymbol{K}$ 符合式（1-106），该系统的平衡组成为：

$$a^* = \begin{pmatrix} 0.2 \\ 0.3 \\ 0.5 \end{pmatrix} \qquad 故有 \qquad \begin{pmatrix} -13 & 2 & 4 \\ 3 & -12 & 6 \\ 10 & 10 & -10 \end{pmatrix} \begin{pmatrix} 0.2 \\ 0.3 \\ 0.5 \end{pmatrix} = \begin{pmatrix} 0 \\ 0 \\ 0 \end{pmatrix}$$

所谓集总也就是进行线性变换，将 n 维向量通过乘上 $\hat{n} \times n$ 阶的矩阵 $\boldsymbol{M}$ 变成一维数较低的 $\hat{n}$ 维向量：

$$\hat{\boldsymbol{a}} = \boldsymbol{M}\boldsymbol{a} \qquad\qquad (1-107)$$

例如：三种组分被分为二集总可表示为：

$$\begin{pmatrix} 1 & 1 & 0 \\ 0 & 0 & 1 \end{pmatrix} \begin{pmatrix} a_1 \\ a_2 \\ a_3 \end{pmatrix} = \begin{pmatrix} \hat{a}_1 \\ \hat{a}_2 \end{pmatrix} \qquad\qquad (1-108)$$

即
$$\hat{a}_1 = a_1 + a_2 \qquad \hat{a}_2 = a_3$$

J Wei 等定义：对于由式（1-105）描述的体系，如果能用矩阵 $\boldsymbol{M}$ 集总，并存在矩阵 $\hat{\boldsymbol{K}}$ 使集总体系的动力学能用下式计算：

$$\frac{\mathrm{d}\hat{\boldsymbol{a}}}{\mathrm{d}t} = \hat{\boldsymbol{K}}\hat{\boldsymbol{a}} \qquad\qquad (1-109)$$

而且由：
$$\frac{\mathrm{d}\hat{\boldsymbol{a}}}{\mathrm{d}t} = \hat{\boldsymbol{K}}\hat{\boldsymbol{a}} = \hat{\boldsymbol{K}}\boldsymbol{M}\boldsymbol{a} \qquad\qquad (1-110a)$$

和
$$\frac{\mathrm{d}\hat{\boldsymbol{a}}}{\mathrm{d}t} = \boldsymbol{M}\frac{\mathrm{d}\boldsymbol{a}}{\mathrm{d}t} = \boldsymbol{M}\boldsymbol{K}\boldsymbol{a} \qquad\qquad (1-110b)$$

计算所得之值相等，则称此体系是可精确集总的。这时，显然有：

$$\boldsymbol{M}\boldsymbol{K} = \hat{\boldsymbol{K}}\boldsymbol{M} \qquad\qquad (1-111)$$

此即为一级反应体系可精确集总的充分必要条件。

J Wei 等[17,18]认为，精确集总可以分为三类，即适合集总、半适合集总和不适合集总。适合集总，包含 n 种组分的体系被分成 $\hat{n}$ 个集总。

每一化合物只属于一固定的集总，这些集总在动力学上可当作独立的实体，并且仍然服从一级反应模型，即集总体系的速率常数矩阵 $\hat{K}$ 满足一级反应体系速率常数矩阵 K 的三个条件。对半适合集总和不适合集总，每一化合物不是仅仅属于唯一的集总，例如组分 A，可能同时属于集总 $\hat{A}_1$ 和 $\hat{A}_2$。在半适合集总的场合，集总体系仍服从一级反应模型，即矩阵 $\hat{K}$ 满足一级反应体系速率常数 K 的三个条件。而对不适合集总，集总体系不再服从一级反应模型，即矩阵 $\hat{K}$ 不满足这三个条件。显然，对适合集总，矩阵 M 的每一列都是单位向量，对半适合集总，只要求 M 的每一列的各元素之和为 1。即 $1^T M = 1^T$。

前面引用过的三元反应体系可作为精确适合集总的一个例子。

$$
\overset{M}{\begin{pmatrix} 1 & 1 & 0 \\ 0 & 0 & 1 \end{pmatrix}} \overset{K}{\begin{pmatrix} -13 & 2 & 4 \\ 3 & -12 & 6 \\ 10 & 10 & -10 \end{pmatrix}} = \begin{pmatrix} -10 & -10 & 10 \\ 10 & 10 & -10 \end{pmatrix}
$$

$$
\overset{\hat{K}}{\begin{pmatrix} -10 & 10 \\ 10 & -10 \end{pmatrix}} \overset{M}{\begin{pmatrix} 1 & 1 & 0 \\ 0 & 0 & 1 \end{pmatrix}} = \begin{pmatrix} -10 & -10 & 10 \\ 10 & 10 & -10 \end{pmatrix}
$$

所以　　$MK = \hat{K} M$

现讨论主要集中在适合集总，对半适合集总和不适合集总的反应体系，在实际处理时，也是先用适合集总矩阵近似地进行集总，再考虑由此引起的误差。

应该指出，精确适合集总的条件是十分苛刻的。考虑下述的四组反应体系

$$
MK = \begin{bmatrix} 1 & 1 & 0 & 0 \\ 0 & 0 & 1 & 1 \end{bmatrix} \begin{pmatrix} -\sum_{i=1}^{4} K_{1i} & K_{21} & K_{31} & K_{41} \\ K_{12} & -\sum_{i=1}^{4} K_{2i} & K_{32} & K_{42} \\ K_{13} & K_{23} & -\sum_{i=1}^{4} K_{3i} & K_{43} \\ K_{14} & K_{24} & K_{34} & -\sum_{i=1}^{4} K_{4i} \end{pmatrix}
$$

$$
= \begin{pmatrix} -K_{13} - K_{14} & -K_{23} - K_{24} & K_{31} + K_{32} & K_{41} + K_{42} \\ K_{13} + K_{14} & K_{23} + K_{24} & -K_{31} - K_{32} & -K_{41} - K_{42} \end{pmatrix}
$$

$$\hat{K}M = \begin{pmatrix} -\hat{K}_{12} & \hat{K}_{21} \\ \hat{K}_{12} & -\hat{K}_{21} \end{pmatrix} \begin{pmatrix} 1 & 1 & 0 & 0 \\ 0 & 0 & 1 & 1 \end{pmatrix} = \begin{pmatrix} -K_{12} & -K_{12} & K_{21} & K_{21} \\ K_{12} & K_{12} & -K_{21} & -K_{21} \end{pmatrix}$$

为满足精确适合集总的条件，就要求

$$K_{13} + K_{14} = K_{23} + K_{24} = \hat{K}_{12}$$

$$K_{31} + K_{32} = K_{41} + K_{42} = \hat{K}_{21}$$

即从组分 A_1 到集总 $\hat{A}_2$ 各组分的速率常数之和必须等于由组分 A_2 到集总 $\hat{A}_2$ 的各组分的速率常数之和。组分 A_3、A_4 和集总 $\hat{A}_1$ 之间也存在同样的关系，把这种关系推广到组分数为 n 的一级反应体系，就要求对集总 $\hat{A}_i$ 中的任何二组分 A_j 和 A_l，从 A_j 到另一集总 $\hat{A}_k$ 中各组分的速率常数之和必须和由 A_l 到集总 $\hat{A}_k$ 中各组分的速率常数之和相等。对实际体系来说，要满足这样的条件，几乎是不可能的。

由于实际的多重一级反应体系不可能满足适合精确集总的要求，这就面临着二种选择。一是采取半适合或不适合的精确集总，但是这样做在实际上将面临一些新的困难，例如一种组分将分属不同的集总，按什么比例分配为宜。当采用不适合精确集总时，将面临非线性参数估计问题。一是仍采用适合集总的形式，即每一组分仍仅属于一固定集总，集总体系仍作为一级反应体系处理。这样做当然不能再满足精确集总的要求。这就需要考察由于不精确集总造成的误差，并以此误差的大小来衡量体系的可集总性。

定义矩阵 $E = MK - \hat{K}M$ 为对某一 $\hat{K}$ 及集总矩阵 M 的误差矩阵。显然对能用矩阵 M 精确集总的反应体系（这时 M 和 $\hat{K}$ 都是唯一的）。E 是零矩阵，对不能用适合集总矩阵 M 精确集总的反应体系。为了使 K 能满足一级反应的全部特征，即式（1-106）的三个条件和

$$\hat{a}^* = Ma^*$$

可这样来选择 E，使得

$$EAM^\mathrm{T} = \hat{0} \qquad\qquad (1-112)$$

式中，A 为平衡组成矩阵，$A = diag(a_1^*, a_2^*, \cdots\cdots, a_n^*)$。
于是，可得到

$$\hat{K} = MKA^\mathrm{T}\hat{A}^{-1} \quad (\hat{A} = MAM^\mathrm{T}) \qquad\qquad (1-113)$$

可以证明这样得到的 $\hat{K}$ 能满足式（1-106）的三个条件。有了集总体系的速率常数矩阵 $\hat{K}$，就可以用二种方法来计算集总组分在时刻 t 的组成 $\hat{a}(t)$。一种是不会引起误差的方法，先用 K 和 $a(0)$ 计算 $a(t)$，然后用矩

阵 $\boldsymbol{M}$ 把 $\boldsymbol{a}(t)$ 集总得到 $\hat{\boldsymbol{a}}_r(t)$：

$$\hat{\boldsymbol{a}}_r(t) = \boldsymbol{M}e^{-Kt}\boldsymbol{a}(0)$$

另一种是有误差的方法，先对 $\boldsymbol{a}(0)$ 进行集总，然后再用 $\hat{\boldsymbol{a}}(0)$ 和 $\hat{\boldsymbol{K}}$ 计算 $\hat{\boldsymbol{a}}(t)$，得到 $\hat{\boldsymbol{a}}_w(t)$

$$\hat{\boldsymbol{a}}_w(t) = e^{-\hat{K}t}\boldsymbol{M}\boldsymbol{a}(0)$$

由集总造成的误差可表示如下：

$$\hat{\boldsymbol{a}}_r(t) - \hat{\boldsymbol{a}}_w(t) = (\boldsymbol{M}e^{-Kt} - e^{-\hat{K}t}\boldsymbol{M})\boldsymbol{a}(0)$$

此向量是 t 的函数，不适宜作为衡量体系可集总性的判据，为此定义下式

$$E[\boldsymbol{a}(0)] = \max_{i=1}^{\hat{n}}\left[\max_{t>0} \mid (\hat{\boldsymbol{a}}_r)i(t) - (\hat{\boldsymbol{a}}_w)i(t) \mid\right] \quad (1-114)$$

再以 $E[\boldsymbol{a}(0)]$ 的最大值作为可集总性的判据。

J Wei 等[33,34] 证明了 $E[\boldsymbol{a}(0)]$ 的最大值一定发生在以某一纯组分为初始组分时，即：

$$\max_{\boldsymbol{a}(0)\in A} E[\boldsymbol{a}(0)] = \max_{i=1}^{n} E[ei] \quad (1-115)$$

这样，为了计算 $\max\limits_{\boldsymbol{a}(0)\in A} E[\boldsymbol{a}(0)]$，只需计算 $E[ei](i=1,2,\cdots\cdots,n)$ 就行了。

但是要利用上述分析来判断一级反应体系的可集总性，必须先知道该体系的反应速率常数矩阵，而这一般是办不到的，为此，Y Qzawa[33] 在 1973 年对上述理论提出了一项改进。

J Wei 和 Kuo[17,18] 曾经证明式（1-111）如果成立，$\boldsymbol{K}$ 的特征向量矩阵 $\boldsymbol{X}$ 和 $\hat{\boldsymbol{K}}$ 的特征向量矩阵 $\hat{\boldsymbol{X}}$ 有如下关系：

$$\boldsymbol{M}\boldsymbol{X} = \hat{\boldsymbol{X}}(\hat{\boldsymbol{I}}O) \quad (1-116)$$

式中，$\hat{\boldsymbol{I}}$ 是 $\hat{n}$ 阶单位矩阵，$\boldsymbol{O}$ 是 $\hat{n}\times(n-\hat{n})$ 阶零矩阵。也即集总后 $\boldsymbol{X}$ 的 n 个特征向量中，有 $\hat{n}$ 个特征向量 $\boldsymbol{X}_i$ 变成 $\hat{\boldsymbol{X}}_i$ 的特征向量

$$\boldsymbol{M}\boldsymbol{X}_i = \hat{\boldsymbol{X}}_i, \qquad i = 0, 1, \cdots\cdots, \hat{n}-1$$

而另外 $(n-\hat{n})$ 个特征向量 $\boldsymbol{Y}_j$ 消失：

$$\boldsymbol{M}\boldsymbol{Y}_j = 0, \qquad j = 1, 2, \cdots\cdots, n-\hat{n}$$

特征向量 $\boldsymbol{X}_i$ 称为不消失特征向量，而 $\boldsymbol{Y}_j$ 称为消失特征向量，Y Qzawa 根据消失特征向量和不消失特征向量的正交性证明了反应体系的 i 组分和 j 组分精确集总在一族的充分和必要条件是

$$\boldsymbol{X}_K^T \boldsymbol{a}_{ij} = 0 \quad (1-117)$$

式中，$\boldsymbol{a}_{ij}$ 是一 n 维向量，其中第 i 个元素是 j 组分的平衡组成 $\boldsymbol{a}_j^*$，第 j 个元素是 i 组分的平衡组成 $\boldsymbol{a}_i^*$，其余元素都是零。因此，只要通过实

验找到一个不消失特征向量 X_K，对所有的 i、j 值，就可用式（1-117）来检验可能的集总方案。对近似集总而言，式（1-117）可用来获得 i'，s 和 j' 之间的一种结合使 $X_K^T a_{ij}$ 为最小。

（二）作为连续体系处理的集总分析

和前面所述按离散体系来处理多组分反应体系的方法不同，Aris 及其同事[15,16]认为含有大量化合物的反应混合物可以看成是一种接近于连续状态的混合物，引入了速率常数分布函数的概念，采用了积分微分方程来描述这类体系。设一集总反应混合物初始总浓度为 $\bar{A}(0)$，速率常数分布函数为 $f(K)$，则在初始时刻反应速率常数在 $K \sim K + \mathrm{d}K$ 的化合物的量为：

$$A_0(K) = \bar{A}(0)f(K)\,\mathrm{d}K$$

设所有化合物都发生一级反应，则速率常数在 $K \sim K + \mathrm{d}K$ 的化合物的反应动力学方程为：

$$\frac{\mathrm{d}A(K)}{\mathrm{d}t} = -KA(K)$$

所以　$A(K) = A_0(K)\mathrm{e}^{-Kt} = \bar{A}(0)f(K)\mathrm{e}^{-Kt}\,\mathrm{d}K$

于是，在 t 时刻该集总化合物的总浓度可表示为：

$$\bar{A}(t) = \int_0^\infty \bar{A}(0)f(K)\mathrm{e}^{-Kt}\,\mathrm{d}K$$

所以，该集总的反应速率可表示为：

$$\frac{\mathrm{d}\bar{A}(t)}{\mathrm{d}t} = \frac{\mathrm{d}}{\mathrm{d}t}\int_0^\infty \bar{A}(0)f(K)\mathrm{e}^{-Kt}\,\mathrm{d}K \qquad (1-118)$$

Aris[15,16]等认为反应混合物的动力学特性应该用上述积分-微分方程来描述，他们并发现即使体系中所有化合物发生的反应都是一级反应，混合物的精确速率表达式也不一定是一级的，其函数形式取决于组分的初始分布。

这一结论为 Weekman 和 Nace[25]在粗柴油催化裂化的研究中所证实。由于原料裂解性能的差异，快反应品种和慢反应品种的分布导致反应级数必然高于1，因为当难裂解的品种还要被继续裂解时，反应会减慢下来。

稍后，Luss 和 Hutchinson[34,35]进一步证明：对一含有 n 种化合物的混合物，若发生 n 种平行的一级反应（或 P 级反应），当用一虚拟组分去代表这些化合物时，只有当所有化合物在所有时刻的转化率都是一致的时候，虚拟组分的速率表达式才和单一化合物具有相同的函数形式；在一般情况下，不能用传统的动力学函数形式去精确拟合混合物的反应特征。

Kemp 和 Wojciechowski[36]提出可以引入一反应难度因子 $F(X)$ 来描述这种虚拟组分的动力学，对简单的一级反应有

$$\frac{\mathrm{d}X}{\mathrm{d}t} = KX = K_0 F(X) X \qquad (1-119)$$

其中 K_0 为初始速率常数。当初始组成一定时，$F(X)$ 一般是转化率的复合函数，但在一定的转化率范围内，可认为 $F(X)$ 具有简单幂函数形式 $F(X) = X^w$。例如，对催化裂化而言，当转化率不超过 $70\% \sim 80\%$ 时，这样的表示方法正确描述过程的动力学特性，故有

$$\frac{\mathrm{d}X}{\mathrm{d}t} = K_0 X^{1+w} \qquad (1-120)$$

引入 $F(X)$，在实际上表现为提高了表观反应级数，w 的值取决于虚拟组分代表的化合物的反应速率常数分布。

Luss 及其同事等利用 Aris 关于速率常数分布的概念，研究了在各种反应机理，如简单反应、串联反应、竞争反应中混合物的动力学特性，得到了一些有用的结果。特别有意义的是，他们揭示了集总可能造成的陷阱，即把某个集总动力学模型应用到开发模型的实验范围之外时，可能造成重大失误，下面分几个方面对这个问题做些介绍。

（1）众所周知，对单一化合物而言，反应活化能基本上是一常数，温度对反应速率的影响应服从阿累尼乌斯方程，但是对集总品种而言，只有当集总在同一族里的化合物的反应活化能差别不大时，温度对反应速率的影响才近似遵循阿累尼乌斯方程；而当各化合物的反应活化能有较大差别时，温度影响就不能用阿累尼乌斯方程来描述[37]。更令人惊奇的是，在这种情况下，集总品种的反应活化能不是常数，而是温度和转化率的函数，甚至用二种不同的实验方法测定的活化能也会不同，这种情况对单一化合物而言是无法想象的。

图 1-40 和图 1-41 是 Aris 发表的，包含 N 种化合物的集总品种，所有化合物发生平行的一级反应，集总品种的表观活化能随温度和转化率的变化情况。

可见，只有在某些情况下，例如 $T = 620℃$ 或转化率 $= 55\%$ 时，反应活化能基本上是常数。而在其他情况下，例如 $T = 460℃$ 或转化率 $= 95\%$ 时，反应活化能随温度和转化率的变化将有很大的变化。因此，如果恰

好是在 $T = 620℃$ 或转化率 $= 55\%$ 时进行实验，可能会误认为已得到了一个极好的集总方案，但实际上正如已经看到的，如果在其他条件下使用这一集总模型，很可能会落入陷阱[38]。

（2）化学反应器的设计和控制要求运用通常是以在实验室和中间工厂反应器得到的动力学资料为根据的过程模型，这种反应器的结构和停留时间分布可能和工业反应器不同。例如在旋筐式（无梯度）反

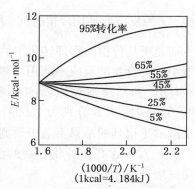

图 1-40　反应活化能和温度的关系
（引自文献[37]）

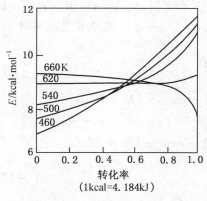

图 1-41　反应活化能和转化率的关系
（引自文献[37]）

应器中得到的动力学模型可能要用于固定床反应器的设计，这种做法对单一化合物来说，并不会造成什么问题，但是对速率常数有较宽分布的混合物，上述的做法也可能导致陷阱。例如，对一速率常数呈指数分布的反应混合物

$$A(K) = \bar{A}(0)\beta e^{-\beta K}$$

各化合物发生平行一级反应。在活塞流反应器里，可推导得到混合物的反应速率方程为：

$$\frac{dX}{dt} = \frac{1}{\beta}(1 - X)^2 \qquad (1-121)$$

即可用一个二级反应精确描述，$K_2 = 1/\beta$。

但在连续搅拌釜式反应器，如果也用二级反应的形式来描述，即可推导得到

$$K_2 = \frac{1 - \dfrac{\beta}{\tau}e^{\beta/\tau}E_0\left(\dfrac{\beta}{\tau}\right)}{\tau\left[\dfrac{\beta}{\tau}e^{\beta/\tau}E_1\left(\dfrac{\beta}{\tau}\right)\right]^2} \qquad (1-122)$$

其中，τ 为反应器平均停留时间；$E_1(X) = \int_0^\infty \dfrac{e^{-Xt}}{t} dt$。可见 K_2 不再是常数，而是平均停留时间即转化率的单调增函数，也即在连续搅拌釜式反应器中，混合物的反应不能用二级反应来精确描述。当转化率很低时，$K_2 \approx 1/\beta$，和活塞流反应器的结果一致，然而当转化率为 0.1、0.5、0.9、0.95 时，$K_2\beta$ 分别为 1.009，1.22，3.065、4.96。所以，在活塞流反应器里得到的结果不适于预测连续搅拌釜式反应器中的结果[39]。

（3）对一含有 n 种化合物的混合物，每一化合物发生二个竞争不可逆一级反应

$$A_i \underset{K_i^*}{\overset{K'_i}{\longrightarrow}} \begin{matrix} B_i \\ C_i \end{matrix} \qquad i = 1, 2, \cdots\cdots, n$$

对发生竞争一级反应的单一化合物，反应的选择性是不随时间，即转化率而变化的，但是，如果把上述系统划分为由 A_i，B_i，C_i($i = 1, 2 \cdots\cdots, n$)组成的三个集总品种 A，B，C，$A \overset{\nearrow B}{\searrow_C}$，那么集总品种 A 的选择性就将是随时间变化的了，这时有

$$\frac{B}{C} = \frac{\Sigma B_i}{\Sigma C_i} = \frac{\Sigma \dfrac{K_i A_i(0)}{K_i + K_i^*}\{1 - \exp[-(K_i + K_i^*)t]\}}{\Sigma \dfrac{K_i^* A_i(0)}{K_i + K_i^*}\{1 - \exp[-(K_i + K_i^*)t]\}}$$

$$(1 - 123)$$

除非在一些特殊情况下，例如当 $\dfrac{K_i}{K_i^*}$ = 常数时，选择性才是常数。就一般情况而言，选择性和转化率的关系是受构成集总品种的混合物的初始组成影响，它可能是转化率的增调函数，也可能是转化率的单调函数，而且对一含有 n 种化合物的混合物，可能出现至多为 $n-2$ 个极值点。

研究结果还表明，使用具有不同停留时间分布的反应器也可能影响选择性。例如对上述反应系统假设 K_i 服从指数分布，而 K_i^* 服从 δ 分布：

$$A(K_1 K^*) = \bar{A}(0)\beta\exp(-K\beta)\delta\left(K^* - \frac{1}{\beta}\right)$$

如图 1-42 所示，在活塞流管式反应器里选择性 $\bar{B}/\bar{C}$ 高于连续搅拌

釜式反应器。

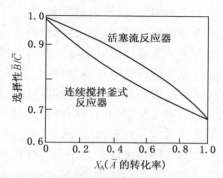

图 1-42　理想混合反应器和活塞流反应器中转化率和选择性的关系
（引自文献[40]）

二、实际集总的一般原则

　　以上分析表明，这种虚拟的集总品种的动力学特性和单一化合物很不相同，往往难以用传统的动力学函数形式进行描述。集总方法基本上还是一种经验方法。对一具体的多组分反应体系来说是否适合用集总动力学模型进行描述，从根本上说是由体系所含组分的动力学特性决定的。如果反应体系中确实含有在动力学性质上比较接近的组分，那么按动力学性质相似的要求把所有组分分成若干个集总品种，把每一集总品种作为一独立实体建立的动力学模型，将能够近似地描述原始体系的反应性能；相反，如果反应体系中所有组分的动力学性质差别很大，集总动力学方法就难以实行。在这方面，石油炼制中的一些反应过程当然具有得天独厚的有利条件，因为石油馏分中相对分子质量相近的同系物往往具有比较接近的反应特性，集总动力学模型方法首先在催化重整、催化裂化、加氢裂化等石油加工过程中取得成功，并不是偶然的。即便如此，还是应该注意，用这种方法开发的动力学模型的函数形式和模型参数的数值往往会和集总品种中所含组分的初始组成有关，因此，当把模型外推到原实验范围之外时必须十分谨慎。

　　只有当把具有相似动力学特性的化合物分在一个集总里时，模型的函数形式和参数对集总品种中所含组分的初始组成才变得不太敏感，这时集总动力学模型才有较好的预测能力。因此必须在模型的预测能力、可靠性和集总的细致程度以及由此引起的实验和计算工作量之间进行权衡。

像已经指出过的那样，一般无法知道反应混合物中所有化合物的反应速率常数，总是根据某些比较容易测定的性质，例如烃族组成、沸点、碳原子数等等来进行集总。对于某一具体过程，究竟应以哪一种性质来进行集总，迄今为止，主要还是取决于实验者的经验和才能。当某种性质被用来将反应混合物分成若干集总品种时，开发得到的模型的可靠性取决于化合物的这种性质和动力学之间的联系。在某些例子中，例如加氢脱氮过程，组分的沸点和它们的反应特性之间存在某种联系，因此按照沸点范围来集总，对这一过程可能是恰当的。但对一些别的过程来说，组分的沸点和动力学特性之间，如果只存在很弱的联系，这时为了避免将动力学特性具有很大差别的化合物分在一个集总里，用别的性质来作为集总的标准就变得极为重要了。Jaffe[41] 提出的加氢过程模型是这条原理的极佳应用。他注意到对石油烃的加氢来说，虽然烯烃、芳烃的加成和烷烃、环烷烃的裂解放出的热量都是不同的，但是对每一类反应来说，反应的热效应十分接近。他按发生反应的碳键的种类，即烷烃的 δ 键、烯烃的 π 键和芳烃的大 π 键对反应混合物进行集总，结果该集总动力学模型成功地预测了反应的总的热效应和氢气消耗量。

第六节　多重反应体系动力学的研究进展

对多重反应体系进行详细的动力学解析具有很大的挑战性，也一直是各国学者不懈努力的方向之一，下面通过对催化裂化反应动力学研究新动向的简要介绍，可对现今多重反应体系动力学研究的发展趋势有一个大概的了解。

如前所述，集总动力学的研究方法已经在催化裂化、催化加氢、催化重整等石油加工过程以及煤化工、生物化工等多重反应体系中取得了巨大成功，有了突破性进展。但是这种研究方法也有其固有的局限性：以集总模型计算得出的产率和产品分布是以混合物及其总体性质出现的，如汽油、柴油、干气等，对其中的单体芳烃、烯烃及氧含量、硫含量等无法作出更为详细的预测；此外，集总一旦划分以后，汽油、馏分油以及未转化的重油的沸程切割就固定了，而实际上，各炼厂为了达到最优的经济效益，切割点是有可能要变动的，这样一来，集总就要重新划分，工作量也就随之大大增加。

化学反应工程学的目的之一就是对反应网络进行解析，希望对其中每一个分子的反应历程以及速率常数都能作出全面的描述。目前对于反应系统不太复杂的化工过程，这一点已经可以做到，但对于像催化裂化这样的多重反应体系来说，由于其反应网络的复杂性，还远远达不到在分子尺度上进行模拟的水平。而对于这种由大量组分构成的多重反应系统，要想对其反应机理了解得较为透彻，就必须搞清楚各种不同分子的行为。因此，对炼油过程来说，建立分子尺度的反应动力学模型一直是广大炼油工作者们不懈追求的目标之一。

另外，随着环保要求的日益严格，对催化裂化产品中的有害物含量必须进行严格控制。美国环保局在 1990 年提出了清洁空气法修正案（Clean Air Amendments），并提出了新配方汽油（Reformulated Gasoline）的概念，对芳烃（尤其是苯）、烯烃含量和硫含量都作了相应的限制，并要求一定的氧含量。我国也于 2015 年 8 月 29 日由全国人大常委会审议通过了修订的《大气污染防治法》，并于 2016 年 1 月 1 日起施行，2020 年 7 月 1 日，全国的轻型车将强制执行国六 a 排放标准。凡此种种，表明环保对车用燃料的质量要求已达到分子级的水平，反应动力学模型的发展应该能够跟上这个要求，应该能够对催化裂化产品分布及性质与原料油性质、操作变量、催化剂等的内在关联作出更细致的预测，以便于根据市场需求采用最经济的对策。

近 30 年来，计算机的发展令人瞩目。现代计算机容量大，体积小，计算速度快，使得许多数学工具都可以运用到化工计算当中；与此同时，现代分析技术也日新月异，气相色谱、高效液相色谱、质谱、核磁共振等技术不仅可以对汽油、气体等产物分析出几乎所有的组成，对原料油的分析也越来越深入。所有这些，都为分子尺度的反应动力学模型的研究提供了前提条件。在此基础上，研究者们为构造分子尺度反应动力学模型作了许多努力，并且进行了多方面的尝试，下面就将对其中具有代表性的单事件方法作简要的介绍。

比利时的 G F Froment 等开发了一种单事件动力学模型（single-event kinetic model）[42]，首先应用于加氢异构、加氢裂化[43,44]，以后又推广到催化裂化[45,46]过程。该模型的中心思想是既要保留每个进料组分和中间产物反应历程的全部细节，又要尽量减少所求的参数。其入手点是不管反应网络如何复杂，终究是由正碳离子的几类基本步骤（elementary steps）所构成的，如氢转移、甲基转移、β 位断裂、支链化、烷基化、质子化、去质子化、环化、缩环等，如此一来即可大大减少所要求的动力学参数。根据伯碳、仲碳、叔碳离子的稳定性不同，而且基本步骤中分子结构的影响主要是通过正碳离子起作用的，利用过渡状态理论又可将每一个基本步骤分解为若干个单事件。这样，通过模型化合物的裂化数据去求取单事件速率常数，再通过求取单事件速率常数求取基本步骤速率常数，最后即可通过基本步骤速率常数计算整个反应网络。单事件模型可以反映出每一原料组分及反应中间产物的反应历程，所要求的速率常数的数量也不会太多，实验工作量可大大减少，而且基本步骤速率常数的值是不随进料组成的变化而变化的。

首先将各类分子及正碳离子均以布尔邻接矩阵（Boolean relation matrices）及辅助向量表示，如图1-43所示。第i行和第j列相交处的元素，若为1表明碳原子i和碳原子j之间有化学键，为0则表明无化学键存在。一行之中有多少个1表明此碳原子为伯碳、仲碳、叔碳或季碳，第一个辅助向量表示双键的位置，第二个表示正电荷。为了将其进行计算机存储，又可将整个分子以下列两行表示：第一行表示碳原子是否是伯、仲、叔或季碳，第二行代表每个碳原子的特征，有如下约定：1为芳烃碳原子；2为环烷烃碳原子，并且隶属于一个双键；3为其余的环烷烃碳原子；4为无环烃碳原子，并且隶属于一个双键；5为其余的无环烃碳原子。如此一来，图1-43所示的分子即为：

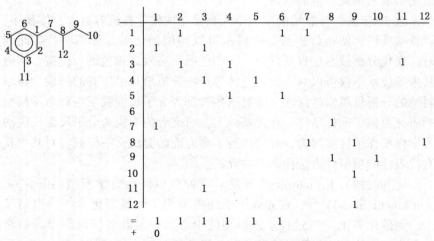

图1-43 某蜡油分子及其二元邻接矩阵和辅助向量

0（无正电荷）

3 2 3 2 2 2 2 2 3 2 1 1 1

1 1 1 1 1 1 1 5 5 5 5 5 5

如此一来，化学反应的发生即可通过矩阵的运算来实现。

　　要想预测产物分布必须求得速率常数。对于分子尺度的反应网络来说，速率常数的数目应与反应数相等，但是在采用了基本步骤的概念后这个数字会大大降低。

　　单事件方法特点是将基本反应步骤的速率常数分解为单事件数与单事件速率常数。根据过渡态理论，反应物经过渡态络合物转化为产物，其速率常数 k 可以表示为：

$$k = \frac{k_B T}{h} \exp\left(\frac{\Delta S^{0\neq}}{R}\right) \exp\left(-\frac{\Delta H^{0\neq}}{RT}\right) \tag{1-124}$$

　　在由反应物形成过渡态络合物过程中，反应活化熵变 $\Delta S^{0\neq}$ 可以分解为两部分：一是与反应物和过渡态络合物结构有关的对称数变化熵变 $\Delta S_{sym}^{0\neq}$；二是与结构无关的本征熵变 $\Delta \hat{S}^{0\neq}$，即

$$\Delta S^{0\neq} = \Delta \hat{S}^{0\neq} + \Delta S_{sym}^{0\neq} \tag{1-125}$$

其中，
$$\Delta S_{sym}^{0\neq} = R\ln\left(\frac{\sigma_{gl}^r}{\sigma_{gl}^{\neq}}\right) \tag{1-126}$$

　　σ_{gl}^r 为反应物全局对称数，$\sigma_{gl}^{\neq}$ 为过渡态活化络合物全局对称数。将式（1-125）、式（1-126）代入式（1-124）可得：

$$k = \frac{k_B T}{h}\left(\frac{\sigma_{gl}^r}{\sigma_{gl}^{\neq}}\right) \exp\left(\frac{\Delta \hat{S}^{0\neq}}{R}\right) \exp\left(-\frac{\Delta H^{0\neq}}{RT}\right) \tag{1-127}$$

令
$$n_e = \frac{\sigma_{gl}^r}{\sigma_{gl}^{\neq}} \tag{1-128}$$

$$\tilde{k} = \frac{k_B T}{h} \exp\left(\frac{\Delta \hat{S}^{0\neq}}{R}\right) \exp\left(-\frac{\Delta H^{0\neq}}{RT}\right) \tag{1-129}$$

则
$$k = n_e \tilde{k} \tag{1-130}$$

　　n_e 为单事件数，$\tilde{k}$ 为单事件速率常数，基本反应步骤的速率常数 k 为单事件速率常数 $\tilde{k}$ 和单事件数 n_e 之积。与荷电碳原子上连接的烷基数对碳正离子的稳定性相比，碳正离子的碳数的影响可以忽略，为此可以认为单事件速率常数 $\tilde{k}$ 只与基本反应步骤类型和反应前后碳正离子种类有关，而与碳数无关，在此基础上可以大幅度减少单事件速率常数的个数。

　　反应焓变对基本反应步骤速率常数的贡献基于 Evans-Polanyi 关联式，基本反应步骤所需克服的能障（$E_a \approx \Delta H^{0\neq}$）表示如下：

$$E_a = E^0 + \alpha_P \Delta H_R^s (\Delta H_R^s < 0 \text{ 放热反应}) \tag{1-131}$$

$$E_a = E^0 - (1 - \alpha_P) \Delta H_R^s (\text{吸热反应}) \tag{1-132}$$

式中　E^0 为本征活化能障；α_p 为传递系数。二者均可通过实验数据估计确定，对于某一类型的基本反应步骤其数值是固定不变的。

N V Dewachtere 等[57]选择了正癸烷、正十二烷、正十三烷、正十六烷、甲基环己烷、正丁基环己烷、叔丁基环己烷、己基苯、辛基苯的裂化数据求得了 50 个单事件速率常数。

最后将模型应用于减压瓦斯油（VGO）的催化裂化。在这个复杂反应体系中，碳数达 40 以上，各种组分可达 700645，很显然，这种情况必须进行一定程度的集总。把每个碳数的正构烷烃、异构烷烃、正构烯烃、异构烯烃和单环、双环、三环、四环环烷烃及单环、双环、三环芳烃以及芳烃-环烷烃分别集总在一起，将单支链、双支链及三支链的异构体分别集总在一起。这样一来，组分数可减少至 646，相应的反应网络含 44169 个反应。文中给出了在提升管反应器中重循环油、轻循环油、汽油、液化石油气、焦炭沿轴向的分布情况，以及轻循环油中烷烃、烯烃和单环、双环、三环、四环环烷烃沿轴向的分布，汽油中烷烃及异构烷烃、烯烃及异构烯烃、单环环烷烃、双环环烷烃、单环芳烃、双环芳烃沿轴向的分布，液化石油气中丙烷、丙烯、丁烷、异丁烷、丁烯、异丁烯沿轴向的分布。

除了单事件方法，D K ciguras 和 D T Auem 提出的结构化模型（structural model）[47,40]、M T klein 等提出的蒙特卡罗模拟[48-50] R J Quann 和 S B Jaffe 等提出的结构导向集总（Structure-Oriented Lumping[51-53]）都能够对化学反应的本质作出更为精确的反映，在分子尺度上对反应历程进行模拟，并对产物的分布及性质作出预测。这几种模型虽然在具体的建立方法上各不相同，但是细细剖析，也有共同的特点，主要表现在：

（1）尽管现代分析技术已经使人们对原料油的组成所知甚多，但并不能对原料油进行完全解析。分子尺度的动力学模型几乎都是在不同深度的原料油组成分析的基础上，再通过数学手段对原料油的组成进行模拟，因而其分子为虚拟分子，由于缺乏直接的分析证明，因而还是进行了一定程度集总的。只不过与传统集总方法相比，其集总划分得更为细致，是在分子尺度上的集总，能够反映出原料油的结构特性。以结构导向集总模型为例，对于具有同样结构的分子，如异构体，还是集总在一起用同一个向量表示的[51]。

（2）几种分子尺度的反应动力学模型所使用的数学工具基本上是一致的。第一是运用了图论，将各种分子以矩阵的形式表现，其好处是能够方便地用计算机进行计算；第二是运用了概率论来求解非线性问题。在 D T Allen 的工作[47]中，对正碳离子的生成位置进行计算时就引入了概率。蒙特卡罗方法更是数理统计的直接产物，它的核心思想是随机抽样，就是说每一次抽样的结果是随机的、不真实的，但是大量抽样的平均(即数学期望)必然反映出对象的特征，因而是可信的。

（3）以上介绍的几种分子尺度的反应动力学模型并非针对某一特定过程而言，而是带有普遍的指导意义，在具体应用过程中可以根据研究对象的实际情况加以灵活运用。各种复杂反应体系如催化裂化、催化加氢、催化重整等各有其特点，建立动力学模型时也应做到量体裁衣。举例来说，M T Klein 等对原料油分子进行模拟时，其目标函数式(1-153)的项是可加减的，若无某项的分析数据则该项可省。法国的 F V Landeghem 等在建立催化裂化的反应动力学模型时，将按馏分的传统集总与单事件动力学模型结合起来，提出了一种折中方案[54]，也达到了较为满意的效果，可看作是对单事件动力学模型某种程度上的简化。

对像催化裂化这样的复杂体系来说，科学家们一直想要在分子尺度上探索清楚反应是如何发生的，影响因素是什么，而不是仅仅停留在以集总划分的混合物水平上。21 世纪环保要求的日趋严格，对化工产品的质量会进行各种严格限制，而产品的性质与其分子组成是直接相关的，这也要求反应动力学模型要提高到分子级的水平。本节对目前的几种分子尺度的反应动力学模型做了一个简要的介绍，读者若想做更进一步的了解可自行阅读有关的参考文献。

参 考 文 献

[1] 翁惠新,毛信军.石油炼制过程反应动力学. 北京：烃加工出版社,1987. 150~196

[2] Wei J,Prater C D. The Structure and Analysis of Complex Reaction Systems. Advances in Catalysis,1962,13：203~390

[3] Wei J,Prater C D. A New Approach to First-Order Chemical Reaction Systems. AIChE J,1963, 9：77~81

[4] Silvestri A J,Prater C D. Kinetic Studies of the Selectivity of Xylene Isomerization over Silica-Alumina Catalyst. Phys Chem,1964,68：3268~3281

[5] Silvestri A J,Prater C D,Wei J. On the Structure and Analysis of Complex Systems of First-Order Chemical Reactions Containing Irreversible Steps — Ⅰ General Properties. Chem Eng Sci,1967, 22：1587

[6] Silvestri A J,Prater C D,Wei J. On the Structure and Analysis of Complex Systems of First-Order Chemical Reactions Containing Irreversible Steps — Ⅱ Projection Properties of the Characteristic Vectors. Chem Eng Sci,1968,23：1191~1200

［7］ Silvestri A J,Prater C D,Wei J. On the Structure and Analysis of Complex Systems of First-Order Chemical Reactions Containing Irreversible Steps —Ⅲ Determination of the Rate Constants. Chem Eng Sci,1970,25：407~424

［8］ Beranek L. Kinetics of Coupled Heterogeneous Catalytic Reactions. Advan Catal. 1975,24：1~56

［9］ Christoffel E G. Kinetics of Simultaneous Isomerization and Cracking of the Five Hexane Isomers by Use of the Wei-Prater Method. Ind Eng Chem Prod ReS Dev 1979,18：143~148

［10］ Christoffel E G. Parameter Estimation in Linear Chemical Reaction Systems. Ind Eng Chem Prod ReS Dev 1980,19：430~434

［11］ Christoffel E G. Laboratory Reactors and Heterogeneous Catalytic Processes. Catal Rer Sci Eng, 1982,24：159~228

［12］ 祝敬民. 轻质烷烃异构化反应的催化剂和动力学:［博士学位论文］. 上海华东化工学院, 1985.

［13］ 上海计算机技术研究所. 电子计算机算法手册. 上海:上海教育出版社,1982. 380~383

［14］ 祝敬民等. 催化反应中的等时间数据在复杂一级反应网络动力学研究中的应用. 石油学报(石油加工),1985,1（1）：17~23

［15］ Aris R,Javalas J R. On the Theory of Reactions in Contineous Mixtures. Roy Soc London,1966, A260. 351~393

［16］ Rutherford A,et al. Prolegomena to the Rational Analysis of Systems of Chemical Reactions Ⅱ Some Addenda. Arch Raflon Mech Anal,1968,27（5）：356~364

［17］ Wei J,et al. A Lumping Analysis in Monomolecular Reaction Systems：Analysis of the Exactly Lumpable System. Ind Eng Chem,Fund,1969,8（1）：114~123

［18］ Wei J,et al. A Lumping Analysis in Monomolecular Reaction Systems：Analysis of Appximately Lumpable System. Ind,Eng,Chem,Fund,1969,8（1）：124~133

［19］ 林世雄. 石油炼制工程(第二版). 北京:石油工业出版社,1988. 7~23

［20］ 陈俊武,曹汉昌. 催化裂化工艺与工程. 北京:中国石化出版社,1995. 125~140

［21］ Weekman V W Jr,et al. A Model of Catalytic Cracking Conversion in Fixed,Moving and Fluid-Bed Reactors. Ind Eng Chem,Process Des. Dev. 1968,7：90~95

［22］ Weekman V W Jr,et al. Optimum Operation —— Regeneration Cycles for Fixed-Bed Catalytic Cracking. Ind Eng Chem,Process Des Dev,1968,7：252~256

［23］ Weekman V W Jr,et al. Kinetics and Dynamics of Catalytic Cracking Selectivity in Fixed-Bed Reactors. Ind Eng Chem,Process Des Dev,1969,8：385.

［24］ Weekman V W Jr,et al. Kinetics of Catalytic Cracking Selectivity in Fixed,Moving,and Fluid Bed Reactors. AIChE J,1970,16：397~404

［25］ Nace D M,et al. Application of a Kinetic Model for Catalytic Cracking——Effect of Charge Stocks. Ind Eng Chem,Process Des Dev,1971,10：530~538

［26］ Weekman V W Jr,et al. Lumps,Models,and Kinetics in Practice. AIChE J,Monograph Series, 1979,75

［27］ Gross,et al. Simulation of Catalytic Cracking Process. USP 3 960 707. 1974. 12. 3

［28］ Voorhies A Jr. Carbon Formation in Catalytic Cracking. Ind Eng Chem,1945,37：318~322

［29］ Voltz S E,et al. Application of a Kinetic Model for Catalytic Cracking —— Some Correlations of

Rate Constants. Ind Eng Chem, Process Des Dev, 1971, 10: 538~541

[30] Voltz S E, et al. Application of a Kinetic Model for Catalytic Cracking ——Some Effects of Nitrogen Poisoning and Recycle. Ind Eng Chem, Process Des Dev, 1972, 11: 261~265

[31] 朱开宏. 复杂反应体系的集总动力学模型. 石油化工, 1982, 9:621~627

[32] Smith R B. Kinetic Analysis of Naphtha Reforming with Platinum Catalyst. Chem. Eng. Prog, 1959, 55 (6): 76~88

[33] Qzawa Y. The Structure of a Lumpable Monomolecular System for Reversible Chemical Reactions. Ind. Eng. Chem. Fund. , 1973, 12: 191~196

[34] Aris R, Gavalas G R. Phil Trans Roy Soc London, 1966, A260, 351.

[35] Aris R, et. Prolegomena to the Rational Analysis of Systems of Chemical Reactions II Some Addenda. Arch Raflon Mech Anal, 1968, 27 (5): 356~364

[36] Kemp R D, Wojciechowski W. The Kinetics of Mixed Feed Reactions. Ind Eng Chem Fund, 1974, 13: 332~336

[37] Golikeri S V, Luss D. Analysis of Activation Energy of Grouped Parallel Reactions. AIChE J, 1972, 18: 277~282

[38] Luss D, Golikeri S V. Grouping of Many Species Each Consumed by Two Parallel First-Order Reactions. AIChE J, 1975, 21: 865~872

[39] Golikeri S V, Luss D. Aggregation of Many Coupled Consecutive First Order Reactions. Chem Eng Sci, 1974, 29: 845~855

[40] Liguras D K, Allen D T. Structural Models for Catalytic Cracking. 2. Reactions of Simulated Oil Mixtures. Ind Eng Chem Res, 1989, 28(6):674~683

[41] Jaffe S B. Kinetics of Heat Release in Petroleum Hydrogenation. Ind Eng Chem, Proc Des Dev, 1974, 13: 34~

[42] Astarita G, Sandler S I. Kinetic and Thermodynamic Lumping of Multicomponent Mixtures. Amsterdam: Elsevier, 1991

[43] Baltanas M A, et al. Fundamental Kinetic Modeling of Hydroisomerization and Hydrocracking on Nobel-Loaded Faujasites. 1. Rate Parameters for Hydroisomerization. Ind Eng Chem Res, 1989, 28(7):899~910

[44] Baltanas M A, Froment G F. Computer Generation of Reaction Networks and Calculation of Product Distributions in the Hydroisomerization and Hrdrocracking of Paraffins on Pt-Containing Bifunctional Catalysts. Computers & Chemical Engineering, 1985, 9(1):71~81

[45] Feng W, Vynckier E, Froment G F. Single-Event Kinetics of Catalytic Cracking. Ind Eng Chem Res, 1993, 32(12):2997~3005

[46] Dewachtere N V, Santaella F, Froment G F. Application of a Single-Event Model in the Simulation of an Industrial Riser Reactor for the Catalytic Cracking of Vacuum Gas Oil. Chem Eng Sci, 1999, 54:3653~3660

[47] Liguras D K, Allen D T. Structural Models for Catalytic Cracking. 1. Model Compound Reactions. Ind Eng Chem Res, 1989, 28(6):665~673

[48] Neurock M, et al. Monte Carlo Simulation of Complex Reaction Systems: Molecular Structure and Reactivity in Modelling Heavy Oils. Chem Eng Sci, 1990, 45(8):2083~2088

[49] Campbell D M, Klein M T. Construction of a Molecular Representation of a Complex Feedstock by Monte Carlo and Quadrature Methods. Applied Catalysis A: General, 1997, 160: 41~54

[50] Liguras D K, et al. Monte Carlo Simulation of Complex Reactive Mixture: An FCC Case Study. AIChE Symposium series, 1989, 88(291): 68~75

[51] Quann R J, Jaffe S B. Structure-Oriented Lumping: Describing the Chemistry of Complex Hydrocarbon Mixtures. Ind Eng Chem Res, 1992, 31(11): 2483~2497

[52] Quann R J, Jaffe S B. Building Useful Models of Complex Reaction Systems in Petroleum Refining. Chem Eng Sci, 1996, 51(10): 1615~1635

[53] Christensen G, et al. Future Directions in Modeling the FCC Process: An Emphasis on Product Quality. Chem Eng Sci, 1999, 54, 2753~2764

[54] Landeghem F V, et al. Fluid Catalytic Cracking: Modelling of an Industrial Riser. Applied Catalysis A: General, 1996, 138: 381~405

主 要 符 号

A_i　　　A 反应系统的第 i 种组元

$\boldsymbol{a}$　　　A 反应系统的组成向量

a_i　　　A 反应系统第 i 种组元的摩尔分率；集总中 i 集总浓度

$\boldsymbol{a}_j^+$　　　矩阵第 j 个特征方向上的向量

$\boldsymbol{a}^*$　　　平衡组成向量

$\hat{\boldsymbol{a}}(t)$　　　虚拟组成向量

B_j　　　B 反应系统中第 j 种组元

b_j　　　B 反应系统中第 j 种组元的摩尔分率

$\boldsymbol{K}$　　　速率常数矩阵

k_{ij}　　　由 i 组元到 j 组元的反应速率常数

p　　　压力

r　　　质量分率

S　　　空速

T　　　温度

t　　　时间

U_v　　　油蒸汽线速率

α　　　失活速率常数

β　　　剂油比；模型校正系数

λ　　　失活因子

ε　　　转化率

$\bar{\varepsilon}$　　　平均转化率

ε^*　　　最大转化率

ρ　　　密度

θ　　　催化剂的相对停留时间

τ　　　接触时间

第二章 催化剂失活
反应动力学

催化剂，无论是均相的或多相的，都可以看作是一种化学物质，它对热力学上可能发生的反应具有选择加速的作用，因此，它不仅可以加快反应物的转化，而且可以提高反应过程的选择性，使之生成所需要的产物，减少或抑制副反应的发生。

按催化剂的定义，其存在虽然改变了反应的动力学性质，但自身并不消耗和变化，这是从不包含时间变量的热力学考虑的结果。然而，物质总是在不断运动变化之中，催化剂也不例外。如果从动力学角度来考察催化剂本身，实际上由于诸多因素的影响，任何一种催化剂在参与化学反应之后，它的某些物理和化学性质都会发生变化，使催化剂的活性或选择性也会改变。催化剂在使用过程中的失活是不可避免的，长期使用而活性不变的催化剂也是没有的，只不过是对大多数的工业催化剂来说，它的物理和化学性质的变化在一次反应完成之后是微不足道的，很难察觉。然而，长期运转的结果，这些微不足道的变化累积起来，就造成了催化剂活性的显著下降，这就是催化剂的失活过程。因此，催化剂的失活不一定是指催化剂活性的完全丧失，更普遍的是指催化剂的活性或选择性在使用过程中逐渐下降的现象。

由于催化剂在使用过程中的失活不可避免，又由于所开发的工业装置的技术水平和经济效益，往往严重受到催化剂失活和再生周期的影响，因此，为了开发工业催化剂，必须研究催化剂在非定态下的失活机理及影响活性的多种因素，建立描述失活过程的动力学方程，得到催化剂活性、反应速率和反应时间之间的定量关系，这对于反应器的正确设计和操作，以及寻求整个反应过程的优化，提高工业装置的经济效益都是十分重要的。近年来，国外对催化剂失活的研究十分活跃[1]，于1980年和1981年连续召开了两次专题会议，发表了论文集，1984年又出版了第一本专著[2]，近年来接连举行了几届关于催化剂失活问题的国际学术讨论会，国内对此领域的研究属起始阶段，研究工作已日趋活跃。

不同的反应，不同的催化剂，失活速率不同，要对催化剂失活过程亦即非定态过程的描述是比较困难的，因为这时催化剂反应的速率不仅取决于操作条件，同时也随着催化剂的活性衰退而下降，活性的变化又与其他多种因素有关。这些因素由催化剂的全部经历所决定，如制备，储存，预处理，还原，再生以及中毒等，这是一个复杂的物理和化学过程，所以要将这些因素都分别地关联在失活动力学方程内是极其困难的，只能综合起来进行处理。

催化剂失活将给工业生产过程带来不利影响，如何防止催化剂失活是催化工程中人们最关心的问题，催化剂失活之后能否再生利用，又直接关系到生产过程的经济效益[3]。

催化剂失活往往对催化过程的工艺流程，设备以及操作条件等的选择起着决定性的作用，在诸多失活因素下，如何采取措施，力求使这些因素的危害性减至最低限度，将是催化剂失活研究的重要课题之一。

催化剂失活的研究对改进现有催化剂，开发新型催化剂也产生了强烈的刺激，人们可以从失活现象的研究中为新型催化剂的开发指明方向，为延长催化剂的使用周期和寿命提供措施。铂重整催化剂由单铂催化剂发展到双金属催化剂，再由双金属催化剂演变为多金属催化剂的过程，就是与催化剂失活现象研究的逐步深入，不断提出新的要求而紧密相连的[4]。

又如瓦斯油生产汽油的催化裂化过程，现应用的 Y 型沸石分子筛催化剂，它在反应器中只停留几秒钟就会有相当量的积炭生成。积炭是催化剂失活的主要原因，如能及时进行烧炭以恢复活性，生产即能正常进行，从而发展了提升管反应器和再生器的两器流化操作工艺。该工艺对催化剂不仅提出了强度要求，还要求催化剂必须忍受再生中面临的高温，含水，烟气的条件，即水热稳定性要好，也就是说催化剂应具有抗烧结和抗破坏的性能。当今催化裂化催化剂由于原料结构的变化，还要求具有抵抗重金属（如镍，钒）、轻金属（如钠，钙）、氮化物等杂质按不同机理所产生的中毒作用。因此，不仅着手开发新一代催化剂，也在工艺流程中加强了原料的预处理或采用其他新工艺等，以力求降低危害性[4]。

本章着重从反应工程的角度进行讨论，对于固体催化剂的结构和表面变化及其失活机理等问题涉及较少。为讨论不同失活原因而引起的失活动力学方程的需要，本章对催化剂失活原因做一般介绍，重点讨论不同失活机理的动力学模型及其处理方法，然后介绍以毒物浓度、反应时间和结焦量关联的各种催化剂活性曲线。应该指出，结焦是导致催化剂失活的普遍原因，因此它在催化剂失活动力学研究中具有一定的代表性。最后，考虑到在生产实际中，大多数多相催化反应过程的内扩散阻力不能忽略，而内扩散又是催化剂失活的影响因素之一，因此还将结合内扩散效应来分析催化剂失活时的动力学问题。

第一节　催化剂失活原因

一、中毒引起的失活

（一）毒物

催化剂的活性由于某些有害杂质的影响而下降称为中毒，这些物质称为毒物。这种现象本质上是由于某些吸附质优先吸附在催化剂的活性部位上，或者形成特别强的化学吸附键，或者与活性中心起化学反应变为别的物质，引起催化剂的性质发生变化，使催化剂不能再自由地参与对反应物的吸附和催化作用。这必将导致催化剂活性降低，甚至完全丧失。由于毒物能选择性地与不同的活性中心作用，有时催化剂的中毒也引起选择性下降。

（二）毒物来源

使催化剂中毒的物质常常是一些随反应原料带入反应系统的外来杂质。此外，也有在催化剂制备过程中由于化学药品或载体不纯而带进的有害物质，反应系统污染引进的毒物（例如不合格的润滑油，反应设备的材料不合适），反应生成产物中含有的对催化剂有毒的物质等。一般说来，只有那些以很低浓度存在就明显抑制催化作用效力的物质才被看作是毒物。

（三）毒物是对一定的化学反应和特定催化剂而言

在大多数情况下，毒物和催化剂活性部位形成的强吸附键具有特定的性质，它取决于催化剂和毒物二者的电子构型和化学活性。因此，对不同类型催化剂来说毒物是不同的。对同一催化剂而言，也只有联系到它所催化的反应，才能清楚地指明什么物质是毒物。也就是说，毒物不仅是针对催化剂，而且是针对这个催化剂所催化的反应来说的。反应不同，毒物也有所不同。表2-1中列出了对某些催化剂上进行的一些反应有毒性的物质。

表 2-1　某些催化剂的毒物

催化剂	反　应	毒　物
Pt、Pd Ni、Cu	加氢和脱氢	氨、吡啶、硫化物、O_2、CO、S、Se、Te、P、As、Sb、Bi、Hg、Pb、Cd、Zn、卤化物
	氧　化	H_2S、PH_3、C_2H_2、砷化物、碲化物、铁的氧化物
Ag	氧　化	S、CH_4、C_2H_5、$C_2H_4Cl_2$
V_2O_5、V_2O_3	氧　化	砷化物
Co	加氢裂化	NH_3、S、Se、Te 和 P 的化合物
Fe	合　成　氨	PH_3、O_2、H_2O、CO、C_2H_2、硫化物
	加　氢	Bi、Se、Te、H_2O、磷的化合物
	氧　化	Bi、Pb
	合成汽油	硫化物
活性白土、硅酸铝、分子筛	烃类裂解、异构化	喹啉、有机碱、碱金属化合物、水、重金属化合物
Cr_2O_3-Al_2O_3	烃类芳构化	H_2O

（四）中毒类型

既然中毒是由于毒物和催化剂活性组分之间发生了某种相互作用，那么可以根据这种相互作用的性质和强弱程度将毒物分成两类：

1. 暂时中毒（可逆中毒）

毒物在活性中心上吸附或化合时，生成的键强度相对较弱，可以采用适当的方法除去毒物，使催化剂活性恢复，而不会影响催化剂的性质。

2. 永久中毒（不可逆中毒）

毒物与催化剂活性组分相互作用，形成很强的化学键，难以用一般的方法将毒物除去，使催化剂活性恢复。

例如，以合成氨用的铁催化剂为例，由氧和水蒸气引起的中毒，可用加热还原的方法，或用精制的干燥合成气处理，使催化剂活性恢复，则为可逆中毒；而由硫化物引起的中毒，很难用一般方法解除，则为不可逆中毒[5]。

3. 选择中毒

催化反应过程中有时可以观察到，一个催化剂中毒后可能失去对某一反应的催化能力，但对别的反应仍具有催化活性，这种现象称为选择性中毒。在串联反应中，如果毒物仅使导致后继反应的活性部位中毒，则可使反应停留在中间阶段，获得所希望的高产率中间产物。对有的催化剂来说，少量毒物的引入，甚至能提高催化剂的活性或使催化剂的活性变得稳定，这种部分中毒给催化剂的活性或选择性带来了有益的影响。下面举几个例子说明：

①苯酰氯的加氢反应 苯酰氯在沸腾的甲苯溶液中于钯催化剂存在下进行加氢反应时，经历一连串的反应步骤，得到最终产物甲苯。反应的几个主要步骤如下：

$$C_6H_5COCl \longrightarrow C_6H_5CHO \longrightarrow C_6H_5CH_2OH \longrightarrow C_6H_5CH_3$$

在一般情况下，得到的主要产物是甲苯，且很难使反应停留在中间阶段。然而，假如用少量喹啉（它先和硫一起加热回流过）使钯催化剂部分中毒，那么可以使反应停留在第一步，获得高产率的苯甲醛，见表2-2[6]。

表 2-2 喹啉加入对苯甲醛产率的影响

喹啉加入量/mg	苯甲醛产率/%	喹啉加入量/mg	苯甲醛产率/%
0.1	23	10	80
1	74	50	78
5	88		

②乙烯氧化反应 用银催化剂使乙烯催化氧化生成环氧乙烷时，常有副产物 CO_2 和 H_2O 生成，造成原料浪费。如果向反应物乙烯中加入微量的二氯乙烷，会使催化剂上促进副反应的活性中心中毒，这就抑制了 CO_2 的生成，这样，环氧乙烷的生成速率即不受影响，选择性又可从60%提高到70%。

③烃类重整反应 新型重整催化剂的初活性很高，如果开始投入使用时，不对其初活性加以控制，催化剂床层温度将迅速上升。这种超温现象将引起催化剂的烧结、严重结焦和某些固态化学反应，影响催化剂的活性和寿命。为了适当抑制催化剂的初活性，可以向催化剂床层引入一定量毒物，使催化剂部分活性中心中毒，这样可以避免催化剂开工时的超温，保持催化剂的稳定活性。

铂-铼双金属重整催化剂的预硫化处理，就是应用了这种有益选择性中毒。这种催化剂开工时，采取了向催化剂床层注入一定量的硫化物（通常用二硫化碳或硫醇），降低催化剂过高的裂解活性。加硫钝化的程度，以硫和催化剂活性金属（包括铂和铼等）的摩尔比在0.2～0.4之间为宜，过高的比值会使催化剂的活性受到严重损害。

二、结焦和堵塞引起的失活

催化剂表面结焦和孔被堵塞是导致催化剂失活的又一重要原因。催化剂在使用过程中，反应系统中某些组分的分子经脱氢-聚合形成高聚物，进而脱氢形成氢含量很低的焦炭物质沉积在催化剂表面，减少了可利用的表面积，使活性下降，这种现象称为结焦。由于焦炭物质在催化剂孔口或孔中沉积，造成孔径（口）缩小，以至孔口堵塞，使反应物分子不能扩散进入孔中，使内表面利用率降低，引起活性下降，这种现象称为堵塞。由于堵塞是由于结焦而引起，所以常把堵塞归并为结焦中，总的活性衰退称为结焦失活，它是催化剂失活中最普遍的形式。通常这些含碳沉积物可与 O_2、CO_2、水蒸气或氢气作用经气化除去（称再生），所以结焦失活是个可逆过程。

与催化剂中毒相比，引起催化剂结焦和堵塞的物质要比催化剂毒物多得多。以有机物为原料的催化反应过程几乎都可能发生结焦，它使催化剂表面被一层含碳化合物覆盖，严重的结焦甚至会使催化剂的孔隙完全被堵塞，另一类堵塞是金属化合物的沉积，如金属硫化物，它们是来自石油中或由煤生产的液体燃料中的有机金属组分和含硫化合物的反应，在加氢处理或加氢裂化中它们沉积在催化剂孔中。

结焦按反应性质不同，可以分下列几种形式：

（1）气相炭（烟灰）。是气相生成的烟灰。对气相中形成炭的机理已有不少研究，一般认为炭形成过程中包含了某些自由基的聚合反应，这些自由基反应能产生高分子产物，或经自由基加成反应生成高分子物质。

（2）焦油。焦油为凝聚缩合的高分子芳烃化合物，主要是一些高沸点的多环芳烃，有的还含有杂原子，焦油中有的是液体物质，有的是固体物质。

（3）表面炭（非催化焦炭）。是气相生成的烟灰和焦油产物的延伸，它是在无催化活性的表面上形成焦炭的过程。无论是随原料加入或由气相反应所生成的高分子中间物，都会在任何表面凝聚，非催化表面起着收集凝固焦油和烟灰的作用，促使这些物质浓缩，从而发生进一步的非催化反应。由于高温下高相对分子质量中间物在任何表面上都会缩合，因此，通过控制气相焦油和烟灰的生成，可使非催化结焦减少。

（4）催化焦炭。催化焦炭是在能促进炭生成的表面上产生，就失活而言，催化焦炭的生成比气相炭的生成对活性的影响大得多，催化焦炭能在金属和金属氧化物及硫化物上生成，它们的结焦机理各不相同。焦炭在金属催化剂上的生成是相当复杂的，如对 Ni 催化剂上结焦机理研究指出，烃类气体首先吸附在 Ni 催化剂表面上，发生分解脱氢，生成碳原子或含碳原子团；它们可能留在金属表面上使催化剂失活，也可能扩散渗透进入 Ni 催化剂，进一步增长生成碳粒及碳化物柱，碳化物柱的不断生成最终将可能引起反应器的堵塞。

焦炭在金属氧化物或硫化物催化剂上的生成，主要是通过酸催化聚合反应生成结焦产物[7]。

如果将气相炭，焦油以及催化结焦对催化剂失活的影响进行比较，那么它们造成催化剂失活的可能性大小顺序为：

气相炭<焦油≪催化结焦

因为发生气相结焦的反应温度比催化反应温度要高得多，所以在正常催化反应条件下，催化结焦是导致催化剂失活的一个主要因素。

对多孔性催化剂进行的大量研究说明，结焦使催化剂严重失活，并不一定要求结焦量达到充满空隙，只要部分结焦后，造成催化剂的孔口直径减小，致使反应物分子在孔中的有效扩散系数大为下降，就会导致催化剂粒子内表面利用率显著降低，这必将引起催化剂活性的大幅度下降。例如，异丙苯在 H-丝光沸石上的裂解，40%的结焦沉积物，就使有效扩散系数下降约 50%。显然，当孔口直径缩小到小于分子扩散所要求的尺寸时，催化剂将完全失活。因此，从孔堵塞的平均结焦量来衡量催化剂失活的意义不大，重要的是结焦的分布。如果结焦主要是在孔口，它比整个催化剂上均匀结焦对催化剂活性的影响要大得多。这也说明，催化剂的孔结构和结焦引起失活有密切关系，假如催化剂的孔是墨水瓶形的，入口小，内部空间大，则在表面层有少量结焦就会使催化剂严重失活。

三、烧结和热失活(固态变换)

催化剂的烧结和热失活是指由高温而引起的催化剂结构和性能的变化。由于高温除了引起催化剂的烧结外，还会引起其他变化，主要包括有化学组成和相组成的变化、半熔、晶粒长大、活性组分由于生成挥发性物质或可升华的物质而流失等，故又称为固态变换。固态变换为不可逆过程。

烧结意味着催化剂比表面积减小，孔隙率减小。工业上为使气-固相接触面积增大，希望催化剂有大的表面积。由热力学知，总有一个推动力使表面自由能变小，通常这个推动力受到活化能垒的阻碍，但随着温度升高，则可越过能垒产生烧结。

随着固体温度的增加，催化剂表面上原子首先变为可动，即表面扩散，导致不稳定的表面圆滑化，进而形成球形颗粒，这过程若有气体存在会得到强化。在更高的温度，物质的体积扩散变得重要了。固体结构发生明显变化，最后在很高温度下，蒸发-凝聚过程能引起严重的烧结和固体的丢失，如羰基镍（$Ni(CO)_4$）的挥发便是一例。

通常用固体承受的温度作为指示来表示烧结程度。实验测定表明，温度达到熔点的 1/3 时，表面扩散变得显著，因此可认为烧结起始于熔点的 1/3～1/2，当然系统中气体和微量杂质对烧结起始温度有重要影响[8]，气体对烧结的影响很难避免。在许多系统中水蒸气具有不良影响，如加速了 Al_2O_3 的烧结[9]，有利于 SiO_2 以氢氧化物形式升华的作用[10]，这类有害影响能通过选择一个稳定的载体或减少载体和水蒸气接触来避免。

用加入少量第二组分来防止烧结，工业上已获得成功，如对 Al_2O_3 可加入少量[小于 3%（质）]适当的添加剂阻止烧结。对金属催化剂添加少量金属活性组分可稍微阻止烧结，添加量较多则可增强烧结作用[11]，已经发现加入微量的稀土金属氧化物[0.1%（质）]，如铈、钕、钐、钇、铒等可影响烧结温度，对活性没有不利的影响[12]，这些金属和金属氧化物起稳定作用的方式是值得思考的问题，少量的添加剂对烧结的影响很大，因此，添加剂的稳定作用是个值得详细研究的问题。

第二节　失活动力学方程和不同失活机理的动力学方程

催化剂失活是一个复杂的物理和化学过程。在催化剂活性稳定期内，其反应速率仅取决于操作条件；在催化剂活性衰退的时候，反应速率随着活性的衰退而下降，活性的变化又与其他多种因素有关。新开发的工业过程的技术水平和经济效益，往往受到催化剂失活速率和再生周期的影响，因此为了开发工业催化剂，必须研究催化剂在非定态下失活的机理及影响活性的多种因素，建立描述失活过程的动力学方程，得到催化活性、反应速率和反应时间之间的定量关系，这对于反应器的正确设计和操作，以及寻求整个反应过程的优化，提高工业装置的经济效益都是十分重要的。

一个催化反应的表观速率通常可用下列幂函数形式表示：

$$r_A = k \cdot c_A^n \cdot a \cdot \zeta \qquad\qquad (2-1)$$

式中　k——反应速率常数；

$\quad\quad c_A$——反应物浓度；

$\quad\quad n$——反应级数；

$\quad\quad a$——催化剂活性，新鲜催化剂的 a 为 1，稳定过程 a 为常数；

$\quad\quad \zeta$——催化剂内扩散效率因子，无内扩散阻力时，$\zeta=1$。

由上式可见，等式右边任一参数的变化都将引起反应的表观速率的变化，对活性 a 而言，又有多种因素能使它变小，进而使表观速率降低。例如，失活可由吸附毒物所致，如硫在金属催化剂上或碱在酸性氧化物催化剂上的吸附，此时催化剂表面性质发生改变，引起反应速率的变化，或由于烧结使催化剂表面积减少，降低反应速率；也可能由于结焦覆盖催化剂表面，减少了吸附物种的浓度，同时由于堵塞了催化剂孔口，增加传质阻力，减少了催化剂内表面利用率，使反应速率下降。由此可见，虽然结果都是反应速率降低，但起因却是十分不同。因此有必要了解催化剂的各种失活机理，以采取有效措施，使失活减少到最低程度。下面先介绍描述催化剂失活动力学的方法，然后讨论各种针对不同失活机理的动力学模型。

一、催化剂失活动力学方程

描述催化剂失活的动力学方程应具有下列特性：

（1）能描述各种实用的失活形式；

（2）其参数同失活机理以简单的形式相联系；

（3）其参数能直接用实验来求取；

（4）其形式应有益于反应器设计，即失活动力学方程能方便地用于反应器设计和优化操作的选择。

阐述催化剂失活机理及其对主反应速率的影响如同探索主反应本身的机理一样困难，因此，人们常采用经验的幂函数速率方程来处理失活问题。下面介绍一种具有上述特性的描述多相催化失活动力学的方法。

催化剂活性可定义为：

$a=(r_A)/(r_{A0})=$ 某一时刻反应物 A 在催化剂上的反应速率/反应物 A 在新鲜催化剂上的反应速率

反应开始时 a 为 1，然后随时间而逐渐减小。描述多相催化反应失活动力学，通常可以用下列两个方程来表示：

主反应速率方程式（也称瞬时反应速率方程式）

$$r_A = f(c, T, a) \qquad (2-2)$$

失活速率方程式

$$r_d = f(c, T, a) \qquad (2-3)$$

对大多数过程，在符合函数关系可分性的条件下可将上二式改写为：

$$r_A = f_1(c)f_2(T)f_3(a) \qquad (2-4)$$

$$r_d = f_4(c)f_5(T)f_6(a) \qquad (2-5)$$

式中浓度函数 f_1、f_4 一般可用幂函数形式；活性函数 f_3，f_6 通常也可用幂函数形式；温度函数 f_2、f_5 可用阿累尼乌斯关系式。只要催化剂失活对吸附系数不发生影响，浓度与温度函数也可用双曲型。上二式中活性 a 与浓度和温度函数分开考虑，故为分离的动力学形式。

以反应 A→R 为例，设其反应级数为 n，且符合阿累尼乌斯温度效应关系，则主反应速率可写为：

$$r_A = k \cdot c_A^n \cdot a = k_0 e^{-E/RT} \cdot c_A^n \cdot a \qquad (2-6)$$

催化剂活性在反应刚开始时为 1，随反应时间而逐渐下降，失活速率式可写为：

$$r_d = - da/dt = k_d \cdot c_i^m \cdot a^d = k_{d_0} e^{-E_d/RT} \cdot c_i^m \cdot a^d \qquad (2-7)$$

式中　d——失活级数；

　　　k_d——失活速率常数；

　　　E_d——失活活化能；

　　　m——表示与失活有关的浓度属性；

　　　c_i——在气相中对失活有影响的组分浓度，可为反应物，产物或毒物。

必须指出研究催化剂失活动力学的关键在于确定失活速率方程的形式。

很多石油炼制和石油化工过程，例如轻柴油催化裂化，石脑油催化重整，乙苯脱氢和苯气相乙基化等过程都伴随着生成焦炭沉积物，这些沉积物强烈地吸附在催化剂表面上，并以某种方式阻隔活性中心。对由结焦所引起的催化剂失活过程，目前广泛使用另一种方法来关联失活动力学。此时，由于结焦引起失活的机理比由毒物引起的中毒失活复杂得多，不易得出如前所述 $r_A = k \cdot c_A^n \cdot a$ 这样精确的速率式。于是不少研究者提出了多种经验关联式，其中最著名的是 Voorhies 关联式[13]，它把催化剂上结焦量(C_c)和反应时间(t)关联起来，得

$$C_c = At^n \qquad\qquad (2-8)$$

式中，A 为经验常数，取决于进料温度和组成；n 为常数，其值大多在 0.3~0.7 的范围内。

下面以苯在 AF-5 分子筛催化剂上结焦规律和机理的研究为例，说明结焦量和反应时间的关系。将苯气化后和氮气混合（苯占 63%）于常压下通入内装 1g 分子筛催化剂的微型反应器(恒温 380℃)，在不同反应时间下用定碳仪测定催化剂上的焦含量，所得结果标于图 2-1。

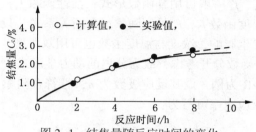

图 2-1　结焦量随反应时间的变化

反应条件：
线速 $u = 0.254\text{m/s}$，颗粒直径 $d_p = 40 \sim 60$ 目，$T = 380℃$，
质量空速 $WHSV = 2\text{h}^{-1}$，分压 $p_{C_c} = 0.63\text{atm}$

由图可见，随着反应时间的增长，结焦量将增加；时间越长，结焦量增值越小，一定时间后结焦量趋于饱和状态。由试验数据归纳，可得到下列结焦量和反应时间关系式：

$$C_c = 0.65t^{0.67} \qquad\qquad (2-9)$$

由上式所得的计算值与实验值拟合较好。但式(2-9)及图 2-1 仅表示反应在某一时间催化剂表面上结焦量的多少，要了解催化剂在某一时刻结焦的快慢，必须要知道它的结焦速率 r_c。对结焦的积分式 (2-9)求导数，可得其微分形式，即结焦速率式：

$$r_c = \mathrm{d}C_c/\mathrm{d}t = 0.44t^{-0.33} \qquad\qquad (2-10)$$

图 2-2 为式(2-10) 的标绘，表示了结焦速率与反应时间的关系。将式(2-9)代入式(2-10)，得另一种形式的结焦速率式：

$$r_c = \mathrm{d}C_c/\mathrm{d}t = 0.352C_c^{-0.49} \qquad\qquad (2-11)$$

式(2-11)表明了催化剂上结焦速率与催化剂上结焦量的关系，若

对式(2-11)进行标绘，可得到与图2-2相似的曲线。

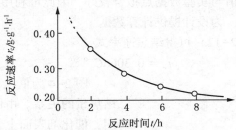

图 2-2　结焦速率随反应时间的变化关系

（反应条件：同图2-1）

由图2-2可见，反应初期，由于分子筛催化剂表面酸性位非均一，结焦首先在强酸性位上进行，因此结焦速率较大，但随着反应时间的增长，被占据的酸性位分率增加，结焦反应的推动力则变小；此外，由于孔口径结焦必然导致内扩散阻力增大，降低了催化剂内表面利用率，因而使结焦速率随着反应时间的增长（即催化剂上结焦量的增加）而逐渐下降。

在烯醛一步法合成异戊二烯的过程中，对铬-磷催化剂上结焦规律的研究也应用了Voorhies的经验关联式。图2-3所示为催化剂上结焦量
(C_c)，氢碳比（H/C）和反应时间的
关系。由图2-3可见，催化剂上结
焦量随时间的增加而增加，而焦的
氢碳比随时间的延长而减少。反应
初期，催化剂结焦物中氢的含量
高；反应后期，氢碳比变化不大，
120min时接近于1。这种现象说明
催化剂上的结焦物随反应时间的增
加，逐渐进行脱氢，经深度脱氢后，
结焦物中的氢碳比还保持1左右，
同时也表明结焦过程可能是反应物
或产物在催化剂上进行深度脱氢的
过程。

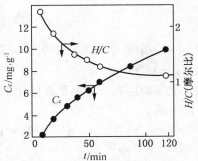

图 2-3　结焦量、氢碳比与反应
时间的关系

反应条件：接触时间 $\tau = 1.0\text{s}$，$T = 300℃$，
$u = 0.16\text{m/s}$

进一步对此反应的铬-磷催化剂结焦量数据进行处理，可得：

$$C_c = 0.7447t^{0.583} \qquad\qquad (2-12)$$

由式（2-12）计算不同反应时间下的结焦量于图2-3中，以曲线表示，可见计算值与实验数据点拟合较好，因此可利用该式预测不同反应时间的结焦量，为设计提供计算数据。

同理由式（2-12）可得结焦速率式：

$$r_c = 0.3066C_c^{-0.876} \qquad (2-13)$$

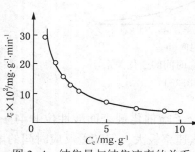

图2-4 结焦量与结焦速率的关系
反应条件：$t=120$min，$\tau=1.0$s，$T=300$℃

图2-4为催化剂上结焦速率与结焦量的关系。由图可见，反应初期，催化剂表面上含焦量少，结焦速率较大，催化剂上的结焦量主要在反应初期生成。由图2-4也可以发现，反应时间为30min时，结焦量约为反应120min时的结焦量的一半，说明反应初期，由于反应物或产物在催化剂上结焦损失较多，造成了收率迅速下降。随着催化剂上结焦量的增加，结焦速率迅速下降，由图2-4可见，当催化剂上结焦量为5mg/g以上时，结焦速率小于0.076mg/（g·min），并且变化不大，所以反应后期，由于结焦损失的反应物或产物大幅度的减少，导致选择性上升，收率达到最大值。

二、不同机理的失活表达式

Levenspiel 根据不同的失活机理，归纳出下列四种失活表达式[14]：

（一）平行失活

反应物生成一种沉积在催化剂表面而使催化剂失活的副产物，称为平行失活。

$$A \longrightarrow R + P\downarrow \quad 或\, A \longrightarrow R$$
$$\downarrow$$
$$P\downarrow$$

这时失活速率和反应物 A 的浓度有关。

$$-\mathrm{d}a/\mathrm{d}t = k_d C_A^m \cdot a^d \qquad (2-14)$$

如烃类催化裂化 $\qquad C_{11}H_{24} \longrightarrow 2C_5H_{12} + C\downarrow$

或甲苯歧化过程

$$甲苯 \longrightarrow 二甲苯(R) + 苯$$
$$\downarrow$$
$$焦炭(P) + 苯$$

均属此类失活机理。

（二）连串失活

反应产物分解或进一步反应，在催化剂表面生成沉积物，使催化剂失活。A ——→ R ——→ P↓

此时，失活速率与产物浓度有关：

$$- \mathrm{d}a/\mathrm{d}t = k_\mathrm{d} C_\mathrm{R}^m \cdot a^d \tag{2-15}$$

如醇脱氢制醛可进一步在催化剂的活性中心上脱氢，最后老化生成焦炭，使催化剂活性下降，此失活过程可表示如下：

$$醇(\mathrm{A}) \longrightarrow 醛(\mathrm{R}) \longrightarrow 焦炭(\mathrm{P}\downarrow)$$

（三）并列失活

原料中的杂质沉积在催化剂表面，使催化剂失活。

$$\mathrm{A} \longrightarrow \mathrm{R}$$
$$\mathrm{P} \longrightarrow \mathrm{P}\downarrow$$

这是中毒失活的情况，P 为毒物，失活速率和毒物浓度有关。

$$- \mathrm{d}a/\mathrm{d}t = k_\mathrm{d} C_\mathrm{P}^m \cdot a^d \tag{2-16}$$

（四）独立失活

这是固态变换过程，失活由表面结构改变或高温下催化剂表面烧结所致，此时失活速率和组分浓度无关，失活速率取决于高温下的反应时间：

$$- \mathrm{d}a/\mathrm{d}t = k_\mathrm{d} \cdot a^d \tag{2-17}$$

此外，对于某些反应，如异构化反应或裂解反应，反应物与产物均能引起催化剂失活

$$\mathrm{A} \longrightarrow \mathrm{R} \longrightarrow \mathrm{P}$$

当反应物与产物导致失活的机理相同时，可得：

$$- \mathrm{d}a/\mathrm{d}t = k_\mathrm{d} (C_\mathrm{A} + C_\mathrm{R})^m \cdot a^d \tag{2-18}$$

因为对给定的原料 $C_\mathrm{A} + C_\mathrm{R} =$ 常数，这时可将上式中的 $(C_\mathrm{A} + C_\mathrm{R})^m$ 并入 k_d 而简化为下式，作为独立失活机理：

$$- \mathrm{d}a/\mathrm{d}t = k'_\mathrm{d} \cdot a^d \tag{2-19}$$

又如苯和乙烯气相烷基化过程：

可写成

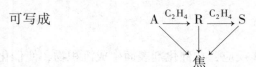

因为对给定的原料，若生成的焦量可以忽略，则 $C_A + C_R + C_S =$ 常数。因此，也可将 $(C_A + C_R + C_S)^m$ 并入 k_d，作为独立失活处理。

必须指出，独立失活在上述四种表达式中最重要，它不仅有利于设计和优化，而且也有利于数据分析。众所周知，即使催化剂不失活，要寻求适当的速率方程也不容易；如果存在失活，则要建立两个相互有联系的速率方程式，一个是主反应速率式，另一个为失活速率式，这个任务更困难，因为这不是简单的求几个动力学常数，而是寻求预先不知道的适当的函数形式。在寻求失活速率式的函数形式时，首先应该考虑的是独立失活表达式，因为一般情况下，失活速率方程式中浓度属性的效应没有活性和温度属性那样显著(中毒失活情况除外)。

三、分离失活动力学表达式

前面介绍了可将速率方程写成分离形式的方法，这里详细讨论应用此法的依据及其局限性。

在定态的操作条件下，催化剂活性为反应时间的单调函数，即"催化剂的年龄"。但在变化的操作条件下，某特定时刻的反应速率不仅仅是时间的函数，同时也是催化剂整个过去历程性质的函数，完整的速率式可表示为：$r = f($目前条件，过去历程$)$。

严格地说催化剂历程应包括其制备方法和条件，储存或在反应器中预处理时的活性变化等因素，所有这些影响因素可包含在过去历程中，用适当的数学函数式来表示，但人们所感兴趣的是催化剂使用中的化学过程，发生化学反应时才开始计量反应时间。研究催化反应失活动力学的目的是求出上式的函数形式，毫无疑问，精确测出这个完整的动力学方程是很不容易的。简单而又满意的形式是将上式按函数可分性分成二项，一项表示目前条件，另一项表示过去历程，即：$r = f_0($目前条件$) + f($过去历程$)$。

上式称为分离的反应速率式，此时，第一项与催化剂过去历程无关，即反应动力学不随失活而变化；第二项即催化剂活性随操作过程的变化，它可与目前的反应动力学(即第一项)分开而作独立地研究。对失活速率式，同样可用此分离方法来处理，分别检验浓度，温度及活性对失活速率的影响，从而得到不同的失活表达式。

当然，分离动力学方法存在着局限性，它不能解释由于失活所引起的反应选择性的变化；同样，它也不能说明双功能催化剂的某一功能优先失活的现象。这些局限性产生的原因，是因为上式所考虑的仅是活性位为相互之间不作用的均匀理想表面，即化学吸附分子不更改邻近空位或被占据的活性位的性质；然而，催化系统中通常为不均匀的活性位，而且吸附分子间相互发生作用。例如，由于覆盖使吸附热变化，由于中毒使选择性变化以及酸性催化剂的酸性位强度分布变化等。

不管其局限性如何，分离动力学模型在工程上已得到广泛的应用。最近在分析研究两个不同的失活系统中应用了可分离动力学模型，一个是 Zheng 等[15]利用此模型解释流化床煤燃烧器中，煅烧石灰石的硫酸盐化作用的反应性逐步减弱的问题，另一个是 Krishnaswany[16]在研究失活的固载酶时应用了此模型。最近 Butt 等[17]经过充分的研究后认为：总的来说，分离动力学模型的概念是正确的，特别是对结焦污染引起的失活。在大多数结焦污染引起失活的动力学模型中，假设主反应和结焦污染反应具有相同的表面活性位，实验证明此假设是正确的。同理，对原料中杂质引起的中毒，如果催化剂表面对中毒反应和主反应的活性是均匀的，则应用分离动力学模型也是正确的。只有在由于杂质毒物引起的失活且表面活性位不均匀的情况下，分离动力学才不能应用。例如，SiO_2-Al_2O_3 催化剂上低级醇脱水过程中，正丁胺使催化剂中毒，以及噻吩使苯加氢的负载型 Ni 催化剂中毒的情况，使用偶联动力学形式来表示催化剂失活更为合适。只有对给定反应的催化剂的特殊表面性质获得足够多的资料，才能应用偶联的动力学模型来解释催化反应器中的失活现象。

总之，实验证明分离动力学模型应用于因结焦或烧结而引起的失活过程是合适的。此外，对杂质中毒，如果催化剂活性位对主反应和中毒反应具有均匀活性，且反应物或毒物的吸附分子间不发生作用，则也可用分离动力学模型。换言之，分离动力学适用于理想的 Langmuir 型吸附，因为 Langmuir 型吸附过程符合上述假说。再者，许多催化反应的动力学表达式是基于 Langmuir 吸附的，因此，为了一致起见，也应该采用分离动力学表达式来描述这些反应的失活过程。描述多相催化反应动力学的 L-H 型方程式是不可分离的，但是，某些反应也能用简单的可分离动力学来表示。因此，只有具备非均匀表面的详细资料或实验数据，而且分离动力学形式不能拟合时，才应该用偶联的动力学形式，这就是为什么本章处理失活过程均采用分离动力学形式的原因。

例 2-1：乙烯在金属催化剂上进行下列加氢反应：

$$C_2H_4 + H_2 \longrightarrow C_2H_6, \quad 即 \ A + B \longrightarrow R$$

催化剂在加氢过程中要失活，为了研究失活动力学，使一混合气体（27% C_2H_4，73% H_2，$p_{总} = 0.1$ MPa，$T = 313.3$K）通过一内装 Ni/Al_2O_3 小球催化剂（$d_p = 1.2$ cm，$W/F_{A0} = 484$ kg·min/mol）的固定床反应器，不同反应时间测定反应器出口气体中乙烯分压如下：

$$t = 0 \ 时，p_{C_2H_4} = 0.0245 \ MPa；\ t = 9h \ 时，p_{C_2H_4} = 0.0250 \ MPa$$

已知失活动力学方程模型为：$\begin{cases} r'_A = k' c_B a \\ -da/dt = k_d c_A \cdot a^d \end{cases}$

求失活级数 d 分别为 1 和 3 时的主反应速率式和失活速率式。

解：加氢为变容过程，先求出膨胀率 ε_A

$$C_2H_4 + H_2 \longrightarrow C_2H_6$$

$x_A = 0$,	27	73	0
$x_A = 1.0$,	0	46	27

所以 $\varepsilon_A = (73 - 100)/100 = -0.27$

因为乙烯转化率很低，可作为微分反应器处理：

$$r'_A = \frac{F_{A0}}{W} X_A = \frac{F_{A0}}{W} \left(\frac{1 - c_A/c_{A0}}{1 + \varepsilon_A c_A/c_{A0}} \right)$$

$$= \frac{F_{A0}}{W} \left(\frac{1 - p_A/p_{A0}}{1 - 0.27 p_A/p_{A0}} \right) = \frac{F_{A0}}{W} \left(\frac{1 - p_A/0.27}{1 - p_A} \right)$$

当 $t = 0$ 时：$r'_{A0} = \frac{1}{484} \left(\frac{1 - 0.245/0.27}{0.755} \right) = 2.5339 \times 10^{-4} \frac{mol}{kg \cdot min}$

当 $t = 9$ 时：$r'_A = \frac{1}{484} \left(\frac{1 - 0.25/0.27}{0.75} \right) = 2.0406 \times 10^{-4} \frac{mol}{kg \cdot min}$

所以 $\quad a_9 = \frac{r'_A}{r'_{A0}} = \frac{2.0406}{2.5339} = 0.8053$

将分压转化为浓度，求速率常数：

$$\bar{c}_A = \bar{p}_A/RT = 0.26/(82.06 \times 10^{-6})(313.1) = 10.1195 \ mol/m^3$$

$$\bar{c}_B = \bar{p}_B/RT = 0.72/(82.06 \times 10^{-6})(313.1) = 28.0232 \ mol/m^3$$

当 $t = 0$ 时，$r'_{A0} = k'c_B$

所以 $\quad k' = \frac{r_{A0}}{c_B} = \frac{2.5339 \times 10^{-4}}{28.0232} = 9.042 \times 10^{-6} \ m^3/(kg \cdot min)$

因此，主反应速率式为：$r'_A = 9.042 \times 10^{-6} \times c_B \cdot a$

当 $d = 1$ 时，$\quad -da/dt = k_d \bar{C}_A a$

即
$$k_d = \frac{-\ln a}{\overline{c}_A t}$$

$t = 9$ 时，$\quad k_d = \dfrac{-\ln 0.8053}{(10.1195)(9)} = 2.3776 \cdot 10^{-3}\, \mathrm{m}^3/(\mathrm{mol} \cdot \mathrm{h})$

所以得主反应速率式和失活速率式为：

$$r'_A = 9.042 \times 10^{-6} \times c_B a - \mathrm{d}a/\mathrm{d}t$$
$$= 2.3776 \times 10^{-3} \times c_A a$$

当 $d = 3$ 时，$\quad -\mathrm{d}a/\mathrm{d}t = k_d \overline{c}_A a^3, \quad \displaystyle\int_a^1 \frac{\mathrm{d}a}{a^3} = k_d \overline{c}_A \int_0^1 \mathrm{d}t$

$$1/a^2 = 1 + 2k_d \overline{c}_A t$$

所以

$$k_d = (1/a^2 - 1)/2\overline{c}_A t = \left[\frac{1}{(0.8053)^2} - 1 \right] / 2(10.1195)(9)$$

$$= 2.976 \times 10^{-3}\, \mathrm{m}^3/\mathrm{mol} \cdot \mathrm{h}$$

因此主反应速率式和失活速率式为：

$$\begin{cases} r'_A = 9.042 \times 10^{-6} \times c_B \cdot a \\ -\mathrm{d}a/\mathrm{d}t = 2.976 \times 10^{-3} \times c_A \cdot a^3 \end{cases}$$

第三节　各种催化剂活性曲线和活性关联式

一、各种催化剂活性曲线

其他条件不变时，反应速率随时间增长而降低，明显地显示催化剂发生失活，对催化剂失活曲线形状的分析，可以对研究催化剂失活机理提供有价值的信息。

（一）催化剂活性与毒物浓度的关系

图 2-5 表明了催化剂活性与毒物浓度的关系，说明了毒物的选择性问题。曲线 A 为选择性中毒过程，即最活泼的活性中心先中毒，因此这个过程使催化剂活性下降最快。CO 使仲氢转化过程中的铂催化剂中毒属此类过程[18]。

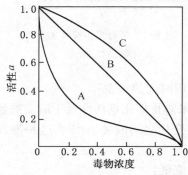

图 2-5　不同类型的失活曲线

直线 B 为非选择性中毒过程，此时活性衰退和毒物浓度成正比，直线斜率反映了催化剂对毒物的敏感程度。

曲线 C 为逆选择性中毒过程，即最不活泼的活性中心先中毒，CO 氧化过程，铅使铂催化剂中毒属此类过程[19]。

由以上分析可知，直线 B 可称为均匀中毒过程，即毒物使各种活性中心失活的机会均等，反之，曲线 A 和 C 则为优先中毒过程。

（二）催化剂活性与反应时间的关系

1. 慢烧结过程中催化剂活性与反应时间的关系

许多催化剂寿命很长，可达数年之久。图 2-6 所示为慢烧结过程中催化剂活性与反应时间的关系[20]，但通常不易区别烧结过程中包含的两种传质机理：表面迁移和气相传递。

2. 再生循环作业中催化剂活性与反应时间的关系

某些催化剂活性衰退很快，经再生后只能部分恢复活性。图 2-7 即表示随着每次再生循环催化剂缓慢而逐步地失活，随着活性衰退再生操作将趋于频繁，这是为了防止催化剂活性低于可接受的数值。因此，整个催化剂寿命取决于最小可接受的活性水平及再生周期的长短。

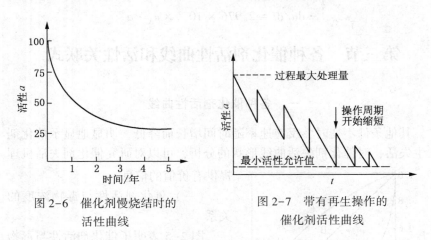

图 2-6 催化剂慢烧结时的   图 2-7 带有再生操作的
　　　　活性曲线　　　　　　　　　　　　催化剂活性曲线

3. 改变操作温度时催化剂活性与反应时间的关系

通常可用逐步改变操作条件的方法来防止催化剂活性低于所需的数值。图 2-8 表示催化剂活性和操作温度变化之间的关系[20]，这种操作方法的缺点是：

① 随着温度升高，反应选择性常常降低；

② 随着温度升高，失活速率加快，使每次升温后的过程操作周期

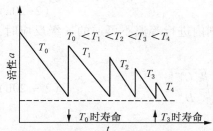

图 2-8 提高反应温度维持活性的曲线

缩短；

③ 反应器和温度控制系统必须设计成适应于操作的温度范围，反应器制造和系统操作费用随温度范围的增大而增加。

4. 不同反应级数时催化剂活性与时间的关系[21]

图 2-9 为催化剂活性与时间的关系，直线、曲线和虚线过程的失活级数分别为 0，1 和 1.5 级。

（三）催化剂活性与中毒分率的关系

当催化剂表面由于毒物或结焦等原因发生失活时，反应物分子必须扩散通过失活部分的催化剂表面，方可到达活性位发生反应，因此失活过程增加了反应物必须扩散通过催化剂多孔结构的平均路程。此时中毒可分为两类：均匀吸附中毒与孔口中毒。图 2-10 表示了这两类中毒过程中的催化剂活性与中毒分率的关系[22]。

1. 均匀吸附中毒

当致毒物种在活性位上吸附的速率比其在微孔中的扩散速率慢时，致毒物种在整个颗粒内均布，使内表面活性均匀下降。设毒物占据孔的总内表面分率为 θ，则一级反应的速率常数为 $k(1-\theta)$，此时在单一孔中的宏观反应速率可表示为：

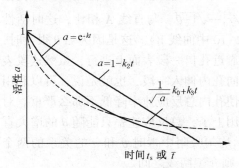

图 2-9 不同失活级数的活性曲线

k—常数；$\bar{t}$—催化剂在流化床反应器中的平均停留时间；t_s—反应器的生产时间

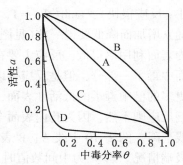

图 2-10 活性与中毒分率的关系

A—Φ_d 很小，$\eta \to 1$，均匀吸附中毒曲线；

B—Φ_d 很大，$\eta \leqslant 0.2$，均匀吸附中毒曲线；C—$\Phi_d = 10$，孔口中毒曲线；

D—$\Phi_d = 100$，孔口中毒曲线

宏观反应速率 $\propto \Phi \tanh(\Phi)$ (2-20a)

式中，Φ 为西勒模数，在球型催化剂内进行等温不可逆的 n 级反应时，其值为：

$$\Phi = \frac{R}{3} \sqrt{\frac{k' C_0^{n-1}}{D_e}}$$ (2-20b)

式中 R——催化剂颗粒半径；

k'——以催化剂体积为基准的反应速率常数；

D_e——反应物在催化剂内的有效扩散系数。

西勒模数中表示内扩散阻力和化学反应阻力的比值，相应地对一级催化反应失活催化剂的西勒模数 Φ_d，可由速率常数 $k(1-\theta)$ 代入西勒模数定义[式(2-20b)]而得到：

$$\Phi_d = \Phi \sqrt{1-\theta}$$ (2-21)

此时，实际反应速率(r)和未失活前新鲜催化剂($\theta=0$)的反应速率(r_0)之比(即催化剂活性 a)为：

$$a = \frac{r}{r_0} = \frac{\Phi \sqrt{1-\theta} \tanh(\Phi \sqrt{1-\theta})}{\Phi \tanh(\Phi)}$$

$$= \frac{\sqrt{1-\theta} \tanh(\Phi \sqrt{1-\theta})}{\tanh(\Phi)}$$ (2-22)

当 Φ 很小时(孔很大，反应很慢)，$\tanh(\Phi)=\Phi$，则 $r/r_0 \rightarrow (1-\theta)$，活性随 θ 的增加而直线下降(见图2-10中直线A)；当 Φ 很大时(孔很小，反应很快)，$\tanh(\Phi) \approx 1$，$r/r_0 \rightarrow \sqrt{1-\theta}$，与直线A相比，这时活性随 θ 增加而降低要慢一些(见图2-10中曲线B)。这是因为当 θ 很大时，内表面利用率很低，反应主要在靠近孔口一段表面上进行，虽然这段表面中毒了一部分，但是反应可以向孔内伸入一段，也就是说，可以利用更多的已中毒了的低活性表面，使孔内总反应速率降低不那么严重。对慢反应则不然，因为孔内表面全用上了，总反应速率只能随 θ 的增大直线下降。图2-10中线A、B表示均匀吸附中毒时 θ 和 a 的关系的两个极端情况。当 Φ 为中间数值时，则介于两线之间。

2. 孔口中毒

当毒物分子与催化剂表面仅需很少次数碰撞即可吸附在催化剂表面上时，则少量毒物可使孔口处内表面完全中毒，而孔的较深处表面仍然保持清洁，称这种中毒为孔口中毒。

如果在长为 L 的微孔中，有 θ 表面中毒，也就是说，在接近孔口，

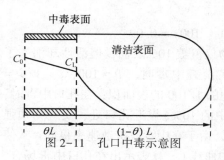

图 2-11 孔口中毒示意图

θL 长度上的表面完全中毒，而余下的 $(1-\theta)L$ 长度上的表面是清洁的（见图 2-11）。

假定孔口浓度为 C_0，中毒后孔口末端的浓度为 C_L，此时，反应物必须扩散通过 θL 长的孔口中毒段，然后与清洁表面接触发生反应。平衡时，通过 θL 长孔口中毒段的扩散速率必须等于在 $(1-\theta)L$ 长度的清洁表面上的反应速率。因在物理扩散时，浓度为均匀的线性变化，因此中毒段的浓度梯度可写成 $\dfrac{C_0-C_L}{\theta L}$，在 $(1-\theta)L$ 长度表面上的反应速率应为孔中有效扩散系数 D_e 和在 $X=\theta L$ 处的浓度梯度的乘积，即

$$r = -D_e \frac{\mathrm{d}C_L}{\mathrm{d}x}\bigg|_{x=\theta L} \qquad (2-23)$$

圆柱孔中在 $x=\theta L$ 处的浓度梯度为：

$$-\frac{\mathrm{d}C_L}{\mathrm{d}x} = \Phi \frac{C_L}{L}\tanh(\Phi) \qquad (2-24)$$

由中毒段和清洁段的物料平衡可得，

$$D_e \frac{C_0-C_L}{\theta L} = \frac{D_e}{L}C_L\Phi\tanh[\Phi(1-\theta)] \qquad (2-25)$$

从上式解出 C_L：

$$C_L = \frac{C_0}{1+\Phi\theta\tanh[\Phi(1-\theta)]} \qquad (2-26)$$

代入式（2-25）右边，由式（2-23）可得孔口中毒后孔中的反应速率。

$$r = D_e\frac{C_0-C_L}{\theta L} = \frac{C_0 D_e}{L}\cdot\frac{\Phi\tanh[\Phi(1-\theta)]}{1+\Phi\theta\tanh[\Phi(1-\theta)]} \qquad (2-27)$$

将式（2-27）除以未中毒时孔中的反应速率 $r_0 = \dfrac{C_0 D_e \Phi\tanh\Phi}{L}$ 得：

$$a = \frac{r}{r_0} = \frac{\tanh[\Phi(1-\theta)]}{1+\Phi\theta\tanh[\Phi(1-\theta)]}\cdot\frac{1}{\tanh\Phi} \qquad (2-28)$$

当 Φ 很小时（即活性低，大孔催化剂），$\tanh(\Phi)\approx\Phi$ 则 $a=1-\theta$

当 Φ 很大时（即活性高，小孔催化剂），$\tanh(\Phi)\approx1$ 则 $a=\dfrac{1}{1+\theta\Phi}$

式（2-28）表明，引入少量毒物可使活性严重下降。例如，$\theta=$

0.1，$\Phi = 100$ 时

$$a = 1/(1 + 0.1 \times 100) = 0.09$$

即活性仅剩下 9%，可见，虽然毒物仅覆盖 10% 表面，但活性却消失了 91%。产生这种影响的原因是，在没有中毒时，$\Phi = 100$，$\zeta = 1/\Phi = 1/100$，仅利用了催化剂总表面积中的 1/100 的表面积；在孔口中毒时，被毒化的表面积(催化剂总表面积中的 10%)靠近孔口处，反应物须强制通过中毒段才能与活性表面接触，由于在中毒段扩散速率很低，致使观察到的速率急剧下降。图 2-10 中曲线 C、D 表示出在孔口中毒场合，当不同 Φ 值时 θ 和 a 的关系。

当然，实际失活情况不一定像上述两种极端情况那样简单，而可能是弥散性的，即中毒的部分可能从外向内或从内向外形成一个渐进性的浓度梯度。

（四）催化剂活性与结焦量的关系

在大多数裂解、烷基化、异构化等反应中，由于反应物分子，产物分子和反应中间物都有可能成为生焦的母体，或者相互结合、缩合成一类相对分子质量高的沉积物，因此对结焦导致催化剂失活现象的描述，常常是很复杂的。这些沉积物(焦)覆盖了催化剂活性中心，使微孔狭窄化，扩散阻力增大，从而降低了催化剂的活性，在结焦很快的情况下，会出现孔口堵塞的现象。为了从催化剂上焦含量的数据，洞察失活机理，获得催化剂的现有活性以及再生周期的信息，人们试图对催化剂的活性和结焦量进行关联，Qzawa 和 Bischoff[23] 得到了能和失活数据相当吻合的活性-结焦量之间的线性关系式。Takeuch[24] 等认为活性和结焦量之间可用经验型的双曲线形式，其中的经验常数不仅依赖于反应温度，而且还与反应进料组成有关。Dumez 和 Froment[25] 采用一个与反应温度和进料组成无关的常数，提出了描述活性和结焦量之间的经验指数的关系式。Cooper 和 Trimm[26] 观察到对于催化重整过程中的结焦失活，需要用双曲线关联形式；而对其他过程，则可以用指数关联式。Beeckman 和 Froment[27] 对活性和结焦量之间的各种关联式进行了理论描述。综合文献报道，可知，典型的活性和结焦量的经验关联式有：

$$a = 1 - \alpha C_c \qquad (\alpha C_c \leqslant 1) \qquad (2-29)$$

$$a = \exp(-\alpha C_c) \qquad\qquad\qquad (2-30)$$

$$a = (1 + \alpha C_c)^{-1} \qquad\qquad\quad (2-31)$$

$$a = (1 - \alpha C_c)^{1/2} \qquad (\alpha C_c \leqslant 1) \qquad (2-32)$$

上列诸式中，α 为常数；C_c 为结焦量。

下面详细讨论 AF-5 分子筛催化剂在苯气相烃化过程中的活性与催化剂上结焦的关系。

在实验条件为：反应温度 420℃，苯：乙烯 = 10：2（摩尔比），AF-5 分子筛催化剂颗粒度为 40~60 目，$\dfrac{W}{F_E}$ = 0.286kg 催化剂·h/kg 乙烯，气体线速 u = 1.33m/s。研究了 AF-5 分子筛催化剂在苯气相烃化过程中的活性与催化剂上结焦量的关系，所得实验数据标绘于图 2-12[28]。

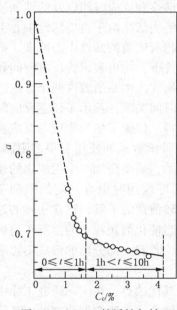

图 2-12　AF-5 的活性与结焦量的关系

由图 2-12 可见，结焦量从 0 增加到 1.61%（即反应初的 1h 内），AF-5 分子筛催化剂的活性从 1 迅速降到 0.69 左右；而结焦量从 1.61% 增至 3.55%（即反应进行了 10h），结焦量增加了 2 倍以上，AF-5 分子筛催化剂的活性只从 0.69 降到 0.66 左右。由此现象可知，由于 AF-5 表面提供了大量的两种吸附强弱不同的酸性中心，在反应初期的 1h 内，物料组分首先在强酸性位上吸附并进行反应，根据此阶段内结焦量对活性有显著影响，可设想 AF-5 分子筛催化剂上的主反应和结焦反应采用单活性位机理，在相同活性位上进行，主反应的活性和结焦反应的活性相等，此时结焦主要采用单分子焦层的形式，所有的焦分子具有相同的尺寸。焦含量与由焦覆盖的活性位分率成正比。随着反应的进行（即反应 1h 后），AF-5 分子筛催化剂表面上的强酸性位分率由于焦层的覆盖而逐渐减小，大量的弱酸性位逐步在主反应和结焦反应中起主要作用，由于这部分酸性位吸附能力较低，在其上主反应速率和结焦反应速率均较低，此时，结焦量增加对失活的效应是单分子焦层和多分子焦层的联合效应，而不再与由焦覆盖的活性位成正比，故出现了当 t>1h 后，AF-5 的活性随着结焦量的增加只呈现缓慢下降的现象。

由上述分析可清楚看到，在两个阶段内，结焦量对 AF-5 分子筛催化剂活性的影响程度明显不同，因此可分别对两个区域的 $a\text{-}C_c$ 关系进行关联。

在 1h 内数据拟合结果表明：$\qquad a = (1 + 0.289C_c)^{-1}$ $\qquad$ (2-33)
即 a 与 C_c 之间呈双曲线函数关系。

在 1h 以后的区域内，通过理论推导得到下列关系：

$$C_c = -231.57(1 - a) - 199.12\ln a \qquad (2-34)$$

式(2-33)和式(2-34)的计算值和实验值能较好地吻合，平均相对误差分别为 ±2.84%($t<1$h) 和 ±2.04%($t>1$h)，相关系数分别为 0.988 和 0.995。

上述介绍的各种活性曲线中，主要为活性和反应时间以及活性和催化剂结焦量之间的关联，这是因为催化剂的失活是由于丧失活性中心引起的。但无论是活性中心浓度还是已被毒物所遮盖的活性中心浓度，都难以测定。然而这些浓度在一定的温度条件下，均可表示为反应时间和毒物浓度的函数，目前关于催化剂失活的研究大都是沿着这两个方向进行的。第一种关联，反应速率直接与反应时间关联，预示了任意反应时间的催化剂失活，这种失活函数式容易获得。但除了焦的生成与反应物浓度无关的情况，一般不为简单函数，这种函数式的使用有很多限制。第二种关联，活性和反应时间没有直接联系，需要附加一个生成焦的速率方程来引入反应时间，这种关联式在实际应用时也有一定的限制条件，即必须对反应过程和失活过程都有比较清楚的了解，这在实际的过程开发研究中是不易满足的。同时，只有当催化剂颗粒上的焦真正地影响了其活性时，这种关联方法才行之有效。若有一部分焦的形成不影响催化剂活性时，此法将会产生偏差。

总之，上述两种不同的关联方法各有其优缺点，在实际研究工作中它们都获得了一定的成功，究竟采用哪一种方法来研究催化剂的失活规律，要取决于对过程了解的程度及在实验手段上的难易程度。

二、各种活性关联式

为了描述实际失活过程，Szepe 和 Levenspiel[29] 在提出一个可分离的幂函数形式，即在 d 级独立失活速率的基础上，综合文献资料，归纳得到表 2-3 中不同催化剂系统的失活级数、活性和失活关联式。

表 2-3 中诸 β 值与 A 值均为常数，他们很容易地能由表中各方程式经简单变换后用线性标绘求得。线性方程当然不必变换，指数方程经对数坐标标绘即成线性；双曲线型方程以活性倒数形式绘出了线性关系；幂函数倒数型和 Voorhies 方程经双对数坐标标绘即成线性。

表 2-3　催化剂独立失活时，不同失活级数场合的活性关联式和失活关联式

失活类型	作 者	反应系统	活性方程式	失活速率式	失活级数 d
线性	Maxled[26] Eley 和 Rideal[27]	丁烯酸液相加氢中噻吩使铂催化剂中毒 仲氢转化中 O_2 使 W 催化剂中毒	$a = a_0 - \beta_1 \cdot t$	$-\dfrac{da}{dt} = \beta_1$	0
指数	Pease 和 Stewart[28] Herington 和Rideal[29]	乙烯加氢中 Cu 被 CO 中毒 氧化铬-氧化铝催化剂上石蜡烃的脱氢	$a = a_0 e^{-\beta_2 t}$	$-\dfrac{da}{dt} = \beta_2 a$	1
双曲型	Garmain 和 Maurel[30] Pozzi 和 Rase[31]	环己烷在 Pt/Al_2O_3 脱氢异丁烯在 Ni 催化剂上加氢	$\dfrac{1}{a} = \dfrac{1}{a_0} + \beta_3 \cdot t$	$-\dfrac{da}{dt} = \beta_3 a^2$	2
幂函数倒数型	Blanding[32]	催化裂化	$a = A_1 t^{-\beta_4}$	$-\dfrac{da}{dt} =$ $\beta_4 \cdot A_1^{-1/\beta_4} \cdot a^{\left(\frac{\beta_4+1}{\beta_4}\right)}$	$\dfrac{\beta_4+1}{\beta_4}$
Voorhies 方程①	Voorhies[4]	催化裂化	$a = A_2/\sqrt{t}$	$-\dfrac{da}{dt} = \dfrac{A_2^{-2} a^3}{2}$	3

① 幂函数倒数型的特例。

　　需要说明的是，有时由假设的催化剂失活机理推导而得的失活方程式可能是不可分离的(即偶联的)，但他们仍可用上表中方程式近似求解，来描述催化剂失活条件下反应器的优化操作[30,31]。

第四节　实验设计和失活动力学方程的求取

一、实验设计及步骤

　　实验目的是要求取反应速率式(2-6)和失活速率式(2-7)中 k_0、E、n、k_{d0}、E_d、m 及 d 等七个参数。

(一) 实验设计

　　当用一组方程式及多影响因素来描述某一过程时，为便于数据处理，可将实验设计成某种"非偶联"状态，即设法分别研究和测定反应速率和失活速率，具体方法是：

（1）在短时间内（催化剂活性 a 可视为不变）进行一组实验，以求取反应速率方程中的参数 k_0、E 及 n；

（2）在流体组成不变的条件下进行长时间间隔的实验，此时催化剂经历了长时间的使用，其活性有明显的衰退、失活级数 d 就可求得；用类似的"非偶联"方法可求得对失活有影响的组分浓度 c_i 的指数 m，最后可得到失活动力学方程。

求取失活动力学方程的方法类似于非催化反应动力学，即从最简单的动力学方程形式开始，拟合实验数据，若不拟合则换一种形式，直至拟合为止。与非催化反应所不同的是，这里多了一个活性因子要考虑。

（二）研究失活动力学的一般步骤

首先假定失活机理，根据这种失活机理，即可确定失活动力学方程的形式。例如，假定是平行的、连串的或并列的失活机理，则参数 $m \neq 0$，失活速率式分别为式（2-14）、式（2-15），式（2-16）；如果假定为独立失活机理，则参数 $m = 0$，则失活速率方程形式为式（2-17）。若原料中的毒物与催化剂表面的活性中心形成很强的化学键，且对毒物而言没有内孔扩散阻力的影响，此时失活速率与活性的大小无关，即失活速率方程中的失活级数 $d = 0$。

（1）对平行失活，失活级数为主反应的西勒模数的函数，若反应物 A 不存在内扩散阻力，整个催化剂颗粒均匀中毒失活，这时 $d = 1$；随着内扩散阻力的增大，d 逐渐增大，当反应物 A 的内扩散阻力很大时，称为表层中毒，此时失活速率和当时的催化剂活性密切相关，d 值可趋近于 3。

（2）对连串失活，在任何扩散区域内，失活级数 $d = 1$。

（3）对并列失活，中毒反应的西勒模数为主要影响因素。当中毒很慢，毒物不受内扩散影响时，$d = 1$。当毒物开始受到内扩散影响时，$d \to 1$。快速中毒时，毒物受到内扩散影响很大，若中毒速率比主反应速率慢，$d \to 2$；两者相当时，$d \to 3$；若中毒比主反应快，d 将随失活过程而变化。

（4）对独立失活，若是由于烧结引起的失活过程，必须详细了解催化剂表面结构发生的变化情况，才能确定失活级数。

同样，对于主反应速率方程式中的反应级数，也可根据不同的情况假定不同的数值。至此，可写出主反应速率和失活速率的数模，然后选择合适的反应器进行实验，取得动力学数据。若实验数据与假定的模型拟合，则认为假设的模型是合理的，此时可同时求出其他有关的动力学参数，以供设计和控制之用。

二、实验装置及失活动力学方程的求取[7]

用来研究失活动力学的实验装置，可分为固体催化剂不连续进料和连续进料两大类。按照催化剂颗粒及流体的不同流动类型，每一大类又可分为下面所示的几类：

$$
\begin{cases}
\text{固体不连续进料反应器}
\begin{cases}
\text{固体——不连续/气体——流动}
\begin{cases}
\text{固体——不连续/气体——全混流} \\
\text{固体——不连续/气体——活塞流}
\end{cases} \\
\text{固体——不连续/气体——间歇}
\begin{cases}
\text{固体——不连续/气体一次间歇} \\
\text{固体——不连续/气体多次间歇}
\end{cases}
\end{cases} \\
\text{固体连续进料反应器}
\begin{cases}
\text{固体——平推流/气体——平推流} \\
\text{固体——全混流/气体——非理想流型}
\end{cases}
\end{cases}
$$

图 2-13 和图 2-14 表示了上述两大类实验反应器的结构示意图[32]。

固体不连续进料反应器是最可靠和最常用的实验装置，按照气体流

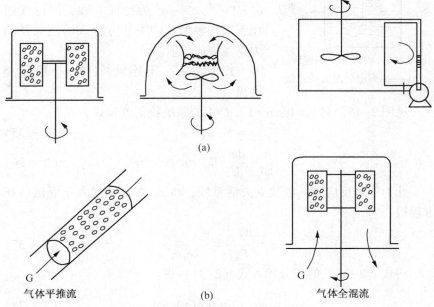

气体平推流   (b)   气体全混流

图 2-13 固体不连续进料反应器

（a）气体间歇系统；（b）气体流动系统

型的不同，它又可分为气体流动和
气体间歇两种情况。下面详细讨论
两类不同情况的实验装置特点及失
活动力学方程中各参数的求取
方法。

（一）固体-不连续/气体-流
动系统

此类反应器灵活性大，能测定
常见的各种失活速率方程式，用处
很大，但它只能用于催化剂慢失

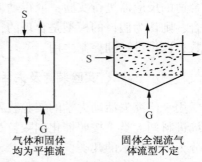

气体和固体　　　固体全混流气
均为平推流　　　体流型不定

图 2-14　固体连续进料反应器

活，即催化剂活性衰退至某一定值所需的时间比反应所需的时间长得多
的情况。可认为在取反应转化率数据期间，反应器处于稳定态，即催化
剂活性不变，因此可把反应动力学和失活动力学分开个别地进行研究。
当失活相对较快时，即催化剂活性衰退至某一定值所需时间与反应所需
时间相当的情况，这种系统不能将反应和失活的影响分开，因此不能解
释所测得的数据。

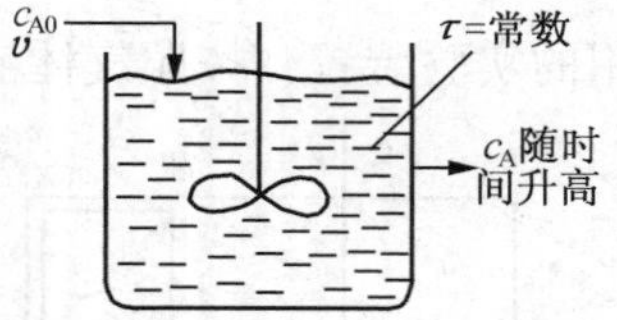

下面以 $-r_A = k_0 \cdot e^{-E/RT} \cdot c_A^n \cdot a$ 及 $-r_d = k_{d0} e^{-E_d/RT} \cdot c_l^m \cdot a^d$ 为特征方程，讨论气固相不同接触形式的失活方程式的建立及动力学参数的求取。

1. 固体——不连续/气体——恒定全混流

见图 2-15，对 $m=0$，$n=1$，$d=1$ 的系统特征方程式为：

$$r_A = k \cdot c_A \cdot a \tag{2-35}$$

$$-\frac{da}{dt} = k_d \cdot a \tag{2-36}$$

此为一级反应和一级独立失活系统，将式（2-35）代入全混流特征
方程得：

$$\tau = \frac{W c_{A0}}{F_{A0}} = \frac{c_{A0} - c_A}{k c_A a} \tag{2-37}$$

将式（2-36）的积分代入式（2-37）得：

$$\ln\left(\frac{c_{A0}}{c_A} - 1\right) = \ln(k\tau) - k_d t \tag{2-38}$$

图 2-16 为式（2-38）的标绘，若实验数据为一直线，则由截距和斜

图 2-15　固体——不连续/气
体——恒定全混流动系统

率可求得速率常数 k 和失活速率常数 k_d。

2. 固体——不连续/气体——恒定活塞流动

见图 2-17，对 $m=0$，$n=1$，$d=1$ 的系统，气体平推流的特征方程为：

$$\tau = \int_{c_A}^{c_{A0}} \frac{dc_A}{kc_A a} \qquad (2-39)$$

$$-\frac{da}{dt} = k_d a \qquad (2-40)$$

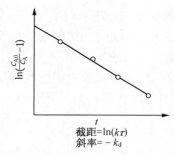

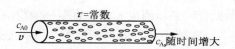

图 2-17　固体—不连续/气体——恒定
平推流动系统

图 2-16　由实验数据拟合求
取动力学常数 k 和 k_d

把式（2-40）积分代入式（2-39）再积分，整理后得：

$$\ln\ln \frac{c_{A0}}{c_A} = \ln(k\tau) - k_d t \qquad (2-41)$$

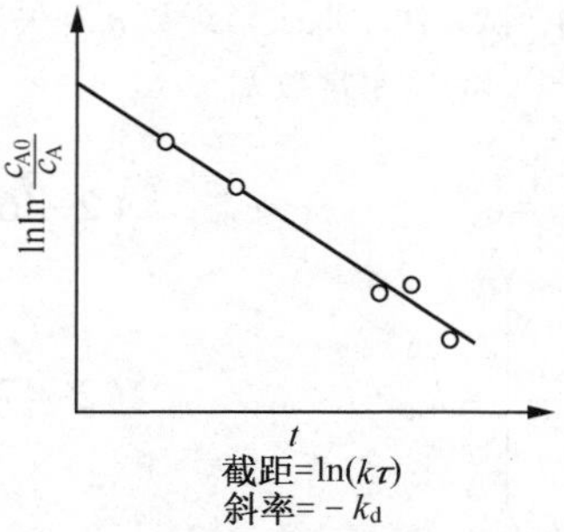

图 2-18 说明用图解法求取本系统的动力学常数 k 和 k_d 的方法。

3. 固体——不连续/气体——恒定全混流动

对 $m=0$，n 级反应和 d 级失活的系统，特征方程为：

$$\tau = \frac{Wc_{A0}}{F_{A0}} = \frac{c_{A0} - c_A}{kc_A^n a} \qquad (2-42)$$

$$-\frac{da}{dt} = k_d a^d \qquad (2-43)$$

图 2-18　由实验数据拟合求取
动力学常数 k 和 k_τ

式（2-43）积分得：

$$a = [1 + (d-1) \cdot k_d \cdot t]^{1/1-d} \qquad (2-44)$$

当 $t=0$ 时，由式（2-42）可得：$\dfrac{c_{A0}-c_A}{c_A^n}=k\tau$

任意时刻 t 时，由式（2-42）和式（2-44）可得：

$$\left(\frac{\left(\dfrac{c_{A0}-c_A}{c_A^n}\right)_{t=0}}{\left(\dfrac{c_{A0}-c_A}{c_A^n}\right)_t}\right)^{d-1}=\frac{1}{a^{d-1}}=1+(d-1)k_d\cdot t \qquad (2-45)$$

按下列步骤求取动力学常数。

第一步，做一组反应时间不同的短时间试验（认为 $a\approx 1$），每次得不同的 c_A 值，然后按式（2-42）标绘得图 2-19。由图 2-19 可见，在数据拟合时必须假设 n 值，直至标绘得一直线，才可求出 k 和 n。

第二步，做一长时间试验，然后按式（2-45）标绘实验数据，此时同样要假设 d 值，直至标绘得一直线为止，方可求出 d 和 k_d，见图2-20。

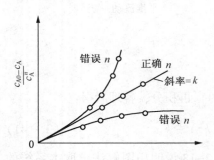

图 2-19　试差法求取反应级数 n 和
速率常数 k

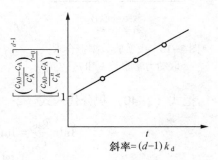

图 2-20　试差法求取失活级数 d 和失
活速率常数 k_d

当 $d=1$ 时，式（2-43）可简化为，　　　$a=\mathrm{e}^{-k_d t}$ 　　　　　　（2-46）

式（2-45）变为：　　　$\ln\dfrac{\left(\dfrac{c_{A0}-c_A}{c_A^n}\right)_{t=0}}{\left(\dfrac{c_{A0}-c_A}{c_A^n}\right)_t}=k_d\cdot t$ 　　　　　（2-47）

此时，为了求取动力学常数，第一步同前，但第二步不必试差，直接将实验数据按式（2-47）标绘，得一直线，斜率为 k_d 值。

这里处理了 n 级动力学即 $r_A=kc_A^n$ 的情况；对于更一般化的情况，如 $-r_A=kf(c_A)$，只要在上述各表达式中以 $f(c_A)$ 代替 c_A^n 即可，分析和处理方法不变。若用固定床做试验，即气相为活塞流动，动力学方程为 $r_A = kf(c_A)$，此时只要在上述表达式中用 $\int_{c_A}^{c_{A0}} \frac{dc_A}{f(c_A)}$ 代替 $\frac{c_{A0} - c_A}{c_A^n}$ 即可，其他分析类同。

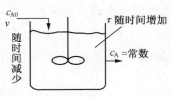

图 2-21　固体——不连续/气体——全混流动系统

如果催化剂失活过程不是独立失活机理，即 $m \neq 0$，上述的讨论及数据处理方法均不能适用。下面讨论此种失活机理的处理方法。

4. 固体——不连续/气体——全混流动

流量 v 变化以保证 c_A 为常数，见图 2-21。

对 n，d 和 m 为任意值时，系统的特征方程为：

$$\tau = \frac{c_{A0} - c_A}{kc_A^n \cdot a} \tag{2-48}$$

$$-\frac{da}{dt} = k_d c_A^m a^d \tag{2-49}$$

为了求取 k、n、k_d、m 和 d 五个动力学常数，必须做一组长时间的试验，每次试验在不同的 c_A 值时结束。

① 从短时间，不同 c_A 值实验数据，可求出 k 和 n。

② 一次长时间试验数据，可求出 d 和 $(k_d c_A^m)$。

③ 再从一组长时间的试验数据中，分别求出 k_d 和 m。

具体步骤如下。

第一步，对短时间的实验$(a \approx 1)$，式(2-48)变为：

$$\frac{c_{A0} - c_A}{c_A^n} = k\tau$$

然后按情况 3 的第一步方法求出 k 和 n。

第二步，做一次长时间的试验，并保持 c_A 值恒定，联立式(2-48)和式(2-49)。$d = 1$ 时得，

$$\ln\left(\frac{(\tau)_t}{(\tau)_{t=0}}\right) = (k_d c_A^m) \cdot t \tag{2-50}$$

式中 $\tau = \frac{c_{A0} - c_A}{c_A^n}$

$d \neq 1$ 时得：

$$\left(\frac{(\tau)_t}{(\tau)_{t=0}}\right)^{d-1} = 1 + (d-1)(k_d c_A^m)t \qquad (2-51)$$

当 $d=1$ 时，对 $\ln\left(\dfrac{\tau}{\tau_0}\right)$ 和 t 作图，得斜率 $k_d c_A^m$。

当 $d\neq1$ 时，假设 d 值，直至图 2-22 中数据落在同一直线上，便可求出 d 和 $k_d c_A^m$。

第三步，标绘 n 次长时间实验数据，每次实验使 c_A 恒为一定值，如图 2-23 所示。

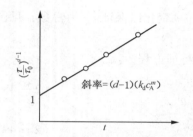

图 2-22　试差法求取失活级数 d

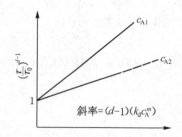

图 2-23　由实验数据拟合求取浓度属性 m 和失活速率常数 k_d

如果 n 次实验数据标绘所得斜率相同，则 $m=0$；如果斜率不同，则对斜率和 c_A 值，取对数进行标绘，可分别求出 m 和 k_d。

通过上述三步，便可求出 k、n、k_d、m 和 d 五个动力学常数，当然处理这种一般化情况时，试差计算的工作量较大。

以上讨论了 n 级反应和 $m\neq0$ 的情况，如果反应速率式为 $r_A = k(c_A - c_{Ae})$，$r_A = \dfrac{kc_A}{M+c_A}$ 或 $r_A = kf(c_A)$ 等，只要在第一步中用已知的 $f(c_A)$ 代替 c_A^m 即可，其他处理方法类同。对于其他形式的失活机理，如 $-\dfrac{da}{dt} = k_d c_P^m a^d$ 或 $-\dfrac{da}{dt} = k_d c_P^m a^d$，只要在一次长时间试验中保持有关的浓度值，如 c_A 和 c_P，或者 c_A 和 c_R 恒定，即可按上述方法直接求取动力学常数。

这里讨论了催化剂慢失活的情况，如果催化剂失活较快，即 $t_{失活} \leqslant t_{反应}$，反应和失活动力学不能分开研究，则必须使用固体——不连续/气体——间歇的实验装置。

（二）固体——不连续/气体——间歇系统

对于催化剂快失活系统，不能使用固体——不连续/气体——流动的反应器来研究失活动力学，此时可利用固体——不连续/气体——间歇反应器，只要适当地选择气相体积和催化剂的质量比（V/W），即可得到可靠的实验数据。方法是从不同的初浓度 c_{A0} 开始，至少做两组实验，由初速率信息可求出 n，从长时间的试验数据可求出 d。

1. $m = 0$，$n = 1$，$d = 1$ 系统

$$-\frac{dc_A}{dt} = r'_A = \frac{W}{V}(r_A) = \frac{W}{V}(kc_A \cdot a) = k''c_A \cdot a \qquad (2-52)$$

$$-\frac{da}{dt} = k_d \cdot a \qquad (2-53)$$

将式(2-53)积分，然后代入式(2-52)，再积分，整理后可得：

$$\ln\ln\frac{c_A}{c_{A\infty}} = \ln\frac{k''}{k_d} - k_d t \qquad (2-54)$$

式中 $c_{A\infty} = c_{A0} \cdot e^{-k''/k_d}$，$(c_{A\infty} \neq 0)$

经长时间试验得 $c_{A\infty}$，然后按图 2-24 标绘实验数据，求出 k'' 和 k_d。应注意 $c_{A\infty}$ 不能太小，因为 $c_{A\infty}$ 值小，若分析有些误差，会使实验失败，实验者可使 W/V 比值缩小，从而使 k'' 值降低来控制 $c_{A\infty}$ 值。

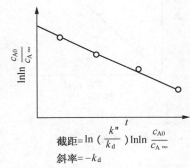

截距=$\ln\left(\dfrac{k''}{k_d}\right)$ $\ln\ln\dfrac{c_{A0}}{c_{A\infty}}$

斜率=$-k_d$

图 2-24　由实验数据拟合求取速率常数 k'' 和失活速率常数 k_d

2. $m = 0$，$n = 2$，$d = 1$ 系统

特征方程为：

$$-\frac{dc_A}{dt} = k''c_A^2 \cdot a，\quad k'' = \frac{kW}{V} \qquad (2-55)$$

$$-\frac{da}{dt} = k_d \cdot a \qquad (2-56)$$

将两式联立，积分，整理可得：

$$\ln\left[\frac{c_A(c_{A0} - c_{A\infty})}{c_{A0}(c_A - c_{A\infty})}\right] = k_d \cdot t，\quad c_{A\infty} = \frac{c_{A0}}{1 + \dfrac{c_{A0} \cdot k''}{k_d}} \qquad (2-57)$$

经长时间实验求出 $c_{A\infty}$，然后按图 2-25 图解法求取 k_d，代入式（2-57）求取 k''。

3. $m = 0$，$n = 1$，$d = 2$ 系统

特征方程为：

$$-\frac{\mathrm{d}c_A}{\mathrm{d}t} = k''c_A a, \qquad k'' = \frac{kW}{V} \qquad (2-58)$$

$$-\frac{\mathrm{d}a}{\mathrm{d}t} = k_d \cdot a^2 \qquad (2-59)$$

将两式联立，积分，整理可得：

$$\ln\frac{c_{A0}}{c_A} = \frac{k''}{k_d} \cdot \ln(1 + k_d t), \ c_{A\infty} = 0 \qquad (2-60)$$

上式可用试差法求解，即假设 k_d 值，直至实验数据 按图 2-26 标绘为一通过原点的直线，此时 k_d 为正确数值，然后由该直线斜率可求出 k''。

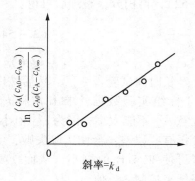
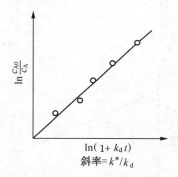

图 2-25　由实验数据拟合求取　　　图 2-26　试差法求取失活速率
　　　失活速率常数 k_d　　　　　　　　常数 k_d 和速率常数 k'

第五节　内扩散效应对催化剂失活的影响

对于多孔催化剂，内扩散阻力的存在对催化剂失活速率有显著的影响，在分析失活动力学数据时，如果忽略内扩散效应，将使所得的失活速率常数产生很大误差。内扩散阻力不同时，毒物(指原料所带进的或反应过程中所生成的对催化剂有害物质的总称)在催化剂颗粒内的分布也是不同的。前已述及，内扩散阻力很小时，毒物在颗粒内呈均匀分布。内扩散阻力很大时，毒物在颗粒内的分布是不均匀的，可能是由外向里逐渐增大，也可能相反，主要取决于失活机理的不同。

如为连串失活，毒物的生成与反应产物的浓度有关，而反应产物的浓度是从颗粒中心到外表面逐渐降低的，毒物的分布也类同，在这种情况下，催化剂的失活是从内部逐渐向外部扩展的。若内扩散阻力很大，则失活只限于颗粒中心部位，随着反应时间的增长，失活部位不断扩大。

对于平行失活与独立失活，失活则是从催化剂颗粒外表面开始，失活程度从外到内逐渐减小。若内扩散阻力很大，则失活只在颗粒周围的一薄层内发生，随着时间的增长，这一薄层越来越厚。

并列失活的位置与原料中的毒物和催化剂表面作用的速率有关。速率小，则毒物均匀分布在颗粒内部；如果速率大，则毒物到达外表面，立刻反应，使外表面中毒；速率小时，则毒物均匀分布在颗粒内部，颗粒内各部位失活情况相同。

由上可见，内扩散是影响催化剂失活的主要因素之一，在实际工业反应器中，大多数使用多孔催化剂颗粒，内扩散阻力一般不能忽略，因此，讨论内扩散对催化剂失活速率的影响具有很大的现实意义。

Masamune 和 Smith[30] 较早研究了失活催化剂颗粒的活性行为，给出了由反应物、产物和杂质中毒引起失活的物料平衡方程式。他们指出，对于等温球形单颗粒催化剂，在一级反应和一级失活条件下，当内扩散阻力很小时，产物引起的失活可使催化剂活性出现极大值；相反，若由于反应物引起失活或原料中杂质引起失活，当存在内扩散阻力时，可使催化剂失活变缓。Chu[33]、Heeds 和 Petersen[34] 等将他们的方法扩展应用于 Langmuir-Hinshelwood 动力学、非线性反应和失活动力学的分析。Khang 和 Levenspiel[35] 最先尝试使用简单的幂函数速率形式来描述失活反应过程获得成功。最近，Krishnaswamy 和 Kittrell[36,37] 首先提出了描述一级独立失活和一级反应在内扩散影响下球形颗粒催化剂的数学模型，并用实验验证了这一模型[16]。

本节主要讨论内扩散效应对催化剂失活速率的影响，由于在实际催化反应中，外扩散阻力一般均已排除，故本节仅讨论内扩散对失活速率的影响，外扩散效应的影响不予讨论。

一、多孔催化剂中的内扩散和反应

对于气固相催化反应过程来说，整个反应过程是包括了反应物、产物的内外扩散和表面反应的多步过程。因此，若取反应器微元进行考察时，常需面临三种不同的浓度：流体主体中的浓度 c_{Ab}；催化剂颗粒外表面上的浓度 c_{As} 和催化剂颗粒内孔表面上的浓度 c_A。又由于质量传递过程都必须以浓度差作为过程的推动力,因此,原则上这三个浓度是互不相等的。而且催化剂颗粒内孔表面上的浓度也不会是一个单一的数值，它随内孔深度的不同而变化。只有当内、外扩散的传质阻力降到很低以致可以忽略不计时，上述三个浓度才会趋于一致，即 $c_{Ab} \approx c_{As} \approx c_A$。

于是，在考察气固相催化反应过程这类非均相反应过程时，就会遇到同一微元内有多种不同浓度水平这一问题，且显然真正的反应浓度也就是实际反应速率的浓度是催化剂内孔表面上的浓度 c_A，而这个浓度恰恰又是无法直接测定的，只有依靠理论分析推算而得。能够通过实验手段实测的仅为流体主体的浓度 c_{Ab}，但这却又不是实际反应的浓度。为了解决这一困难问题，通常采用非均相反应过程拟均相化的处理方法[38]，有效因子法就是其中最常用的一种。

有效因子法的基本思路很简单：（仍以气固相催化反应为例来说明）既然气固相催化反应是在催化剂颗粒内表面上进行的，因此实际反应速率应以内表面浓度和温度表征。如果采取足够有效的措施，将内、外扩散阻力排除，使 $c_{Ab} \approx c_{As} \approx c_A$，则就可以通过主体浓度 c_{Ab} 的实验测定获得反应的本征动力学规律，其反应速率为：

$$r_A = f(c_A) = f(c_{Ab}) \tag{2-61}$$

实际上内、外扩散阻力，尤其是内扩散阻力不可能完全排除的，即 c_{Ab} 不可能等于 c_A，若按照所希望的以可实验测定的流体主体浓度 c_{Ab} 来代替 c_A 进行计算实际反应速率时，就必须进行某种校正。最简单的校正方法就是在式（2-61）前加一校正因子 ζ，见式（2-62）：

$$r_A = \zeta \cdot f(c_{Ab}) \tag{2-62}$$

ζ 即称为催化剂内扩散有效因子，无内扩散阻力时 $\zeta = 1$，式（2-62）与式（2-61）相等。由此可见，有效因子法的实质实际上是以反应的本征动力学为基础，将内扩散的影响归结为 ζ 上，ζ 的大小反映了内扩散影响的大小，要研究和表征内扩散对反应速率的影响，就只需要通过理论和实验来研究和确定有效因子 ζ 的大小即可。

对于有效因子 ζ 的确定，为了讨论方便起见，暂且假设外扩散阻力排除。由于催化剂颗粒通常都制成多孔性的结构以增大它的内表面积，目前，每克催化剂的内表面积已可高达 $10^2 \sim 10^3 \, m^2$。例如，活性炭的内表面积通常在 $500 \sim 1500 \, m^2/g$ 范围内。在这种情况下颗粒的内表面积远大于其外表面积，有时可达 10000 倍左右。因此，实际气固催化反应也是主要发生在催化剂颗粒的内表面上，而外扩散阻力往往容易排除，即外扩散阻力可以忽略不计。催化剂颗粒外表面浓度与流体主体浓度相等，$c_{As} \approx c_{Ab}$。

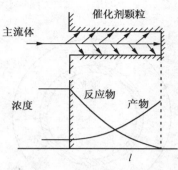

图 2-27 催化剂颗粒内部浓
度分布示意图

由于反应物必须通过催化剂颗粒的内孔向里扩散，以达到不同深度的内表面进行化学反应。而反应产物则必须由里向外扩散至孔口，然后进入气流主体。这种扩散过程将造成内表面各处反应物和产物浓度的不同，就如图 2-27 所示。也就是说，在同样的气流主体浓度条件下，催化剂颗粒的内表面是不等效的。内表面各部位的反应速率也是不等效的。显然，反应物在颗粒内孔里是一边向里扩散，一边在孔壁活性表面上发生化学反应，是一个同时进行的复杂的串并联过程。

为研究方便起见，又假设反应为单组分的不可逆反应，则有内扩散时的反应动力学方程可以幂函数形式表示为：

$$r_A = k c_A^n \tag{2-63}$$

则由上述有效因子法可知，ζ 实质[见式(2-62)] 是：

$$\zeta = \frac{r_A}{f(c_{As})} = \frac{实际反应速率}{所有颗粒内表面浓度\ c_A\ 与颗粒外}$$

表面浓度 c_{As} 相等时的反应速率

$$= \frac{有内扩散时的反应速率}{无内扩散时的反应速率}$$

由于内扩散的存在造成催化剂颗粒内表面具有一定的浓度分布，孔内各处的实际反应速率也不相同，因而颗粒内的实际反应速率应取整个颗粒的平均值：

$$\bar{r}_A = \frac{\int_0^{V_p} k c_A^n \mathrm{d}V_p}{V_p} \tag{2-64}$$

式中，V_p 为催化剂的颗粒体积，而无内扩散时的反应速率即为流体主体的浓度 c_{Ab} 下的反应速率 $k c_{Ab}^n$，由此可得有效因子 ζ 应为：

$$\zeta = \frac{\bar{r}_A}{k c_{Ab}^n} = \frac{\int_0^{V_p} k c_A^n \mathrm{d}V_p}{V_p k c_{Ab}^n} \tag{2-65}$$

所以只需解得颗粒内的浓度分布式，代入上式，即可确定有效因子 ζ 了。

（一）等温催化剂颗粒的有效因子

可以球形催化剂颗粒为例，来说明如何得到颗粒内表面的浓度分布式。对于一个催化剂球形颗粒，若颗粒内的扩散速率为 $D_{eff}\dfrac{dc_A}{dr}$（式中 D_{eff} 为反应物在催化剂颗粒内的有效扩散系数）；反应速率为 kc_A^n。对一半径为 r_p 的球形催化剂颗粒，在距中心为 r 处取一厚度为 dr 的微元壳体，如图2-28。在定态条件下，对反应组分进行物料衡算则可得到：

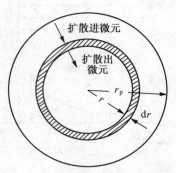

图 2-28 球形催化剂颗粒内的物料衡算

$$\frac{d^2c_A}{dr^2} + \frac{2}{r} \cdot \frac{dc_A}{dr} = \frac{kc_A^n}{D_{eff}} \qquad (2-66)$$

显然，式（2-66）即为球形颗粒内反应物浓度分布的微分方程式[38]。

将式（2-66）转化为无因次形式：

$$令\ c_A^* = \frac{c_A}{c_{Ab}};\qquad z = \frac{r}{r_p};\qquad \Phi = r_p \cdot \sqrt{\frac{kc_{Ab}^n}{D_{eff}c_{Ab}}} \qquad (2-67)$$

则式（2-66）变为：

$$\frac{d^2c_A^*}{dz^2} + \frac{2}{z} \cdot \frac{dc_A^*}{dz} = \Phi^2 \cdot (c_A^*)^n \qquad (2-68)$$

按边界条件 $z=0$ $\dfrac{dc_A^*}{dz}=0$

$z=1$ $c_A^*=1$

显然，在该微分方程及边界条件中，Φ 为唯一的一个参数，因而其解必为：

$$c_A^* = \frac{c_A}{c_{Ab}} = f\left(\frac{r}{r_p},\ \Phi\right) \qquad (2-69)$$

由式（2-69）可知，催化剂颗粒内的浓度分布唯一地决定于参数 Φ，Φ 称为西勒（Thiele）模数，如果将以上解得的颗粒内浓度分布式（2-69）代入式（2-65），就可得知：

$$\zeta = f(\Phi) \qquad (2-70)$$

表明颗粒的内扩散有效因子仍然与西勒模数有关，对球形颗粒，一级不可逆反应可得到解析解（其他为数值解）：

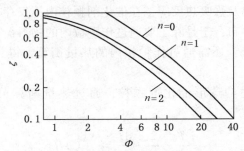

图 2-29　球形颗粒的内扩散有效因子

$$\zeta = \frac{3}{\Phi}\left(\frac{1}{\tanh\Phi} - \frac{1}{\Phi}\right) \qquad (2-71)$$

对不同催化剂形状，不同级数反应的 $\zeta \sim \Phi$ 关系见图2-29。

从经大量研究后得到的 $\zeta \sim \Phi$ 关系图 2-29 中可见：

（1）对于等温情况下的有效因子 ζ 与 Φ 的关系大致可分为三个区：

　　　　$\Phi < 0.4$　　　　　$\zeta \Rightarrow 1$　　　　　　　内扩散阻力可忽略；

　　　　$0.4 < \Phi < 3$　　　　$\zeta < 1$　　　　　　　　内扩散阻力明显；

　　　　$\Phi > 3$　　　　　$\zeta \approx \frac{1}{\Phi}$　　　　　　　内扩散阻力严重。

（2）大量研究表明当催化剂形状，反应级数变化时，$\zeta \sim \Phi$ 的关系基本不变，曲线形状类似。尤其两头（$\zeta \Rightarrow 1$ 及 $\zeta \Rightarrow 0$ 处）几乎重合，说明对不同催化剂颗粒形状和不同级数反应基本上都可沿用上述规律。

（3）由上述讨论可见，有效因子法把内扩散对反应的影响都归结到 ζ，而决定 ζ 大小的唯一参数是 Φ。由 Φ 的表达式可知，极限反应速率 kc_{Ab} 和极限扩散速率 $D_{eff}c_{Ab}$ 的大小均会影响到 Φ 的大小，而影响到 ζ，但最为直接及影响最大的显然是 r_p（粒径）。为能普遍适用于各种形状的催化剂颗粒，常使用当量直径 L 表示催化剂的颗粒直径，L 的定义为催化剂颗粒的体积 V_p 与外表面积 S_p 之比，即 $L = V_p/S_p$。

所以对于任意反应级数、任意形状催化剂颗粒的 Φ 可表示为：

$$\Phi = L\sqrt{\frac{(n+1)kc_{Ab}^{n-1}}{2D_{eff}}} \qquad (2-72)$$

解决了催化剂颗粒内的浓度分布关系后，即可用能直接测定的流体主体浓度 c_{Ab} 来讨论、研究和表征内扩散对反应的影响问题。

（二）非等温情况下催化剂颗粒内的有效因子

以上讨论的是在等温的条件下，因此，仅需研究颗粒内的浓度分布问题。对强放热及强吸热反应，在催化剂颗粒内不仅存在浓度分布，而且还存在温度分布，于是除了要通过作颗粒内的物料衡算，得到浓度分布微分方程式外，还需通过作颗粒内的热量衡算，得到温度分布微分方程。

对如上所述的球形催化剂颗粒，通过热量衡算可得如下微分方程式：

$$\frac{d^2T}{dr^2} + \frac{2}{r} \cdot \frac{dT}{dr} = \frac{kc_A^n}{\lambda_e}(\Delta H) \qquad (2-73)$$

式中　λ_e——催化剂颗粒的有效导热系数；

$\quad\ \Delta H$——反应热效应，放热反应其值为负，吸热反应其值为正。

边界条件：$r=0$ 时，$\qquad\qquad\qquad \dfrac{dT}{dr}=0$；

$\qquad\qquad r=r_p$ 时，$\qquad\qquad\qquad T=T_s$

式（2-73）即为球形颗粒内反应物温度分布的微分方程式，将式（2-73）与式（2-66）联立求解，可求出颗粒内的浓度分布和温度分布，最后即可算出非等温情况下的催化剂有效因子。但是，这个微分方程组不易求得分析解，只能进行数值求解，或者作简化处理求近似解，所以不可能导出非等温情况下的催化剂有效因子的计算公式。

进行数值求解时，需引进两个无因次参数，一个是无因次参数 $\gamma=E/RT_s$，E 为反应的活化能，γ 反映了化学反应速率随温度变化的情况。另一个无因次参数

$$\beta = \frac{(T-T_s)_{max}}{T_s} \qquad (2-74)$$

式中，T 为颗粒内温度，T_s 为颗粒外表面温度 β 称作热效参数，由式（2-74）可见其意义是：催化剂颗粒内与外表面间的最大温度差与外表面温度 T_s 之比。显然，对于放热反应，由于内扩散阻力的存在，$T>T_s$，所以 $\beta>0$，同理对于吸热反应，因为 $T<T_s$，所以 $\beta<0$。

图 2-30 是以 β 和 γ 为参数，在球形催化剂上进行一级反应时，非等温有效因子 ζ 与西勒模数 Φ 的关系图（该图根据 $\gamma=E/RT_s=20$ 计算得到）。由图 2-30 可见：

（1）在相同的 Φ 值时，β 值愈大，则 ζ 也愈大。这说明催化剂颗粒内部与外表面间的温度差愈大，则有效因子 ζ 也愈大。

（2）图 2-30 中，$\beta=0$，表明 $T=T_s$，催化剂粒内等温。此时，Φ 愈大，ζ 愈小；Φ 愈小，$\zeta \Rightarrow 1$，始终 $\zeta \leqslant 1$。由于浓度分布，颗粒内的反

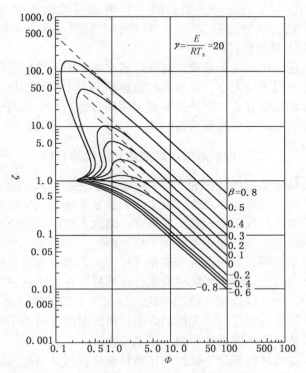

图 2-30 球形颗粒非等温一级反应的有效因子

应速率恒小于颗粒外表面的反应速率。$\beta<0$，表明 $T<T_s$，为吸热反应情况。无论温度还是浓度，催化剂颗粒内的值均小于或等于颗粒外表面的值，因而颗粒内的反应速率也恒小于或等于颗粒外表面的值，以致有效因子恒小于或等于 1，即 $\zeta \leqslant 1$。

$\beta>0$ 时，表明 $T>T_s$，为放热反应情况，即催化剂颗粒内的温度要高于颗粒外表面的温度。虽然颗粒内的浓度因内扩散阻力的存在而低于外表面，但如果当由于内表面温度升高，而造成反应速率加快的效应，超过了由于内表面浓度降低而造成的反应速率减慢的效应时，则颗粒内的反应速率将大于外表面，于是有效因子将大于 1。所以，从图2-30可见，当 $\beta>0$ 时，$\zeta \lessgtr 1$。

（3）图 2-30 还表明：不论 β 为何值，当 Φ 值较大时，ζ 与 $\dfrac{1}{\Phi}$ 总成直线关系。

（4）从图 2-30 中还可见：当 $\beta>0$ 即放热反应时，在 β 值较大，

Φ 值较小时，对于一定的 β 值，同一个 Φ 值可能会对应有两个或三个有效因子值，这就是多态问题，即微分方程组存在着多解。只有放热反应才会出现这种情况。

综上所述，可见内扩散效应对反应速率的影响，可用有效因子法来表征。而有效因子的大小，也即内扩散影响的大小，在催化剂粒内等温时唯一与西勒模数有关，于是，可通过西勒模数的大小来判断、研究和表征内扩散效应对反应速率的影响。

二、内扩散效应对催化剂失活的影响

内扩散效应是影响催化剂反应的主要因素之一，内扩散效应也是影响催化剂失活的主要因素之一。由于在大多数实际工业反应器中，多孔催化剂颗粒的内扩散阻力一般不能排除，因此，内扩散效应对催化剂反应及失活的影响也就必须要考虑，不能忽略。

研究结果表明，如同在定态催化过程中内扩散效应对反应速率的影响可通过有效因子法，用西勒模数来表征那样，在失活存在下的非定态催化过程中，也可以运用有效因子法，定义一个新的失活西勒模数 Φ_d 来表征内扩散效应对反应和失活的影响。而此时的有效因子是综合考虑了扩散和失活过程两方面的影响，用 ζ_d 表示。

同样可以通过对催化剂颗粒内作物料衡算得到其颗粒内浓度分布的微分方程式。若为球形颗粒，则可通过物料衡算得：

$$D_{eff} \frac{d^2 c^*}{dr^2} + D_{eff} \frac{2}{r} \frac{dc^*}{dr} - k c_A^n a = 0 \qquad (2-75)$$

采用与式(2-66)同样的方法，处理式(2-75)，得

$$\Phi_d = L \sqrt{\frac{(n+1) k c_{Ab}^{n-1} a}{2 D_{eff}}} \qquad (2-76)$$

式中 $\quad L = \dfrac{V_p}{S_p} = \dfrac{\text{颗粒体积}}{\text{颗粒外表面积}}$

由式(2-72)可知：$\Phi_d = \Phi \sqrt{a}$

式中，a 为催化剂的活性，显然 a 的大小取决于 $\dfrac{da}{dt}$ 即失活速率方程式的形式了。

大量研究还表明，和西勒模数 Φ 是唯一可以表征有效因子 ζ 一样，失活西勒模数 Φ_d 是唯一可以用以表征失活有效因子 ζ_d 的参数，且它

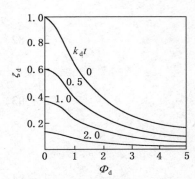

图 2-31　ζ_d 随 Φ_d 变化的关系
（一级失活，圆柱孔模型）

们与 Φ 和 ζ 具有类似的关系，即 $\Phi_d\uparrow$，$\zeta_d\downarrow$，表明内扩散影响显著，且到内扩散影响严重时，$\zeta_d=\dfrac{1}{\Phi_d}$ 为渐近直线关系；$\Phi_d\downarrow$，$\zeta_d\uparrow$，而当 Φ_d 小到一定程度时，$\zeta_d\Rightarrow1$。

图 2-31 表示了一级失活的圆柱孔催化剂的 ζ_d 与 Φ_d 间的变化关系。由图可见，由于非定态下的失活有效因子须综合考虑扩散和失活过程两方面的影响，因而图 2-31 是在恒定 $k_d t$ 的条件下点绘的，其中 $k_d t=0$ 的曲线即描述了无失活过程情况下的 ζ_d 随 Φ_d 的变化关系，以做比较，显然，此时 $\Phi_d=\Phi$，$\zeta_d=\zeta$ 为无失活过程的定态情况。

三、强内扩散存在时的催化剂失活速率

在第四节中，曾经对不同反应级数，不同失活级数的催化反应在全混流和活塞流反应器中的反应速率和失活速率进行了讨论。但这都是假定在内扩散阻力不予考虑的情况下，而实际催化反应中内扩散阻力不可能完全排除，那么在强内扩散阻力存在时，催化剂的失活速率究竟将会发生怎样的变化，及如何来进行定量的表达呢？

以在第二节中曾讨论过的最简单的 $n=1$，$m=0$，$d=1$ 的系统为例，即此为一个一级反应，一级失活且独立失活的系统，若反应是在活塞流反应器中进行，则如前所述，可有：

反应速率式：
$$r_A = kc_A a \tag{2-77}$$

失活速率式：
$$-\frac{\mathrm{d}a}{\mathrm{d}t} = k_d a \tag{2-78}$$

反应器特征方程式：
$$\tau = \int_{c_A}^{c_{A0}} \frac{\mathrm{d}c_A}{kc_A a} \tag{2-79}$$

若现为强内扩散存在的情况，则根据有效因子法 [式（2-77）] 就应成为：
$$r_A = kc_A a\zeta_d \tag{2-80}$$

而当强内扩散存在时：
$$\zeta_d = \frac{1}{\Phi_d} = \frac{1}{\Phi\sqrt{a}} \tag{2-81}$$

将式(2-81)代入式(2-80)得：

$$r_A = \frac{k}{\Phi} c_A a^{\frac{1}{2}} \tag{2-82}$$

将式(2-82)代入式(2-79)得：

$$\tau = \int_{c_A}^{c_{A0}} \frac{dc_A}{\frac{k}{\Phi} c_A a^{\frac{1}{2}}} \tag{2-83}$$

积分式(2-78)可得：$a = e^{-k_d t}$

所以

$$a^{\frac{1}{2}} = e^{\frac{-k_d}{2} t} \tag{2-84}$$

将式(2-84)代入式(2-83)并积分，于是有强内扩散存在时：

$$\ln\left(\ln \frac{c_{A0}}{c_A}\right) = \ln\left(\frac{k\tau}{\Phi}\right) - \frac{k_d}{2} t \tag{2-85}$$

将强内扩散存在时的动力学方程与不考虑内扩散阻力，及考虑催化剂失活与不考虑催化剂失活诸种情况做一比较，见图2-32及表2-4。

表2-4　气相活塞流反应器动力学方程式

催化剂活性	参数			无内扩散阻力	强内扩散阻力
	n	m	d		
不失活	1	0	1	$\ln \frac{c_{A0}}{c_A} = k\tau$	$\ln \frac{c_{A0}}{c_A} = \frac{k\tau}{\Phi}$
	1	0	2	$\ln \frac{c_{A0}}{c_A} = k\tau$	$\ln \frac{c_{A0}}{c_A} = \frac{k\tau}{\Phi}$
	2	0	1	$\frac{1}{c_A} - \frac{1}{c_{A0}} = k\tau$	$\frac{1}{c_A} - \frac{1}{c_{A0}} = \frac{k\tau}{\Phi}$
	2	0	2	$\frac{1}{c_A} - \frac{1}{c_{A0}} = k\tau$	$\frac{1}{c_A} - \frac{1}{c_{A0}} = \frac{k\tau}{\Phi}$
失活	1	0	1	$\ln\ln \frac{c_{A0}}{c_A} = \ln(k\tau) - k_d t$	$\ln\ln \frac{c_{A0}}{c_A} = \ln \frac{k\tau}{\Phi} - \frac{k_d}{2} t$
	1	0	2	$\ln\ln \frac{c_{A0}}{c_A} = \ln(k\tau) - \ln(k_d t + 1)$	$\ln\ln \frac{c_{A0}}{c_A} = \ln \frac{k\tau}{\Phi} - \frac{1}{2}\ln(k_d t + 1)$
	2	0	1	$\ln\left(\frac{1}{c_A} - \frac{1}{c_{A0}}\right) = \ln(k\tau) - k_d t$	$\ln\left(\frac{1}{c_A} - \frac{1}{c_{A0}}\right) = \ln \frac{k\tau}{\Phi} - \frac{1}{2} k_d t$
	2	0	2	$\ln\left(\frac{1}{c_A} - \frac{1}{c_{A0}}\right) = \ln(k\tau) - \ln(k_d t + 1)$	$\ln\left(\frac{1}{c_A} - \frac{1}{c_{A0}}\right) = \ln \frac{k\tau}{\Phi} - \frac{1}{2}\ln(k_d t + 1)$

由图2-32可见，对于 $n=1$，$m=0$，$d=1$ 系统，强内扩散存在时的失活速率常数是无内扩散阻力时的一半（$\frac{k_d}{2}$）。

同样，可对 $n=1$，$m=0$，$d=1$ 系统，采用全混流反应器对于强内扩散存在时的动力学方程作类似的分析推导，最后得到：

$$\ln\left(\frac{c_{A0}}{c_A} - 1\right) = \ln\left(\frac{k\tau}{\Phi}\right) - \frac{k_d}{2}t \qquad (2-86)$$

也将其与无内扩散阻力时及考虑催化剂失活与不考虑催化剂失活各情况做一比较，见图 2-33 及表 2-5，强内扩散存在时的失活级数是无内扩散阻力的一半$\left(\dfrac{k_d}{2}\right)$。

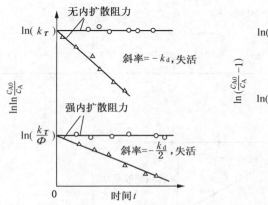

图 2-32　气相活塞流系统中 c_A 随反应　　图 2-33　气相全混流系统中 c_A 随反应
　　时间 t 的变化 $(n=1,m=0,d=1)$　　　　时间 t 的变化 $(n=1,m=0,d=1)$

采用同样的方法对 $n=n$，$d=d$，$m=0$ 系统，在活塞流反应器和全混流反应器中，对强内扩散存在时，催化剂失活，与无内扩散阻力时，无催化剂失活等情况做了分析比较的结果见表 2-4、表 2-5，及图 2-34。

表 2-5　气相全混流反应器动力学方程式

催化剂活性	参数			无内扩散阻力	强内扩散阻力
	n	m	d		
不失活	1	0	1	$\dfrac{c_{A0}}{c_A} - 1 = k\tau$	$\dfrac{c_{A0}}{c_A} - 1 = \dfrac{k\tau}{\Phi}$
	1	0	2	$\dfrac{c_{A0}-c_A}{c_A} = k\tau$	$\dfrac{c_{A0}-c_A}{c_A} = \dfrac{k\tau}{\Phi}$
	2	0	1	$\dfrac{c_{A0}-c_A}{c_A^2} = k\tau$	$\dfrac{c_{A0}-c_A}{c_A^2} = \dfrac{k\tau}{\Phi}$
	2	0	2	$\dfrac{c_{A0}-c_A}{c_A^2} = k\tau$	$\dfrac{c_{A0}-c_A}{c_A^2} = \dfrac{k\tau}{\Phi}$

催化剂	参数			无内扩散阻力	强内扩散阻力
活性	n	m	d		
失 活	1	0	1	$\ln\left(\dfrac{c_{A0}}{c_A}-1\right)=\ln(k\tau)-k_d t$	$\ln\left(\dfrac{c_{A0}}{c_A}-1\right)=\ln\dfrac{k\tau}{\Phi}-\dfrac{k_d t}{2}$
	1	0	2	$\ln\dfrac{c_{A0}-c_A}{c_A}=\ln(k\tau)-\ln(k_d t+1)$	$\ln\dfrac{c_{A0}-c_A}{c_A}=\ln\dfrac{k\tau}{\Phi}-\dfrac{1}{2}\ln(k_d t+1)$
	2	0	1	$\ln\dfrac{c_{A0}-c_A}{c_A^2}=\ln(k\tau)-k_d t$	$\ln\dfrac{c_{A0}-c_A}{c_A^2}=\ln\dfrac{k\tau}{\Phi}-\dfrac{1}{2}k_d t$
	2	0	2	$\ln\dfrac{c_{A0}-c_A}{c_A^2}=\ln(k\tau)-\ln(k_d t+1)$	$\ln\dfrac{c_{A0}-c_A}{c_A^2}=\ln\dfrac{k\tau}{\Phi}-\dfrac{1}{2}\ln(k_d t+1)$

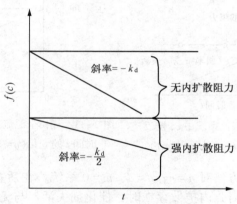

图 2-34　有无内扩散阻力时的
催化剂失活速率比较

从上述表和图中可得到这样的结论：在有强内扩散效应存在时催化
剂的活性衰退速率将随内扩散阻力的增加而减缓，于是反应速率随时间
降低的速率也将减慢。换句话说，内扩散阻力的存在将使多孔催化剂的
寿命得以延长；而且对 n 级反应、d 级独立失活系统来说，强内扩散区
域里催化剂的失活速率常数 k'_d 仅是无内扩散影响区域中催化剂失活速
率常数 k_d 的一半。通过上述工作不仅可以了解内扩散对催化剂失活的
影响规律，同时还可以建立失活和内扩散同时存在下的速率表达式。许
多学者在对一级反应、一级失活系统和非一级反应或非一级失活等系统
的研究中，考察了内扩散对失活速率的影响，建立了失活和内扩散同时

存在下的动力学方程，不仅结果与实验数据拟合较好，且实践证明这个
方法比较简单，数学处理也比较方便，因而在加氢、脱氢、氧化、芳构
化等许多催化反应中得到了运用。下面以实例说明如何通过实验数据，
运用上述方法，建立失活和内扩散同时存在下的速率方程式。

例 2-2：已知催化分解反应在固定床平推流反应器中的多孔催化剂
上进行，催化剂颗粒直径 d_p 为 2.4mm，不同反应时间反应物 A 的转化
率数据测得如下：

t/h	0	2	4	6
$x_A/\%$	75	64	52	39

已知：

$$D_{eff} = 5 \times 10^{-10} m^2/s$$

$$\rho_s = 1500 kg/m^3$$

$$\tau = 4000 kg \cdot s/m^3$$

求反应速率式和失活速率式。

解：对气固催化反应，现假设一个简单速率式，然后拟合实验数
据；对非均相失活反应，可同样先假设一组反应速率式和失活速率式，
进行实验数据的拟合，从最简单的情况，$n=1$，$m=0$，$d=1$ 开始拟合
数据。

（1）设无内扩散阻力，$\zeta=1$，方程式形式为：

$$\begin{cases} r_A = k c_A a \\ -\dfrac{\mathrm{d}a}{\mathrm{d}t} = k_d a \end{cases}$$

由活塞流反应器的特征方程：

$$\tau = \int_{c_{A0}}^{c_A} \frac{\mathrm{d}c}{r_A}$$

整理得：

$$\mathrm{lnln} \frac{c_{A0}}{c_A} = \ln(k\tau) - k_d t$$

由已知数据可得：

t	x_A	$\mathrm{lnln} \dfrac{c_{A0}}{c_A}$
0	0.75	0.327
2	0.64	0.021
4	0.52	-0.309
6	0.39	-0.705

作 $\ln\ln\dfrac{c_{A0}}{c_A}\sim t$ 图，可得一直线，其截距为 0.35，斜率为 -0.17。

由此可知：

$$k_d = 0.17\mathrm{h}^{-1}$$

$$\ln(k\tau) = 0.35$$

$$k = 3.54 \times 10^{-4}\mathrm{m}^3/(\mathrm{kg} \cdot \mathrm{s})$$

所以：

$$\begin{cases} r_A = 3.54 \times 10^{-4}c_A a \\ -\dfrac{\mathrm{d}a}{\mathrm{d}t} = 0.17a \end{cases}$$

核算西勒模数 Φ：

$$\Phi = L\sqrt{\dfrac{k'}{D_{\mathrm{eff}}}}$$

由于式中的 k' 是以单位体积为基准，所以需要将以单位质量为基准的 k 进行转换：

$$k' = k\rho_s = 1500 \times 3.54 \times 10^{-4} = 0.53\mathrm{s}^{-1}$$

所以 $\Phi = L\sqrt{\dfrac{k'}{D_{\mathrm{eff}}}} = \dfrac{d_p}{6}\sqrt{\dfrac{k'}{D_{\mathrm{eff}}}} = \dfrac{2.4 \times 10^{-3}}{6}\sqrt{\dfrac{0.531}{5 \times 10^{-10}}} \approx 13 > 0.4$

和原假设不符，因为无内扩散时，Φ 应小于 0.4。

（2）假设强内扩散阻力，此时方程式为：

$$\begin{cases} r_A = kc_A a\zeta_d \\ -\dfrac{\mathrm{d}a}{\mathrm{d}t} = k_d a \end{cases}$$

由活塞流反应器的特征方程可得：

$$\tau = -\int_{c_{A0}}^{c_A} \dfrac{\mathrm{d}c}{r_A}$$

整理得：

$$\ln\left(\ln\dfrac{c_{A0}}{c_A}\right) = \ln\left(\dfrac{k\tau}{\Phi}\right) - \dfrac{k_d}{2}t$$

同样可由实验数据作图，此时的斜率、截距分别为 -0.17 和 0.35。

所以

$$k_d = 0.34$$

$$\ln\left(\dfrac{k\tau}{\Phi}\right) = 0.35$$

将 $\Phi = L\sqrt{\dfrac{k'}{D_{\mathrm{eff}}}}$ 和 $k' = k\rho_s$ 代入上式，解方程得：

$$k = 0.06\mathrm{m}^3/\mathrm{kg} \cdot \mathrm{s}$$

所以

$$k' = k\rho_s = 0.06 \times 1500 = 90\mathrm{s}^{-1}$$

核算 Φ　　　$\Phi = L\sqrt{\dfrac{k'}{D_{\text{eff}}}} = \dfrac{2.4 \times 10^{-3}}{6}\sqrt{\dfrac{90}{5 \times 10^{-10}}} \approx 170 > 3$

所以反应速率式和失活速率式为：$\begin{cases} r_A = 0.06 c_A a \zeta_d \\[2mm] -\dfrac{\mathrm{d}a}{\mathrm{d}t} = 0.34a \end{cases}$

第六节　典型过程——催化裂化过程失活分析

催化裂化工艺是以沸石分子筛为催化剂将重质油转化生成汽油和柴油的催化过程，在炼油厂中具有较大的经济效益。我国原油含轻油组分较少，因此，几乎每个炼油厂均设置催化裂化装置。为了充分利用原油资源，催化裂化过程的原料日益从馏出油（瓦斯油）向重油甚至渣油方向发展。国内不少催化裂化装置均在原料油中掺和重油后加工[39]，有几个炼油厂正在考虑全部以重油为原料进行催化裂化[40]。因此，催化裂化将成为重油加工的主要途径之一。为了实现这个目的，必须解决新的催化剂失活问题，这是因为重油中常常含有更多的对催化剂有害的物质。表 2-6 常压渣油与减压馏分油的数据比较表明，这些物质主要包括：

（1）具有更多的生焦潜在物，如沥青质、多环芳烃等，一般以残炭指标来表征。在催化裂化反应器中，这些物质将转化生成焦炭。大庆原油常压重油残炭为 4.42%，而胜利原油的重油约高一倍。

（2）含有重金属（如 Ni、V、Fe 和 Cu 等）。我国原油、重油的特点是含镍多钒少，而国外大多数原油含钒比较多。

（3）含有轻金属（如 Na、K 等）。

（4）含有碱性氮化物，它能使沸石分子筛催化剂酸性中心中毒，虽然在再生阶段氮化物可被烧去，但对我国重油的加工来说，却是一个值得重视的问题。

另外，虽然硫化物也有所增加，但是它对催化剂活性影响却并不大。但在裂化反应中，硫会转化并带入汽油中，使汽油感铅性受到影响。还有一部分硫化物在再生器烧焦时将生成 SO_x 而造成空气污染。

上述各种有害物质很难在其进入反应器前全部除去，必须在催化剂和工艺上设法解决它们带来的危害。本节将以重油催化裂化为例讨论催化剂的失活因素和实现长期连续工业生产的措施。

表 2-6　国内外某些常压渣油与减压瓦斯油物化
性质及焦炭产率比较[41,42]

油品类别 物性与操作条件	国外减压馏分油	国外常压渣油	大庆常压渣油	任丘常压渣油
原料性质				
相对密度	0.8978	0.9165	0.890	0.888
沸程/℃				
初馏点			246	203
5%	288	243		
10%			362	312
50%	415	434		
80%		526		
终馏点	506			
~350℃馏出/%(体)			6.5	14.7
硫/%	0.36	0.69		
残炭/%	0.30(兰氏)	4.25(兰氏)	4.42	7.24
庚烷不溶物/%	0.03	1.54	0.05	0.8
金属含量/μg·g⁻¹				
Fe	<0.5	11.8	2.0	2.4
Ni	<0.5	11.5	6.3	19.73
V	<0.5	9.8	0.1	0.78
Na	<0.5	2.2	4.3	1.1
工业操作条件及焦产率				
再生温度/℃		720~800	641	690
待生催化剂碳含量/%		1.7	1.93	2.08
再生催化剂碳含量/%		0.05~0.5	0.38	0.25
焦炭率/%		10	9.9	10

（一）结焦与催化剂的烧结

催化裂化过程在生产汽油的同时，也产生了大量的焦炭。表 2-6
数据表明，若以常压渣油为原料，焦炭产率将高达 10%。这些焦炭沉
积在催化剂表面上，很快引起堵塞失活。在反应器中的沸石分子筛裂化
催化剂操作仅约几秒钟就严重失活而必须再生。工业上采用如图 2-35
流程，即在反应器和再生器间以流化方式进行操作，不断将焦炭烧去，
以使反应器能长期进行裂化反应。催化剂在提升管反应器中以稀相与原
料油接触，停留很短时间，当催化剂上焦炭量接近 1%~2% 时，即需将
这待生催化剂输送到再生器中，以密相沸腾床形式与空气充分接触，

进行烧焦，使再生催化剂上焦炭量减至 1%或更低。以恢复催化剂的活性。再生催化剂返回反应器中使用，并保持了反应器中催化剂的活性水平。实验证明：在上述焦炭含量情况下，基本上不会影响催化剂的选择性，这是催化裂化过程能够工业化的一个关键。

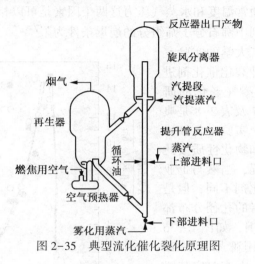

图 2-35　典型流化催化裂化原理图

　　由于重油生成大量焦炭，再生器的温度需要进一步提高，有时高达700℃以上。另外，要使原料油雾化并控制再生器的温度等，却又需引入大量蒸汽，因而沸石分子筛催化剂是在面临较高温度和大量水蒸气存在的苛刻条件下进行生产的，因此更易烧结失活。在工业流化床装置中，因流化磨蚀，不可避免地会产生少量粒度较小的催化剂而造成跑损。另外，为了维持催化剂的活性，也必须经常放出少量待生催化剂，从而也必须补入相应量的新鲜催化剂。由于在再生器等部位催化剂充分混合，实际上在反应器-再生器系统内，具有各种不同年龄、活性水平各异的催化剂；但在稳定操作以后，从整个宏观反应系统来看，可以认为是在一个平均活性水平下操作的。这个活性水平，通常称为裂化催化剂的平衡活性。由于处于水蒸气和高温的环境，它比新鲜催化剂的活性低得多，因而对于催化裂化原料油来说，它是与具有平衡活性水平的催化剂接触进行反应的。可以预料，对于具有不同抗蒸汽老化性能的催化剂，即使在相同操作条件下，它的平衡活性与新鲜催化剂活性的差异也会相互各异。故在开发新型催化剂或在其他失活因素的研究中，均应立足于该种平衡催化剂的性能及其变化。但在小型实验装置中，催化剂的这种水热失活进行很缓慢，往往需要经历几个月的时间才能达到平衡活性水平。在开发和研究工作中，为了节省时间和人力，是采用在较高温度下进行强化水蒸气老化来获得的；即在实验室装置中针对某种特定的裂化催化剂来模拟工业过程，选用相应的较高温度和水蒸气压力进行强化水热试验。通常温度和水蒸气压力这两个因素是可以相互调节的，但以不超过催化剂中沸石分子筛组分的崩塌条件为限[43]。

在华东理工大学的实验室里曾对我国几种裂化催化剂进行了实验室水蒸气老化的研究[44,45]。表2-7及表2-8是典型的实验数据。实验中各催化剂颗粒的活性和物化性质彼此相同，这种情况，当然与工业装置的平衡催化剂不同；但是研究表明，二者的孔径分布都只在很窄的范围，如图2-36所示。该图是用牌号 XZ-25型裂化催化剂，在实验室装置进行水蒸气老化的结果，其条件为 20% 水蒸气在 827℃ 下老化 12h。虚线表示实验室老化后的孔分布曲线。该催化剂在工业装置中达到平衡活性水平

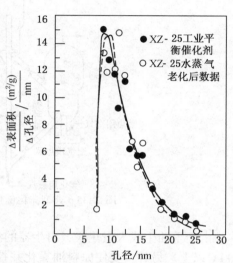

图 2-36　实验室水蒸气老化与工业平衡催化剂孔径分布比较图

时的孔分布数据以实线表示。可以清楚看出，二者非常接近。表 2-9数据表明，其他的物化性质也基本相同。这说明能够通过实验室老化来模拟工业情况，获得与工业平衡活性水平相当的催化剂，大大缩短了从新鲜催化剂达到平衡催化剂的时间。这对催化剂的改进、研制以及考察新鲜催化剂的其他失活性能均带来了很大的方便。

表 2-7　水蒸气老化对催化剂性能的影响(100%水蒸气、常压、4h)①

老化温度/℃	新催化剂	700	750	800	820	850
微活性指数(MA)	85.9	84.3	80.5	76.5	56.9	17.7
比表面积/m² · g⁻¹	566	290	256	191	169	93
相对结晶度/%	100	69.5	61.4	43.9	28.1	0

① 催化剂为高铝硅铝裂化催化剂。

表 2-8　国产催化剂水蒸气老化性能变化情况（10%水蒸气、常压、4h）

催化剂性能	催化剂型号	老化温度/℃					
		新催化剂	700	800	850	875	900
微反活性指数（MA）	共 Y-15	86.2	84.7	84.5	81.1	78.6	
	CRC-1	86.2	84.3	84.1	80.8	77.7	
比表面积/m² · g⁻¹	共 Y-15		225.1		215.4		94.7
	CRC-1		153.2		141.8		112.7
相对结晶度/%	共 Y-15		78.6		73.8		36.2
	CRC-1		87.0		77.2		56.2

表 2-9　XZ-25 型催化剂物化性质比较[43]

物 化 性 质		比表面/m² · g⁻¹	孔体积/mL · g⁻¹	孔 径/nm	微反活性（MA）
类别①	A	102	0.37	14.4	70.0
	B	102	0.38	13.2	71.5

① A 为 XZ-25 工业平衡催化剂，B 为实验室经水蒸气老化后的 XZ-25 型催化剂。

　　石油化工科学研究院对国产全合成担体沸石分子筛裂化催化剂系统地进行了上述模拟工作，他们曾推荐用常压、100%水蒸气在 800℃老化 4h 的实验室老化条件；当然，对于不同品种的催化剂，水热老化的条件应该相互各异，例如对于从合成担体、半合成担体到高岭土担体的催化剂，所需老化条件的苛刻性是依次递减的。

　　（二）重金属中毒

　　渣油所含重金属中以钒与镍的危害最大，其次是铁和铜等金属。从表 2-6 可以看出，在我国的渣油中以含镍为主，而含钒量一般较低。这与国外的大多数原料油是完全不同的。

　　镍和钒在原料重油中是以封闭二维结构的螯合形有机化合物的形式存在，称为中卟啉[46]。

　　它们具有一般的类环结构，如图 2-37 所示，由钒与四个吡咯环连接形成一个大的中卟啉环。

　　对于我国胜利原油渣油中镍化合物类型的研究指出[47]：胜利原油和减压渣油中镍的分布见表 2-10。数据表明胜利原油中的大部分镍集中于渣油。按减压渣油约占原油 47.1%计算，渣油中约集中了原油中 96%的镍。按原油中的各种镍化合物含量计算，减压渣油中的卟啉镍减少 19%，弱极性非卟啉镍增加 21%，这种变化说明在蒸馏过程中，由

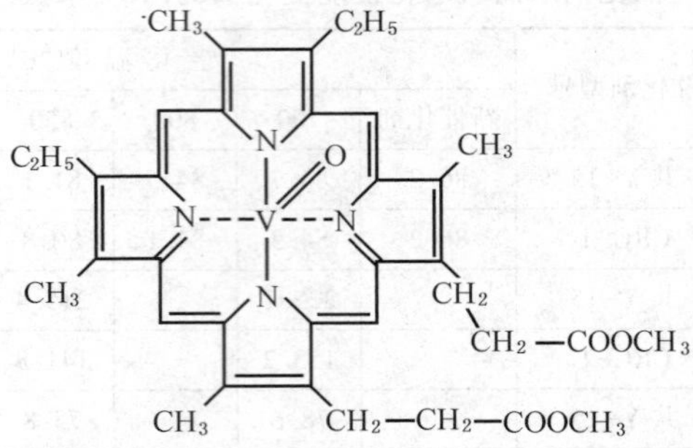

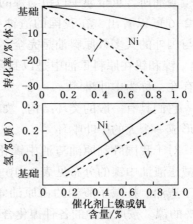

图 2-37　钒络合物(中卟啉Ⅸ-二甲酯)

于卟啉镍比较容易挥发,一部分进入馏分油中。而弱极性非卟啉镍在渣油中却增加,说明可能有些卟啉镍的稳定性较差,转化成弱极性卟啉镍。

表 2-10　胜利原油和减压渣油中镍的分布

项　　　目	胜利原油		减压渣油(占原油 47.1%)	
	含　量/ $\mu g \cdot g^{-1}$	占油样总镍/ %	含　量/ $\mu g \cdot g^{-1}$	占油样总镍/ %
油样中总镍量	26	—	53	—
强极性非卟啉镍	2.7	10	4.8	9
弱极性非卟啉镍	7.7	30	27	51
卟啉镍	14.3	55	19	36
吸附剂上残留及损失的镍	1.3	5	2.2	4

以往,一般认为在催化裂化中镍对催化剂的中毒效应是钒的 4~5 倍[48],随着认识的深入,现在知道镍与钒对催化剂的作用机理、对催化剂活性和选择性的影响是有所不同的。镍及钒对转化率及氢气产率的影响见图 2-38。镍及钒在最近一代催化剂上的影响表明,当重金属含量超过 $1000\mu g/g$ 时,从表 2-11 中可以看出,钒对催化剂活性的影响为镍的 3~4 倍,而钒对生氢和生焦的影响则比镍小。

图 2-38　镍及钒对裂化催化剂的影响

不论镍或钒，如果大量沉积在催化剂上，均会阻碍原料接近催化剂的活性中心而降低其活性。镍对活性影响不大，是由于镍仅部分地破坏催化剂的酸性中心；但镍却具有较强的脱氢作用，能促进原料生成氢气和焦炭，使选择性显著变坏。钒与镍不同，它并不停留在催化剂表面上，而是迁移到沸石分子筛中，形成低熔物，这种低熔物已由差热分析得到证明，其熔点为632℃，低于大多数再生器的操作温度，也就是说，低熔物的熔融破坏了沸石分子筛的结构，从而破坏了催化剂的酸性中心，引起催化剂活性及比表面的下降。当再生条件比较苛刻和催化剂上有钠存在时，钒的这种影响将更大。

表 2-11　镍和钒对催化剂的相对影响

项　　目	钒	镍
降低转化率/%	3~4	1
降低汽油产率/%	1.2	1
降低氢产率/%	0.5	1
生焦和焦炭产率/%	0.4	1

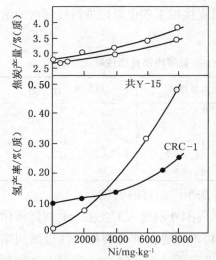

图 2-39　Ni 中毒对氢和焦炭产率的影响
失活：732℃，10h，100%水蒸气，0.1MPa

美国戴维逊公司生产的两种沸石分子筛催化剂，每沉积 1000μg/g 镍时，微活性约下降 1.2 个单位，每沉积 1000μg/g 钒时，微活性约下降 5 个单位。石油化工科学研究院在中型装置上用环烷酸镍污染国产 Y-7 型催化剂时，每沉积 1000μg/g 镍，微活性约下降 2.5 个单位。这些数据均充分表明，重金属的沉积对催化剂的活性是非常有害的[49]。

华东理工大学曾在微活性测定装置上用相似的污染方法证明，随镍污染量的增加，焦炭和氢气产率均显著增大，可参见图2-39。

为了减轻催化剂上污染金属的毒害，采用下述各类方法。

1. 原料油脱金属

一般有原料油加氢处理法[50]和脱沥青法[51]两种。加氢处理过程与加氢脱硫过程相当。它对原料油性质的改善情况可见表 2-12，可使渣油催化裂化平衡催化剂上的钒由 6500μg/g 减少至 1000μg/g，镍由 2350μg/g 减少至 1450μg/g，原料脱金属后使裂化过程能够顺利操作，催化剂消耗量减少将近一半。但是加氢处理操作条件苛刻，设备费用太高，技术要求复杂，故在我国大致不会广泛应用。

表 2-12　斯威尼炼厂加氢处理产品性质

性　　质	进　　料	重油产品
比重指数/°API	15.9	20.1
兰氏残炭/%	6.8	4.2
硫/%	1.7	0.28
镍/$\mu g \cdot g^{-1}$	27.6	5.9
钒/$\mu g \cdot g^{-1}$	45.2	6.8
液体体积(对进料)/%	100	91.6
催化剂寿命/$m^3 \cdot kg^{-1}$		4.9
氢耗量(化学)/$m^3 \cdot m^{-2}$		92.3

渣油超临界抽提脱沥青(ROSE 法)中，现在大都考虑以丁烷、戊烷为溶剂；除生产沥青外，脱沥青油可直接用于催化裂化进料或润滑油生产原料，典型数据列于表 2-13。

表 2-13　佩斯特公司 ROSE 装置脱沥青油性质

性　　质	减压渣油原料	脱　沥　青　油
氮/%	0.5	0.3
硫/%	1.5	1.1
康氏残炭/%	14	4.0
镍/$\mu g \cdot g^{-1}$	34	4.0
钒/$\mu g \cdot g^{-1}$	86	5.5

在我国，正在考虑建立以 ROSE 法生产沥青的装置。

除了上述两种方法以外，还有最近国外刚进入工业生产的两段催化裂化法(ART)[52]。该法是将渣油原料首先通过催化裂化活性很低的第一段催化剂(有时也称为接触剂)，进行预处理。它的主要作用是使易结焦组分和重金属沉积下来，达到重金属分离的目的。经第一段作用后，脱重金属的重质油很快蒸发并进入第二段，作为催化裂化进料。我国对该两段催化裂化过程给予很大的关注，目前已通过中型试验，取得了一定的成果。石油化工科学研究院的试验数据列于表 2-14。在第一段重金属的脱除率可达 97%。该工艺对含残炭、重金属比较多的胜利、任丘等原油具有应用前景。

表 2-14　一段接触剂反应结果

收　率/%			脱　除　率/%		
生成油	气　体	焦　炭	重金属	残　炭	硫
84	8	8	97	94	50

2. 用钝化剂钝化污染金属

钝化剂能使重金属中毒并减轻其危害作用。近年来以锑为钝化剂来解决重金属中毒的方法已在我国广泛应用。国外工业上应用最广泛的钝化剂是菲利浦斯公司开发的 Phil-AdCA，它是二丙基二硫代磷酸锑的矿物油溶液。最近代之以 Phil-AdCA 3000，其锑含量为 25%，较 Phil-AdCA 增加了一倍。我国主要用二异丙基二硫代磷酸锑，已经得到工业应用。另外又研制了一种烷基甲酸锑，其热分解温度比前者可高约 80℃。锑钝化剂的热稳定性较差，受热时间长或温度高于其热分解温度就会形成树脂状物沉积于器壁而失去作用。工业上一般将钝化剂溶于轻质循环油中使用。石油化工科学研究院[49]将他们开发的上述两种钝化剂用于减压馏分油催化裂化，发现效果相近：汽油产率增加 0～4%，氢气产率下降 42%～56%，焦炭产率下降 11%～23%。已经金属污染的沸石分子筛工业催化剂的小型钝化试验结果可参见图 2-40。

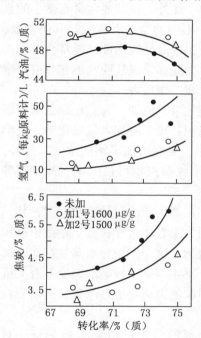

图 2-40　两种锑钝化剂对沸石分子筛工业催化剂的小型钝化试验结果
催化剂镍含量 1078μg/g；
原料油：胜利馏分油

国外催化裂化装置使用前述钝化剂。当催化剂上重金属(镍和钒)污染量为 1500～9500μg/g，氢气产率下降平均可达 44%，对重金属含量高的催化剂钝化效果较好，不过也因催化剂品种不同而各异。

一般认为，锑对镍的钝化效果比钒好。因锑与镍在催化剂表面形成合金，从而减少了镍的脱氢活性。我国重油镍含量高钒含量低，这也是在工业上采用锑钝化剂的原因。我国目前各种品牌的锑钝化剂很多，有油溶性的，水溶性的，其特点是锑含量高，毒性微或无毒，特别适用于我国含镍较多的重油[53,54]。对于含钒比较多的重油，国外已采用锡钝化剂，并在工业生产中取得良好的结果[55]。随着进口原油量的不断增加，锡钝化剂在我国也已有用于工业装置[56]。

（三）碱金属和碱土金属对催化剂的污染[57]

原油油溶性组分中含有某些碱金属和碱土金属，其中有钠和钙。与原油同时开采出来的盐水也含有大量的钠、钙、镁，有时还有钾、钡。这些盐水以微滴形式均匀分布于原油中。此外，原油通常含有微小的悬浮固体颗粒，其中含钙和镁。在重油中不溶的盐类有硫酸盐和碳酸盐，碳酸盐在蒸馏过程中会大量分解。另外，油品储罐底部，通常会沉积大量杂质，这些杂质中也含有各种盐类。因此如果脱盐脱水不充分或储罐切换等原因，就可能对油品后续加工过程产生危害。

再者，炼油厂本身也可能带来这类元素。例如，为防止原油蒸馏塔顶因氯化物造成严重腐蚀，往往在单级脱盐罐下游加入氢氧化钠，使形成氯化钠结晶，并与常压渣油一同排出，从而增加了钠的浓度。另外，催化裂化装置在床层或稀相喷入污染水或蒸汽也可带入钠、钾、钙等金属。

碱金属和碱土金属引起催化裂化催化剂失活的两种可能原因，其一是由于酸性中心被中和，导致中毒，而失去裂化活性；其二是由于碱和碱土金属氧化物与硅、铝结合生成易熔物，这个作用在水蒸气存在下加速进行。在渣油催化裂化工艺中，由于再生器采用较高的温度并有大量水蒸气存在，因此所含碱和碱土金属引起的失活将更趋严重，因而原料油中钠含量应控制在 $1\mu g/g$ 以下[58]。

钠、钾在工业装置上对裂化催化剂的危害已得到实验确证。有人[59]也曾用人工污染的方法研究了钠对国产 CRC-1 裂化催化剂的影响，示于图 2-41。图中数据表明，钠对催化剂有减活作用。在老化温度较低时，影响不大；但随着温度的提高，钠含量的影响将愈益显著，这时催化剂表面积也相应变化。戴维逊公司亦曾用人工污染的方法考察多种碱和碱土金属的失活影响，他们认为这些金属按单位质量计的危害程度其次序为：Na≈K>Ca>Ba；而镁的作用则随着老化处理苛刻度的增加而产生更大的影响。在缓和的水蒸气处理条件下，以当量重量为基准时，Na^+、K^+、Mg^{2+}、Ca^{2+} 对平衡裂化催化剂的毒害都相似，说明这

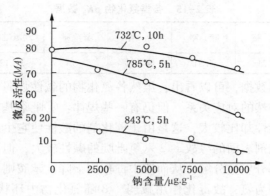

图 2-41　不同钠污染量对催化剂活性影响

（100%水蒸气）

时碱和碱土金属的毒化作用可用它们对沸石分子筛酸性中心的中和作用来解释。如图 2-42 所示。

　　为了使这些金属的含量满足要求，应加强原油脱盐脱水的效果，但不宜采用在脱盐罐下游注碱的操作方法。可以采用二级甚至三级脱盐过程，并加入破乳剂。为了再进一步控制常压塔顶氯化物带来的腐蚀，可在塔顶注入水或水与氨或吗啉等中性胺溶液缓蚀剂，注入量以控制塔顶冷凝水的 pH 为 6 较好。

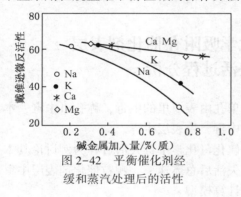

图 2-42　平衡催化剂经缓和蒸汽处理后的活性

（四）碱性氮化物中毒失活

　　随着催化裂化原料日趋变重，原料中氮化物含量亦相应增加，碱性氮化物的存在将在催化剂酸性中心上产生化学吸附而引起催化剂失活。采用离子交换树脂可以从原料油中分离得到碱性氮化物的浓缩物，将它们进行色谱-质谱分析，结果表明，胜利柴油馏分中主要的碱性氮化物属于喹啉类、羟基喹啉类、吡啶类以及苯并喹啉类。文献报道，曾对异丙苯裂解反应于脉冲微反上进行氮化物中毒研究，结果表明，这些毒物对 CRC-1 型裂化催化剂的失活效应按下列顺序递减[60,61]。吡啶>喹啉>吡咯>异喹啉≈六氢吡啶>苯胺，而它们的碱性数据则如表 2-15 所示。

表 2-15 各类氮化物 pK_a 数据

碱性度	吡 啶	喹 啉	吡 咯	异喹啉	六氢吡啶	苯 胺
pK_a	5.21	4.91	弱酸性	5.14	11.12	4.63

对照上列数据，可以看出，虽然各氮化物的碱性强弱与其对催化剂的毒性并无必然的对应关系。但仍有一些规律：①吡咯基本上是中性化合物，但其毒性却比较大，这是由于催化剂的酸性使它生成大分子聚合物沉积在催化剂表面的缘故。②六氢吡啶的碱性较大，但由于其在反应过程中有一部分发生分解，从而使中毒作用下降；苯胺则更不稳定，有很大部分分解为氨，故毒化作用减弱。③随氮化物中环状结构的增加，由于稳定性增加，对催化剂的毒害作用加深；如含吡啶环时，其对催化剂的毒害性最大。④在氮化物稳定性基本相同时，中毒作用将随碱性的增加而明显加剧，如吡啶的毒性比喹啉大。

氮和硫化物均可使催化剂暂时中毒失活，它们均可在再生器中烧去，故和其他一些失活因素相比，它们对产品产率的危害性为小；但是却因燃烧生成相应的氧化物而污染大气。氮化物的存在还能使催化剂烧焦速率降低。

第七节 毒物化学吸附在催化剂表层上的失活过程分析

本章第五节讨论催化剂内的单孔由表及里的中毒，称孔口中毒，本节讨论整颗粒催化剂由表及里的中毒，称表层中毒。

下面以甲醇合成铜基催化剂硫化氢化学中毒失活过程为例讨论其本征失活动力学，工业颗粒催化剂失活后总体速率，颗粒催化剂表层中毒深度及表层中毒内扩散有效因子计算模型。

例 2-3：甲醇合成铜基催化剂硫化氢中毒失活研究

解：甲醇合成铜基催化剂对硫化物极其敏感，易被硫中毒而失去催化活性。根据测定，当合成气中含硫量的体积分率为 $1 \times 10^{-6} \sim 2 \times 10^{-6}$ 时，催化剂的使用期限约三个月。

甲醇合成在加压下进行。研究在加压条件下铜基催化剂硫中毒对实验手段和实验设备要求较高，并且存在硫腐蚀金属设备的问题。为了试验方便，由于硫化氢与铜基催化剂中活性组分铜之间反应是气固相非催化反应，催化剂活性可借助于常压下甲醇分解反应速率的相对值来表示。研究了（1）甲醇分解反应本征动力学；（2）硫化氢与催化剂活性组分反应而导致催化剂失活的本征失活动力学[62]；（3）工业颗粒铜基催化剂表层硫中毒研究及表层失活内扩散有效因子[63]。

（一）甲醇分解反应本征动力学

常压下，甲醇分解成 CO 和 H_2 的反应为单一反应

$$CH_3OH \rightleftharpoons CO+2H_2$$

甲醇分解反应本征速率测试在直流流动积分反应器中进行，内装粒度为 0.154~0.200mm 的 C207 铜基催化剂 0.7728g，反应器进口气体流量（标准状态）15 L/h，证明已消除内、外扩散影响。本征动力学测试的条件为：反应温度 250~285℃，反应器进口气体组成 y_{0m} 0.03~0.07，y_{0CO} 0.08~0.20，y_{0H_2} 0.15~0.51。采用正交实验设计测定实验数据，动力学模型用改进高斯-牛顿法进行参数估值，获得甲醇分解反应本征动力学方程为

$$r_m = -\frac{dN_m}{dW} = 0.3014 \times 10^9 \exp\left(-\frac{100918}{RT}\right) p_m^{0.5} p_{H_2}^{-0.3}$$

$$\text{（例2-3-1）}$$

式中，N_m 为甲醇的摩尔流量，mol/h；W 为催化剂的质量，g；p_m 和 p_{H_2} 分别为甲醇和氢的分压，MPa。

动力学模型检验和残差分析表明，本征动力学方程是适定的。

（二）硫化氢中毒本征失活动力学实验测定

铜基催化剂硫化氢中毒本征失活动力学实验，采用单因素实验方法，即维持反应气体组成一定，在某一反应温度，改变进口 H_2S 含量，测定催化剂活性随时间变化；进而维持进口 H_2S 含量一定下，改变反应温度，随时间测定催化剂活性。实验条件：反应气体组成 y_{0m} 0.06，y_{0CO} 0.14，y_{0H_2} 0.40，其余为 N_2，气体流量（标准状态）25~30mL/min。生产中 H_2S 含量只在 10^{-5} 数量级，实验采用快速失活方法，H_2S 含量达 1×10^{-4}~3×10^{-4}。

原料气 H_2、N_2 来自钢瓶，CO 用甲酸和浓硫酸加热制取，用氮气经过甲醇预饱和器和主饱和器将甲醇定量加入系统，实验前先装配好 N_2 和 H_2S 钢瓶混合气，放置数天，使其混合均匀，H_2S 含量采用汞量法分析。装 N_2 和 H_2S 混合气钢瓶为铝合金衬里，外用玻璃钢包扎。该钢瓶不吸附 H_2S，N_2 和 H_2S 混合气管线使用聚四氟乙烯管。采用外循环无梯度反应器，反应器、循环泵和管线都用玻璃制成，循环泵活塞外用聚四

氟乙烯管密封，整个系统不吸附 H_2S。采用无梯度反应器可使 H_2S 浓度在反应器内一致。用湿式流量计测定了所用无梯度反应器的循环量。反应管温度 260℃，振动频率为 110 次/min，振幅 3.5cm，循环量（标准状态）1.41~1.47L/min。调节放空阀，用皂沫流量计测定反应器出口流量，使出口流量（标准状态）在 25~30mL/min 范围内，此时循环比大于 25，反应器为全混流反应器。反应器出口组成由 SP-2307 气相色谱仪分析，色谱仪内装 2 根色谱柱，碳分子筛柱 TDX-02 分析 CO，Porapak QS 柱分析甲醇。

设反应器进口混合气摩尔流量 N_{T1}，进口组成 y_{0m}、y_{0CO}、y_{0H_2}、y_{0N_2}，反应器出口混合气摩尔流量 N_T，组成 y_m、y_{CO}、y_{H_2}、y_{N_2}，物料衡算见表（例2-3-1）。

表（例2-3-1）　甲醇分解系统物料衡算

组　分	反应器进口		反应器出口	
	y_{0i}	N_{T1}	y_i	N_T
CH_3OH	y_{0m}	$N_{T1}y_{0m}$	y_m	$N_T y_m$
CO	y_{0CO}	$N_{T1}y_{0CO}$	y_{CO}	$N_{T1}y_{0CO}+(N_{T1}y_{0m}-N_T y_m)$
H_2	y_{0H_2}	$N_{T1}y_{0H_2}$	y_{H_2}	$N_{T1}y_{0H_2}+2(N_{T1}y_{0m}-N_T y_m)$
N_2	y_{0N_2}	$N_{T1}y_{0N_2}$	y_{N_2}	$N_T y_{N_2}$
Σ	1	N_{T1}	1	$N_T=N_{T1}+2(N_{T1}y_{0m}-N_T y_m)$

由此可得：$N_T = \dfrac{1+2y_{0m}}{1+2y_m}N_{T1}$；$y_{CO} = \dfrac{1+2y_m}{1+2y_{0m}}(y_{0m}+y_{0CO})-y_m$

$$y_{H_2} = \frac{1+2y_m}{1+2y_{0m}}(2y_{0m}+y_{0H_2})-2y_m ; \quad y_{N_2} = \frac{1+2y_m}{1+2y_{0m}}y_{0N_2}$$

表（例2-3-2）　失活动力学测定条件

实验轮次	T/K	H_2S 含量/10^{-4}	W/mg
1	533.2	2.11	305.4
2	533.2	2.81	304.2
3	533.2	1.57	304.3
4	533.2	1.05	303.5
5	538.2	2.11	304.1
6	523.2	2.11	304.3

硫化氢中毒本征失活动力学共进行六轮实验，每轮实验反应温度、进口 H_2S 含量、催化剂用量见表（例2-3-2）。每轮实验中催化剂装填量、催化剂还原条件尽可能一致，还原稳定后测定初始甲醇分解本征速率，

以初始速率 r_{0m} 为基础，可求得中毒失活时间 t 时的催化剂活性。甲醇分解反应本征速率为

$$r_m = \frac{N_{T1}y_{0m} - y_m}{W1 + 2y_m} \qquad (例 2-3-2)$$

中毒失活时间 t 时催化剂活性

$$a = \frac{r_m}{r_{0m}} \qquad (例 2-3-3)$$

由失活动力学第一轮实验数据及物料衡算[见表(例2-3-3)]可见，反应器出口 CO 摩尔分率测定值 y_{CO} 与模型计算值 $y_{CO,c}$ 的相对误差 E_{yCO} 在 6% 以内，满足实验要求。

表(例2-3-3) 失活动力学第一轮实验数据及物料衡算($W = 0.3054g$)

$t/$ h	T/K	$p/$ kPa	$N_T \times 10^3/$ mol·h^{-1}	y_{0m}	y_{0CO}	y_{H_2}	y_m	y_{CO}	$y_{CO,c}$	$E_{yCO}/$ %	$r_m \times 10^3/$ mol·(g·h)$^{-1}$	α
0	535.1	103	50.8	0.0570	0.1416	0.4066	0.0296	0.1543	0.1592	-3.18	4.089	1.000
10	532.7	102	68.1	0.0587	0.1392	0.4059	0.0431	0.1434	0.1493	-4.03	3.118	0.762
12	532.7	102	66.4	0.0587	0.1393	0.4058	0.0431	0.1420	0.1493	-5.19	3.024	0.739
16	533.1	102	61.0	0.0585	0.1392	0.4062	0.0438	0.1409	0.1487	-5.53	2.622	0.641
18	533.5	102	60.2	0.0582	0.1392	0.4075	0.0441	0.1407	0.1483	-5.37	2.491	0.609
20	538.2	102	59.4	0.0586	0.1391	0.4073	0.0456	0.1393	0.1475	-5.86	2.261	0.553
24	533.4	103	60.3	0.0583	0.1395	0.4061	0.0475	0.1401	0.1465	-4.61	1.914	0.468

反应温度 533.2K 时，不同进口 H_2S 浓度下的催化剂活性与失活时间 t 的关系见图(例2-3-1)。

进口 H_2S 浓度为 2.11×10^{-4} 时，不同反应温度下催化剂活性与中毒失活时间 t 的关系见图(例2-3-2)。由图(例2-3-1)可知，在同一温度下，进口 H_2S 浓度愈高，活性 $a \sim t$ 曲线愈陡，说明 H_2S 浓度高，失活快。由图(例2-3-2)可知，在同一进口 H_2S 浓度下，反应温度高，失活亦快。

铜基催化剂硫化氢中毒失活动力学模型选取幂函数型方程如下：

$$r_d = -\frac{da}{dt} = k_{d0}\exp\left(-\frac{E_d}{RT}\right)p_{H_2S}^m a^d \qquad (例2-3-4)$$

由图(例2-3-1)及图(例2-3-2)催化剂活性与时间的关系，采用二重抛物线求微商的方法，求得不同时间的 da/dt，列于表(例2-3-4)。参数估值的目标函数取残差平方和

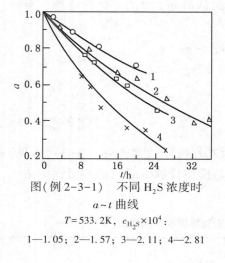

图(例2-3-1)　不同 H₂S 浓度时

$a \sim t$ 曲线

$T = 533.2\text{K}, \ c_{\text{H}_2\text{S}} \times 10^4:$

1—1.05；2—1.57；3—2.11；4—2.81

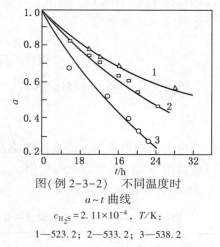

图(例2-3-2)　不同温度时

$a \sim t$ 曲线

$c_{\text{H}_2\text{S}} = 2.11 \times 10^{-4}, \ T/\text{K}:$

1—523.2；2—533.2；3—538.2

$$S(k) = \sum_{j=1}^{M_e} \left(r_{dj} - r_{dj,\,c} \right)^2 \qquad (\text{例}\ 2-3-5)$$

式中，r_{dj}、$r_{dj,c}$ 为第 j 实验点 $\mathrm{d}a/\mathrm{d}t$ 测定值与模型计算值。应用改进高斯-牛顿法以表(例2-3-4)中 28 套数据对式(例2-3-4)进行参数估值，获得硫化氢中毒本征失活动力学方程为

$$r_d = -\frac{\mathrm{d}a}{\mathrm{d}t} = 0.1596 \times 10^{12} \exp\left(-\frac{82843}{RT} \right) p_{\text{H}_2\text{S}}^{1.061} a^{1.036}$$

$$(\text{例}\ 2-3-6)$$

将 $p_{\text{H}_2\text{S}}$ 和 a 的指数圆整，则参数估值结果为

$$r_d = -\frac{\mathrm{d}a}{\mathrm{d}t} = 0.1474 \times 10^{12} \exp\left(-\frac{81128}{RT} \right) p_{\text{H}_2\text{S}} a$$

$$(\text{例}\ 2-3-7)$$

残差计算列于表(例2-3-4)，残差正负相间，模型计算值 $r_{d,c}$ 与实测值 r_d 基本相符。

表(例2-3-4)　　失活速率式残差 r_d 比较

No	T/K	H₂S 含量/ 10^{-4}	a	$-\mathrm{d}a/\mathrm{d}t$	残差式 (例2-3-6)	残差式 (例2-3-7)
1	533.2	2.11	0.892	25.25	−0.671E-2	−0.648E-2
2	533.2	2.11	0.640	20.88	−0.178E-2	−0.188E-2
3	533.2	2.11	0.558	18.62	−0.104E-2	−0.123E-2
4	533.2	2.11	0.491	14.88	−0.234E-2	−0.258E-2
5	533.2	2.81	0.789	44.12	0.597E-2	0.674E-2

续表

No	T/K	H_2S 含量/10^{-4}	a	$-da/dt$	残差式(例 2-3-6)	残差式(例 2-3-7)
6	533.2	2.81	0.647	29.69	−0.137E-2	−0.959E-3
7	533.2	2.81	0.529	25.75	0.531E-3	0.691E-2
8	533.2	2.81	0.447	17.50	−0.368E-2	−0.367E-2
9	533.2	2.81	0.377	14.50	−0.326E-2	−0.336E-2
10	533.2	1.57	1.000	30.00	0.372E-2	0.353E-2
11	533.2	1.57	0.890	25.00	0.170E-2	0.144E-2
12	533.2	1.57	0.800	20.25	−0.613E-3	−0.923E-3
13	533.2	1.57	0.726	16.88	−0.199E-2	−0.233E-2
14	533.2	1.57	0.662	15.69	−0.146E-2	−0.183E-2
15	533.2	1.57	0.593	15.25	−0.521E-3	−0.445E-3
16	533.2	1.57	0.540	11.25	−0.264E-2	−0.304E-2
17	533.2	1.05	0.910	20.13	0.458E-2	0.402E-2
18	533.2	1.05	0.839	15.56	0.126E-2	0.709E-2
19	533.2	1.05	0.784	12.69	−0.641E-2	−0.119E-2
20	533.2	1.05	0.730	12.25	−0.131E-3	−0.671E-3
21	523.2	2.11	1.000	28.87	0.370E-2	0.380E-2
22	523.2	2.11	0.897	22.62	0.131E-2	0.135E-2
23	523.2	2.11	0.819	18.13	−0.234E-2	−0.240E-2
24	523.2	2.11	0.738	18.63	0.254E-2	0.130E-3
25	538.2	2.11	1.000	40.37	−0.242E-2	−0.179E-2
26	538.2	2.11	0.842	38.63	0.282E-2	0.313E-2
27	538.2	2.11	0.691	36.56	0.737E-2	0.742E-2
28	538.2	2.11	0.448	23.62	0.498E-2	0.473E-2

　　$r_{d,c}$ 与 r_d 作图比较见图(例 2-3-3)及图(例 2-3-4),$r_{d,c}$ 与 r_d 分布在对角线的两侧。对失活动力学方程式(例 2-3-6)及式(例 2-3-7)进行了统计检验,见表(例 2-3-5)。

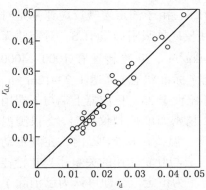

图(例 2-3-3)　失活动力学方程
(例 2-3-6)r_d 计算值与实测值

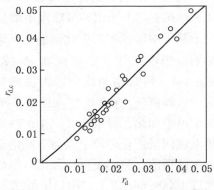

图(例 2-3-4)　失活动力学方程
(例 2-3-7)r_d 计算值与实测值

表(例2-3-5)　　失活速率模型的统计检验

方　程	M_p	$M_e - M_p$	$S \times 10^6$	$\rho^2 \times 10^2$	F	$F_T \times 10$
式(例2-3-6)	4	24	237.04	98.56	410.9	27.8
式(例2-3-7)	2	26	288.33	98.25	729.6	33.4

表(例2-3-5)中ρ^2为决定性指标，见式(例2-3-8)，S为残差平方和。

$$\rho^2 = 1 - \frac{\sum\limits_{j=1}^{M_e} (r_{dj} - r_{dj,\,c})^2}{\sum\limits_{j=1}^{M_e} r_{dj}^2} \qquad (例2-3-8)$$

F为回归均方和与模型残差均方和之比，见式(例2-3-9)。

$$F = \frac{\left[\sum\limits_{j=1}^{M_e} r_{dj}^2 - \sum\limits_{j=1}^{M_e} (r_{dj} - r_{dj,\,c})^2\right] \Big/ M_p}{\sum\limits_{j=1}^{M_e} (r_{dj} - r_{dj,\,c})^2 / (M_e - M_p)} \qquad (例2-3-9)$$

式中M_e为实验次数，M_p为待测参数的个数，F_T为显著水平5%的相应自由度下的F表值。

由残差分析与统计检验表明，本征失活动力学方程式(例2-3-6)和式(例2-3-7)是适定的，可用于计算铜基催化剂硫化氢中毒本征失活速率。

（三）失活后总体速率实验测定

实验采用磁驱动内循环无梯度反应器，反应器由不锈钢制成。在H_2S存在下，不锈钢亦可能吸附微量H_2S，由于测定宏观反应速率是对应于某一中毒深度的催化剂而言，即使反应器吸附微量H_2S，对实验无影响。当反应气体密度在$0.96 \sim 7.64 kg/m^3$，叶轮转速在$1000 \sim 4000$ r/min时，所采用的反应器内循环气量(标准状态)可达$1.2 \sim 12 m^3/h$。实验取新鲜气(标准状态)12L/h，循环比大于25。反应器上端与下端用两个电炉加热，分别用2只DWT-702精密温度控制仪控温，2根测温热电偶测量催化剂筐上端与下端的温度，温差在0.5℃以内。在测定动力学数据前，测定了反应器出口甲醇组成与叶轮转速的关系，当叶轮转速达1000r/min以上，出口甲醇摩尔分率为恒定值，即可认为已消除了外扩散影响。实验选择叶轮转速2000~2500r/min。

甲醇分解反应总体速率测定条件：反应温度250~280℃，进口气量

（标准状态）12L/h，进口组成 y_{0m} 0.04 ~ 0.07，y_{0CO} 0.11 ~ 0.20，y_{0H_2} 0.35 ~ 0.50，催化剂颗粒 $\phi5\times5mm$，装填 14 颗。

总体速率以进口流量 $N_{T1}(mol/h)$ 表示，可得

$$r_{m,g} = -\frac{dN_m}{dW} = \frac{N_{T1}}{W} \cdot \frac{y_{0m} - y_m}{1 + 2y_m} \qquad （例2-3-10）$$

未中毒催化剂甲醇分解宏观动力学数据见表（例2-3-6）。

表（例2-3-6）　未中毒催化剂上宏观动力学数据（$W = 3.5039g$）

No	$t/$ ℃	$p/$ kPa	$N_{T1}/$ mol·h^{-1}	y_{0m}	y_{0CO}	y_{0H_2}	y_m	y_{CO}	$r_m\times10^3/$ mol·(g·h)$^{-1}$	$y_{CO,c}$	$E_{yCO}/$ %	ζ_{exp}
1	260.2	103	0.543	0.0581	0.1405	0.4034	0.0431	0.1451	2.146	0.1502	-3.54	0.3271
2	260.3	104	0.540	0.0382	0.1108	0.3553	0.0259	0.1164	1.804	0.1198	-2.87	0.3524
3	260.4	104	0.547	0.0570	0.1715	0.4552	0.0424	0.1761	2.108	0.1801	-2.30	0.3299
4	261.0	104	0.543	0.0642	0.2017	0.5089	0.0448	0.2046	2.755	0.2119	-3.62	0.4223
5	247.7	104	0.549	0.0388	0.1377	0.4551	0.0301	0.1426	1.299	0.1436	-0.73	0.4352
6	251.0	104	0.557	0.0491	0.1107	0.5049	0.0395	0.1137	1.420	0.1175	-3.40	0.3681
7	250.6	104	0.549	0.0571	0.2036	0.3542	0.0428	0.2080	2.064	0.2112	-1.55	0.4542
8	249.2	104	0.551	0.0673	0.1692	0.4025	0.0509	0.1737	2.345	0.1788	-2.94	0.5226
9	274.4	104	0.552	0.0476	0.2008	0.4526	0.0326	0.2068	2.195	0.2089	-1.02	0.2203
10	269.5	104	0.548	0.0572	0.1176	0.4031	0.0398	0.1258	2.534	0.1295	-2.98	0.2747
11	270.3	104	0.548	0.0668	0.1404	0.3544	0.0447	0.1505	3.181	0.1544	-2.64	0.2994
12	280.3	104	0.545	0.0385	0.2011	0.4021	0.0241	0.2085	2.149	0.2091	-0.29	0.1938
13	280.6	104	0.554	0.0468	0.1720	0.3558	0.0294	0.1791	2.555	0.1824	-1.84	0.1981
14	280.3	104	0.553	0.0574	0.1391	0.5063	0.0378	0.1484	2.881	0.1518	-2.30	0.2212
15	280.2	104	0.553	0.0667	0.1102	0.4537	0.0443	0.1207	3.243	0.1256	-4.07	0.2235
16	260.4	103	0.549	0.0573	0.1399	0.4068	0.0429	0.1446	2.088	0.1493	-3.24	0.3164

由表（例2-3-6）可见，出口 CO 计算值 $y_{CO,c}$ 与实验值 y_{CO} 的相对误差 E_{yCO} 在 5% 以内，符合实验要求。表中最后一列为催化剂有效因子 ζ 实验值。表中最后一套数据为第一套的重复实验，可见实验是在催化剂活性相对稳定期内进行的。

表（例2-3-7）　催化剂中毒实验条件

实 验 轮 次	通入 H_2S 时间/h	催 化 剂/g
1	4	3.7276
2	8	3.5824
3	12	3.5182

　　进行了 H_2S 不存在下的总体速率实验测定后，选取进口 H_2S 含量 $7.19×10^{-4}$，通入一定时间的 H_2S，中毒后总体速率实验进行三轮，各轮实验通入 H_2S 时间及催化剂装量列于表（例 2-3-7）。

　　催化剂还原稳定后，温度 260℃，通入 H_2S，到规定时间，关掉 H_2S 气路，再稳定数小时，然后测定不同条件下的总体速率。另一轮实验重新装填催化剂并还原，通入 H_2S 到另一规定时间，这样就得到了不同中毒深度催化剂上的总体速率。H_2S 通入 4h 后的总体速率 $r_{m,g}$ 见表（例 2-3-8）。

表（例 2-3-8）　　通入 H_2S 4h 后总体速率 $r_{m,g}$ 实验数据（样品 1 号）

No	$t/$℃	$p/$kPa	$N_T/$ mol·h^{-1}	y_{0m}	y_{0CO}	y_{0H_2}	y_m	y_{CO}	y_{H_2}	$r_{m,g}×10^3/$ mol·(g·h)$^{-1}$	ζ_d
1	260.8	104	0.540	0.0393	0.1100	0.3501	0.0315	0.1171	0.3595	1.062	0.1805
2	250.0	103	0.552	0.0394	0.1388	0.4556	0.0314	0.1382	0.4636	1.116	0.3290
3	249.4	103	0.558	0.0585	0.2015	0.3521	0.0494	0.2008	0.3627	1.234	0.2628
4	271.1	103	0.553	0.0396	0.1703	0.4983	0.0310	0.1672	0.5063	1.191	0.1423
5	269.8	103	0.552	0.0589	0.1095	0.4066	0.0471	0.1145	0.4191	1.599	0.1565
6	269.6	103	0.546	0.0684	0.1396	0.3555	0.0531	0.1475	0.3729	2.037	0.1790
7	279.7	104	0.552	0.0393	0.1988	0.4034	0.0292	0.2053	0.4147	1.431	0.1185
8	280.1	103	0.551	0.0492	0.1701	0.3533	0.0373	0.1769	0.3672	1.629	0.1121
9	259.5	104	0.555	0.0883	0.1391	0.4056	0.0478	0.1435	0.4167	1.426	0.2113

　　未中毒催化剂有效因子 ζ 实验值为 0.1938~0.5226，H_2S 通入 4h 中毒催化剂有效因子 ζ_d 实测值为 0.1121~0.3290，通入 H_2S 8h，ζ_d 实测值为 0.1297~0.2428，H_2S 通入 12h，ζ_d 实测值为 0.0685~0.1851，可见通入 H_2S 量越多，催化剂有效因子越小。

　　（四）催化剂的曲折因子

　　用氮吸附仪测定了未中毒和中毒催化剂的孔结构和比表面，未中毒催化剂样品记作 0 号，H_2S 通入 4h、8h 及 12h 的催化剂样品分别记作 1 号、2 号及 3 号，由表（例 2-3-9）可见，不同催化剂样品物性数据变化很小。

　　催化剂曲折因子 δ 采用定态法实验测定，努森扩散系数分别按平均孔径和孔径分布计算，曲折因子的数值变化不大，见表（例 2-3-10）。

表(例 2-3-9) 还原后催化剂物性数据

样 品	孔体积/ $m \cdot g^{-1}$	颗粒密度/ $g \cdot mL^{-1}$	比表面/ $m^2 \cdot g^{-1}$	孔隙率	平均孔半径/ nm
0	0.1612	2.3985	45.96	0.3866	7.014
1	0.1531	2.4604	50.26	0.3767	6.090
2	0.1519	2.4866	53.08	0.3777	5.723
3	0.1462	2.4268	46.19	0.3548	6.329

表(例 2-3-10) 催化剂曲折因子测定结果

样 品	δ_1(按平均孔径)	δ_2(按孔径分布)
0	3.657	4.173
1	3.134	3.474
2	3.055	3.718
3	2.984	3.528

(五) 颗粒催化剂表层硫中毒深度

H_2S 与催化剂活性组分铜的反应是快速反应,颗粒催化剂中毒是表层中毒,颗粒催化剂由表及里有一中毒区。工业颗粒催化剂中毒深度采用下述模型:按本征失活动力学方程计算出中毒后所剩的相对活性 a,并假定被 H_2S 中毒丧失活性部分都堆在外表层,将圆柱形催化剂按等比外表面积球化,设球形催化剂半径为 R_p,未中毒芯半径 R_c,R_p 与 R_c 之间的外壳为完全中毒外表层,其中催化剂完全丧失活性。令 α 为中毒球体分率,V_p 与 V_c 分别为整个球形催化剂与未中毒芯的体积,则

$$1 - \alpha = V_c/V_p = (R_c/R_p)^3 \qquad (例 2 - 3 - 11)$$

对于甲醇分解反应,甲醇在未中毒催化剂的内扩散有效因子为

$$\zeta_c = \frac{4\pi R_c^2 D_{eff,\,m}\left(\dfrac{dc_m}{dR}\right)_{R_c}}{\dfrac{4}{3}\pi R_c^3 \rho_p (r_m)_{R_c}} \qquad (例 2 - 3 - 12)$$

式中,$D_{eff,m}$ 为甲醇在未中毒芯催化剂内的有效扩散系数;$(r_m)_{R_c}$ 为未中毒芯催化剂内的分解本征反应速率;ρ_p 为催化剂的颗粒密度。

对于表层中毒失活催化剂,反应组分甲醇由颗粒外表面 R_p 处通过已中毒失活的催化剂表层中的孔隙以物理扩散方式到达未反应芯的表面 R_c 处,然后在未中毒芯内进行反应-扩散过程。由表(例 2-3-9)及表(例 2-3-10)可见,未中毒催化剂样品"0"与不同中毒程度的催化剂样品"1","2"及"3"的孔结构物性数据和曲折因子都十分接近,即铜基催化剂的 H_2S 中毒失活属于毒物以化学吸附形式覆盖在催化剂活性中心,

并未改变催化剂的孔结构，因此可以认为甲醇在已中毒表层内及未中毒芯内的有效扩散系数 $D_{eff,m}$ 值相同。在定态情况下，单位时间通过失活表层甲醇的物理扩散量必等于单位时间在未中毒芯内的反应量，即

$$4\pi R^2 D_{eff,m}\left(\frac{dc_m}{dR}\right) = V_c \rho_b (r_m)_{R_c} \zeta_c \qquad (例\ 2-3-13)$$

将上式的催化剂颗粒从外表面（$R=R_p, c_m=c_{m,s}$）积分到未中毒芯表面（$R=R_c, c_m=c_{m,c}$），可得

$$4\pi R_c R_p D_{eff,m} = \frac{c_{m,s}-c_{m,c}}{R_p-R_c} V_c \rho_b (r_m)_{R_c} \zeta_c \qquad (例\ 2-3-14)$$

将式（例2-3-14）与未中毒芯内反应-扩散方程（例2-3-12）联立求解，可求出未中毒芯半径 R_c。

（六）表层中毒催化剂内扩散有效因子计算模型及正交配置解

C207 催化剂上甲醇分解是单一反应，存在甲醇、CO 和 H_2 三个组分，催化剂为 $\phi5mm\times5mm$ 圆柱形颗粒。表层中毒催化剂有效因子采用关键组分扩散模型，只考虑甲醇组分在催化剂颗粒内扩散，CO 和 H_2 在颗粒内的摩尔分率分布由物料衡算求得，按照平行交联孔模型描述催化剂颗粒内质量传递，有效扩散系数考虑分子扩散和努森扩散。同时假定：(1) $\phi5\times5mm$ 圆柱形颗粒按等比外表面积球体处理。(2) 催化剂颗粒内等温。(3) 表层中毒区催化剂无活性，仅存在物理扩散。(4) 由于甲醇分解本征反应速率比较大，在某些工况下，可能存在中心平衡死区，其半径为 R_d，在平衡死区内的未中毒催化剂由于反应系统中甲醇的摩尔分率达到该反应条件下的甲醇的平衡摩尔分率，而不再进行甲醇分解反应。

令未中毒芯比半径 $X_c=R_c/R_p$，中心平衡死区比半径 $x_d=R_d/R_p$，在中毒区域（1，x_c）催化剂完全丧失活性，在未中毒芯区域（x_c，0）催化剂未中毒，而反应-扩散区域为（x_c，x_d），在中心平衡死区（x_d，0）内甲醇分解反应达到平衡而不再进行反应。上述球形催化剂表层中毒无活性区，反应区及平衡死区如图（例2-3-5）所示。

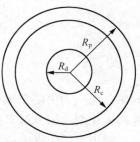

图（例2-3-5） 表面中毒催化剂球形颗粒示意图

按照上述中毒球形催化剂内甲醇分解的关键组分扩散数学模型为：

$$\frac{d^2 y_m}{dx^2} + 2\frac{dy_m}{dx} = \frac{M}{D_{eff,m}}\phi(y_m) \qquad (例\ 2-3-15)$$

边界条件为 $\qquad x = x_c, \quad y_m = y_{m,c}$

不存在平衡死区时， $\qquad x = 0, \quad dy_m/dx = 0$

存在平衡死区时 $\quad x = x_d, \quad y_m = y_m^*, \quad dy_m/dx = 0$

由 C207 催化剂甲醇分解本征动力学方程[式(例 2-3-1)]，可知

$$M = R_p^2 \rho_p k_T R_g / p; \quad \phi(y_m) = p_m^{0.5} p_{H_2}^{-0.3}(1 - \beta); \quad \beta = p_{CO} p_{H_2}^2 (K_{pm} p_m)$$

以上条件式中 $y_{m,c}$ 为 R_c 处 y_m 之值，本征分解反应速率常数 $k_T =$ $0.3014 \times 10^9 \exp\left(-\dfrac{100918}{RT}\right)$，$K_{pm}$ 为反应温度下甲醇分解的平衡常数，y_m^* 为该反应条件下甲醇的平衡摩尔分率。

采用正交配置解可获得内扩散有效因子的数值解。未中毒催化剂及 1 号样品数值解列于表(例 2-3-11)及表(例 2-3-12)，表中 ζ_{exp} 为有效因子实验值，ζ_d 为计算值，x_d 为平衡死区比半径的计算值，ERR 为有效因子实验值与计算值的相对误差。

表(例 2-3-11) 未中毒催化剂有效因子实验值与模型计算值比较

No	实验值 ζ_{exp}	模型计算值		相对误差 ERR/%
		x_d	ζ_d	
1	0.3271	0.4805	0.3261	6.07
2	0.3524	0.5508	0.2727	22.62
3	0.3299	0.4811	0.3083	6.53
4	0.4223	0.4751	0.3133	25.80
5	0.4352	0.3533	0.3717	14.59
6	0.3681	0.3423	0.3745	-1.74
7	0.4542	0.3663	0.3583	21.10
8	0.5226	0.2930	0.3896	25.45
9	0.2203	0.6459	0.2233	-1.37
10	0.2747	0.5853	0.2533	7.81
11	0.2994	0.5886	0.2494	16.70
12	0.1938	0.7151	0.1838	5.17
13	0.1981	0.7051	0.1875	5.36
14	0.2212	0.6668	0.2111	4.58
15	0.2235	0.7522	0.2159	3.41
16	0.3164	0.4837	0.3047	3.72

表(例 2-3-12)　　样品 1 号中毒催化剂
有效因子实验值与模型计算值比较($x_c = 0.968$)

No	实验值 ζ_{exp}	模型计算值		相对误差 ERR/%
		x_d	ζ_d	
1-1	0.1805	0.5444	0.2012	-11.50
1-2	0.3290	0.3980	0.2743	16.61
1-3	0.2628	0.3393	0.2907	-10.61
1-4	0.1423	0.6334	0.1615	-13.49
1-5	0.1565	0.5796	0.1833	-17.12
1-6	0.1790	0.5740	0.1837	-2.64
1-7	0.1185	0.7039	0.1229	-3.79
1-8	0.1121	0.6906	0.1273	-13.55
1-9	0.2113	0.4696	0.2356	-11.52

　　由各表可见催化剂颗粒内均存在死区，随着反应温度升高，中心平衡死区增加，显然甲醇分解反应受内扩散影响严重。由催化剂有效因子计算值可以看出，通入 H_2S 的时间增加，表面中毒深度增加，催化剂有效因子减小。1 号样品、2 号样品及 3 号样品中毒催化剂有效因子的实验值与模型计算值相对误差的绝对值的平均值分别为 11.20%、10.30% 和 10.13%，表明表面中毒催化剂有效因子的计算模型是可行的。

（七）未中毒芯比半径 x_c 的模型计算值与俄歇电子能谱仪测定值的比较

　　按本例的模型求得反应温度 260℃ 时，不同中毒深度催化剂样品的未中毒芯比半径 x_c 的计算值列于表(例 2-3-13)。

表(例 2-3-13)　　x_c 计算值与测定值比较

催化剂样品	x_c 计算值	x_c AES 测定值
1	0.968	0.938
2	0.938	0.916
3	0.909	0.896

　　应用俄歇电子能谱仪(AES)测定中毒催化剂颗粒中硫含量分布。将催化剂颗粒按圆截面剖开，在圆截面上由沿半径方向 $R = R_p$ 由外向内进行俄歇电子能谱测定，俄歇电子能谱测定的 x_c 值也列于表(例 2-3-13)，x_c 模型计算值与俄歇电子能谱测定值相当符合，可见采用的模型是适用的。

参 考 文 献

[1]　Calendar of Forthcoming Events. Applied Catalysis, 1987, 31 (1): 198~201

［2］ Hughes R. Deactivation of Catalysts. 3. London；Orlando：Academic Press，1984. 1～261

［3］ Bartholomew C H. Catalyst Deactivation. Chem Eng，1984，91(23)：96

［4］ 林世雄. 石油炼制工程(下册). 北京：石油工业出版社，1988. 3～70

［5］ Emmett P H，Brunauer S. The Poisoning Action of Water Vapor at High Pressure on Iron Synthetic Ammonia Catalysts. J Am Chem Soc，1930，52：2682～2693

［6］ 李承烈，李贤均，张国泰. 催化剂失活. 北京：化学工业出版社，1989. 8～10

［7］ 李承烈，李贤均，张国泰. 催化剂失活. 北京：化学工业出版社，1989. 66～73

［8］ Presland A E B，Price G L，Trimm D L. Kinetics of Hillock and Island Formation During Annealing of Thin Silver Films. Prog in Surface Science，1972，3：63～95

［9］ Bond G C. Catalyst by Metals. New York：Academic Press，1962. 1～28

［10］ Martyn V T. Catalyst Handbook. 2nd. London：Wolfe Publishing Ltd，1989. 69～84

［11］ Young D J，Udajha P，Trimm D L，Delmon B，Froment G F. Catalyst Deactivation. Amsterdam：Elsevier，1980. 331～340

［12］ Trimm D L，Figueigedo J L. Progresses in Catalyst Deactivation. The Hague，The Nethrlands：Martinus Nijhoff Publishers，1981. 31～127

［13］ Voorhies A Jr. Carbon Formation in Catalytic Cracking. Ind Eng Chem，1945，37：318～322

［14］ Khang S J，Levenspiel O. The Suitability of an nth－Order Rate Form to Represent Deactivating Catalyst Pellets. Ind Eng Chem，Fund，1973，12：185～190

［15］ Zheng J，Yates J G and Rowe P N. A Model for Desulphurisation with Limestone in a Fluidised Coal Combustor. Chem Eng Sci，1982，37：167～174

［16］ Krishnaswamy S，Kittrell J R. Diffusional Influences on Deactivation Rates：Experimental Verification. AIChE J，1982，28：273～278

［17］ Butt J B，Wachter C K，Billimoria R M. On the Separability of Catalytic Deactivation Kinetics. Chem Eng Sci 1978，33：1321～1329

［18］ Hegedus L L，McCabe R W，Catalyst Poisoning. In：Delmon B，Froment G F，ed. Catalyst Deactivation. Amsterdam：Elsevier，1980. 471～506

［19］ Maxted E B. The Poisoning of Metallic Catalysis. Advances in Catalysis，1951，3：129～176

［20］ Ronalo Pearce and William R. Catalysis and Chemical Processes. Clasgow：Blackie and Son Ltd.，1981. 55～58

［21］ Levenspiel O. The Coming-of-Age of Chemical Reaction Engineering. Chem Eng Sci，1980，35：1821～839

［22］ 吉林大学化学系. 催化作用基础. 北京：科学出版社，1983. 96～100

［23］ Ozawa Y，Bischoff K B. Coke Formation Kinetics on Silica-Alumina Catalyst——Basic Experimental Data. Ind Eng Chem Process Des Dev，1968，7：67～71

［24］ Takeuch M，Ishige T，Fukumuro T，et al. 吸着物質にする固体触媒活性低下の表現—ィソブテソ水素添加反応の例—. Ragaku Kogaku，1966，30 (6)：531～538

［25］ Dumez F J，Froment G F. Dehydrogenation of 1－Butene into Butadiene. Kinetics，Catalyst Coking，and Reaction Design. Ind Eng Chem，Process Des Dev，1976，15：291～301

［26］ Cooper B J，Trimm D L. Proceedings International Symposium on Catalyst Deactivation，Antwerp. Amsterdam：Elsevier，1980. 63

[27] Beekman J W, Froment G F. Catalyst Deactivation by Site Coverage and Pore Blockage——Finite Rate of Growth of the Carbonaceous Deposit. Chem Eng Sci, 1980, 35: 805~815

[28] 黄玉英, 张国泰, 吴指南. 在 AF-5 分子筛催化剂上乙烯对苯的气相烷基化反应结焦规律的研究. 化学反应工程与工艺, 1987, 3 (2): 10~20

[29] Szepe S, Levenspiel O. Catalyst Deactivation. Proc. 4th European Symp Chemical Reaction Engineering. Oxford: Pergamon Press, 1971. 265

[30] Masamune S, Smith J M. Performance of Fouled Catalyst Pellets. AIChE J, 1966, 12: 384~394

[31] Zhang Guo Tai, Jaraiz M E. Deactivation Rate Equations from Batch of Solids/Batch of Gas Experiments. Chem Eng J, 1983, 26: 127~134

[32] Levenspiel O. The Chemical Reactor Omnibook. Corvallis: OSU Book Stores Inc. 1979. 33. 1~33. 8

[33] Chu C. Effect of Adsorption on the Fouling of Catalyst Pellets. Ind Eng Chem, Fund, 1968, 7: 509~514

[34] Hegedus L L, Petersen E E. Study of the Mechanism and Kinetics of Poisoning Phenomena in a Diffusion-Influence Single Catalyst Pellet. Chem Eng Sci, 1973, 28: 69~82

[35] Khang S T, Levenspiel O. The Suitability of an nth-Order Rate Form to Represent Deactivating Catalyst Pellets. Ind Eng Chem, Fund, 1973, 12: 185~190

[36] Krishnaswamy S, Kitterll J R. Diffusional Influences on Deactivation Rates. AIChE J, 1981, 27: 120~125

[37] Krishnaswamy S, Kitterll J R. Effect of External Diffusion on Deactivation Rate. AIChE J, 1981, 27: 125~131

[38] 陈敏恒. 化学反应工程基本原理(第二版). 上海: 华东化工学院出版社, 1984, 173~197

[39] 九江炼油厂. 催化裂化掺炼渣油. 石油炼制, 1985, 16(1): 28~37

[40] 张沛生. 任丘常压渣油催化裂化. 石油炼制, 1985, 16(8): 9~19

[41] 曹汉昌译. 渣油催化裂化的研究和开发. 石油炼制译丛, 1984(8): 6~12; Campagna R J etal. Oil and Gas J. 1983, 81(44): 128~134

[42] 史瑞生. 对我国渣油催化裂化技术发展的分析. 石油炼制, 1985, 16(8): 1~8

[43] Rabo Jule A. Zeolite Chemistry and Catalysis. 640, Washington, D. C.: American Chemical Society, monograph, 1976. 171

[44] 刘馥英等. 高铝分子筛微球催化剂水蒸汽减活特性的研究. 石油炼制, 1981, 12(3): 17~21

[45] 毛信军等. 分子筛裂化催化剂的水蒸汽减活与表面性质的关系. 石油炼制, 1982, 13(6): 29~34

[46] 百松译. BMZ-新的抗金属污染催化剂. 石油炼制译丛, 1983, (6): 5~10; Upson L, et al. Oil and Gas J, 1982, 80(38): 135

[47] 祁鲁梁等. 胜利渣油中镍化合物的类型及其镍含量在溶剂脱沥青/加氢精制过程中的变化. 石油炼制, 1984, 15(4): 49~51

[48] Cimbalo R N et al. Deposited Metals Poison FCC Catalyst. Oil and Gas J. 1970, 68(15): 112~122

[49] 李再婷. 金属钝化在催化裂化中的应用与发展. 石油炼制, 1985, 16(3): 15~20

[50] 丘立智译. 加氢处理渣油作催化裂化原料. 石油炼制译丛, 1984, (12): 1~6; Rush J B. Hydrocarbon Processing, 1984, 63 (5): 60~64

[51] 易法国. C_3/C_4 混合溶剂脱沥青生产光亮油料、催化裂化原料和道路沥青. 石油炼制, 1985, 16(10): 15~16

[52] 黄文保等. 胜利常压渣油两段催化裂化. 石油炼制, 1985, 16(8): 23~27

[53] 中国石化总公司催化裂化协作组、情报站. 中国流化催化裂化 30 年(1965~1995). 洛阳: 1995. 149~170

[54] 越振辉, 刘层军. MP-35 金属钝化剂的工业应用. 石油炼制与化工, 1994, 25(1): 66~67

[55] 王玉翠译. 用锡钝化流化催化裂化催化剂上的钒. 石油炼制译丛, 1985, (7): 14~18; Oil and Gas J, 1984, 82 (46): 153~157

[56] 高滋等. 镍沉积对裂化催化剂的影响及其钝化作用的研究 III 锑和锡化合物的钝化作用. 石油学报(石油加工), 1987, 3 (2): 45~50

[57] 徐谦译. 催化裂化催化剂对碱污染物的敏感性. 石油炼制译丛, 1983, 8: 1~7; Letzsch W S. Oil and Gas J, 1982, 80 (48): 58~68

[58] 傅明译. 重质原油强化脱盐和其他-美国石油炼制者协会技术问答. 石油炼制译丛, 1985, (1)7~10; A R, Oil and Gas J, 1984, 82 (21): 149~152

[59] 王丽川等. 人工污染法研究碱金属对渣油裂化催化剂的影响. 石油炼制, 1987, 18(12): 33~36

[60] 季宁秀等. 碱性氮化物对分子筛裂化催化剂失活动力学函数的考察. 华东化工学院学报, 1986, 12(5): 553~559

[61] Scherzer J. Test Show Effects of Nitrogen Compounds on Commerical Fluid Cat Cracking Catalysts. Oil and Gas J, 1986, 84 (43): 76~78

[62] 应卫勇, 房鼎业, 姚佩芳, 杜智美, 朱炳辰. 甲醇合成铜基催化剂硫化氢中毒研究(I)硫化氢中毒本征动力学. 化工学报, 1992, 43: 133~138

[63] 应卫勇, 房鼎业, 朱炳辰. 甲醇合成铜基催化剂硫化氢中毒研究(II)表面中毒催化剂效率因子. 化工学报, 1992, 43: 139~147

主 要 符 号

A 经验常数

a 催化剂活性

C_c 催化剂上的结焦量

c 浓度

D_{eff} 反应物在催化剂内的有效扩散系数

d 失活级数,颗粒直径

E 活化能

k 反应速率常数

k' 以催化剂体积为基准的反应速率常数

L 催化剂孔长度

m 与失活有关的浓度属性

N 摩尔流量

n 反应级数

p 压力

R 催化剂颗粒半径;气体常数($= 8.3144 \ \text{J} \cdot \text{K}^{-1} \cdot \text{mol}^{-1}$)

r 反应速率

r_c 结焦速率

r_d 失活速率

T 温度

t 时间

u 线速度

V 体积

W 质量

X 转化率

x 组成,比半径

y 气相组成

y^* 平衡气相组成

θ 毒物占据催化剂孔的总内表面分率

τ 接触时间

δ 催化剂曲节因子

ζ 催化剂内扩散有效因子

Φ 西勒模数

下　标

A，B，不同组分
d　　失活
0　　进口处；初态

第三章 催化反应器设计概论

本章讨论催化反应器的基本类型，应遵循的基本设计原则、基础数学模型、反应器计算的基本方程和最佳操作条件。

第一节 催化反应器的基本类型及基本设计原则

一、催化反应器的基本类型

大多数工业催化反应使用固体催化剂，所使用的反应器称为气–固非均相催化反应器，简称为气–固相催化反应器。反应物系及催化剂均呈液相的均相催化反应器和液相中含有液相催化剂的气–液相反应器都不属于本书所阐述的内容。

气–固相催化反应器按颗粒床层的特性可区分为气–固相固定床反应器，简称为固定床催化反应器，和气–固相流化床催化反应器，简称为流化床催化反应器。如果反应物系有气、液两相而使用固体催化剂，或者固体催化剂悬浮在惰性液相载体之中而反应物系仍属气相，称为气–液–固三相床催化反应器，简称为三相床催化反应器。

（一）气–固相固定床催化反应器

固定床催化反应器是最常用的气–固相催化反应器。气相反应物系连续地流入颗粒状催化剂组成的固定床，经催化反应后连续地流出反应器。所填充的催化剂大都是 $\phi 3 \sim 9mm$ 的圆柱状、条状、球状、环柱状、多通孔或异形催化剂。

固定床催化反应器按催化床的换热方式可分为绝热式和连续换热式。绝热式的特征是反应在绝热的情况下进行，如果所要求的转化率不高或反应过程的热效应不大，可采用单段绝热式。如果反应的热效应相当大，以致于出口处催化剂超温或反应物系的出口组成受平衡组成的影响很大，可采用多段绝热式。对于放热反应，段间可通过间接换热器降温或与冷流体混合降温；对于吸热反应，段间可通过间接换热器升温或与热流体混合升温。

连续换热式固定床反应器的特征是同时进行催化反应及与外界换热。对于放热反应，催化剂可放于多根管内，与管外冷流体换热而冷却，称为外冷列管式或简称为管式或壁冷式；催化剂也可以放置在冷管之间，冷管内有需预热的未反应气体流动，称为内冷自热式。对于吸热反应，催化剂放置于多根管内，与管外热流体以辐射或对流方式换热而升温。

固定床催化反应器按气体流动方向与反应器主轴方向的关系，可分为轴向流动和径向流动反应器。一般固定床反应器中气体流动方向与反应器的主轴方向相同，称为轴向流动反应器。若气体流动方向与反应器的主轴方向垂直而呈径向流动，称为径向流动反应器。径向流动反应器的特点是气体流速小，流道短，因而具有可使用小颗粒催化剂而仍然保持低床层压降的特点，其技术关键是保证流体径向均匀分布的结构设计。

（二）气–固相流化床催化反应器

在气–固相流化床催化反应器中，催化剂受自下而上流动的气流作用而上下翻滚作剧烈的运动，床层内温度均匀，并且流化床床层与换热元件间的给热系数远大于固定床，可以使用小颗粒催化剂以提高催化剂的有效因子。反应热能及时移去，床层温度能控制在小范围内，以免加剧副反应及超温，能适应有机合成及石油化工中的苯酐、丙烯腈的合成和石油炼制中的催化裂化等强放热反应而反应温度范围狭窄的要求[1]。

（三）气–液–固三相床催化反应器

在气–液–固三相床催化反应器中，固相是催化剂，如果大颗粒催化剂组成固定床，气–液二相反应物系或并流自上而下，或气–液二相逆流，称为三相涓流床催化反应器。

如果细颗粒催化剂悬浮于液相热载体内而反应气体连续通入且流出，称为三相悬浮床催化反应器。如液–固二相流化床一样，三相悬浮床内液–固二相均存在着剧烈的运动，因此易于安置换热元件且控制在等温操作，并且消除了催化剂颗粒内的内扩散过程。三相悬浮床反应器可适应强放热多重（multiple）反应和原料气体混合物中含有高浓度反应物而要求在等温下操作的特点，可以在低空速下操作，增加单程转化率，并且提高选择率。

二、合成氨工业中的催化反应器

合成氨工业广泛使用催化反应器，例如，以天然气为原料，年产

300kt 合成氨的大型氨厂中，就设置有钴钼加氢、甲烷一段转化、二段转化、高温变换、低温变换、甲烷化及氨合成共七台催化反应器，其中甲烷一段转化和氨合成催化反应器是关键性设备。

目前我国大型氨厂有四种类型的氨合成催化反应器（习惯上称为氨合成塔），即 Kellogg 型轴向冷激瓶式氨合成塔，其后改为 Casale 型轴径向冷激瓶式氨合成塔，Topsфe 型径向氨合成塔及 Braun 型绝热式多段氨合成塔，操作条件和氨合成工艺流程亦各不相同[2,3]。

由于可逆放热反应化学平衡的限制，氨合成塔出口氨含量不高，原料气必须循环使用，反应生成的氨一般用冷冻法分离，故称为合成回路。在大型氨厂流程中使用汽轮机驱动的带循环段的离心式压缩机，气体中不含油雾可以直接把它配置于氨合成塔之前。氨合成反应热除预热进塔气体外，还用于加热锅炉给水或副产高压蒸汽，热量回收较好。

（一）Kellogg 大型氨厂氨合成流程、氨合成塔及 Casale 型氨合成塔

图 3-1 为 Kellogg 氨合成回路流程，反应热用于加热锅炉给水，新鲜气在离心压缩机 15 的第一缸中压缩，经新鲜气甲烷化气换热器 1、

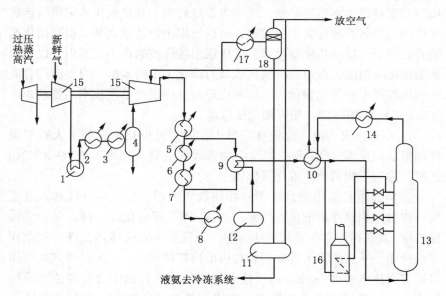

图 3-1 Kellogg 氨合成回路流程

1—新鲜气甲烷化气换热器；2，5—水冷却器；3，6，7，8—氨冷却器；
4—冷凝液分离器；9—冷热换热器；10—热热换热器；11—低压氨分离器；
12—高压氨分离器；13—氨合成塔；14—锅炉给水预热器；15—离心压缩机；
16—开工加热炉；17—放空气氨冷却器；18—放空气分离器

水冷却器 2 及氨冷却器 3 逐步冷却到 8℃。除去水分后新鲜气进入压缩机第二缸压缩并与循环气在缸内混合，压力升到 15.3MPa，温度为 69℃，经水冷却器 5，气体温度继续降至 38℃。尔后，气体分为两路，一路约 50% 的气体经过两级串联的氨冷器 6 和 7，一级氨冷器 6 中液氨在 13℃ 下蒸发，将气体进一步冷却到 1℃。另一路气体与高压氨分离器 12 来的 -23℃ 的气体在冷热交换器 9 内换热，降温至 -9℃，而来自氨分离器的冷气体则升温到 24℃。两路气体汇合后温度为 -4℃，再经过第三级氨冷器 8，利用 -33℃ 下蒸发的液氨将气体进一步冷却到 -23℃，然后送往高压氨分离器 12。经液氨冷凝进一步净化后的含氨 2% 的循环气经冷热交换器 9 和热热换热器 10 预热到 147℃，进入轴向冷激瓶式氨合成塔 13。高压氨分离器中的液氨经减压后进入冷冻系统，放空气体用作燃料。

该流程除采用离心式压缩机并回收氨合成反应热预热锅炉给水外，还具有如下一些特点：由于操作压力低，合成塔出口氨分压也低，不得不采用三级氨冷，逐级将气体降温至 -23℃，冷冻系统的液氨也分三级闪蒸，三种不同压力的氨蒸气分别返回离心式氨压缩机相应的压缩级中，这比全部氨气一次压缩至高压、冷凝后一次蒸发到同样压力的冷冻系数大、功耗小；流程中放空管线位于压缩机循环段之前，此处惰性气体含量最高，但氨含量也最高，由于回收排放气中的氨，故对氨损失影响不大；此外，氨冷凝在压缩机循环段之后进行，可以进一步清除气体中夹带的密封油、CO_2 等杂质，缺点是循环功耗较大。

图 3-2 是 Kellogg 型轴向冷凝瓶式氨合成塔。在高温、高压合成的条件下，氢、氮对碳钢有明显的腐蚀作用。当温度趋于 221℃，氢分压大于 1.4MPa，开始产生氢腐蚀。在高温、高压下氮与钢中的铁及其他很多合金元素生成硬且脆的氮化物，导致金属机械性能降低。为了适应氨合成的反应条件，合理解决存在的矛盾，氨合成塔通常由内件与外筒二部分组成，内件置于外筒之内。进入合成塔的气体先经过内件与外筒之间的环隙，内件外面有保温层，以减少向外筒的传热。因而，外筒承受高压，但不承受高温，可用普通低合金钢或优质低碳钢制成。在正常情况下，外筒寿命可达四五十年以上。内件虽在 500℃ 左右的高温下操作，但只承受环隙气流与内件气流的压差，一般只有 1~2MPa，从而可降低对内件材料的要求，一般可用合金钢制作。内件寿命比外筒短得多。

Kellogg 型氨合成塔外筒形状是上小下大的瓶式，在缩口部位密封，以解决大塔径的密封困难。内件包括四层催化剂，层间有气体混合装置（冷激管和挡板），列管式换热器装在小塔径的部位内。气体由塔底封头部位接管 1 进入塔内，向上流经内外筒之间的环隙以冷却外筒。气体穿过催化剂筐缩口部分向上流过换热器 11 与上筒体 12 的环形空间，穿过换热器 11 的管间，被加热到 400℃ 左右入第一层催化床。换热器的上端有波纹连接管 13，以补偿内件的膨胀。经反应后温度升至 500℃ 左右，在第一、二层间反应气与来自接管 5 的冷激气混合降温，而后进入第二层催化床。如此类推，最后气体由第四层催化床流出，而后折流向上穿过中心管 9 与换热器 11 的管内，换热后经波纹连接管 13 流出塔外。

该塔的优点是：用冷激气调节反应温度，操作方便，而且省去许多冷管，结构简单，内件可靠性好，合成塔筒体与内件上开设人孔，装卸催化剂时，不必将内件吊出，外筒密封在缩口处。但该塔也有明显缺点：瓶式结构虽便于密封，但在焊接合成塔封头前必须将内件装妥。日产 1000t 的合成塔总重达 300t，运输与安装均较困难，而且内件无法吊出，因此设计时只考虑用一个周期。维修上也带来不便，特别是催化剂筐外保温层损坏后更难以检查修理。

Kellogg 型是我国 20 世纪 70 年代建成的大型合成氨厂所采用的。于 80 年代我国普遍将 Kellogg 型改造成为 Casale 轴径向流动氨合成塔。瑞士 Ammonia Casale 公司开发了多层轴径向合成塔，层间可采用冷激或间接换热。轴径向合成塔取消了原有的径向层催化剂封装置，采用了集气管上端部分不开孔调节气流的方法，使气体在顶部处于轴径向混合流动状态，而下部仍采用纯径向流动状态，简化了原有径向层结构。又使原来纯径向流动的催化剂筐封头部分的催化剂也发挥了效用。这种结构还易于装卸催化剂。Casale 型氨合成反应器采用 1.5~3.0mm 的小颗粒催化剂。

图 3-3 是三段轴径向冷激瓶式 Casale 型氨合成塔。将 Kellogg 四段轴向冷激型合成塔改造为 Casale 四段轴径向冷激型合成塔，其操作参数对比见表 3-1，出口氨分率明显增加。

（二）Topsφe 大型氨厂氨合成流程及氨合成塔

Topsφe 氨合成塔的操作压力为 27.36MPa（270atm）。采用透平压缩机和透平循环压缩段，避免了油雾对气体的污染。循环压缩段置于合成塔人口处。补充气仍含有水，需经氨冷凝净化后去合成塔。流程如图 3-4 所示。

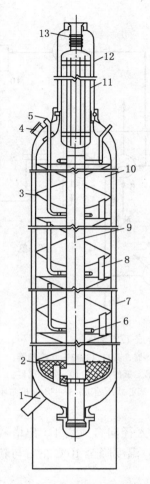

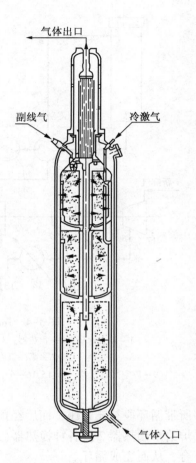

图 3-2　轴向冷激瓶式氨合成塔

1—塔底封头接管；2—氧化铝球；
3—筛板；4—人孔；5—冷激气接管；
6—冷激管；7—下筒体；8—卸料管；
9—中心管；10—催化剂筐；
11—换热器；12—上筒体；
13—波纹连接管

图 3-3　三段轴径向冷激瓶式
Casale 氨合成塔

新鲜气经过三缸式离心压缩机加压，每缸后均有水冷却器及水分离器。然后，与经过第一氨冷却器的循环气混合后去第二氨冷却器 7，温度降低到 0℃左右进入氨分离器 8 分出液氨。从氨分离器出来的气体中约含氨 3.6%，通过冷交换器 5 升温至 30℃，进入离心压缩机第三缸

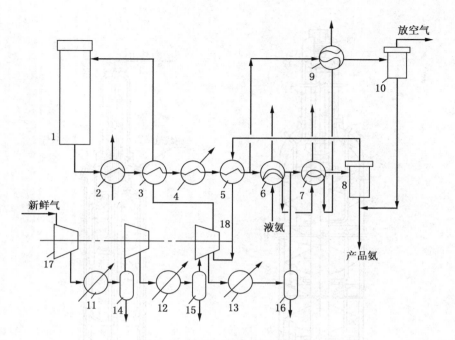

图 3-4　Topsφe 氨合成工艺流程

1—氨合成塔；2—预热器；3—热热换热器；4,11,12,13—水冷却器；

5—冷热换热器；6—第一氨冷器；7—第二氨冷器；8,10—氨分离器；

9—放空气氨冷器；14,15,16—分离器；17—离心式压缩机；18—压缩机循环段

所带循环段补充升压，而后经预热器进入径向合成塔 1。出塔气通过锅炉给水预热器 2 及各种换热器(3、4、5、6)温度降至 10℃左右与新鲜气混合，从而完成循环。

表 3-1　Kellogg 轴向氨合成塔与 Casale 轴径向氨合成塔的比较

项　目	Kellogg 轴向合成塔	Casale 轴径向合成塔
产量/t·d^{-1}	1090	1090
进塔压力/MPa	15.5	15.5
进塔气量/kmol·h^{-1}	16305.6	13168.4
一床后冷激气量/kmol·h^{-1}	4347.46	3277.41
二床后冷激气量/kmol·h^{-1}	4474.25	3296.83
三床后冷激气量/kmol·h^{-1}	3250.35	2635.83
出塔气量/kmol·h^{-1}	25710.8	19711.6
温度/℃		
一进/一出	420.0/511.4	340.0/473.7

续表

项　目	Kellogg 轴向合成塔	Casale 轴径向合成塔
二进/二出	433.9/480.6	407.0/468.4
三进/三出	420.0/460.5	413.0/461.4
四进/四出	423.6/460.3	423.0/459.5
NH$_3$/%		
一进/一出	2.00/7.89	2.00/10.81
二进/二出	6.59/9.76	8.93/13.28
三进/三出	8.29/11.10	11.23/14.75
四进/四出	9.98/12.58	13.09/15.80
全塔压降/MPa	0.38	0.18
催化剂颗粒/mm	6～10	1.5～3.0

与 Kellogg 流程比较,Topsфe 流程的特点是:在压缩机循环段前冷凝分离氨,循环功耗较低;因操作压力较高,仅采用二级氨冷;采用径向合成塔,系统压力降小。但由于压力较高,对离心压缩机的要求也相应提高。图 3-5 是 Topsфe 型径向二段冷激氨合成塔(S-100 型),图 3-6 是 Topsфe 型径向二段中间换热氨合成塔(S-200 型)。

Topsфe 型径向氨合成塔中反应气体通过催化剂床层的压力降要比轴

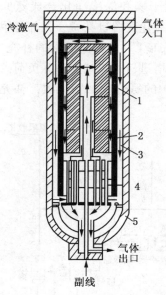

图 3-5　径向二段冷激氨合成塔

（Topsфe S-100）

1—第一催化床；2—催化剂筐；
3—第二催化床；4—热交换器；
5—外筒

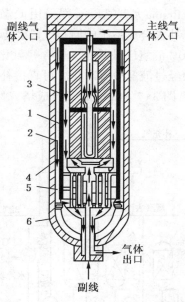

图 3-6　径向二段中间换热氨合成塔

（Topsфe S-200）

1—中间热交换器；2—催化剂筐；
3—第二催化床；4—第一催化床；
5—热交换器；6—外筒

向流动小得多，从而允许采用小颗粒催化剂，增加了催化剂内扩散有效因子，提高了颗粒催化剂的宏观反应速率。S-200型采用段间间接换热器，从而避免了S-100型段间冷激使一段出口气体与冷原料气混合而降低了二段入口气体中氨浓度，提高了合成塔出口氨浓度，氨净值(即以%表示的出口与进口氨摩尔含量之差值)可提高1.5%左右。

Topsφe S-200型与S-100型合成塔几何结构及工艺参数比较见表3-2。

表3-2　S-100与S-200型径向氨合成塔结构参数

参　　　数		S-100	S-200
第一段催化床	内径/m	0.457	0.825
	外径/m	1.773	1.701
	床高/m	3.39	5.10
	流向	离心	向心
第二段催化床	内径/m	0.457	0.575
	外径/m	1.773	1.771
	床高/m	9.49	8.835
	流向	向心	离心
催化床总体积/m³		29.69	28.33

（三）Braun大型氨厂氨合成流程及合成塔

Braun大型氨厂流程采用低温深冷法干燥和深冷净化合成氨原料气，补入合成系统的原料气已经干燥，二氧化碳含量甚微，大部分甲烷和60%的氩已被除去，仅含一氧化碳约5μL/L。此种高质量的补充气，无须经过液氨冷凝净化，可直接补入合成塔进口，以减少冷冻负荷。

图3-7为Braun三合成塔三废热锅炉的氨合成回路流程，补充气

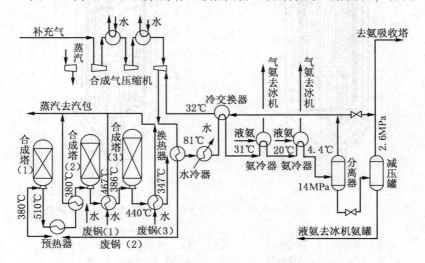

图3-7　Braun三塔三废热锅炉氨合成回路流程

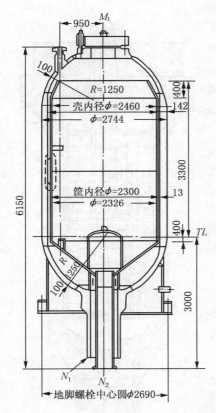

和循环气混合后，经透平循环段输送，预热后直接去第一氨合成塔。反应热用于副产 12.5MPa 高压蒸汽，与传统流程不同点主要是有三个绝热氨合成塔和三个废热锅炉，氨合成压力为 15MPa，第三氨合成塔出口气中含氨可达 21%（体积），第三氨合成塔出口气副产蒸汽，然后与入塔气体进行热交换，再去水冷和氨冷，经分离液氨后回循环段循环。

图 3-8 是 Braun 绝热式氨合成塔，催化剂颗粒直径 6~10mm。

（四）Kellogg 卧式氨合成塔

我国年产 200kt 合成氨系统采用了 Kellogg 卧式三段冷激氨合成塔，见图 3-9。

卧式氨合成塔为径向流动而横卧的结构，具有径向合成塔的优点，床层压力降小，可采用小颗粒催化剂。

（五）冷管式氨合成塔

图 3-8 Braun 绝热式氨合成塔

冷管式氨合成塔是一种连续换热式催化反应器，在催化剂床层中设置冷管，利用在冷管中流动的未反应的气体移出反应热，使反应比较接

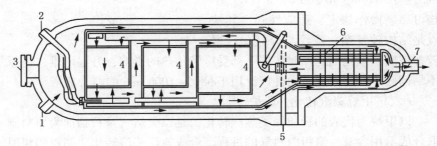

图 3-9 卧式三段冷激式氨合成塔

1—气体进口；2—冷激气进口；3—人孔；
4—催化床；5—副线；6—热交换器；7—气体出口

近最佳温度线进行。我国中、小型氨厂多采用冷管式内件，早期为双套管并流冷管，1960 年以后开始采用三套管并流冷管和单管并流冷管。

冷管式氨合成塔的内件由催化剂筐、分气盒、热交换器和电加热器组成。

催化剂床层顶部为不设置冷管的绝热层，反应热在此完全用来加热气体，温度上升快。在床层的中、下部为冷管层，并流三套管由并流双套管演变而来，二者的差别仅在于内冷管，一为单层，一为双层。双层内冷管一端的层间间隙焊死，形成"滞气层"。"滞气层"增大了内外管间的热阻，因而气体在内管中温升小，使床层与内外管间环隙气体的温差增大，改善了上部床层的冷却效果。

图 3-10 是并流双套管氨合成塔，图 3-11 是并流三套管的示意图。

并流三套管的主要优点是床层温度分布较合理，催化剂生产强度较高，如操作压力为 30 MPa，空速为 $20000 \sim 30000\ h^{-1}$，催化剂的生产强度或时空产率可达 $40 \sim 60\ t/(m^3 \cdot d)$，结构可靠、操作稳定、适应性强。其缺点是结构较复杂，冷管与分气盒占据

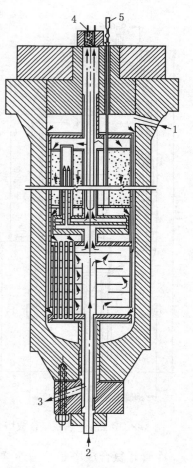

图 3-10　并流双套管氨合成塔
1—气体入口；2—冷气旁路入口；
3—合成气出口；4—电加热器；
5—热电偶

较多空间，催化剂还原时床层下部受冷管传热的影响，升温困难，还原不易彻底。在国内此类内件广泛用于 $\phi 800 \sim 1000\ mm$ 的氨合成塔。

（六）甲烷蒸汽转化一段炉[2,4]

以甲烷为代表的轻质烃类蒸汽转化，是以天然气及石脑油为原料制取合成氨用含氢、氮粗原料气的过程。合成氨厂蒸汽转化法制得的粗原料气应满足：残余甲烷不超过 0.5%（干基体积）及 $(H_2+CO)/N_2$ 的摩尔比为 $2.8 \sim 3.1$。因此，蒸汽转化工序分两段进行，在一段转化炉内，大

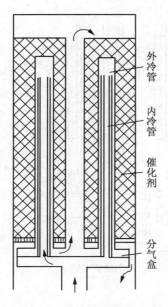

外冷管

内冷管

催化剂

分气盒

图 3-11　并流三套管示意图

部分甲烷与水蒸气于催化剂作用下转化成 H_2、CO 和 CO_2，这是一个总效果为吸热的复合反应，采用高温管式反应器，称为一段转化炉，操作压力由 3.5~4.0MPa 逐渐提高到 5MPa。一段转化炉出口气进入二段转化炉，加入空气，以补充氮气，一部分氢燃烧并进行剩余甲烷的转化反应，催化床温度升高到 1200℃ 左右。

一段转化炉是烃类蒸汽转化法制氨的关键设备，它由包括若干根反应管（或称为炉管）及加热室的辐射段和回收热量的对流段组成，是一种吸热的连续换热管式催化反应器。反应管能在 800℃ 左右，在加压及腐蚀介质的苛刻条件下运行，选用耐热合金钢制的离心浇铸管，费用昂贵。整个转化炉的投资约占全厂的 1/3，而反应管的投资则为一段转化炉的一半。各种不同炉型的一段转化炉的反应管都竖排在炉膛内，管内装催化剂，含烃气体和水蒸气的混合物由管顶部进入，反应管内径 ϕ71~144mm，壁厚 11~18mm，总长 10~12m，视不同炉型而定。管外炉膛内设有若干烧嘴，燃烧气体或液体燃料，产生的热量以辐射形式传给反应管。因烧嘴位置不同，合成氨厂常用的一段转化炉有顶部烧嘴方箱炉和侧壁烧嘴炉二种炉型。

1. 顶部烧嘴炉

辐射段为方箱形，炉顶有原料气、燃烧气和空气总管，每排炉管两侧顶部有一排烧嘴，火焰由上而下，烟道气从下烟道排出。烧嘴设置在顶部，燃料燃烧放出热量最大的部分是炉管内上端需要吸热最多的区域，可使原料气很快达到反应温度，有效地利用催化剂。由于炉管与烧嘴相间排列，沿管周围之间的温度分布比较均匀，但轴向烟气温度变化较大，不如侧壁烧嘴炉易于调节。顶部烧嘴数量较少，操作管理方便。顶部烧嘴炉的转化炉管及烧嘴排列见图 3-12(a)。

图 3-13 是年产氨 300kt 的 ICI 公司顶烧烧嘴方箱炉，其主要参数如下：炉管 ϕ113mm×12mm，炉管总长 14m，有效长度 12.19m，共 272 根，分 8 排组装，每排 34 根，共装 20.49m³ 催化剂。辐射室内长 14.9m，内高 12.2m，内宽 9.15m，管心距 247mm，排间距 1676mm，炉管上下均用猪尾

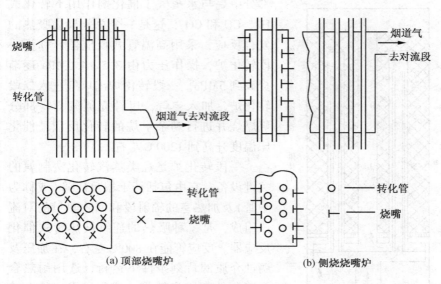

（a）顶部烧嘴炉　　　　　　　　　　（b）侧烧烧嘴炉

图 3-12　一段转化炉炉型

管与总管连接。

　　图 3-14 是 Kellogg 公司的年产氨 300kt 顶烧烧嘴方箱炉,其主要参数如下:炉管 ϕ112mm×20.5mm,炉管总长 10.8m,有效长度 9.6m,共 378 根,分 9 排组装,每排 42 根,共装 15.3m³ 催化剂。辐射室内长 16.15m,内高 10.66m,内宽 12.8m,管心距 260.5mm,排间距 1676mm,无下猪尾管。每根炉管刚性焊接于下部集气管上,每排有一上升管,旁边炉膛与出气总管相连。

　　2. 侧壁烧嘴炉

　　辐射段都是长条形,烧嘴分成多列,水平布置在辐射室两侧炉壁墙上。炉管在炉膛内按锯齿形排列成两行。由于烧嘴可在炉壁上下任意布置,炉管轴向受热情况良好,但单面受热,炉管温

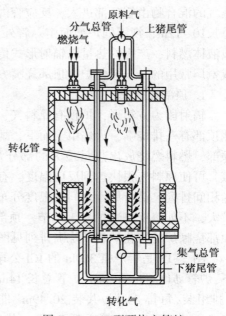

图 3-13　ICI 型顶烧方箱炉

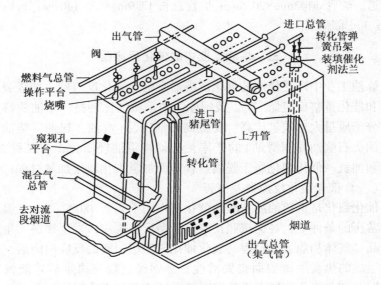

图 3-14　顶烧烧嘴方箱炉(Kellogg)

度不如顶部烧嘴均匀。侧烧炉烧嘴数量多，管线多，操作、维修比较复杂，占地面积较大。

图 3-12(b)是侧壁烧嘴炉转化炉管与烧嘴的排列。

图 3-15 是 Topsфe 型年产氨 30kt 侧壁烧嘴炉,其主要参数如下:共两个燃烧室,室内长 23.20m,内宽 2.07m,内高 11.5m,两侧墙设 120 个烧嘴,

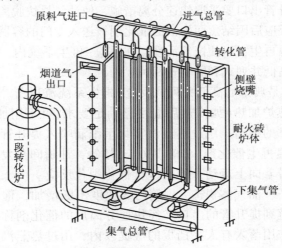

图 3-15　侧壁烧嘴炉(Topsфe)

上烟道。炉管 φ143mm×20.5mm,炉管总长 12.9m,每室 140 根,分两排,共
装 26.3m³ 催化剂。

三、炼油工业中的催化反应器

炼油工业中广泛使用的催化反应器有催化裂化反应器、加氢裂化反
应器和催化重整反应器[5~8]。我国原油中重质油比例高,重油的特点是
相对分子质量大,碳氢比高,要提高石油产品(汽油、煤油、柴油、化
工轻油、石脑油和润滑油)的产率,必须将重油轻质化,有二种方法:
脱碳和加氢。催化裂化属于脱碳过程,而加氢裂化属于加氢过程。

（一）催化裂化反应器及流程

催化裂化是重质油品在酸性催化剂作用下,于 480℃~500℃温度和
近于常压的条件下,烃类按照正碳离子型反应规律,发生裂解,生成轻
质油品、气体和焦炭的过程。裂化催化剂经历短暂的反应时间后,表面
即被生成的焦炭所覆盖而丧失活性,必须经过烧焦再生后才能恢复活
性,因此催化裂化装置中必须同时设有反应器和再生器,用管线将两器
相连,催化剂制成 20~100μm 的微球,在两器之间流动。当使用高反
应活性的沸石分子筛裂化催化剂时,催化裂化装置采用提升管型反应
器,催化剂与油气同向向上流动,接近于平推流,减少了返混。提升管
内气-固相流动过程属于流态化中的稀相气流输送床。在提升管内,催
化剂与油气接触时间很短,一般在 2~4s 内即可达到所要求的转化率。
为了防止过度裂化以改善产品分布、减少焦炭和气体产率、提高轻质油
收率,在提升管出口要采取快速分离措施,使油气尽快脱离催化剂,以
终止反应。反应后因结焦而失活的催化剂被送入专门的容器——再生器
内,进行烧焦再生,以便恢复活性。在反应-再生系统内,两器的布置
形式主要有高低并列式和同轴式两种。

图 3-16 是典型的高低并列式反应-再生系统流程图。裂化原料油
经换热和加热炉加热(如换热后温度已满足要求,可不用加热炉)后送
至提升管下部的喷嘴,用过热蒸汽雾化呈细滴喷入提升管内,与来自
再生器的高温再生催化剂(650~750℃)接触,油瞬间蒸发气化。催化
剂被油气携带着向上运动,其间进行催化裂化反应。由于反应使大分
子变成小分子,油气体积扩大,管内线速度不断增加,催化剂也逐渐
被加速,一直到提升管的出口。经快速分离后的催化剂称为待生催化
剂,依重力作用落入有人字挡板的气提段内,用过热蒸汽汽提除去表
面吸附的油气,通过再生斜管进入再生器。反应油气进入沉降器,脱

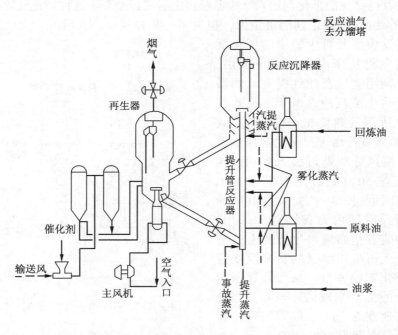

图 3-16　高低并列式提升管催化裂化反应-再生系统流程图

除夹带的催化剂后再经内旋风分离器，进一步除去催化剂细粒子后从沉降器顶部出口，通过油气管线进入分馏塔。再生烧焦用的空气由主风机供给，空气通过再生器底部的分布板均匀布气之后进入床层。再生器内的气-固相流化状态属于高速的湍流床，即气体线速已大于固体的终端速度，提高气速可改善气-固相接触效率，有利于传质、传热。催化剂被气体携带上扬，经过一段"分离高度"之后，靠重力作用只能使较大的催化剂颗粒下落，另一部分较细的粒子随气体进入两级旋风分离器，靠离心作用而被分离，回收下来的催化剂重新进入床层，这对保持床层内的催化剂密度是很必要的。再生之后的催化剂称为再生催化剂，通过再生斜管送到提升管反应器底部，靠提升蒸汽作用，使之转向后进入提升管内循环使用。在两条斜管上设有单动滑阀，用调节滑阀开度可控制催化剂循环量，在再生烟气管线上设有双动滑阀，调节其开度可控制再生压力。

　　自从 1942 年第一代流化催化裂化（FCC）装置问世以来，已经历了多代的演变[1]。最早的装置是上流式的，即催化剂在反应器及再生器中均从顶部带出，经旋风分离器分离下来后，再分别用油气及空气将已再生的及已结焦的催化剂送入反应器及再生器实行循环。这种装置气速高（1.3~2m/s），催化剂捕集量大，损失多，装置复杂。其后的一大改进是将反应器及再生器中的催化剂均用立管从床内使之向下流出，再分别用空气及油气提升入两器进行再生或反应，由于下流式装置中所用气速降低（0.5~0.7m/s），装置直径增大，催化剂捕集较易，旋风分离器可装入器内。到20世纪50年代改用U形管FCC装置问世（图3-17），并在其后的相当长时间内为各国竞相采用。这种装置是靠向再生器的上升管中送入再生用空气的量来改变管内催化剂的密度，从而依靠压力平衡的关系实现循环流动。当管内气速在2~5m/s间调节时，管内颗粒密度为160~320kg/m^3。由于改用了U形连管，装置的总高度也降低了许多。

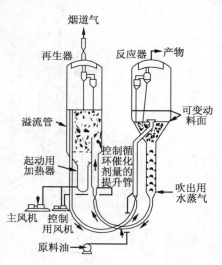

图3-17　Exxon Ⅳ型FCC装置

随着高活性的沸石分子筛催化剂的出现，FCC技术也随之发生了重大变化。表3-3即为沸石分子筛催化剂与原来的硅铝催化剂性能的比较，可以看到沸石分子筛催化剂的活性提高很多，另外汽油的选择率也提高6%左右，这样沸石分子筛催化剂终于代替了硅铝催化剂。与催化剂的这种演变相适应，要求催化剂停留时间缩短，并且要尽量消除返混对选择率的影响，为此目前的FCC装置中都已用垂直的提升管作为反应器。

表3-3　FCC催化剂的性能

	硅铝催化剂		沸石分子筛催化剂	
	新补加的	器内已达平衡的	新补加的	器内已达平衡的
化学组成/%（质）				
Al_2O_3	28	21.5	31	25.4
C	0	0.2	0	0.2
S	0.7	0.1	0.3	0.1
Na	0.03	0.02	0.04	0.04
Fe/$\mu g \cdot g^{-1}$	300	3900	700	3700
V+Ni+Cu/$\mu g \cdot g^{-1}$	0	162	0	259

续表

	硅铝催化剂		沸石分子筛催化剂	
	新补加的	器内已达平衡的	新补加的	器内已达平衡的
物性				
表面积/$m^2 \cdot g^{-1}$	415	140	335	97
细孔体积/$cm^3 \cdot g^{-1}$	0.88	0.43	0.60	0.45
堆积密度/$g \cdot cm^{-3}$	0.39	0.70	0.52	0.68
粒径/%（质）				
<20μm	2	0	2	0
20~40μm	17	8	19	6
40~80μm	68	69	75	75
平均粒径/μm	65	63	62	62

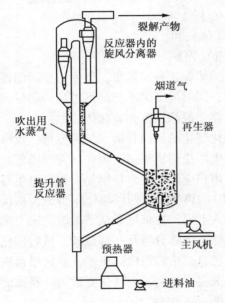

图 3-18　UOP 提升管 FCC 装置

图 3-18 是 UOP 公司的提升管装置的示意图，预热好的原料油在提升管底部与高温的再生催化剂接触而气化，在提升管内高速上升，故在高温下的停留时间很短，而一出管顶就用旋风分离器将颗粒除去，从而避免了产物的分解。

为了减少磨损，提升管为直管，管内表观气速达 10~20m/s，气体停留时间 5~7s，催化剂颗粒浓度为 0.03~0.08g/cm³，催化剂循环速度与原料油供给速度比 5~15（质量比），压力 0.0697~0.245MPa（表压），反应温度底部约 540℃，出口约 510℃。由于管内为稀相输送，气、固相的流动速度近于相等，流动模式为平推流，很少返混。为了使原料油在提升管内得到更好的分散，使用多个喷嘴（如 8 个），在提升管内一截面处的周边以向上 30°倾斜的角度把原料油送入。从每一喷嘴进入的原料油靠 1%~5%（质）的水蒸气使其达到 180m/s 的高速度而得到良好分散，这样比用单个喷嘴时转化率和汽油收率都有 2%~4%的增加。与 UOP 法原则上相似的同轴式 FCC 装置可见图 3-19。

FCC 反应器之所以从密相床改用稀相提升管，其根据是由于用了高活性的催化剂，以致在高温下裂解时，反应速率很快，反应动力学不起控制作用，所要求的是热量、质量传递快，停留时间短而分布窄（即近于平推流），这正是提升管的长处。但 FCC 的再生器中要烧去催化剂上的积炭，却需相当时间，如典型操作条件是表观气速 0.5 ~ 1m/s，床层密度 0.4 ~ 0.7g/cm³，再生温度 600 ~ 750℃，压力 0.098 ~ 0.294MPa（表压），空气量/析出碳量 = 11 ~ 12（质量比），燃烧后尾气组成 CO_2/CO = 1 ~ 1.5（体积比），残氧量 0.5% ~ 1.5%（体），再生催化剂中碳含量 0.2% ~ 0.5%（质），而颗

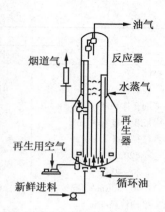

图 3-19   同轴式催化
裂化装置

粒的平均停留时间长达 7~12min。为了保证残炭量少，以便再生后的催化剂具有较高的转化能力和选择性，同时温度又不能局部过高而超过催化剂所能承受的耐热性，因此再生器一般都用密相流化床。

近年来，利用常压渣油进行催化裂化的倾向日增，但油愈重，收率愈低，油中重金属含量多，催化剂失活快而结焦多，因此除需增强催化剂的抗毒性能外，在装置上亦须作出相应的改进，特别是要提高再生器的烧焦效率。为此 RCC 法（图 3-20）的再生器由两段流化床组成，从反应器来的有大量结焦的催化剂先进入上层，在那里靠从下段流化床上来的、并被燃烧气稀释了的空气燃烧除去大部分氢及一部分碳，然后催化剂进入下段，这时附着其上的几乎已只是由碳组成的焦了，在这里再送空气燃烧。为了防止烧焦初期催化剂温度过高，空气量要适当。经如此再生后，催化剂中的碳含量据报可低达 0.05%（质）。

图 3-21 是以燃尽 CO 为目标而设计的再生器，空气与催化剂颗粒并流接触，从下部的燃烧室快速流化而到上部来进行气、固相分离。经再生后，催化剂的重金属含量约 1%（质）。对于重金属含量 $50\mu g/g$ 的原料油，催化剂用量约为其 0.5%（质）。

图 3-22 所示是与 RCC 法异曲同工的 TOTAL 法 FCC 装置。这里用稀机流动的垂直提升管作为裂化反应器，而用二段再生器进行烧焦，这样可以实现高温烧焦。

该法下段床为密相流化床，中间用一稀相提升管把已经部分烧焦的

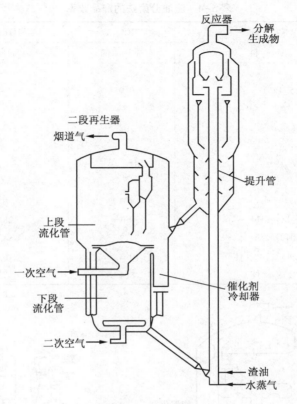

图 3-20　RCC 法

催化剂提升到上床中，再进一步完成烧焦。

　　表 3-4 是上述二法的结果比较，若需取舍，非对工程进行全面评估不可。

　　石油的催化裂化工业装置规模大，累积的经验常为其他流化床反应过程所借鉴。有关裂解反应的反应动力学研究很多[9]，工业性的报道亦不少，这里已无法列举。关于反应器及再生器的数学模型可参见文献[10，11]。侯祥麟主编的《中国炼油技术》[5]及程之光主编的《重油加工技术》[7]对催化裂化催化剂、反应机理、控制参数和工业装置进行了讨论，陈俊武、曹汉昌主编的《催化裂化工艺与工程》[6]对催化裂化装置的发展和相关的流态化原理，流化床中的流体力学、传热、传质和气-固相分离作了详尽的阐述。催化裂化中的流态化属高速流态技术，其应用前景可见综述[12]。

表 3-4 渣油分解法的产品收率

方　　法	RCC 法	TOTAL 法
原　　料	常压渣油	常压渣油
原料油性状		
相对密度(15.4℃)	0.958	—
S/%(质)	—	—
康氏残炭%(质)	7.2	3.8
金属 Ni/μg·g^{-1}	18	—
金属 V/μg·g^{-1}	67	—
产品收率		
干气(≤C$_2$)/%(质)	4.7	6.1
LPG(C$_3$~C$_4$)/%(体)	30.1	28.0
汽油(C$_5$~204℃)/%(体)	54.7	54.3
轻油(204~343℃)/%(体)	10.3	16.0
渣油(>343℃)/%(体)	8.4	7.2

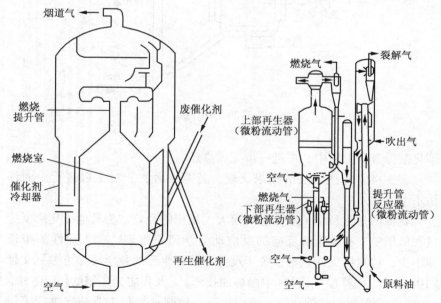

图 3-21 RCC 法 CO 燃烧型再生器　　图 3-22 TOTAL 法 FCC 装置

(二) 加氢裂化反应器

加氢裂化是减压馏分油经过加氢使油的氢碳比值上升, 产品有干气、液化气、石脑油(汽油)、喷气燃料和轻柴油。未转化的尾油可供蒸汽裂解制乙烯原料，或作润滑油基础油。加氢裂化使用双功能催化剂，由具有加氢功能的金属和裂化功能的酸性载体两部分组成，某些型号的加氢裂化催化剂为 $\phi1.6mm$ 或 $\phi3mm$ 条状，有些为 $\phi4mm\times4mm$ 或 $\phi6mm\times6mm$ 圆柱状。加氢裂化是反应后总摩尔数减少的反应，提高反应压力不但有利于增加平衡转化率，还可提高油及氢的浓度，从而提高反应速率，尤其对于稠环芳烃和六元杂环氮化物的加氢，压力增加的效能更为明显，原料油越重，所需要的反应压力越高，但提高压力时，设备投资和操作费用急剧增加，目前一般选用反应压力为 14～18MPa。加氢裂化是放热反应，温度升高可以提高反应速率，但对加氢的化学平衡不利，因此加氢裂化的反应温度比催化裂化反应温度低，原料越重，氮含量越高，反应温度要越高，但过高的反应温度会增加催化剂表面的积炭。现在常用的加氢裂化反应器为二段绝热式，每段入口温度 390～400℃，绝热温升 40～50℃，段间用冷氢气冷激，一方面降低下一段入口温度，一方面补充氢。加氢裂化的氢油比［按含氢气体在标准状态下的体积流率（ m^3/h ）与 20℃原料油体积流率（ m^3/h ）之比］为 1500～2000。

图 3-23 为热壁、两段式加氢裂化反应器[5]，段间有冷氢冷激，床层属于气-液二相并流而下的固定床气-液-固三相反应器，称为滴流床或涓流床反应器。热壁式加氢裂化催化反应器以耐氢腐蚀性能好的 Cr-Mo 钢作筒体，内部为抗硫化氢腐蚀的 TP347 不锈钢。

（三）催化重整反应器

催化重整以石脑油为原料，可生产高辛烷值的汽油和芳烃，还能提供石油化工最基本的原料——苯、甲苯、

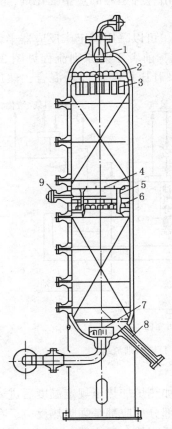

图 3-23 热壁式加氢裂化反应器
1—入口扩散器；2—气液分配器；3—去垢篮筐；4—催化剂支持盘；5—催化剂连通管；6—急冷氢箱及再分配盘；7—出口收集器；8—卸催化剂口；9—急冷氢管

乙苯、二甲苯和 $C_7 \sim C_9$ 芳烃,重整催化剂是一种双功能催化剂,具有金属功能,促进脱氢和环化等反应,又有酸性功能,促进异构化和加氢裂解反应。提供金属功能的主剂是金属铂,提供酸性功能并当作载体的是含卤酸(常用氯)的 γ-氧化铝,金属中心与酸性中心要合理调配。优良的催化剂需要铂金属晶粒子(10nm 左右)高度分散,加入其他金属如铼、锡等作助剂,可提高催化剂的反应选择率和稳定性。选用热稳定性好的载体如 γ-Al_2O_3,在高温下能保持表面积不降低,不发生相变化,有助于保持金属的高分散度。我国已开发出各种型号的重整催化剂,大都为 $\phi 1.5 \sim 2.5mm$ 小球。

催化重整按照催化剂的再生方式不同,可以采用固定床反应器半再生式,和采用移动床反应器的连续再生式,前者工艺原则流程见图 3-24[5]。由预处理部分来的重整原料油用泵升压后与循环氢混合,然后

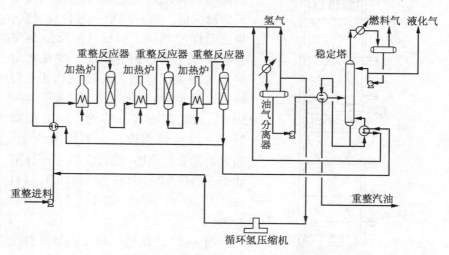

图 3-24   固定床半再生式重整工艺原则流程图

进入换热器与重整反应产物换热,再经过加热炉加热至规定温度后进入反应器。重整反应器为绝热式,而重整大部分反应都是强吸热反应,在反应过程中需要由物料本身温度下降提供反应热,反应器自上而下物料温度必然逐渐降低。重整过程必须采用多个反应器串联,中间由加热炉补充供热,反应器一般用 3~4 个。图 3-25 是处理量为 150kt/a 的轴向式第三段重整反应器[8],圆筒形,筒体内径 1.8m,直筒高度 3.2m,总高 6.8m;壳体厚 40mm,由 20 号锅炉钢板制成,设计操作压力 2.5 ~ 4.0MPa,壳体内衬 100mm 的耐热水泥层,里面有一层厚 3mm 的合金

钢衬里(用 1Cr18Ni9Ti 制成)。衬里可防止钢壳体受高温氢气的腐蚀,水泥层兼有保温和降低外壳壁温的作用。为了使原料气沿整个床截面分配均匀,在入口处设有分配头。分配头下端盲死,在下缘开有 18 个 38mm×100mm 的矩形槽。油气出口处有钢丝网以防止催化剂粉末被带出。入口处设有事故氮气线。

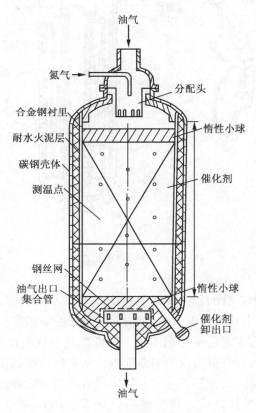

图 3-25　轴向式重整反应器

图 3-26 是处理量为 150kt/a 装置的径向第四段重整反应器。反应器壳体为圆筒形,壳体内径 1.6m,直筒段高度 4.7m,总高约 7.9m。壳体壁厚 38mm。用铬钼钢焊制,设计操作压力为 1.8MPa。

与轴向式反应器比较,径向式反应器的特点是床层压降低,这主要是因为气流以较低的流速通过较薄的催化剂床层。径向反应器的中部有两层中心管,外径分别为 330mm 及 350mm,内层中心管壁上钻有许多 6mm 的小孔,外层中心管壁上开了许多矩形小槽(12mm×1mm),反应产

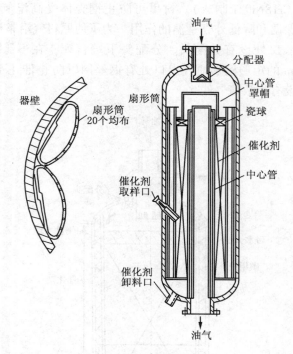

图 3-26　径向式重整反应器

物通过这两层中心管的小孔进入中心管，然后从下部出口导出。沿外壳
壁周围排列 20 个开有许多 16mm×2mm 长方形的扇形筒，在扇形筒与中
心管之间的环形空间是催化剂床层。反应原料油气由反应器顶部进入，
经分布器后进入沿壳壁布满的扇形筒内，从扇形筒小孔出来沿径向方向
通过催化剂床层，反应后进入中心管，然后导出反应器。中心管顶上的
罩帽是由几节圆管组成，其长度可以调节，用以调节催化剂的装入
高度。

　　表 3-5 列出了轴向式反应器和径向式反应器的压降比较。该表是
在相同操作条件下的计算结果(压降单位为 MPa)。

　　由表 3-5、表 3-6 及表 3-7 可见，径向式反应器的总压降比轴向式
反应器小很多，催化剂装量多的大型反应器采用径向式反应器后减少压
降的效果尤其明显。在操作过程中，催化剂会因粉碎、积炭等原因造成
床层空隙率减少，使床层压降升高，由于径向反应器催化剂床层压降在
反应器总压降中所占比例较小，尽管床层压降成倍地增加了，但反应器

总压降却增加不多。径向反应器应用于铂-铼等双效多金属重整是有利的。径向式反应器的缺点是结构较复杂，小的径向反应器制作和安装较困难。

表 3-5　两种反应器压降比较（MPa）

	第一段反应器	第二段反应器	第三段反应器	第四段反应器	合　计
径向反应器	0.01350	0.01604	0.01866	0.01989	0.06809
轴向反应器	0.01782	0.02876	0.02642	0.04056	0.11355

注：计算条件处理量 15 万吨，操作压力 1.8MPa（表），反应温度 520℃，氢油比 1200：1（体积），各段反应器中催化剂装入比为 1：1.5：3.0：4.5。

表 3-6　各段压降占总压降的分数（%）

	第一段反应器	第二段反应器	第三段反应器	第四段反应器
径向反应器				
进口分配头压降	6.99	7.49	5.26	5.19
扇形筒小孔压降	0.07	0.04	0.03	0.02
催化剂床层压降	7.19	3.79	6.02	2.97
中心管外套筒小孔压降	0.11	0.05	0.07	0.03
中心管小孔压降	79.10	81.18	81.76	84.80
中心管主流道压降	6.54	7.45	6.86	6.99
合计	100	100	100	100
轴向反应器				
进口压降	9.5	6.9	5.6	4.0
催化剂床层压降	74.2	81.2	83.0	88.0
瓷球层压降	5.8	4.3	4.1	2.9
出口压降	10.5	7.6	7.3	5.1
合计	100	100	100	100

表 3-7　床层孔隙率对反应器总压降的影响

	催化剂床层压降/MPa		反应器总压降/MPa	
	孔隙率 0.4211	孔隙率 0.3211	孔隙率 0.4211	孔隙率 0.3211
第一段反应器				
径向式	0.0009711	0.0026306	0.01350	0.01516
轴向式	0.01322	0.03535	0.01782	0.03995
第四段反应器				
径向式	0.0005902	0.001642	0.01989	0.02094
轴向式	0.03570	0.09597	0.04056	0.10083

重整的产品和辛烷值不仅受操作条件（如反应温度、压力、氢油比和空速）的影响，也会受各段反应器催化剂装填量比的影响。

在重整过程中因不同类型反应的反应速率快慢不同，反应所发生的区域也就不同，如图 3-27 和表 3-8 是使用了 3752 号多金属催化剂时各段反应器内的催化装填量，反应器温降和反应器内烃类组成的变化情况。

应根据重整进料组成及产品的要求，在研究重整反应动力学的基础上优化各段反应器内催化剂的装填比例，从国内外投产的重整装置来看，前面几段反应器装量差别较小，最后一段装量差别较大。图 3-27 为我国某厂采用的四段重整反应器，采用的装填比为 1∶1.5∶2.5∶5。

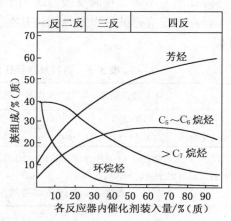

图 3-27　重整各段反应器内烃组成的分布
催化剂：3752；第四段反应器压力：1.3MPa；各反应器入口温度：520℃；质量空速：1.93h⁻¹

表 3-8　重整各段反应器内的主要反应及大致温降

反应器名称	主 要 反 应	组 成 变 化	温降/℃
第一段反应器	六元环烷脱氢,烷烃异构化	环烷烃下降,芳烃有所增加	70~80
第二段反应器	环烷脱氢,五元环烷异构脱氢及开环,C_7 烷烃裂解	环烷烃继续下降,芳烃有所增加,C_5~C_6 有所增加	30~40
第三段反应器	烷烃脱氢环化,加氢裂化	C_{7+}烷烃减少,芳烃增加	15~25
第四段反应器	烷烃脱氢环化,加氢裂化	C_5~C_6 先增加,后略有下降,芳烃增加	5~10

四、基本有机化学工业中的催化反应器

吴指南主编的高校教材《基本有机化工工艺学》[13]对基本有机化工工业中反应过程，按烃类裂解、芳烃转化、催化加氢、催化脱氢、催化氧化、羰基合成及氯化共八类反应单元，深入地讨论了上述反应单元过程的基本规律、特点和其中的典型反应，上述反应中绝大部分是多重反应。

催化反应器的设计要在过程的化学基本规律上进行，其中主要有：可能的多重反应网络，独立反应和关键组分的确定，主、副反应的热力学，催化剂对主、副反应选择率的影响和活性温度范围。本章从气-固相催化反应器设计考虑，在已确定反应气体进口组成及压力和出口组成的条件下，兼顾到反应速率、时空产率和催化剂的使用温度范围，讨论如何选择合适的气–固相催化反应器的结构形式，必然地要考虑反应–传热性能，而其中的关键因素是反应热效率的热力学性质。如果反应体系是平行、连串或平行–连串反应的多重反应系统。如果副反应是生成二氧化碳和水的深度氧化反应，并且深度氧化反应副反应的活化能和反应热大于主反应，反应温度愈高，相应地副反应速率提高愈多，如不能及时排出反应热，则反应温度进一步升高，副反应更加加速，必然形成恶性循环，最终导致催化剂温度急剧上升而不能控制，即"飞温"，烧坏催化剂及反应管。许多有机工业中的催化氧化反应通常伴有强放热深度氧化的副反应，设计催化反应器时必须特别注意这个特性。另一个反应的热力学性质是平衡常数与温度的关系，这主要涉及是否需要采用加压操作。

以下从上述观点对基本有机化学工业中的催化反应进行简要分析。

（一）催化加氢

加氢反应是放热反应，由于被加氢的官能团的结构不同，热效应和平衡常数与温度的关系亦各不相同。例如：

1. 乙炔选择加氢

$$CH\equiv CH + H_2 \longrightarrow CH_2CH_2 \quad \Delta H_R = -174.3 \ kJ/mol \ (25℃) \qquad (3-1)$$

T/K	400.2	500.2	700.2
K_p	7.63×10^{16}	1.65×10^{12}	6.5×10^{6}

2. 苯加氢合成环己烷

$$\text{[苯]} + 3H_2 \longrightarrow \text{[环己烷]} \quad \Delta H_R = -208.1 \ kJ/mol \ (25℃) \qquad (3-2)$$

T/K	400.2	500.2
K_p	7.0×10^{7}	1.86×10^{2}

3. 一氧化碳加氢合成甲醇

$$CO + 2H_2 \longrightarrow CH_3OH(气) \quad \Delta H_R = -90.8 \ kJ/mol \ (25℃) \qquad (3-3)$$

T/K	373.2	473.2	573.2	673.2
K_p	12.92	1.909×10^{-2}	2.4×10^{-4}	1.079×10^{-5}

4. 一氧化碳甲烷化反应

$$CO+3H_2 \longrightarrow CH_4+H_2O \quad \Delta H_R=-176.9 \text{ kJ/mol （25℃）} \tag{3-4}$$

T/K	473.2	573.2	673.2
K_p	2.155×10^{11}	1.516×10^7	1.686×10^4

加氢反应是反应后摩尔数减少的反应，增大压力能提高产物的平衡组成。从热力学分析，加氢反应有三种类型。第一类加氢反应的平衡常数即使在很高温度下，仍然很大，如乙炔加氢、一氧化碳的甲烷化。这类反应可看作不可逆反应，关键是反应速率和催化床排热问题。第二类反应的平衡常数不随温度升高而显著降低，如苯加氢合成环己烷，若要求在较高温度下达到较高平衡转化率，必须适当加压或采用过量氢。第三类反应在不太高的温度下，平衡常数已很小，如一氧化碳加氢合成甲醇，必须在较高的压力下反应，并且未反应物循环使用。甲醇是碳一化工的起点，是重要的化工原料，其主要的原料是天然气（或油田气）、煤、重油及乙炔尾气，1997 年世界甲醇产量达 34Mt，我国 1997 年甲醇的产量达 1.38Mt。在甲醇的原料气中除一氧化碳外不可避免地含有二氧化碳，二氧化碳也可加氢生成甲醇，但反应速率低于一氧化碳加氢合成甲醇。早期合成甲醇采用锌-铬催化剂，其活性温度较高，约 350~420℃，受反应平衡的限制，需在 25~30MPa 下操作。近年来，研制了铜基催化剂，活性温度为 210~270 ℃，可在 5MPa 较低压力下操作。一氧化碳加氢合成甲醇的热效应并不太大，二氧化碳合成甲醇的反应热更低于一氧化碳加氢合成甲醇，并且不存在强放热的副反应，可以采用绝热多段式，也可采用连续换热式催化反应器。华东理工大学进行了大量有关甲醇合成的研究工作，如甲醇合成系统各组分逸度系数计算方法、加压下催化反应本征及宏观反应动力学、内扩散有效因子计算模型、多种形式反应器的计算模型等，成功地应用于生产，并投入生产，出版了专著[14,15]。国外近期亦有甲醇合成的专著[16]。上海吴泾化工总厂于 20世纪 60 年代建成了 30MPa 压力，使用 Zn-Cr 催化剂，内径 1m 的甲醇合成塔，催化剂上层为绝热段，下层为单管并流式，于 70 年代后期改为使用 C301 铜基甲醇合成催化剂。由于系统压力不须降低很多，至少在 25MPa 压力下操作，则单位体积内催化床铜基催化剂的反应量及反应热均比 Zn-Cr 催化剂大很多，原有冷管传热面不够。原华东化工学院在研究甲醇合成热力学及 C301 型甲醇合成反应动力学的基础上，运

用数学模拟方法，改造了内件，于 1980 年顺利投产，不但产量增加 20%，由于铜基催化剂反应温度低于 Zn-Cr 催化剂，副产物高级醇大为减少，甲醇产品优级从 47% 提高到 100%，能耗降低 20%，当时每年增加利润一千万元。"甲醇合成塔设计新方法"获得 1985 年国家科学技术进步二等奖。

1992 年华东理工大学承担国务院重大办下达的科研项目，研究 $\phi 5mm \times 5mm$ C302 型铜基催化剂甲醇合成的宏观动力学，在此基础上，提出了绝热-冷管复合型大型甲醇合成反应器的内件设计，用于上海焦化总厂年产 200kt 甲醇合成反应器；于 1995 年 12 月顺利投产。"甲醇合成催化剂动力学研究及年产 200kt 甲醇合成反应器"获 1997 年上海市科技进步一等奖。

（二）催化脱氢及催化氧化脱氢

乙苯脱氢制苯乙烯是典型的烃类催化脱氢，这是一个吸热并存在平行和连串副反应的多重反应，并且反应后摩尔数减少。从热力学分析可知，在较高的温度及负压操作对反应平衡有利，反应过程中用水蒸气作稀释剂。它有很多优点：热容量大，与产品易于分离，提高了脱氢反应的平衡转化率，并且有利于消除催化剂表面上沉积的焦。工业上常采用二段绝热式，段间间接换热，本书第四章有例题对此过程进行详细讨论。华东理工大学将轴向乙苯脱氢绝热反应器改为轴径向流动，不仅降低了压力降和能耗，并且提高了转化率和选择率。"乙苯脱氢制苯乙烯关键技术轴径向反应器和新型催化剂的研发及应用"获得 2009 年国家科学技术进步二等奖。有关轴径向流动反应器的流体力学，详见本书第六章。

丁烯催化氧化脱氢是伴有平行及连串副反应的强吸热多重反应，为了降低绝热温升，使用水蒸气作稀释剂及贫氧，以提高产品丁二烯的选择性。一般原料气的配比为 $C_2H_4 : CO_2 : H_2O = 1.0 : (0.6 \sim 0.65) : (12 \sim 16)$，原华东化工学院在实验室实验的基础上成功地开发了年产 16kt 丁二烯的径向流动反应器，获 1986 年国家教委科技进步一等奖及 1992 年国家科学技术进步二等奖。

（三）催化氧化

烃类催化氧化是基本有机化工工业中一大类重要反应，其氧化产品除各类有机含氧化合物——醇、醛、酮、酸、酯、环氧化物和过氧化物，还包括有机腈和二烯烃等。烃类氧化所需的氧化剂是气态氧，可以是纯氧或空气，其最终产物都是二氧化碳和水，称为深度氧化（或称为完全氧化），所需目的产物都是氧化中间产物。烃类氧化是一个存在多种途径，含有多种反应的多重反应系统，选择不同的催化剂，可以生成不同的产品。若含有深度氧化的副反应，生成二氧化碳和水，既浪费了原料，又增加了能耗和排除反应热的要求。因此选择率往往是烃类反应的重要指标。烃类的催化氧化反应有均相催化氧化（含催化自氧化和络合催化氧化）和非均相催化氧化两大类。本书只讨论非均相的气–固或气–液–固三相催化氧化反应。乙烯氧化制环氧乙烷、乙烯气相氧乙酰化合成乙酸乙烯和丙烯氨氧化制丙烯腈是石油化工及基本有机化工中重要的且最具代表性的非均相催化氧化反应。

1. 乙烯催化氧化合成环氧乙烷[17]

$$C_2H_2 \xrightarrow{\quad r_1 \quad} C_2H_4O$$
$$r_2 \searrow \qquad \swarrow r_3$$
$$CO_2 + H_2O$$

乙烯氧化主反应：　　　　　$C_2H_4 + 0.5O_2 \longrightarrow C_2H_4O,$

$$\Delta H_R = -104.89 \ kJ/mol(25℃) \qquad (3-5)$$

乙烯深度氧化副反应：　　　　$C_2H_4 + 3O_2 \longrightarrow 2CO_2 + 2H_2O,$

$$\Delta H_R = -1321.2 \ kJ/mol(25℃) \qquad (3-6)$$

环氧乙烷深度氧化副反应：$C_2H_4O + 2.5O_2 \longrightarrow 2CO_2 + 2H_2O$

$$\Delta H_R = -1218.03 \ kJ/mol(25℃) \qquad (3-7)$$

250℃时，主反应的平衡常数为 $1.66×10^6$，乙烯和环氧乙烷深度氧化副反应的平衡常数均在 10^{131} 数量级，故上述三个反应可看作不可逆反应。环氧乙烷深度氧化副反应的反应速率相对甚小，一般可不考虑。从反应热数据可知，反应温度升高，选择率下降，必引起系统的热效应显著增加，如不能及时从系统排出热量，系统温度继续上升，深度氧化副反应的活化能大于主反应，则深度氧化副反应的速率继续上升，形成系统急剧升温的恶性循环，最终形成"飞温"，破坏整个反应系统。

2. 丙烯腈的合成[18]

现代丙烯腈合成采用丙烯氨氧化法，即：

$$CH_3CH = CH_2 + NH_3 + 1.5O_2 \longrightarrow CH_2 = CH - CN + 3H_2O$$

$$\Delta H_R = -514.5kJ/mol \ (25℃) \qquad (3-8)$$

主反应是不可逆反应，其副反应有三类：一类是生成氰化物，主要是乙腈和氢氰酸；一类是生成有机含氧化物，主要是丙烯醛；另一类是生成深度氧化物二氧化碳和水。上述副反应都是强放热反应，例如丙烯深度氧化副反应在 298.2K 时反应热达 $-1925kJ/mol$，与乙烯氧化合成环氧乙烷一样，提高丙烯腈的选择率的关键在于可在较低温度下进行主反应的催化剂，从而抑制深度氧化副反应。

上海石油化工研究院从 60 年代以来致力于研制丙烯氨氧化制丙烯腈合成催化剂，获得成功，并实现了工业化。90 年代已研制成 Mo-Bi-Fe 系列的 MB-86(第四代)催化剂，收率达 81%，选择率达 82.7%，居世界领先地位。MB-86 丙烯腈合成催化剂研究与应用获得 1993 年国家级科技进步一等奖。MB 系列催化剂由于反应温度范围窄，例如 MB-86 催化剂的使用温度为 440~450℃，因此采用流化床反应器为宜。

3. 乙烯气相氧乙酰化合成醋酸乙烯

目前乙烯气相氧乙酰化合成乙酸乙烯所用的催化剂是以硅胶为载体的 Pd-Au-CH_3OOK 的重金属催化剂，其主反应为

$$CH_2 = CH_2 + CH_3COOH + 0.5O_2 \longrightarrow CH_3COOCH = CH_2 + H_2O$$

$$\Delta H_R = -146.5 kJ/mol \quad (25℃) \tag{3-9}$$

其副反应亦为深度氧化生成二氧化碳和水，主反应的平衡常数与温度的关系如下：

温度/℃	100	200
K_p	1.88×10^{20}	1.04×10^{15}

上述反应目前的指标如下：温度 145~160℃，压力 0.6~0.8MPa (绝)，空速 1800~2100h⁻¹，初始组成：乙烯 44% 左右，氧 5%~6%，乙酸 20% 左右，二氧化碳 20% 左右，其余为 N_2。

从上述三个典型的烃类非均相催化氧化的基本规律可知，它们都是伴有深度氧化副反应的强放热反应，温度升高使得深度氧化副反应有不同程度的加速，放热更为剧烈，如不及时移走热量，将导致"飞温"，破坏操作的稳定性，故工业上一般采用连续换热的外冷列管式(或称为管式或壁冷式)固定床反应器和流化床反应器，丙烯腈合成由于要求反应温度范围狭窄，采用流化床反应器为宜。

第二节　催化反应器的基础数学模型和基本计算方法

一、基本设计原则

催化反应器的设计包括两部分内容：化工设计和机械设计。化工设计的主要内容是选型、确定工艺操作条件和进行工艺尺寸计算；机械设计主要内容是机械结构设计(含流体分布装置设计)和强度计算。虽然

反应工程所涉及的只是化工设计，但选型时应考虑到机械设计的一些要求。

进行反应器设计之前，一般应具备下列的条件：

（1）对于反应系统，应掌握所采用催化剂的反应网络，催化剂对主、副反应的促进及抑制能力，催化剂研究工作者所获得的对反应温度、原料气组成、压力、空速的要求和在一定条件下能获得的转化率、选择率和收率的实验数据。

（2）掌握反应过程的热力学数据和粘度、导热系数及扩散系数等物性数据。大多数催化反应的理想气体状态的反应平衡常数及反应热与温度的关系式都是已知的；高压下非理想混合物的逸度系数和反应热，可以通过合适的状态方程进行计算。这些都是化工热力学所讨论的问题。

（3）尽可能获得反应动力学及传递过程的数据。化学反应控制时的动力学方程还比较容易获得，但对于包括内、外扩散在内的宏观动力学数据，由于大多数催化动力学方程的形式比较复杂，工业催化剂的曲折因子测定较难和多重反应网络的内扩散过程数学模型及其求解方法尚在研究之中等原因，内扩散有效因子的具体计算往往只是近似的，再加上催化剂在使用过程中要中毒、衰老，其活性逐渐衰退，某些催化剂还要经过还原、活化过程才具有活性，而工业反应器中催化剂的还原、活化过程也往往不太理想，即使一些比较成熟的催化剂，它的宏观动力学也还是有待进一步研究的课题。在这种情况下，往往只能按本征动力学计算，再加以校正；或者在工业反应的压力和相应的组成及温度范围内测试工业颗粒催化剂的含内扩散在内的宏观反应动力学。

固定床催化反应器设计时，应遵循的基本原则：

（1）设计不是一个单纯的催化剂用量及优化计算问题，而是要根据工程实际情况，运用系统工程的观点，根据社会效益和经济效益，选用合适的催化剂及反应温度，并根据反应过程及催化剂的特征，确定最佳工艺操作参数，如压力、反应气体的初始组成、最终转化率和空间速度、期望达到的收率和选择率，使用过程中工艺参数、催化剂的活性及生产任务的某些变化。

（2）应根据反应和催化剂的特征和工艺操作参数、设备制造、设备检修和催化剂的装卸等方面的要求，综合起来考虑催化反应器的选型和结构，采用固定床、流化床或气-液-固三相床。对于固定床还要进一步考虑结构选用单段绝热式，多段间接换热式，多段冷激式，还是连续换热式；对于连续换热式还要考虑采用哪一种冷管结构。

（3）对于高压下进行的反应过程，反应器的高压筒体内要设置催化床和床外换热器，要设置冷副线以调节催化床温度，有时还要放置开工预热用的电加热器，这些部件要在反应器内合理地组合起来，单位体积反应器内催化剂的装载系数要高，气流分布要均匀，气流通过反应器的压力降要小。

（4）从机械方面来讲，结构要可靠，不但要考虑到反应器内有关部件处于高温状况下的机械强度，还要考虑到不同部件承受不同温度所产生的温差应力等因素，还应妥善设计有关反应器中流体和固体的均匀分布和分离的部件结构。

以上这些要求往往相互矛盾，设计的任务就是要根据对于催化反应过程基本规律的认识，妥善加以解决，并且反复通过生产实践，积累更多的经验，改进现有催化反应器的结构，发展多种形式的、适应不同要求的新型催化反应器。

二、基础数学模型

催化反应器的数学模型，根据反应动力学可分为非均相与拟均相两类，根据温度和浓度分布状况，又可分为一维模型与二维模型两类。

如果反应属于化学动力学控制，催化剂颗粒外表面上及颗粒内部反应组分的浓度及温度都与气流主体一致，计算过程与均相反应一样，故称为"拟均相"模型。对于工业催化剂，绝大部分不可略去传质和传热过程对反应速率的影响，例如烃类蒸汽转化催化剂，要同时考虑气流主体与催化剂颗粒外表面之间的界面浓度差和温度差，以及催化剂颗粒内部的浓度差和温度差；有的催化剂只要考虑界面的浓度差和温度差；有的催化剂只要考虑催化剂颗粒内部的浓度差，而颗粒内部温度差以及界面的浓度差和温度差均可略去。把这些传递过程对反应速率的影响计入模型，则称为"非均相"模型。

如果某些工业催化剂的宏观动力学研究得不够，只能按本征动力学处理，而将传递过程的影响、催化剂的中毒、结焦、衰老、还原等项因素合并成为"活性校正系数"，这种处理方法属于"拟均相"模型。应注意活性校正系数往往与催化剂粒度、反应器结构、催化剂装载于反应器中的位置、毒物的品种及含量、催化剂的还原、活化情况及使用期限等条件有关。

如果只考虑反应器中沿着气流方向的温度差及浓度差，称为"一维模型"；若计入垂直于气流方向的浓度差和温度差，称为"二维模型"。

一维拟均相平推流模型是最基础的模型，在这个模型基础上，按各种类型反应器的实际情况，计入轴向返混、径向浓度差及温度差、相间及颗粒内部的传质和传热，便形成了表 3-9 中的催化反应器数学模型分类。

表 3-9 中基础模型的数学表达式最简单，所需的模型参数最少，数学运算也最简单。模型中考虑的问题越多，所需的传递过程参数也越多，如 BⅢ、BⅣ型，其数学表达式非常复杂，求解也十分麻烦。处理具体问题时，一定要针对具体反应过程及反应器的特点进行分析，选用合适的模型。如果通过检验认为可以进行合理的假定而选用简化模型时，则采用简化模型进行设计和放大。

表 3-9　催化反应器数学模型的分类

	A. 拟均相模型	B. 非均相模型
一维模型	AⅠ. 基础模型	BⅠ. 基础模型+相间及粒内浓度分布及温度分布
	AⅡ. AⅠ+轴向返混	BⅡ. BⅠ+轴向返混
二维模型	AⅢ. AⅠ+径向浓度差及(或)温度差	BⅢ. BⅠ+径向浓度分布及温度分布
	AⅣ. AⅢ+轴向返混	BⅣ. BⅢ+轴向返混

三、基本计算方程

对于任何反应器的计算，其基本方程有：物料衡算式、热量衡算式、动量衡算式和反应速率式。一般情况下，动量衡算式可以忽略。除非催化床的压力降与操作压力之比相当大，例如烃类蒸汽转化的管式炉，如果通过炉管的压力降与炉管入口压力之比达 10% 左右，要影响气体的浓度、平衡组成及反应速率，因而必须考虑动量衡算式。本章讨论变温反应器的计算时，需要同时考虑物料衡算式、热量衡算式、传热速率式和反应速率式。

图 3-28 是设置有内冷管的固定床催化反应器的微元体积。作为基本方程，下面讨论单一反应一维拟均相模型，并且不计入轴向返混。

在图 3-28 的催化床中取 dl 的微元高度，相应于 dV_R 微元体积。对此微元体积作反应物 A 的物料衡算，可得

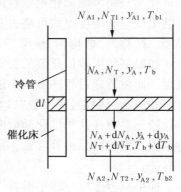

图 3-28　催化床的微元体积

[反应物 A 流入 dV_R 的速率,mol/s]−[反应物 A 流出 dV_R 的速率, mol/s]−[dV_R 内由于反应而引起的 A 的消耗速率,mol/s]=[dV_R 内反应物 A 的累积速率,mol/s]　　　　　　　　　　　　　　　　　(3−10)

作热量衡算可得

[单位时间内反应物系带入 dV_R 的焓,kJ/s]−[单位时间内反应物系带出 dV_R 的焓,kJ/s]−[dV_R 催化床内由于反应热而引起的焓变化速率,kJ/s]−[dV_R 催化床与传热面间传热而引起的焓变化速率,kJ/s]=[dV_R 催化床内焓的累积速率,kJ/s]　　　　　　　　　　　　　　　(3−11)

对于定态操作的流动系统,式(3−10)中第四项和式(3−11)中第五项均为零。

对于非均相模型,反应速率可写成

$$r_A = -\frac{dN_A}{dV_R} = k_s S_i f(c_{As}, \cdots\cdots)\zeta \qquad (3-12)$$

式中,反应物 A 的浓度加下标"s",即 c_{As},表示催化剂颗粒外表面处反应物 A 的浓度,若外扩散过程的影响可略去不计,则颗粒外表面反应物 A 的浓度 c_{As} 与该处气流主体中反应物 A 的浓度 c_{Ag} 相等;ζ 为按催化剂的温度和 c_{As} 计算的内扩散有效因子。对于热效应并不太大的反应,催化剂可按等温处理,而催化剂外表面处的温度与该处气流主体温度之间的温度差可不计;S_i 为催化剂颗粒的内表面积,m^2/m^3 催化床。

对于拟均相模型,反应速率可写成

$$r_A = -\frac{dN_A}{dV_R} = k_s S_i f(c_{Ag}, \cdots\cdots)COR \qquad (3-13)$$

式中 c_{Ag} 为按气流主体温度及系统压力计算的反应物的浓度,即反应动力学按以该处气流主体温度和反应物系组成计算的本征动力学;COR 为考虑内、外扩散过程影响和催化剂还原、活化、失活等因素的活性校正系数。

如果必须计入床层压力降对过程的影响,按 Ergun[19] 式计算压力降,推得固定床的动量平衡式如下:

$$\frac{dP}{dl} = -\left(\frac{150}{Re_M} + 1.75\right)\left(\frac{G^2}{\rho_f d_s}\right)\left(\frac{1-\varepsilon}{\varepsilon^3}\right) \qquad (3-14)$$

$$Re_M = \frac{d_s \rho_f u_0}{\mu}\left(\frac{1}{1-\varepsilon}\right) = \frac{d_s G}{\mu}\left(\frac{1}{1-\varepsilon}\right) \qquad (3-15)$$

式中　d_s——颗粒的当量直径,m,$d_s = 6V_p/S_p$,V_p 为实芯颗粒的体积,S_p 为实芯颗粒的外表面积;

　　　ρ_f——操作状态下流体的密度,kg/m^3;

u_0——以床层空截面积计算的操作状态下流体表观平均流速，m/s；

G——以床层空截面积计算的质量流速，kg/（m^2·s）；

ε——床层的空隙率；

μ——流体的粘度，kg/（m·s）。

如果略去不计动量衡算式，连续流动的反应系统作等压过程处理。

对于整个催化床，气体混合物中各组分的浓度、摩尔分数或转化率、气体的温度都随着反应进程而改变，而反应速率又由各组分的浓度及反应温度所决定，因此对于整个催化床需将上述诸式联立求解。

引用下列符号：

N_T、N_A——进入 dV_R 催化床气体混合物及反应组分 A 的瞬时摩尔流率，kmol/s；

y_A、x_A——进入 dV_R 催化床气体混合物中反应组分 A 的摩尔分率及转化率；

T_b——进入 dV_R 催化床气体混合物的温度，K；

dN_T、dN_A、dy_A、dx_A、dT_b——分别表示经过 dV_R 催化床后，N_T、N_A、y_A、x_A、T_b 的增量；

N_{T0}、N_{A0}——初始状态下气体混合物及反应组分 A 的摩尔流率，kmol/s；

y_{A0}——初始状态下气体混合物中反应组分 A 的摩尔分率；

dQ_{ba}——催化床与传热面间传递的热量，kJ/s；

C_{pb}——催化床中气体混合物的摩尔定压热容，kJ/（kmol·K）；

ΔH_R——反应焓，kJ/kmol。对于放热反应，其值为负；吸热反应，其值为正。

物料衡算式可写成

$$N_A = (N_A + dN_A) + r_A \cdot dV_R$$

或

$$dN_A = - r_A \cdot dV_R \qquad\qquad (3-16)$$

这也就是流动系统中反应速率表达式。

对于 dV_R 微元体积催化床，$N_T C_{pb} dT_b$ 为反应混合物带出的焓与带入的焓的差值，因而热量衡算式可写成

$$N_T C_{pb} dT_b + (-\Delta H_R) dN_A + dQ_{ba} = 0$$

再由转化率的定义，可知

$$dN_A = - N_{A0} dx_A = - (N_{T0} y_{A0}) dx_A$$

因此可得

$$N_T C_{pb} dT_b = N_{T0} y_{A0} (-\Delta H_R) dx_A - dQ_{ba} \qquad (3-17)$$

如果式(3-17)中，$N_{T0} y_{A0} (-\Delta H_R) dx_A = dQ_{ba}$，即 dV_R 催化床传向传热面的热量与 dV_R 催化床中反应热相等，则为等温反应；如果 $dQ_{ba} = 0$，即催化床与外界没有热量交换，则为绝热反应；如果 $N_{T0} y_{A0} (-\Delta H_R) dx_A \neq dQ_{ba}$，$dQ_{ba} \neq 0$，则为非绝热变温反应。

反应速率式中各组分的浓度或摩尔分率与反应物 A 的转化率的函数关系，应由物料衡算式来决定。大多数流动系统中的气相反应伴有反应混合物的摩尔数的变化，在等温等压下应该考虑由于这个变化而形成的反应组分的浓度及摩尔分率的表达式以及相应的反应速率表达式。对于多重反应，这种物料衡算表达式更为复杂，但这是反应器设计的基础表达式。

第三节　催化反应器的操作参数

一、气-固相催化反应的最佳反应温度

设计催化反应器的基本任务是在合适的原料消耗的前提下，获得设备的最大生产能力。为此，必须根据经济核算的原则来确定气-固相催化反应的最佳操作参数，主要包括：温度，压力，反应混合物的初始组成，最终转化率、选择率与收率，空间速率，催化剂颗粒尺寸和形状，反应混合物的质量流率。

(一)　单一反应的最佳反应温度

用来调节催化反应过程的各项工艺操作参数之中，温度对于反应混合物的平衡组成、选择性和反应速率都有很大的影响，下面针对单一反应来分析温度的影响。

1. 单一不可逆反应

绝大多数化学反应的速率常数随温度升高而增大。单一不可逆反应由于不存在化学反应平衡的限制，无论是放热反应或吸热反应，无论反应进行的程度如何，都应该在尽可能高的温度下进行反应，以加快反应速率，获得较高的反应产率。但反应温度过高，催化剂会丧失活性；工业生产中高温材料的选用、热能的供应等方面还会存在许多实际困难。因此，不可逆反应在考虑这些限制因素的前提下尽可能选用较高的操作温度。

2. 单一可逆吸热反应

动力学方程可写成下列形式

$$r_A = k_1 f_1(y) - k_2 f_2(y) = k_1 f_1(y) \left[1 - \frac{k_2 f_2(y)}{k_1 f_1(y)} \right] \qquad (3-18)$$

式中，k_1 和 k_2 分别为正、逆反应速率常数；$f_1(y)$ 和 $f_2(y)$ 是反应混合物中各反应组分摩尔分率的函数，与反应速率常数无关，当反应混合物组成不变时，其值不变。考虑到

$$\frac{k_1}{k_2} = K_y^v \qquad (3-19)$$

式中，K_y^v 是以摩尔分率表示的平衡常数，而无因次参数 v 的数值决定于平衡常数的表达式及动力学方程的形式。将式(3-19)代入式(3-18)，可得

$$r_A = k_1 f_1(y) \left[1 - \frac{f_2(y)}{K_y^v f_1(y)} \right] \qquad (3-20)$$

吸热反应的平衡常数 K_y^v 随温度升高而增大，即式(3-20)方括号内的数值和反应速率常数 k_1 之值均随温度升高而增大。因此，单一可逆吸热反应与不可逆反应一样，应尽可能在高温下进行，既有利于提高转化率，也有利于增大反应速率。当然，也应考虑到对于不可逆反应讨论过的各项限制因素。例如，在管式炉内甲烷的蒸汽转化反应是一个可逆吸热反应，原料气的预热和吸热反应所需的热量都由管外燃烧气态或液态燃料供给，提高反应温度有利于加快反应速率和增高甲烷的平衡转化率，但是，炉管所用的 25Cr-20Ni 耐热合金钢材料，不允许超过850~900℃，因此一段转化炉管内的操作温度一般不超过800~850℃。

3. 单一可逆放热反应

对于不带副反应的可逆放热反应，温度对反应速率的影响就与可逆放热反应不同了。温度升高，固然使反应速率常数增大，但平衡常数的数值降低，引起式(3-20)方括号内的数值减小。当反应混合物的组成不变但改变温度时，反应速率受着这两种相互矛盾因素的影响。在较低的温度范围内，由于平衡常数的数值较大，式(3-20)方括号内的数值接近于1，温度对反应速率常数的影响大于对式(3-20)方括号内数值的影响，反应速率随温度增加而增大。图3-29是某钒催化剂上二氧化硫氧化反应速率与温度及转化率的关系。当转化率不变时，在较低的温度范围内反应速率随温度升高而增大，此时温度对反应速率的影响是矛盾的主要方面，但随着温度增加，可逆放热反应的平衡常数逐渐降低，式(3-20)方括号内的数值逐渐减小，反应速率随温度增加的增加量逐渐

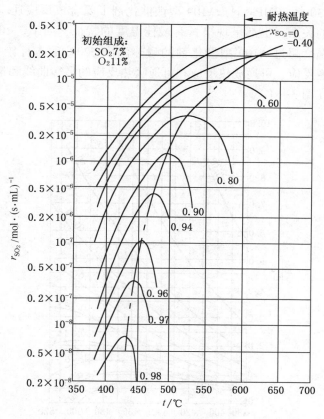

图 3-29 二氧化硫催化反应速率

减少。温度增加到某一数值时，反应速率随温度的增加量变为零。此时，再继续增加温度，由于温度对平衡常数的影响发展成为矛盾的主要方面，在较高的温度范围内，反应速率随温度升高而减少，而且这个减少量越来越大。

换言之，当反应混合物的组成不变，在较低的温度范围内，$\left(\dfrac{\partial r_A}{\partial T}\right)_y > 0$，$\left(\dfrac{\partial r_A}{\partial T}\right)_y$ 之值随着温度的升高而逐渐减少；温度增加到某一数值时，$\left(\dfrac{\partial r_A}{\partial T}\right)_y = 0$，此时反应速率达到最大值；此后，再继续增加温度，$\left(\dfrac{\partial r_A}{\partial T}\right)_y < 0$，并且 $\left(\dfrac{\partial r_A}{\partial T}\right)_y$ 的绝对值逐渐增大。对于一定的反应混合物组成，

具有最大反应速率的温度称为相应于这个组成的最佳反应温度。

图 3-30 是 30MPa 下，A109 型铁催化剂上氨合成反应速率与温度及氨含量的关系，也都呈现出具有最佳温度的特征，当 $y_{NH_3} < 0.10$ 时，由于最佳温度超过 A109 型催化剂的耐热温度 520℃ 而未标绘在图上。单一不可逆反应、可逆放热反应和可逆吸热反应的平衡曲线和最佳温度曲线标绘在图 3-31。

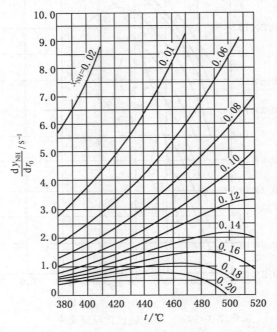

图 3-30 A109 型铁催化剂氨合成反应速率（1）

$p = 30.0\text{MPa}; y_{0,\text{H}_2} = 0.66; y_{0,\text{N}_2} = 0.22; y_{0,\text{Ar}} = 0.08; y_{0,\text{CH}_4} = 0.04$

$$k_T = 3.1386 \exp\left[\frac{172172}{R_g}\left(\frac{1}{T} - \frac{1}{723.15}\right)\right] \quad (\text{MPa}^{0.5} \cdot \text{s}^{-1})$$

（二）单一可逆放热反应的最佳反应温度曲线

对于单一可逆放热反应，由不同转化率的最佳反应温度组成的曲线称为最佳反应温度曲线，除了可从反应速率曲线求得外，当反应是化学动力学控制时还可由一般求极值的方法求出。最佳反应温度时，反应混合物的组成不变，而反应速率达极大值，即 $\left(\dfrac{\partial r_A}{\partial T}\right)_y = 0$，

$r_A = k_1 f_1(y) - k_2 f_2(y) = k_{10}\exp\left(-\dfrac{E_1}{R_g T}\right)f_1(y) - k_{20}\exp\left(-\dfrac{E_2}{R_g T}\right)f_2(y)$，将 r_A 对 T

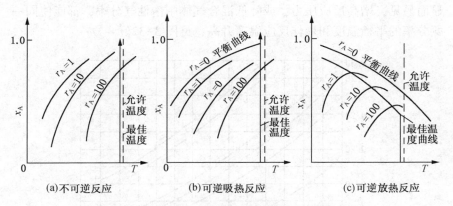

图 3-31　各类单一反应的平衡曲线和最佳温度曲线

求导，以 T_m 表示最佳反应温度，可得

$$\frac{E_1}{E_2}e^{\frac{E_2-E_1}{R_gT_m}}=\frac{k_{20}f_2(y)}{k_{10}f_1(y)}$$

式中，E_1 及 E_2 分别是正反应及逆反应的活化能；k_{10} 及 k_{20} 分别是正反应及逆反应的指数前因子。反应混合物的组成处于平衡状态时，相应的平衡温度以 T_e 表示，此时 $r_A=0$，即

$$f_1(y)k_{10}e^{\frac{-E_1}{R_gT_e}}=f_2(y)k_{20}e^{\frac{-E_2}{R_gT_e}}$$

合并以上二式，可得

$$\frac{E_1}{E_2}e^{\frac{E_2-E_1}{R_gT_m}}=e^{\frac{E_2-E_1}{R_gT_e}} \qquad (3-21)$$

取对数，化简，可得 $\dfrac{E_2-E_1}{R_g}\left(\dfrac{1}{T_m}-\dfrac{1}{T_e}\right)=\ln\dfrac{E_2}{E_1}$

即

$$T_m=\frac{1}{\dfrac{1}{T_e}+\dfrac{R_g}{E_2-E_1}\ln\dfrac{E_2}{E_1}}=\frac{T_e}{1+\dfrac{R_gT_e}{E_2-E_1}\ln\dfrac{E_2}{E_1}} \qquad (3-22)$$

　　式(3-22)只能求得同一转化率下最佳反应温度与平衡温度之间的关系，要求得最佳反应温度曲线，尚须借助表示平衡温度与转化率之间关系的平衡曲线。

　　如果改变操作压力或反应混合物的初始组成而引起平衡曲线的改变，而催化剂的活化能不变，则最佳反应温度与平衡温度之间关系不变，但最佳反应温度曲线随平衡曲线而变。凡能提高平衡转化率但又不影响反应速率常数的因素，都会使同一转化率下的最佳反应温度升高。

显而易见，增高反应压力，或降低混合气体中惰性气分率，都能使同一
氨分率的平衡温度和最佳反应温度升高，见图3-32。

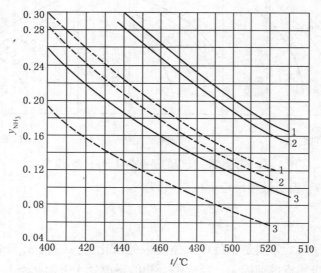

图3-32　反应压力及惰性气体对氨合成平衡曲线及
最佳反应温度曲线的影响（A109型催化剂）
1—$p = 30MPa$，惰气 $y_{0,1} = 0.12$，初态组成为 3：1 氢氮混合气
2—$p = 15MPa$，惰气 $y_{0,1} = 0.12$，初态组成为 3：1 氢氮混合气
3—$p = 15MPa$，惰气 $y_{0,1} = 0.15$，初态组成为 3：1 氢氮混合气

如果最佳反应温度的计算值超过了催化剂的耐热温度，显然，反
应温度应按照催化剂耐热温度的要求而定。换言之，最佳反应温度曲线
只有在催化剂活性温度范围以内，才有实际工业意义。

（三）内扩散过程对最佳反应温度曲线的影响

表征最佳反应温度与平衡温度的关系[式(3-22)]按照化学动力学控
制导出，使用大颗粒催化剂时，内扩散的影响不可忽视，因此不能使用
式(3-22)。由于内扩散对总体速率(即计入扩散过程影响的宏观反应速
率)影响的关系复杂，计入内扩散过程影响的最佳温度很难有解析解，只
有从计入内扩散过程影响的总体速率对温度标绘的曲线图上求出。

大颗粒催化剂的反应速率受内扩散的影响远较小颗粒为大，同一反
应混合物组成，大颗粒催化剂的最佳反应温度较小颗粒为低；大多数单
一可逆放热反应，转化率越低，内扩散影响越大，则相应的最佳反应温
度降低得越多。这是由于内扩散对总体速率具有影响时，实际反应的活

化能低于化学反应的活化能，即升高温度，实际反应的速率常数比动力学控制时反应速率常数增加得少。但是，平衡常数与扩散过程无关，因此，对于扩散过程具有影响的催化反应过程，改变温度时，在实际反应速率常数与平衡常数这一对矛盾中，相对地增加了平衡常数对反应速率的限制作用，也就是使得同一气体混合物组成的最佳反应温度降低。

某些工业催化剂包括内扩散在内的宏观动力学方程，可以用类似于化学动力学控制时的本征动力学方程来表示，例如 $r_A = k_s f(c_{As})$，但反应活化能低于动力学控制时的活化能，此时可以用式（3-22）来计算最佳反应温度。

对于 3.3~4.7mm 或粒度更小的氨合成催化剂，工业计算时，内扩散过程对最佳温度曲线的影响可以忽略不计。但对于大颗粒的氨合成催化剂，如 6.7~9.4mm，内扩散过程对最佳温度曲线的影响不容忽略。图 3-33 是 A109 型催化剂粒度对氨合成最佳温度曲线的影响[20]。

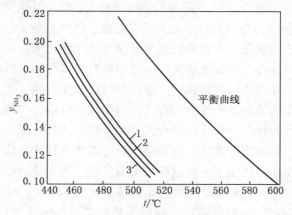

图 3-33　A109 型催化剂粒度对氨合成最佳温度曲线的影响
1—3.3~4.7mm；2—4.7~6.7mm；3—6.7~9.4mm

（四）单一可逆放热反应固定床催化反应器实现最佳反应温度的方法

对于单一可逆放热反应，如果不从反应混合物排出热量，反应热将使反应混合物的温度增高；但可逆放热反应的最佳温度分布曲线要求随着反应的进行相应地降低反应混合物的温度，使催化床达到最大生产能力。因此，必须设法从催化床排出热量。

从催化床排出的热量，应当加以利用。如果从催化床排出热量的"冷却剂"采用尚未反应的冷原料气，则这种换热方式有将催化床"冷却"

（称为催化床"自冷"）和冷原料气"预热"的双重作用。因此，对于冷原料气也可称为"自热"式。如果"冷却"剂与原料气组成不同，如用水作为"冷却剂"来生产水蒸气，这称为催化床"外冷"。究竟采用"自冷"还是"外冷"，要根据反应物系和催化床的具体情况而定。

可逆放热反应所用固定床催化床反应器，根据催化床与"冷却剂"之间换热方式的不同，又分为连续换热式与多段绝热换热式两大类。

多段绝热换热式催化反应器的基本特征是反应过程与换热过程分开进行，即在绝热情况下进行反应，然后部分反应的气体离开催化床与"冷却剂"换热而降低温度，再进行下一段绝热反应。多段指多次绝热反应和多次换热，绝热反应和换热过程依次交替进行，使整个反应过程尽可能接近最佳温度曲线。多段绝热换热式又分为两类：多段间接换热式和多段直接换热式。多段间接换热式催化反应器的段间换热过程在间壁式换热器中进行。多段直接换热式是向部分反应的混合物加入某种冷却剂，二者直接混合，以降低反应混合物的温度，因此又称为"冷激式"，如果冷激用的冷却剂就是尚未反应的冷原料气，称为原料气冷激。

连续换热式催化反应器的特点是反应气体在催化床内的反应过程与换热过程同时进行。连续换热式反应器中装有许多与轴平行的管子作为反应气体与冷却剂之间的换热面。催化剂可以装在管间，也可以装在管内，如果催化剂装在管内，称为管式，对于放热反应，必须从催化床移走热量，也称为外冷列管式或壁冷式。如果外冷式催化床采用沸水作为冷却剂，可以同时副产蒸汽，这种结构反应器单位催化床体积的传热面较大，一般用于有机化工中热效应较大的反应。为了使高压容器内催化剂装载系数（即催化床体积与反应器总体积之比）较大，冷却剂在管内流动，称为"冷管"。这种结构一般用于热效应较小的反应，如氨合成。为了避免小颗粒被气流带走，催化床中气体一般自上而下流动。

用于氨合成反应的冷管型连续换热式催化床的上部大多有一段绝热段，反应气体在比催化剂起始活性温度高得不多的温度下进入催化床，先进行绝热反应，依靠自身的反应热尽快地升高温度，达到或接近最佳反应温度曲线，然后在冷却段力求遵循最佳反应温度曲线相应地向冷管排出热量。在此种情况下，反应初期，在绝热层中虽未按最佳反应温度曲线进行反应，但由于反应初期反应速率比后期大得多，绝热反应阶段所需催化床体积，与达到同样的转化率而沿着最佳反应温度曲线进行所需的催化床体积相比，增加不多。采用这种方式，一方面可以减少预热反应气体所需的换热面积，另一方面便于控制催化床温度，使之不超过催化剂的耐热温度。有许多催化反应过程，当反应混合物中主要组分的转化率相当低时，相应的最佳反应温度很高，往往超过耐热温度，因此在反应初期使反应过程沿最佳反应温度曲线进行没有实际意义。

在体积为 dV_R 的催化床中，当转化率为 dx_A，为使过程沿最佳反应温度曲线进行所需排出的热量 dQ，是由维持恒温状况所需排出的反应热和降温到最佳反应温度所需排出的热量两部分组成。反应前期单位体积催化床中反应速率高，反应物 A 的转化率变化 dx_A 和反应热也相应地大于反应后期。当整个过程的转化率变化较大，或反应热较大时，反应前期与反应后期单位体积催化床所需排出的热量往往相差很远。某些催化反应，如二氧化硫氧化、一氧化碳中温变换，它们的最终转化率在 0.9 以上，反应前期与反应后期单位体积催化床所需排出的热量相差可达十倍至数十倍，连续换热催化床中冷管的实际排热能力很难与所需排热要求相适应，因此这类反应主要采用多段绝热换热式反应器。高压下进行的氨合成及甲醇合成的反应器，由于反应平衡的限制，它们的最终转化率不高，反应前期与后期单位体积催化床所需排出的热量相差并不太大，采用带有绝热段的连续换热式催化反应器，冷管排热量还能够适应要求，所用冷管的形式和结构经历了不断改进，催化床中温度分布情况有了改善，比较接近最佳反应温度分布曲线，反应器的生产能力不断有所提高。连续换热式催化床中催化剂是连续装填的，有利于催化剂的装卸工作。目前，我国绝大部分的中小型氨合成及甲醇合成反应器采用连续换热式。

日产 1000t 以上大型装置的氨合成反应器，希望装载催化剂的内件使用时间长而避免使用冷管，一般采用多段绝热换热式。

例 3-1　甲醇气相脱水制二甲醚固定床反应器的选型[21]。

解：甲醇气相脱水制二甲醚的反应式为

$$2CH_3OH \longrightarrow (CH_3)_2O + H_2O \qquad （例 3-1-1）$$

由过程的热力学函数可得低于 3MPa 压力下反应焓及平衡常数与温度的关系

$$\Delta H_R = (-6367.75 + 1.661T + 4.67475 \times 10^{-3}T^2 - 7.4457 \times 10^{-6}T^3 +$$
$$3.07625 \times 10^{-9}T^4) \times 4.184 \; kJ/kmol \qquad （例 3-1-2）$$

$$K_p = -9.3932 + 3204.71 \times T^{-1} + 0.83593\ln T + 2.35267 \times 10^{-3}T -$$
$$1.8736 \times 10^{-6}T^2 + 5.606 \times 10^{-10}T^3 \qquad （例 3-1-3）$$

当原料为纯甲醇时，平衡温度和最佳反应温度与甲醇摩尔分率的关系见表(例 3-1-1)。

表(例 3-1-1)   平衡温度、最佳温度与二甲醚摩尔分率的关系

二甲醚摩尔分率	0.4511	0.4418	0.4328	0.4241	0.4160
平衡温度 T_e/K	493.2	533.2	553.2	613.2	653.2
最佳反应温度 T_m/K	468.8	504.8	540.5	576.0	611.1

对于 $\phi3mm\times(15\sim25)mm$ CH-3-1 型甲醇脱水条状催化剂，260~380℃，1MPa 压力以内，宏观动力学方程为

$$r_m = -\frac{dN_m}{dW} = 1.593\times10^5 e^{-\frac{68835}{R_g T_P}2/3} y_m^{1.5}\left(1-\frac{y_D y_W}{K_p y_m^2}\right),\ \frac{kmol}{kg\cdot K}$$

(例 3-1-4)

式中，y_m、y_D 和 y_W 分别为气相中甲醇、二甲醚及水蒸气的摩尔分率。模拟计算表明，采用三种固定床催化反应器，操作性能的比较见表(例 3-1-2)。

表(例 3-1-2)   三种催化反应器操作性能的比较

反应器形式	绝热式	单管逆流式	外冷列管式
二甲醚年产量/t	3329.05	3333.34	3325.36
催化剂装填量/kg	510	350.76	350.76
反应器高度/m	2.571	2	2
催化床进口气体温度/℃	250	169	220
热点温度/℃	370	363.7	356.8
管外载热体温度/℃	—	—	340

上述三种催化反应器的催化床中 y_D 与 T_b 的分布绘于图(例 3-1-1)，图上并标绘了平衡温度曲线和最佳反应温度曲线。当催化床温度低于相应的最佳反应温度时，在本例的工况下，单管逆流反应器催化床内温度分布更接近最佳反应温度曲线。绝热反应器中相当大部分的催化床温度偏离最佳反应温度曲线较多。

另一方面，外冷列管式反应器采用高温导热油作载热体，需设置循环及冷却设备，投资较高，且操作不易。

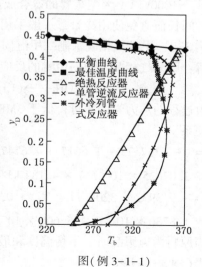

图(例 3-1-1)

综合上述情况，本例采用单管逆流反应器为宜。

二、温度对多重反应收率及选择率的影响

多重反应有两个基本类型，即平行反应和连串反应。任何复杂的多重反应是由这两类反应组成的反应网络。犹如电路一样，平行反应相当于并联，连串反应相当于串联。温度对于多重反应的影响应当同时考虑温度对主、副反应的影响，或者考虑温度对主反应收率和选择率的影响。下面对基本的平行反应和连串反应进行分析。

（一）平行反应

设恒温、恒容的间歇反应器中进行的下面两个平行反应均为不可逆反应，且反应组分 A_2 大量过剩并均可视为拟一级反应

$$A_1 + A_2 \xrightarrow{k_1} A_3 \qquad (3-23)$$

$$A_1 + A_2 \xrightarrow{k_2} A_4 \qquad (3-24)$$

此时，产物 A_3 及 A_4 的反应速率 r_3 及 r_4（即生成速率）可分别表示为

$$r_3 = \frac{dc_3}{dt} = k_1 c_1 \qquad (3-25)$$

$$r_4 = \frac{dc_4}{dt} = k_2 c_1 \qquad (3-26)$$

反应物 A_1 的反应速率 r_1（即消耗速率）可表示为

$$r_1 = \frac{dc_1}{dt} = r_3 + r_4 = (k_1 + k_2) c_1 \qquad (3-27)$$

如反应的初态条件是 $t=0$ 时，$c_1=c_{10}$，$c_2=c_{20}$，$c_3=0$，$c_4=0$，积分式(3-27)，可得

$$c_1 = c_{10} \exp[-(k_1 + k_2)t] \qquad (3-28)$$

将式(3-28)分别代入式(3-25)及式(3-26)，积分后可得

$$c_3 = \frac{k_1 c_{10}}{k_1 + k_2} \{1 - \exp[-(k_1 + k_2)t]\} \qquad (3-29)$$

$$c_4 = \frac{k_2 c_{10}}{k_1 + k_2} \{1 - \exp[-(k_1 + k_2)t]\} \qquad (3-30)$$

若 A_3 为目的产物，则 A_3 的收率 Y_3 可由收率 Y 的定义

$$Y = \frac{生成目的产物所消耗的关键组分摩尔数}{进入反应系统的关键组分摩尔数} \qquad (3-31)$$

求得如下

$$Y_3 = \frac{k_1}{k_1 + k_2} \{ 1 - \exp[- (k_1 + k_2)t] \} \tag{3-32}$$

由目的产物 A_3 的选择率 S 的定义

$$S = \frac{生成目的产物所消耗的关键组分摩尔数}{已转化的关键组分摩尔数} \tag{3-33}$$

可求得 A_3 的选择率

$$S_3 = \frac{c_3}{c_{10} - c_1} = \frac{\frac{k_1 c_{10}}{k_1 + k_2} \{ 1 - \exp[- (k_1 + k_2)t] \}}{c_{10} \{ 1 - \exp[- (k_1 + k_2)t] \}} = \frac{k_1}{k_1 + k_2}$$

$$\tag{3-34}$$

由此可见，上述情况下反应的选择率仅仅是温度的函数。但这只是主反应及副反应的动力学方程中浓度函数都相同的特例，在此情况下，

$$S = \frac{k_{01} \exp\left(- \frac{E_1}{R_g T} \right)}{k_{01} \exp\left(- \frac{E_1}{R_g T} \right) + k_{02} \exp\left(- \frac{E_2}{R_g T} \right)} = \frac{1}{1 + \frac{k_{02}}{k_{01}} \exp\left(\frac{E_1 - E_2}{R_g T} \right)}$$

$$\tag{3-35}$$

由上式可知，若主反应的活化能 E_1 大于副反应的活化能 E_2，则温度升高，反应的选择率增加，并且，目的产物 A_3 的收率也相应增加。这时，采用高温反应，收率和选择率都升高。

若 $E_1 < E_2$，则反应的选择率随温度升高而降低，在此情况下，应采用较低的操作温度，方可得到较高的目的产物 A_3 的收率，但反应的转化率由于温度降低而降低。因此，存在一个具有最大生产强度或时空产率 $[t/(m^3 \cdot d)]$ 的最佳反应温度。

如果反应是催化反应，反应速率常数不仅与温度有关，并且与催化剂的性能有关。所以，选择合适的催化剂，使主反应的反应速率常数增加，而副反应的反应速率常数减小，这是改善反应选择率的重要手段。

某些基本有机化学工业中的催化氧化放热反应，常伴有强放热深度氧化生成 CO_2 和水的副反应，如乙烯催化氧化合成环氧乙烷的反应，深度氧化副反应的反应热和反应活化能均大大超过合成环氧乙烷的反应热和反应活化能。在工业反应器中，随着工业颗粒催化剂粒内温度升高和床层轴向温度升高，深度氧化副反应随之加剧，并且选择率下降。如果改进环氧乙烷合成催化剂的性能，使其在较低温度下生成环氧乙烷的反应速率增加，可提高其选择率。

这类反应常采用外冷列管式催化反应器，即催化剂放置在列管内；

管外由载热体冷却，如希望提高选择率，则应尽量强化传热，使管内催化床的轴向温升尽量减少，但若整个催化床的温度过低，转化率又不高，因此要根据催化反应及催化剂的特性来确定列管入口温度及管外载热体温度，使之在一定的选择率和保持催化床的操作稳定性不被破坏的前提下，获得最大的收率，可详见本书第五章。

（二）连串反应

设连串反应

$$A_1 + A_2 \xrightarrow{k_1} A_3 \qquad\qquad (3-36)$$

$$A_2 + A_3 \xrightarrow{k_2} A_4 \qquad\qquad (3-37)$$

均为不可逆反应，这两个反应对各自的反应物均为一级反应，故组分 A_1 的反应速率（即消耗速率）

$$r_1 = k_1 c_1 c_2 \qquad\qquad (3-38)$$

组分 A_4 的反应速率（即生成速率）

$$r_4 = k_2 c_2 c_3 \qquad\qquad (3-39)$$

由于组分 A_2 参与了两个反应，因此其反应速率（即消耗速率）为组分 A_1 的消耗速率和组分 A_4 的生成速率之和，或

$$r_2 = k_1 c_1 c_2 + k_2 c_2 c_3 \qquad\qquad (3-40)$$

组分 A_3 是第一反应的产物，又是第二反应的反应物，故其净生成速率应等于第一反应生成速率与第二反应消耗速率之差，由于化学计量系数相等，因而也等于组分 A_1 的消耗速率与组分 A_4 的生成速率之差，即

$$r_3 = r_1 - r_4 = k_1 c_1 c_2 - k_2 c_2 c_3 \qquad\qquad (3-41)$$

（1）如果目的产物是 A_4，要求 A_4 的生成量尽可能大，A_3 的生成量尽量减少。这种情况比较简单，只要提高反应温度即可达到目的。因为升高反应温度，k_1 和 k_2 都增大。

（2）如果目的产物是 A_3，情况就复杂得多。若反应在恒容下进行，反应速率可以 $\dfrac{\mathrm{d}c}{\mathrm{d}t}$ 表示，经过推导，可得出组分 A_3 的收率 Y_3 与组分 A_1 转化率 x_1 及反应速率常数之比值 k_2/k_1 的函数，见图3-34，表示组分 A_3 的收率 Y_3 与组分 A_1 的转化率 x_1 的关系，其中每一曲线相应于一定的 k_2/k_1 值。由图可见，转化率 x_1 一定时，A_3 的收率 Y_3 总是随 k_2/k_1 值的增加而减少。图中的虚线为极大点的轨迹。

由于比值 k_2/k_1 仅为温度的函数（如为催化反应，则对一定的催化剂

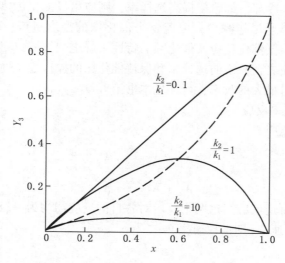

图 3-34　连串反应的收率 Y_3 与转化率 x_1 及 k_2/k_1 比值的关系

而言),可以通过改变温度即改变 k_2/k_1 来考察收率与温度间的关系,由于

$$\frac{k_2}{k_1} = \frac{k_{20}}{k_{10}}\exp\left(\frac{E_1 - E_2}{R_g T}\right) \qquad (3-42)$$

若 $E_1>E_2$,则温度越高,比值 k_2/k_1 越小,A_3 的收率 Y_3 越大,A_4 的收率 Y_4 越小。如果目的产物为 A_3,则采用高温有利。若 $E_1<E_2$,情况相反,在低温下操作可获得较高的 A_3 的收率,A_4 的收率则较低。但应注意,温度低必然降低反应速率,致使反应器的生产能力下降。这将结合具体反应器来进行讨论。以上所述,针对一级不可逆多重反应,对于非一级不可逆多重反应,也可作类似的分析,但数学处理较繁。

三、其他最佳操作参数

催化反应器的最佳操作参数,除了反应温度外,还包括压力、反应混合物的初始组成、最终转化率、收率、选择率与空间速度和反应混合物的质量流速等。而这些操作参数的确定还与催化剂的总体速率有关,而总体速率除决定于催化剂的本征反应动力学,同时决定于催化剂的工程设计,即活性组分在颗粒催化剂内的分布,颗粒催化剂的形状和尺寸设计。另一方面,这些操作参数的确定还与催化反应器的基本类型有关,即气-固相固定床反应器、气-固相流化床反应器或气-液-固三相床反应器。例如,在气-固相流化床反应器及使用细颗粒催化剂的气-液-固三相床反应器中，催化剂被制成具有一定粒度分布的细颗粒，可减少或甚至消除内扩散过程对总体速率的阻滞作用，可是在气-液-固三相反应器中存在着反应物由气相传递到分散在液相中的颗粒催化剂外表面的传质问题，这是另一种宏观反应过程。又例如，在气-固相流化床反应器及除滴流床反应器之外的气-液-固三相床反应器中，床层可视作等温，可以不考虑床层内温度分布对催化反应过程的影响。最后，还必须强调，必须用系统工程的观点和基于经济核算及环境保护的要求来确定这些最佳操作参数。由于这些操作参数的优化，不但与产物的原料、工艺流程和使用的催化剂性能有关，彼此之间，也相互有所联系，很难孤立地讨论某一参数的确定。本书以几项典型的过程为例，进行综合讨论。

（一）甲烷蒸汽转化

天然气中所含烃类主要是甲烷，甲烷在镍催化剂的作用下，经高温水蒸气转化，制成主要含一氧化碳、二氧化碳及氢的合成气，合成气进一步加工，可制氨、甲醇、高级醇及一碳化学产品。以甲烷为原料制合成气与煤气化制合成气比较，前者不但制气本身所需温度较低，并且所制得的合成气中不含硫化物及固体粉尘等有害杂质，对合成气净化的要求低得多，因此继续加工生产合成氨及甲醇产品的流程短，投资及操作费用较煤气化低得多。以年产300kt的合成氨为例，以天然气为原料，投资约20亿，每吨氨能耗约30GJ；以煤为原料，投资约30亿，每吨氨能耗约46GJ。

俄罗斯及北美盛产天然气，所生产的尿素及甲醇，加上运费，在国际市场上具有良好的竞争能力。我国除四川盛产天然气外，许多油田还伴有含甲烷气，称为油田气，沿海地区的大陆架，如东海，南海均发现有大量的海底天然气储量，现正陆续开采利用。近年来在陕西、新疆等地又发现大储量的煤层气，含甲烷都在95%以上。

甲烷蒸汽转化反应是一个多重反应系统，根据过程中有六种物质，即 CH_4、H_2O、H_2、CO、CO_2 及 C（炭黑）和三种元素，即 C、H、O，独立反应数为 $6-3=3$，即只有3的独立反应，一般取下面两个反应作代表性的主反应，即：

主反应 $CH_4 + H_2O(g) \longrightarrow CO + 3H_2$ $\Delta H_R = 206.29 \text{kJ/mol}$（25℃）

$$(3-43)$$

$CO + H_2O(g) \longrightarrow CO_2 + H_2$ $\Delta H_R = -41.19 \text{kJ/mol}$（25℃）

$$(3-44)$$

副反应为生产炭黑的析碳反应，以 $CH_4 \longrightarrow C+2H_2$ 代表，析出的炭黑沉积在催化剂的表面，使催化剂失去活性。

综合主反应式[（3-43）及（3-44）]，甲烷蒸汽转化反应是一个反应后摩尔数增加的强吸热可逆反应，降低反应压力，增加反应温度，增加蒸汽比（或水碳比），甲烷平衡转化率增加，即有利于减少反应后甲烷的平衡摩尔分率。

图 3-35，图 3-36 和图 3-37 为温度、压力和水碳比（蒸汽比），分别对 CH_4、CO 和 CO_2 的平衡摩尔分率的影响[2]。

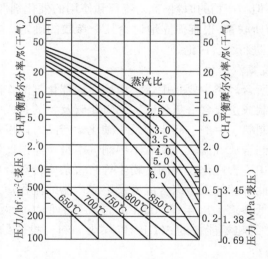

图 3-35　CH_4 平衡摩尔分率和温度、压力、甲烷水碳比的关系

同样的温度和压力下，增加水碳比，有利于反应（3-44）向右进行，即 CO_2 增加。

甲烷蒸汽转化制合成气的工艺指标，则由所加工的产品和整个系统的特征所确定。

下面按甲烷蒸汽转化制合成氨所用的粗原料气的情况进行讨论。

从图 3-35~图 3-37 关于甲烷、一氧化碳和二氧化碳的平衡摩尔分率与压力、温度及水碳比的热力学分析可知，增加温度，降低压力有利于热力学平衡。但工业上甲烷蒸汽转化制合成氨的粗原料气大都分二段进行，操作压力从 20 世纪 50 年代的 0.8MPa 提高到 3.5~4.4MPa，并有继续提高到 5MPa 的趋势。甲烷蒸汽转化的一段炉采用管式炉，催化剂装在管内，管外燃烧天然气供热。即使炉管采用耐热合金钢，如

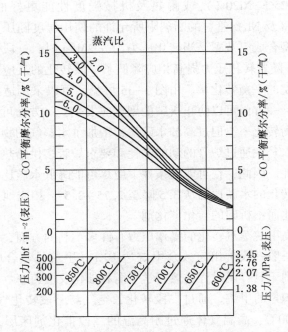

图 3-36　CO 平衡摩尔分率和温度、压力、甲烷水碳比的关系

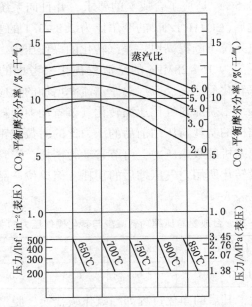

图 3-37　CO$_2$ 平衡摩尔分率和温度、压力、甲烷水碳比的关系

HK40（含 Cr25%，Ni20%），或耐热及机械强度性能更好的 HP50（含 Cr25%，Ni35% 及 Nb），管材的断裂限所允许的使用温度随压力提高而降低。对于大型合成氨装置，当转化压力为 3.2MPa 时，一段炉管出口温度约 800℃。随着转化压力提高相应降低了一段转化的反应温度，这些都不利于甲烷的平衡转化率。由图 3-35 可见，可以采用适当地提高水碳比来补偿，一方面可以防止析碳的副反应发生，一方面可以有利于提高甲烷的平衡转化率。但过高的水碳比，增加了水蒸气的物料消耗，增加了过多的水蒸气通过炉管的动能消耗和要求炉管多供给热量，即增加了过程的热耗。因此，在可能的条件下应尽可能降低水碳比，有的合成氨系统一段转化的水碳比已从 3.5 降至 2.75~2.5，相应地要采用能适应低的水碳比而不析碳的转化催化剂。

虽然提高甲烷蒸汽转化的操作压力有许多不利的方面，在现行的操作条件下，一般一段炉出口残余甲烷达 10%，甲烷是氨合成过程的惰性气体，不利于氨合成过程的热力学平衡和催化反应速率，要从氨合成循环排放所积累的甲烷。通过二段转化，空气与一段转化气混合燃烧，温度可达 1200℃，高温气体通过耐高温的二段催化剂床层，一段炉出口残余甲烷与水蒸气继续反应，如气体温度达 1000℃ 左右，残余甲烷含量达 0.3%~0.5%，适应了合成氨的要求，并且向系统添加了氮，达到甲烷蒸汽转化后 $(CO+H_2)/N_2$ 的摩尔比为 2.8~3.1 的要求。

现代合成氨系统不断提高甲烷蒸汽转化的操作压力，主要是从现代氨合成的操作压力为 15~28MPa 的全流程优化来考虑的。其主要原因如下：甲烷蒸汽转化反应是反应后总摩尔流率增加的反应，压缩功与体积成正比，故压缩甲烷原料气比压缩转化气节省动力消耗。另一方面氢氮混合气主压缩机的功耗与压缩前后的压力比的对数成正比，增高转化压力，即增高压缩机的吸入压力，可节省动力消耗，尽管增加了转化压力的功耗和二段转化所用空气压缩后的功耗，但单位产品氨的总功耗还是减少。可参见表 3-10。

表 3-10　合成氨总压缩功耗减少与转化操作压力的关系

转化操作压力/MPa	0.8~1.4	1.4~2.1	2.1~3.5	3.5~5
总压缩功耗减少/MJ·(t·MPa)$^{-1}$	3.06	1.58	0.72	0.25

转化加压后，其后的净化过程如一氧化碳变换、脱二氧化碳及脱硫过程等在主压缩机以前的全部设备的操作压力相应提高，可以在一定

程度内减少变换、脱碳及脱硫过程的设备投资费用，提高转化、变换等过程的催化反应速率，减少催化剂用量。

（二）氨合成

图 3-38 是初始组成 3：1 的氢氮气的平衡氨含量(%)与压力、温度的关系，由图可见，如果催化剂的初始活性温度为 200℃，甚至 300℃，在低于 10MPa，甚至 5MPa 的压力下进行氨合成过程是可能的，关键在于能否研制出低温活性良好的氨合成催化剂。工业上确定氨合成操作压力主要根据下列三方面的因素：催化剂的性能、装备的投资与能量消耗、原料气制备工况。

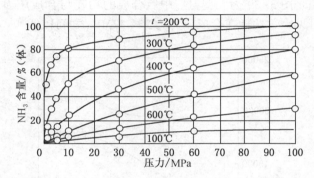

图 3-38 $H_2：N_2 = 3：1$ 的平衡氨含量与压力、温度的关系

1. 氨合成催化剂的性能

经过我国科技工作者的不断努力，已研制成功多种氨合成催化剂，其性能不断改善，可满足我国大、中、小型合成氨厂的需要。表 3-11 是我国研制的主要的 A 系氨合成催化剂的还原温度和操作温度范围。

表 3-11 A 系氨合成催化剂的还原温度和操作温度范围

催化剂型号	还原时，开始出水温度/℃	最终还原温度/℃	初始活性温度/℃	耐热温度/℃
A106	380	525	395	540
A109	350	500	380	530
A110	350	500	380	510
A201	350	500	360	500
A301	330	500	320	500

2. 装备的投资

氨合成工序中氨合成塔及冷、热气体换热器的生产能力随压力提高而增加，而且压力高时，氨分离流程可以简化，图 3-1 Kellogg 氨合成流程，操作压力 15MPa，氨分离流程中除水冷外，还需三级氨冷，图 3-4 Topsфe 氨合成流程，操作压力 27.4MPa，水冷外只需二级氨冷。但是，压力提高时，对装备的材质和加工制造的要求均提高。大型合成氨厂适用的氢氮气主压缩机现改为带循环段的离心式压缩机，由汽轮机带动，能量转化效率高，出口压力为 15MPa 时，离心式压缩机设置二段缸，出口压力为 27MPa 时，设置三段缸，若出口压力再高，需要四段缸，但现尚不能制造。综上所述，大型氨合成厂的投资费用随压力提高，呈马鞍形，即低压与高压的投资费用都高。

　　能量消耗主要包括原料气压缩机功耗、循环气压缩机功耗和氨分离的冷凝功耗。图 3-39 为大型氨厂中氨合成的功耗与合成压力之间的关系，由此可见，总功耗在合成压力为 22~27MPa 之间较低[22]。

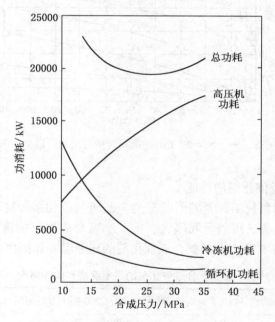

图 3-39　氨合成压力与功耗的关系

　　随着氨合成工艺不断改进，如采用单级氨冷和按不同蒸汽压力分级由离心式氨压缩机抽吸的方法，可使冷冻机的功耗较大地降低。如采用低压降的径向或轴径向氨合成塔，采用高活性的催化剂，可有效地提高氨合成率和降低循环功耗。采用上述措施，氨合成压力可降至 10~15MPa，而不引起总功耗的上升。

3. 原料气制备的工况

表 3-10 表示了甲烷蒸汽转化压力与合成氨总压缩机功耗MJ/(t·MPa) 的关系，当转化操作压力由 2.1~3.5MPa 提高至 5MPa 时，总压缩机功耗不断减少。我国水煤浆气化制合成氨用原料气目前已投产装置的压力为 4MPa、6.5MPa 的气化装置，8.5MPa 的气化中试装置正在筹建。8.5MPa 水煤浆气化装置成功后将为我国发展不用氢氮气主压缩机的 "8.5MPa 气化-7.5MPa 氨合成"，即等压氨合成新工艺创造条件。等压氨合成新工艺如配套以低温高效氨合成催化剂和使用小颗粒催化剂的径向或轴径向氨合成塔，可进一步降低合成氨全流程总功耗。如果进一步实现溶剂分氨而不用冷凝分氨，则等压氨合成新工艺更趋于完善。

（三）烃类催化氧化[13]

对于带有深度氧化副反应的烃类催化氧化反应，使用空气或纯氧为氧化剂。混合气中氧浓度控制是很重要的，可燃的烃或其他有机物与空气或氧的气态混合物在一定范围内引燃(明火、高温或静电火花等)就会发生分支连锁反应，火焰迅速传布，在很短的时间内，温度急速增高，压力也会剧增，引起爆炸。此浓度范围称为爆炸极限，一般以体积浓度表示，由实验方法求得。烃类和其他可燃有机物与空气或氧的气态混合物的爆炸极限浓度可在有关的手册上查到。但要注意，爆炸极限浓度是与实验条件(温度、压力、引燃方式等)有关，与气体混合物的组成也有关。

图 3-40 至图 3-45 分别为乙烯-空气-氮、乙烯-氧-氮、丙烯-氧-氮

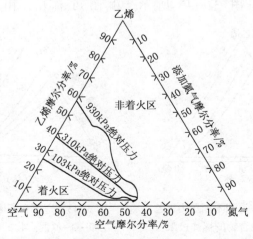

图 3-40　在 20℃ 和不同压力条件下乙烯-空气-氮混合物的爆炸极限

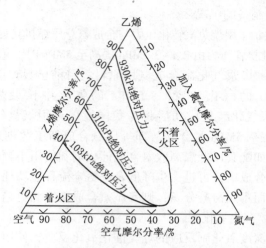

图 3-41　在 250℃ 和不同压力条件下乙烯-空气-氮混合物的爆炸极限

混合气在不同压力、不同温度下的爆炸极限。可看出压力对爆炸下限没有影响，而对爆炸上限有显著影响。压力增高，爆炸上限也随之增高。温度对爆炸下限的影响甚小，而对爆炸上限也有显著影响。由图 3-42 可看出，在室温时，在乙烯-氧-氮的混合物中，当氧含量<10%时，不管乙烯的浓度有多大也不会发生爆炸。随着温度升高和压力增大，氧的极限浓度会下降。氧的极限浓度不仅与温度、压力有关，与混合气的组成也有关。在乙烯-氧-惰性气体系统中，氧的极限浓度与惰性气体的类别有关，如图 3-45 所示。由图可看出，由于惰性气体

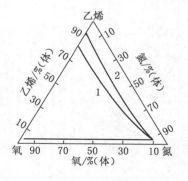

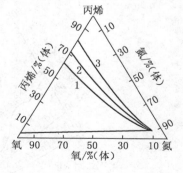

图 3-42　在室温和不同压力下乙
烯-氧-氮混合物的爆炸极限

1—0.1MPa；2—1MPa

图 3-43　室温和不同压力下丙
烯-氧-氮混合物的爆炸极限

1—0.1MPa；2—0.3MPa；3—1MPa

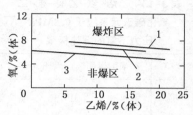

图 3-44 乙烯-氧-氮混合物在
压力为 2.6MPa 时，不同温度
下的极限浓度

1—200℃；2—280℃；3—300℃

的不同，氧的极限浓度也不同。在乙烯-氧-氮的混合气中氩的存在使氧的极限浓度降低，而加入 H_2O，CO_2，CH_4 和 C_2H_6 等惰性气体可提高氧的极限浓度，有利于安全生产。氧的极限浓度与混合气的乙烯浓度也有关，随着乙烯浓度增高，氧的极限浓度下降。为了安全生产，除控制氧的浓度外，乙烯浓度也需控制，其他烃类与氧的混合也有相似的规律，只是极限浓度不同。

乙烯氧乙酰化催化合成乙酸乙烯过程中乙烯-氧-乙酸三元系统和乙烯-氧-乙酸-氮-二氧化碳的五元系统的爆炸极限实验测定结果如下[23]：在 0.8MPa 压力下，三元系统中氧的爆炸极限与温度的关系见表3-12，五元系统中氧的爆炸极限与温度的关系见表3-13。

本书第五章例 5-3 讨论了邻二甲苯催化氧化的操作稳定性及灵敏度分析，由于该过程的主反应和深度氧化副反应均为强放热反应，应严格控制进料中的邻二甲苯的浓度，在管式固定床反应器中进行该反应模拟计算表明，在常压下，床层入口温度 $T_0 =$ 管外熔盐温度 $T_c = 360℃$ 及空速 $1500h^{-1}$ 的条件下，当进料中邻二甲苯浓度超过 $42g/m^3$（STP），达 $42.5g/m^3$（STP）时，过程即产生飞温。在进料浓度为 $40g/m^3$（STP），$T_c = T_0 = 360℃$ 的条件下，空速降至 $1300h^{-1}$，也产生飞温。由上述讨论可知，对于强放热反应，选择初始反应组分浓度及空速时必须注意避免飞温。

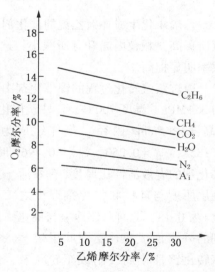

图 3-45 乙烯-氧-惰性气体混合气
在压力 2.3 MPa；温度 250℃下的氧
的极限浓度

表 3-12　乙烯-氧-乙酸 三元系统于 **0.8MPa** 压力 下氧的爆炸极限	
温度/℃	氧的爆炸极限/摩尔分率
145	0.1305
160	0.1280
170	0.1130
180	0.1050
190	0.1020

注：表 3-12 中各组分的摩尔比为 $CH_3COOH : C_2H_4 : O_2 = 20 : (80-x) : x$，其中 x 代表氧。

表 3-13　乙烯-氧-乙酸-氮-二 氧化碳五元系统于 **0.8MPa** 压力下氧的爆炸极限	
温度/℃	氧的爆炸极限/摩尔分率
190	0.1055
180	0.1080
150	0.1105

注：表 3-13 中各组分的摩尔比为 $CH_3COOH : CO_2 : N_2 : C_2H_4 : O_2 = 20 : 20 : 10 : (50-x) : x$，其中 x 代表氧。

四、催化剂的形状和尺寸设计

乙烯氧化生成环氧乙烷的催化剂由圆柱状改为环柱状时，总体速率有所提高，颗粒内温升有所减小，选择率有所提高，压力降有所降低，效率明显提高。

甲烷蒸汽转化过程的镍催化剂中，内扩散阻滞作用极其严重，当压力 3.1MPa，温度 700℃，环柱状催化剂的尺寸为 ϕ17mm（外径）×17mm（高度）×5mm（内径），气体组成为 $y_{CO} = 0.02$，$y_{CO_2} = 0.0453$，$y_{CH_4} = 0.1858$，$y_{H_2} = 0.250$，$y_{H_2O} = 0.4969$ 时，内扩散有效因子 ζ 约为 0.14，催化剂的有效活性比厚度（有效活性层厚度与环柱状催化剂厚度之比）为 0.18，此时总体速率与催化剂的外表面成正比，因此甲烷蒸汽转化镍催化剂改制成车轮状及舵轮状截面[24]，见图 3-46，以提高表观活性，降低床层压降，已在工业上成功地应用。

(a)　　　　　(b)

图 3-46　车轮状及舵轮状截面催化剂
(a) 入筋车轮；(b) 入筋舵轮

贵金属催化剂如制成在载体上不均匀分布，例如在载体外表呈薄层的外表型，节约了贵金属的用量，又降低了内扩散阻滞作用和催化剂颗粒内温升，有利于提高总体速率和选择率。乙烯气相氧乙酰化所用钯-金催化剂，已制成在环柱形催化剂载体的外环和内环的外表面呈薄层分布的新型催化剂，是不均匀分布催化剂的进一步发展。

　　单孔环柱形催化剂及其他异形催化剂的尺寸是一个值得研究的问题，一方面要求提高单颗颗粒催化剂的总体速率和选择率，降低颗粒内温升，另一方面要求颗粒催化剂的尺寸与列管的内径和长度相匹配，颗粒的外径不能太大，以保持一定的反应管内径 d_t 与颗粒外径 d_p 之比，以免产生沟流，又要降低单位床层高度的压力降。

　　对于一定形状的催化剂，催化剂颗粒的大小是一个重要参数，它不仅对反应气体通过催化床的压力降有显著的影响，又影响催化反应的总体速率，一般说来，减小催化剂的尺寸，能增大催化剂的内扩散有效因子，减小外扩散过程的影响，从而增加催化反应的总体速率，减小催化剂用量；并且，当反应器直径不变时，能降低催化床的高度，降低反应气体通过催化床的压力降。但是，减小催化剂的粒度，会使体积流率一定的反应气体通过单位高度催化床的压力降增大，从而增加运转气体的动力消耗。因此，催化剂的最佳尺寸需由反应气体混合物和床层特性及有关的具体情况而定。

　　例如，当过程为化学动力学控制时，改变催化床的粒度，并不影响催化剂的用量，只改变床层的压力降，此时，采用较大颗粒为宜。当内扩散过程的影响严重，过程属于一级不可逆反应，西勒模数≥5时，内扩散有效因子与西勒模数成反比，而西勒模数与颗粒粒度成正比，此时采用较小的颗粒为宜。在此情况下，减小颗粒粒度，内扩散有效因子成比例地增加，若反应器的直径不变，则催化床高度成比例地减小；另一方面，在湍流情况下，单位床层高度的压力降虽几乎反比于颗粒粒度，但由于此时催化床高度正比于颗粒粒度，气体通过催化床的用量却无甚变化。

　　当内扩散对过程反应速率的影响较小，即西勒模数较小，则存在着总费用(催化剂费用和动力学费用)最小的最佳催化剂尺寸。

　　催化剂最佳颗粒尺寸与选用的反应气体在反应器中的质量流率、催化床的许可压力降、轴向流动还是径向流动等具体情况有关。在高压下进行的循环反应过程，如氨合成及甲醇合成反应，催化床许可压力降受所选用压缩机的限制，一定生产规模的反应系统所用高压容器的内径一定，轴向流动反应器所选用催化剂颗粒尺寸就由这些因素确定。如果改用径向流动反应器，催化床的压力降很小，可采用较小颗粒的催化剂，获得较大的经济效益。催化剂制造厂所供应的产品规格，一般与常用生产流程所要求的催化剂颗粒尺寸大小相适应。

　　例如，对于日产千吨瓶式 Kellogg 型四段合成反应器，催化剂粒度主要为 6~10mm，进塔气量为 16305kmol/h，进口氨含量为 2%，出口氨含量为 12.58%，全塔压力降为 0.38MPa；改为 Casale 四段轴径向冷激型，催化剂粒度改为 1.5~3.0mm，进塔气量为 13168kmol/h，进口氨含量为仍为 2%，出口氨含量增为 15.8%，全塔压力降减低为 0.18MPa。

第四节　讨论和分析

一、催化剂的工程设计

催化反应工程是在性能良好催化剂的基础上，考虑到使用该催化剂的反应过程在整个生产系统中的工艺特征，讨论工业催化反应器的选型、结构设计并确定最佳操作条件。工业催化剂研究人员的任务是研制和开发特定反应系统的新型催化剂，研究其活性组分和助催化剂、载体的组成、制备方法、机械强度和催化剂的颗粒形状和尺寸。例如，对于放热反应，要降低催化剂的活性温度和改善耐热性能；对于带深度氧化副反应的多重反应，要提高进行主反应的催化活性而同时降低进行副反应的催化活性；使用这些新型催化剂，可以提高主反应组分的转化率和目的产物的选择性和收率，提高反应器的空时产率。

本章已叙及，甲烷蒸汽转化所用的镍催化剂，由于内扩散阻滞作用极其严重，总体速率与催化剂的外表面积成正比，在此理论基础上，催化剂颗粒由单孔环柱形改制成车轮形及舵轮形，可提高其表观活性，降低床层压降，已成功在工业上应用。这是一个改变催化剂颗粒的形状和尺寸取得良好效果的工业实例。乙烯氧化合成环氧乙烷的银催化剂，在改进催化剂的组成和制备方法的同时，颗粒形状由圆柱形改为单孔环柱形和异形多通孔，进一步抑制了催化剂内扩散过程和颗粒内温度升高而导致选择率下降的不利因素，提高了乙烯的转化率和环氧乙烷的选择率。贵金属催化剂如乙烯气相氧化乙酰化所用的钯-金催化剂已采用圆柱形载体，活性组分呈外表薄层的外表型不均匀分布，节约了贵金属的用量和降低了内扩散过程的阻滞作用及颗粒内温升对选择性的影响；近年来，又将圆柱形载体改为单孔环柱形载体，又进一步提高了单位体积催化床中贵金属活性组分的负载量和乙酸乙烯的空时产率，并降低了床层压降。但是，上述单孔环柱形乙酸乙烯合成催化剂颗粒的外环和内环直径和高度应如何设计，并且兼顾到对催化剂机械强度的要求，是否还能再进一步改进成异形多通孔是一个值得研究的问题。汽车排气转化催化剂制成蜂窝形是一个很好的使用低压降的多通孔形状的成功实例。

将催化剂内扩散过程阻滞作用、颗粒内温升和反应器内床层压降、床层径向传热、壁效应影响等反应工程问题和催化剂的颗粒形状、尺寸设计结合起来，形成了催化反应工程学科的分支，即催化剂工程。催化反应工程的研究人员要参与研制新型和改进催化剂的工作，与催化化学的研究人员共同合作进行催化剂工程研究，可以进一步完善催化剂研制工作和提高催化剂在反应器中的使用效率。

二、催化反应器的部件设计

在催化反应器有关部件的设计中，应注意流体和物料在反应器中的分布问题。阐述炼油工业中的催化裂化反应器的专著[5,6]，讨论了催化裂化所用气-固相流化床反应器的气体分布器、挡网、挡板、捕集催化剂的旋风分离器，及料腿、进料喷嘴等有关部件的设计。本书第六章对气-固相径向和轴径向反应器的分流和合流流道中流体静压分布的基本规律和有关流体均匀分布的设计问题进行了讨论。但是，还有许多有关催化反应器中流体分布的部件设计，如单段绝热气-相催化反应器的气体入口和出口分布器的设计，多段间接换热式和多段冷激式气-固相催化反应器的段间气体入口分布器和冷激气与部分反应气体的混合器设计，气-液-固三相反应器的气体和流体入口分布器的设计，三相流化床反应器出口处流-固体分离装置等部件的设计，管式反应器的管外冷却剂的均匀分布和消除副产蒸汽大气泡的部件设计都未讨论。上述部件设计都直接影响到工业反应器的操作效果，这些工程实际问题往往需要很多实践经验积累，很少有报道，一般有关化学反应工程的书籍都未讨论，也有些是某些公司的专利。希望读者在工作中多加注意这些工程实际问题，向有经验的前辈学习，进一步在实践中发展和创新。

三、单系列大型化催化反应器

随着我国加入世贸组织后面临的机遇和挑战，我国许多化工生产企业将直接面对全球市场，因此，采用先进技术，降低生产成本十分重要。其中主要措施是采用适合我国国情的原料路线和工艺流程，而主要装置如催化反应器和压缩机应采用单系列大型化。比较连续换热式和多段绝热式二大类催化反应器，如果某一反应，其反应热效应并不太大，如氨合成和甲醇合成，则多段绝热式较易发展单系列大型化。以 8MPa 压力甲醇合成为例，目前国内外均有单台年产 600kt 甲醇管式反应器投产，如再进一步大型化，则涉及反应器内厚管板加工等机械制造问题，现尚难解决。国外甲醇合成技术已有单台年产700~900kt 甲醇合成反应器投产，反应器内部采用换热管或换热板等换热；由于催化剂装填量多，单位催化剂的换热面积较小，催化剂床层温度较高；催化床中反应气径向流动，为使得床层内气体均匀分布的部件需要精心设计和制造。

　　从化学反应工程方面来比较，多段绝热段间冷激式，每一绝热段出口处温度相当高，生产的粗甲醇中的烃类副产物较多，产品质量不如管式反应器生产的甲醇；并且每冷激一次，原料气与部分反应物气体混合，形成返混，降低了总体速率。

　　年产 300kt 合成氨的卧式三段原料气冷激横向流动反应器，由于催化床高度小，可采用小颗粒催化剂，弥补了冷激的不足。Braun 年产 300kt 大型合成氨厂流程，采用单台三级合成反应器，段间三台废热锅炉回收热量，即三段间接换热式，克服了冷激的缺点，并强化了热量回收，但其技术关键是能满足第一段出口气体温度 500℃ 的耐高温、耐高压的高强度合金钢管材。

　　综上所述，实施催化反应器的单系列大型化要立足于机械，是多学科综合的技术成果。

<h2 style="text-align:center">参 考 文 献</h2>

[1] 陈甘棠，王樟茂.流态化技术的理论和应用.北京:中国石化出版社,1996
[2] 陈五平.无机化工工艺学——合成氨.第二版.北京:化学工业出版社,1995
[3] 于遵宏,朱炳辰,沈才大等.大型合成氨厂工艺过程分析.北京:中国石化出版社,1993
[4] 于遵宏.烃类蒸汽转化工程.北京:烃加工出版社,1989
[5] 侯祥麟.中国炼油技术.北京:中国石化出版社,1991
[6] 陈俊武,曹汉昌.催化裂化工艺与工程.北京:中国石化出版社,1995
[7] 程之光.重油加工技术.北京:中国石化出版社,1995
[8] 林世雄.石油炼制工程(下册).第二版.北京:石油工业出版社,1988
[9] 翁惠新,毛信军.石油炼制过程反应动力学.北京:烃加工出版社,1988
[10] 李学福,刘太极.流化催化裂化再生器数学模型的研究.化学反应工程与工艺,1988,3(3):67~75
[11] 杨朝合,杨光华等.Pt-Sn/Al$_2$O$_3$ 重整催化剂上焦炭中碳燃烧动力学的研究.化

学反应工程与工艺,1987,3(4):18~24

[12] 胡永琪,金涌.高速流态化技术在21世纪的工程应用前景.化工进展,1998(1):1~5

[13] 吴指南.基本有机化工工艺学.第一版.北京:化学工业出版社,1979;修订版,1992

[14] 房鼎业,姚佩芳,朱炳辰.甲醇生产技术及进展.上海:华东化工学院出版社,1990

[15] 谢克昌,房鼎业.甲醇工艺学.北京:化学工业出版社,2010

[16] Skrzypek J,Sloczynski J,Ledakowicz S. Methanol Synthesis-Science and Technology. Warszawa:Polish Sc Publ,1994

[17] 张旭之,王汉,戚收政.乙烯衍生物工学.北京:化学工业出版社,1995

[18] 张旭之,陶志华,王汉,金彰礼.丙烯衍生物工学.北京:化学工业出版社,1997

[19] Ergun S. Fluid flow through packed columns. Chem Eng Progr,1952,48(2):89~94

[20] 潘银珍,朱炳辰.粒度对A109型氨合成催化剂最佳温度的影响.化工厂设计,1988,(4):1~6

[21] 张海涛,房鼎业,林荆.甲醇气相脱水制二甲醚自热型与均温型反应器模拟设计.华东理工大学学报,1999,25:6~10

[22] 张成芳.合成氨工艺与节能.上海:华东化工学院出版社,1988

[23] 乐慧慧,张杏芳,朱中南等.乙烯-氧-醋酸-氮气-二氧化碳系统爆炸极限的测定研究.化学反应工程与工艺,1995,11(1):80~85

[24] 徐守民,刘期崇,夏代宽,王建华.薄壁舵轮型甲烷蒸汽转化催化剂研究.化肥与催化,1988,10(3):1~8

主 要 符 号

c	浓度
C_p	摩尔定压热容
d	直径
d_s	等比表面积颗粒的相当直径
E	活化能
G	质量流率
g_c	重力加速度
ΔH_R	反应焓
K	反应平衡常数
k	反应速率常数
k_0	指前因子
L	长度；床高
l	长度；床高
N	摩尔流量
n	摩尔数；反应级数
P	总压
p	分压
Q	热量
R_g	气体常数
r	反应速率
S	选择率；表面积
t	反应时间
T	绝对温度
u	流体流速
V	体积；体积流量
V_{sp}	空间速度
W	催化剂质量
x	转化率
Y	收率
y	气相摩尔分率
COR	活性校正系数

希 腊 字 母

ρ 密度

ε 床层空隙率

μ 粘度

ζ 内扩散有效因子

τ_0 标准接触时间

下 标

A   组分 A

B   组分 B

f   流体

G   气相

g   气相；宏观的

i   内部；组分

L   液相

l   液相

m   最佳

第四章　多段绝热式催化反应器

多段绝热式催化反应器具有结构简单，能适应大系统生产的特点，如果反应过程的热效应并不太大，而且催化剂允许的温度变化又足够大，应尽量选用多段绝热式催化反应器。本章讨论绝热床反应体积的计算，多段间接换热式各段催化床始末温度及转化率的最佳分配和多段冷激式催化反应器的最佳设计及最佳操作。

第一节　绝热催化床反应体积的计算

一、绝热温升

图 4-1 是单一可逆放热反应单段绝热催化床的操作过程在 $x_A \sim T$

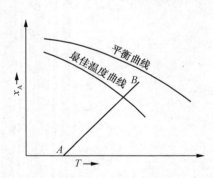

图 4-1　绝热催化床 $x_A \sim T$ 关系

图上的标绘。图上标绘了平衡曲线、最佳温度曲线和绝热操作线 AB，A 点表示进口状态，B 点表示出口状态。绝热反应过程中，整个催化床与外界没有热量交换，即

$$N_T C_p dT_b = N_{T0} y_{A0} (-\Delta H_R) dx_A$$

对上式进行积分（从催化床进口到出口），可得

$$\int_{T_{b1}}^{T_{b2}} dT_b = \int_{x_{A1}}^{x_{A2}} \frac{N_{T0}(-\Delta H_R) y_{A0}}{N_T C_p} dx_A \qquad (4-1)$$

式(4-1)是由热量衡算式所确定的反应过程中转化率与温度的关系。T_{b1} 及 T_{b2}，x_{A1} 及 x_{A2} 分别表示整个催化床进、出口处的温度和反应组分 A 的转化率。反应热 $(-\Delta H_R)$ 是反应混合物温度的函数，摩尔定压热容 C_p 又是反应混合物组成及温度的函数，而反应混合物的摩尔流量

N_T，（mol/s），也随转化率而变。因此，严格说来，对式（4-1）进行积分计算时，应考虑到转化率和温度的变化对反应热、热容和反应混合物摩尔流量的影响，这种计算只能用计算机运算。

在工业计算中可以简化，因为热焓是物系的状态函数，过程的焓变化只决定于过程的初始状态 x_{A1} 及 T_{b1} 和最终状态 x_{A2} 及 T_{b2}，而与过程的途径无关。因此，可以将绝热反应过程简化成：在进口温度 T_{b1} 下进行恒温反应，转化率由 x_{A1} 增至 x_{A2}，然后，组成为 x_{A2} 的反应混合物由进口温度 T_{b1} 升至出口温度 T_{b2}。因此，在式（4-1）中，反应热（$-\Delta H_R$）取进口温度 T_{b1} 下的数值，然后根据出口状态的气体组成计算混合气体的摩尔流量 N_{T2}，摩尔定压热容 C_p 则取出口气体组成于温度 T_{b1} 和 T_{b2} 间的平均热容 $\overline{C}_p$。如果热容 C_p 在 T_{b1} 和 T_{b2} 的温度区间内与温度成线性关系，则平均热容 $\overline{C}_p$ 可用 T_{b1} 和 T_{b2} 的算术平均温度下的热容 $\overline{C}_p$ 来计算。由此可得

$$T_{b2} - T_{b1} = \frac{N_{T0} y_{A0}(-\Delta H_R)}{N_{T2} \overline{C}_p}(x_{A2} - x_{A1}) = \Lambda(x_{A2} - x_{A1}) \qquad (4-2)$$

式中

$$\Lambda = \frac{N_{T0} y_{A0}(-\Delta H_R)}{N_{T2} \overline{C}_p} \qquad (4-3)$$

当 $x_{A2} - x_{A1} = 1$ 时，$T_{b2} - T_{b1} = \Lambda$，因此 Λ 称为"绝热温升"，即绝热情况下，组分 A 完全反应时混合气体温度升高的数值。

如果混合气体中 y_{A0} 之值较小，即稀气体，或者 y_{A0} 之值虽较大，但 x_A 的变化不太显著，可以运用上述的以出口组成来计算摩尔流量 N_{T2} 及热容 $\overline{C}_p$ 的简化方法，因而绝热操作线是直线。此时绝热过程中每一瞬间的反应温度 T_b 和转化率 x_A 与该绝热段初始温度 T_{b1} 和转化率 x_{A1} 之间的关系可用下式表示

$$T_b - T_{b1} = \Lambda(x_A - x_{A1}) \qquad (4-4)$$

如果反应混合物的组成变化很大，就不能用上述简化计算方法，只能将催化床分成若干小段，每一小段中组成变化不大，所以可采用该小段的进口温度来计算反应热，用该小段的出口组成计算摩尔流量及热容；另一小段则用另一小段的进口温度、组成等进行计算。但是，无论如何，整个过程初始及最终状态间温度与转化率的关系，总是符合焓是状态函数而与过程途径无关的规律。

对于多段间接换热式反应器和多段原料气冷激式反应器，如果略去各段出口气体组成对绝热温升值的影响，则各段绝热操作线的绝热温升

值均相同。

由式(4-3)可见，对于既定的反应系统，绝热温升的数值决定于混合气体的初始组成y_{A0}及反应热$(-\Delta H_R)$的数值，y_{A0}越大，则绝热温升值越大。如果由于绝热温升过大而使绝热反应段出口温度超过催化剂的耐热温度，可采用降低初始浓度的方法来调节。例如，对于高浓度一氧化碳的变换过程，就采用这个方法，部分原料气与蒸汽混合进入第一段，剩下原料气再与第一段出口气体混合降温。该方法比降低反应气体进入催化床的温度有效，因为进入催化床的气体温度要受到催化剂起始活性温度的限制。

由物料衡算式求得动力学方程中各组分的浓度或摩尔分率之间的变化关系，再由热量衡算式确定绝热反应过程中气体温度与转化率之间的变化关系，就可知道平衡常数及反应速率常数与转化率之间的变化关系，将动力学方程在给定的转化率和反应温度的变化范围内进行积分，即可求得反应所需接触时间和催化床体积。

绝热催化床有下列特点：①床层直径远大于催化剂颗粒直径；②床层高度与颗粒直径之比一般都超过100；③与外界没有热量交换。因此，绝热催化床可以不考虑垂直于气流方向的温度差、浓度差和轴向返混，计算时采用平推流一维模型。

如果反应动力学是"非均相"模型，则动力学方程中界面及颗粒内部浓度梯度和温度梯度都应根据催化床中不同位置处气体温度及组成来计算。如果采用"活性校正系数"COR来简化概括催化剂粒内和催化剂外表面与气相间的热、质传递过程和催化剂失活等因素对反应速率的影响，即"拟均相"模型，则可按化学反应控制的本征动力学方程进行积分求出催化剂的理论用量，再除以活性校正系数，求出催化剂的实际用量。

二、催化剂的相对活性校正系数

催化剂的活性校正系数的数值决定于催化剂的性能、粒度、反应气体的净化程度、还原情况、操作状况和使用时间等因素。

对于氨合成催化剂，基于本征反应速率的相对活性校正系数与催化剂颗粒尺寸间的关系及当原料气中$CO+CO_2$含量$<10\mu L/L$且无油污时，不同使用时间氨合成催化剂的相对活性校正系数见表4-1。

不同粒度、不同使用时间的中温变换催化剂相对活性校正系数见表4-2。

表 4-1　氨合成催化剂基于本征反应速率的相对活性校正系数 *COR*

颗粒尺寸/mm	相对活性校正系数	催化剂使用时间	相对活性校正系数
1.5~3	1.0	新催化剂	1.0
3~6	0.95	3~5 年	0.83
6~10	0.80		
8~12	0.73	5 年以上	0.79

表 4-2　中温变换催化剂基于本征反应速率的相对活性校正系数 *COR*

使用时间/年	相对活性校正系数		使用时间/年	相对活性校正系数	
	ϕ6mm×6mm	ϕ9mm×9mm		ϕ6mm×6mm	ϕ9mm×9mm
1	1.0	0.66	3	0.66	0.51
2	0.80	0.54	4	0.52	0.35

对于干原料气中不同 H_2S 含量，中温变换催化剂的相对活性校正系数见表 4-3。

表 4-3　中温变换催化剂的相对活性校正系数 *COR*

干原料气中 H_2S 含量 /μL·L^{-1}	相对活性校正系数	干原料气中 H_2S 含量 /μL·L^{-1}	相对活性校正系数
0~10	1.0	200	0.8
100	0.9	500	0.6

三、绝热催化床平推流一维拟均相模型

如果考虑到转化率和温度的变化对反应热、热容和反应混合物摩尔流量的影响，则用计算机求算绝热催化床的反应体积。对于平推流一维模型，通常将反应速率式及热量衡算式转换成以主要反应物 A 的摩尔流量 N_A（或摩尔分率 y_A 或转化率 x_A）和温度 T_b 作为因变量，催化床高度 l 作为自变量的一阶常微分方程组，然后用龙格-库塔法求解。采用这个方法，催化床的截面积 A 要预先确定。由 $dV_R = A dl$，则反应速率式可写成：

$$-\frac{dN_A}{dl} = A \cdot f(y_A, \ T_b) \tag{4-5}$$

热量衡算式 $N_T C_p dT_b = (-\Delta H_R)(-dN_A)$ 可写成

$$\frac{dT_b}{dl} = \frac{(-\Delta H_R)}{N_T C_p} \cdot \frac{(-dN_A)}{dl} \tag{4-6}$$

式（4-5）和式（4-6）组成的一阶常微分方程组给定的边界条件为

$$l = 0 \ \text{时}, \ N_A = N_{A0}, \ y_A = y_{A0}, \ T_b - T_{b0}$$

　　按龙格-库塔法对于某一微分方程$\dfrac{\mathrm{d}y}{\mathrm{d}l}=f(l,y)$，如已知 l_i 处函数 y_i 之值，则 $l_{i+1}=l_i+\Delta l$ 处函数 y_{i+1} 之值的数值解如下：

$$y_{i+1}=y_i+\frac{\Delta l}{6}(k_1+2k_2+2k_3+k_4) \qquad (4-7)$$

$$\begin{cases} k_1=f(l_i,\ y_i) \\[2mm] k_2=f\left(l_i+\dfrac{\Delta l}{2},\ y_i+\dfrac{\Delta l}{2}k_1\right) \\[2mm] k_3=f\left(l_i+\dfrac{\Delta l}{2},\ y_i+\dfrac{\Delta l}{2}k_2\right) \\[2mm] k_4=f(l_i+\Delta l,\ y_i+k_3\Delta l) \end{cases} \qquad (4-8)$$

式中，Δl 为步长，一般 Δl 是 L 的某一分率，如 $\Delta l=0.05L$，即将 L 分成 20 步。

　　用龙格-库塔法算到 $l=L$ 时，此时 y_{Ae} 及 T_{be} 即为绝热催化床高度为 L 时所能达到的气体组成及温度。如果要求绝热催化床出口处达到一定的气体组成，即 $l=L$ 时，$y_A=y_{Ae}$ 是给定的边界条件，此时绝热催化床的高度 L 即为所求。具体计算步骤见例 4-1。

四、单段绝热催化床的最佳进口温度

　　某些反应，如低温变换反应、甲烷化反应及烃类蒸气转化法制氢系统的中温变换反应，由于反应物系的组成变化不大，使用单段绝热反应器。反应器进、出口处反应组分 A 的转化率 x_{Ao} 和 x_{Ae} 是操作工艺所规定的，可以在不同的进口温度 T_{bo} 下操作，相应地达到不同的出口温度 T_{be}，T_{be} 和 T_{bo} 之间关系服从绝热温升式(4-2)。处理气量一定时，催化床体积 V_R 是 x_{Ao}、x_{Ae}、T_{be} 及 T_{bo} 四个变量的函数，但只有一个独立变量 T_{bo}，即 $V_R=f(T_{bo})$，显然，存在一个最小催化床体积的最佳进口温度，此时

$$\frac{\mathrm{d}V_R}{\mathrm{d}T_{bo}}=0 \qquad (4-9)$$

　　例 4-1　某日产1000t 合成氨装置的中温变化反应器在 3.05MPa 压力下操作，进口气体摩尔流量 $N_{T0}=9707.4\mathrm{kmol/h}$，其中 $y_{CO,0}=0.0810$，$y_{H_2O,0}=0.3735$，$y_{CO_2,0}=0.0488$，$y_{H_2,0}=0.3535$，$y_{N_2,0}=0.1432$，反应采用某 $\phi6\mathrm{mm}\times6\mathrm{mm}$ 圆柱形铁系催化剂，干原料气中 H_2S 含量$<10\mu L/L$。催化床直径 (D_R) 为4m，采用平推流一维拟均相模型。1. 当进口温度为371℃时，现要求反应器出口 $y_{CO,e}=0.0212$，试计算中温变换催化剂

用量。2. 现要求反应器出口 $y_{CO,e}=0.0212$，试确定其最佳进口温度。

已知该催化剂单位质量的变换反应本征速率方程为：

$$r_{CO}=-\frac{\mathrm{d}N_{CO}}{\mathrm{d}w}=k_T p_{CO} p_{CO_2}^{-0.5}\left(1-\frac{p_{CO_2}p_{H_2}}{K_p p_{CO}p_{H_2O}}\right)\ \mathrm{kmol/\ (kg\cdot h)}$$

式中 $k_T=1.2\times10^6\times(0.101325)^{-0.5}\times\exp\left(\dfrac{104600}{R_g T}\right)\mathrm{kmol/\ (kg\cdot h\cdot MPa^{0.5})}$

$$R_g=8.314\mathrm{J/\ (mol\cdot K)}$$

解： 由表4-2，催化剂刚使用1年，相对活性校正系 COR 为1；使用2年后，相对活性校正系数 COR 为0.8。由表4-3，干原料气中 H_2S 含量<10mL/L 时，相对活性校正系数 COR 为1。

1. 当进口温度为371℃时，要求反应器出口 $y_{CO,e}=0.0212$，中温变换催化剂用量。相对活性校正系数 COR 为0.9。

（1）绝热催化床的微分方程组

在绝热情况下，催化床中 CO 摩尔分率 y_{CO} 和床层温度 t_b 随床层高度 l 变化的微分方程组为：

$$\frac{\mathrm{d}y_{CO}}{\mathrm{d}l}=\frac{\frac{\pi}{4}D_R^2\rho_b}{N_{T0}}\left(\frac{\mathrm{d}N_{CO}}{\mathrm{d}w}\right)COR\quad\mathrm{m}^{-1}\qquad(例4-1-1)$$

$$\frac{\mathrm{d}t_b}{\mathrm{d}l}=\frac{\Delta H_R}{C_{pm}}\frac{\mathrm{d}y_{CO}}{\mathrm{d}l}\quad℃/\mathrm{m}\qquad(例4-1-2)$$

当 $l=0$ 时，上述微分方程组的初值条件 $y_{CO,0}=0.0810$，$t_{b,0}=371℃$。

求催化剂用量可转化为解上述方程组的边值问题，一般可用龙格-库塔法求解，用一元函数求根法求床层高度（即催化剂用量），使催化床出口 y_{CO} 满足 0.0212 的要求。

（2）平衡常数 K_p 及反应焓 ΔH_R 的计算

由于压力并不太高，可略去压力对 K_p 及 ΔH_R 的影响

$$K_p=\frac{p_{CO_2}p_{H_2}}{p_{CO}p_{H_2O}}=\exp\left[2.3026\left(\frac{2185}{T}-\frac{0.1102}{2.3026}\ln T+0.6218\times10^{-3}T\right.\right.$$
$$\left.\left.-1.0604\times10^{-7}T^2-2.218\right)\right]\qquad(例4-1-3)$$

$$\Delta H_R=-[10000+0.219T-2.845\times10^{-3}T^2+0.9703\times10^{-6}T^3]$$
$$\times4.184\mathrm{J/mol}\qquad(例4-1-4)$$

（3）气体混合物等压摩尔热容 C_{pm} 的计算

$$C_{pm} = \sum y_i C_{pi} \qquad (例 4-1-5)$$

式中，C_{pi} 是组分 i 在系统温度及分压 p_i 下的等压摩尔热容，J/（mol·K）；各组分的等压摩尔热容与温度、压力的关系式见下列各式：

$$C_{p,H_2} = \Big[6.8712 + 0.03135\,(T/100) + 0.14138\times10^{-2}\left(\frac{p_{H_2}}{0.101325}\right)$$
$$-0.6\times10^{-6}\left(\frac{p_{H_2}}{0.101325}\right)^2 + 0.1603\times10^{-3}\left(\frac{p_{H_2}}{0.101325}\right)(T/100) \Big]\times4.184$$

$$C_{p,N_2} = \Big[4.23329 - 0.4145\,(T/100) + 0.072309\,(T/100)^2$$
$$-0.34116\times10^{-2}(T/100)^3 + 0.57726\times10^{-2}\left(\frac{p_{N_2}}{0.101325}\right)$$
$$-0.7404\times10^{-3}\left(\frac{p_{N_2}}{0.101325}\right)(T/100) \Big]\times8.314$$

$$C_{p,CO} = \Big[3.86771 - 0.23279\,(T/100) + 0.046135\,(T/100)^2$$
$$-0.2186\times10^{-2}(T/100)^3 + 0.42112\times10^{-2}\left(\frac{p_{CO}}{0.101325}\right)$$
$$-0.4694\times10^{-3}\left(\frac{p_{CO}}{0.101325}\right)(T/100) \Big]\times8.314$$

$$C_{p,CO_2} = \Big[3.18266 + 0.53754\,(T/100) - 0.020125\,(T/100)^2$$
$$+0.018520\left(\frac{p_{CO_2}}{0.101325}\right) - 0.22009\times10^{-2}\left(\frac{p_{CO_2}}{0.101325}\right)(T/100) \Big]\times8.314$$

$$C_{p,H_2O} = \Big[0.65765 - 0.049712(T/100) + 0.5269\times10^{-3}(T/100)^3$$
$$+0.020739\left(\frac{p_{H_2O}}{0.101325}\right) - 0.27123\times10^{-2}\left(\frac{p_{H_2O}}{0.101325}\right)(T/100) \Big]$$
$$\times18.0513\times4.184$$

上列各式的适用范围：C_{p,H_2} 273～773K，2.5～30MPa；C_{p,N_2} 300～800K，0.07～70MPa；$C_{p,CO}$ 450～800K，0.01～4.2MPa；C_{p,CO_2} 450～800K，0.01～4.0MPa；C_{p,H_2O} 493～813K，0.01～2.0MPa；压力 p 以 MPa 计。

（4）计算结果见表（例 4-1-1）

表(例4-1-1)　中温变换催化床温度和一氧化碳摩尔分率分布

床高 l/m	床层温度 $t_b/℃$	一氧化碳 摩尔分率 y_{CO}	$-\dfrac{dy_{CO}}{d\tau_0}/h^{-1}$	反应热 $-\Delta H_R/$（J/mol）	混合气体等压摩尔热容 $C_{pm}/$［J/（mol·K）］
0	371.0	0.0810	665.9	38572	33.57
0.30	377.6	0.0752	704.5	38513	33.69
0.60	384.3	0.0693	739.5	38451	33.81
0.90	391.0	0.0634	766.5	38388	33.92
1.20	397.7	0.0575	780.6	38325	34.04
1.50	404.1	0.0518	777.1	38263	34.16
1.80	410.1	0.0464	752.9	38204	34.27
2.10	415.7	0.0414	707.5	38150	34.37
2.40	420.5	0.0370	643.6	38104	34.46
2.70	424.8	0.0332	566.8	38062	34.53
3.00	428.3	0.0299	484.1	38024	34.60
3.30	431.3	0.0273	402.1	37995	34.65
3.60	433.6	0.0251	326.0	37974	34.70
3.90	435.4	0.0235	259.0	37957	34.73
4.20	436.9	0.0221	202.4	37941	34.76
4.50	437.9	0.0212	156.0	37932	34.78

由计算机算得中温变换催化剂用量为 56.52m³，床层高度为 4.50m，床层出口温度为437.9℃，出口 y_{CO} 为 0.0212。

2. 要求反应器出口 $y_{CO,e}=0.0212$，确定其最佳进口温度。相对活性校正系数 COR 为1、0.9 或 0.8，计算结果见表（例4-1-2）。

表(例4-1-2)　中温变化催化剂用量与进口温度的关系

进口温度/ ℃	出口温度/ ℃	进口CO 摩尔分率	出口CO 摩尔分率	$V_R(COR=1)/$ m³	$V_R(COR=0.9)/$ m³	$V_R(COR=0.8)/$ m³
365.0	429.0	0.0810	0.0212	51.86	57.62	64.82
370.0	434.0	0.0810	0.0212	50.94	56.60	63.68
375.0	439.0	0.0810	0.0212	50.38	55.98	62.98
380.0	442.0	0.0810	0.0212	50.28	55.87	62.85
385.0	449.5	0.0810	0.0212	50.85	56.50	63.56
390.0	454.6	0.0810	0.0212	52.66	58.52	65.83
395.0	459.8	0.0810	0.0212	57.93	64.37	72.41
400.0	464.9	0.0810	0.0212	139.00	154.48	173.75

由表(例4-1-2)计算结果可见，当催化剂使用一年，相对活性校正系数 $COR=1$ 时，催化床进口温度从365℃逐步提高时，因反应速率随整个催化床反应温度逐步提高而提高，催化剂用量逐步减少；进口温度超过380℃后，再提高进口温度，由于平衡限制，逆反应速率逐步增加，催化剂用量进一步增加，即380℃为 $COR=1$ 时最佳进口温度，相应所需催

化床体积为 50.28m³。当 $COR = 0.9$ 时，最佳进口温度仍为 380℃，相应所需催化床体积为 55.87m³。当催化剂使用二年，更换催化剂时，$COR = 0.8$，最佳进口温度为 380℃，但所需催化床的体积为62.85m³。

如果根据使用二年，$COR = 0.8$ 时的计算结果，选用 62.85m³ 为所需催化床体积，显然催化床体积太大。因此，设计时选用 $COR = 0.9$，相当于催化剂使用 3/4 剂龄，催化床体积为 55.87m³。在催化剂使用初期，$COR = 1$ 时，操作时选用较低进口温度(365~370℃)，并适当降低水蒸气用量，仍维持出口 $y_{CO} = 0.0212$。到了催化剂使用时间近于二年时，将催化床进口温度逐步升到 380℃，这时根据 55.87m³ 的催化床体积和 $COR = 0.8$，出口 y_{CO} 有所上升，但由于后续工序的低温变换反应器和甲烷化反应器设计时催化床选用的裕度较大，仍能保持氨合成反应器入口 $CO + CO_2 < 10\mu L/L$ 的净化指标。

第二节　多段绝热式催化反应器及其优化

本书第三章已述及，许多大型催化反应器，如大型氨合成反应器、石油炼制工业中的催化重整反应器、由合成气制氢工业及合成氨工业中的变换反应器，大都采用多段绝热式催化反应器，每段均为绝热催化床。如果过程是放热反应，如氨合成、二氧化硫氧化，则段间降温；如果过程是吸热反应，如催化重整，则段间加热。这些反应的基本特征是热效应并不太大，使用绝热催化床，即使有一定的绝热温升，不至于超过所使用催化剂的耐热温度，或强化不希望的副反应，而绝热反应器具有结构简单，机械设计可靠的优点。

多段绝热式催化反应器的段间换热可分为间接换热式，即采用间接换热器，和直接换热式，对于放热反应，段间直接换热称为冷激式，又可分为原料气冷激式和非原料气冷激式两种。

本书在讨论多段绝热式催化反应器特征的基础上，重点讨论多段绝热式催化反应器的优化。

一、多段绝热式催化反应器的特征

（一）多段间接换热式

可逆放热反应的多段间接换热式催化反应器，如 Topsøe S-200 型径向中间间接换热氨合成反应器，Braun 三塔三废热锅炉氨合成反应装置，二氧化硫催化氧化反应器及中温变换反应器，其操作状况见图4-2。

图 4-2 中 AB 是第一段绝热操作过程中主要反应组分的转化率 x 与

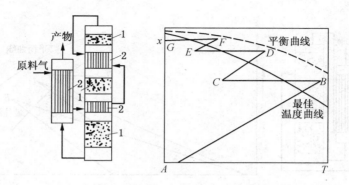

图 4-2　三段中间间接换热式催化反应器及其操作状况
1—催化床；2—换热器

温度 T 的关系，称为绝热操作线，CD 及 EF 分别为第二及第三段的绝热操作线。冷却线 BC 及 DE 与温度轴线平行，表示间接换热过程只有温度变化而无混合气体组成的变化，离开第一、第二和第三段的热气体都用来预热原料气。FG 是离开第三段的热气体在床外换热器中与进入系统的冷原料气换热的过程，G 点的温度由整个催化床及换热系统的热量衡算所决定。

（二）多段直接换热式

又称为多段冷激式。多段直接换热式分原料气冷激和非原料气冷激两种。

Topsфe S-100 型径向两段冷激式氨合成反应器，Kellogg 型轴向四段冷激式氨合成反应器、卧式三段冷激式氨合成反应器及 ICI 型四段冷激式甲醇合成反应器均属原料气冷激式。

三段原料气冷激式催化反应器及其操作状况见图 4-3。图中 AB、CD 及 EF 分别为第一、第二及第三段的绝热操作线。BC 和 DE 为段间冷却线，它们都不与温度轴线平行，表示冷激过程中气体的组成发生了变化，这并不是冷激过程中存在化学反应，而是由于部分反应后的气体与新鲜的原料气混合后，改变了反应物与生成物之间的比例关系，从而降低了主要反应组分的转化率。值得注意的是，原料气冷激式反应器各段进口气体的初始组成与第一段进口气体的初始组成相同，因此当组成变化不大时，一般各段的绝热温升相同。

若以 T_B、T_C、T_O 分别表示 B 点、C 点及冷激原料气的气体温度，x_B 及 x_C 分别表示 B 点及 C 点主要反应组分的转化率，一段进口及冷激用原料气中主要反应组分的转化率为零，N_B 及 N_C 分别表示一段出口处

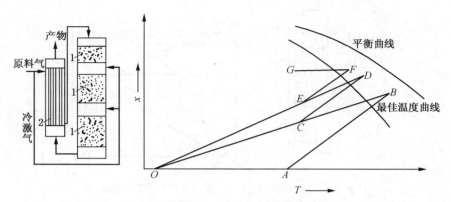

图 4-3　三段原料气冷激式催化反应器及其操作状况
1—催化床；2—换热器

及一、二段间冷激气的摩尔流量，而 $\overline{C}_{pb}$ 表示一段出口气体于 T_B 及 T_C 温度区间的平均摩尔定压热容，$\overline{C}_{pc}$ 表示冷激气于 T_C 及 T_O 温度区间的平均等压摩尔热容，冷激过程中的热量及物料衡算式可表示如下

$$N_{TB}\overline{C}_{pb}(T_B - T_C) = N_C\overline{C}_{pc}(T_C - T_O) \tag{4-10}$$

$$N_{TB}y_{A0}(1 - x_B) + N_Cy_{A0} = (N_{TB} + N_C)y_{A0}(1 - x_C) \tag{4-11}$$

如果略去 $\overline{C}_{pb}$ 及 $\overline{C}_{pc}$ 间的差别，联立解上二式，可得

$$\frac{x_B}{x_C} = \frac{T_B - T_O}{T_C - T_O} \tag{4-12}$$

由图 4-3 及式(4-11)可见，B、C 及 O 点(O 点坐标为 $T = T_O$，$x = 0$)在一条直线上，并且 N_B 与 N_C 之比即为线段 CO 与线段 BC 之比。如果冷激过程中，冷、热气体的热容间的差别不可忽略，则各冷激过程中气体冷却线延长后不能汇集于一点。原料气冷激过程中，各段反应气体的初始组成与冷激气的初始组成相同，因此，冷激后，平衡曲线不变，最佳温度曲线亦不变。原料气冷激后，下一段进口气体中主要反应组分的转化率较上一段出口气体的转化率有所降低，这相当于段间有部分返混，因此，同样的初始气组成及气体摩尔流量，如果要求达到同样的最终转化率，原料气冷激式所耗用的催化剂比间接换热式要多得多。被冷激气体的转化率越高，返混的影响越大。

　　三段非原料气冷激式催化反应器及其操作状况见图 4-4，非原料气冷激式所用的冷激气的组成与原料气不同，其中不含有主要反应组分，各段进口气体的初始组成是不相同的，冷激后，主要反应组分的摩尔分率降低，因此，向着同一温度下提高平衡转化率的方向移动，最佳温度曲线亦随之而改变。图 4-4 中三条虚线分别表示第一、二、三段的平衡曲线，其下面的三条实线分别表示第一、二、三段的最佳温度曲线。由于冷激后，主要反应组分的起始浓度降低，各段的绝热温升不同，在 x(纵轴)~T(横轴)图上，后一段绝热操作线的斜率总比前一段绝热操作线的斜率大，冷激过程中主要反应组分与产物之间的比例并不改变，因而转化率 x 不变，即冷却线 BC 及 DE 仍为水平线，与间接换热式相同。

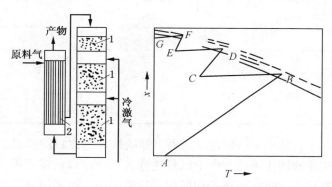

图 4-4　三段非原料气冷激式催化反应器及其操作状况

1—催化床；2—换热器

原料气冷激与非原料气冷激还有不同之处，前者的冷激气量只能在全部原料气范围内改变；后者的冷激气量是外加的，可根据需要调节。在非原料气冷激式反应器中，各段进口气体中的主要反应组分的初始摩尔分率渐次降低。因此，第一段进口处主要反应组分的摩尔分率往往比间接换热式高，而最后一段进口处气体的初始组成中主要反应组分的摩尔分率却比间接换热式为低。当段数相同时，非原料气冷激式较之间接换热式可达到较高的最终转化率。

表 4-4 列举了四段间接换热式及空气冷激式二氧化硫转化器的各段进出口温度及转化率，以资比较。

非原料气冷激式催化反应器装置中的床外换热器，与间接换热式的床外换热器比较起来，热负荷及传热温度差两方面都有相当大的差异，设计时要考虑到这一特点。

在选用多段换热式催化反应器时，究竟采用间接换热式、原料气冷激式、非原料气冷激式，还是间接换热与冷激混用，要根据各种催化反应的具体情况而定;对于易失活催化剂,应注意按照催化反应的工艺要求而定。

表4-4 四段空气冷激式与四段间接换热式二氧化硫催化氧化反应器的比较

段数	温度/℃		出口二氧化硫转化率	各段进口处 SO_2 初始摩尔分率	进口气量相对增加量
	进口	出口			
四段空气冷激式					
1	440	630	0.58	0.12	1.0
2	500	557	0.81	0.0935	1.29
3	460	485	0.94	0.076	1.59
4	420	427	0.983	0.065	1.85
四段间接换热式					
1	440	592	0.713	0.075	
2	489	523	0.872	0.075	
3	461	475	0.939	0.075	
4	433	439	0.970	0.075	

一般说来,常压下的催化反应器,如硫铁矿为原料的接触法硫酸生产中二氧化硫的催化氧化,由于原料气进入第一段以前需要预热,往往采用间接换热式或间接换热式和原料气冷激混用,而采用空气冷激要另行设置空气干燥系统,就不那么方便了。如果原料气来自燃烧纯净硫磺,高温炉气无需净化,即可直接进入催化反应器,无须预热,同时燃烧纯净硫磺所得炉气中的二氧化硫起始摩尔分率相当高,采用空气冷激。

高压下操作的催化反应器采用间接换热式不便于装卸催化剂及设备检修,尤其是大型装置的氨合成及甲醇合成反应器,不便于在各段催化床间装置换热器,因此大多采用多段原料气冷激式,见图3-2、图3-5及图3-9。只是在某些特殊情况下才使用间接换热器,如日产千吨Topsøe 二段径向氨合成反应器原来采用原料气冷激式,见图3-5,于26.5MPa 压力下操作,进口氨摩尔分率3.63%,出口氨摩尔分率16%,后来改变了结构,改为二段径向中间间接换热式,见图3-6,出口氨摩尔分率可增加至20.5%。Braun 氨合成流程中三段绝热氨合成反应器之间设置有安装在合成反应器外的废热锅炉,亦属于间接换热式,但第一段出口气体管采用耐高温和高压的合金钢。

多段间接换热式催化反应器的段数,一般主要决定于所要求的最终转化率。最终转化率较高时,由于反应平衡的限制,采用多段;同一最终转化率,段数越多,过程越接近于最佳温度曲线,催化床的空时产率越高，但段数过多，设备结构复杂，操作亦不便。

多段换热式催化反应器各段始末温度及转化率确定后，各段绝热催化床的体积就可以根据已知的原料气量用龙格-库塔法求解。各段催化床反应体积计算出来以后，所用的高压容器的外筒直径根据机械制造业确定，有一定的尺寸规格，各段催化床高度即随之确定，此时应核算气流通过催化床的压力降，如果超过允许值，而又不能改选较大的催化剂粒度，则应加大所用的高压外筒直径。

对于常压下，或几个兆帕压力下操作的反应器，反应器的直径及高度的可变幅度较大。但各段催化床的直径及高度仍应主要根据许可的压力降确定。首先，可按所确定的最佳质量流速及所处理气体的体积流量求出催化床的截面积，再由床层截面积确定床层直径。后几段由于催化剂用量较多，可将其直径做得比前几段大，以降低压力降，如果计算所得催化床直径过大，造成气体分布不均匀而不能采用，此时应改为数个小直径的反应器并联操作，但操作较麻烦，即尽量采用单系列装置。计算床层压力降时，可采用各段进出口的算术平均温度和组成计算气体混合物的物理性质及气体的体积流量。应予指出，在使用过程中，由于催化剂的粉化及随同气体带入催化剂床层的固体物料的积累，催化床的压力降将逐渐增大。

如果将轴向流动反应器改为径向流动反应器，采用小粒径催化剂，可提高总体速率，即包括催化剂颗粒内和气-固相间的传质和传热等因素在内的反应速率，而又大幅度地降低催化床压力降，图 3-3 是 Kellogg 式氨合成反应器改造成的 Casale 径向氨合成反应器。由表 3-1 数据可见，将 Kellogg 四段轴向冷激型改造成 Casale 四段径向冷激型后，出口氨摩尔分率由 12.58% 增至 15.80%，全塔压力降由 0.38MPa 降至 0.18MPa，经济效益是很显著的，所用催化剂粒径由 6~10mm 改为 1.5~3.0mm。这项技术的关键是径向流体分布的设计。

多段绝热式催化反应器的进口气量及进口气体组成、段数、最终转化率确定后，设计最优化的课题便是确定各段始末温度及转化率的最佳分配，以使得目标函数(各段催化剂用量之和)具有最小值。下面按各段催化剂用量之和为目标函数分间接换热式及冷激式两种情况进行讨论。工业反应器中各段催化剂实际装填量尚须计入不同反应系统催化剂的失活因素；操作中一般在催化剂使用初期各段进口温度低于最优化方案的计算值，随着各段催化剂逐渐失活，而相应提高进口温度以维持空时产率。

二、多段间接换热式各段始末温度及转化率的优化设计[1,2]

（一）催化床出口温度不受催化剂耐热温度限制的解析法求解

n 段间接换热式催化反应器设计最优化的目标函数是各段催化剂用量之和，即

$$V_{RT} = \sum_{i=1}^{n} V_{R_i} = \sum_{i=1}^{n} V_{S0,i} \tau_{0,i} \qquad (4-13)$$

对于多段间接换热式，各段反应气体标准状况下初始体积流量 $V_{S0,i}$ 都相等，故催化剂总用量 V_{RT} 是各段始末温度及转化率的多元函数。如果所选用的各段始末温度及转化率都是独立变量，则多元函数 V_{RT} 具有极小值的必要条件是 V_{RT} 对各独立变量的偏导数均等于零。

对于每一段绝热催化床，有进、出口转化率及进、出口温度四个变量，四者之间一定服从由热量衡算式所确定的关系[式（4-2）]，因此这四个变量中只有三个是独立变量。多段间接换热式的操作特征是上一段的出口转化率与下一段的进口转化率相等，因此，或取各段出口转化率作独立变量，或取各段进口转化率作独立变量，但第一段进口转化率和第 n 段出口转化率都是给定值。

根据上述对独立变量的分析，现取第一段至第 $n-1$ 段的出口主要反应组分 A 的转化率 $x_{A,1} \cdots x_{A,n-1}$（共 $n-1$ 个）和各段进口温度 $T_1 \cdots T_n$（共 n 个）作为独立变量，总共有 $2n-1$ 个独立变量。

因此，目标函数 V_{RT} 具有极小值的必要条件如下：

$$\left(\frac{\partial V_{RT}}{\partial x_{A,i}}\right)_{T_i, x_{A,j(j \neq i)}} = 0 \qquad (4-14)$$

（$x_{A,i}$ 及 $x_{A,j}$ 中 i，$j = 1$，$2 \cdots n-1$；T_i 中 $i = 1$，$2 \cdots n$）

$$\left(\frac{\partial V_{RT}}{\partial T_i}\right)_{x_{A,j}, T_{j(j \neq i)}} = 0 \qquad (4-15)$$

（$x_{A,i}$ 中 $i = 1$，$2 \cdots n-1$；T_i 和 T_j 中 i，$j = 1$，$2 \cdots n$）

$x_{A,i}$ 是第 i 段催化床的出口转化率，也是第 $i+1$ 段催化床的入口转化率，因此展开条件式（4-14）可得

$$\frac{\partial V_{RT}}{\partial x_{A,i}} = \frac{\partial V_{R,i}}{\partial x_{A,i}} + \frac{\partial V_{R,i+1}}{\partial x_{A,i}} = 0 \qquad (4-16)$$

式（4-16）是催化剂总用量最小的第一类条件式，共有 $n-1$ 个，它的意义是上一段催化床出口处的 $\dfrac{\partial V_{R,i}}{\partial x_{A,i}}$ 与下一段催化床入口处的 $\dfrac{\partial V_{R,i+1}}{\partial x_{A,i}}$ 的

绝对值相等。第 i 段所需催化床体积 $V_{R,i}$ 随该段出口转化率 $x_{A,i}$ 增大而增大，故 $\dfrac{\partial V_{R,i}}{\partial x_{A,i}}$ 为正值；第 $i+1$ 段所需催化床体积 $V_{R,i+1}$ 则随该段进口转化率 $x_{A,i}$ 增大而减小，故 $\dfrac{\partial V_{R,i+1}}{\partial x_{A,i}}$ 为负值。

第一类条件式确定了各段之间的间接换热过程。T_i 是第 i 段催化床的进口温度，因此展开条件式(4-15)可得

$$\frac{\partial V_{R,i}}{\partial T_i} = 0 \quad (i = 1,\ 2,\ \cdots,\ n) \tag{4-17}$$

式(4-17)是催化剂总用量最小的第二类条件式，共有 n 个，它的意义是所选定的各段出口转化率应使各个绝热段的催化床体积对进口温度的偏导数为零。

根据式(4-16)及式(4-17)，即可进行各段始末温度及转化率的最优化分配。其步骤如下：在某一假定的第一段进口温度 T_1 下作绝热操作线，根据第二类条件[式(4-17)]求得第一段的出口状态；再根据第一类条件[式(4-16)]可求得第二段进口状态；以此类推，至第 n 段出口处为止。若计算所得第 n 段出口转化率与所给定的第 n 段出口转化率不相符合，则说明第一段进口温度假设得不正确，需要重新假设 T_1 值，再行计算，直至计算所得第 n 段出口转化率与所给定的最终转化率相符合为止。

在工业生产情况下，大多数的催化剂都有一个活性温度范围，下限为起始活性温度，上限为耐热温度，如第一段进口温度低于起始活性温度，则催化剂的活性太低，反应速率太小，过程难以升温，如出口温度高于耐热温度，则催化剂将很快地失活。因此，必须根据催化剂的活性温度范围来确定第一段的进口温度 T_1，一般在催化剂使用初期，进口温度可选定为比起始活性温度稍高的数值，以便随着催化剂使用时间的增加，逐步提高进口温度。

如果根据催化剂的活性温度范围和使用期限而确定第一段进口温度 T_1，则 T_1 为定值，故 $dT_1 = 0$，即第二类条件式不适用于第一段，独立变量减少为 $2n-2$ 个，而独立的方程亦相应地减少到 $2n-2$ 个。此时，各段始末温度及转化率的最佳分配方案的求取方法如下：由第一段已确定的进口温度 T_1 作绝热操作线，暂时假定第一段出口转化率 x_{A1}；根据第一类条件及第一段的出口状态，即可确定第二段的进口状态；再根据第二类条件求得第二段的出口状态；如此重复计算，直至第 n 段的出口

状态。此时，再检查由此求得的第 n 段出口转化率与给定的最终转化率是否符合，如不符合，则说明第一段出口转化率假设得不对，应重新假设，直至所求得第 n 段出口转化率与所给定的最终转化率符合时为止。在试算过程中，若计算所得的第 n 段出口转化率偏低，则应提高所假定的第一段出口转化率。如果所选定的最终转化率太高，寻不到第 n 段出口转化率与所给定的最终转化率相符合的条件，那就是说按照所给的段数达不到如此高的最终转化率，因而上述联立方程无解。用试差法求解上述联立方程是相当麻烦的，段数越多，计算工作量越大，必须用计算机求解。

（二）催化床出口温度受耐热温度限制时的解析法求解[2]

如果所求的优化分配方案的各段的出口温度超过催化剂的耐热温度，则应服从耐热温度的限制。受耐热温度限制的各段出口温度的优化分配方案的解析法求解如下：

n 段间接换热式催化反应器，若各段出口温度都达到限制温度 T_{max}，则

$$T'_i = T_{max} = T_i + \Lambda_i(x_{A,i} - x_{A,i-1})$$

$$(i = 1, 2, \cdots n) \tag{4-18}$$

式中　T'_i——第 i 段的出口温度；

Λ_i——第 i 段催化床的绝热温升。

此时，整个催化床的独立变量减少为 $n-1$ 个，取各段出口转化率 $x_{A,i}(i=1,2,\cdots n-1)$ 为独立变量。目标函数 V_{RT} 具有极小值的必要条件如下

$$\left(\frac{\partial V_{RT}}{\partial x_{A,i}}\right)_{x_{j(j\neq i)}} = 0 \qquad (i, j = 1, 2\cdots n-1) \tag{4-19}$$

由式（4-18）可知各段的出口温度 T_i 是 $x_{A,i}$ 的函数，因此展开上式可得

$$\frac{\partial V_{RT}}{\partial x_{A,i}} = \frac{\partial V_{R,i}}{\partial x_{A,i}} + \frac{\partial V_{R,i+1}}{\partial x_{A,i}} + \frac{\partial V_{R,i}}{\partial T_i}\frac{\partial T_i}{\partial x_{A,i}} = 0 \tag{4-20}$$

由式（4-2）可得

$$\frac{\partial T_i}{\partial x_{A,i}} = -\Lambda_i \tag{4-21}$$

将式（4-21）代入式（4-20），最后可得

$$\frac{\partial V_{RT}}{\partial x_{A,i}} = \frac{\partial V_{R,i}}{\partial x_{A,i}} + \frac{\partial V_{R,i+1}}{\partial x_{A,i}} - \Lambda_i\left(\frac{\partial V_{R,i}}{\partial T_i}\right) = 0 \tag{4-22}$$

式(4-22)是 n 段出口温度都受到催化剂耐热温度限制时催化剂总用量最小的必要条件，符合此类条件的各段出口转化率即为最优分配方案。各段的出口转化率已确定后，各段的出口温度都达到限制温度 T_{max}，即各段的绝热操作线的末端点已定，各段的绝热温升值 Λ_i 均已知，因此，各段的绝热操作线随之而定，各段的进口温度只能是绝热操作线与段间的间接冷却线的交点。

如果 n 段间接换热式反应器中前面 n_1 段出口处都达到限制温度，而后面 $n-n_1$ 段的优化分配方案出口处都未达到限制温度，则前面 n_1 段采用有温度限制的优化分配方案的计算方法，即条件[式(4-22)]，而后面 $n-n_1$ 段按照不存在限制温度的最佳分配方案的计算方法，即条件[式(4-16)]和条件[式(4-17)]。

下面以日产 1000t 两段间接换热式氨合成反应器为例，说明各段始末温度及转化率优化分配方案的计算。

例 4-2 某日产氨1000t 两段间接换热式径向合成反应器，根据结构已知第一段径向床内径 0.45m，外径 0.98m，第二段径向床内径 0.30m，外径 1.00m。操作压力 19.25MPa，进口气体组成如下：$y_{NH_3}=0.0360$，$y_{H_2}=0.7127$，$y_{N_2}=0.2376$，$y_{CH_4}=0.0089$，$y_{Ar}=0.0048$。冷激气温度 130℃，进口气量(标准状态)373000m³/h。使用 A110-2 型铁系催化剂，粒度为 1.5~3.0mm，形状系数为 0.33，本征动力学方程用逸度表示，$k_{T0}=0.5881×10^{13}MPa^{0.5}s^{-1}$，活化能 $E_c=167.117kJ/mol$，该催化剂的限制温度为 510℃。单位床层体积的催化剂外表面积 $S_e=630$ m²/m³催化剂，催化剂孔隙率 θ 为 0.5，曲折因子为 2.50，床层空隙率 $\varepsilon=0.40$。第一段进口温度给定为 340℃，试求最少催化剂用量时各段进、出口温度及氨摩尔分率和催化床体积。计入内扩散影响，但不计入气流主体与催化剂外表面的相间传递过程。考虑到还原、中毒、老化等因素，计算内扩散有效因子时，本征反应速率还须乘以活性校正系数。计算时取第一段活性校正系数 $COR_1=0.55$，第二段 $COR_2=0.35$。氨合成反应热的计算见文献[3]。氨合成的反应热

$$\Delta H_R = [-23840.57 + (P-300.0)(1.08 + (P-300.0)) \times$$
$$(0.01305 \times (P-300.0)(0.83502 \times 10^{-5} + (P-300.0) \times$$
$$(0.65934 \times 10^{-7}))) + 4.5 \times (1391.0 - T)] \times 0.5556 \times 4.184 \text{ kJ/kmol}$$

式中，P 的单位是 atm，T 的单位是 K。

解：(1) 氨合成过程的物料衡算。氨合成反应是反应后摩尔数减

少的反应，反应前后气体组成以及氨分解基气体组成可以通过物料衡算来计算。取 N_{T0} 摩尔的氨分解基气体为基准，氨分解基气体混合物中氢、氮、甲烷及氩的摩尔分率分别用 $y_{H_2}^0$、$y_{N_2}^0$、$y_{CH_4}^0$ 及 y_{Ar}^0 来表示。反应后气体混合物共有 N_T mol，N_{NH_3} 为反应生成的氨量，mol。氨分解基与反应后气体组成的物料衡算，见表（例 4-2-1）。

表（例 4-2-1）　氨合成反应的物料衡算

组分	氨分解基		反应后	
	摩尔分率	摩尔	摩尔	摩尔分率
NH_3	0	0	N_{NH_3}	$y_{NH_3} = N_{NH_3}/N_T$
H_2	$y_{H_2}^0$	$N_{T0} y_{H_2}^0$	$N_{T0} y_{H_2}^0 - 1.5 N_{NH_3}$	$y_{H_2} = (N_{T0} y_{H_2}^0 - 1.5 N_{NH_3})/N_T$
N_2	$y_{N_2}^0$	$N_{T0} y_{N_2}^0$	$N_{T0} y_{N_2}^0 - 0.5 N_{NH_3}$	$y_{N_2} = (N_{T0} y_{N_2}^0 - 0.5 N_{NH_3})/N_T$
CH_4	$y_{CH_4}^0$	$N_{T0} y_{CH_4}^0$	$N_{T0} y_{CH_4}^0$	$y_{CH_4} = N_{T0} y_{CH_4}^0/N_T$
Ar	y_{Ar}^0	$N_{T0} y_{Ar}^0$	$N_{T0} y_{Ar}^0$	$y_{Ar} = N_{T0} y_{Ar}^0/N_T$
小计	1	N_{T0}	$N_T = N_{T0} - N_{NH_3}$	1

由 $y_{NH_3} = N_{NH_3}/N_T = N_{NH_3}/(N_{T0} - N_{NH_3})$，解得：

$$N_{NH_3} = N_{T0} y_{NH_3}/(1 + y_{NH_3}) \qquad (例 4-2-1)$$

$$N_T = N_{T0} - N_{NH_3} = N_{T0}/(1 + y_{NH_3}) \qquad (例 4-2-2)$$

$$y_{H_2} = (N_{T0} y_{H_2}^0 - 1.5 N_{NH_3})/N_T = y_{H_2}^0 (1 + y_{NH_3}) - 1.5 y_{NH_3}$$
$$(例 4-2-3)$$

$$y_{N_2} = (N_{T0} y_{N_2}^0 - 0.5 N_{NH_3})/N_T = y_{N_2}^0 (1 + y_{NH_3}) - 0.5 y_{NH_3}$$
$$(例 4-2-4)$$

$$y_{CH_4} = y_{CH_4}^0 (1 + y_{NH_3}) \qquad (例 4-2-5)$$

$$y_{Ar} = y_{Ar}^0 (1 + y_{NH_3}) \qquad (例 4-2-6)$$

（2）铁催化剂上氨合成反应动力学方程可用 Тёмкин[4] 方程及各组分的逸度表示，即：

$$r_{NH_3} = \frac{dN_{NH_3}}{dS} = k_{f1} f_{N_2} \frac{f_{H_2}^{1.5}}{f_{NH_3}} - k_{f2} \frac{f_{NH_3}}{f_{H_2}^{1.5}}$$

将上述动力学方程转换成氨分解基气体混合物中氢及氮的摩尔分率 $y_{H_2}^0$ 及 $y_{N_2}^0$ 和氨的瞬时摩尔分率 y_{NH_3} 的表达式。

　　动力学方程中 S 是催化剂的内表面积，由催化床体积 V_R、单位催化床体积中的催化剂内表面积 S_i 及标准接触时间 τ_0 间的关系可得，而标准接触时间 τ_0 即空间速率 V_{sp} 的倒数，空间速率简称空速，按标准状况初态反应气体混合物体积流率 V_{S0} 计算，可得：

$$dS = S_i dV_R = S_i V_{S0} d\tau_0 = S_i (22.4 N_{T0}) d\tau_0$$

式中，N_{T0} 为初态或氨分解基气体混合物的摩尔流量。

　　由于

$$N_{NH_3} = N_T y_{NH_3} = \frac{N_{T0}}{1 + y_{NH_3}} \cdot y_{NH_3} \qquad (例4-2-7)$$

$$dN_{NH_3} = \frac{N_{T0}}{(1 + y_{NH_3})^2} \cdot dy_{NH_3} \qquad (例4-2-8)$$

以上诸式代入动力学方程，可得：

$$\frac{dy_{NH_3}}{d\tau_0} = 22.4 S_i (1 + y_{NH_3})^2 \left[k_{f1} f_{N_2} \frac{f_{H_2}^{1.5}}{f_{NH_3}} - k_{f2} \frac{f_{NH_3}}{f_{H_2}^{1.5}} \right]$$

$$(例4-2-9)$$

按生成 1mol 氨来表达氨合成反应的化学计量系数关系式，可得：

$$\frac{k_{f1}}{k_{f2}} = K_f^2 \qquad (例4-2-10)$$

式中，K_f 为按逸度表示的生成 1mol 氨的平衡常数。最后可将氨合成反应动力学方程转换成为

$$\frac{dy_{NH_3}}{d\tau_0} = k_t (1 + y_{NH_3})^2 F_A \qquad (例4-2-11)$$

而

$$k_T = 22.4 S_i k_{f2} \qquad (例4-2-12)$$

$$F_A = \frac{K_f^2 (p\varphi_{N_2} y_{N_2})(p\varphi_{H_2} y_{H_2})^{1.5}}{p\varphi_{NH_3} y_{NH_3}} - \frac{p\varphi_{NH_3} y_{NH_3}}{(p\varphi_{H_2} y_{H_2})^{1.5}}$$

$$(例4-2-13)$$

式中，φ_{N_2}、φ_{H_2} 及 ϕ_{NH_3} 为组分 N_2、H_2 及 NH_3 的逸度系数。

　　以逸度计算的氨合成反应平衡常数 K_f 仅与温度有关，可采用下式计算[6]

$$\ln K_f = \ln \left(\frac{f_{NH_3}}{f_{H_2}^{1.5} f_{N_2}^{0.5}} \right) = -2.691122 \ln T + 4608.8543/T -$$

$$1.2708577 \times 10^{-4} T + 4.257164 \times 10^{-7} T^2 + 6.1937237$$

$$(例4-2-14)$$

根据热力学的基本关系式，K_f 的单位按物理大气压 atm 计，即式

（例4-3-14）中氨合成的 K_f 的单位是 atm^{-1}。

高压下 H_2-N_2-NH_3-CH_4-Ar 系统是非理想混合物，必须计入压力、温度和混合气体的组成对各组分逸度系数的影响[5]。

氨合成系统中各组分的逸度系数 φ_i 可采用 Beattie-Bridgeman 状态方程计算[5]

$$R_g T \ln \varphi_i = (B_{0i} - A_{0i}/R_g T - C_{0i}/T^3) P + \frac{P}{R_g T}(A_{0i}^{0.5} - sum)^2$$

$$（例4-2-15）$$

式中，$sum = \sum y_i (A_{0i})^{0.5}$，计算时包括甲烷及氩在内；压力 P 以物理大气压计，而 $R_g = 0.08206 atm \cdot m^3/(kmol \cdot K)$；对于 A110-2 铁系氨合成催化剂，式（例4-2-11）中 $k_T = 0.5881 \times 10^{13} \exp\left(-\frac{167.117}{8.314T}\right) MPa^{0.5}/s$。

各系数见表（例4-2-2）。

表（例4-2-2）　　**Beattie-Bridgeman 状态方程的参数**

组　　分	A_{0i}	B_{0i}	C_{0i}
H_2	0.1975	0.02096	6.0504×10^4
N_2	1.3445	0.05046	4.20×10^4
NH_3	2.3930	0.03415	476.87×10^4
CH_4	2.2769		
Ar	1.2907		

（3）两段间接换热式氨合成催化床优化计算：先按不受限制温度影响计算。二段式，第一段进口温度给定，共有 $2n-2=2$ 个独立变量，取第一段出口氨摩尔分率 $y_{NH_3,1}$ 及第二段入口温度 T_2 为独立变量。由式（4-16）及 $dV_R = V_{S0} d\tau_0$，考虑到宏观因素，可知最少催化剂用量的最优化设计即求解下述方程组

$$F_1 = \left(\frac{dy_{NH_3,1}}{d\tau_{0,1}}\right)_S \zeta_1 \cdot COR_1 - \left(\frac{dy_{NH_3,2}}{d\tau_{0,2}}\right)_S \zeta_2 \cdot COR_2 = 0$$

$$（例4-2-16）$$

$$F_2 = \frac{\partial V_{R2}}{\partial T_2} = 0 \qquad （例4-2-17）$$

式中，ζ_1 和 ζ_2 分别为第一段出口处和第二段进口处催化剂的内扩散有效因子，按关键单组分简化法求解[7]。应注意计入 COR 时，计算内扩散有效因子的本征反应速率的指前因子 $k_{T0} = COR \times 0.5881 \times 10^{13} MPa^{0.5}/s$。

按不受温度限制的解析解，编制程序，在计算机上求得结果如下：第一段进口气体温度 $t_1 = 340℃$，出口气体温度 516.4℃，$y_{NH_3,1} =$ 0.1487，$V_{R1} = 11.7367m^3$，第二段进口气体温度 371.7℃，出口气体温度 461.4℃，$y_{NH_3,2} = 0.2146$，$V_{R2} = 28.2115m^3$，催化床总体积 $V_R =$ 39.8582m³。经检查，第一段出口处：

$$\left(\frac{dy_{NH_3}}{d\tau_{0,1}}\right)_S \zeta_1 = COR_1 \times 0.5881 \times 10^{13} \times (1 + y_{NH_3})^2$$

$$\left(K_f^2 \frac{f_{H_2}^{1.5} f_{N_2}}{f_{NH_3}} - \frac{f_{NH_3}}{f_{N_2}^{1.5}}\right) \times \zeta_1 = 0.216 \times 0.9407 = 0.20319$$

第二段入口：

$$\left(\frac{dy_{NH_3}}{d\tau_{0,2}}\right)_S \zeta_2 = 0.205 \times 0.9960 = 0.20418$$

二者之相对差值为 $\frac{0.20319 - 0.20418}{0.20319} = 4.87 \times 10^{-3}$，$\frac{\partial V_{R2}}{\partial T_2} = -0.0907$。符合解联立方程组的精度要求，但第一段出口温度超过催化剂的限制温度 510℃。

为此，用出口温度受耐热温度限制的解析解法。此时，第一段进口温度及 $y_{NH_3,1}$ 给定，出口达到 510℃，则出口 $y_{NH_3,2}$ 亦确定。又减去一个独立变量，只有 $2n-2-1 = 1$ 个独立变量，即第二段进口温度 T_2，要符合的条件是 $\frac{\partial V_{R2}}{\partial T_2} = 0$。在计算机上求得结果如下：第一段出口处温度 508.4℃，$y_{NH_3,1} = 0.1432$，$V_{R1} = 10.2508m^3$；第二段进口处温度 368℃，出口处温度 465.3℃，$y_{NH_3,2} = 0.2144$，$V_{R2} = 30.6867m^3$，催化床总体积 $V_R = 40.9376m^3$。$\frac{\partial V_{R2}}{\partial T} = 0.00411$。床层中各参数沿半径的分布见表（例4-2-3）。

（三）直接搜索法求解

不论多段间接换热式催化反应器各段出口有无限制温度，都可用"直接搜索法"求解，以各段催化床体积之和作为目标函数，用 Powell 法或其他自动改变坐标及步长来寻求多维目标函数最佳化的直接搜索法在计算机上求解。如果目标函数不加约束条件，即为求解无限制温度的最佳分配方案。如果以各段出口温度不超过限制温度作为约束条件，即为求解存在限制温度的最佳分配方案，如果出现不满足约束条件的情况，作为"坏点"处理，这时将充分大的正数赋予目标函数，即目标函数加上一个以为惩罚项的惩罚函数。直接搜索法因此可以自行处理最佳分配方案是否受到限制温度的约束和哪几段受到约束的问题。

表(例 4-2-3)　　床层中各参数沿半径的分布

R_1/m	y_{NH_3}	$t/^\circ C$	$k_T/MPa^{0.5} \cdot s^{-1}$	$\left(\dfrac{dy_{NH_3}}{d\tau_0}\right)/s^{-1}$	ζ
第　一　段					
0.980	0.0360	340.0	0.6207	0.808	0.9432
0.927	0.0461	356.7	0.0497	0.876	0.9530
0.874	0.0567	374.1	0.1175	0.977	0.9587
0.821	0.0679	392.4	0.2763	1.108	0.9620
0.768	0.0800	411.6	0.6503	1.264	0.9638
0.715	0.0928	431.8	1.5131	1.430	0.9643
0.662	0.1060	452.3	3.3870	1.558	0.9633
0.609	0.1188	471.9	6.9390	1.563	0.9604
0.556	0.1298	488.5	12.240	1.370	0.9557
0.503	0.1380	500.6	18.050	1.034	0.9505
0.450	0.1432	508.4	22.820	0.700	0.9462
第　二　段					
1.000	0.1432	368.0	0.0519	0.202	0.9959
0.930	0.1524	381.0	0.0967	0.233	0.9956
0.860	0.1621	394.7	0.1821	0.266	0.9952
0.790	0.1722	408.7	0.3387	0.296	0.9947
0.720	0.1823	422.5	0.6073	0.313	0.9941
0.650	0.1917	435.2	1.0140	0.308	0.9933
0.580	0.1996	445.8	1.5310	0.277	0.9924
0.510	0.2056	453.8	2.0690	0.228	0.9915
0.440	0.2098	459.4	2.5340	0.178	0.9908
0.370	0.2126	463.0	2.8840	0.135	0.9902
0.300	0.2144	465.3	3.1260	0.104	0.9898

$$F(x) = \begin{cases} 0 & \text{出口温度} \leq \text{限制温度} \\ M(\text{充分大的正数}) & \text{出口温度} > \text{限制温度} \end{cases} \quad (4-23)$$

采用直接搜索法，由于多维空间的目标函数可能存在几个峰值，当初值不好时，可能只得到一个局部的好点，这时要搜索出最佳结果，必须采用不同的初值。

例 4-3　用直接搜索法求解存在限制温度510℃的二段径向氨合成催化床的最小催化床体积的操作参数，给定数据与例 4-2 相同。

解：按给定的数据编制第一段出口催化剂表面达限制温度 510℃ 时

二段催化床总体积的目标函数，独立变量是第二段进口温度 T_2。用 Powell 方法求得最小催化床总体积的各段操作参数如下。

第一段进口处：$y_{NH_3} = 0.0360$，$t = 340.0℃$。

第一段出口处：$y_{NH_3} = 0.1432$，$t = 508.3℃$，$V_{R1} = 10.2485 m^3$。

第二段进口处：$y_{NH_3} = 0.1432$，$t = 372.6℃$。

第二段出口处：$y_{NH_3} = 0.2145$，$t = 462.8℃$，$V_{R2} = 30.8001 m^3$。催化床总体积 $V_R = 41.0486 m^3$。

三、多段冷激式各段始末温度及转化率和段间冷激气量的优化设计

多段冷激式催化反应器具有下列特征：①冷激后下一段反应气体混合物的初始组成摩尔流量比上一段有所增加；②下一段的进口气体摩尔流量和组成决定于上一段出口气体摩尔流量和组成、段间冷激气体摩尔流量和冷激气组成之间的物料衡算式；③下一段的气体进口温度决定于上一段出口气体的温度，热容及摩尔流量和冷激气体的温度、热容及摩尔流量之间的热量衡算式。段间冷却过程还可以采用原料气冷激、非原料气冷激甚至部分采用间接换热式的多种形式。由于这些情况复杂，不论存在或不存在限制温度，多段冷激式最佳分配的解析法计算比多段间接换热式更烦，因此，建立目标函数（催化剂总用量）的数学模型，用直接搜索法求其极小值来求解比较方便。

现以最简单的情况，两段原料气冷激式氨合成反应器为例，讨论最佳分配的目标函数（催化剂总用量）的数学模型。

引用下列符号：

V_{S0}——进入氨合成反应器标准状况下氨分解基（即初态）反应气体体积流量（标准状态），m^3/s；

δ_1——第一及第二段间冷激气占总入塔气的分率；

y_{A1}、y'_{A1}、y_{A2} 及 y'_{A2}——一段进口、一段出口、二段进口及二段出口气体中氨的摩尔分率；

T_1、T'_1、T_2 及 T'_2——一段进口、一段出口、二段进口及二段出口处气体温度，K

T_0——冷激气温度，K；

N_{T1}、N'_{T1}、N_{T2}、N'_{T2}——一段进口、一段出口、二段进口及二段出口处反应气体摩尔流量，$kmol/s$；

N_C——冷激气摩尔流量，$kmol/s$；

V_{S0}、y_{A1} 和 y'_{A2} 是给定值。

第一段催化床体积 V_{R1} 可按下式计算

$$V_{R1} = V_{S0}(1 - \delta_1)\tau_{01} \qquad (4-24)$$

而第一段催化床标准接触时间 τ_{01} 是由反应速率在进、出口温度及组成区间按绝热操作条件积分而得，由于 y_{A1} 是给定值，

$$\tau_{01} = f(T_1, T'_1, y'_{A1}) \qquad (4-25)$$

第一段绝热催化床热量衡算式

$$T_1 - T_1 = \Lambda_1(y_{A1} - y_{A1}) \qquad (4-26)$$

而第一段绝热温升

$$\Lambda_1 = \frac{(-\Delta H_R)_{T_1}}{(1 + y_{A1})\overline{C}_{p1}} \qquad (4-27)$$

式中，$\overline{C}_{p1}$——氨分率为 y'_{A1} 的反应气体于 T_1 至 T'_1 温度区间的平均摩尔定压热容，kJ/(kmol·K)。

第一段和第二段间冷激过程中的热量衡算式

$$N_{T1}\overline{C}'_{p1}(T'_1 - T_2) - N_C\overline{C}_{p0}(T_2 - T_0) = 0 \qquad (4-28)$$

式中　$\overline{C}'_{p1}$——氨分率 y'_{A1} 的反应气体于 T'_1 至 T_2 温度区间的平均摩尔定压热容，kJ/(kmol·K)；

$\overline{C}_{p0}$——冷激气(氨分率 y_{A1})于 T_0 至 T_2 温度区间的平均摩尔定压热容，kJ/(kmol·K)。

冷激过程(不存在反应)中物料衡算式

$$N'_{T1}y'_{A1} + N_C y_{A1} = N_{T2}y_{A2} \qquad (4-29)$$

及

$$N'_{T1} + N_C = N_{T2} \qquad (4-30)$$

由于　$N_{T1} = \dfrac{V_{S0}(1 - \delta_1)}{22.4(1 + y_{A1})}$; $N'_{T1} = \dfrac{V_{S0}(1 - \delta_1)}{22.4(1 + y'_{A1})}$;

$$N_C = \frac{V_{S0}\delta_1}{22.4(1 + y_{A1})}; \quad N_{T2} = \frac{V_{S0}}{22.4(1 + y_{A2})}$$

可得　$\left(\dfrac{1 - \delta_1}{1 + y'_{A1}}\right)y'_{A1} + \left(\dfrac{\delta_1}{1 + y_{A1}}\right)y_{A1} = \left(\dfrac{1}{1 + y_{A2}}\right)y_{A2} \qquad (4-31)$

第一段出口处 T'_1 及 y'_{A1} 和冷激气分率 δ_1 确定后，则由式(4-28)及式(4-31)可确定第二段进口处 T_2、y_{A2} 及 N_{T2} 值。

第二段绝热催化床热量衡算式

$$T'_2 - T_2 = \Lambda_2(y'_{A2} - y_{A2}) \qquad (4-32)$$

而第二段绝热温升

$$\Lambda_2 = \frac{(-\Delta H_R)_{T_2}}{(1 + y_{A2})\overline{C}_{p2}} \qquad (4-33)$$

式中，$\overline{C}_{p2}$ 为氨分率 y'_{A2} 的反应气体于 T_2 至 T'_2 温度区间的平均摩尔定压热容，kJ/(kmol · K)。

第二段催化床体积

$$V_{R2} = V_0 \tau_{02} \qquad (4-34)$$

第二段催化床标准接触时间

$$\tau_{02} = f(T_2, \ T'_2, \ y'_{A2}) \qquad (4-35)$$

最后可得目标函数

$$V_{RT} = V_{R1} + V_{R2} \qquad (4-36)$$

除了给定值 V_{S0}、y_{A1} 和 y'_{A2} 外，二段冷激过程还有 9 个变量，即：y'_{A1}、y_{A2}、T_1、δ_1、T'_1、T_2 及 T'_2、τ_{01} 和 τ_{02}，有独立方程 6 个，即式（4-25）、式（4-26）、式（4-27）、式（4-31）、式（4-32）和式（4-35），还剩余三个独立变量。目标函数 V_{RT} 便是所选取的三个独立变量的函数，赋以初值后，在计算机上可以用直接搜索法求得数值解，如果存在最高操作温度的限制，则以各段出口温度不超过催化剂所允许的最高操作温度作为约束条件。

例 4-4　某日产 1000t 氨合成反应器，操作压力 14.5MPa，采用两段冷激催化床，进塔气体摩尔流量和气体组成、催化床直径及催化剂性能均与例 4-3 相同。试求：（1）第一段进口温度可变，（2）第二段进口温度指定为 390℃ 两种情况下，各段始末温度、氨摩尔分率及冷激气分率的优化设计。

解：（1）第一段进口温度 T_1 可变

如果第一段进口温度可变，则二段冷激式氨合成反应器共有三个独立变量。为了目标函数在计算机上运算方便，选用 T_1、冷激气分率 δ 及第一段催化床体积 V_{R1} 作为独立变量。由于催化床直径一定，选取第一段催化床高度 L_1 作变量，即相当第一段催化床体积作变量。

以 V_{RT} 作为目标函数，赋给独立变量 T_1、δ 及 L_1 以一定的初值，用直接搜索法，在计算机上获得下列搜索过程的中间结果及最后结果，列于表（例 4-4-1）。

由表中数据可见，对于所给定的工况，第一段及第二段的出口温度都未达到限制温度。

表(例 4-4-1)　t_1 可变时的中间结果及最终结果

	中　间　结　果				最终结果
$t_1/℃$	390	393.8	395.5	395.8	397.1
$t'_1/℃$	504.6	507.5	508.8	500.3	503.6
y'_{A1}	0.09593	0.09534	0.09501	0.0889	0.0902
V_{R1}/m^3	20.774	20.400	20.224	17.20	17.380
L_1/m	5.00	4.91	4.876	4.140	4.183
δ	0.300	0.294	0.292	0.2501	0.2656
y_{A2}	0.07222	0.07225	0.07222	0.0710	0.0708
$t_2/℃$	396.4	400.5	402.5	411.4	408.2
$t'_2/℃$	464.3	468.4	470.4	481.1	478.2
V_{R2}/m^3	42.566	41.565	41.249	42.57	42.013
L_2/m	10.245	10.004	9.928	10.246	10.112
V_{RT}/m^3	63.340	61.965	61.473	59.77	59.393

给定值：$N_{T1} = 27700 kmol/h$，$T_{max} = 510℃$，$y_{A1} = 0.027$，$y'_{A1} = 0.1200$；

初值：$t_1 = 390℃$，$\delta = 0.300$，$L_1 = 5m$。

（2）第一段进口温度指定为 390℃

如果第一段进口温度指定为 390℃，则独立变量减少为 2 个。赋给初值如下：$\delta = 0.300$，$L_1 = 5m$，则搜索过程中的中间结果及最后结果，列于表(例 4-4-2)。

表(例 4-4-2)　t_1 指定时的中间结果及最终结果

	中　间　结　果				最终结果
$t_1/℃$	390	390	390	390	390
$t'_1/℃$	504.6	497.6	500.2	500.2	497.5
y'_{A1}	0.09593	0.09107	0.09287	0.9286	0.09103
V_{R1}/m^3	20.774	18.193	20.437	20.164	19.093
L_1/m	5.00	4.379	40919	4.853	4.595
δ	0.300	0.2836	0.235	0.2451	0.2474
y_{A2}	0.07222	0.07014	0.075	0.0242	0.07274
$t_2/℃$	396.4	397.3	416.6	413.0	410.1
$t'_2/℃$	464.3	468.3	480.4	478.0	477.3
V_{R2}/m^3	42.566	43.356	39.570	39.547	40.571
L_2/m	10.245	10.425	9.524	9.518	9.765
V_{RT}/m^3	63.340	61.549	60.00711	59.711	59.664

对于所给定的工况，第一及第二段的出口温度都未达到限制温度。

由例 4-3 和例 4-4 所列直接搜索过程中的部分中间结果，可见氨合成反应器当待求的各段始末温度及氨摩尔分率在一定的范围内波动，所需催化床总体积变化甚少。

四、多段球形催化床甲醇合成反应器的非均相数学模型及优化设计[8]

由于甲醇需求量的飞速发展，不断出现多种形式的大型甲醇合成反应器，Hartig 等[9] 提出了三个球形串联反应器甲醇生产装置，见图4-5。

新鲜气和循环气混合后经换热器加热进入第一球形反应器，反应后气体经中压蒸汽锅炉回收蒸汽，再进入第二球形反应器，反应后气体再经中压蒸汽锅炉后进入第三球形反应器，流出的气体经换热器冷却后，在甲醇分离器分离得到粗甲醇。球形反应器如图 4-6 所示。由具有拱顶的耐压球壳所组成，催化剂填装在内、外多孔壳体之间。气体流入进口后，在球壳的环隙中流动，经外多孔壳体进入催化层，反应后气体流经内多孔球壳后，由拱顶气体出口管流出。气体在球形反应器中向心流动，流通截面积大，流道短，具有床层压降小的特点，但流通截面积由外向里不断减少；各反应器之间设有中压蒸汽锅炉移走反应热，避免了由于冷激使转化率下降的不利因素。气体径相流动均布采用内、外多孔球壳开孔调节技术。

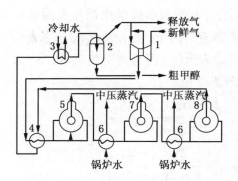

图 4-5　3 个球形反应器串联生产
甲醇装置流程简图
1—循环压缩机；2—甲醇分离器；3—水冷却器；
4—换热器；5—第一反应器；6—中压蒸汽锅炉；
7—第二反应器；8—第三反应器

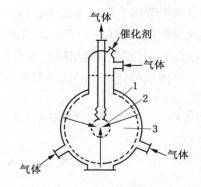

图 4-6　球形反应器
1—外多孔球壳；2—内多孔球壳；
3—催化剂床层

（一）催化床非均相数学模型

CO、CO_2 加氢合成甲醇是一个多组分多重反应系统，选 CO 加氢和 CO_2 加氢合成甲醇平行反应为独立反应，CO 和 CO_2 为关键组分。由于气体径向流动，流道截面大，线速度小，需计及气相及催化剂外表面之间的质量、热量传递过程对甲醇合成总体速率的影响，同时甲醇合成反应受催化剂颗粒内扩散过程的影响，需考虑内扩散有效因子。因此球形甲醇合成反应器模型采用一维非均相数学模型。设球形反应器催化床的内半径为 R_1，外半径为 R_2，假定径向流动分布均匀，流动中无沟流短路，不存在返混。在催化床中取一半径为 R、厚度为 dR 的微元壳体，分别对气相和催化剂颗粒进行物料和热量衡算。

物料衡算　气相

$$- \mathrm{d}N_{\mathrm{CO,g}} = 4\pi R^2 \mathrm{d}R k_{g,\mathrm{CO}} S_e (c_{\mathrm{CO,g}} - c_{\mathrm{CO,s}}) \qquad (4-37)$$

$$- \mathrm{d}N_{\mathrm{CO_2,g}} = 4\pi R^2 \mathrm{d}R k_{g,\mathrm{CO_2}} S_e (c_{\mathrm{CO_2,g}} - c_{\mathrm{CO_2,s}}) \qquad (4-38)$$

固相

$$\rho_{\mathrm{b}} COR \zeta_{\mathrm{CO,s}} r_{\mathrm{CO,s}} = k_{g,\mathrm{CO}} S_e (c_{\mathrm{CO,g}} - c_{\mathrm{CO,s}}) \qquad (4-39)$$

$$\rho_{\mathrm{b}} COR \zeta_{\mathrm{CO_2,s}} r_{\mathrm{CO_2,s}} = k_{g,\mathrm{CO_2}} S_e (c_{\mathrm{CO_2,g}} - c_{\mathrm{CO_2,s}}) \qquad (4-40)$$

热量衡算　气相

$$- N_{\mathrm{T}} C_p \mathrm{d}T_g = 4\pi R^2 \mathrm{d}R \alpha_s S_e (T_s - T_g) \qquad (4-41)$$

固相

$$\rho_{\mathrm{b}} COR [\zeta_{\mathrm{CO,s}} r_{\mathrm{CO,s}} (-\Delta H_{\mathrm{CO}}) + \zeta_{\mathrm{CO_2,s}} r_{\mathrm{CO_2,s}}$$

$$(-\Delta H_{\mathrm{CO_2}})] = \alpha_s S_e (T_s - T_g) \qquad (4-42)$$

式中 ρ_{b} 及 COR 分别为催化床的堆密度及活性校正系数；$r_{\mathrm{CO,s}}$ 及 $r_{\mathrm{CO_2,s}}$ 分别表示按催化剂颗粒外表面气体组成及温度 T_g 计算的 CO 和 CO_2 加氢合成甲醇的本征反应速率；$\zeta_{\mathrm{CO,s}}$ 及 $\zeta_{\mathrm{CO_2,s}}$ 分别表示按催化剂外表面组成及温度计算的 CO 和 CO_2 加氢的内扩散有效因子；$k_{g,\mathrm{CO}}$ 及 $k_{g,\mathrm{CO_2}}$ 分别表示 CO 和 CO_2 的气-固相间传质系数；α_s 表示气-固相间给热系数；S_e 为单位体积催化床中的催化剂颗粒的外表面积。

由于

$$N_{\mathrm{CO}} = N_{\mathrm{T}} y_{\mathrm{CO}} = N_{\mathrm{T,in}} y_{\mathrm{CO}} \frac{1 - 2y_{\mathrm{CO,in}} - 2y_{\mathrm{CO_2,in}}}{1 - 2y_{\mathrm{CO}} - 2y_{\mathrm{CO_2}}}$$

$$N_{\mathrm{CO_2}} = N_{\mathrm{T}} y_{\mathrm{CO_2}} = N_{\mathrm{T,in}} y_{\mathrm{CO_2}} \frac{1 - 2y_{\mathrm{CO,in}} - 2y_{\mathrm{CO_2,in}}}{1 - 2y_{\mathrm{CO}} - 2y_{\mathrm{CO_2}}}$$

$$\mathrm{d}N_{\mathrm{CO}} = DD [(1 - 2y_{\mathrm{CO_2}}) \mathrm{d}y_{\mathrm{CO}} + 2y_{\mathrm{CO}} \mathrm{d}y_{\mathrm{CO_2}}]$$

$$\mathrm{d}N_{\mathrm{CO_2}} = DD [(1 - 2y_{\mathrm{CO}}) \mathrm{d}y_{\mathrm{CO_2}} + 2y_{\mathrm{CO_2}} \mathrm{d}y_{\mathrm{CO}}]$$

式中

$$DD = N_{\mathrm{T,in}} \frac{1 - 2y_{\mathrm{CO,in}} - 2y_{\mathrm{CO_2,in}}}{(1 - 2y_{\mathrm{CO}} - 2y_{\mathrm{CO_2}})^2}$$

整理式(4-37)~式(4-42)，得

$$\frac{\mathrm{d}y_{\mathrm{CO,g}}}{\mathrm{d}R} = - \frac{4\pi R^2 \rho_{\mathrm{b}} COR (1 - 2y_{\mathrm{CO,g}}) \zeta_{\mathrm{CO,s}} r_{\mathrm{CO,s}} - 2y_{\mathrm{CO,g}} \zeta_{\mathrm{CO_2,s}} r_{\mathrm{CO_2,s}}}{1 - 2y_{\mathrm{CO,g}} - 2y_{\mathrm{CO_2,g}}}$$

$$(4-43)$$

$$\frac{\mathrm{d}y_{\mathrm{CO_2,g}}}{\mathrm{d}R} = -\frac{4\pi R^2 \rho_{\mathrm{b}} COR(1 - 2y_{\mathrm{CO_2,g}})\zeta_{\mathrm{CO_2,s}}r_{\mathrm{CO_2,s}} - 2y_{\mathrm{CO_2,g}}\zeta_{\mathrm{CO,s}}r_{\mathrm{CO,s}}}{1 - 2y_{\mathrm{CO,g}} - 2y_{\mathrm{CO_2,g}}}$$

$$(4-44)$$

$$-\frac{\mathrm{d}T_{\mathrm{g}}}{\mathrm{d}R} = \frac{4\pi R^2 \rho_{\mathrm{b}} COR}{N_{\mathrm{T}} C_p}[\zeta_{\mathrm{CO,s}}r_{\mathrm{CO,s}}(-\Delta H_{\mathrm{CO}}) + \zeta_{\mathrm{CO_2,s}}r_{\mathrm{CO_2,s}}(-\Delta H_{\mathrm{CO_2}})]$$

$$(4-45)$$

$$\rho_{\mathrm{b}} COR\zeta_{\mathrm{CO,s}}r_{\mathrm{CO,s}} = k_{\mathrm{g,CO}}S_{\mathrm{e}}\frac{P}{ZR_{\mathrm{g}}}\left(\frac{y_{\mathrm{CO,g}}}{T_{\mathrm{g}}} - \frac{y_{\mathrm{CO,s}}}{T_{\mathrm{s}}}\right) \qquad (4-46)$$

$$\rho_{\mathrm{b}} COR\zeta_{\mathrm{CO_2,s}}r_{\mathrm{CO_2,s}} = k_{\mathrm{g,CO_2}}S_{\mathrm{e}}\frac{P}{ZR_{\mathrm{g}}}\left(\frac{y_{\mathrm{CO_2,g}}}{T_{\mathrm{g}}} - \frac{y_{\mathrm{CO_2,s}}}{T_{\mathrm{s}}}\right) \qquad (4-47)$$

$$\rho_{\mathrm{b}} COR[\xi_{\mathrm{CO,s}}r_{\mathrm{CO,s}}(-\Delta H_{\mathrm{CO}}) + \xi_{\mathrm{CO_2,s}}r_{\mathrm{CO_2,s}}(-\Delta H_{\mathrm{CO_2}})] = \alpha_{\mathrm{s}}S_{\mathrm{e}}(T_{\mathrm{s}} - T_{\mathrm{g}})$$

$$(4-48)$$

式中，Z 为混合气体的压缩因子。

　　式(4-43)～式(4-48)表征甲醇合成球形反应器催化床的一维非均相模型。式(4-43)、式(4-44)及式(4-45)为一阶常微分方程组，用龙格－库塔法求解；式(4-46)～式(4-48)是由气相主体中 $y_{\mathrm{CO,g}}$，$y_{\mathrm{CO_2,g}}$，T_{g} 求催化剂颗粒外表面 $y_{\mathrm{CO,s}}$，$y_{\mathrm{CO_2,s}}$，T_{s} 的方程组，由改进牛顿法求解。联立求解上述六个方程，可得气相主体中和颗粒外表面气体组成、温度随催化床径向距离的分布。

　　（二）甲醇合成反应本征动力学方程和平衡常数

　　在 C301 催化剂上 CO、CO_2 加氢合成甲醇以逸度 f_{CO}、$f_{\mathrm{CO_2}}$、$f_{\mathrm{H_2}}$、f_{m} 表示的本征动力学方程[10] 为

$$r_{\mathrm{CO}} = -\frac{\mathrm{d}N_{\mathrm{CO}}}{\mathrm{d}W} = \frac{k_1 f_{\mathrm{CO}} f_{\mathrm{H_2}}^2 (1 - f_{\mathrm{m}}/K_{\mathrm{f1}} f_{\mathrm{CO}} f_{\mathrm{H_2}}^2)}{(1 + K_{\mathrm{CO}} f_{\mathrm{CO}} + K_{\mathrm{CO_2}} f_{\mathrm{CO_2}} + K_{\mathrm{H_2}} f_{\mathrm{H_2}})^3}, \quad \mathrm{kmol/(kg \cdot h)}$$

$$(4-49)$$

$$r_{\mathrm{CO_2}} = -\frac{\mathrm{d}N_{\mathrm{CO_2}}}{\mathrm{d}W} = \frac{k_2 f_{\mathrm{CO_2}} f_{\mathrm{H_2}}^3 (1 - f_{\mathrm{m}} f_{\mathrm{H_2O}}/K_{\mathrm{f2}} f_{\mathrm{CO_2}} f_{\mathrm{H_2}}^3)}{(1 + K_{\mathrm{CO}} f_{\mathrm{CO}} + K_{\mathrm{CO_2}} f_{\mathrm{CO_2}} + K_{\mathrm{H_2}} f_{\mathrm{H_2}})^4}, \quad \mathrm{kmol/(kg \cdot h)}$$

$$(4-50)$$

式中反应速率常数：

$$k_1 = 0.784 \times 10^5 \exp(-67111/R_{\mathrm{g}}T);$$

$$k_2 = 0.3217 \times 10^9 \exp(-105790/R_{\mathrm{g}}T)$$

动力学方程中参数：

$$K_{CO} = \exp\left[-6.549 - 13090\left(\frac{1}{T} - \frac{1}{\overline{T}}\right)\right];$$

$$K_{CO_2} = \exp\left[-3.398 + 2257\left(\frac{1}{T} - \frac{1}{\overline{T}}\right)\right];$$

$$K_{H_2} = \exp\left[-1.493 - 1585\left(\frac{1}{T} - \frac{1}{\overline{T}}\right)\right];\quad \overline{T} = 508.9K_{\circ}$$

CO 及 CO$_2$ 加 H$_2$ 合成甲醇的反应平衡常数 K_{f1} 及 K_{f2} 按下列二式计算[11]。

$$K_{f1} = \frac{f_m^*}{f_{CO}^*(f_{H_2}^*)^2} = \exp\left[\begin{array}{l} 13.1652 + \dfrac{9203.26}{T} - 5.92839\ln T \\ -0.352404 \times 10^{-2}T + 0.102264 \times 10^{-4}T^2 \\ -0.769446 \times 10^{-8}T^3 + 0.238583 \times 10^{-11}T^4 \end{array}\right]$$

$$\times (0.101325)^{-2} \qquad\qquad (4-51)$$

$$K_{f2} = \frac{f_m^* f_{H_2O}^*}{f_{CO}^*(f_{H_2}^*)^3} = \exp\left[\begin{array}{l} 1.6654 + \dfrac{4553.34}{T} - 2.72613\ln T \\ -1.422914 \times 10^{-2}T + 0.172060 \times 10^{-4}T^2 \\ -1.106294 \times 10^{-8}T^3 + 0.319698 \times 10^{-11}T^4 \end{array}\right]$$

$$\times (0.101325)^{-2} \qquad\qquad (4-52)$$

式中，K_{f1} 及 K_{f2} 的单位是 MPa^{-2}，上标"$*$"表示平衡状态，下标"m"表示甲醇。

各组分的逸度用 SHBWR 状态方程计算，在 $P = 1 \sim 12$MPa，$210 \sim 280℃$工况下，回归得各组分的逸度系数的表达式如下[12]：

$$\varphi_{CO} = \exp\left[\left(-0.09326 + \frac{189.156}{T} - \frac{399940}{T^3} - \frac{181.527y_{CO}}{T}\right.\right.$$
$$\left.\left. + \frac{140.001y_{CO}^2}{T}\right)\frac{P}{0.101325T}\right] \qquad (4-53)$$

$$\varphi_{CO_2} = \exp\left[\left(-0.343605 + \frac{428.452}{T} - \frac{6.92177 \times 10^7}{T^3} - \frac{327.402y_{CO_2}}{T}\right.\right.$$
$$\left.\left. + \frac{374.954y_{CO_2}^2}{T}\right)\frac{P}{0.101325T}\right] \qquad (4-54)$$

$$\varphi_{H_2} = \exp\left[\left(0.110785 + \frac{35.3324}{T} - \frac{5005.74}{T^2} - \frac{19.6109y_{H_2}}{T}\right.\right.$$
$$\left.\left. - \frac{20.9799y_{H_2}^2}{T}\right)\frac{P}{0.101325T}\right] \qquad (4-55)$$

$$\varphi_{\mathrm{CH_3OH}} = \exp\left[\left(-1.49696 + \frac{9917.85}{T} - \frac{10^8}{T^3} - \frac{792.109y_{\mathrm{CH_3OH}}}{T}\right.\right.$$

$$\left.\left.- \frac{803.4y_{\mathrm{CH_3OH}}^2}{T}\right)\frac{P}{0.101325T}\right] \qquad (4-56)$$

$$\varphi_{\mathrm{H_2O}} = \exp\left[\left(-1.78527 + \frac{1408.49}{T} - \frac{1.83959\times10^8}{T^3} - \frac{3648.32y_{\mathrm{H_2O}}}{T}\right.\right.$$

$$\left.\left.- \frac{3116.5y_{\mathrm{H_2O}}^2}{T}\right)\frac{P}{0.101325T}\right] \qquad (4-57)$$

（三）催化剂内扩散有效因子

催化剂内扩散效率因子采用关键组分模型计算。由于反应的热效应不太大，催化剂颗粒内按等温处理，ϕ5mm×5mm 圆柱状颗粒按等比外表面积的球体计算，有效扩散系数考虑分子扩散和努森扩散。对半径 R_p 的球形催化剂在距中心 R 处取厚度为 dR 的微元壳体，作关键组分 CO、CO_2 同时扩散与反应的物料衡算，并令比半径 $x = R/R_p$，可得：

$$\frac{\mathrm{d}^2y_{\mathrm{CO}}}{\mathrm{d}x^2} + \frac{2}{x}\frac{\mathrm{d}y_{\mathrm{CO}}}{\mathrm{d}x} = \frac{R_p^2 Z R_g T_p}{P D_{\mathrm{eff,CO}}(1-\varepsilon)}r_{\mathrm{CO}} \qquad (4-58)$$

$$\frac{\mathrm{d}^2y_{\mathrm{CO_2}}}{\mathrm{d}x^2} + \frac{2}{x}\frac{\mathrm{d}y_{\mathrm{CO_2}}}{\mathrm{d}x} = \frac{R_p^2 Z R_g T_p}{P D_{\mathrm{eff,CO_2}}(1-\varepsilon)}r_{\mathrm{CO_2}} \qquad (4-59)$$

边界条件为　$x=1$ 时　$y_{\mathrm{CO}}=y_{\mathrm{CO,s}}$,　　$y_{\mathrm{CO_2}}=y_{\mathrm{CO_2,s}}$,

$x=0$ 时　$\mathrm{d}y_{\mathrm{CO}}/\mathrm{d}x=0$,　$\mathrm{d}y_{\mathrm{CO_2}}/\mathrm{d}x=0$

式中，$D_{\mathrm{eff,CO}}$ 和 $D_{\mathrm{eff,CO_2}}$ 分别表示一氧化碳和二氧化碳在催化剂中的有效扩散系数。

式（4-58）及式（4-59）用正交配置法求解[8]。由颗粒外表面的浓度梯度 $\left(\dfrac{\mathrm{d}y_{\mathrm{CO}}}{\mathrm{d}x}\right)_s$ 及 $\left(\dfrac{\mathrm{d}y_{\mathrm{CO_2}}}{\mathrm{d}x}\right)_s$，可计算催化剂的内扩散有效因子 $\zeta_{\mathrm{CO,s}}$ 及 $\zeta_{\mathrm{CO_2,s}}$。

$$\zeta_{\mathrm{CO,s}} = \frac{3PD_{\mathrm{eff,CO}}(1-\varepsilon)}{R_p^2 Z R_g T\rho_b r_{\mathrm{CO,s}}}\left(\frac{\mathrm{d}y_{\mathrm{CO}}}{\mathrm{d}x}\right)_s \qquad (4-60)$$

$$\zeta_{\mathrm{CO_2,s}} = \frac{3PD_{\mathrm{eff,CO_2}}(1-\varepsilon)}{R_p^2 Z R_g T\rho_b r_{\mathrm{CO_2,s}}}\left(\frac{\mathrm{d}y_{\mathrm{CO_2}}}{\mathrm{d}x}\right)_s \qquad (4-61)$$

（四）气-固相间传质系数和给热系数

组分 i 气-固相间传质系数 $k_{\mathrm{g},i}$ 和给热系数 α 分别采用固定床中流体与颗粒外表面间的传质 J 因子 J_{D}[13] 和传热 J 因子 J_{H}[14] 关联式计算，即：

$$\varepsilon J_{\mathrm{D}} = \varepsilon\frac{k_{gi}\rho_{\mathrm{f}}}{G}\left(\frac{\mu_{\mathrm{g}}}{\rho_{\mathrm{f}}D_{\mathrm{B}}}\right)^{2/3} = \frac{0.765}{Re_p^{0.82}} + \frac{0.365}{Re_p^{0.386}} \qquad (4-62)$$

式(4-60)中 Re_p 的适用范围为 0.01~5000。

$$\varepsilon J_{\mathrm{H}} = \varepsilon \frac{\alpha_{\mathrm{s}} M_{\mathrm{m}}}{G C_{pm}} \left(\frac{\mu_{\mathrm{g}} C_{pm}}{\lambda_{\mathrm{f}} M_{\mathrm{m}}} \right)^{2/3} = \frac{2.876}{Re_p} + \frac{0.3023}{Re_p^{0.35}} \qquad (4-63)$$

式中　ε——床层空隙率；

$\quad G$——气体混合物的质量流率，kg/(m²·h)；

$\quad M_{\mathrm{m}}$——气体混合物的摩尔质量，kg/kmol；

$\quad \rho_{\mathrm{f}}$——气体混合物的密度，kg/m³；

$\quad D_{\mathrm{B}}$——分子扩散系数(按 CO 与 CO₂ 在气体混合物中的分子扩散系
数的算术平均值计算)，m²/h；

$\quad \mu_{\mathrm{g}}$——气体混合物的粘度，kg/(m·h)；

$\quad C_{pm}$——气体混合物的摩尔定压热容，kJ/(kmol·K)；

$\quad \lambda_{\mathrm{f}}$——气体混合物的导热系数，kJ/(m·h·K)；

$\quad \rho_{\mathrm{f}}$、D_{B}、η_{g}、C_{pm}、λ_{f} 均按膜温进行计算。

式(4-61)中 Re_p 的适用范围为 10~15000。

上列二式中　　　　$$Re_p = \frac{D_p G}{\mu_{\mathrm{g}}} \qquad (4-64)$$

式中　D_p——与圆柱形催化剂颗粒等外表面积的球体直径，m。

（五）优化设计

对于球形反应器串联生产装置，在第一反应器进口气体组成、气量、进口温度、操作压力一定情况下，要达到某一产量，有一组优化的操作条件，此时催化床的总体积最小。当选取各个球形反应器尺寸相同时，设备制造简单。由此，对于 n 个球形反应器，优化设计的目标函数为：

$$F = \sum_{i=1}^{n} V_i = \frac{4}{3} \pi (R_2^3 - R_1^3) n \qquad (4-65)$$

式中，R_1 及 R_2 分别是催化床外内径及外半径。

当球形反应器催化床内径一定时，影响球形反应器催化床体积的因素包括催化床外径、进出口气体流量，气体进出口温度及组成。由于各反应器间是间接换热过程，第 i 个反应器出口气体组成、流量即为第 $i+1$ 个反应器进口气体组成、流量。n 个反应器串联装置，存在 $n-1$ 个独立变量。当 $n=3$ 时，独立变量为 2，即为第二和第三反应器气体进口温度。独立变量确定后，用直接搜索法优化设计催化床体积。在优化设计中，各床层的温度不得超过催化剂的耐热温度，由此，优化设计是有约束的最优化问题。

例 4-5　采用 3 个球形反应器串联的甲醇生产装置，操作压力 5MPa，第 1 反应器进口气体流量(标准状态)为 $1.8 \times 10^5 \mathrm{m}^3/\mathrm{h}$，进口气体组成：$y_{CO}$ 0.1053，y_{CO_2} 0.0316，y_{H_2} 0.7640，y_m 0.0055，y_{H_2O} 0.0002，y_{CH_4} 0.0435，y_{N_2} 0.0499，反应器装填 C301 铜基甲醇合成催化剂，粒度 ϕ5mm×5mm。装置生产能力为年产甲醇 100kt。

解： 反应热与温度的关系计算如下，5MPa 操作压力下压力对反应热的影响可不计入[11]：

$$\Delta H_{R,CO} = \begin{bmatrix} -18288.6 - 11.7808T - 0.700294 \times 10^{-2}T^2 \\ + 0.406434 \times 10^{-4}T^3 - 0.458711 \times 10^{-7}T^4 \\ + 0.189644 \times 10^{-10}T^5 \end{bmatrix}$$
$$\times 4.184 \quad kJ/kmol \qquad\qquad (例4-5-1)$$

$$\Delta H_{R,CO_2} = \begin{bmatrix} -9048.33 - 5.4173T - 0.028276T^2 \\ + 0.682828 \times 10^{-4}T^3 - 0.659575 \times 10^{-4}T^4 \\ + 2.541207 \times 10^{-11}T^5 \end{bmatrix}$$
$$\times 4.184 \quad kJ/kmol \qquad\qquad (例4-5-2)$$

加压下混合气体的摩尔定压热容 C_{pm} 按式 $C_{pm} = \sum y_i C_{pi}$ 计算，而 C_{pi} 是组分 i 在系统温度及分压 p_i 下的摩尔定压热容。加压下 H_2、CO、CO_2、H_2O、N_2 甲烷及甲醇的摩尔定压热容与温度（K）、压力（MPa）的关系如下：

$$C_{p,H_2} = \left[6.8712 + 0.03135(T/100) + 0.14138 \times 10^{-2}\left(\frac{p_{H_2}}{0.101325}\right) \right.$$
$$\left. - 0.6 \times 10^{-6}\left(\frac{p_{H_2}}{0.101325}\right)^2 + 0.1603 \times 10^{-2}\left(\frac{p_{H_2}}{0.101325}\right)(T/100) \right]$$
$$\times 4.184 \quad kJ/(kmol \cdot K) \qquad\qquad (例4-5-3)$$

$$C_{p,N_2} = [4.23329 - 0.4145(T/100) + 0.072309(T/100)^2 - 0.34116 \times 10^{-2}$$
$$(T/100)^3 + 0.57726 \times 10^{-2}\left(\frac{p_{N_2}}{0.101325}\right) - 0.7404 \times 10^{-3}\left(\frac{p_{N_2}}{0.101325}\right)$$
$$(T/100)] \times 4.184 \quad kJ/(kmol \cdot K) \qquad\qquad (例4-5-4)$$

$$C_{p,CO} = [3.86771 - 0.23279(T/100) + 0.046135(T/100)^2 - 0.2186 \times 10^{-2}$$
$$(T/100)^3 + 0.42112 \times 10^{-2}\left(\frac{p_{CO}}{0.101325}\right) - 0.4694 \times 10^{-3}$$
$$\left(\frac{p_{CO}}{0.101325}\right)(T/100)] \times 4.184 \quad kJ/(kmol \cdot K) \qquad (例4-5-5)$$

$$C_{p,CO_2} = [3.18266 + 0.53754(T/100) - 0.020125(T/100)^2$$
$$+ 0.018520\left(\frac{p_{CO_2}}{0.101325}\right) - 0.22009 \times 10^{-2}\left(\frac{p_{CO_2}}{0.101325}\right)(T/100)$$

$$\times 4.184 \quad kJ/(kmol \cdot K) \qquad (例 4-5-6)$$

$$C_{p,H_2O} = [0.65765 - 0.049712(T/100) + 0.5269 \times 10^{-3}(T/100)^3$$

$$+ 0.020739 \times \left(\frac{p_{H_2O}}{0.101325}\right) - 0.27123 \times 10^{-2}\left(\frac{p_{H_2O}}{0.101325}\right)(T/100)]$$

$$\times 18.0513 \times 4.184 \quad kJ/(kmol \cdot K) \qquad (例 4-5-7)$$

$$C_{p,CH_4} = [6.576448 + 0.25003(T/100) + 0.18246(T/100)^2 + 0.012199$$

$$\left(\frac{p_{CH_4}}{0.101325}\right) - 0.010076(T/100)^3 - 0.12492 \times 10^{-2}\left(\frac{p_{CH_4}}{0.101325}\right)$$

$$(T/100)] \times 4.184 \quad kJ/(kmol \cdot K) \qquad (例 4-5-8)$$

$$C_{p,CH_3OH} = [469.61 - 292.23(T/100) + 60.231(T/100)^2 + 10.982$$

$$\left(\frac{p_{CH_3OH}}{0.101325}\right) - 3.9840(T/100)^3 + 0.024236\left(\frac{p_{CH_3OH}}{0.101325}\right)^2 - 2.2354$$

$$\left(\frac{p_{CH_3OH}}{0.101325}\right)(T/100)] \times 4.184 \quad kJ/(kmol \cdot K) \qquad (例 4-5-9)$$

甲醇合成系统中以 y_{CO} 和 y_{CO_2} 为自变量的物料衡算关系如下：

以 $N_{T,in}$ 和 N_T 分别表示进口的和瞬间的混合气体摩尔流量，kmol/h。$y_{i,in}$ 和 y_i 表示进口和瞬间混合气体中组分 i 的摩尔分率，则

$$N_{T,in}/N_T = (1 - 2y_{CO} - 2y_{CO_2})/(1 - 2y_{CO,in} - 2y_{CO_2,in}) = C$$

$$(例 4-5-10)$$

而
$$\begin{cases} y_{H_2} = (y_{H_2,in} - 2y_{CO,in} - 3y_{CO_2,in}) \cdot C + 2y_{CO} + 3y_{CO_2} \\ y_{CH_3OH} = (y_{CH_3OH,in} + y_{CO,in} + y_{CO_2,in}) \cdot C - y_{CO} - y_{CO_2} \\ y_{H_2O} = (y_{H_2O,in} + y_{CO_2,in}) \cdot C - y_{CO_2} \\ y_{N_2} = y_{N_2,in} \cdot C \\ y_{CH_4} = y_{CH_4,in} \cdot C \end{cases}$$

$$(例 4-5-11)$$

按式(4-58)及式(4-59)用正交配置法求解球形催化剂内扩散有效因子 $\zeta_{CO,s}$ 及 $\zeta_{CO_2,s}$ 时，模型参数 $D_{eff,CO}$ 和 D_{eff,CO_2} 可计算如下[15]：按照催化剂中孔道结构的平行交联孔模型，组分 i 在催化剂中的有效扩散系数 $D_{eff,i}$ 由下式计算

$$D_{eff,i} = \frac{\theta}{\delta} D_{e,i} \qquad (例 4-5-12)$$

式中，θ 为催化剂的孔隙率；δ 为曲折因子，可用定态法或单颗粒珠串法测定；$D_{e,i}$ 为催化剂孔内组分 i 的综合扩散系数。

根据尘气模型，组分 i 在催化剂孔内的扩散通量由分子扩散通量和 Kundsen 扩散通量串联组成，即

$$\frac{1}{D_{e,i}} = \frac{1}{D_{i,m}} + \frac{1}{D_{k,i}} \qquad （例4-5-13）$$

Kundsen 扩散系数 $D_{k,i}$ 决定于孔半径，即

$$D_{k,i} = 9700 \times \bar{r} \times \sqrt{\frac{T}{M_i}}, \quad cm^2/s \qquad （例4-5-14）$$

式中，$\bar{r}$ 为平均孔半径，cm；M_i 为组分 i 的相对分子质量。

对于多组分系统，根据 Stefan-Maxwell 方程，流动系统中组分 i 在 n 个组分气体混合物中的分子扩散系数 $D_{i,m}$ 需计入其他组分扩散通量的影响，即

$$D_{i,m} = \left[\sum_{j=i}^{n} \frac{y_j - y_i N_j/N_i}{D_{ij}} \right]^{-1} \qquad （例4-5-15）$$

式中，N_i 为 i 组分的扩散通量，N_j 为除组分 i 外其余组分的扩散通量。

考虑到催化剂内孔分布对 Kundsen 扩散系数的影响，最后可得

$$D_{eff,i} = \frac{\theta}{\delta} D_{e,i} = \frac{\theta}{\delta} \int_{r=r_{min}}^{r=r_{max}} \left[\sum_{j \neq i}^{m} \frac{y_j - y_i N_j/N_i}{D_{ij}} + \frac{1}{D_{k,i}(\bar{r})} \right]^{-1} f(\bar{r}) dr$$

$$（例4-5-16）$$

式中，$f(\bar{r})$ 是孔半径的分布函数，r_{min} 和 r_{max} 分别是催化剂中最小及最大孔半径。应注意，使用式（例4-5-16），实验测定曲折因子 δ 时必须计入孔分布的影响。

双组分气体 A-B 的分子扩散系数 D_{AB} 可从有关手册或书籍中查阅，缺乏数据时，可进行实验测定，或用有关经验式估算，例如

$$D_{AB} = \frac{0.001 T^{1.75} \left(\frac{1}{M_A} + \frac{1}{M_B} \right)^{0.5}}{P \left[\left(\sum V \right)_A^{1/3} + \left(\sum V \right)_B^{1/3} \right]^2}, \quad cm^2/s$$

$$（例4-5-17）$$

式中，M_A 及 M_B 分别是组分 A 和 B 的相对分子质量；压力 P 的单位是 atm；$\left(\sum V \right)_A$ 及 $\left(\sum V \right)_B$ 分别是组分 A 及 B 的分子扩散体积。由上式可见，分子扩散系数与压力成反比。

某些常见组分的原子和分子的扩散体积可参阅表（例4-5-1）。

表(例 4-5-1)　某些原子和分子的扩散体积[1]

原子扩散体积	一些简单分子的扩散体积							
C	16.5	H_2	7.07	Ar	16.1	H_2O	12.7	CH_4	24.42
H	1.98	O_2	6.70	Kr	22.8	(CCl_2F_2)	114.8	CH_3OH	29.0
O	5.48	He	2.88	(Xe)	37.9	(Cl_2)	37.7	H_2O(蒸汽)	12.7
(N)	5.69	N_2	17.9	CO	18.9	(SF_4)	69.7		
(Cl)	19.5	O_2	16.6	CO_2	26.9	(Br_2)	67.2		
(S)	17.0	空气	20.1	N_2O	35.9	(SO_2)	41.1		
芳烃及多环化合物	~20.2	Ne	5.59	NH_3	19.9				

① 表中带括号者均为由少数实验数据关联得到的。

　　一般在常压下必须同时计入分子扩散和 Kundsen 扩散对综合扩散系数 D_e 的贡献。由于分子扩散系数与压力成反比，而 Kundsen 扩散系数与压力无关，在较高压力下，Kundsen 扩散的贡献逐渐减少，以致于可以不考虑。例如，在 10MPa 压力以上进行氨合成反应，Kundsen 扩散可以不考虑。

　　当第 1 反应器入口气体温度确定为 210℃ 时，应用上述数学模型及最优化方法，求得催化床最小总体积为 28.2m³，即各反应器催化床的内半径为 0.6m，外半径为 1.35m。此时甲醇生产能力为 300t/d，催化床中径向气体组成和温度分布及催化剂颗粒外表面气体组成、温度分布见表(例 4-5-2)。

表(例 4-5-2)　催化床中径向气相组成和颗粒外表面气体组成及温度分布

反应器	R/m	$y_{i,g}$			t_g/℃	$y_{i,s}$			t_s/℃
		CO	CO_2	CH_3OH		CO	CO_2	CH_3OH	
	1.350	0.1053	0.0316	0.0055	210.0	0.1052	0.0316	0.0056	210.4
	1.308	0.1043	0.0314	0.0071	213.4	0.1024	0.0314	0.0072	213.8
	1.262	0.1032	0.0312	0.0089	217.1	0.1032	0.0312	0.0090	217.5
	1.214	0.1021	0.0310	0.0108	221.1	0.1020	0.0310	0.0109	221.5
	1.160	0.1009	0.0308	0.0128	225.3	0.1008	0.0307	0.0130	225.7
1	1.102	0.0996	0.0305	0.0150	229.8	0.0995	0.0305	0.0152	230.3
	1.037	0.0982	0.0302	0.0174	234.7	0.0981	0.0302	0.0175	235.1
	0.962	0.0967	0.0299	0.0199	239.7	0.0966	0.0299	0.0200	240.1
	0.873	0.0952	0.0296	0.0225	245.0	0.0951	0.0295	0.0226	245.4
	0.761	0.0936	0.0292	0.0251	250.5	0.0935	0.0292	0.0252	250.8
	0.600	0.0920	0.0289	0.0278	255.9	0.0919	0.0289	0.0278	256.1

续表

反应器	R/m	$y_{i,g}$			t_g/℃	$y_{i,s}$			t_s/℃
		CO	CO_2	CH_3OH		CO	CO_2	CH_3OH	
2	1.350	0.0920	0.0289	0.0278	215.0	0.0919	0.0289	0.0279	215.4
	1.308	0.0911	0.0288	0.0293	218.1	0.0910	0.0287	0.0294	218.5
	1.262	0.0901	0.0286	0.0309	221.4	0.0900	0.0286	0.0310	221.8
	1.214	0.0890	0.0284	0.0326	224.9	0.0890	0.0284	0.0327	225.3
	1.160	0.0880	0.0282	0.0344	228.5	0.0879	0.0282	0.0345	228.9
	1.102	0.0868	0.0280	0.0362	232.2	0.0867	0.0280	0.0363	232.6
	1.037	0.0857	0.0278	0.0381	236.1	0.0856	0.0278	0.0382	236.4
	0.962	0.0845	0.0277	0.0400	240.0	0.0844	0.0277	0.0401	240.3
	0.873	0.0832	0.0275	0.0419	243.9	0.0832	0.0275	0.0420	244.2
	0.761	0.0820	0.0273	0.0438	247.8	0.0820	0.0273	0.0439	248.1
	0.600	0.0808	0.0272	0.0457	251.6	0.0808	0.0272	0.0457	251.8
3	1.350	0.0808	0.0272	0.0457	220.0	0.0807	0.0272	0.0458	220.3
	1.308	0.0800	0.0271	0.0471	222.8	0.0799	0.0271	0.0472	223.1
	1.262	0.0791	0.0270	0.0485	225.7	0.0790	0.0270	0.0486	226.0
	1.214	0.0781	0.0269	0.0499	228.6	0.0780	0.0269	0.0501	229.0
	1.160	0.0772	0.0267	0.0514	231.7	0.0771	0.0267	0.0515	232.0
	1.102	0.0762	0.0266	0.0529	243.7	0.0761	0.0266	0.0530	235.0
	1.037	0.0752	0.0265	0.0544	237.7	0.0752	0.0266	0.0545	238.0
	0.962	0.0743	0.0265	0.0558	240.7	0.0742	0.0265	0.0559	240.9
	0.873	0.0733	0.0264	0.0572	243.6	0.0732	0.0264	0.0573	243.8
	0.761	0.0724	0.0264	0.0586	246.4	0.0723	0.0264	0.0587	246.6
	0.600	0.0714	0.0264	0.0599	249.1	0.0714	0.0264	0.0599	249.2

　　由非均相数学模型计算结果可知，气相中的气体组成与颗粒外表面气体组成相差很小，气相温度与颗粒表面温度相比，最大相差 0.5℃。由此可见，对于使用铜基催化剂的低压甲醇合成，流通截面积大，线速度小，但气相主体与颗粒外表面的浓度和温度差仍然很小，在反应器设计时，可不考虑其浓度差和温度差。

　　当第 1 反应器入口温度给定 210℃，优化结果第 2、3 反应器入口温度分别为 215℃和 220℃。第 1 反应器温升 45.9℃，第 2、3 反应器温升分别为 36.6℃、29.1℃。由于铜基催化剂对硫、氯、砷等毒物非常敏感，第 1 反应器催化剂受毒物的影响，催化剂的活性将逐渐下降。铜基催化剂耐热性较差，温度升高，副产品反应量增加，因此在适中的温度下操作为好。当催化剂使用中、后期操作时，第 1 反应器反应量减少，而第 2、3 反应器反应量增加，应适当提高各反应器进口温度，此时第 1 反应器的温升减少，而第 2、3 反应器的温升增加，同样可达到或接近催化剂使用初期的甲醇生产能力。中期操作时各反应器进出口温度和气体组成见表(例4-5-3),甲醇生产能力为 299.8t/d。

表(例4-5-3)　　中期操作各反应器进出口温度和气体组成

反应器	$t/^\circ\!C$		y_i		
			CO	CO_2	CH_3OH
1	进口	215.0	0.1053	0.0316	0.0055
	出口	256.2	0.0934	0.0291	0.0255
2	进口	218.0	0.0934	0.0291	0.0255
	出口	257.2	0.0815	0.0273	0.0446
3	进口	223.0	0.0815	0.0273	0.0446
	出口	254.2	0.0713	0.0266	0.0598

表(例4-5-3)计算时,在催化剂使用前期操作时,第1、2、3反应器的活性校正系数 COR 均取用 0.56;在中期操作时,第 1 反应器的 COR 取用 0.47,而第 2、3 反应器的 COR 均取用 0.56。

五、吸热反应的多段绝热催化反应器

吸热反应的多段绝热式催化反应器的数学模型和优化计算方法与放热反应的多段绝热式催化反应器相同,只是反应器由放热改为吸热,绝热温升改为绝热温降。

典型的多段绝热吸热反应有催化重整和乙苯催化脱氢反应。

本教材第三章已叙述过,炼油工业中的催化重整是吸热反应,采用加压、四段轴向或径向催化反应器,段间用加热炉加热上一段出口原料油至规定温度进入下一段,可参见专著[16,17]。

苯乙烯是重要的基本有机化工原料,大量用于塑料和合成橡胶的生产。工业装置均采用乙苯负压催化脱氢工艺,核心设备乙苯催化脱氢反应器均采用二段径向反应器[18]。

(一) 反应过程的有关热力学基础

在水蒸气存在下乙苯催化脱氢制苯乙烯过程是一个多重反应体系,可能产生下列 7 个反应:

$$C_6H_5C_2H_5 \longrightarrow C_6H_5C_2H_3 + H_2$$

$$C_6H_5C_2H_5 \longrightarrow C_6H_6 + C_2H_4$$

$$C_6H_5C_2H_5 + H_2 \longrightarrow C_6H_5CH_3 + CH_4$$

$$C + 2H_2O \longrightarrow CO_2 + 2H_2$$

$$CH_4 + H_2O \longrightarrow CO + 3H_2$$

$$C_2H_4 + 2H_2O \longrightarrow 2CO + 4H_2$$

$$CO + H_2O \longrightarrow CO_2 + H_2$$

根据原子矩阵的秩分析, 独立反应数或关键组分数为 3, 选用下列主、副反应, 即:

主反应:

$$C_6H_5C_2H_5 \longrightarrow C_6H_5C_2H_3 + H_2 \qquad (4-66)$$

$$(-\Delta H_R)_1 = -120679 - 4.56T \qquad J/mol$$

主要副反应: $C_6H_5C_2H_5 + H_2 \longrightarrow C_6H_5CH_3 + CH_4 \qquad (4-67)$

$$(-\Delta H_R)_2 = -108750 + 7.95T \qquad J/mol$$

$$C_6H_5C_2H_5 \longrightarrow C_6H_6 + C_2H_4 \qquad (4-68)$$

$$(-\Delta H_R)_3 = 53145 + 13.18T \qquad J/mol$$

由于主反应是吸热反应, 并且上述三个反应都是反应后摩尔数增加的反应, 适当地提高反应温度及采取负压操作, 有利于提高乙苯的转化率及苯乙烯的选择率。

主反应[式(4-66)]的平衡常数 K_p 可表示如下[19]:

$$K_p = \frac{p_S^* p_H^*}{p_E^*} = \exp[19.6684 - 15370.8/T - 0.52229\ln T] \times 0.101325, \quad MPa$$

$$(4-69)$$

式中 下标 S——苯乙烯(styrene);

下标 E——乙苯(ethylbenzene)。

工业上将乙苯与过热水蒸气混合通过催化床进行绝热反应。采用负压操作, 一般为二段催化床, 一段进口温度 620℃, 乙苯与过热水蒸气的质量比 1 : 1.3。经一段催化脱氢反应, 温度降到 560℃ 左右, 再经间接换热器加热反应气体混合物, 温度升高到 625℃, 再进入二段催化床。一般二段出口乙苯的转化率为 0.65 左右, 选择率为 0.96~0.97。所用的催化剂为上海石油化工研究院研制的 GS-05 型, 长圆柱形, ϕ3mm×(6~8)mm。

(二) 宏观动力学

反应的动力学模型采用 Carra 双曲模型[20], 即

$$r_S = k_1(p_E - p_H p_S/K_p)/(p_E + K_a p_S) \quad mol/(kg \cdot s) \quad (4-70)$$

$$r_B = k_2 p_E/(p_E + K_a p_S) \qquad\qquad mol/(kg \cdot s) \quad (4-71)$$

$$r_T = k_3 p_E p_S/(p_E + K_a p_S) \qquad\qquad mol/(kg \cdot s) \quad (4-72)$$

式中　下标 B——苯(benzene)；

　　　下标 T——甲苯(toluene)。

测得 GS-65 工业颗粒的宏观动力学模型数据如下[21]：

$$k_1 = 1.59 \times 10^6 \exp(-146300/R_g T)$$

$$k_2 = 2.97 \times 10^9 \exp(-229200/R_g T)$$

$$k_3 = 9.89 \times 10^7 \exp(-169100/R_g T)$$

$$K_a = 4.36, \quad R_g = 8.314 \quad J/(mol \cdot K)$$

例 4-6　乙苯负压脱氢径向反应器模拟[18]。

解：该系统采用二段负压轴径向反应器，有关径向及轴径向反应器的流体分布基础见本书第六章。

1. 乙苯脱氢反应器模型

采用一维拟均相平推流模型模拟乙苯脱氢制苯乙烯径向反应器。选取苯乙烯、苯和甲苯为关键组分，r 为径向距离，其物料衡算方程为

$$dy_S/dr = (2\pi r L \rho_B / F_O) r_S \qquad (例 4-6-1)$$

$$dy_B/dr = (2\pi r L \rho_B / F_O) r_B \qquad (例 4-6-2)$$

$$dy_T/dr = (2\pi r L \rho_B / F_O) r_T \qquad (例 4-6-3)$$

式中，y_S、y_B、y_T 是以 1kmol 乙苯进料为基准反应生成的苯乙烯、苯、和甲苯，F_O 为乙苯进料量，kmol/h。

反应器热量衡算方程为：

$$dT/dr = [(2\pi r L \rho_B)/(F_O C_{pm})][r_s(-\Delta H_1) + r_B(-\Delta H_2) + r_T(-\Delta H_3)]$$
$$(例 4-6-4)$$

以上诸式构成了乙苯脱氢径向反应器的一维拟均相反应器模型，用龙格-库塔法求解，可得出床层中各组分的浓度分布和温度分布，用来模拟和优化反应器的设计和操作。

2. 模拟结果与分析

对两个床层内径 1.2m、外径 2.4m 和床高 8m 的二段中间再热反应器系统，通过模拟分析了反应温度、水烃比和压力对乙苯脱氢反应转化率和选择率的影响。

（1）进口温度的影响

在二段绝热反应器进口绝对压力 65kPa，水烃比 1.4，乙苯投料量 20000kg/h 的条件下，改变反应器进口温度，通过模拟计算，结果见图（例 4-6-1）。可以看出，乙苯的转化率 x 随反应进口温度的提高而提

高，但选择率 β 随进口温度的提高而下降。这是由于副反应的活化能较主反应高。由于乙苯原料的成本在整个操作费用中占主要部分，因此在操作中应保持适当的转化率而尽可能降低反应温度为原则。

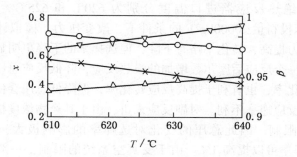

图(例 4-6-1)　反应温度对转化率和选择率的影响

△——一段反应器转化率；▽——二段反应器转化率；

○——一段反应器选择率；×——二段反应器选择率

（2）水烃比的影响

在二段绝热反应器进口温度分别为 620℃ 和 625℃，绝对压力 65kPa，乙苯投料量 20000kg/h 的条件下，改变水烃比，通过模拟计算，结果见图(例 4-6-2)。可以看出，随水烃比的提高，转化率和选择率都有所提高。因为水蒸气在本反应中有如下作用：①作为绝热吸热反应的载体，提高水烃比即增大了热载体的量，有利于保持反应温度使转化率略有提高；②作为惰性载体的水蒸气可以降低反应产物的分压，有利于提高平衡转化率和反应选择率。但是过大水烃比增加了高温蒸汽消耗，

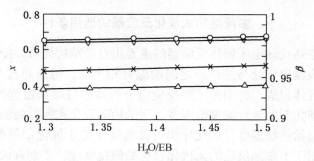

图(例 4-6-2)　水烃比对转化率和选择率的影响

△——一段反应器转化率；▽——二段反应器转化率；

○——一段反应器选择率；×——二段反应器选择率

增加了操作费用。在负压操作下，水烃比在 1.3～1.5 的范围内都是可接受的。

（3）压力的影响

在二段绝热反应器进口温度分别为 620℃ 和 625℃，绝对压力 65kPa，乙苯投料量 20000kg/h 的条件下，改变压力，模拟计算结果表明，随着压力提高，转化率略有下降，但选择率的下降更明显。因为脱氢主反应是一个反应后摩尔数增加的吸热反应，降低反应总压既有利于提高平衡转化率，也有利于提高反应转化率，但降低总压会使反应物的浓度下降对反应速率不利。对副反应来讲，由于其产物浓度极稀，不受反应平衡的限制，因此总压的变化对选择率的影响极大，压力降低 10kPa，选择率可以提高 1%。由于受真空系统的限制，一般反应系统出口的绝对压力维持在 40kPa 左右，因此对二段绝热反应器的压降提出了严格的要求。在操作中应注意防止蒸汽带水和杂物，避免催化剂的粉化，以保持反应器在负压下操作。

（4）模型检验

在乙苯投料量为 16.2t/h，蒸汽量 28t/h，第一反应器进口温度 627℃、进口绝对压力 50kPa，第二反应器进口温度 627℃、出口绝对压力 35kPa 的条件下，生产装置实测的乙苯转化率为 65.6%，选择率为 97.8%，模拟计算的乙苯转化率为 67%，选择率为 98%，实测数据和模拟数据基本一致，因此模型可靠，可以用于生产装置的分析。

第三节　讨论和分析

一、多段绝热式催化反应器的适用条件

多段绝热式固定床催化反应器的主要优点是结构简单，操作也较容易，但反应器出口处与进口处之间的温升相当大，可能超过 200K，决定于进口气体组成，特别是主要反应组分的摩尔分率和过程的转化率。这就要求催化剂的活性温度范围宽，所采用的催化床入口处温度要高于催化剂的起始活性温度，催化床出口处温度要低于催化剂的耐热温度，一般广泛用于不带副反应的无机化合物的催化反应，个别有机化合物的催化反应，如 CO 和 CO_2 同时加氢合成甲醇，由于循环气进入反应器时 CO 的摩尔分率一般低于 12%，并且 CO 加氢的放热反应的热效应也不太大，又加上其中所含 CO_2 加氢合成甲醇的热效应低于 CO 加氢合成甲

醇，可以采用多段绝热反应器，这就为单系列大型化创造了条件，目前，国外单系列多段绝热段间原料气冷激式甲醇合成反应器的单台生产能力已达 $600 \sim 800kt/a$。

工业绝热反应器保温情况良好，在设计时可以不考虑热损失，床层直径远大于催化剂颗粒直径，不存在壁效应，若达到催化床层高度 L 与催化剂颗粒直径 d_p 之比超过 100 时，可作为平推流。

一些高转化率的催化反应过程，如 SO_2 催化氧化，反应前期转化率低时的总体速率大为超过后期转化率高时的总体速率，前期催化床体积和相应的床层高度较小，L/d_p 可能低于 100，这时如反应器在常压下操作，可考虑前期催化床直径较小，而后期催化床直径较大，以适应反应前期和后期的总体速率相差较大的特点。

如果反应器进口处气体分布器或上、下段间气体分布器设计得不好，则形成沟流或气体分布不均，如果段间部分反应气体与冷激气混合的混合器设计得不好，会形成混合后气体组成不均，这些都会影响反应器的操作效果。

二、催化剂的活性校正系数

催化床数学模型中的催化反应动力学速率方程是区别不同催化反应的关键模型参数，也是催化反应器模拟计算的基础。即使对于同一反应，使用同一型号的催化剂，如果催化剂颗粒的形状或尺寸不同，或者操作压力不同，或者催化剂的活化或还原预处理操作过程不同，或者反应气体的净化程度不同，或者催化剂的剂龄或使用时间不同，都会影响到催化反应总体速率和催化剂在反应器中的使用效果。在生产中，人们往往称上述诸多因素影响到催化剂的活性或者说催化剂的活性校正系数在变化，这实质上是上述因素影响到催化剂在工业反应器中的总体速率（global rate），或宏观反应速率。

活性校正系数的基准是在原料气净化良好和未经过热及预处理情况良好的条件下，已消除内、外扩散过程影响的细颗粒催化剂的反应速率，即本征反应速率；也可以用在上述良好条件下已消除外扩散影响，但未消除内扩散影响的不同尺寸的工业颗粒催化剂的总体速率，即工业颗粒的总体速率作为活性校正系数的基准。本章表 4-1 反映了不同颗粒尺寸氨合成催化剂的相对活性校正系数，表 4-2 反映了不同颗粒尺寸中温变换催化剂的相对活性校正系数，可以看出，相对活性校正系数与颗粒的尺寸有关，即以本征反应速率为基准。表 4-1 及表 4-2 中相对活性校正系数与催化剂的使用时间有关，即在气体净化良好的条件下，使用过程中催化剂逐渐衰老和失活对活性的影响。

由例 4-5 可见计算内扩散有效因子时，分子扩散系数是一个关键参数，但压力增加，Knudsen 扩散系数不变，分子扩散系数与压力成反比，即压力增高，分子扩散系数成反比降低，组分在催化剂内的有效扩散系数降低，从而降低了内扩散有效因子，因而工业颗粒中温变换催化剂的总体速率不随 P^2 呈正比增加。在无梯度反应器中测试工业颗粒催化剂的总体速率时，应注意，同一型号，同一压力但不同粒度催化剂的总体速率方程中的某些参数如指前因子不同，根据以上分析，分子扩散系数随压力呈反比而降低，当压力变化较大时，总体速率方程中的指前因子等参数也有所不同。

由于在高压下用无梯度反应器测试工业颗粒催化剂的总体速率目前还有许多困难，15~30MPa 氨合成反应还只能有本征反应速率的实验值。本章例 4-2、例 4-3 及例 4-4 中高压下氨方程反应以本征反应速率为基准，计算了内扩散有效因子，但以活性校正系数表述催化剂的还原、中毒、老化等因素对总体速率的影响。第一段氨合成催化剂因先接触反应气体，当反应气体净化程度不够良好时，随使用时间增加，活性校正系数降低得较多。

从表 4-1 和表 4-2 可见，随着催化剂使用时间增加，即剂龄增加，相对活性校正系数下降，气体净化程度越差，相对活性系数降低得越多，这就产生了催化反应器设计者采用何种活性校正系数数值为佳，和工厂管理人员到什么时候更换催化剂为佳的问题。一般说来，应按照催化剂使用中期偏后的活性校正系数来设计催化剂的用量，在不同的催化剂使用时间，应相应地调整操作参数，如温度、压力，对氨合成之类的产品反应器，在使用后期仍可维持适当的产量；对于中温变换等处于中间工序的反应器，仍可达到应有的出口组成指标，或在全流程系统范围内适当降低出口组成指标。工厂管理人员则按照催化剂活性衰退导致催化剂效能下降的情况，根据生产全流程的经济效益来确定更换催化剂的时间，即应用系统工程的观点来确定设计时采用的活性校正系数和更换催化剂的时间。

三、工业颗粒催化剂的宏观反应动力学方程

某些操作压力不太高的催化剂，如低压甲醇合成铜基催化剂操作压力为 5MPa，可以在无梯度反应器中测试其总体速率进而获得工业粒度

催化剂已消除外扩散影响的宏观动力学方程。由于压力和粒度都是影响内扩散有效因子的重要因素，测定总体速率时要在压力和粒度不变的条件下进行，即同一催化剂但不同压力、不同粒度，宏观动力学方程的参数是不相同的。

作者曾经获得 C301 和 C302 型甲醇合成铜基催化剂加压下以逸度表示的本征反应动力学方程和 5MPa 压力下 ϕ5mm×5mm 圆柱形工业颗粒以逸度表示的宏观反应动力学方程，中温变换催化剂的本征反应动力学方程和常压及 3MPa 压力下不同型号工业中温变换催化剂的宏观反应动力学方程，2MPa 压力下 YS-5 型环氧乙烷合成银催化剂的本征反应动力学方程和工业颗粒 YS-6 型的宏观动力方程，发现对于同一催化反应，不同型号、不同粒度的催化剂在不同压力下的本征动力学方程和宏观动力学方程都可以用同一种形式的动力学方程来表示，只是模型参数有所不同。

一般测定未失活工业颗粒催化剂的总体速率并进一步回归获得宏观动力学方程作为反应器数学模拟设计的基础。

本书第二章第七节以甲醇合成铜基催化剂硫化物中毒为例，讨论了毒物化学吸附在固相催化剂颗粒表层上的失活过程，由例 2-3 甲醇合成铜基催化剂硫化氢表层中毒失活对内扩散有效因子的实验研究可知，表层失活对内扩散有效因子和颗粒催化剂的总体速率的影响是很严重的。工业生产过程中，即使大型甲醇装置的原料气经过良好的净化，原料气含硫低于 0.1μg/g，铜基催化剂的使用寿命一般只有一年至一年半。在这种情况下，计算催化剂在不同使用时期和催化床中不同位置的表层中毒深度和内扩散有效因子是很困难的，因此最好是测定未失活催化剂的宏观动力学方程，再根据工业操作数据，求得催化床于不同催化剂使用时期，如初期、中期、后期的活性校正系数，作为今后工业设计优化和操作优化的依据。

四、易失活催化剂的多段绝热反应器

某些催化剂极易由于结焦而失活，例如气相苯与乙烯合成乙苯的分子筛催化剂，一般使用 1 个半月左右即需烧焦再生。经研究，乙烯低聚反应是导致结焦失活的主要原因；乙烯分压愈高，反应温度愈高，催化剂的失活速率愈快。经过多次工业实践，苯气相烷基化合成乙苯的工业反应器采用的多段绝热式由四段发展成六段，段间用苯和乙烯的混合物冷激降温，乙烯分段进料，以增大各段进口处苯与乙烯比，降低乙烯分压，而各段中乙烯几乎全部转化，可尽量减少催化剂的结焦。各段进口温度在催化剂使用初期一般为 390℃，随着催化剂结焦失活，逐步升温到 410℃左右，即需烧焦再生。由于各段进口乙烯低含量低的限制，各段的绝热温升一般为 20℃左右。

参 考 文 献

［1］ Боресков Г К. Катализ в производстве серной кислоты. Москва：ГХИ，1954.287~291

［2］ 朱炳辰.化学反应工程(第二版).北京:化学工业出版社,1998,164~170

［3］ Gaines L D. Optimal temperatures for ammonia synthesis converters. Ind Eng Chem Proc Des Dev,1977. 16:381~389

［4］ Тёмкин М，Пыжев В. Кинетика синтеза аммиака на Промотированном железном катадизаторе. Журнод. Фпз. Хпм. 1939,13:851~867

［5］ Gillespie L J,Beattie J A. The thermodynamic treatment of chemical equilibria in system composed of real gases II. A relation for the heat of reaction applied to the ammonia synthesis reaction, the energy and entropy constants for ammonia. Phys Rev, 1930,36:1008~1021

［6］ Beattie J A,Bridgeman D C. A new equation of state for fluid II appliation to helium, nean, argon, hydrogen, nitrogen, oxygen, air and methane. J Am Chem Soc,1928, 50:3133~3138

［7］ 朱炳辰,俞钟铭,房鼎业. 氨合成催化剂内表面利用率的数值解. 华东化工学院学报,1980,(2):53~63

［8］ 房鼎业,应卫勇,朱炳辰. 球形催化床甲醇合成反应器的非均相数学模型. 化工学报, 1995,46:129~136

［9］ Hartig F,Keil F I. Large-Scale Spherical fixed bed reactors:modelling and optimization.Ind Eng Chem Res,1993,32:424~437

［10］ 杜智美,姚佩芳,房鼎业,朱炳辰. 压力对甲醇合成本征反应速率的影响. 高校化学工程学报,1992,6:81~86

［11］ 宋维端,朱炳辰,骆赞椿,余立本,冯国祥,徐迅. 应用 SHBWR 状态方程计算加压下甲醇合成的反应热和平衡常数. 华东化工学院学报,1981,(1):11~24

［12］ 房鼎业,姚佩芳,朱炳辰. 甲醇生产技术进展. 上海:华东化工学院出版社, 1990.140~142

［13］ Dwiredi D N, Upadhyay S N. Particle-fluid mass transfer in fixed and fluidized beds. Ind Eng Chem,Proc. Des Dev,1977,16:157~165

［14］ Gutpa S N, Chaube R B,Upadhyay S N. Fluid-Particle heat transfer in fixed and fluidized beds. Chem Eng Sci,1974,29:839~843

［15］ 朱炳辰. 化学反应工程(第五版). 北京:化学工业出版社,2015

［16］侯祥麟．中国炼油技术．北京：中国石化出版社，1991

［17］林世雄．石油炼制工程（第二版）．北京：中国石化出版社，1988

［18］徐志刚，朱子彬，张成芳，俞丰，顾雄毅，朱中南，戴迎春．乙苯负压脱氢径向反应器的模拟．化学反应工程与工艺．1998，14：282～286

［19］王子宗，朱开宏，倪进芳，袁渭康．乙苯脱氢反应器的模拟和优化．石油化工，1991，20：106～113

［20］Carra S, Formi L. Kinetic of catalytic dehydrogenation of ethylbenzene to styrene. Ind Eng Chem, Pros Des Dev, 1965, 4：281～285

［21］朱晓蒙，柏荣，张浩，朱中南．用绝热反应器研究乙苯脱氢的宏观动力学．华东理工大学学报，1994，20：153～158

主 要 符 号

C	浓度
C_p	摩尔定压热容
D	扩散系数
D_e	组分在催化剂孔内的综合扩散系数
D_{eff}	组分在催化剂颗粒内的有效扩散系数
D_k	Knudsen 扩散系数
D_p	等外表面积颗粒的相当直径
d	直径
d_p	等体积颗粒的相当直径
d_s	等比表面积颗粒的相当直径
E	活化能
f	逸度
G	质量流率
g_c	重力加速度
ΔH_R	反应焓
J_D	传质 J 因子
J_H	传质 J 因子
K	反应平衡常数
k	反应速率常数
k_0	指前因子
L	长度；床高
l	长度；床高
M	相对分子质量
N	摩尔流量；摩尔扩散通量
n	摩尔数；反应级数
P	总压
P_c	临界压力
p	分压
R	半径；球形颗粒中径向距离
R_g	气体常数
r	反应速率；床层中的径向距离
S	选择率；表面积
T	绝对温度

u	流体流速	
V	体积；体积流量；分子扩散体积	
V_{sp}	空间速度	
W	质量；催化剂质量	
x	转化率；比半径	
y	气相摩尔分率	
Z	压缩因子	
COR	活性校正系数	

希 腊 字 母

α	给热系数
δ	催化剂的曲折因子；冷激气分率
ε	床层空隙率
ζ	催化剂内扩散有效因子
Λ	绝热温升
μ	粘度
ρ	密度
φ	逸度系数；形状系数
τ_0	标准接触时间

上 标

$*$	平衡状态

下 标

A	组分 A
B	组分 B
b	床层
e	平衡状态；外部
f	流体
G	气相
g	气相；宏观的
o	空塔基准
p	颗粒
R	反应器
r	径向
s	外表面；固相

第五章　连续换热式催化反应器

连续换热式催化反应器有两大类：催化剂放置在管间及催化剂放置在管内。催化剂放置在管间的反应器，大都用于加压而反应热并不太大的系统，如中小型氨合成及甲醇合成，催化剂装载系数较高，而比传热面较小，未反应而需预热的气体往往在管内流动，冷却催化床而同时被加热，故可称为"自热式"。催化剂放置在管内的反应器比传热面较大，适用于强放热及强吸热反应，管间往往用其他冷却或供热介质以强化传热，由于此类反应器有多根反应管，称为管式反应器。

本章在讨论这两大类反应器的基本特征的基础上，讨论催化床的一维模型和二维模型的反应–传热–传质微分方程组的建立及其求解方法。

第一节　管式催化床的流体力学及传热

连续换热催化反应器与绝热催化反应器相比较，无论催化剂放置在管内或管间，连续换热催化床的直径远比绝热催化床要小，并且存在反应管内催化床与管外流体或管间催化床与管内流体间的传热过程，涉及小直径固定床的流体力学和传热。管式催化床的管内直径 d_t 一般为 $25 \sim 40\text{mm}$，而催化剂的直径一般为 $5 \sim 8\text{mm}$，即管径与催化剂直径 d_p 之比 d_t/d_p 相当小，应考虑小 d_t/d_p 对管式催化床的径向流体分布、压降和传热的影响。

一、管式催化床的流体力学

1. 床层空隙率与径向流速分布[1]

固定床中同一截面的床层空隙率是不均匀的，近壁处空隙率较大，而中心处空隙率较小。图 5-1 是固定床的局部空隙率 $\varepsilon(r)$，其值随径向距离而变，横坐标是按 d_p 数目计算的离壁距离 N，$N = r/d_p$[2,3]，固定床由均匀球形颗粒乱堆在圆形容器中组成。由图 5-1 可见，近壁 $0 \sim 1$ 个颗粒直径处，局部床层空隙率变化较大。因此固定床中存在流速的不

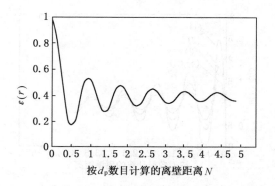

图 5-1 空隙率分布

($d_t = 75.5mm$，$d_p = 7.035mm$)

均匀分布，见图 5-2[3]。由图可见，以径向距离 r 处局部流速 $u(r)$ 与床层平均流速 $\bar{u}$ 之比 $u(r)/\bar{u}$ 表示的径向流速分布，在 0~1 个颗粒直径处变化最大。由图 5-1 及图 5-2 可见，距壁 4 个颗粒直径处，床层空隙率和流速分布趋平坦，因此一般工程上认为当 d_t/d_p 达 8 时，可不计壁效应。

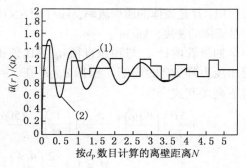

图 5-2 空隙率分布

（1）—Stephensonhe 和 Stewart 用光学法测量结果；（2）—本文结果

如果固定床与外界换热，存在着径向温度分布，则非等温床层中径向流速分布的变化比等温时还要大；当管内 Re 数增大时，径向流速分布可趋向平坦，见图 5-3。

2. 压力降

单相流体通过非中空颗粒组成的固定床的压力降一般采用 Ergun 式计算[4]，即：

$$\frac{dP}{dl} = \left(\frac{150}{Re_m} + 1.75\right)\frac{G^2}{\rho_f d_s}\left(\frac{1-\varepsilon}{\varepsilon^3}\right) \quad (5-1)$$

式中，$Re_m = \frac{d_s G}{\mu}\left(\frac{1}{1-\varepsilon}\right)$；当量直径 d_s 是与非中空颗粒等比表面积的球体直径，$d_s = 6V_p/S_p$，m；V_p 为非中空颗粒的体积，S_p 为非中空颗粒的外

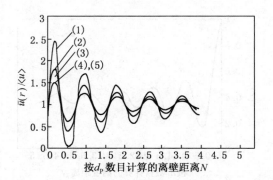

图 5-3 不同雷诺数下的速度分布

（1）—$Re_p = 1.8$；（2）—$Re_p = 58.9$；

（3）—$Re_p = 117.9$；（4）—$Re_p = 589.2$；（5）—$Re_p = 1178.5$

表面积；G 是流体的质量流率，kg/(m^2 · s)；μ 是流体的粘度，kg/(m · s)；ρ_f 是流体的密度，kg/m^3。

如果管内径 d_t 与颗粒直径 d_s 的比值不够大时，应考虑壁效应对固定床压力降 ΔP 的影响。根据 d_t/d_s 在 7~91 的范围内实验结果整理获得下列关联式[5]。

$$\left(\frac{\Delta P}{L}\right)\left(\frac{d_s\rho_f}{G^2}\right)\left(\frac{\varepsilon^3}{1-\varepsilon}\right)\left(\frac{1}{M}\right) = \frac{150\mu(1-\varepsilon)\cdot M}{Gd_s} + 1.75 \quad (5-2)$$

$$M = 1 + \frac{2}{3}\left(\frac{d_s}{d_t}\right)\left(\frac{1}{1-\varepsilon}\right) \quad (5-3)$$

如果使用的催化剂是中空的单孔环柱体，Reichelt[6] 提出单孔环柱体的当量直径 d'_s 表示如下

$$d'_s = 6 \cdot \frac{V_{cyl}}{S_{cyl}}E^n \quad (5-4)$$

式中，V_{cyl} 是单孔环柱体的体积；S_{cyl} 是单孔环柱体计入外环和内环的外表面积，E 由下式确定

$$E = \frac{V_p S_{cyl}}{V_{cyl} S_p} \quad (5-5)$$

式中，V_p 和 S_p 是外形与单孔环柱体相等的圆柱体的体积和外表面积。式（5-5）中指数 n 由下式确定

$$n = \frac{d_t/d_i}{(\varepsilon d_t^2/d_i^2)^{0.4} + (0.010\varepsilon d_t^2/d_i^2)^{0.75}} \quad (5-6)$$

式中，d_i 是环柱体内径；ε 是床层空隙率。

3. 管式催化床中的流体返混

当流体流经固定床时，不断发生着分散与混合，形成了一定程度的径向及轴向返混，尤其当固定床中进行化学反应并与外界换热时，床层中不同径向位置处流速、温度及反应速率都不相同，必然存在着径向温度分布，径向混合比轴向混合更加显著。表征径向混合弥散系数 E_r 及轴向混合弥散系数 E_z 的 Peclet 数 Pe_r 及 Pe_z 表示如下：

$$Pe_r = \frac{d_s u}{E_r} = \left(\frac{d_s u \rho_f}{\mu}\right)\left(\frac{\mu}{\rho_f E_r}\right) \qquad (5-7a)$$

$$Pe_z = \frac{d_s u}{E_z} = \left(\frac{d_s u \rho_f}{\mu}\right)\left(\frac{\mu}{\rho_f E_z}\right) \qquad (5-7b)$$

当 $Re_s = \left(\dfrac{d_s u \rho_f}{\mu}\right) > 40$，即处于湍流状态时，对于气体和液体径向 $Pe_r = 10$ 几乎不随 Re_s 而变，气体的轴向 $Pe_z \approx 2$ 不随 Re_s 而变，但流体的轴向 Pe_z 随 Re_s 有一定程度的变化。

化学反应工程教材已讨论过，不计轴向混合影响的条件是模型参数 $\dfrac{E_z}{uL} < 0.005$，在管式催化床的流体状况下，$Re_s > 40$，此时 $Pe_z = \dfrac{d_s u}{E_z} = 2$，由此可得，催化床高度超过催化剂颗粒直径 d_s 的一百倍时，可不计入轴向返混，但必须计入径向返混。

二、管式催化床的传热

连续换热式催化床中同时进行催化反应并与外界传热，对于放热反应，床层入口处转化率相当小，反应速率大，单位催化床体积的放热速率相当大，超过单位体积催化床通过换热面的排热速率，因此催化床温度上升；床层出口处转化率相当大，反应速率小，放热速率低于排热速率，催化床温度下降；当放热速率等于排热速率时，催化床出现最高反应温度点，称为热点。反应气体流动方向与催化反应器的轴向相同的轴向催化床中存在反应温度沿轴向先升高，到达热点后又下降的轴向温度分布。在径向流体反应器中，反应温度同样存在沿反应气体流动方向的温度分布，但与反应器的轴线相垂直。由于绝大多数催化反应器是轴向流动反应器，今后本书称为催化床轴向温度分布。热量通过催化床径向传递给传热面。图 5-4 是催化床被冷却时的轴向和径向温度分布示意图。在催化剂使用初期，轴向温度分布中热点的位置较靠近催化床入口处；而在催化剂使用后期，由于催化剂的活性和反应速率下降，热点位置后移。轴向温度分布曲线对催化床操作效应起着十分重要的作用，在

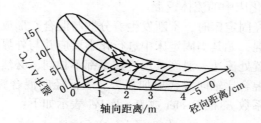

图 5-4　放热反应催化床轴向和径向温度分布

一定的催化床冷管结构尺寸和操作条件下，如果热点超过催化剂的耐热温度，如氨合成反应，则催化剂寿命将明显降低。对于带深度氧化副反应的烃类催化氧化多重反应，如果改变某一重要的操作条件，如提高催化剂入口温度或床外冷却剂温度，轴向温度分布曲线升高，致使热效应极大的深度氧化副反应的反应速率剧增，更加增高催化床内温度分布，形成恶性循环，最后造成催化床温度急剧增高，称为"飞温"，破坏了催化床的操作甚至损坏反应器。这些问题本章将在管式催化床工程分析中加以深入讨论，本节讨论固定床传热的基本过程分析和传热参数。

1. 固定床径向传热过程分析

流体通过固定床的径向热量传递是通过多种方式进行的。通常把固体颗粒及在其空隙中流动的流体包括在内的整个固定床看作为假想的固体，按传导传热的方式来考虑径向传热过程。这一假想固体的导热系数，称为有效导热系数 λ_{er}，而 λ_{er} 又分解成静止流体径向有效导热系数 λ_{eo}，与流动流体径向有效导热系数 $(\lambda_{er})_t$ 二部分。

静止流体径向有效导热系数是固定床内流体不流动时床层主体的径向有效导热系数，它包括如下的六个过程（其示意图见图 5-5）：

（1）床层空隙内部流体的传热，它与流体的导热系数 λ_f 有关；

（2）颗粒之间通过接触面的传热，其给热系数为 α_p；

（3）颗粒表面附近流体中的传热，它与流体的导热系数 λ_f 有关；

（4）颗粒表面之间的热辐射传热，其给热系数为 α_{rs}；

（5）通过固体颗粒的传热，它与固体的导热系数 λ_s 有关；

（6）空隙内部流体的辐射传热，它与辐射给热系数 α_{rv} 有关。

流动流体径向有效导效系数 $(\lambda_{er})_t$ 由传热方式（7）所形成，即流体通过固定床时，由于流体混合所引起的径向对流传热。

图 5-5 指出热流 2、3 和 4 是并联的，并且与热流 5 串联，再与热流 1、6 并联，组成静止流体径向有效导热系数 λ_{eo}，最后 λ_{eo} 和流动流体径

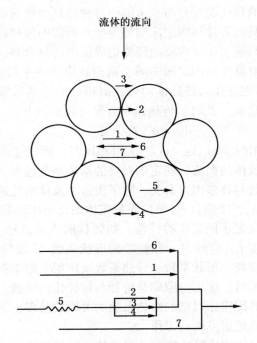

图 5-5　固定床的径向传热方式
水平箭头为热的流动方向；垂直箭头为流体流动方向

向有效导热系数$(\lambda_{er})_t$并联组成整个固定床的径向有效导热系数λ_{er}。

如果固定床被冷却，则固定床中的热量通过上述七种方式传递至床层器壁内流体滞流膜，再通过滞流膜传向器壁，这个过程的给热系数称为壁给热系数α_w。

根据上述传热过程分析，研究固定床的传热问题常用下列两种不同的处理方法：①分别测定床层的有效导热系数λ_{er}和壁给热系数α_w；②将λ_{er}和α_w合成一起，测定整个固定床对壁的给热系数α_t。如果只需要确定固定床的传热面积时，可以采用后一种方法，即催化床的一维模型。如果既需要确定传热面积，又需要确定床层内径向温度分布，就要采用前一种方法，即催化床的二维模型。

2. 固定床对壁的给热系数

当确定固定床与外界的换热面积F_i时，若以床层内壁的滞流边界层作为传热阻力所在，就要以近壁处的床层温度T_R和换热面内壁温度T_w之差作为传热推动力。但是，近壁处的床层温度T_R难以直接测量，一般要从床层的径向温度分布来求解，这种计算换热面积的方法很不方便。因此，若只需要计算固定床与外界换热所需的传热面积时，将固定床的径向传热与通过床层内壁的滞流边界层的传热合并成整个固定床对壁的传热，这时就要以固定床中同一截面处流体的平均温度 T_m 与换热面内壁温度 T_w 之差作为传热推动力，而相应的给热系数就称为固定床对壁的给热系数 α_t。此时，传热速率方程可表示如下：

$$dQ = \alpha_t (T_m - T_w) dF_i \qquad (5-8)$$

质量流率 $G(G = u\rho_f, \text{kg} \cdot \text{m}^{-2} \cdot \text{s}^{-1})$ 相同时，固定床由于存在有固体颗粒，增加了流体的涡流，固定床对壁的给热系数远大于空管。固定床对壁的给热系数与许多因素有关，除了决定于流体的流速 u 及其物理性质如导热系数 λ_f、比热容 c_p（单位质量流体的比定压热容）、密度 ρ_f 及粘度 μ 之外，还决定于固定床的特性，如颗粒的当量直径、床层直径 d_t、床层高度或长度 L、空隙率 ε 和颗粒的形状系数 ϕ_s 及导热系数 λ_s。对于一定的固体颗粒，形状系数、导热系数及床层空隙率都是常数；但若壁效应具有影响时，床层空隙率是管径与粒径比的函数。由实验数据整理而得到的计算固定床对壁的给热系数的关联式甚多，下面介绍中国科学院大连化学物理研究所的工作[7]。

当流体流过固定床被冷却时，以流体进出口处床层的平均温度的算术平均值作为计算物理性质的示性温度，对于玻璃或低导热系数的瓷质球状颗粒，床层对壁的给热系数 α_t 可以归纳如下：

$$\frac{\alpha_t d_t}{\lambda_f} = 6.0 Re_p^{0.6} Pr^{0.123} \left(\frac{1}{1 - 1.59 \dfrac{d_t}{L}} \right) \exp\left(-3.68 \frac{D_p}{d_t} \right) \qquad (5-9)$$

式（5-9）的试验范围：$d_t/D_p = 2 \sim 12.5$；$\dfrac{L}{d_t} = 10 \sim 30$；$Re_p = \dfrac{D_p G}{\mu} = 250 \sim 6500$；$Pr = \dfrac{c_p \mu}{\lambda_f} = 0.722 \sim 4.8$。

对于铜、铁等高导热系数球形颗粒，可归纳如下

$$\frac{\alpha_t d_t}{\lambda_f} = 2.17 Re_p^{0.52} \left(\frac{d_t}{D_p} \right)^{0.8} \left(\frac{1}{1 + 1.3 \dfrac{d_t}{L}} \right) \qquad (5-10)$$

式（5-10）的试验范围：$d_t/D_p = 2 \sim 10$；$\dfrac{L}{d_t} = 10 \sim 30$；$Re_p = 300 \sim 10000$。

对于圆柱形颗粒，其当量直径以与颗粒等外表面积的圆球直径 D_p 计算。

由以上二式可见：①表示流体物理性质的 Pr 准数对于床层对壁的给热系数的影响并不显著。②床层高度与直径的比值 $L/d_t>30$ 时，床层高度的影响可以不计。③对于高导热系数填充物，床层导热能力增强；所以当操作条件和床层结构相同时，高导热系数颗粒床层对壁的给热系数比低导热系数颗粒床层要高 30% 左右。另一方面，对于高导热系数颗粒，气体涡流对给热系数的影响减弱，Re_p 的幂次由 0.6 降至 0.52。④在相同的质量流率 G 及 Pr 情况下，固定床对壁的给热系数 α_t 比空管对壁的给热系数 α 大好几倍，其比值 α_t/α 是 d_t/D_p 值的函数。

一般情况下，α_t 的值大致为 $60\sim320\text{kJ}/(\text{m}^2\cdot\text{h}\cdot\text{K})$。

3. 固定床径向有效导热系数和壁给热系数

中国科学院大连化学物理研究所根据气体通过固定床的床层径向温度分布实验数据获得固定床的径向有效导热系数及壁给热系数的关联式[8]：

$$\frac{\lambda_{er}}{\lambda_f} = A\left(\frac{D_p G}{\mu}\right)^B\left(\frac{d_t}{D_p}\right)^C \qquad (5-11)$$

式中，A、B 及 C 为常数，取决于固体颗粒的特性，其数值列于表5-1。流体的物性数据以进出口平均温度的算术平均值作为定性温度。

表 5-1 式(5-11)中常数 A、B 及 C 值

固体颗粒特性		A	B	C
低导热系数	球形	0.182	0.75	0.45
	圆柱或单孔环柱形	0.220	0.75	0.45
高导热系数	球形	0.300	0.72	0.60
	圆柱或单孔环柱形	0.380	0.72	0.60

对于低导热系数颗粒，壁给热系数 α_w 可计算如下：

$$\frac{\alpha_w d_t}{\lambda_f} = 65\exp\left(-4\frac{D_p}{d_t}\right)\left(\frac{d_t}{L}\right)^{0.2}\left(\frac{D_p G}{\mu}\right)^{0.4} \qquad (5-12)$$

对于高导热系数颗粒，壁给热系数可计算如下：

$$\frac{\alpha_w d_t}{\lambda_f} = 5.1\left(\frac{d_t}{D_p}\right)^{0.8}\left(\frac{d_t}{L}\right)^{0.1}\left(\frac{D_p G}{\mu}\right)^{0.46} \qquad (5-13)$$

对于圆柱形颗粒，相当直径 D_p 采用等外表面积的圆球直径。上列三式的实验范围如下：低导热系数颗粒 $d_t/D_p=3.94\sim13.5$，高导热系数颗粒 $d_t/D_p=5\sim8.3$，$L/d_t=5\sim15$，$D_p G/\mu=130\sim1400$。按式(5-11)计算的径向有效导热系数是平均值，与径向位置无关。

清华大学研究了接近工业条件 d_t 为 29.8mm 固定床内填充三种不同形状催化剂，以空气为介质，测得径向有效导热系数 λ_{er} 及壁给热系

数 α_w 与 $Re_s\left(Re_s = \dfrac{d_s u \rho_f}{\mu}\right)$ 之间的关联式[9]，见表 5-2。d_s 为等比表面积圆球直径，$d_s = 6V_p/S_p$，V_p 为颗粒的体积，S_p 为颗粒的外表面积。

表 5-2   固定床中填充三种催化剂的径向传热参数

催化剂	形状	尺寸/mm	d_s/mm	d_t/d_s	Re_s	$\lambda_{er} = A_1 + B_1 Re_s$		$\lambda_{er} = A_2 + B_2 Re_s$	
						A_1	B_1	A_2	B_2
乙烯氧化	球形	直径 4.8	4.8	6.2	200~700	-0.713	0.0063	-48.34	0.748
石油加氢精制	三叶草	外径 1.2 长 4.1	1.01	29.5	20~50	-0.614	0.0063	-17.92	2.77
石油加氢精制	圆柱形	外径 1.53 长 6.98	2.07	14.4	20~100	-0.0512	0.0084	-126.38	4.07

由以上研究可见，对于形状相差较大的颗粒，λ_{er} 和 α_w 的关联式中的参数有相当大的差异。

华东理工大学在一个允许同时测定壁冷式固定床内轴向和径向温度分布的装置内获得床内二维温度场[10]。压缩空气经过滤、干燥、计量、预热后进入固定床底部的非强制冷却段后，再进入有夹套加热的固定床，出固定床的空气放空。冷却介质采用导热油，导热油通过油罐、高温油泵和油管进行循环。

二维固定床测温装置为 $\phi 40mm \times 1mm$ 的不锈钢管，它由五段组成，入口段为非强制冷却段。39 根 $\phi 1mm \times 300mm$ 铠装镍铬-康铜热电偶分别装在每两段床层之间，考虑周边温度分布的影响，在每个测温截面上热电偶按渐开线方式分布。非强制冷却段的安排能使流型充分发展，既简化了入口边界条件，又十分准确。导热油通过两侧的输油总管平行进入四个冷却段进行分流与汇集，可确保壁温的恒定。测温采用计算机显示、打印、磁盘记录。空气流量（标准状态）3.6 ~ 9.0m³/h，壁温 108℃ ~ 114℃，填充物为 $\phi 4mm$ 球形 Al_2O_3、$\phi 5mm \times 5mm$ 圆柱形甲醇合成催化剂和平孔环柱形（外径 7.9mm、内径 2.6mm、高 6.7mm）YS-5 型环氧乙烷合成银催化剂。

采用二维传热模型整理的模型方程及边界条件如下。

$$Gc_p \frac{\partial T}{\partial l} = \lambda_{er}\left[\frac{1}{r}\left(\frac{\partial T}{\partial r}\right)_r + \left(\frac{\partial^2 T}{\partial r^2}\right)_r\right] \qquad (5-14)$$

边界条件：

$$r = 0 \quad 0 \leqslant l \leqslant L \quad \left(\frac{\partial T}{\partial r}\right)_{r=0} = 0$$

$$r = R \quad 0 \leqslant l \leqslant L \quad -\lambda_{er}\left(\frac{\partial T'}{\partial r}\right)_R = \alpha_w(T_R - T_w)$$

式中，径向有效导热系数 λ_{er} 和壁给热系数 α_w 为模型参数。同时 T_0 在进口截面处也存在温度分布，而不再是一定值，计算时由测量所得的实际值代入。

对上述模型应用四点正交配置法求解，采用最小二乘法拟合实测的床层温度分布，用单纯型法搜索最优值获得径向有效导热系数 λ_{er} 和壁给热系数 α_w 和固定床对壁的给热系数 α_t 之值。

考虑到对于环柱形的填充颗粒，床层内的径向混合程度随内径 d_i 与外径 d_o 之比的增大而增大，同时也随环柱形颗粒的高度增大而增大。而径向混合程度的大小将直接影响径向有效导热系数的大小。因此采用计及内、外环表面积的等比外表面积当量直径 d_s 作为颗粒的当量直径。

将无因次化的 $\dfrac{\lambda_{er}}{\lambda_f}$、$\dfrac{\alpha_w}{\lambda_f}$ 和床层对壁的给热系数 $\dfrac{\alpha_t}{\lambda_f}$ 与准数 Re_s $\left(Re_s = \dfrac{d_s u \rho_f}{\mu}\right)$ 用最小二乘法进行关联，见表 5-3。

表 5-3　固定床填充含单孔环柱形颗粒的径向传热参数

颗粒	形状	尺寸/mm	d_s/mm	$\dfrac{d_t}{d_s}$	Re_s	$\dfrac{\lambda_{er}}{\lambda_f} = A_1 + B_1 Re_p$		$\dfrac{\alpha_w D_p}{\lambda_f} = A_2 + B_2 Re_p$	
						A_1	B_1	A_2	B_2
Al_2O_3	球形	$\phi4$	4.0	9.5	250~650	23.856	0.0429	5.9091	0.0331
甲醇合成催化剂	圆柱形	$\phi5\times5$	5.0	7.6	270~670	5.487	0.0378	-1.1495	0.0262
YS-5型环氧乙烷合成催化剂	单孔环柱形	$\phi7.9/$ 2.6×6.7	4.92	7.72	180~450	17.651	0.0595	12.185	0.0137

从表 5-3 中各关联式的线性相关系数为 0.904~0.998，表明线性相关良好。

在上述壁冷式固定床装置中测定了填充三种不同尺寸的单孔环柱形颗粒的径向传热参数，即外径/内径×高分别为 $\phi6$mm$/\phi4$mm×6mm 磁环、$\phi8.6$mm$/\phi3.5$mm×8.7mm 及 $\phi7.8$mm$/\phi3.5$mm×7.2mm 的环氧乙烷合成银催化剂，上述三种颗粒的计入内、外环的等比外表面积当量直径 d_s 分别为 4、5 和 4.92，相应的 d_t/d_s 分别为 9.5、7.6 和 7.72 当 N（$N = d_t/d_s$）值较小，如 $N < 4$，壁效应严重影响传热参数 λ_{er}。实验数据

表明，λ_{er} 随 d_t/d_s 的增大而增大，这是由于径向混合程度的增大。

第二节　自热式连续换热催化反应器

一、自热式连续换热管间催化床的冷管结构及传热能力分析

　　自热式连续换热管间催化床根据不同的冷管结构，主要可分为单管逆流式、双套管并流式、三套管并流式及单管并流式，其结构及轴向温度分布示意图分别见图 5-6、图 5-7、图 5-8 及图 5-9。流出自热式催化床的反应后气体进入催化床外的换热器，与未反应的冷气体进行热交换，见图 3-10。

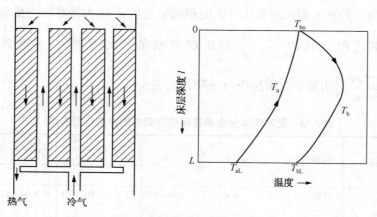

图 5-6　单管逆流式催化床及温度分布示意图

　　自热式连续换热催化床上部大都有一绝热段，以使反应气体温度尽快地升高而接近最佳反应温度曲线，在冷却段中过程的实际温度分布决定于单位体积床层中反应放热量与冷管排热量之间的相对大小，而后者为单位体积催化床的冷管面积（即比冷管面积）、催化床与冷管间传热系数和催化床温度 T_b 与冷管中冷气体温度 T_a 之间的传热温度差等因素所确定。对于不同的冷管结构，在不同的催化床高度，传热温度差的数值不同，这就影响到催化床实际轴向温度分布与最佳反应温度曲线间的偏离，因而影响到催化床的空时产率。

　　下面主要从传热要求来评价上述各种冷管结构。

（一）单管逆流式

单管逆流式催化床及温度分布示意图，见图 5-6。它的结构和气流路

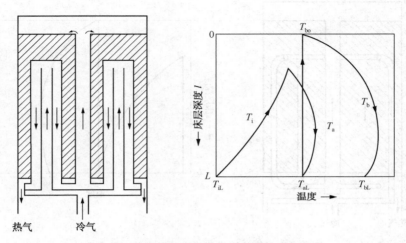

图 5-7　双套管并流式催化床及温度分布示意图

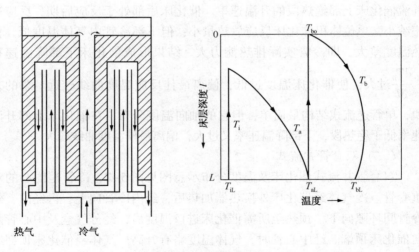

图 5-8　三套管并流式催化床及温度分布示意图

线都最简单。冷管内冷气体自下而上流动时温度一直在升高，冷管上端气体温度即为催化床入口气体温度，无绝热段。催化床上部处于反应前期，反应混合物组成远离平衡组成，反应速率大，单位体积催化床反应放热量大；催化床上部冷管内气体温度 T_a 接近于催化床温度 T_b，上部传热温差小，故上部催化床的升温速率 $\dfrac{\mathrm{d}T_b}{\mathrm{d}l}$ 较大，这是符合要求的，但低于

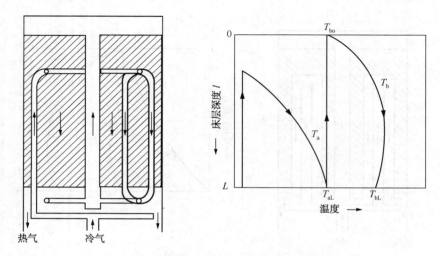

图 5-9   单管并流式催化床及温度分布示意图

并流催化床上部绝热段的升温速率。催化床后部处于反应后期，反应速率减小，单位体积催化床反应放热量小；但下部冷管内气体温度低，传热温度差大，即冷管实际排热能力大。结果形成催化床下部降温速率 $-\dfrac{\mathrm{d}T_b}{\mathrm{d}l}$ 过大，使催化床温度过低，偏离最佳反应温度曲线较远。总的来说，单管逆流式结构最简单，但它的轴向温度分布，在催化床上部升温速率低于绝热段，下部降温速率又过大，偏离最佳温度曲线较大。

（二）双套管并流式

双套管并流式催化床及温度分布示意图见图 5-7，冷管是同心的双重套管。冷气体经催化床外换热器加热后，经内冷管向上，再经内、外冷管间环隙向下，预热至所需催化床进口温度后，经分气盒及中心管翻向催化床顶端。经中心管时，气体温度略有升高。气体经催化床顶部绝热段，进入冷却段，被冷管环隙中气体所冷却，而环隙中气体又被内冷管内气体所冷却。与单管逆流式相比较，双套管式有绝热段，故催化床上部升温速率大于单管逆流式，合乎上部迅速升温的要求。另一方面，双套管式催化床下部冷管环隙内气体温度较高，接近于进入催化床的温度，故下部催化床的传热温差比单管逆流式小，比较接近最佳温度曲线，因而比单管逆流式优越。

（三）三套管并流式

三套管并流式催化床及温度分布示意图见图 5-8。它是双套管并流式的改进。在双套管的内冷管内衬一根薄壁内衬管，薄壁内衬管与内冷管下端满焊，使内冷管与内衬管间形成一层很薄的气体不流动的"滞气层"。由于滞气层的导热系数很小，起着隔热作用，冷气体自下而上地流经内衬管的温升很小，可以略去不计。这样，冷气体只是流经内、外冷管之间环隙时才受热，而内衬管主要起气体通道的作用。若略去不计气体流经内衬管及中心管的温升，则三套管并流式内外冷管间环隙最上端气体温度等于催化床外换热器的出口处气体温度，而环隙最下端气体温度等于进入催化床的气体温度。

由此可见，带"滞气层"的三套管并流式催化床冷却段上部与环隙间的传热温度差比双套管大，强化了传热能力，更适应于上部冷却段需要冷管排热能力强的要求，而使得过程较接近于最佳反应温度分布曲线。双套管式催化床内冷管内加一内衬管改为三套管后，由于催化床内温度分布比较合理，生产强度或空时产率有所提高，但反应气体通过催化床的压力降却也有所增加。

（四）单管并流式

单管并流式催化床及温度分布示意图见图5-9。反应气体经催化床外换热器换热后，经升气管至上环管，气体在上环管分配至多根并联冷管，经冷管向下流动，并流冷却催化床，冷管是单管。冷管气体经下环管集气，再经中心管向上，然后进入催化床。比较一下单管并流与三套管并流，从催化床与冷管间传热过程来看，二者相同，所不同的是，三套管以内衬管作气体向上流动的通道，而单管并流则把向上流动的气体通道集中于三、四根升气管。单管并流式催化床还具有以下优点：①气流通过单管并流催化床的压力降比较小；②催化剂装填系数较高；③冷管的排列不受分气盒直径的限制，催化床内径向温度较均匀；④可采用扁平管作冷管，同样的传热面积，扁平管所占体积较小，又可增加催化剂装填系数。单管并流式催化床在机械结构设计上要注意冷管受热的膨胀量比升气管大，应妥善补偿，以免被热应力所破坏。双套管及三套管式催化床，冷管上端可自由膨胀，不存在这个问题。

二、连续换热催化床的一维模型

本节讨论一维连续换热催化床的数学模型，由此解得的催化床内轴向温度和反应组分的摩尔分率分布以及催化床的空时产率。

一维连续换热式催化床的数学模型一般用一维平推流模型，而总体速率或用非均相模型或用拟均相模型。平推流模型又称为活塞流模型。

它的特点是在定态情况下，沿着反应物系的流动方向，所有参数，如温度、浓度、压力不断变化，而垂直于流动方向的任何截面（又称同平面）上，所有参数，如温度、浓度、压力及流速都相同。因此，所有反应物系质点在反应器中的停留时间都是相同的，反应器中没有返混。一般说来，长径比较大，不存在壁效应，流速较快的气-固相催化反应器中的流体流动可视为平推流。一维只考虑反应器中沿反应物系流动方向（对于一般轴向流动反应器称为轴向）的浓度和温度的变化，忽略垂直于流动方向（对于一般轴向流动反应器称为径向）的浓度和温度的变化。

对于工业颗粒催化剂，如果按本征反应速率并计入内、外扩散过程的影响，称为非均相模型。如果某些催化剂的还原或活化过程及中毒失活过程影响到催化剂的反应速率，往往按本征反应速率计算而乘以活性校正系数及寿命因子，称为拟均相模型。活性校正系数包括还原，活化，内、外扩散过程，壁效应等因素的影响，某些催化剂（如氨合成）还与催化床高度有关。寿命因子则主要考虑中毒、过热及衰老等失活因素对催化剂总体速率的影响。

（一）反应及传热的数学模型

连续换热催化床中反应过程与传热过程同时进行，其数学模型是一组常微分方程组。下面以三套管并流式氨合成反应器催化床为例，建立平推流一维拟均相模型。

主要符号如下：

T——气体温度，K；

t——气体温度，℃；

C_p——混合气体的摩尔定压热容，kJ/（kmol·K）；

D_{TO} 及 D_{TI}——外冷管的外径及内径，m；

D_{IO} 及 D_{II}——内冷管的外径及内径，m；

m_t——冷管根数；

D_R——催化床直径，m；

K_{ba} 及 K_{bs}——床层与内外冷管环隙及床层与床外环隙的传热系数，kJ/（m²·h·K）；

N_{T0} 及 N_{T1}——以氨分解基表示的及进口处混合气体摩尔流量，kmol/h；

N_{NH_3}——NH₃的摩尔流量，kmol/h；

L——床层高度，m；

l——催化床高度（变量），m，自上向下取为正；

y_{NH_3}——催化床中产物 NH₃ 的摩尔分率；

A——床层通气截面积，m^2，即扣除中心管、冷管和热电偶套管的截面积；

ΔH_R——反应焓，$kJ/kmol$，对于放热反应，其值为负。

下标 b、a 及 s 分别表示床层、内外冷管环隙及床外环隙，下标 h 及 c 分别表示绝热段和冷却段。

1. NH_3 生成速率

反应速率以单位体积、单位时间内产物 NH_3 的生成量来表示。在床层 l 处取 dl 高的微元，产物 NH_3 的生成速率为：

$$\frac{dN_{NH_3}}{dl} = A \cdot \frac{dN_{NH_3}}{dV_R} \qquad (5-15)$$

当考虑催化剂的活性校正系数 COR 后，反应速率表示为：

$$\frac{dN_{NH_3}}{dl} = COR \cdot A \cdot \frac{dN_{NH_3}}{dV_R} \qquad (5-16)$$

由于 $N_T = \dfrac{N_{T0}}{1+y_{NH_3}}$，氨的瞬时摩尔流量 $N_{NH_3} = N_T y_{NH_3} = \dfrac{N_{T0} y_{NH_3}}{1+y_{NH_3}}$。则

$$dN_{NH_3} = \frac{N_{T0}}{(1+y_{NH_3})^2} dy_{NH_3},$$

又

$$dV_R = Adl = V_{S0} d\tau_0$$

$$dl = \frac{V_{S0}}{A} d\tau_0 = W_0 d\tau_0$$

因此，有

$$\frac{dy_{NH_3}}{dl} = COR \cdot A \cdot \frac{dy_{NH_3}}{dV_R} = \frac{COR \cdot A \cdot dy_{NH_3}}{V_{S0} d\tau_0} = \frac{COR}{W_0} \frac{dy_{NH_3}}{d\tau_0}$$

$$(5-17)$$

式中　V_R——催化床体积，m^3；

　　　V_{S0}——标准状态下，混合气体氨分解基体积流量，m^3/h；

　　　τ_0——标准接触时间，h；

　　　W_0——由标准状态下氨分解基气体体积流量及通气截面积计算的虚拟线速度，即 $W_0 = \dfrac{V_{S0}}{A}$，$m^3/(m^2 \cdot h)$。

2. 催化床内热量衡算式

在床层沿轴向取 dl 高的微元圆柱体，若略去中心管内气体的温升及三套管并流式内衬管内气体的温升，可列出热量衡算，如下：

（1）绝热段（无冷管催化层）

$$N_{\mathrm{T}} C_{pb} \mathrm{d} T_{\mathrm{b}} = (-\Delta H_{\mathrm{R}}) \mathrm{d} N_{\mathrm{NH}_3} - K_{\mathrm{bs}} (T_{\mathrm{b}} - T_{\mathrm{s}}) \pi D_{\mathrm{R}} \cdot \mathrm{d} l \quad (5-18)$$

根据生产实际情况，取热损失 1.5℃/m，有

$$\frac{\mathrm{d} T_{\mathrm{b}}}{\mathrm{d} l} = \frac{(-\Delta H_{\mathrm{R}})}{C_{pb} (1 + y_{\mathrm{NH}_3})} \frac{\mathrm{d} y_{\mathrm{NH}_3}}{\mathrm{d} l} - 1.5 \quad (5-19)$$

（2）冷却段（有冷管催化层）

$$N_{\mathrm{T}} C_{pb} \mathrm{d} T_{\mathrm{b}} = (-\Delta H_{\mathrm{R}}) \mathrm{d} N_{\mathrm{NH}_3} - K_{\mathrm{ba}} (T_{\mathrm{b}} - T_{\mathrm{a}}) m_{\mathrm{t}} \pi D_{T\mathrm{O}} \mathrm{d} l$$
$$- K_{\mathrm{bs}} (T_{\mathrm{b}} - T_{\mathrm{s}}) \pi D_{\mathrm{R}} \mathrm{d} l \quad (5-20)$$

即

$$\frac{\mathrm{d} T_{\mathrm{b}}}{\mathrm{d} l} = \frac{(-\Delta H_{\mathrm{R}})}{C_{pb} (1 + y_{\mathrm{NH}_3})} \frac{\mathrm{d} y_{\mathrm{NH}_3}}{\mathrm{d} l} - \frac{K_{\mathrm{ba}} m_{\mathrm{t}} \pi D_{T\mathrm{O}} (1 + y_{\mathrm{NH}_3})}{N_{T\mathrm{O}} C_{pb}} (T_{\mathrm{b}} - T_{\mathrm{a}}) - 1.5$$

$$(5-21)$$

3. 内外冷管环隙内热量衡算式

$$N_{\mathrm{T1}} C_{pa} \mathrm{d} T_{\mathrm{a}} = K_{\mathrm{ba}} (T_{\mathrm{b}} - T_{\mathrm{a}}) m_{\mathrm{t}} \pi D_{T\mathrm{O}} \mathrm{d} l \quad (5-22)$$

即

$$\frac{\mathrm{d} T_{\mathrm{a}}}{\mathrm{d} l} = \frac{K_{\mathrm{ba}} m_{\mathrm{t}} \pi D_{T\mathrm{O}} (1 + y_{\mathrm{NH}_3,\,1})}{N_{\mathrm{T1}} C_{pa}} (T_{\mathrm{b}} - T_{\mathrm{a}}) \quad (5-23)$$

式（5-17）、式（5-19）、式（5-21）、式（5-23）组成三套管并流式氨合成催化床数学模型。

（二）常微分方程组的解

求解一阶常微分方程组首先必须确定方程组的边界条件。绝热段常微分方程组的进口处边界条件是绝热段进口处的气体组成、床层和床外环隙内气体温度。对于正在生产的反应器，它们均为已知值，对于待设计的反应器，可由所设计的方案来确定。由这些边界条件求解绝热段的常微分方程组，可求得绝热段床层各横截面上气体的组成、温度及床外环隙气体的温度。绝热段出口处气体的组成和温度就是冷却段进口处的组成和温度。冷却段常微分方程组的边界条件除了冷却段进口处的组成和床层温度外，还必须包括冷管内顶端的气体温度 T_{ao}，即内外冷管环隙顶端的气体温度。对于三套管式，由于忽略内衬管内气体温度的变化，则内外冷管环隙顶端气体的温度 T_{ao} 等于进入内衬管气体的温度。也等于离开床外换热器冷气体换热后的温度。此温度要用"打靶法"来确定，先合理地假定一个 T_{ao} 数值，解冷却段常微分方程组，求得催化床出口处气体的组成与温度以及内外冷管环隙内和床外环隙气体的温

度。根据三套管催化床结构特点，略去中心管内气体的温升，则催化床出口处内外冷管环隙内气体温度 T_{ae} 应与催化床进口温度 T_{bo} 相同，若有差异，应对所假设的 T_{ao} 值进行调整。

如果经试算所确定的进入内衬管气体温度高于冷气体经床外换热器加热的气体温度，表示在所确定的操作条件及床层结构条件下，反应器不能"自热"地进行操作，若确定的进入内衬管气体温度低于冷气体离开床外换热器加热后的气体温度，则可引入一定量的副线气，即部分冷原料气不经床外换热器加热，直接和经床外换热器加热的原料气混合，再引入内衬管和催化床。

用计算机计算时，根据给定的床层结构尺寸及操作条件，用定步长龙格-库塔法计算绝热段微分方程组，再用"打靶法"确定内外冷管环隙顶端气体的温度 T_{ao}。打靶法计算的思路是：先定义一个函数 $f(T_{ao}) = T_{bo} - T_{ae}$，即床层进口温度 T_{bo} 与床层出口处内外冷管环隙内气体温度 T_{ae} 之差值，然后假定一个 T_{ao} 值，用龙格-库塔法计算冷却段微分方程组，得到 T_{ae}，略去中心管内气体温度的变化，如果 T_{ao} 假定得正确，则 $T_{ae} = T_{bo}$。因此，求解函数 $f(T_{ao})$，$f(T_{ao})$ 小于给定的误差值时，可认为中靶，这时的 T_{ao} 值即为所求的解。

对于结构尺寸已知的床层，在给定的操作条件下，可按上述方法计算整个床层内气体组成及温度随床高的变化，由出口气体组成可计算催化床的生产能力及单位床层体积的空时产率。

按上述解题步骤，编制一个计算机的源程序，计算框图见图5-10。

用龙格-库塔法解常微分方程组时，绝热段和冷却段催化床都应分成若干段。对于氨合成反应，绝热段和冷却段一般都分成 10 段或 20 段进行积分。

例 5-1 外筒内径1000mm 的并流三套管氨合成催化反应器，主要结构尺寸如下：内筒或称为催化剂筐的内径 $D_R = 0.9m$，中心管外径 $D_C = 0.219m$，外冷管外径 $D_{TO} = 0.044m$，外冷管内径 $D_{TI} = 0.039m$，内冷管外径 $D_{IO} = 0.029m$，热电偶套管外径 $D_{coup} = 0.051m$，热电偶套管数 2 根，冷管根数 $m_t = 62$，绝热层高度 $L_h = 0.95m$，冷却层高度 $L_c = 8.87m$。反应特征：催化剂是 A110-1 型，平均直径 $d_p = 0.0057m$，形状系数 $\phi_s = 0.33$。由于高压下 H_2-N_2-NH_3 气体混合物属非理想气体，氨合成反应本征动力学方程按焦姆金方程以逸度表示为宜，此时同一型号催化剂同一温度而不同压力下的反应速率常数为定值，若以分压表示，则反应

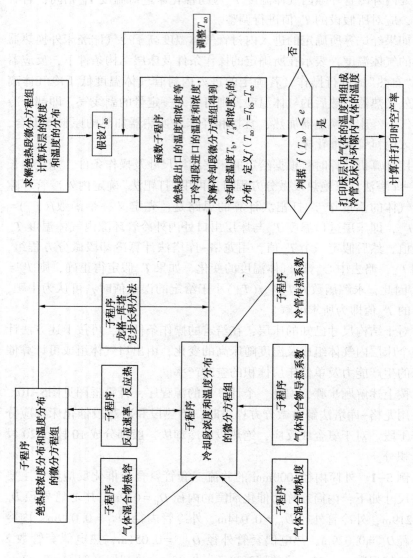

图 5—10 三套管催化床温度及浓度分布计算框图

速率常数还与压力有关。此时

$$r_{NH_3} = \frac{dN_{NH_3}}{dS} = k_1 f_{N_2} \frac{f_{H_2}^{1.5}}{f_{NH_3}} - k_2 \frac{f_{NH_3}}{f_{H_2}^{1.5}}$$

式中，$k_1/k_2 = K_f^2$，可转换成

$$\frac{dy_{NH_3}}{d\tau_0} = k_T (1 + y_{NH_3})^2 F_A$$

$$k_T = 1.8476 \times 10^3 \exp \left[-\frac{39942 \times 4.184}{R_g T} \right] \times (0.101325)^{0.5}, \quad MPa^{0.5}/s$$

$$R_g = 8.314 \ kJ/(kmol \cdot K)$$

$$F_A = \frac{K_f^2 f_{H_2}^{1.5} f_{N_2}}{f_{NH_3}} - k_2 \frac{f_{NH_3}}{f_{H_2}^{1.5}}$$

已知氨分解基空速 $V_{sp} = 25000h^{-1}$，氨分解基气体组成 $y_{H_2}/y_{N_2} = 3$，床层进口温度 390℃，催化剂的活性校正系数：绝热段 $COR = 0.52$，冷却段 COR 随床高呈线性递减至 0.36，寿命因子 $TF = 0.6$，计算床层的温度与氨摩尔分率的分布以及空时产率 STY。

解：1. 物料衡算 见例 4-2。

2. 数学模型

考虑催化剂的活性校正系数和寿命因子，最后可得下列轴向床层温度和氨摩尔分率分布的微分方程组：

对于绝热段

$$\begin{cases} \dfrac{dy_{NH_3}}{dl} = \dfrac{COR \cdot TF}{W_{0h}} k_T (1 + y_{NH_3})^2 F_A \\[3mm] \dfrac{dt_b}{dl} = \dfrac{(-\Delta H_R)}{C_{pb}(1 + y_{NH_3})} \cdot \dfrac{dy_{NH_3}}{dl} - 1.5 \end{cases} \quad (例 5-1-1)$$

$l = 0$，$y_{NH_3} = y_{NH_3,1}$，$t_b = t_{bo}$

对于冷却段

$$\begin{cases} \dfrac{dy_{NH_3}}{dl} = \dfrac{COR \cdot TF}{W_{0c}} k_T (1 + y_{NH_3})^2 F_A \\[3mm] \dfrac{dt_b}{dl} = \dfrac{(-\Delta H_R)}{C_{pb}(1 + y_{NH_3})} \cdot \dfrac{dy_{NH_3}}{dl} - \dfrac{K_{ba} m_t \pi D_{TO}(1 + y_{NH_3})}{N_{TO} C_{pb}} \cdot (t_b - t_a) - 1.5 \\[3mm] \dfrac{dt_a}{dl} = \dfrac{K_{ba} m_t \pi D_{TO}(1 + y_{NH_3,1})}{N_{TO} C_{pb}} \cdot (t_b - t_a) \end{cases} \quad (例 5-1-2)$$

$$l = L_{\mathrm{h}}, \quad y_{\mathrm{NH_3}} = y_{\mathrm{NH_3}, L_{\mathrm{h}}}, \quad a_{\mathrm{b}} = t_{\mathrm{b}, L_{\mathrm{h}}}, \quad t_{\mathrm{a}} = t_{\mathrm{ao}}$$

式（例5-1-1）中，$W_{0\mathrm{h}}$是按照绝热段床层通气截面积计算的虚拟线速度；式（例5-1-2）中，$W_{0\mathrm{c}}$是按照冷却段床层通气截面积计算的虚拟线速度。式（例5-1-2）中$y_{\mathrm{NH_3},1}$是进口气体中氨的摩尔分率。

3. 催化剂体积，进塔气体摩尔流量 N_{TI} 及气体虚拟线速度

绝热段催化床通气截面积

$$A_{\mathrm{h}} = \frac{\pi}{4}(D_{\mathrm{R}}^2 - D_{\mathrm{C}}^2 - 2 \times D_{\mathrm{coup}}^2)$$

$$= \frac{\pi}{4}(0.900^2 - 0.219^2 - 2 \times 0.051^2) = 0.5944 \ \mathrm{m}^2$$

冷却段催化床通气截面积

$$A_{\mathrm{c}} = \frac{\pi}{4}(D_{\mathrm{R}}^2 - D_{\mathrm{C}}^2 - 2 \times D_{\mathrm{coup}}^2 - m_{\mathrm{t}} \times D_{\mathrm{TO}}^2)$$

$$= \frac{\pi}{4}(0.900^2 - 0.219^2 - 2 \times 0.051^2 - 62 \times 0.044^2) = 0.5001 \ \mathrm{m}^2$$

催化床体积 $\quad V_{\mathrm{R}} = L_{\mathrm{h}} A_{\mathrm{h}} + L_{\mathrm{c}} A_{\mathrm{c}} = 5.0009 \ \mathrm{m}^3$

其中 L_{h} 及 L_{c} 分别为绝热段催化床和冷却段催化床的高度。

氨分解基气体摩尔流量 $N_{\mathrm{TO}} = \dfrac{V_{s0}}{22.4} = \dfrac{V_{\mathrm{sp}} \cdot V_{\mathrm{R}}}{22.4} = \dfrac{25000 \times 5.0009}{22.4}$

$= 5581.46 \ \mathrm{kmol/h}$

进塔气量 $N_{\mathrm{TI}} = \dfrac{N_{\mathrm{TO}}}{1 + y_{\mathrm{NH_3},1}} = \dfrac{5581.46}{1 + 0.03} = 5418.90 \ \mathrm{kmol/h}$

绝热段气体虚拟线速度 $W_{0\mathrm{h}} = \dfrac{22.4 N_{\mathrm{TO}}}{A_{\mathrm{h}}}$；冷却段气体虚拟线速度

$W_{0\mathrm{c}} = \dfrac{22.4 N_{\mathrm{TO}}}{A_{\mathrm{c}}}$。

4. 物性数据的计算

由于高压下 H_2-N_2-NH_3 气体混合物属非理想气体，建议按下列特定的计算加压下含氨混合气体的粘度、导热系数及热容的关联式进行计算[19]。

（1）加压下含氨混合气的粘度按下列关联式计算：

$$\mu_{\mathrm{m}} = \frac{\sum y_i \sqrt{M_i} \, C_i \mu_i}{\sum y_i \sqrt{M_i}} \qquad (\text{例} 5-1-3)$$

式中 μ_i——混合气体中组分 i 于总压 $P(\text{atm})$ 及温度 $t(\text{℃})$ 时的粘
度，$\text{kg}/(\text{m}\cdot\text{s})$；

y_i——混合气体中组分 i 的摩尔分率；

M_i——组分 i 的相对分子质量；

C_i——组分 i 的修正系数。

氢、氮、氨、甲烷及氩的粘度 μ_i 与压力 $P(\text{atm})$ 及温度 t 的关联式如下：

$$\mu_{\text{H}_2} = (856.94 + 1.8906t - 0.39221 \times 10^{-3}t^2 - 0.37343 \times 10^{-3}tP$$
$$+ 0.53485 \times 10^{-3}P^2) \times 10^{-8}$$

$$\mu_{\text{N}_2} = (1846 + 3.3715t + 0.34160 \times 10^{-2}tP + 0.6044 \times 10^{-2}P^2) \times 10^{-8}$$

$$\mu_{\text{NH}_3} = (43596 - 0.84605 \times 10^4 \ln t - 0.25907 \times 10^3 t^{-1} + 0.10883t^2$$
$$- 0.11781 \times 10^{-3}t^3 - 0.018107tP + 0.02574P^2) \times 10^{-8}$$

$$\mu_{\text{CH}_4} = (1343.9 + 0.84653t^2 - 0.77685 \times 10^{-3}t^3 - 0.60536tP$$
$$+ 0.01014P^2) \times 10^{-8}$$

$$\mu_{\text{Ar}} = (2495.6 + 4.4133t - 0.68328 \times 10^{-2}tP + 0.010686P^2) \times 10^{-8}$$

各组分的校正系数值为：

$$C_{\text{H}_2} = 1$$

$$C_{\text{H}_2} = 0.90011 + 0.71278 \times 10^{-2}\ln t + 0.23144 \times 10^{-3}t + 0.3905$$
$$\times 10^{-6}tP - 0.12008 \times 10^{-5}P^2$$

$$C_{\text{NH}_3} = -0.19825 + 0.26392t^{-1} + 0.79454 \times 10^{-2}t - 0.74743$$
$$\times 10^{-5}t^2 - 0.47034 \times 10^{-5}tP + 0.25252 \times 10^{-5}P^2$$

$$C_{\text{CH}_4} = 0.20845 + 0.16188\ln t + 0.49762t^{-1} + 0.19363 \times 10^{-3}t$$
$$- 0.14746 \times 10^{-3}P^2$$

$$C_{\text{Ar}} = 1$$

（2）加压下含氨混合气导热系数 λ_{m} 与总压 P 及系统温度的关系，可按下式计算

$$\lambda_{\text{m}} = \lambda_{\text{R}}\lambda'_{\text{cm}} \qquad\qquad (例5-1-4)$$

式中 λ_{m}——混合气体的导热系数，$\text{W}/(\text{m}\cdot\text{K})$；

λ_{R}——对比导热系数；

λ'_{cm}——混合气体修正临界导热系数，$\text{W}/(\text{m}\cdot\text{K})$。

$$\lambda_R = 0.86778 + 0.014399 T_R^2 - 0.3705 \ 10^{-3} T_R^3 -$$

$$0.32481 \ 10^{-2} T_R P_R + 0.052976 P_R$$

$$\lambda'_{cm} = \sum y_i \lambda'_{ci}$$

式中 λ'_{ci}——组分 i 的修正临界导热系数，$W/(m \cdot K)$；

$$P_R = P/P'_{cm} = P/\sum y_i P'_{ci}; \quad T_R = T/T'_{cm} = T/\sum y_i T'_{ci}$$

计算对比压力 P_R 及对比温度 T_R 时所采用的修正临界参数 P'_{ci}，T'_{ci} 及临界导热系数 λ'_{ci} 值见表(例 5-1-1)。

表(例 5-1-1) 修正 P'_{ci}, T'_{ci} 及 λ'_{ci} 值

修正临界参数 \ 组分	N_2	H_2	NH_3	CH_4	Ar
P'_{ci}/MPa	3.394	1.589	18.036	23.203	4.864
T'_{ci}/K	126.2	33.3	405.5	239	151.2
$\lambda'_{ci}/\times 10^5 \ W \cdot (m \cdot K)^{-1}$	3577.32	式(例 5-1-5)	式(例 5-1-6)	式(例 5-1-7)	2970.64

$$\lambda_{cH_2} = \frac{418.4}{0.039465 + 1.0558/(t + 273.15)}$$

$$\lambda_{cNH_3} = (20.0703 + t^{0.14018}) \times 418.4$$

$$\lambda_{cCH_4} = (29.7527 + 0.03309t + 0.1749 \times 10^{-3} t^2 - 0.25908 \times 10^{-6} t^3$$

$$+ 0.16707 \times 10^{-9} t^4) \times 418.4$$

(3) 加压下含氨混合气体的摩尔定压热容

加压下含氨混合气体的摩尔定压热容 $C_{p,m}$ 可按各组分分压 p_i 及系统温度 T 时纯组分的摩尔定压热容 $C_{p,i}(p_i, T)$ 及该组分在气体混合物中的摩尔分率 y_i 之乘积加和来计算。

$$C_{p,m} = \sum y_i \cdot C_{p,i}(p_i, T) \qquad (例 5 - 1 - 5)$$

加压下含氨混合气体中各组分的等压摩尔热容 $C_{p,i}[kJ/(kmol \cdot K)]$，与温度 $T(K)$、压力 $p_i(MPa)$ 的关系如下

$$C_{p,N_2} = \left[\begin{array}{c} 7.371 - 0.145 \times 10^{-2} T + 0.144 \times 10^{-5} T^2 + 0.00661 \\ \dfrac{p_{N_2}}{0.101325} - 0.755 \times 10^{-5} T \dfrac{p_{N_2}}{0.101325} \end{array} \right] \times 4.184$$

$$C_{p,\text{H}_2} = \left[6.982 + 0.75 \times 10^{-4}T + 0.15 \times 10^{-3} \frac{p_{\text{H}_2}}{0.101325} \right] \times 4.184$$

$T > 500\text{K}$ 时

$$C_{p,\text{NH}_3} = \left[\begin{array}{l} 9.330 - 0.299 \times 10^{-2}T + 0.876 \times 10^{-5}T^2 + 0.0945 \\ \dfrac{p_{\text{NH}_3}}{0.101325} - 0.119 \times 10^{-3}T \dfrac{p_{\text{NH}_3}}{0.101325} \end{array} \right] \times 4.184$$

$T < 500\text{K}$ 时

$$C_{p,\text{NH}_3} = \left[\begin{array}{l} 56.853 - 0.2646T + 0.3565 \times 10^{-3}T^2 + 0.988 \dfrac{p_{\text{NH}_3}}{0.101325} + \\ 0.117 \times 10^{-2}T \dfrac{p_{\text{NH}_3}}{0.101325} - 0.2168T \dfrac{p_{\text{NH}_3}}{0.101325} \end{array} \right] \times 4.184$$

$$C_{p,\text{CH}_4} = \left[\begin{array}{l} 4.750 + 1.200 \times 10^{-2}T + 0.3030 \times 10^{-5}T^2 - \\ 2.630 \times 10^{-9}T^3 + 0.26 \times 10^{-2} \dfrac{p_{\text{CH}_4}}{0.101325} \end{array} \right] \times 4.184$$

$$C_{p,\text{Ar}} = \left[\begin{array}{l} 4.975 - 0.205 \times 10^{-4}T - 0.305 \times 10^{-5}T \dfrac{p_{\text{Ar}}}{0.101325} + \\ 0.946 \times 10^{-8}T^2 + 0.0046 \dfrac{p_{\text{Ar}}}{0.101325} \end{array} \right] \times 4.184$$

5. 催化床对外冷管的传热总系数

$$\frac{1}{K_{\text{ba}}} = \frac{1}{\alpha_{\text{t}}} + \frac{D_{\text{TO}}}{\alpha_{\text{a}} \cdot D_{\text{TI}}} + \frac{D_{\text{TO}}}{2\lambda_{\text{t}}} \ln \frac{D_{\text{TO}}}{D_{\text{TI}}} + R_{\text{c}} \qquad (例5-1-6)$$

式中　α_{t}——催化床对外冷管外壁的给热系数，kJ/(m²·h·K)；

　　　α_{a}——内外冷管环隙对外冷管内壁的给热系数，kJ/(m²·h·K)；

　　　λ_{t}——冷管的导热系数，kJ/(m·h·K)，取83.7kJ/(m·h·K)；

　　　R_{c}——污垢系数，取1.29×10⁻⁴。

（1）内外冷管环隙对外冷管内壁的给热系数

$$\alpha_{\text{a}} = 0.023 \cdot Re^{0.8} Pr^{0.3} \frac{\lambda_{\text{cir}}}{d_{\text{e}}}$$

式中，环隙的当量直径 $d_{\text{e}} = 4 \times \dfrac{\dfrac{\pi}{4} \times (D_{\text{TO}}^2 - D_{\text{TI}}^2)}{\pi D_{\text{TI}}}$；内外冷管环隙内 $Re =$

$\dfrac{d_e G}{A_{cir}\mu_{m,cir}}$，$Pr = \dfrac{C_{p,cir}\mu_{m,cir}}{M_1\lambda_{m,cir}}$；下标 cir 为内外冷管环隙；$M_1$ 为内外冷管环隙内混合气体平均相对分子质量；G 为气体质量流量。

$$G = N_{TI} \cdot M_1 = 5418.90 \times 11.52 = 62425.73 \text{ kg/h}$$

（2）催化床对外冷管外壁的给热系数[7] $\alpha_t [\text{kJ}/(\text{m}^2 \cdot \text{h} \cdot \text{K})]$

$$\alpha_t = 2.17(Re_p)^{0.52}\left(\dfrac{D_{TO}}{D_p}\right)^{0.8}\left(\dfrac{1}{1 + 1.3\dfrac{D_t}{L_c}}\right)\dfrac{\lambda_m}{D_{TO}} \tag{5-10}$$

催化床的当量直径 $D_t = \sqrt{\dfrac{4A_c}{\pi m_t}} = \sqrt{\dfrac{4\times0.5001}{\pi\times62}} = 0.101\text{m}$

由催化剂平均筛折直径 $\bar{d}_p$ 与形状系数 ϕ_s 可计算与催化剂等外表面积的球体直径 D_p：

$$D_p = \dfrac{\bar{d}_p}{\sqrt{\phi_s}} = \dfrac{0.0057}{\sqrt{0.33}} = 0.01 \text{ m}$$

催化床内气体摩尔流量与平均分子量均随催化床高度而变，但其质量流量 G 不变，与冷管内混合气体的质量流量相同。催化床内含氨混合气的粘度、导热系数等物性数据按催化床的平均组成和温度计算。催化床内 $Re_p = \dfrac{GD_p}{A_c\mu_m}$，$\mu_m$ 为入口含氨混合气体的粘度。

6. 平衡常数 K_f、逸度系数和反应热的计算见例 4-2。

7. 气体的温度和各组分摩尔分率随床高变化的计算

绝热段微分方程组的初值条件为：

$$l = 0 \text{ 时}, \begin{cases} y_{NH_3} = y_{NH_3,1} \\ t_b = t_{b0} \end{cases}$$

用定步长龙格-库塔法积分绝热段微分方程组，求得绝热段床层各点上的温度及摩尔分率。绝热段出口处的温度与各组分摩尔分率即为冷却段进口处的温度与各组分摩尔分率。冷却段温度与各组分摩尔分率分布的微分方程组的边界条件除了冷却段床层进口温度与 y_{NH_3,L_h} 值外，还包括内外冷管环隙顶端气体温度 t_{a0}，假设 t_{a0}，由冷却段微分方程组的进口处初值条件，

$$l = L_h \text{ 时}, \begin{cases} y_{NH_3} = y_{NH_3,L_h} \\ t_b = t_{b,L_h} \\ t_a = t_{ao} \end{cases}$$

用龙格-库塔法积分冷却段微分方程组，根据并流三套管氨合成反应器的特点，必须满足床层出口处内外冷管环隙内气体温度 t_{ae} 等于床层进口处气体温度 t_{bo}，即求解方程

$$F(t_{ao}) = t_{bo} - t_{ae} = 0$$

在计算机上可用一元函数求根法解得 t_{ao}，同时求得冷却段床层及内外冷管环隙内温度及冷却段床层内温度与各组分摩尔分率分布。

8. 氨产量

氨产量的计算可根据进出口混合气体中氨摩尔分率的变化求取，若反应器出口氨摩尔分率为 $y_{NH_3,2}$，则氨的摩尔产量 ΔN_{NH_3}（kmol/h）为：

$$\Delta N_{NH_3} = N_{T2}y_{NH_3,2} - N_{T1}y_{NH_3,1} = \frac{N_{TO}}{(1 + y_{NH_3,2})} \cdot y_{NH_3,2}$$

$$- \frac{N_{TO}}{(1 + y_{NH_3,1})} \cdot y_{NH_3,1}$$

9. 热量衡算校核

为了校核上述计算结果，对整个催化床进行热量衡算，校核催化床传向冷管的热量 Q_1 与冷管内气体得到的热量 Q_2 是否相等。Q_1 等于进口温度下由进口组成到出口组成的反应热，减去出口组成的气体由进口温度至出口温度温升所需的热量以及传向床外环隙的热量。

$$Q_1 = \Delta N_{NH_3}(-\Delta H_R)t_{b0} - N_{T2}(t_{be} - t_{b0}) \cdot C_{p(y_{NH_3,2},\bar{t}_b)}$$

$$- 1.5(L_c + L_h)N_{T1}C_{p(y_{NH_3,1},\bar{t}_s)}$$

式中　$\bar{t}_b$——床层进出口气体平均温度；

$\bar{t}_s$——床外环隙气体平均温度。

内外冷管环隙内气体由 T_{ao} 升至 T_{ae} 所得到的热量

$$Q_2 = N_{T1}(T_{ae} - T_{ao}) \cdot C_{p(y_{NH_3,1},\bar{t}_a)}$$

式中　$\bar{t}_a$——内外冷管环隙内气体的平均温度。

10. NH_3 空时产率 $STY = 59.5992t_{NH_3}/(m^3$ 催化床·d）。

11. 催化床中氨摩尔分率及温度轴向分布见表（例5-1-2）。

表（例5-1-2）　催化床中氨摩尔分率及温度轴向分布

l/m	y_{NH_3}	t_b/℃	t_a/℃	COR
0	0.0300	390.00	—	0.520
0.095	0.0339	396.50	—	0.520

l/m	y_{NH_3}	$t_b/℃$	$t_a/℃$	COR
0.190	0.0377	402.86	—	0.520
0.285	0.0415	409.14	—	0.520
0.380	0.0453	415.38	—	0.520
0.475	0.0491	421.63	—	0.520
0.570	0.0530	427.89	—	0.520
0.665	0.0569	434.18	—	0.520
0.760	0.0608	440.53	—	0.520
0.855	0.0648	446.95	—	0.520
0.950	0.0689	453.42	217.02	0.520
1.837	0.0969	465.86	247.77	0.504
2.724	0.1180	469.56	275.11	0.488
3.611	0.1344	468.60	298.86	0.472
4.498	0.1473	465.40	319.20	0.456
5.385	0.1577	461.38	336.49	0.440
6.272	0.1664	457.29	351.10	0.424
7.159	0.1737	453.50	363.44	0.408
8.046	0.1801	450.16	373.84	0.392
8.933	0.1856	447.31	382.62	0.376
9.820	0.1905	444.91	390.03	0.360

三、连续换热式氨合成反应器的自热平衡[20]

连续换热式氨合成反应器的催化床和床外换热器合为一个整体。这是一个非等温反应器，反应器内的温度变化较复杂。如果分析一下三套管催化床与床外换热器的工作关系，参见图5-11，可以发现t_{be}和t_{ai}是二者联系的纽带。

当操作条件不变时，催化床进口温度一定，也确定了催化床出口温度t_{be}，这也是换热器管程进口温度；同时，也要求一定的内衬管进口温度t_{ai}。从整个氨合成反应器来看，进入床外换热器壳程冷气体的温度t_{in}是确定值。氨的净值决定了离开床外换热器管程热气体的温度t_e，对于床外换热器，管程气体的气量和进出口温度都是确定的，所以传热量Q是确定的。如果全部冷气体都进入换热面积已确定的换热器，

根据传热速率方程 $Q = KF\Delta T_m$，可确定离开床外换热器的壳程气体温度 $t_{sh,out}$，如果这时低于催化床所要求的 t_{ai} 值，说明换热面积还不够大，反应器不能自热操作，如果 $t_{sh,out}$ 大于 t_{ai}，就可用副线来调节，一部分冷气体绕过换热器与另一部分经换热器被反应后气体加热的原料气混合，进入催化床的冷管，通过调节不经换热器换热的冷气体所占分率，即副线气量分率 β，可调节进入催化床冷管的气体温度 t_{ai}。换热面积已确定后，要求的 t_{ai} 值愈低，β 值越大。设计时为了适应催化剂活性及空间速度、气体组成等操作条件的变化，一般换热面积按计算值乘以 1.3～1.5，用副线气量来调节。如果某一工况下，不开副线，即 $\beta = 0$，$t_{sh,out}$ 还达不到所要求的 t_{ai}，反应器就不能自热。

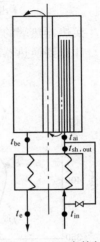

图 5-11 三套管氨合成反应器示意图

（一）操作状态点

对换热器的管程及壳程气体的床外换热的数学模型可由热量衡算式导出，即：

$$N_{T2}C_{p,tub}\mathrm{d}t_{tub} = K(n\pi d_{tub}\mathrm{d}l)(t_{sh} - t_{tub})$$

$$N_{T1}C_{p,sh}\mathrm{d}t_{sh} = K(n\pi d_{tub}\mathrm{d}l)(t_{sh} - t_{tub}) - L_{oss_1}$$

式中　N_{T1}, N_{T2}——分别为反应前（壳程内）与反应后（管程内）气体的摩尔流量，kmol/h；

$C_{p,sh}, C_{p,tub}$——分别为混合气体于壳程及管程的摩尔定压热容，kJ/(kmol·℃)；

t_{sh}, t_{tub}——分别为管程与壳程内气体的温度，℃；

K——传热系数，kJ/(m²·h·℃)；

d_{tub}——换热器列管外径，m；

l——换热器轴向高度（变量），m；

L_{oss_1}——换热器壳程向外散热量，kJ/h；

n——列管根数。

经整理，得：

$$\frac{\mathrm{d}t_{sh}}{\mathrm{d}l} = \frac{K(n\pi d_{tub})}{N_{TO}C_{p,sh}}(1 + y_{NH_3,1})(t_{sh} - t_{tub}) - L_{oss_1}/(\mathrm{d}l \cdot N_{Ti}C_{p,sh})$$

$$(5-24)$$

$$\frac{dt_{\text{tub}}}{dl} = \frac{K(n\pi d_{\text{tub}})}{N_{\text{TO}} C_{p,\text{tub}}} (1 + y_{\text{NH}_3,2})(t_{\text{sh}} - t_{\text{tub}}) \qquad (5-25)$$

换热器热端的边界条件：$l = 0$ 时，$t_{\text{tub}} = t_{\text{be}}$，$t_{\text{sh}} = t_{\text{sh,out}}$

计算到换热器冷端处 $t_{\text{tub}} = t_{\text{e}}$，$t_{\text{sh}} = t_{\text{in}}$

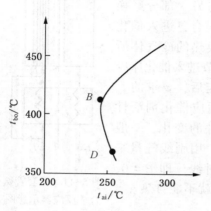

图 5-12   工况（一）$t_{\text{bo}} \sim t_{\text{ai}}$ 图

通过绝热段及冷却段催化床数学模型的求解，可得到 t_{bo} 和 t_{ai} 的关系，图 5-12 是例 5-1 的外筒内径 1000mm，并流三套管使用 A106 型催化剂时工况（一），即 $V_{\text{sp}} = 25000\text{h}^{-1}$，寿命因子 $TF = 1$，氨分解基组成 $y_{\text{H}_2}/y_{\text{N}_2} = 3$，$t_{\text{bo}}$ 由 470℃ 减至 360℃ 时，t_{bo} 对 t_{ai} 标绘的图。由图 5-12 可见，当 t_{bo} 由 470℃ 逐渐减低时，所要求的冷管进口气体温度 t_{ai} 随之下降，当 t_{bo} 下降到 400℃ 时，t_{ai} 下降到 245.2℃，即点 B。如果 t_{bo} 从 B 点（400℃）继续下降，由于催化床的反应速率下降得较多，单位体积催化床反应放热量减少得较多，要求冷管进口温度 t_{ai} 上升，才能将反应气体预热到预定的催化床进口温度。点 D 表示 t_{bo} 为 360℃ 时 t_{bo} 与 t_{ai} 的关系。

对于床外换热器的结构尺寸一定的氨合成催化反应器，到底在哪一个操作状态下操作，还决定于换热器的副线气量与冷气体总量的比值 β，即副线气量分率。由已建立的催化床及热交换器的数学模型，对催化床计算，可以得到不同催化床进口温度 t_{bo} 下对应的床层出口温度 t_{be} 及冷管进口温度 t_{ai}。对换热器进行计算，可得到不同 β 值下的操作线。在 $t_{\text{be}} \sim t_{\text{ai}}$ 标绘的图中。催化床的曲线与热交换器直线的交点为操作状态点，决定了系统的操作状态。

（二）氨合成反应器操作的自热平衡

下面模拟计算三套管氨合成反应器的操作过程。催化床的结构尺寸同例 5-1，催化床的操作工况为（一）。列管式床外换热器的管径 ϕ10mm×3.5mm，内有 ϕ4mm 麻花铁，管子有效长度 1200mm，管外是盘环形的挡板。催化床与床外换热器微分方程组的计算结果表 5-4。

表 5-4　催化床的操作特征——工况（一）

$t_{bo}/℃$	$t_{ai}/℃$	$t_{be}/℃$	$t_m/℃$	L_m/m	$STY/t \cdot (m^3 \cdot d)^{-1}$	$y_{NH_3,2}$	β
470	311.40	511.69	576.52	0.9499	52.380	0.1684	0.1843
460	296.46	503.75	564.81	1.3934	54.130	0.1734	0.2448
450	282.32	495.70	552.59	1.3934	55.665	0.1781	0.2971
440	269.39	487.53	538.89	1.8369	56.891	0.1818	0.3403
430	258.34	479.24	523.47	1.8369	57.647	0.1841	0.3729
425	253.83	475.01	515.34	2.2805	57.754	0.1844	0.3840
420	250.19	470.65	506.79	2.2805	57.628	0.1841	0.3908
415	247.51	466.10	497.77	2.2805	57.225	0.1828	0.3928
410	245.85	461.27	488.62	2.2805	56.518	0.1806	0.3894
400	245.22	450.55	470.22	2.7240	54.167	0.1735	0.3667
390	247.17	438.37	451.88	2.7240	50.829	0.1635	0.3236
380	250.29	425.11	434.25	3.1675	46.924	0.1521	0.2632
370	253.62	411.27	417.20	3.1675	42.801	0.1402	0.1879
360	256.48	397.27	400.91	3.6110	38.728	0.1287	0.0994

注：$V_{sp} = 25000h^{-1}$，$TF = 1.0$，$y_{H_2}/y_{N_2} = 3.0$。

表 5-4 表示不同床层进口温度 t_{b0} 时，相应内衬管进口温度 t_{ai}、床层出口温度 t_{be} 及 $y_{NH_3,2}$、热点温度 t_m、热点相应位置 L_m、空时产率 STY 及副线气分率 β 值。图 5-13 是工况（一）下催化床的操作状况图。曲线表示催化床出口处温度 t_{be} 与内衬管进口温度 t_{ai} 的关系。直线 1、2、3、4、5 分别表示副线气量分率 β 为 0.2448、0.3840、0.3928、0.3667 与 0.1879 时换热器的操作线，这些操作线是当进入壳程的气体温度一定时，离开床外换热器壳程气体（温度为 $t_{sh,out}$）与副线气体混合后而达到的温度 t_{ai} 与管程入口气体温度 t_{be} 间的关系。β 值越大，即副线开启度越大，换热器的操作线愈向左移。直线 1、2、4、5 与曲线有两个交点，分别为 A_4、B_3；A_2、B_1；A_3、

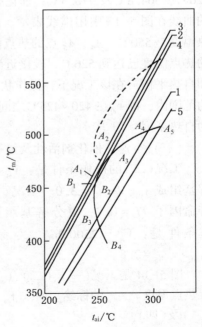

图 5-13　工况（一）催化床操作状况图

B_2 及 A_5、B_4，直线 3 与催化床的操作曲线相切，切点 A_1 即 t_{b0} 为 415℃ 的操作状态点。如果 β 值再增大，则直线与曲线没有交点，也就没有操作状态点，催化床不能自热操作，因此，对于工况（一）,$\beta = 0.3928$ 称为副线自热限——β_{max}。显然，为了催化床能自热操作，β 值应低于 0.3928。

对于整个氨合成反应器，自热平衡的判据是：若状态点上曲线切线的斜率小于直线的斜率，则该状态点是稳定的，若状态点上曲线切线的斜率大于直线的斜率，则为不稳定状态点，即操作状态点稳定的条件为

$$\left(\frac{\partial t_{be}}{\partial t_{ai}} \right)_{cat} < \left(\frac{\partial t_{be}}{\partial t_{ai}} \right)_{ex} \qquad (5-26)$$

下标 cat 和 ex 分别表示催化床和换热器。根据判据，A_2、A_3、A_4、A_5 为稳定的操作状态点，B_1、B_2、B_3、B_4 为不稳定的操作状态点，而 A_1 为转折点。

尽管 A_2（$t_{b0} = 425℃$，$t_{be} = 475℃$）、A_3（$t_{b0} = 433℃$，$t_{be} = 480℃$）、A_4（$t_{b0} = 460℃$，$t_{be} = 503℃$）及 A_5（$t_{b0} = 470℃$，$t_{be} = 511.7℃$）均为稳定的状态点，但是与 A_3、A_4 及 A_5 相对应的床层热点温度 t_m 分别为 526℃、564.8℃ 及 576.5℃。催化床热点温度 t_m 对冷管进口温度 t_{ai} 标绘的曲线在图 5-13 中用虚线表示。所采用的 A106 型氨合成催化剂的耐热温度是 550℃。A_4、A_5 点的热点温度都超过催化剂的耐热温度。A_3 点的热点温度已达到 526℃，较接近耐热温度。因此，同时考虑热点温度和自热平衡，在该工况下，操作状态点应选用略高于 A_1 至不超过 A_2 点的范围内，即 t_{b0} 在 420~425℃ 之间。选用点与点 A_1 保持一定距离，称为自热裕度。

（三）空速、催化剂活性及氢氮比对自热平衡的影响

工况（二）的操作条件是：$V_{sp} = 20000h^{-1}$，寿命因子 $TF = 1$，氨分解基组成 $y_{0,H_2}/y_{0,N_2} = 3.0$。工况（三）的操作条件是：$V_{sp} = 25000h^{-1}$，寿命因子 $TF = 0.7$，氨分解基组成 $y_{0,H_2}/y_{0,N_2} = 3.0$。工况（四）的操作条件是：$V_{sp} = 25000h^{-1}$，寿命因子 $TF = 0.7$，氨分解基组成 $y_{0,H_2}/y_{0,N_2} = 2.8$。

图 5-14 是工况（一）、（二）、（三）及（四）的催化床操作曲线 $t_{be} \sim t_{ai}$ 及热点温度 $t_m \sim t_{ai}$ 的标绘。曲线 1、2、3 及 4 分别表示工况（一）、（二）、（三）及（四）。

工况（二）与（一）相比较，其他条件相同，空速降低，催化床操作

曲线及热点温度曲线均向左移。若维持一定的副线开启度，就可能使一部分具有较大 β 值原来与曲线无交点的换热器操作线与操作曲线产生交点，得到稳定的状态点。相反的，其他条件相同，空速增大，则催化床 $t_{be} \sim t_{ai}$ 操作曲线向右移。如果维持原有的副线开启度，则此时换热器直线有可能处于操作曲线之左，不再产生交点，即不再维持稳定操作。

工况（三）与（一）比较，其他条件相同，寿命因子下降，即催化剂活性下降，催化床操作曲线及热点温度曲线均向右移，这将对合成反应器的自热平衡不利。由此可见，活性下降后，同一催化床进口温度 t_{bo} 会引起空时产率 STY、出口氨摩尔分率 $y_{NH_3,2}$ 及热点温度 t_m 同时下降。

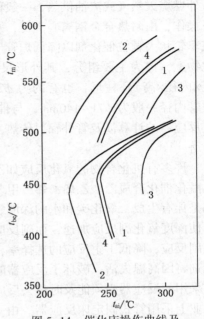

图 5-14　催化床操作曲线及
热点温度曲线

工况（四）与（一）比较，氨分解基气体中氢氮比由 3.0 降至 2.8，此时，同一温度及氨摩尔分率下的催化反应速率略有提高，催化床操作曲线及热点温度曲线均向左移，这对合成反应器的自热平衡有利，合成反应器的空时产率也略有提高。

通过以上讨论可见，如果必要的基础数据已知，用数学模拟方法，可以对不同结构的催化反应器进行方案评比和自热平衡分析，以确定催化床的进口温度。

第三节　管式连续换热催化反应器

一、管式催化反应器的特征

强放热或强吸热反应由于单位传热面积所需传递的热通量很大，采用管式反应器。

天然气及石脑油中烃类蒸汽转化反应是高温强吸热反应，反应器由管外燃烧天然气或渣油供热，一般称为蒸汽转化炉，炉管在 800~900℃ 下操作，由耐热合金钢离心浇铸，总长一般为 10~12m，故选用环柱状或车轮状大颗粒催化剂以降低炉管压降，催化剂一般负载在难熔耐火氧化物上，镍为主要组分，其外形尺寸一般为 $\phi16mm \times \phi6mm \times 16mm$（外径×内径×高）环柱形，也有的为 $\phi25mm \times \phi10mm \times 17mm$ 环柱形，因此炉管内径一般为 $\phi71~140mm$，与催化剂大小相匹配。烃类蒸汽转化管式反应器的计算涉及管外辐射传热，本书不再作讨论，读者可阅读有关专著[21]。

许多有机化合物的氧化反应如乙烯氧化催化合成环氧乙烷，乙烯氧乙酰化催化合成乙酸乙烯，邻二甲苯氧化制邻苯二甲酸酐（或称苯酐），都是伴有生成二氧化碳和水的深度氧化副反应的强放热反应，温度偏高会使深度氧化副反应加速，而副反应的反应热又大于主反应，进一步加速副反应，降低了主反应的选择率，严重时会造成温度失控而飞温，催化剂将因高温失活，破坏了反应器的操作稳定性。因此，上述强放热反应采用的反应器必须能及时移去反应热和控制在适宜的反应温度，因此工业上采用管式固定床反应器。由一氧化碳和二氧化碳加氢合成甲醇，如采用管式反应器，增加单位催化床的比传热面积而及时移去反应热，其效果优于多段冷激绝热床。

管式固定床反应器的外壳为钢制圆筒，考虑到受热膨胀，常设有膨胀圈。反应管按正三角形排列，管数需视生产能力而定，可自数百根至万根以上。管内填装催化剂，管间为载热体。为了减少管中催化床的径向温度差，一般采用小管径，常用 $\phi25~30mm$，管内径 d_t 与催化剂颗粒直径 d_p 之比不易达到 $d_t/d_p \geqslant 8$ 的要求，壁效应大，管内流速分布不均，并且采用小管径，管子数目相应要增多，使反应器的造价昂贵。近年来倾向于采用较大管径（$\phi38~42mm$），同时相应增加管的长度，增加了气体摩尔流量和流速，强化传热效率。但反应管长度增加，气体通过催化床的压降增大，动力消耗增加，为了降低床层压降，常采用球形或环柱形催化剂。管内反应温度用插在反应管中的热电偶来测量。为了能测到不同截面和高度的温度，需选择不同位置的管子若干根，将热电偶插在不同的高度。

载热体在管间流动或气化以移走反应热。对于这类强放热反应，合理的选择载热体和控制载热体的温度，是保持氧化反应能稳定进行的关键。载热体的温度与催化床的温差宜小，但又必须移走反应过程释放出的大量热量，这就要求有大的传热面和大的传热系数。反应温度不同，所用载热体也不同。一般反应温度在 240℃ 以下宜采用加压热水作载热体，同时副产中压蒸汽。反应温度在 250℃~300℃ 采用挥发性低的矿物油或高温导热油等有机载热体。反应温度在 300℃ 以上需用熔盐作载热体。熔盐的组成为 KNO_3 53%、$NaNO_3$ 7%、$NaNO_2$ 40%（熔点 142℃）。用有机载热体或熔盐带走反应热的反应装置，反应器外应设置载热体冷却器，利用载热体移出的反应热副产蒸汽，同时载热体或熔盐循环使用。应有使热载体在管内均匀分布的装置；副产蒸汽时，管内应有使产生的大气泡破裂成小气泡的装置，因为大气泡会使传热效果不好。

管式反应器的催化剂装卸很不方便，在装催化剂时每根管子的压降要相同，很费工时。如压降不同就会造成各管间气体流量分布不均匀，致使停留时间不一样，影响反应效果。另一方面原料气的组成严格受到爆炸极限的限制，且对混合过程的要求很高，原料气必须充分混合后再进入反应器，尤其是以纯氧为氧化剂的反应过程。有时为了安全，需加入水蒸气作稀释剂。

二、管式催化床的一维模型

管式催化反应器催化床的一维模型与催化剂设置于管外的自热式连续换热催化床如三套管氨合成催化反应器相同，但由于结构不同，管式反应器管外冷却剂或供热剂与管内流动的反应物系不同，不存在热反馈，更不存在三套管氨合成催化反应器的数学模型中内外冷管环隙顶端的未反应气体温度待确定的问题。如果反应体系是单一反应，则管内催化床的数学模型由反应物或产物的摩尔分率随床高的变化和催化床温度随床高的变化两个微分方程组成，催化床的热量衡算式中只计入催化床向管外传热，管外冷却剂如为加压水气化或熔盐，则可不计入冷却剂的温度变化。如果反应体系为多重反应，则应考虑反应物的转化率，主、副产物的收率随床高的变化，热量衡算式中则应同时考虑主、副反应的热效应，可见例 5-2。

三、管式反应器的工程分析

在管式固定床反应器中进行强放热或强吸热多重反应过程，必须研究以下几个方面的问题，并进行操作稳定性和参数灵敏性的工程分析：

（1）反应速率　反应速率关系到所设计的反应器大小，影响到固定设备的投资。对于现有设备，则反应速率关系到能否在现有设备条件下达到预定转化率，节约后续操作费用。因此在其他条件约束下，应使反应过程具有最快的反应速率。

（2）收率或选择率　在化工生产中，一般原料费用占成本的极大部分，因此对多重反应过程，由于生成副产物，收率或选择率成为反应器开发的主要目标。

（3）反应器操作的稳定性和灵敏性　稳定性是指在定态操作条件下，工艺操作参数的微小扰动对反应器状态造成的影响；参数灵敏性是指一个参数的永久性改变对定态操作产生的影响。一个设计合理的反应器必须在稳定并且参数不灵敏的状态下操作。

在实际过程中，以上这些因素可能存在着矛盾，它们之间相互牵连和相互制约的，如为了提高反应速率，需要尽可能地提高反应温度，但往往会使带深度氧化副反应的选择率降低，同时还可能产生操作的不稳定性和参数灵敏性问题，在操作中，一般应首先满足操作稳定性和参数灵敏性条件的限制，因为这是关系到生产安全的大问题。大型管式固定床反应器中各管的进料流量、进料组成、冷却介质温度和空速等都可能存在不均匀分布。如果操作在参数灵敏区域，则微小的波动就可能导致"热点"温度发生很大的变化，甚至造成飞温，危及催化剂及材质的安全[22]。

天津大学吴鹏、李绍芬等对固定床反应器的飞温和参数敏感性进行了理论分析，提出反应物系进口温度 T_0、冷却剂进口温度 T_{C0} 和反应物进口浓度 c_{A0} 等操作条件都影响到反应系统的参数敏感性[23]。反应系统是否发生飞温，取决于系统在热点前放热速率和排热速率的变化关系。当 $\dfrac{d^2 Q}{dc_A^2} < 0$ 时，无因次温度 $Q = \dfrac{T - T_0}{R_g T_0^2 / E_c}$，即反应系统的放热速率小于排热速率，反应产生的热量全部能及时排出，该点的操作是安全的；当 $\dfrac{d^2 Q}{dc_A^2} > 0$ 时，即反应系统的放热速率大于排热速率，反应产生的热量超过了系统本身的承受能力，床层温度急剧升高，该点操作可能导致飞温。上述分析表明：如果反应系统的操作曲线在热点前没有拐点出现，说明该反应系统的操作是安全的；如果在热点前出现拐点，在温度小于拐点温度的区域内操作是安全的，而在温度大于拐点温度的区域内操作是不安全的。

对于固定床催化反应器中进行的平行反应，如许多烃类催化氧化的多重反应，其副反应是烃类深度氧化生成二氧化碳和水。如果单位体积内副反应释放的热量大于主反应，则平行反应比相同条件下单反应的飞温区域大，更易发生飞温[24]。

下面以邻二甲苯催化氧化反应为例，对管式反应器的操作稳定性及参数灵敏性进行工程分析。

例 5-2　管式反应器中邻二甲苯催化氧化操作稳定性及参数灵敏性工程分析。

钒催化剂上邻二甲苯氧化的主要反应如下：

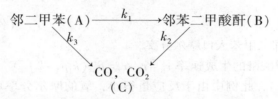

原料气为空气与邻二甲苯的混合物，为了生产安全，邻二甲苯的浓度保持在爆炸范围以外，约 1% 左右，本例为 0.8432%，含氧 20.33%。上述三个反应的本征反应速率[kmol/(kg·h)]分别表示如下（分压 p 以 atm 计）[25]

$$r_1 = k_1 p_A p_{O_2}, \quad k_1 = \exp(-13500/T + 19.837)$$

$$r_2 = k_2 p_B p_{O_2}, \quad k_2 = \exp(-15500/T + 20.86)$$

$$r_3 = k_3 p_A p_{O_2}, \quad k_3 = \exp(-14300/T + 18.97)$$

所用催化剂为 V_2O_5 和钛的化合物喷涂在瓷球的外表面上，活性组分层极薄，可以忽略内扩散的影响，堆密度 $\rho_b = 1300 kg/m^3$。催化床内气体的质量流率 $G = 2.948 kg/(m^2 \cdot s)$，气流主体和颗粒外表面间的传递过程阻力也可以不计。操作压力 $P = 1.258 atm(0.1275MPa)$。反应管内直径 $d_t = 26mm$，反应管外用强制循环的熔盐冷却，熔盐温度可以认为恒定且与进入反应管的原料气温度相等，即 $T_c = T_{b0}$。工程计算，取下列物性数据平均值，混合气的相对分子质量 $M_m = 29.29$，催化床与熔盐间的总传热系数 $K_{ba} = 141.1 W/(m^2 \cdot K)$，反应混合气体的比定压热容 $c_{pm} = 1.059 kJ/(kg \cdot K)$，生成邻苯二甲酸酐的反应热 $(-\Delta H_R)_B = 1285 kJ/mol$，生成一氧化碳和二氧化碳的反应热 $(-\Delta H_R)_C = 4561 kJ/mol$。略去床层内的压力变化。

解： 三个反应中只有二个是独立的，选择邻苯二甲酸酐的收率 Y_B、一氧化碳和二氧化碳的总收率 Y_C 和床层反应温度 T_b 作状态变量，则一维平推流催化床的数学模型如下

$$\frac{Gy_{A0}}{M_m} \cdot \frac{dY_B}{dl} = \rho_b r_B \qquad (\text{例}5-2-1)$$

$$\frac{Gy_{A0}}{M_m} \cdot \frac{dY_C}{dl} = \rho_b r_C \qquad (\text{例}5-2-2)$$

$$Gc_{pm}\frac{dT_b}{dl} = \rho_b r_2(-\Delta H_R)_B + \rho_b r_C(-\Delta H_R)_C - \frac{\pi d_t K_{ba}}{\frac{\pi}{4}d_t^2}(T_b - T_a)$$

$$(\text{例}5-2-3)$$

式中，y_{A0} 为邻二甲苯入口摩尔分率。

邻苯二甲酸酐的生成速率 $r_B = r_1 - r_2 = p_{O_2}(k_1 p_A - k_2 p_B)$。氧的进口摩尔分率为 $(y_{O_2})_0$，此例中由于反应量很小，氧的摩尔分率可视作常量，则 $p_{O_2} = p(y_{O_2})_0$，$p_A = Py_{A0}(1 - Y_B - Y_C)$，$p_B = Py_{A0}y_B$，因此

$$r_B = P^2 y_{A0}(y_{O_2})_0[k_1(1 - Y_B - Y_C) - k_2 Y_B] \qquad (\text{例}5-2-4)$$

$$r_C = r_2 + r_3 = P^2 y_{A0}(y_{O_2})_0[k_3(1 - Y_B - Y_C) + k_2 Y_B] \qquad$$
$$(\text{例}5-2-5)$$

初始条件：$l = 0$ 时，$Y_B = 0$，$Y_C = 0$，$T_b = T_0$。

下面根据上述一维催化床的数学模型及模型参数，改变进口温度、进料浓度、管外熔盐温度及空速，进行模拟计算，并讨论上述参数对反应器操作稳定性和参数灵敏性的影响，进行工程分析[26]。

1. 进口温度 T_0

用龙格-库塔法解不同进口温度 T_0 时上述常微分方程组，可得反应管高度为 3m 以内的催化床轴向温度分布和邻苯二甲酸酐收率 T_B（实线）和 CO、CO_2 收率 Y_C（虚线）的轴向分布，见图（例5-2-1）及图（例5-2-2）。

当 $T_0 = 626K$、628K 或 630K 时，模拟计算表明：床层有明显的先升高后降低的温度分布，其热点温度及轴向位置分别为 $T_0 = 626K$ 时，热点 $T_{max} = 656.8K$，位于 $l = 0.80m$ 处；$T_0 = 628K$ 时，

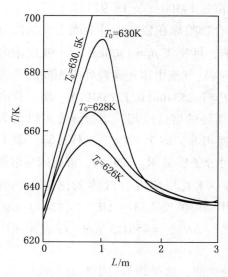

图（例 5-2-1）　热点温度与进料温度 T_0 的关系

热点 $T_{max} = 666K$，位于 $l = 0.8m$ 处；$T_0 = 630K$ 时，热点 $T_{max} = 691.8K$，位于 $l = 1.0m$ 处，当 $T_0 = 630.5K$ 时，出现床层内温度猛升的现象，于 $l = 1.0m$ 处，温度已上升到 736K，于 $l = 1.05m$ 处，温度超过 1000K，以致催化剂遭到破坏，进气温度 0.5K 之差，竟造成如此严重的后果。这种现象称为"飞温"。由此可见，带强放热副反应的系统在管式反应器内操作，由于温度升高引起的副反应反应速率加大，而副反应的反应热大为超过主反应，以致破坏反应的进行。对于这类反应，床层温度的控制，特别是热点温度，十分重要。

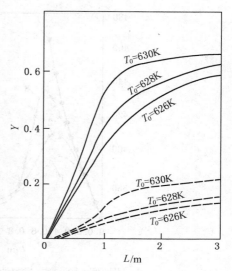

图（例 5-2-2）　收率 Y_B 和 Y_C 与
进料温度 T_0 的关系
实线—Y_B；虚线—Y_C

2. 进料浓度

浓度是影响化学反应速率的重要因素，它对反应器前部的反应速率影响很大，在一定的条件下表现出参数灵敏性。另外，邻二甲苯进料浓度 g_0 还直接影响空时产率，但由于参数灵敏性的限制，进料浓度不得不限制在一定范围内。由图（例 5-2-3）可见，在其他条件（空速 $V_{sp} = 1500h^{-1}$，熔盐温度 $T_C = 360℃$）不变时，热点温度随入口浓度的增大而增高，且热点位置稍微后移，当入口浓度达到 $42g/m^3$ 时，进料浓度再增大 1% 即发生飞温。由此可见，进料浓度对邻二甲苯氧化反应过程是一个敏感参数。

邻苯二甲酸酐收率 Y_B 与进料浓度之间的关系见图（例 5-2-4）。从图可看出，收率 Y_B 首先随进料浓度的逐步增大而缓慢提高，但达到进料浓度参数灵敏区域后，由于热点温度的急剧升高，造成平行副反应加剧，选择率大幅度下降，收率相应下降。因此在反应器的设计与操作中，为避免发生飞温现象和保持较高的苯酐收率，应严格控制邻二甲苯的进料浓度。

3. 熔盐温度

在管式固定床反应器中，反应热主要通过壳程中的冷却剂-熔盐循

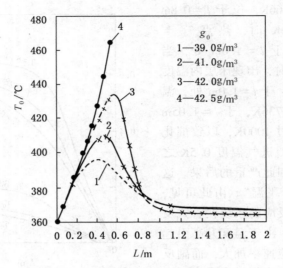

图（例 5-2-3）　进料浓度的参数灵敏性

$V_{sp} = 1500h^{-1}$，$T_C = T_0 = 360℃$

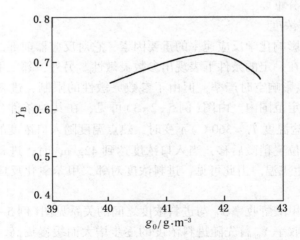

图（例 5-2-4）　进料浓度与收率 Y_B 的关系

$V_{sp} = 1500h^{-1}$，$T_C = T_0 = 360℃$

环冷却移去，而化学反应速率对温度十分敏感，因此熔盐温度 T_C 一般是一个敏感参数。由图（例 5-2-5）可知，对邻二甲苯氧化反应过程，热点温度随熔盐温度升高而迅速提高，但热点位置几乎不变。当熔盐温

度进入临界区域后（如
360℃），只要有1℃的波动就
引起了飞温。这就要求在管
式反应器的设计与操作中，
应确保足够大的熔盐循环量，
熔盐应在管间均匀流动，以
尽量减少壳程内轴向与径向
的熔盐温差，特别要防止出
现流动死区，否则将可能出
现飞温和失控现象，影响反
应转化率和操作安全。

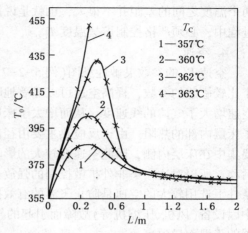

图（例5-2-5）　熔盐温度的参数灵敏性

$V_{sp} = 1500 h^{-1}$，$g_0 = 40.8 g/m^3$，$T_0 = 360℃$

　　另外，熔盐温度对收率
Y_B 影响也很大。熔盐温度过
低，热点温度很低，相应地
邻二甲苯的转化率 x_A 和收率
Y_B 也很低；相反，熔盐温度过高，热点温度就很高，转化率虽然很大，
但选择率由于副反应的大量增加而下降。熔盐温度与收率 Y_B 之间的关
系见图（例5-2-6）所示，可见，在反应器的操作过程中，既要有一定
的熔盐温度使催化床温度高于催化剂的起始活性温度，以保证高转化

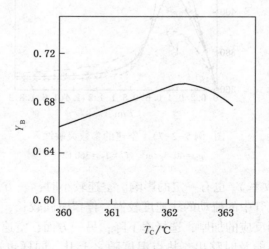

图（例5-2-6）　熔盐温度与收率 Y_B 的关系

$V_{sp} = 1500 h^{-1}$，$g_0 = 40.8 g/m^3$，$T_0 = 360℃$

率；又不能使熔盐温度过高，以免收率 Y_B 下降，甚至出现飞温。而这两个温度之间的差距并不很大，也就是说操作的弹性不大。因此在生产过程中，必须严格控制熔盐温度 T_C。

4. 空速

空速 V_{sp} 的参数灵敏性见图(例5-2-7)所示。由图可知，空速是一个比较敏感的参数，提高空速可以显著地降低热点温度。这是因为提高空速增大了气体的线速度，从而增大了床层内侧给热系数的贡献，降低了床层内部的热阻。由于反应热主要由径向移出，而径向传热的热阻主要集中在床层内侧，因此空速有较大的影响。空速增大，热点位置显著后移。所以对这一类非外扩散控制的强放热反应，在保证一定转化率的条件下选用较大的空速是防止飞温的有效措施。而在反应器的运行过程中因设备(风机、压缩机等)故障而引起的气体减量或停车极易引起反应器的飞温而导致事故。

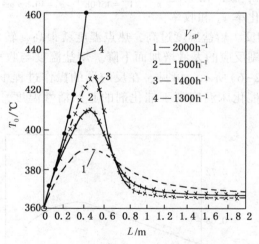

图(例5-2-7) 空速的参数灵敏性

$g_0 = 40.8 \text{g/m}^3$，$T_C = T_0 = 360℃$

空速对收率 Y_B 也有一定的影响。空速较小时，一方面，反应气体混合物在反应管中的流动的线速度较慢，停留时间较长，氧化程度必然加深，随着副反应的加剧，选择率下降；另一方面，空速小，管内热阻大，反应热不能及时移出，热点温度随之上升，同样也造成选择率下降。两者共同作用的结果使收率 Y_B 下降。随着空速增大，反应气体混合物在管内的线速度增大，管内热阻减小，反应热能及时地移走，热点温度下降，副反应减少，选择率增大，收率 Y_B 增大。但是，若空速过大，热点温度下降幅度很大，反应不够完全，导致反应转化率下降，收率 Y_B 也下降。空速与收率 Y_B 之间的关系见图（例5-2-8）。

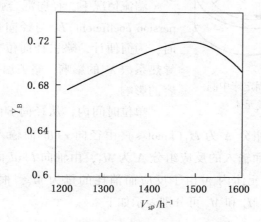

图（例5-2-8） 空速与收率的关系

$g_0 = 40.8 \text{g/m}^3$，$T_C = T_0 = 360℃$

第四节 连续换热式催化床的二维模型

如果管式反应器的管径较小，而反应热效应也较小，则可以忽略管式反应器催化床中的径向温度差和浓度差，用一维模型计算就可以了。如果反应热效应较大，而反应管直径又不太小，或冷却剂的温度较低，床层内径向温度差及浓度差的影响就不容忽视，用一维模型计算的误差就较大了。带深度氧化副反应的多重反应，采用二维模型较好。本节以反应管内进行放热反应为例，讨论二维平推流催化床数学模型的建立及其解。

一、管式催化床的二维模型

1. 偏微分方程组数学模型的建立[27]

已经讨论过，工业生产中的大多数催化反应可以不考虑反应气体与催化剂外表面间的温度差及浓度差，但应计入内扩散有效因子。对于一定的反应系统，内扩散有效因子是催化剂颗粒粒度、反应温度及气体组成的函数。如果使用颗粒催化剂的总体速率，则已将内扩散影响计入。

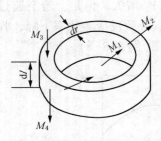

图 5-15　固定床中圆
环状微元体

在床层中取一内径为 r，厚度为 dr，自 l 截面向下高度为 dl 的圆环状微元体，见图 5-15。

湍流情况下，径向混合弥散系数（Dispersion coefficient）E_r 与径向位置无关，同时，为简便计，略去径向位置对径向有效导热系数 λ_{er} 的影响，略去温度及组成对热容的影响。

单位时间内，从径向 r 面输入该圆环微元体的反应组分 A 为 M_1（kmol/s），由径向 $r+dr$ 面输入的组分 A 为 M_2，从轴向 l 面输入的反应组分 A 为 M_3，由轴向 $l+dl$ 面输出的 A 为 M_4，此圆环微元体内 A 由于反应而消耗的量为 M_5，根据上述假定，M_1、M_2、M_3、M_4 和 M_5 可分别表示如下：

$$M_1 = 2\pi r dl \left(-E_r \frac{\partial c_A}{\partial r} \right)_r$$

$$M_2 = 2\pi (r + dr) dl \left(-E_r \frac{\partial c_A}{\partial r} \right)_{r+dr}$$

$$M_3 = 2\pi r dr (uc_A)_l$$

$$M_4 = 2\pi r dr (uc_A)_{l+d}$$

组分 A 的反应量 $M_5 = 2\pi r dr dl \rho_b (r_{As}) \zeta$

$$r_{As} = 2\pi r dr dl \rho_b r_{Ag}$$

对该微元体作组分 A 的物料衡算，可得：

$$M_1 + M_3 - M_2 - M_4 = \pm M_5$$

$$2\pi r dl \left(-E_r \frac{\partial c_A}{\partial r} \right)_r + 2\pi r dr (uc_A)_l - 2\pi (r + dr) dl \left(-E_r \frac{\partial c_A}{\partial r} \right)_{r+dr}$$

$$(5-27)$$

$$- 2\pi r dr (uc_A)_{l+dl} = \pm 2\pi r dr dl \rho_b (r_{As}) \zeta$$

式中，如果 A 是反应物，则 M_5 取正号；如果 A 是产物，则 M_5 取负号。

由于　　　　　$$\left(\frac{\partial c_A}{\partial r} \right)_{r+dr} = \left(\frac{\partial c_A}{\partial r} \right)_r + \left(\frac{\partial^2 c_A}{\partial r^2} \right) dr$$

$$(uc_A)_{l+dl} = (uc_A)_l + \left(\frac{\partial uc_A}{\partial l}\right)_l dl$$

将上述关系式代入式(5-27)，展开，略去 dr^2 项，化简后，按组分 A 是反应物来表达，可得：

$$\frac{\partial(uc_A)}{\partial l} = E_r\left(\frac{\partial^2 c_A}{\partial r^2} + \frac{1}{r}\frac{\partial c_A}{\partial r}\right) - \rho_b(r_{As}\zeta) \qquad (5-28)$$

如果反应是放热反应，对催化床二维模型微元体作热量衡算，可得轴向与径向传热的偏微分方程如下：

$$Gc_{p,m}\frac{\partial t}{\partial l} = \lambda_{er}\left(\frac{\partial^2 t}{\partial r^2} + \frac{1}{r}\frac{\partial t}{\partial r}\right) - \rho_b(r_{As}\zeta)(-\Delta H_R) \qquad (5-29)$$

式中　λ_{er}——径向有效导热系数，$kJ/(m \cdot s \cdot K)$；

　　　E_r——径向混合弥散系数，m^2/s；

　　　ρ_b——床层堆密度，kg/m^3；

　　　r_{As}——按单位质量催化剂及颗粒外表面反应物系组成计算的反应组分 A 的本征反应速率，$kmol/(kg \cdot s)$；

　　　ζ——内扩散有效因子，当外扩散过程略去不计时，$r_{As}\zeta$ 即已计入内扩散的宏观反应速率 r_{Ag}；

　　　G——按反应管截面积计算的反应混合物质量流率，$kg/(m^2 \cdot s)$；

　　　$c_{p,w}$——单位质量反应混合物的比定压热容，$kJ/(kg \cdot K)$；

　　　ΔH_R——反应焓，$kJ/kmol$，对于放热反应，其值为负。

式(5-28)及式(5-29)组成了二维模型催化床轴向及径向传热及传质的联立偏微分方程组，其边界条件如下：

$l=0$，$0 \le r \le r_0$ 时，$c_A = c_{A0}$，$t = t_{r_0} = t_0$

$r=0$，$0 \le l \le L$ 时，$\left(\frac{\partial c_A}{\partial r}\right)_{r=0} = 0$，$\left(\frac{\partial t}{\partial r}\right)_{r=0} = 0$

$r=r_0$，$0 \le l \le L$ 时，$\left(\frac{\partial c_A}{\partial r}\right)_{r_0} = 0$，$-\lambda_{er}\left(\frac{\partial t}{\partial r}\right)_{r_0} = \alpha_w(t_{r_0} - t_w)$

式中　r_0——催化床半径，m；

　　　t_w——反应管内壁温度，$℃$；

　　　α_w——壁给热系数，$kJ/(m^2 \cdot s \cdot K)$；

　　　L——反应管填充长度，m。

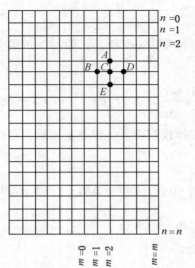

图 5-16 圆柱形催化床

$A—m,(n-1);B—(m-1),n;C—m,n;$

$D—(m+1),n;E—m,(n+1)$

将上述边界条件代入传热及传质偏微分方程组并与动力学方程联立后，即可求解。由于动力学方程是非线性方程，偏微分方程组得不到解析解。一种解法是将偏微分方程化为差分方程，然后用数值积分求数值解；另一种解法是用正交配置法求数值解。

2. 偏微分方程化为差分方程用数值积分法求解

将圆柱形催化床的轴向距离 L，从床层入口算起，分成 n 份，每份的有限增量为 Δl，将径向距离 r_0，从中心轴算起，分成 m 份，每份的有限增量为 Δr，见图 5-16，则任一点的位置为：

$$r = m\Delta r; \quad l = n\Delta l$$

该点在 r 方向上的温度一次差分为：

$$\Delta_r t = t_{m+1,n} - t_{m,n} \qquad\qquad (5-30)$$

在 r 方向上的温度二次差分为：

$$\Delta_r^2 t = (t_{m+1,n} - t_{m,n}) - (t_{m,n} - t_{m-1,n}) \qquad (5-31)$$

在 l 方向上的温度一次差分为：

$$\Delta_l t = t_{m,n+1} - t_{m,n} \qquad\qquad (5-32)$$

将上述关系代入式(5-38)，可得：

$$t_{m,n+1} = t_{m,n} + \frac{\Delta l}{(\Delta r)^2} \frac{\lambda_{er}}{Gc_{p,w}} \Big[t_{m+1,n} - 2t_{m,n} + t_{m-1,n} +$$

$$\frac{1}{m}(t_{m+1,n} - t_{m,n}) \Big] + \frac{\Delta l}{Gc_{p,w}} \rho_b (\bar{r}_{As}\bar{\zeta})(-\Delta \bar{H}_R) \qquad (5-33)$$

对于气-固相催化反应，以摩尔分率表示组成较为方便，即 $c_A = \dfrac{Py_A}{ZR_gT}$；反应气体混合物的体积流量及直线流速 u 将随反应温度及反应进行的程度而变(对于非等摩尔反应)。由于 $uc_A = \dfrac{N_T y_A}{A}$，$N_T$ 是反应混合物的摩尔流量，A 是按反应管内径计算的催化床截面积，故式(5-28)

可改写成

$$\frac{\partial(N_T y_A)}{A\partial l} = \left(\frac{P}{ZR_g T}\right) E_r \left(\frac{\partial^2 y_A}{\partial r^2} + \frac{1}{r}\frac{\partial y_A}{\partial r}\right) - \rho_b \bar{r}_{As}\bar{\zeta} \quad (5-34)$$

略去下标 A，写成差分式，引入

$$\Delta_r y = y_{m+1,n} - y_{m,n}$$

$$\Delta_r^2 y = (y_{m+1,n} - y_{m,n}) - (y_{m,n} - y_{m-1,n})$$

$$\Delta_l(N_T y) = (N_T y)_{m,n+1} - (N_T y)_{m,n}$$

可得

$$(N_T y)_{m,n+1} = (N_T y)_{m,n} + \frac{A\Delta l}{(\Delta r)^2}\frac{PE_r}{ZR_g}\frac{1}{T}\left[y_{m+1,n} - 2y_{m,n} + y_{m-1,n} + \right.$$

$$\left. \frac{1}{m}(y_{m+1,n} - y_{m,n})\right] - A\Delta l \rho_b(\bar{r}_{As}\bar{\zeta}) \quad (5-35)$$

在式(5-33)及式(5-35)中，根据径向有效导热系数 λ_{er} 和径向混合弥散系数 E_r 的性质，在有化学反应的催化床内它们均可看成常量，不随径向和轴向位置而变，但随着床层内各点的温度而变。催化反应的总体速率 $r_{As}\zeta$ 或 r_{Ag}、比定压热容 $c_{p,w}$ 及反应热 $(-\Delta H_R)$ 的变化都不可忽视，而压缩因子 Z 仍可看成常量。因此，差分式(5-33)及式(5-35)中，$\bar{r}_{As}\bar{\zeta}$ 或 $\bar{r}_{Ag}$、$\bar{c}_{p,w}$、$-\Delta\bar{H}_R$ 及绝对温度 $\bar{T}$ 都取用所选取区间的平均值。

在 $r=0$ 的中心轴处，由于 $\frac{1}{r}\frac{\partial t}{\partial r}$ 为不定值，根据 $\lim\limits_{r\to 0}\frac{1}{r}\left(\frac{\partial t}{\partial r}\right) = \frac{\partial^2 t}{\partial r^2}$

则 $(\Delta_r^2 t)_{r=0} = (t_{1,n} - t_{0,n}) - (t_{0,n} - t_{-1,n})$

由于圆柱形催化床温度分布对称于中心轴，$t_{1,n} = t_{-1,n}$，最后可得，$r=0$ 处，传热差分方程应写成

$$t_{0,n+1} = t_{0,n} + \frac{4\Delta l}{(\Delta r)^2}\frac{\lambda_{er}}{G\bar{c}_{p,w}}(t_{1,n} - t_{0,n}) + \frac{\Delta l}{G\bar{c}_{p,w}}\rho_{bB}(\bar{r}_{As}\bar{\zeta})(-\Delta\bar{H}_R)$$

$$(5-36)$$

同理，$r=0$ 处，式(5-35)应写成

$$(N_T y)_{0,n+1} = (N_T y)_{0,n} + \frac{4A\Delta l}{(\Delta r)^2}\frac{PE_r}{ZR_g}\frac{1}{T}(y_{1,n} - y_{0,n}) - A\Delta l \rho_b(\bar{r}_{As}\bar{\zeta})$$

$$(5-37)$$

在 $r=r_0$ 处，即 $m=s$，或 $r_0 = s\Delta r$ 的管壁处，由边界条件式 $\left(\frac{\partial c_A}{\partial r}\right)_{r_0} = 0$；又反应物不能扩散至器壁外，可知 $c_{s+1,n} = c_{s-1,n}$，即 $y_{s+1,n} = y_{s-1,n}$，则

$r = r_0$ 时，$\Delta_r^2 y = (y_{s+1,n} - y_{s,n}) - (y_{s,n} - y_{s-1,n})$

$$= 2(y_{s-1,n} - y_{s,n})$$

此时，传质差分方程写成

$$(N_{\mathrm{T}}y)_{s,n+1} = (N_{\mathrm{T}}y)_{s,n} + \frac{2A\Delta l}{(\Delta r)^2}\frac{PE_r}{ZR_g}\frac{1}{\bar{T}}(y_{s-1,n} - y_{s,n}) - A\Delta l\rho_b(\bar{r}_{As}\bar{\zeta})$$

$$(5-38)$$

在 $r = r_0$ 处，由边界条件 $-\lambda_{er}\left(\dfrac{\partial t}{\partial r}\right)_{r_0} = \alpha_w(t_{r_0} - t_w)$，传热偏微分方程式 (5-29) 可采用下面方法计算。

由于　　$\left(\dfrac{\partial t}{\partial r}\right)_{s,n} = \left(\dfrac{\partial t}{\partial r}\right)_{r_0} = -\dfrac{\alpha_w}{\lambda_{er}}(t_{s,m} - t_{w,n})$　　　　$(5-39)$

$$\left(\frac{\partial^2 t}{\partial t^2}\right)_{s,n} = \left(\frac{\partial^2 t}{\partial t^2}\right)_{r_0} = \frac{(t_{s+1,n} - t_{s,n}) - (t_{s,n} - t_{s-1,n})}{(\Delta r)^2}$$

$$= \frac{-\dfrac{\alpha_w}{\lambda_{er}}(t_{s,n} - t_{w,n})\Delta r - (t_{s,n} - t_{s-1,n})}{(\Delta r)^2}$$

$$(5-40)$$

代入式 (5-29)，可得：

$$G\bar{c}_{p,w}\frac{\partial t}{\partial l}$$

$$= \lambda_{er}\left[-\frac{\alpha_w}{r\lambda_{er}}(t_{s,n} - t_{w,n}) + \frac{-\dfrac{\alpha_w}{\lambda_{er}}(t_{s,n} - t_{w,n})\Delta r - (t_{s,n} - t_{s-1,n})}{(\Delta r)^2}\right] +$$

$$\rho_b(\bar{r}_{As}\bar{\zeta})(-\Delta \bar{H}_R)$$

$$(5-41)$$

$$= \frac{\lambda_{er}}{(\Delta r)^2}\left[-\frac{\alpha_w}{\lambda_{er}}(t_{s,n} - t_{w,n})\Delta r\left(\frac{\Delta r}{r_0} + 1\right) - (t_{s,n} - t_{s-1,n})\right] +$$

$$\rho_b(\bar{r}_{As}\bar{\zeta})(-\Delta \bar{H}_R)$$

$$= \frac{\lambda_{er}}{(\Delta r)^2}\left[-\frac{\alpha_w}{\lambda_{er}}(t_{s,n} - t_{w,n})\Delta r\left(\frac{s+1}{s}\right) - (t_{s,n} - t_{s-1,n})\right] +$$

$$\rho_b(\bar{r}_{As}\bar{\zeta})(-\Delta \bar{H}_R)$$

或

$$t_{s,n+1} = t_{s,n} + \frac{\lambda_{er}\cdot\Delta l}{G\bar{c}_{p,w}(\Delta r)^2}\left[-\frac{\alpha_w}{\lambda_{er}}(t_{s,n} - t_{w,n})\Delta r\left(\frac{s+1}{s}\right) -\right.$$

$$\left.(t_{s,n} - t_{s-1,n})\right] + \frac{\Delta l}{G\bar{c}_{p,w}}\rho_b(\bar{r}_{As}\bar{\zeta})(-\Delta \bar{H}_R)$$

$$(5-42)$$

若边界条件改用下式

$$- \lambda_{er}\left(\frac{\partial t}{\partial r}\right)_{r_0} = K_{bf}(t_{r_0} - t_f) \qquad (5-43)$$

式中　t_f——反应管外冷却剂温度;

　　　K_{bf}——以催化床外壁处温度及反应管外冷却介质温度 t_f 为推动力的传热总系数,kJ/($m^2 \cdot s \cdot K$)。

则式(5-42)可写成

$$t_{s,n+1} = t_{s,n} + \frac{\lambda_{er} \cdot \Delta l}{G\bar{c}_{p,w}(\Delta r)^2}\left[-\frac{K_{bf}}{\lambda_{er}}(t_{s,n} - t_{f,n})\Delta r\left(\frac{s+1}{s}\right) - \right.$$

$$\left. (t_{s,n} - t_{s-1,n})\right] + \frac{\Delta l}{G\bar{c}_{p,w}}\rho_b(\bar{r}_{As}\bar{\zeta})(-\Delta\bar{H}_R) \qquad (5-44)$$

最后,归纳如下,式(5-36)及式(5-37)是计算 $r=0$ 处的差分方程,式(5-38)及式(5-42)或式(5-44)是计算 $r=r_0$ 处的差分方程,而式(5-33)及式(5-35)是计算除了 $r=0$ 及 $r=r_0$ 处以外各点的差分方程。由以上六个差分方程,根据入口($n=0$)截面上已知的温度及反应物系组成,即可计算出下一区段($n=1$)截面上各点的温度和组成,如此逐区逐点地计算下去,直到达到所规定的出口组成要求,即可得出所需的床层高度 L。

计算中所用 $\bar{r}_{As}\bar{\zeta}$ 或 $\bar{r}_{Ag}$,$-\Delta\bar{H}_R$ 和 $\bar{c}_{p,w}$ 是指某一定区间的平均值,需用试算法确定。例如,已知 n 截面上各点的温度 t 及反应物系组成,从 $t_{m,n}$ 及 $y_{m,n}$ 求 $t_{m+1,n}$ 及 $y_{m+1,n}$ 时,可将已知点的反应速率 $(r_{As}\zeta)_{m,n}$ 或 $(r_{Ag})_{m,n}$,反应热 $(-\Delta H_R)_{m,n}$ 及比定压热容 $(c_{p,w})_{m,n}$,作为 (m,n) 及 $(m+1,n)$ 区间的平均值 $\bar{r}_{As}\bar{\zeta}$ 或 $\bar{r}_{Ag}$,$-\Delta\bar{H}_R$ 及 $\bar{c}_{p,w}$,按上述差分方程求出 $t_{m+1,n}$ 及 $y_{m+1,n}$,再求出 $(m+1,n)$ 点的反应速率 $(r_{As}\zeta)_{m+1,n}$ 或 $(r_{Ag})_{m+1,n}$,反应热 $(-\Delta H_R)_{m+1,n}$ 及比定压热容 $(c_{p,w})_{m+1,n}$,进一步求得校正后 (m,n) 及 $(m+1,n)$ 区间的平均值,再求出校正后的 $t_{m+1,n}$ 及 $y_{m+1,n}$,直至达到一定的误差要求时为止。这个试算法也就是修正欧拉法。

应用上法时,$\dfrac{\lambda_{er} \cdot \Delta l}{G\bar{c}_{p,w}(\Delta r)^2}$ 值应小于 $\dfrac{1}{2}$,才能得到稳定解,即在一定的 Δr 值时,步长 Δl 要取得很小。

采用计算机计算时,将上述差分方程组化为一阶常微分方程组,即可采用数值积分法如龙格-库塔法求解其数值解。此时,一阶常微分方程组如下:

（1） $r=0$ 时，此时温度及摩尔分率记为 t_0 及 y_0，

$$\frac{\mathrm{d}t_0}{\mathrm{d}l} = \frac{4\lambda_{er}}{Gc_{p,w}^{-}(\Delta r)^2}(t_1 - t_0) + \frac{\rho_b}{Gc_p}(r_{As}\zeta)(-\Delta H_R) \quad (5-36-a)$$

$$\frac{\mathrm{d}(N_Ty)_0}{\mathrm{d}l} = \frac{4A}{(\Delta r)^2}\frac{PE_r}{ZR_g}\frac{1}{T}(y_1 - y_0) - A\rho_b(r_{As}\zeta) \quad (5-37-a)$$

（2） $r=r_0$ 时，此时温度及摩尔分率记为 t_s 及 y_s，

$$\frac{\mathrm{d}t_s}{\mathrm{d}l} = \frac{\lambda_{er}}{Gc_{p,w}(\Delta r)^2}\left[-\frac{\alpha_w}{\lambda_{er}}(t_s - t_w)\Delta r\left(\frac{s+1}{s}\right) - (t_s - t_{s-1})\right]$$

$$+ \frac{\rho_b(r_{As}\zeta)(-\Delta H_R)}{Gc_{p,w}} \quad (5-42-a)$$

$$\frac{\mathrm{d}(N_Ty)_s}{\mathrm{d}l} = \left(\frac{2A}{(\Delta r)^2}\right)\left(\frac{PE_r}{ZR_gT}\right)(y_{s-1} - y_s) - A\rho_b r_{As}\zeta \quad (5-38-a)$$

（3） 除 $r=0$ 及 $r=r_0$ 外各点，

$$\frac{\mathrm{d}t_m}{\mathrm{d}l} = \frac{\lambda_{er}}{(\Delta r)^2 Gc_{p,w}}\left[t_{m+1} - 2t_m + t_{m-1} + \frac{1}{m}(t_{m+1} - t_m)\right]$$

$$+ \frac{\rho_b(r_{As}\zeta)(-\Delta H_R)}{Gc_{p,w}} \quad (5-33-a)$$

$$\frac{\mathrm{d}(N_Ty)_m}{\mathrm{d}l} = \frac{A}{(\Delta r)^2}\frac{PE_r}{ZR_gT}\left[y_{m+1} - 2y_m + y_{m-1} + \frac{1}{m}(y_{m+1} - y_m)\right]$$

$$- A\rho_b(r_{As}\zeta) \quad (5-35-a)$$

用龙格-库塔法求数值解时，$c_{p,w}$，$r_{As}\zeta$ 或 r_{Ag}，$-\Delta H_R$ 均取用 (y_m, t_m) 时的数值，不用所选取区间的平均值。

用差分方程及龙格-库塔法数值法积分计算外冷列管式甲醇合成反应器二维模型的算例，可见教材[27]中的例7-3。

3. 正交配置法求解

对管式反应器催化床的二维数学模型，催化床轴向、径向取配置数均为 N，在配置点 $(Z_l, x_k)(l,k = 1, 2, \cdots, N)$ 取试解

$$y(Z_l, x_k) = \sum_{i=0}^{N}\sum_{j=1}^{N+1} Z_l^i a_{ij} x_k^{2j-2} \quad (5-45)$$

式中 a_{ij} 为系数矩阵的元素。由试函数求偏导数，将其偏导数条件代入二阶偏微分方程组[式(5-45)]，这样，偏微分方程组的边值问题转化成一组离散化的非线性方程，共有 $3N^2$ 个方程，用 Broyden 方法求解[28,29]。

例5-3 大型绝热-冷管复合型甲醇合成反应器数学模拟设计

大型绝热-冷管(或称为绝热-管壳)复合型甲醇合成反应器,其结构尺寸如下:反应器内直径 4m,绝热段高度 0.55m,冷管高度 6m,管径 $\phi38mm \times 2mm$,共 6713 根。装填 C302 型 $\phi5mm \times 5mm$ 圆柱状铜基甲醇合成催化剂 43.3m³。反应器入口气体流量 344960m³/h,气体摩尔分率:$y_{CO,in} = 0.092852$,$y_{CO_2,in} = 0.030457$,$y_{H_2,in} = 0.78600$,$y_{CH_4,in} = 0.001403$,$y_{N_2,in} = 0.060246$,$y_{Ar,in} = 0.022334$,$y_{CH_3OH,in}$(或 $y_{m,in}$)$= 0.006128$,$y_{H_2O,in} = 0.00355$。要求反应器日产甲醇 500t。不同催化剂活性期调节床层温度和压力,使产量达到要求。在催化剂使用初期、中期和后期,反应器出口温度分别控制在 240~250℃,245~255℃ 和 255~245℃,出口压力分别控制在 4.5MPa,5.0MPa 和 5.2MPa 左右。

解: 1. 宏观反应动力学[30]

(1)实验装置与宏观动力学方程

加压下宏观反应动力学实验流程见图(例5-3-1)。

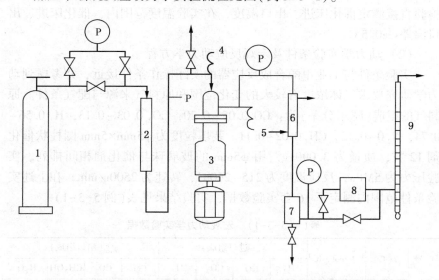

图(例5-3-1) 甲醇合成反应宏观动力学测试实验流程示意图

1—原料钢瓶;2—脱氧器;3—无梯度反应器;4—热电偶;5—冷却水;

6—冷凝器;7—气-液分离器;8—色谱仪;9—皂膜流量计

从原料气钢瓶来的气体经压力调节器调节至实验所需的系统压力,然后在脱氧器中经灼热(温度约200℃)的铜屑脱除气中的微量氧,脱氧后的原料气进内循环无梯度反应器,在催化剂上合成甲醇。流出反应器的气体经保温(温度约100℃)管路至冷凝器,生成的甲醇和水在冷凝器中冷凝，冷凝液经气-液分离器后排去，冷凝后的气体经压力调节器调节至常压。常压气体分两路，一路去色谱仪进行组成分析，另一路不经色谱仪，然后两路汇合一起用皂膜流量计计量后放空。系统的压力由压力调节器调节控制。反应前原料气组成及冷凝后气体组成由气相色谱仪分析。

实验用反应器是磁驱动内循环无梯度反应器。为确保催化床等温，采用两台精密温度控制仪，分别控制上、下两段电炉，使整个反应器的催化床处于恒温。反应器叶轮由磁力驱动，直流电机带动外磁体旋转，内磁体由于磁力作用，带动叶轮转动，气体在反应器内循环。为使反应器确实在无梯度条件下进行，在测定动力学数据前，对反应器进行了浓度无梯度、温度无梯度检验。浓度无梯度检验采用热态抽样法，分析进催化床前和出催化床后组成。实验结果表明：叶轮转速达到 1500r/min 时，循环比>40，催化床进、出口甲醇浓差<0.1%。反应器温度无梯度检验直接测定催化床进、出口温度，在实验温度范围内，催化床进、出口温差<±0.5℃。

（2）动力学实验条件及宏观反应动力学方程

实验条件与工业甲醇合成反应器的实际操作条件接近，并考虑到动力学研究要求气体浓度有较大的变化范围和原料气来源与配气条件。原料气的组成（摩尔分率）为：CO 0.05~0.20，CO_2 0.03~0.13，H_2 0.56~0.74，N_2 0~0.12，CH_4 0.02~0.11。装填粒度为 $\phi5mm \times 5mm$ 圆柱状催化剂 12 粒，质量为 3.0901g，用 $\phi5mm$ 的玻璃珠与催化剂相间排列。实验压力为 5MPa，反应温度为 215~260℃，转速为 2500r/min。在上述实验条件范围内测定了 16 套实验数据，实验结果见表（例 5-3-1）。

表（例 5-3-1） 宏观动力学实验数据

序号	t/℃	N_{in}/mol·h^{-1}	y_{in}（进口组成）			y_{out}（出口组成）			
			H_2	CO	CO_2	H_2	CO	CO_2	CH_3OH	H_2O
1	227.3	0.4854	0.7365	0.1026	0.1236	0.6912	0.0805	0.1116	0.0492	0.0202
2	243.0	0.4779	0.7365	0.1026	0.1236	0.6790	0.0712	0.1106	0.0664	0.0250
3	257.5	0.4905	0.7365	0.1026	0.1236	0.6746	0.0714	0.1085	0.0697	0.0278
4	250.0	0.5080	0.7365	0.1026	0.1236	0.6694	0.0693	0.1071	0.0754	0.0304
5	261.4	0.6169	0.7667	0.0562	0.0574	0.7407	0.0361	0.0460	0.0414	0.0164
6	252.2	0.5805	0.7667	0.0562	0.0574	0.7393	0.0357	0.0457	0.0425	0.0169
7	240.1	0.6365	0.7667	0.0562	0.0574	0.7403	0.0354	0.0459	0.0427	0.0168
8	230.7	0.4919	0.7667	0.0562	0.0574	0.7423	0.0355	0.0461	0.0412	0.0160

序号	$t/℃$	$N_{in}/mol \cdot h^{-1}$	y_{in}(进口组成)			y_{out}(出口组成)				
			H_2	CO	CO_2	H_2	CO	CO_2	CH_3OH	H_2O
9	217.4	0.3589	0.7099	0.1166	0.0371	0.6869	0.0916	0.0353	0.0432	0.0058
10	235.2	0.5762	0.7099	0.1166	0.0371	0.6779	0.0859	0.0342	0.0532	0.0077
11	248.9	0.5675	0.7099	0.1166	0.0371	0.6758	0.0833	0.0343	0.0574	0.0080
12	260.3	0.6710	0.7099	0.1166	0.0371	0.6762	0.0817	0.0339	0.0600	0.0085
13	228.4	0.4919	0.5650	0.1989	0.0415	0.5186	0.1502	0.0387	0.0753	0.0069
14	236.1	0.5095	0.5650	0.1989	0.0415	0.5162	0.1484	0.0389	0.0789	0.0070
15	249.4	0.5795	0.5650	0.1989	0.0415	0.5112	0.1491	0.0394	0.0804	0.0071
16	258.9	0.6675	0.5650	0.1989	0.0415	0.5125	0.1551	0.0399	0.0783	0.0073

一氧化碳和二氧化碳加氢合成甲醇的多组分复杂反应系统的宏观反应动力学模型与本征反应动力学模型相同，用各组分的逸度表示，但模型参数与本征动力学不同，即：

$$r_{CO,g} = -\frac{dN_{CO}}{dW} = \frac{k_1 f_{CO} f_{H_2}(1-\beta_1)}{(1 + K_{CO} f_{CO} + K_{CO_2} f_{CO_2} + K_{H_2} f_{H_2})^3}$$

（例 5 - 3 - 1）

$$r_{CO_2,g} = -\frac{dN_{CO}}{dW} = \frac{k_2 f_{CO_2} f^3_{H_2}(1-\beta_2)}{(1 + K_{CO} f_{CO} + K_{CO_2} f_{CO_2} + K_{H_2} f_{H_2})^4}$$

（例 5 - 3 - 2）

式中，总体速率 $r_{CO,g}$ 和 $r_{CO_2,g}$ 的单位是 kmol/(kg·h)，W 是催化剂的质量；$\beta_1 = \dfrac{f_m}{K_{f1} f_{CO} f_{H_2}^2}$，$\beta_2 = \dfrac{f_m f_{H_2O}}{K_{f2} f_{CO_2} f_{H_2}^3}$；平衡常数 K_{f1} 及 K_{f2} 与温度的关系见式 (4-51) 及式 (4-52)；各组分的逸度系数计算，见式 (4-53)~式 (4-57)。

以 y_{CO_2}、y_m 为独立变量，对于无梯度反应器，2 个独立反应的总体速率可表示如下，下标 m 表示甲醇：

$$r_{CO_2,g} = \frac{N_{in} y_{CO_2,in} - N_{out} y_{CO_2,out}}{W}$$

（例 5 - 3 - 3）

$$r_{m,g} = \left(\frac{dN_m}{dW}\right)_g = \frac{N_{out} y_{m,out}}{W} = r_{CO,g} + r_{CO_2,g}$$

（例 5 - 3 - 4）

式中，N_{in} 及 N_{out} 分别为反应器进口及出口处的混合气体摩尔流量，mol/h。

$$N_{out} = N_{in}/(1 + 2y_{m,out}) \qquad (例 5 - 3 - 5)$$

参数估值的目标函数取

$$S = \sum_{j=1}^{M} (y_{CO_2,out,j} - y_{CO_2,out,c})^2 + (y_{m,out,j} - y_{m,out,c})^2 \qquad (例 5-3-6)$$

用改进高斯-牛顿法，根据 16 套实验数据，对 C302 型催化剂宏观动力学方程进行参数估值，得到模型中的参数为：$k_1 = 2.147 \times 10^2 \exp$ $(-41835/R_g T)$；$k_2 = 1.294 \times 10^4 \exp(-60968/R_g T)$；$K_{CO} = \exp[-36.81 - 1000 \times (1/T - 1/508.9)]$；$K_{CO_2} = \exp[-0.145 + 10560 \times (1/T - 1/508.9)]$；$K_{H_2} = \exp[-1.720 - 1220 \times (1/T - 1/508.9)]$；而 $R_g = 8.314 J/(mol \cdot K)$。

对动力学方程进行了统计检验，见表(例 5-3-2)。

表(例 5-3-2)　动力学模型统计量

式	M_p	$M-M_p$	ρ^2	F	$F_T \times 10$
(例 5-3-2)	8	8	0.9965	172.74	25.9
(例 5-3-4)	10	6	0.9883	50.54	29.4

表(例 5-3-2)中 ρ^2 为决定性指标。

$$\rho^2 = 1 - \sum_{j=1}^{M} (y_j - y_{j,c})^2 / \sum_{j=1}^{M} y_j^2 \qquad (例 5 - 3 - 7)$$

F 为回归均方和与模型残差均方和之比。

$$F = \frac{\left[\sum_{j=1}^{M} y_j^2 - (\sum_{j=1}^{M} y_j - y_{j,c})^2 \right]/M_p}{\sum_{j=1}^{M} (y_j - y_{j,c})^2/(M - M_p)} \qquad (例 5 - 3 - 8)$$

F_T 为显著水平 5% 的相应自由度下的 F 表值，M 为实验次数，M_p 为待估参数个数，y_j 为第 j 次实验值，$y_{j,c}$ 为第 j 次实验模型计算值。

一般认为当 $\rho^2 > 0.9$，$F > 10F_T$ 时模型是适定的。由残差分析与统计检验表明，本例的宏观动力学方程是适定的。

2. 催化床二维数学模型

在管内催化床径向距离 r 到 $r+\Delta r$，高度 l 到 $l+dl$ 的圆环微元体，建立催化床的轴向流动、径向传热的二维数学模型，得出表征催化床中各组分摩尔分率和温度随床层轴向和径向分布的微分方程组如下：

$$\frac{\partial y_m}{\partial z} = \frac{273.15PL(1 + 2y_m)^2 E_r}{W(r_0)^2 T} \left(\frac{1}{x} \frac{\partial y_m}{\partial x} + \frac{\partial^2 y_m}{\partial x^2} \right) +$$

$$\frac{22.4L\rho_b}{W} COR(1 + 2y_m)^2 (r_{CO,g} + r_{CO_2,g}) \qquad (例 5-3-9)$$

$$\frac{\partial y_{CO_2}}{\partial z} = \frac{2y_{CO_2}}{1 + 2y_m} \frac{\partial y_m}{\partial z} + \frac{273.15PL(1 + 2y_m)E_r}{W(r_0)^2 T}\left(\frac{1}{x}\frac{\partial y_{CO_2}}{\partial x} + \frac{\partial^2 y_{CO_2}}{\partial x^2}\right)$$

$$- \frac{22.4L\rho_b}{W}COR(1 + 2y_m)r_{CO_2,g} \qquad (例\,5-3-10)$$

$$\frac{\partial t}{\partial z} = \frac{L}{(r_0)^2 G}\frac{\lambda_{er}}{c_{pw}}\left(\frac{1}{x}\frac{\partial t}{\partial x} + \frac{\partial^2 t}{\partial x^2}\right) + \frac{\rho_b L \cdot COR}{Gc_{pw}}$$

$$[r_{CO,g}(-\Delta H_{R,CO}) + r_{CO_2,g}(-\Delta H_{R,CO_2})] \qquad (例\,5-3-11)$$

边界条件如下:$Z=0, 0 \leqslant x \leqslant 1$ 时,$y_m = y_{m,in}, y_{CO_2} = y_{CO_2,in}, t=t_{in}$;

$$0 \leqslant Z \leqslant 1, x=0 \text{ 时}, \frac{\partial y_m}{\partial x}=0, \frac{\partial y_{CO_2}}{\partial x}=0;$$

$$0 \leqslant Z \leqslant 1, x=1 \text{ 时}, \frac{\partial y_m}{\partial x}=0, \frac{\partial y_{CO_2}}{\partial x}=0, -\lambda_{er}\left(\frac{\partial t}{\partial x}\right)/r_0 = K_{bf}(t_{r_0}-t_f)。$$

　　由于采用的反应动力学是工业颗粒的宏观动力学,催化床内质量流率较大,可不计相间温度差和浓度差,活性校正系数 COR 只计入反应管的壁效应和逐渐中毒失活。上列诸式中比半径 $x = r/r_0$,$Z = l/L_p$。反应热 ΔH_{CO}、ΔH_{CO_2} 与温度的关系及加压下混合气体的等压摩尔热容与温度、压力的关系,甲醇合成系统的物料衡算见例4-5。

　　3. K_{bf}、λ_{er} 及 E_r 的计算

　　(1)以催化床 $r=r_0$ 处温度 t_{r_0} 及管外冷却介质温度 t_f 为传热推动力的传热总系数 $K_{bf}[kJ/(m^2 \cdot h \cdot K)]$ 按下式计算:

$$K_{bf} = \frac{1}{\left(\dfrac{1}{\alpha_w} + \dfrac{1}{\alpha_f} + \dfrac{\delta_t}{\lambda_s} + R_c\right) \times 3600} \qquad (例\,5-3-12)$$

$$\alpha_w = 65\exp\left(-4\frac{D_p}{dt}\right)\left(\frac{d_t}{L}\right)^{0.2}\left(\frac{D_p G}{\mu_m}\right)^{0.4}\left(\frac{\lambda_m}{d_t}\right) \times 4.184 \qquad (5-12)$$

式中,对于圆柱状催化剂,D_p 为等外表面积的圆球直径;d_t 为反应管内直径;μ_m 和 λ_m 为催化床内气体混合物的粘度和导热系数;

　　δ_t 为管壁厚度,m;λ_s 为管材的导热系数,对于 Ni-Cr 不锈钢,可取 $\lambda_s = 20 \times 4.184 kJ/(m \cdot h \cdot K)$;$R_C$ 为垢层系数,本例取 2.092×10^{-3} $kJ/(m^2 \cdot h \cdot K)$;α_w 为壁给热系数,$kJ/(m^2 \cdot h \cdot K)$。α_f 为管外沸腾水对管壁的给热系数 $[kJ(m^2 \cdot h \cdot K)]$,按下式计算[31]:

$$\alpha_f = 3\left(\frac{Q}{F}\right)^{0.7}\left(\frac{P_f}{0.101325}\right)^{0.15} \qquad (例\,5-3-13)$$

式中，Q 为总传热量，kJ/h；F 为传热面积，m^2；P_f 为沸腾水压力，MPa。

式(5-3-12)中，气体混合物的粘度 μ_m 及导热系数 λ_m 按本章式(5-27)、式(5-28)、式(5-29)及式(5-30)计算，而含甲醇混合气体中各组分的临界参数，采用表(例5-3-3)数据[31]。

表(例5-3-3) 含甲醇混合气体中各组分的临界参数

组　　分	CO	CO$_2$	H$_2$	N$_2$	CH$_4$	H$_2$O(气)	CH$_3$OH(气)
相对分子质量	28.010	44.010	2.016	28.013	16.043	18.016	32.042
临界温度 T_c/K	132.9	304.2	33.398	126.2	190.7	647.3	512.6
临界压力 P_c/MPa	3.45	7.28	2.08	3.35	4.54	21.76	7.99
临界粘度 μ_c/kg·m^{-1}·h^{-1}	0.0685	0.1235	0.0125	0.0655	0.0580	0.1786	0.1354
临界导热系数 λ_c/kJ·(m·h·K)$^{-1}$	0.1134	0.1519	0.2280	0.0979	0.1774	0.5448	0.3862

（2）对于低导热系数的铜基甲合成催化剂，径向有效导热系数 λ_{er} 按式(5-11)计算。

$$\lambda_{er} = 0.22 \left(\frac{D_p G}{\eta}\right)^{0.75} \left(\frac{d_t}{D_p}\right)^{0.45} \lambda_m \qquad (5-11)$$

式中，λ_m 为气体混合物的导热系数，kJ/(m·s·K)。

（3）径向有效弥散系数可用 Pelect 数表示，即

$$Pe = \frac{d_s u}{E_r} \qquad (例5-3-14)$$

式中，u 是操作状态下气体在催化床中的表观线速度，m/s，以整个催化床截面积计算；d_s 为与圆柱形催化剂等比表面积的圆球直径；当流体处于湍流状态时，径向 $Pe=10$，不随 $Re(Re=d_s G/\mu)$ 而变。

4. 二维模型正交配置法数值解[32]

用正交配置法解本例大型甲醇合成反应器的二维数学模型，即式(例5-3-9)、式(例5-3-10)式(例5-3-11)，结合反应器的结构参数，轴向、径向的配置数，本例取配置数=4，即可求得反应组分和温度的轴向和径向分布。使用 C302 铜基甲醇合成催化剂的双速率宏观动力学数据。

当反应器入口温度 230℃，操作压力 4.5MPa，沸腾水压力3.55MPa，饱和温度243℃时，管内催化床甲醇摩尔分率的轴向和径向分布见表(例5-3-4)，二氧化碳摩尔分率的轴向和径向分布见表(例5-3-5)，温度分布见表(例5-3-6)。

表(例 5-3-4)　　催化床轴向和径向甲醇浓度分布

Z	$y_{m,0}/\%$	$y_{m,1}/\%$	$y_{m,2}/\%$	$y_{m,3}/\%$	$y_{m,4}/\%$	$y_{m,5}/\%$
0.0	0.61000	0.61000	0.61000	0.61000	0.61000	0.61000
0.1	1.29173	1.29164	1.29136	1.29109	1.29098	1.29098
0.2	1.99362	1.99352	1.99319	1.99289	1.99282	1.99286
0.3	2.63894	2.63888	2.63867	2.63854	2.63861	2.63875
0.4	3.19342	3.19341	3.19340	3.19348	3.19377	3.19404
0.5	3.66522	3.66524	3.66532	3.66553	3.66600	3.66645
0.6	4.07164	4.07167	4.07179	4.07192	4.07201	4.07206
0.7	4.42803	4.42807	4.42823	4.42840	4.42852	4.42859
0.8	4.74419	4.74425	4.74443	4.74466	4.74493	4.74514
0.9	5.02796	5.02803	5.02824	5.02849	5.02889	5.02928
1.0	5.28522	5.28529	5.28553	5.28579	5.28636	5.28703

表(例 5-3-5)　　催化轴向和径向二氧化碳浓度分布

Z	$y_{CO_2,0}/\%$	$y_{CO_2,1}/\%$	$y_{CO_2,2}/\%$	$y_{CO_2,3}/\%$	$y_{CO_2,4}/\%$	$y_{CO_2,5}/\%$
0.0	3.05000	3.05000	3.05000	3.05000	3.05000	3.05000
0.1	2.87461	2.87465	2.87478	2.87492	2.87500	2.87504
0.2	2.69508	2.69513	2.69528	2.69546	2.69564	2.69574
0.3	2.54786	2.54788	2.54797	2.54817	2.54854	2.54883
0.4	2.44795	2.44794	2.44794	2.44823	2.44902	2.44969
0.5	2.38894	2.38891	2.38890	2.38948	2.39110	2.39249
0.6	2.36038	2.36034	2.36022	2.36015	2.36023	2.36033
0.7	2.35155	2.35151	2.35136	2.35121	2.35114	2.35115
0.8	2.35668	2.35663	2.35648	2.35635	2.35640	2.35652
0.9	2.37113	2.37109	2.37093	2.37074	2.37068	2.37072
1.0	2.39141	2.39137	2.39121	2.39094	2.39076	2.39072

表(例 5-3-6)　　催化轴向和径向温度分布

Z	$t_{b,0}/\%$	$t_{b,1}/\%$	$t_{b,2}/\%$	$t_{b,3}/\%$	$t_{b,4}/\%$	$t_{b,5}/\%$
0.0	230.00	230.00	230.00	230.00	230.00	230.00
0.1	248.96	248.89	248.65	248.31	248.00	247.84
0.2	255.53	255.41	254.96	254.34	253.76	253.47
0.3	256.16	256.02	255.51	254.79	254.14	253.81
0.4	254.93	254.81	254.35	253.70	253.10	252.80
0.5	253.58	253.46	253.02	252.38	251.79	251.50
0.6	252.42	252.33	251.96	251.45	250.98	250.74
0.7	251.34	251.25	250.93	250.47	250.06	249.84
0.8	250.45	250.37	250.08	249.66	249.26	249.04
0.9	249.76	249.69	249.42	249.03	248.62	248.40
1.0	249.15	249.08	248.83	248.43	248.00	247.74

由表(例5-3-6)可见，管内催化床入口温度230℃，按床中心温度计算，热点温度256.16℃，出口温度249.15℃，整个床层温度变化不大，有利于延长铜基甲醇合成催化剂的使用期限。

从催化床进口到出口，CO_2浓度下降而在床层出口处稍有回升；甲醇浓度的径向分布随着床层高度的变化而变化，在催化床上部，甲醇浓度靠近管中心处高，而在床层下部，甲醇浓度在靠近管内壁处高。这说明了床层上半部分发生的是CO_2加氢合成甲醇反应，当达到平衡时，即发生逆反应。

床层的径向温度差小，在热点处为2.4℃，各组分的径向浓度差也小。这是因为反应管径较细并且管外沸腾水的温度与催化床温度配合适当。也说明可适当增大管径，以增大d_t/D_p比，减小壁效应。

采用C302催化剂的双速率宏观动力学数据及上述二维数学模型和正交配置解，模拟计算结果与日产甲醇500吨大型甲醇合成反应器的实际操作数据对比列于表(例5-3-7)。

表(例5-3-7)　操作数据与模拟计算

工　况	第2~5个月(全负荷数据)				第13~14个月(半负荷数据)			
	1		2		3		4	
	操作数据	模拟计算	操作数据	模拟计算	操作数据	模拟计算	操作数据	模拟计算
压力/MPa	4.68		4.71		3.98		4.26	
新鲜气量(标准状态)/$m^3 \cdot h^{-1}$	54000		53000		23200		24300	
入口气量(标准状态)/$m^3 \cdot h^{-1}$	330000		331000		296000		312000	
弛放气量(标准状态)/$m^3 \cdot h^{-1}$	2000		2300		610		760	
进塔气组成(在线分析,摩尔分数)								
CO	0.1100		0.1100		0.088		0.070	
CO_2	0.0200		0.0300		0.016		0.018	
H_2	0.7600		0.7700		0.6800		0.6734	
总S/10^{-6}	<0.04		<0.04		<0.04		<0.04	
床层温度/℃								
0m	216	216.0	215	215.0	214	214.0	214	214.0
2m	251	251.3	251	215.6	251	251.4	249	249.9
4m	252	249.0	252	249.0	250	251.0	250	251.2
6m	250	247.0	250	247.2	250	249.9	250	250.0
沸腾水压力/MPa(A)	3.57		3.51		3.70		3.70	
温度/℃	242		242		246		246	
粗甲醇产量/$t \cdot d^{-1}$	565		574		283		298	
粗甲醇浓度/%	~97		~97		~97		~97	
精甲醇产量/$t \cdot d^{-1}$	543	543.6	557	561.3	273	271.9	290	295.8
反应器压差 ΔP/MPa	0.079	0.060	0.078	0.060	0.066	0.065	0.072	0.070
活性校正系数 COR	0.82				0.75			

操作前期，第 2~5 个月，活性校正系数 $COR = 0.82$；第 13~14 个月，活性校正系数 $COR = 0.75$，略有减低，说明新鲜气中 S 含量小于 $0.05\mu g/g$ 时，催化剂仍保持相当好的活性。

5. 操作工况分析

（1） 催化剂使用初期操作条件对反应的影响

（a） 沸腾水温度的影响

副产蒸汽管式合成反应器，管外冷却介质为沸腾水，床层温度主要受沸腾水温度的影响。当沸腾水压力 P_w 从 3.39MPa（$t_w = 240℃$）至 3.97MPa（$t_w = 250℃$），计算结果见表（例 5-3-8）。沸腾水压力升高，沸腾水饱和温度 t_w 升高，床层温度升高。管中心热点温度从 252.9℃ 升至 263.4℃，$y_{m,out}$ 从 5.283% 先升到 5.286%，后降到 5.207%，相应的产量从 500.4t/d 先升到 500.8t/d，而后降到 493.1t/d。可见调节沸腾水压力是控制床层温度最有效的措施。

表（例 5-3-8） **沸腾水温度对反应的影响**

（$P = 4.5MPa, t_{in} = 230℃$）

P_w/MPa	t_w/℃	$t_{max,0}$[①]/℃	$t_{max,s}$/℃	$t_{out,0}$/℃	$t_{out,s}$/℃	t_{out}/℃	$y_{m,out}$/%	产量/t·d^{-1}	ΔP/kPa
3.39	240.0	252.9	250.6	246.3	245.0	245.8	5.283	500.4	63.4
3.55	243.0	256.2	253.8	249.2	247.7	248.5	5.286	500.8	63.8
3.70	245.0	258.3	255.9	251.0	249.7	250.4	5.278	500.0	64.1
3.85	247.5	260.9	258.6	253.3	252.3	252.8	5.251	497.4	64.4
3.97	250.0	263.4	261.1	255.6	254.4	255.1	5.207	493.1	64.7

① $t_{max,0}$ 为管中心热点温度，$t_{max,s}$ 为管壁热点温度；$t_{out,0}$ 为出口处管中心温度；$t_{out,s}$ 为出口处管壁温度；t_{out} 为出口处平均温度。

（b） 进口温度对反应的影响

当催化床进口温度 t_{in} 从 220℃ 升至 240℃ 时，计算结果见表（例 5-3-9）。随着催化床进口温度升高，$y_{m,out}$ 从 5.254% 升至 5.311%，产量从 497.7t/d 升至 503.3t/d。由于管外沸腾水及时移去反应热，随催化床进口温度升高，床层热点温度 t_{max} 变化很小，床层出口温度变化亦很小。

表（例 5-3-9） **床层温度、甲醇产量随反应器进口温度的变化**

t_{in}/℃	$t_{max,0}$/℃	$t_{max,s}$/℃	$t_{out,0}$/℃	$t_{out,s}$/℃	t_{out}/℃	$y_{m,out}$/%	产量/t·d^{-1}	ΔP/kPa
220	256.3	254.0	249.4	248.4	248.9	5.254	497.7	63.2
225	256.3	253.8	249.3	247.8	248.6	5.270	499.2	63.5
230	256.2	253.8	249.2	247.7	248.5	5.286	500.8	63.8
235	256.2	253.8	249.1	247.7	248.4	5.200	502.1	64.1
240	256.4	254.1	249.0	248.2	248.6	5.311	503.3	64.4

（c）操作压力对反应的影响

当操作压力从 4.5MPa 升至 5.0MPa 时，计算结果见表（例 5-3-10）。操作压力升高，出口甲醇浓度和产量明显提高。压力从 4.5MPa 升至 5.0MPa，热点温度 $t_{max,0}$ 上升 2.1℃，产量增加 71.9t/d。

表（例 5-3-10） 反应器的性能与操作压力的关系

（$t_{in} = 230℃$，$P_W = 3.55MPa$，$t_W = 243℃$）

P/MPa	$t_{max,0}$/℃	$t_{max,s}$/℃	$t_{out,0}$/℃	$t_{out,s}$/℃	t_{out}/℃	$y_{m,out}$/%	产量/t·d^{-1}	ΔP/MPa
4.5	256.2	253.8	249.2	247.7	248.5	5.286	500.8	63.8
4.6	256.6	254.2	249.2	247.9	248.6	5.435	515.3	62.4
4.7	257.0	254.5	249.3	247.9	248.7	5.585	530.0	61.0
4.8	257.4	254.8	249.4	247.8	248.7	5.735	544.4	59.6
4.9	257.9	255.5	249.4	248.0	248.8	5.885	558.9	58.4
5.0	258.3	255.8	249.5	248.1	248.9	6.029	572.7	57.2

（2）催化剂使用中、后期生产情况预测

当催化剂作用中、后期时，由于微量毒物的影响、催化剂的老化等因素，使催化剂的性能下降。中期的操作压力 P、沸腾水压力 P_w 分别为 4.8MPa 和 3.70MPa（245℃），后期的操作压力 P、沸腾水压力 P_w 分别为 5.0MPa 和 3.85MPa（248℃），甲醇生产预测见表（例 5-3-11）。适当提高操作压力和沸腾水的压力即提高床层温度，可达到甲醇产量的要求。

表（例 5-3-11） 催化剂使用中、后期反应器的性能

（$t_{in} = 230℃$，$P_W = 3.55MPa$，$t_W = 243℃$）

	P/MPa	P_W/MPa	t_W/℃	$t_{max,0}$/℃	$t_{max,s}$/℃	t_{out}/℃	$y_{m,out}$/%	产量/t·d^{-1}	ΔP/MPa
初期	4.5	3.55	243	256.2	253.8	248.5	5.286	500.8	63.8
中期	4.8	3.70	245	257.1	254.9	251.8	5.292	501.4	60.1
后期	5.1	3.85	247.5	260.2	258.0	255.9	5.184	490.7	56.9

二、管间催化床的二维模型

本章自热式连续催化反应器中催化剂放置于许多冷管的管间，所采用的管间催化床一维模型及例 5-1 并流三套管氨合成反应器的一维模型计算并未考虑管间催化床邻近冷管处的温度低于催化床中心处温度，即管间催化床于管内催化床一样存在着径向温度和浓度分布。由于自热式氨合成催化反应器中冷管在反应器截面上的排列不均匀，近催化床外壁处与近中心管处的冷管排列不相同，不同位置冷管所承担冷却的催化

床份额不一，而反应过程发生在以冷管中心为顶点的不规则三角形管间，对二维模型求解更增加了难度。

华东理工大学对上述管间催化床的几何形状进行了简化，简化为催化床处于冷管正三角形排列的管间，并用网格法进行了管间催化床的径向浓度和径向温度分布，按照例5-1的工况，计算结果表明管间催化床内各截面上氨摩尔分率几乎相同，但温度差相差较大，近冷管壁处催化床温度较低，而催化床同一截面内最大温度差达15℃[33]。

第五节 管式反应器的操作和设计中的若干问题

一、管式反应器中烃类氧化强放热多重反应催化剂的失活和温度控制

烃类催化氧化强放热多重反应的副反应是生成二氧化碳和水的深度氧化反应，例如乙烯氧化制环氧乙烷、乙烯氧化乙酰化合成乙酸乙烯、乙烯氧化合成乙酸和邻二甲苯氧化合成邻苯二甲酸酐。这类反应过程的成本中主要反应物（如乙烯）的成本占主要部分。如果选择率偏低，生成的二氧化碳多了，不仅增加了原料消耗，并且生成的二氧化碳还要在后续工序中除去，以免在循环系统中积累。这些过程的主要反应组分的转化率、目的产物的选择率和空时产率等技术指标首先决定于催化剂性能，其次是管式反应器的结构设计、操作参数的选用和管外冷却剂的选用和温度控制。目前，这些反应所用的工业催化剂都是负载型催化剂，金属作为主要活性组分，加上数种助催化剂，浸渍在耐温的无机氧化物的载体上，不同的反应对载体的孔结构，如孔径大小及其分布、孔隙率、比表面积等，有不同的要求。载体制成不同的形状，如圆球形、圆柱形、单孔环柱形或多通孔圆柱形，尺寸也有区别，一般直径为4~8mm。活性组分及助催化剂，或均匀分布在载体内，如乙烯氧化银催化剂；或呈薄层分布在载体外表面上，如乙烯氧化乙酰化合成乙酸乙烯的钯-金贵金属催化剂。

我国燕山石化公司研究院研制的系列环氧乙烷合成催化剂，主要活性组分为银。使用α-Al$_2$O$_3$为载体，不断改进配方、制备方法和载体的孔结构[34]，形状由球形改为单孔环柱形及多通孔圆柱形，性能不断地提高，寿命可达4年。我国环氧乙烷反应器的一些操作指标和性能列于表5-5。

由以上数据可见：①环氧乙烷所用银催化剂不断改进，除了改变催

化剂的配方及载体的孔隙率和孔径分布外，并进行了将圆柱形催化剂载体改为单孔环柱形和多通孔圆柱形的催化剂工程设计，降低了反应气体

表 5-5　我国环氧乙烷反应器

单位	反应器内直径 $d_t \times$ 管长 L/mm	催化剂型号	原料气中 $y_{C_2H_4}^0$/%	致稳剂	反应管压降 ΔP/MPa	空速/ h^{-1}	出口环氧乙烷 y_{EO}/%	EO 空时产率/ [kg/ (kg·h)]	废热锅炉气包温度/℃	选择率 S/%
A 厂	21×6000	A-1 型	18.5	N_2	0.15	7200	1.38	195	238.8	81.5
		B-1 型	21.8	N_2	0.12	7400	1.38	198	238.2	81.8
		B-3 型	20.2	N_2	<0.1	7400	1.35	186	238.7	83.6
B 厂	26×5900	A-1 型	20.6	CH_4	<0.1	6420	1.97	248	235	78.8
		B-2 型	29.5	N_2	<0.1	7362	1.86	269	235	81.4
		B-2 型	27.9	N_2	<0.1	7250	1.93	275	233	81.9
		B-3 型	29.0	N_2	<0.1	7000	1.98	272	236	82.7
C 厂	31.3×8000	B-2 型	26.4	CH_4	0.18	5500	1.72	186	237	81.1
D 厂	31.3×7000	B-4 型	25.0	CH_4	0.075	4500	1.79	160	228	80.5
E 厂	38.9×10500	C-1 型		CH_4		3357	1.13		218	79.8
F 厂	38.9×12200	C-2 型	35	CH_4		3740	2.61	192		80.5
G 厂	38.9×10670	B-5 型	29			4000	2.10	160	227	81.5

通过催化床的压降和催化剂粒内的温升，同时增加了选择率。②反应气体混合物中致稳剂由氮改为甲烷，这是由于甲烷的摩尔热容大于氮，同样的单位催化床体积的反应放热量的情况下，可减小气体的温升，从而增加了选择率。③管内径增大，管长增加，以适应反应器扩大生产能力的要求，并且当增加管长时，同样的催化床质量空速、气体的质量流率或线速增加，增加了管内的给热系数，强化了传热，从而提高了选择率。如果通过反应器的气体流量不变，增加管长，质量空速减少，出口环氧乙烷含量增加，但催化剂的性能应能适应而不降低出口选择率。④管间的传热介质或冷却剂，由高温导热油改为加压水沸腾气化，不但便于副产较高压力的蒸汽，并且降低管内催化床与冷却剂之间的温度差，从而降低了催化床内的径向温差，增大了选择率。⑤适当提高原料气中乙烯含量，有利于提高空时产率。总的说来，对于带深度氧化副反应的强放热催化氧化管式反应器，进一步提高其空时产率和选择率时，应进行下列研究工作：①改进催化剂的配方和制备方法，提高催化剂的低温活性，尽可能相对地提高主反应的反应速率；②改进催化剂的工程设

计，如形状、粒径设计、采用活性组分不均匀分布；③改进设计参数和操作参数，如管径、管长、原料气组成、进口处气体温度、质量空速及管外冷却剂温度。

前已述及，管式反应器的 d_t/d_p 比往往小于 8，壁效应对颗粒催化剂的总体速率具有影响，并且大多数烃类催化氧化催化剂的失活原因是热失活，即在较高温度下催化剂中活性组分的晶粒因受热而逐步长大，逐步降低活性，不得不进一步逐步提高反应温度，以维持一定的转化率和空时产率，但选择率逐步下降。

工业颗粒环氧乙烷合成催化剂不但存在内扩散影响，还由于反应热效应较大而形成催化剂粒内温升，进一步加速了深度氧化副反应而降低选择率。单孔环柱形及多通孔圆柱形催化剂的形状复杂而导致由本征反应动力学求算内扩散有效因子及颗粒总体速率的困难。华东理工大学在测定 YS-5 单孔环柱形银催化剂上乙烯氧化主副反应本征动力学和催化剂的曲折因子和颗粒的有效导热系数的基础上，提出了单孔环柱形催化剂内扩散有效因子的计算模型和数值求解方法，从而求得主副反应的总体速率和选择率，并经过在无梯度反应器中工业颗粒的总体速率实验验证[35]。但在这种情况下进行管式反应器设计和工程分析时，从本征反应动力学及催化剂的孔结构参数来计算工业颗粒催化剂多重反应的主副反应总体速率的工作量太大，并且还存在一定的误差，因此应直接进行烃类氧化工业颗粒催化剂的主副反应总体速率研究，作为管式反应器设计和工程分析的动力学基础。

华东理工大学在进行了上海石化公司所用环氧乙烷合成银催化剂宏观反应动力学的基础上，用上海石化公司使用该催化剂连续 20 个月的工业反应器的操作数据，用二维非均相模型求得由于壁效应及失活对颗粒总体速率进行校正的活性校正系数，并求出了由于失活形成的活性校正系数与使用时间和管外沸腾水温度之间的关联式。

例 5-4　环氧乙烷合成银催化剂宏观反应动力学及失活分析[36]

解：1. 过程的独立反应数分析和物料衡算

银催化剂上的乙烯催化氧化合成环氧乙烷（C_2H_4O）系统主要发生下列平行-连串反应：

$$C_2H_4 + 1/2\ O_2 \Longleftrightarrow C_2H_4O \qquad （例 5-4-1）$$

$$C_2H_4 + 3O_2 \Longleftrightarrow 2CO_2 + 2H_2O \quad （例 5-4-2）$$

$$C_2H_4O_2 + 5/2\ O_2 \Longleftrightarrow 2CO_2 + 2H_2O \quad （例 5-4-3）$$

根据原子矩阵法，系统的独立反应数和关键组分数均为 2，根据反应动力学研究，环氧乙烷深度氧化副反应[式(例5-4-3)]的速率远低于乙烯深度氧化副反应[式(例5-4-2)]，故选取式(例5-4-1)和式(例5-4-2)为独立反应。又根据系统中乙烯和二氧化碳的摩尔分率较大，分析精度高，选取乙烯和二氧化碳作关键组分。过程的物料衡算见表(例5-4-1)。

表(例5-4-1)　环氧乙烷合成反应系统物料衡算[①]

组分	进催化床		催化床中摩尔流量 N_i/kmol·h^{-1}
	摩尔分率 $y_{i,\text{in}}$	摩尔流量/ kmol·h^{-1}	
C_2H_4	$y_{C_2H_4,\text{in}}$	$N_{T,\text{in}}y_{C_2H_4,\text{in}}$	$N_T y_{C_2H_4}$
O_2	$y_{O_2,\text{in}}$	$N_{T,\text{in}}y_{O_2,\text{in}}$	$N_{T,\text{in}}y_{O_2,\text{in}}-1.5(N_T y_{CO_2}-N_{T,\text{in}}y_{CO_2,\text{in}})$ $-0.5[(N_{T,\text{in}}y_{CH_4,\text{in}}-N_T y_{C_2H_4})-0.5(N_T y_{CO_2}-N_{T,\text{in}}y_{CO_2,\text{in}})]$
CO_2	$y_{CO_2,\text{in}}$	$N_{T,\text{in}}y_{CO_2,\text{in}}$	$N_T y_{CO_2}$
C_2H_4O	$y_{C_2H_4O,\text{in}}$	$N_{T,\text{in}}y_{C_2H_4O,\text{in}}$	$N_{T,\text{in}}+[(N_{T,\text{in}}y_{C_2H_4O,\text{in}}-N_T y_{C_2H_4})-0.5(N_T y_{CO_2}-N_{T,\text{in}}y_{CO_2,\text{in}})]$
H_2O	$y_{H_2O,\text{in}}$	$N_{T,\text{in}}y_{H_2O,\text{in}}$	$N_{T,\text{in}}y_{H_2O,\text{in}}+(N_T y_{CO_2}-N_{T,\text{in}}y_{CO_2,\text{in}})$
CH_4	$y_{CH_4,\text{in}}$	$N_{T,\text{in}}y_{CH_4,\text{in}}$	$N_{T,\text{in}}y_{CH_4,\text{in}}$
小计	1	$N_{T,\text{in}}$	$N_T=N_{T,\text{in}}+(0.25N_T y_{CO_2}-N_{T,\text{in}}y_{CO_2,\text{in}})+0.5(N_T y_{C_2H_4}-N_{T,\text{in}}y_{C_2H_4,\text{in}})$

①环氧乙烷合成系统中除反应物 C_2H_4、O_2 和反应产物 CO_2、C_2H_4O 外，还有近50%的惰性气体，由于甲烷的热容大于氮的热容，近年来惰性气体改用甲烷，工业称致稳剂，可在相同反应情况下，气体混合物的温升较小。又系统中含有极少量由氧带入的惰性气体氩，表(例5-4-1)未列出，包含在甲烷中。

由表(例5-4-1)可进一步得出

$$N_T(1-0.5y_{C_2H_4}-0.25y_{CO_2})=N_{T,\text{in}}(1-0.5y_{CH_4,\text{in}}-0.25y_{CO_2,\text{in}})$$

或

$$N_T=N_{T,\text{in}}\left(\frac{1-0.5y_{C_2H_4,\text{in}}-0.25y_{CO_2,\text{in}}}{1-0.5y_{C_2H_4}-0.25y_{CO_2}}\right)\quad(例5-4-4)$$

获得催化床出口处 N_T 与进口处 $N_{T,\text{in}}$ 之间的关系，即可求出组分 i 摩尔分率 y_i，由于气体混合物中含有水，故称湿基摩尔分率。

2. 宏观反应动力学实验研究

实验采用内循环无梯度反应器进行工业颗粒的宏观反应动力学研究，填装了8颗工业颗粒多通孔银催化剂(外形尺寸:$\phi6.5\text{mm}\times6\text{mm}$，共2.7144g)。当反应器内转筐转速≥2500r/min，已消除外扩散的影响。实验条件为：压力2.0MPa；反应温度405.13~530.13K；单位质量催化剂上混合气体积(标准状态)流量,即质量空速 3000 ~ 12000 L/kg·h;原料气中乙烯、氧和二氧化碳的摩尔分率分别为 0.27 ~ 0.36、0.054 ~ 0.076 和 0.053 ~ 0.091。深度氧化的抑制剂二氯乙烷 0.4μg/g,实验条件接近工业生产实际。

本次实验共获取了 46 组数据,采用最小二乘法拟合实验数据,获得了上述主副反应的宏观动力学的双速率方程

$$r_{1,g} = -\frac{\mathrm{d}(N_{C_2H_4})_1}{\mathrm{d}W} = \frac{k_1 p_{O_2} p_{C_2H_4}}{(1 + K_1 p_{O_2} + K_2 p_{O_2}^{1/2} p_{CO_2})} \qquad (例 5-4-5)$$

$$r_{2,g} = -\frac{\mathrm{d}(N_{C_2H_4})_2}{\mathrm{d}W} = \frac{k_2 p_{O_2}^{1/2} p_{C_2H_4}}{(1 + K_1 p_{O_2} + K_2 p_{O_2}^{1/2} p_{CO_2})} \qquad (例 5-4-6)$$

模型参数为:

$$k_1 = \exp\left(12.39103 - \frac{43.58572 \times 10^3}{R_g T}\right)$$

$$k_2 = \exp\left(18.59960 - \frac{77.76320 \times 10^3}{R_g T}\right)$$

$$K_1 = \exp\left(\frac{18.32100 \times 10^3}{R_g T} - 2.82805\right)$$

$$K_2 = \exp\left(\frac{34.66055 \times 10^3}{R_g T} - 1.00740\right)$$

式中,$r_{1,g}$ 为乙烯氧化合成环氧乙烷主反应的总体速率,$r_{2,g}$ 为乙烯深度氧化副反应的总体速率,单位均为 mol/(g·h);k_1 及 k_2 分别为主、副反应的反应速率常数;K_1 及 K_2 为动力学方程中模型参数。

表(例 5-4-2)列出决定性指标 ρ^2 和 F 检验指标来检验方程的拟合程度。可以看出:ρ_{ET}^2、$\rho_{CO_2}^2$ 十分接近于 1.0,F_{ET}、$F_{CO_2} \gg 10F_{0.05}$,所得方程满足统计分析的要求。

表(例 5-4-2) 宏观动力学模型统计量

ρ_{ET}^2	$\rho_{CO_2}^2$	F_{ET}	F_{CO_2}	$10F_{0.05}$
0.9999	0.9998	85406.28	38790.06	23.4

决定性指标 ρ^2 和 F 检验指标的计算方法见例 5-7。

3. 管式催化床模型及求解

乙烯氧化合成环氧乙烷是强放热多重反应,副反应的反应热是主反应放热量的十余倍。反应的选择率受到温度的强烈影响,这要求反应器模型必须能够预测反应器内轴向和径向的温度变化。围绕催化剂颗粒的

气膜将影响热量和质量的传递，因此颗粒与气流主体间的浓度差和温差也有必要考虑。

采用下列以颗粒宏观反应动力学为基础的二维非均相数学模型如下：

$$
\begin{cases}
\dfrac{\partial(uc_{C_2H_4})}{\partial l} = E_{r,\,C_2H_4}\left(\dfrac{\partial^2 c_{C_2H_4}}{\partial r^2} + \dfrac{1}{r}\dfrac{\partial c_{C_2H_4}}{\partial r}\right) - k_{g,\,C_2H_4}S_e(c_{C_2H_4} - c_{C_2H_4,\,s}) \\[2mm]
\dfrac{\partial(uc_{CO_2})}{\partial l} = E_{r,\,CO_2}\left(\dfrac{\partial^2 c_{CO_2}}{\partial r^2} + \dfrac{1}{r}\dfrac{\partial c_{CO_2}}{\partial r}\right) - k_{g,\,CO_2}S_e(c_{CO_2} - c_{CO_2,\,s}) \\[2mm]
u\rho_g c_p\dfrac{\partial T}{\partial l} = \lambda_{er}\left(\dfrac{\partial^2 T}{\partial r^2} + \dfrac{1}{r}\dfrac{\partial T}{\partial r}\right) + \alpha_s S_e(T - T_s) \\[2mm]
k_{g,\,C_2H_4}S_e(c_{C_2H_4} - c_{C_2H_4,\,s}) = \rho_b(COR_1 r_{1,\,g} + COR_2 r_{2,\,g}) \\[2mm]
k_{g,\,CO_2}Se(c_{CO_2} - c_{CO_2,\,s}) = \rho_b(2COR_2 r_{2,\,g}) \\[2mm]
\alpha_s S_e(T - T_s) = \rho_b\displaystyle\sum_{i=1,\,2} COR_i(-\Delta H_i)r_{i,\,g} + \lambda_{er,\,s}\left(\dfrac{\partial^2 T_s}{\partial r^2} + \dfrac{1}{r}\dfrac{\partial T_s}{\partial r}\right)
\end{cases}
$$

（例 5 - 4 - 7）

边界条件

$l = 0$：$c_{C_2H_4} = c_{C_2H_4,\,in}$，$c_{CO_2} = c_{CO_2,\,in}$，$T = T_{in}$

$r = 0$：$\dfrac{\partial c_{C_2H_4}}{\partial r} = \dfrac{\partial c_{CO_2}}{\partial r} = 0$，$\dfrac{\partial c_{C_2H_4,\,s}}{\partial r} = \dfrac{\partial c_{CO_2,\,s}}{\partial r} = 0$，$\dfrac{\partial T}{\partial r} = \dfrac{\partial T_s}{\partial r} = 0$

$r = R$：$\dfrac{\partial c_{C_2H_4}}{\partial r} = \dfrac{\partial c_{CO_2}}{\partial r} = 0$，$\dfrac{\partial c_{C_2H_4,\,s}}{\partial r} = \dfrac{\partial c_{CO_2,\,s}}{\partial r} = 0$

$$K_{bc}(T_w - T) = \lambda_{er}\dfrac{\partial T}{\partial r}, \quad K_{bc,\,s}(T_w - T_s) = \lambda_{er,\,s}\dfrac{\partial T_s}{\partial r}$$

式中，E_r 为径向弥散系数；k_g 为气-固相间传质系数；α_s 为气-固相间的给热系数，S_e 为催化剂颗粒的比表面积，c_i 及 $c_{i,s}$ 分别为气相中及催化剂外表面上的组分 i 的浓度，T 及 T_s 分别为气相及催化剂外表面温度，COR_1 及 COR_2 分别为主、副反应的活性校正系数；ρ_g 和 ρ_b 分别为气相密度及床层堆密度；λ_{er} 和 $\lambda_{er,s}$ 分别为按气相及催化剂外表面计算的径向有效导热系数；u 为混合气在反应管内的线速；r 为反应管的径向距离；T_w 为管外沸腾水温度。下标 in 为催化床入口处，下标 s 为催化剂外表面。

填充床中气-固相间传热 J_H 因子按文献[37]计算，气相相间传质 J_D 因子按文献[38]计算。

$$\varepsilon J_H = \varepsilon\,\frac{\alpha_s}{c_p G}\left(\frac{c_p \mu}{\lambda_f}\right)^{2/3} = \frac{2.876}{Re_p} + \frac{0.3023}{Re_p^{0.35}} \quad （例\ 5 - 4 - 8）$$

$$\varepsilon J_{\mathrm{D}} = \varepsilon \frac{k_{\mathrm{g}} \rho_{\mathrm{f}}}{G} \left(\frac{\mu}{\rho_{\mathrm{f}} D_{\mathrm{B}}} \right)^{2/3} = \frac{0.765}{Re_{\mathrm{p}}^{0.82}} + \frac{0.365}{Re_{\mathrm{p}}^{0.386}} \quad (\text{例 } 5-4-9)$$

K_{bc} 和 $K_{\mathrm{bc,s}}$ 可分别由下式计算

$$\frac{1}{K_{\mathrm{bc}}} = \frac{1}{\alpha_{\mathrm{w}}} + \frac{\delta_{\mathrm{t}}}{\lambda_{\mathrm{s}}} \frac{A_i}{A_m} + \frac{1}{\alpha_{\mathrm{f}}} \frac{A_i}{A_o} + R_{\mathrm{c}} \quad (\text{例 } 5-4-10)$$

$$\frac{1}{K_{\mathrm{bc,s}}} = \frac{1}{\alpha_{\mathrm{w,s}}} + \frac{\delta_{\mathrm{t}}}{\lambda_{\mathrm{s}}} \frac{A_i}{A_m} + \frac{1}{\alpha_{\mathrm{f}}} \frac{A_i}{A_o} + R_{\mathrm{c}} \quad (\text{例 } 5-4-11)$$

式中，A_i、A_o 及 A_m 分别为单位管长的管内传热面积、管外传热面积和前二者的算术平均值；δ_{t} 为管壁厚度，λ_{s} 为管材的导热系数；α_{f} 为管外沸腾水汽化时的给热系数，R_{c} 为垢层系数。

λ_{er} 和 α_{w} 分别按下式计算：

$$\frac{\lambda_{\mathrm{er}}}{k_{\mathrm{f}}} = 27.2019 + 0.0304 Re_{\mathrm{p}} \quad (\text{例 } 5-4-12)$$

$$\frac{\alpha_{\mathrm{w}} d_{\mathrm{s}}}{k_{\mathrm{f}}} = 7.6243 + 0.0117 Re_{\mathrm{p}} \quad (\text{例 } 5-4-13)$$

模型的求解，对于气相方程采用 Crank-Nicolson 预测-校正格式求解，该格式具有二阶精度和绝对稳定性。对于固相方程采用中心差分结合迭代进行计算。

4. 活性校正因子

上海石化公司环氧乙烷反应器的反应管内径 d_{t} 31.3mm，催化剂颗粒 ϕ6.5mm，$d_{\mathrm{t}}/d_{\mathrm{p}}=5\sim6$，存在壁效应。

从使用银催化剂后 20 个月的工业生产已反映了壁效应和失活的影响的操作数据，反算出了催化剂的活性校正系数。模拟工业生产实际数据的结果见表（例 5-4-3），同时列出了每两月平均活性校正系数值。计算结果表明二维非均相模型能够很好吻合工业生产的实际情况，同时，也说明所测得的环氧乙烷合成宏观动力学方程和催化剂床层传热参数是合适的。图（例 5-4-1）显示了拟合所得活性校正因子 COR_1 和 COR_2 随时间的变化关系。在反应初期，催化剂活性尚未完全发挥，在继续运行两个月后达到最佳状态，其后随催化剂剂龄增加，催化剂的活性逐渐下降，反映了工业生产的实际。表（例 5-4-4）及表（例 5-4-5）为使用 4 个月时模拟计算的管内轴向 l/L 及径向 r/R 处催化剂外表面温度和气相温度。表（例 5-4-6）至表（例 5-4-7）为使用 16 个月时模拟计算的管内轴向及径向催化剂外表面温度和气相温度。不同径向处，气相中乙烯和二氧化碳摩尔分率之间差值很小，未予列出。气-固相间的组分浓度差也很小，未予列出。

表（例 5-4-3）　工业操作数据与模型预测值

时间/月	2		4		8		10		12		14		16		18		20	
	预测值	实际值	预测值	实际值	预测值	实际值	预测值	实际值	预测值	实际值	预测值	实际值	预测值	实际值	预测值	实际值	预测值	实际值
入口气/%（mol）																		
C_2H_4	0.2506		0.2507		0.2500		0.2500		0.2500		0.2500		0.2500		0.2501		0.2498	
O_2	0.0780		0.0778		0.0745		0.0790		0.0752		0.0790		0.0780		0.0776		0.0772	
C_2H_4O	0.0001		0.0000		0.0009		0.0000		0.0001		0.0000		0.00006		0.0005		0.0004	
H_2O	0.0031		0.0020		0.0012		0.0010		0.0008		0.0060		0.0060		0.0021		0.0018	
CH_4	0.6210		0.6021		0.6091		0.6070		0.6105		0.6010		0.60394		0.6059		0.6086	
CO_2	0.0472		0.0674		0.0643		0.0630		0.0634		0.0640		0.0620		0.0638		0.0622	
入口温度/℃	183.5		176.1		176.8		180.4		182.2		183.2		183.9		184.55		184.95	
气包温度/℃	225.6		227.0		229.5		230.6		232.8		233.6		235.98		237.75		239.0	
空速/h^{-1}	4265.6		4497.9		4391.7		4464.6		4437.5		4481.2		4613.7		4637.8		4632.6	
出口气/%（mol）																		
C_2H_4	0.2256	0.2302	0.2284	0.2288	0.2253	0.2285	0.2247	0.2285	0.2246	0.2290	0.2250	0.2275	0.2256	0.2280	0.2260	0.22855	0.2253	0.2280
O_2	0.0522	0.0547	0.0547	0.0545	0.0482	0.0514	0.0517	0.0550	0.0476	0.0510	0.0520	0.0525	0.0515	0.0520	0.0514	0.05245	0.0506	0.0521
C_2H_4O	0.0229	0.0210	0.0202	0.0208	0.0230	0.0207	0.0225	0.0200	0.0226	0.0200	0.0221	0.0210	0.0217	0.0205	0.0218	0.0206	0.0220	0.0205
H_2O	0.0133	0.0060	0.0112	0.0056	0.0119	0.0068	0.0123	0.0060	0.0123	0.0053	0.0173	0.0105	0.0171	0.0110	0.0130	0.00905	0.0129	0.00885
CH_4	0.6281	0.6305	0.6082	0.6123	0.6158	0.6178	0.6138	0.6175	0.6174	0.6205	0.6076	0.6130	0.6105	0.6150	0.6124	0.61135	0.6152	0.6152
CO_2	0.0579	0.0576	0.0773	0.0779	0.0757	0.0748	0.0750	0.0730	0.0756	0.0742	0.0759	0.0755	0.0737	0.0735	0.0754	0.0780	0.0740	0.07535
EO空时产率/(g·h)	188.85	188.85	176.97	176.98	188.67	188.75	195.33	195.31	193.88	193.85	192.78	192.79	194.33	194.38	192.17	192.19	194.57	194.58
选择率	0.817	0.817	0.814	0.814	0.805	0.805	0.799	0.799	0.796	0.796	0.7978	0.7978	0.7975	0.7975	0.7964	0.7964	0.7952	0.7952
出口气温度/℃	228.53	228.7	230.00	230.4	232.67	232.65	233.86	234.35	236.13	236.65	239.77	239.50	239.12	240.15	240.99	241.40	242.28	243.80
热点温度/℃	233.33		234.18		237.67		239.18		241.52		241.79		244.06		245.97		247.40	
活性校正系数																		
COR_1	0.8077		0.9705		0.9484		0.8950		0.8511		0.8053		0.7301		0.6939		0.6624	
COR_2	0.5685		0.7076		0.6699		0.6583		0.5955		0.5723		0.4972		0.4627		0.4325	

表(例5-4-4)　　**4个月轴向及径向催化剂表面温度分布**　　　　℃

r/R l/L	0.000	0.167	0.333	0.500	0.667	0.833	1.000
0.0	202.02	207.97	204.13	209.74	210.00	215.31	219.75
0.1	226.78	226.93	226.83	226.96	226.94	227.01	227.01
0.2	233.18	231.53	232.61	231.06	231.07	229.68	228.67
0.3	234.17	232.24	233.51	231.69	231.71	230.10	228.92
0.4	234.10	232.20	233.45	231.66	231.67	230.08	228.91
0.5	233.85	232.03	233.22	231.50	231.51	229.98	228.85
0.6	233.58	231.84	232.97	231.34	231.34	229.88	228.79
0.7	233.32	231.66	232.74	231.18	231.18	229.78	228.73
0.8	233.08	231.49	232.52	231.03	231.02	229.68	228.67
0.9	232.85	231.33	232.32	230.89	230.88	229.59	228.61
1.0	232.65	231.19	232.14	230.76	230.75	229.51	228.56

表(例5-4-5)　　**4个月轴向及径向气相温度分布**　　　　℃

r/R l/L	0.000	0.167	0.333	0.500	0.667	0.833	1.000
0.0	176.10	176.10	176.10	176.10	176.10	176.10	176.10
0.1	220.14	220.15	220.19	220.27	220.39	220.54	220.71
0.2	229.10	229.09	229.07	229.02	228.96	228.89	228.84
0.3	230.73	230.72	230.69	230.61	230.52	230.41	230.32
0.4	230.91	230.90	230.86	230.78	230.69	230.58	230.48
0.5	230.82	230.80	230.77	230.69	230.60	230.49	230.39
0.6	230.68	230.66	230.63	230.56	230.47	230.36	230.27
0.7	230.54	230.53	230.49	230.42	230.34	230.24	230.14
0.8	230.41	230.40	230.37	230.30	230.21	230.12	230.03
0.9	230.29	230.28	230.25	230.18	230.10	230.00	229.92
1.0	230.18	230.16	230.13	230.07	229.99	229.90	229.82

表(例5-4-6)　　**16个月轴向及径向催化剂表面温度分布**　　　　℃

r/R l/L	0.000	0.167	0.333	0.500	0.667	0.833	1.000
0.0	210.70	216.79	212.86	218.59	218.83	224.25	228.72
0.1	236.90	236.74	236.84	236.69	236.67	236.49	236.30
0.2	243.25	241.26	242.57	240.69	240.73	239.07	237.90
0.3	244.07	241.84	243.31	241.21	241.26	239.41	238.11
0.4	243.86	241.71	243.12	241.10	241.13	239.34	238.07
0.5	243.50	241.47	242.80	240.89	240.91	239.21	237.98
0.6	243.15	241.22	242.48	240.67	240.69	239.08	237.90
0.7	242.82	241.00	242.19	240.47	240.49	238.95	237.82
0.8	242.53	240.79	241.92	240.29	240.30	238.84	237.75
0.9	242.25	240.60	241.68	240.13	240.12	238.73	237.69
1.0	242.00	240.42	241.45	239.97	239.97	238.63	237.63

r/R l/L	0.000	0.167	0.333	0.500	0.667	0.833	1.000
0.0	183.90	183.90	183.90	183.90	183.90	183.90	183.90
0.1	229.94	229.95	229.99	230.06	230.16	230.29	230.45
0.2	238.76	238.75	238.72	238.65	238.57	238.48	238.41
0.3	240.22	240.20	240.16	240.07	239.97	239.84	239.73
0.4	240.30	240.29	240.24	240.15	240.05	239.92	239.80
0.5	240.15	240.13	240.09	240.00	239.90	239.78	239.66
0.6	239.96	239.95	239.91	239.83	239.72	239.61	239.50
0.7	239.79	239.77	239.74	239.66	239.56	239.45	239.34
0.8	239.63	239.62	239.58	239.50	239.41	239.30	239.20
0.9	239.48	239.47	239.43	239.36	239.27	239.16	239.07
1.0	239.35	239.33	239.30	239.23	239.14	239.04	238.95

表(例5-4-7)　**16个月轴向及径向气相温度分布**　　℃

将不同时期的催化剂活性校正系数回归成与使用时间的关联式：

$$COR_1 = 1.1567 - 0.0251t - 1.2026t^{-2}，\text{相关系数 } R = 0.9953$$

$$（例5-4-14）$$

$$COR_2 = 0.8684 - 0.0219t - 1.03170t^{-2}，\text{相关系数 } R = 0.9922$$

$$（例5-4-15）$$

所得关联式的相关性良好，可用于预测反应后期催化剂活性校正系数的变化。

5. 催化剂失活研究

环氧乙烷合成银催化剂失活的主要原因是随着使用期的延续而银晶粒慢慢长大，活性逐渐衰退，具有独立失活的特点。此时失活速率与反应物的浓度无关，取决于反应时间和副产蒸汽的气包温度，即

图(例5-4-1)　活性校正系数随时间的变化

$$r_d = -\frac{\mathrm{d}a}{\mathrm{d}t} = k_d a^{\alpha} \qquad （例5-4-16）$$

式中，t 为催化剂使用时间，月；k_d 为失活速率常数；催化剂活性 a 定义如下：

$$a = \frac{r_A}{r_{A0}} = \frac{\text{某一时刻反应物 A 在催化剂上的消耗速率}}{\text{相同反应条件下反应物 A 在新鲜催化剂上的消耗速率}}$$

$$（例5-4-17）$$

　　因 1、2 月催化剂活化不完全，不能反映真实的反应速率，以 3、4 月的总体速率作为新鲜催化剂的总体速率，可分别获得乙烯氧化制环氧乙烷主、副两个反应的失活速率方程如下：

$$r_{d,1} = -\frac{da_1}{dt} = k_{d,1}a_1^{0.6433}, \quad R = 0.9993$$

$$r_{d,2} = -\frac{da_2}{dt} = k_{d,2}a_2^{0.3650}, \quad R = 0.9990$$

　　式中，$k_{d,1}$ 及 $k_{d,2}$ 分别为主、副反应的失活速率常数（1/月），$k_{d,1} = \exp\left(31.2848 - \frac{1.4767 \times 10^5}{R_g T_w}\right)$，$k_{d,2} = \exp\left(35.5937 - \frac{1.6511 \times 10^5}{R_g T_w}\right)$。

　　从表（例 5-4-3）工业操作数据可见，随着催化剂的活性下降，逐渐提高气包温度，催化床的轴向温度分布和热点温度相应逐渐提高，以维持一定的空时产率，但环氧乙烷的选择率逐步降低。但不可过快地提高气包温度，以免催化剂因银晶粒过快地长大而过快地失活。

　　比较表（例 5-4-4）~表（例 5-4-8）所列使用 4 个月和使用 16 个月轴向及径向催化剂外表面温度和气相温度分布可见：①径向有相当大的催化剂外表面温度差，使用 4 个月时 $l/L = 0$ 处，最大径向温度差为 17.73℃。使用 16 个月时，$l/L = 0$ 处，最大径向温度差为 18.00℃。不论使用 4 个月或 16 个月，$l/L = 0$，$r/R = 1.0$ 处催化剂外表面温度高于 $r/R = 0$ 处催化剂外表面温度，即管外载热体向管内供热，而 $l/L = 1.0$ 处，管内催化床被冷却。②调节进口气相温度，4 个月时 $l/L = 1.0$，$r/R = 0$ 处，气相温度为 176.1℃；16 个月时，$l/L = 1.0$，$r/R = 0$ 处，气相进口温度为 183.9℃，即由于失活，调节气体进口温度，使整个床内轴向的催化剂外表面和气相温度升高，以保持一定的空时产率。

　　随着催化剂使用期的增加，催化剂活性降低，造成了环氧乙烷的选择率降低，乙烯及氧单耗增加，操作费用提高，但催化剂费用降低。当催化剂超期使用所节省的催化剂成本小于乙烯及氧单耗增加所带来的操作费用的增加时就应该更换催化剂。因此，对于催化剂失活研究可在综合考虑总体经济效益的基础上为何时更换催化剂提供依据，也可用于催化剂使用后期优化操作条件，实现环氧乙烷合成装置的高产和稳产。

　　如果催化剂尚可使用，由于大型石化企业全系统需停产大修，此时不更换催化剂待到下次全系统大修时，催化剂已超过预定的剂龄而大幅度影响产量，从经济角度考虑，还是更换催化剂合理，在这种情况下，应合理地在更换催化剂前较快地提高反应温度，尽可能多获得较多的产量。

二、管内催化床的适宜管径

管式催化床的管径应根据催化反应过程的特点来选择，在管长一定的条件下，采用较小的管径，催化床的比传热面(即单位床层体积的传热面积，m^2/m^3)较大，管内催化床的热点温度较低，易于控制催化床的反应温度，但反应管根数较多，反应器外壳直径较大，即反应器的投资较大。

例如，甲醇合成管式催化反应器所选用的管长，根据管材供应情况，一般选用6m。例如，80年代，德国Lurgi公司为我国齐鲁石化公司设计的5MPa压力年产100kt甲醇的管式催化反应器，管外副产4MPa中压蒸汽，选用管径 $\phi38mm\times2mm$，管长6m，共3350根。华东理工大学于90年代末期为齐鲁石化公司设计的年产100kt甲醇的绝热-管壳复合型催化反应器，上管板上有绝热层，其下为 $\phi42mm\times2mm$，管长7m，反应管2600根，节约了催化反应器的投资。

例5-5 5MPa压力管式甲醇合成反应器的适宜管径，管长6m，管外副产4MPa蒸汽[39]。

解： 采用一维拟均相和CO、CO_2同时加氢合成甲醇双速率动力学模型，催化剂为 $\phi5mm\times5mm$ C302型。反应器进口气体流量(标准状态)$2\times10m^3/h$，催化床入口处温度230℃，进口气体组成(摩尔分率)：CO 0.1053、CO_2 0.0316、H_2 0.7640、CH_4 0.0435、H_2 + Ar 0.0499、CH_3OH 0.0055、H_2O 0.0002，催化床体积 $18.96m^3$。不同管径对甲醇合成反应器操作性能的影响见表(例5-5-1)。

表(例5-5-1)   不同管径对甲醇合成反应器操作性能的影响

管径 (外径×厚)/mm	管根数	传热面积/ m^2	比传热面/ $m^2 \cdot m^{-3}$	热点温度/ ℃	出口温度/ ℃	产量/ $t \cdot d^{-1}$
$\phi34\times2$	4471	2696	142.2	260.5	254.3	343.0
$\phi38\times2$	3481	2361	124.5	261.6	254.9	342.0
$\phi42\times2$	2786	2101	110.8	262.7	255.5	340.8
$\phi46\times2$	2281	1891	99.7	263.7	256.2	379.4
$\phi50\times2$	1902	1720	90.7	264.7	256.7	357.9
$\phi54\times2$	1609	1577	83.1	265.8	257.6	336.1
$\phi58\times2$	1380	1456	76.8	266.8	258.4	334.2
$\phi62\times2$	1196	1352	71.3	267.8	259.3	332.1
$\phi66\times2$	1047	1262	66.6	268.7	260.1	329.6

由上表可见，合适管径为 $\phi(42\sim46)\,\text{mm}\times2\text{mm}$。

第六节 讨论和分析

一、管式催化床的设计及操作优化

管式催化床的设计及操作优化包括下列内容：确定合适的管内径及管长，进口气体组成和温度，质量空速，出口转化率和选择率。

表5-6列举了我国工业环氧乙烷合成反应器的管内径及管长的数据，例5-5以 CO 和 CO_2 加氢合成甲醇为例，讨论了在能及时排除反应热的情况下合适的管径。对于放热反应，管径较大，则单位催化床体积的传热面积较小，应能适应反应管所要求的转化率和选择率对比传热面积与反应放热量之间的关系。反应管较长，在气体流量不变时，降低了质量空速，增加了转化率，单位床层体积的反应放热量增加；气体质量空速不变时，则增加了床层压降和动力消耗。应考虑这些不利因素。

如尽可能采用较大管径及管长，则反应管根数减少，一定生产规模的反应器直径较小，减少对制造的要求，可降低设备投资，有利于单系列大型化。

增大管径，增大了管径与催化剂颗粒直径比 d_t/d_p，减少了壁效应，相应地管内空隙率分布比较均匀，也增加了单位长度反应管中工业颗粒催化剂的装填量，即使不考虑失活，也使得床层中颗粒催化剂的床层总体速率接近无梯度反应器中所获得的颗粒催化剂的总体速率。壁效应较小，也减少了近管内壁处空隙率在平均空隙率中的份额，增大了床层径向传热系数，管式反应器设计时，应尽可能地增大管径及管长。

管径不变时，适当增加质量空速，即增加反应气体混合物的质量流率，有利于传热，但降低了转化率、空时产率和增加了未反应气体的循环量；另一方面，由于增强了传热，降低了轴向温度分布，降低了热点温度，可使带深度氧化副反应的选择率有所升高。

适当地提高进口气体中主要反应组分的摩尔分率，一般有利于提高总体速率，但过高则单位体积催化床的放热量太大，会使催化床的轴向温度分布和热点温度提高，同时增加了主反应组分随同循环气放空时的消耗。对于烃类催化氧化反应，如增加氧摩尔分率，一般有利于提高总体速率，但应注意要在受爆炸极限约束的安全范围以内。

在催化剂起始活性温度以上，调整催化床进口温度，可调整管式反应器轴向温度分布和出口转化率、选择率和空时产率。

管外载热体的温度是对床内轴向及径向温度分布和热点温度及位置极其敏感的参数。一般载热体的热容量要大，在管外的温度变化要小，如使用加压沸腾水气化可保持管外载热体温度不变，但应注意消除大气泡的生成和液相载热体在管间的均匀分布。管外载热体的温度与管内轴向温度分布及热点应相应地配合。由例 5-4 可见，乙烯催化氧化合成环氧乙烷管式反应器入口处气体温度远低于管外水蒸气温度，由管外水蒸气传热给反应气体，同时发生放热多重反应，轴向温度迅速升高，随着总体速率下降，轴向温度升到热点后而下降，出口气体温度仍高于管外水蒸气温度。当环氧乙烷合成催化剂受热逐渐失活时，逐渐提高管外水蒸气压力和温度，热点温度逐渐上升，管内轴向温度分布有所提高，以维持足够的空时产率，但不可避免地逐步降低了出口选择率。由此例可见不同催化剂剂龄时，管外载热体温度对管内轴向温度分布和径向温度分布的影响。

对于某些热效应大而易造成飞温的反应，如例 5-2 中的邻二甲苯催化氧化，已作了工程分析，讨论了进口温度、进料浓度、管外载热体温度、空速等参数对飞温及操作稳定性的影响，这在设计及操作时必须注意。

对管式反应器出口转化率和选择率的设计指标，应根据催化剂的性能和反应管长、管径及操作参数合理地确定，不可要求过高。

管式反应器的设计和操作参数对出口转化率、选择率和空时产率等技术指标的影响，是相互联系和相互制约的，存在着复杂的内在规律，但可以通过数学模拟的方法去掌握，应在获得工业颗粒催化剂的宏观反应动力学并计入壁效应和失活等因素的基础上，根据系统特征和经济效益来综合考虑。例 5-4 中环氧乙烷合成催化剂计入壁效应和失活影响的活性校正系数随催化剂剂龄的变化由生产实际数据计算得来，难以预测，特别是当使用新型号催化剂时；但可参考同一类型催化剂来自生产实际获得的活性校正系数数据，适当地假定活性校正系数，再通过生产实际来调整。假定时，应注意管径与颗粒直径比的影响。管式反应器中的二维非均相模型在许多化学反应工程的教科书及专著中已有阐述，关键是多种模型参数，其中最难获得的是活性校正系数与催化剂剂龄之间的关系，但经过数次的设计和来源于实践的调整，可以逐步较好地掌握。

二、催化剂的工程设计

前面所讨论的管式催化床的设计和操作优化是在催化剂的基础上进行的。在一定的反应器结构设计和操作工况下决定转化率、选择率、空时产率等技术指标的主要因素是催化剂的性能。实践证明，活性组分均匀分布的催化剂，如乙烯催化氧化合成环氧乙烷的银催化剂，由球形及圆柱形改为单孔环柱形，降低了内扩散过程对烃类氧化多重反应的阻滞作用和粒内温升，提高了颗粒催化剂的总体速率，降低了催化剂活性组分用量和压降。在催化剂颗粒外表面呈薄层不均匀分布的贵金属催化剂，如乙烯催化氧化乙酰化合成乙酸乙烯的钯-金催化剂，由球形及圆柱形改为单孔环柱形，提高了单位床层体积中的活性组分的负载量，因而提高了单位催化床体积的总体速率，同时也降低了床层压降。可以预料，在兼顾催化剂机械强度要求的前提下，采用蜂窝形的多通孔结构，可进一步提高单位床层体积的总体速率，增加床层空隙率，降低壁效应和床层压降，同时增加了气体通过管式催化床时的混合程度而强化传热。

作为催化反应工程的研究者应参与研制和改进催化剂的工作，将化学反应工程的基本原理使用到改进催化剂的形状、尺寸等参数的催化剂工程设计，根据化学反应和催化床的特征，与工业催化研究者合作，开发和研制高活性、低压降的催化剂。

参 考 文 献

[1] Mueller G E. Prediction of radial porosity distributions in randomly packed fixed beds of uniformly sized spheres in cylindrical containers. Chem Eng Sci, 1991, 46: 706~708

[2] Zhen Min Cheng, Yuan Wei-Kang. Estimating Radial Velocity of Fixed Beds With Low Tube-to-particle Diameter Ratios. AIChE J, 1997, 43: 1319~1324

[3] 程振民,袁渭康. 填充床中的速度分布预测. 化工学报,1993,44:624~628

[4] Ergun S. Fluid flow through packed columns. Chem Eng Prog, 1952, 48: 89~94

[5] Menta D, Hawley M C. Wall effect in packed columns. Ind Eng Chem, Proc Des Dev, 1969, 8: 280~282

[6] Reichelt W, Bla β E. Stromungstechnische Untersuchungen an Mit Raschig-Ringen Gefullten Fullkorperrohren und-saulen. Chem Ing Tech, 1971, 43: 949~956

[7] 朱葆琳,游文泉. 流体流过填充床层冷却之传热系数. 化工学报,1957(2): 110~119

[8] 朱葆琳,王学松. 填充床层热量传导——尺寸与温度分布. 化工学报,1957 (1):51~71

[9] 丁高新,张春清,刘德华,袁乃驹. 石油学报(石油加工),1988,4(1):20

[10] 甘霖,徐懋生,朱炳辰. 环柱形颗粒填充床传热参数研究. 化工学报,2000

[11] Dixon A G. Heat transfer in fixed beds at very low (<4) tube-to-particle diameter ratio. Ind Eng Res, 1997, 36: 3053~3064

[12] 苏元复,璩定一. 化工算图集. 第一集及第二集. 上海:新亚书店,1954

[13] Kjaer J. Computer method in gas phase thermodynamics. Copenhagen:Gjellerup,1972

[14] Reid R C, Prausnitz J M,Poling B E. The properties of gases and liquids. 4th ed. New York:McGraw-Hill Book Co, 1987

[15] 童景山. 流体的热物理性质. 北京:中国石化出版社,1996

[16] 时均,汪家鼎,余国琮,陈敏恒. 化学工程手册. 上卷. 第一篇. 第二版. 北京:化学工业出版社,1996

[17] 卢焕章等. 石油化工基础数据手册. 北京:化学工业出版社,1982

[18] 马沛生等. 石油化工基础数据手册(续). 北京:化学工业出版社,1993

[19] 燃化部第六设计院. 含氨混合气体的物性数据计算. 化学工程,1976(6): 14~56

[20] 姚佩芳,朱炳辰. 连续换热式氨合成塔定常态操作的热稳定性. 化学反应工程与工艺,1986,2(2):38~47

[21] 于遵宏. 烃类蒸汽转化工程. 北京:烃加工出版社,1989

[22] 张濂,沈瀛坪,袁渭康. 邻二甲苯氧化反应过程操作域的研究. 化学反应工程与工艺,1987,3(4):81~85

[23] 吴鹏,李绍芬,廖晖. 固定床反应器的飞温和参数敏感性. 化工学报,1994,45: 422~428

[24] 吴鹏,廖晖,何建新,李绍芬. 固定床反应器中平行反应的飞温现象(I)冷却介质温度恒定. 化学反应工程与工艺,1999,15:337~342

[25] 李绍芬. 反应工程. 北京:化学工业出版社,1990:355~360

[26] 杨卫胜,许志美,张濂. 轴向导热对管式固定床反应器操作特性的影响. 华东理工大学学报,1998,24:379~384

[27] 朱炳辰. 无机化工反应工程. 北京:化学工业出版社,1981:263~273

[28] Finlayson B A. Nonlinear analysis in chemical engineering. New York:McGraw-Hill Co,1980:74~100

[29] 应卫勇,洪学伦,房鼎业,朱炳辰. 鲁奇甲醇合成塔催化床二维数学模型的正交配置解. 华东化工学院学报,1992,18:566~573

[30] 应卫勇,房鼎业,朱炳辰. 低压甲醇合成催化剂动力学研究与大型甲醇合成反应器模拟设计(I)甲醇合成宏观反应动力学. 华东理工大学学报,2000,25:1~4

[31] 房鼎业,姚佩芳,朱炳辰. 甲醇生产技术及进展. 上海:华东化工学院出版

社,1990

[32] 应卫勇,房鼎业,朱炳辰,孙松良. 低压甲醇合成催化剂动力学研究与大型甲醇合成反应器模拟设计(Ⅱ)反应器模拟设计. 华东理工大学学报,2000,26: 5~9

[33] 徐懋生,秦慧芳,甘霖. 网格法求解三套管氨合成塔催化床径向浓度和温度分布. 化工学报,1997,48:584~592

[34] 金积铨. 乙烯氧化制环氧乙烷 YS 型高效银催化剂. 燕山油化,1990(4):193 ~200

[35] 高崇,潘银珍,朱炳辰. 环柱状催化剂内强放热复合反应-传质-传热耦合过程研究(Ⅲ)数学模型的求解及实验验证. 化工学报,1998,49:617~623

[36] 甘霖,王弘轼,朱炳辰,徐懋生,王忠良. 环氧乙烷合成银催化剂宏观动力学及失活分析. 化工学报,2001

[37] Gupta S N,Chanbe R B,Upadhyay S N. Fluid-particle heat transfer in fixed and fluided beds. Chem Eng Sci,1974,29:839~843

[38] Dwriedi D N,Upadhyay S N. Particle fluid and mass transfer in fixed and fluided beds. Ind Eng Chem,Proc Des Dev,1977,16(2):157~165

[39] 张华良,曹发海,刘殿华,房鼎业. 管壳式甲醇合成反应器的最大允许管径和最大传热温差. 工业催化,1998(1):30~34

主 要 符 号

A	反应器的截面积
c	浓度
C_p	摩尔定压热容
c_p	比定压热容
D	扩散系数
D_{eff}	组分在催化剂颗粒内的有效扩散系数
D_p	等外表面积颗粒的相当直径
d	直径
d_p	等体积颗粒的相当直径
d_s	等比表面积颗粒的相当直径
E	活化能
E_r	径向混合弥散系数
E_z	轴向混合弥散系数
f	逸度
G	质量流率
g_c	重力加速度
H_R	反应热
J_D	传质 J 因子
J_H	传质 J 因子
K	反应平衡常数；传热总系数
k	反应速率常数
k_0	指前因子
L	长度；床高
l	长度；床高
M	相对分子质量
N	摩尔流量
n	摩尔数；反应级数
P	总压
P_c	临界压力
p	分压
Q	热量
R	半径

R_g　　气体常数

r　　反应速率；床层中的径向距离

S　　选择率；表面积

T　　绝对温度

T_c　　临界温度

t　　失活时间；反应时间

u　　流体流速

V　　体积；体积流量

V_{sp}　　空间速度

W　　质量；催化剂质量

x　　转化率；比半径

Y　　收率

y　　气相摩尔分率

Z　　压缩因子

TF　　寿命因子

COR　　活性校正系数

STY　　空时产率

希　腊　字　母

α　　给热系数

α_t　　固定床床层对壁给热系数(一维传热模型)

α_w　　固定床壁给热系数(二维传热模型)

β　　副线气量分率

ε　　床层空隙率

ζ　　催化剂内扩散有效因子

Λ　　绝热温升

λ　　导热系数

λ_{er}　　径向有效导热系数

μ　　粘度

ρ　　密度

τ_0　　标准接触时间

ϕ　　逸度系数；形状系数

下　　标

A	组分 A
B	组分 B
b	床层
d	失活
e	外部
f	流体
G	气相
g	气相；宏观的
i	内部
i	组分 i
L	液相
l	液相
o	进口状态
p	颗粒
R	反应器
r	径向
s	外表面；固相
z	轴向
w	沸腾水

第六章 径向反应器和轴径向二维流动反应器

已经讨论了连续换热式催化反应器和多段换热式催化反应器，这类反应器一般为轴向流动反应器。与轴向流动反应器不同，在径向流动反应器中，流体沿半径或直径方向流过催化床，如此流体流经催化床的路径就很短，因此径向流动反应器具有流体流通面积大，催化床层压降小，可以使用小颗粒催化剂，此外还有减少壁效应，能强制流体均布等优点，是一种新型的固定床和移动床催化反应设备。多年来，径向流动反应器在国内外的多种化工领域得到广泛的应用，如合成氨工业中的多段冷激式径向氨合成塔[1~3]，多段间接换热式径向氨合成塔[4]，Kellogg卧式横向流氨合成塔，甲醇工业中的径向甲醇合成塔，炼油工业中的径向重整反应器[5]以及石油化工中的丁烯氧化脱氢径向反应器、乙苯脱氢轴径向二维流动反应器[6]和甲苯歧化径向反应器等。

径向反应器由于流体流通面积很大，催化床层一般较薄，因此存在着流体沿轴向的均匀分布问题。如果反应气体在催化床分布不均匀，将会影响径向反应器的温度分布、浓度分布、热稳定性，还会引起催化剂过热，甚至影响到反应质量和反应器生产能力[7]。因此径向反应器的流体均布是反应器设计的一个十分关键的问题，已引起化学工程界的重视。一般径向反应器比轴向反应器结构要复杂些，须着重解决流体均布器的设计。

图 6-1 是一种常用的径向流动催化反应器的示意图。流体沿分流流道向下流动，同时经分流流入催化床层，在催化床中由外向内流动，再经集流进入集流流道，最后气体汇入中心管流出径向反应器。

第一节 径向反应器的流体均布

一、流体径向流动的流体力学问题

（一）变质量流动及动量交换系数

流体在流道中作稳定流动，途中不与外界发生质量交换，即为恒质

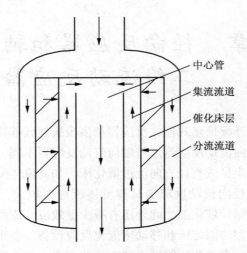

图 6-1　径向反应器示意图

量流动，流道中不同截面处的静压、动能、位能与摩擦力之间的关系服从柏努利方程。如果在分流和集流的主流道中流体与外界有质量交换，即称变质量流动，就不能应用柏努利方程，而要用动量守恒原理来分析其中流体静压及动能间的变化规律[8~12]，即通常以修正动量方程来描述它们的流动过程，其修正动量方程的微分式（不计轴向位头）为：

$$dp+2K\rho_f u du+\frac{f}{d_e}\frac{u^2}{2}\rho_f dx=0 \tag{6-1}$$

式中　p——分流或集流流道气体静压；

　　　u——分流或集流气体流速；

　　　x——分流或集流气体入口处至计算截面之间距离；

　　　d_e——流道当量直径；

　　　ρ_f——气体密度；

　　　f——摩阻系数；

　　　K——分流或集流流道的流体动量交换系数。

　　由研究结果表明[8~9]，动量交换系数与主流道的形式无关，而决定于主流道的分流或集流前后的流速比，分流时流速比取 $\dfrac{u_B}{u_A}$，集流时取 $\dfrac{u_A}{u_B}$，分流流动系数 K_d，$\dfrac{u_B}{u_A}$ 在 0.56~0.96 范围内。

$$K_\mathrm{d}=0.57+0.15\frac{u_\mathrm{B}}{u_\mathrm{A}} \tag{6-2}$$

集流动量交换系数值 K_c，$\dfrac{u_\mathrm{A}}{u_\mathrm{B}}$ 在 $0.30 \sim 0.98$ 范围内。

$$K_\mathrm{c}=0.98+0.17\frac{u_\mathrm{A}}{u_\mathrm{B}} \tag{6-3}$$

式中　u_A——分流或集流侧孔前的主流道流体流速，m/s；

　　　u_B——分流或集流侧孔后的主流道流体流速，m/s。

在径向反应器中，如果侧孔是密布的，无论分流或集流，每个侧孔前后的主流道流体流速变化很小，即 $u_\mathrm{A} \approx u_\mathrm{B}$，此时分流动量交换系数 $K_\mathrm{d}=0.72$，而集流动量交换系数 $K_\mathrm{c}=1.15$。

分流动量交换系数 $K_\mathrm{d}<1$，表明了由于分流造成涡流，主流道流体由于动量交换而获得的能量较动量交换系数为 1 时的理论值为小；而集流动量交换系数 $K_\mathrm{c}>1$，表明由于集流造成涡流，主流道流体失去的能量较理论值大。

（二）主流道静压分布

1. 分流流道的静压分布

当流体沿着管截面均匀分布时，流速随管长呈线性关系，如果分流管始端为计算基准，如图 6-2 所示，由微分式对 x 自 0 至 x 处积分，可得：

$$\Delta p_{\mathrm{A}x}=p_{\mathrm{A}x}-p_{\mathrm{A}0}=u_{\mathrm{A}0}^2\rho_\mathrm{f}\left\{K_\mathrm{d}\left[1-\left(1-\frac{x}{L}\right)^2\right]-\frac{fL}{6d_\mathrm{e}}\left[1-\left(1-\frac{x}{L}\right)^3\right]\right\} \tag{6-4}$$

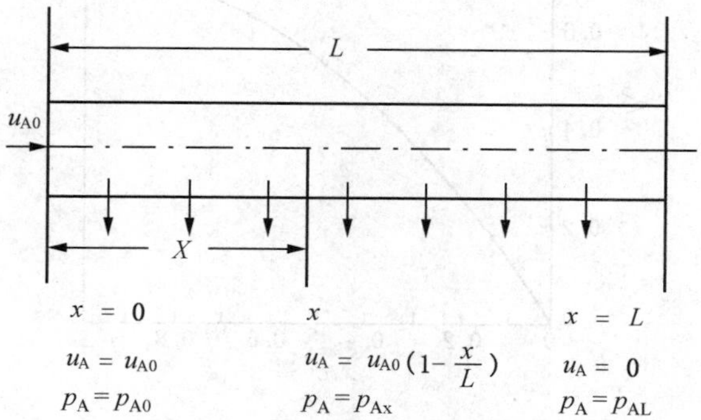

图 6-2　分流管流速与管长关系

当分流流道进口端流速 $u_{\mathrm{A}0}$ 不变，分别改变流道长度 L、摩擦系数 f

及当量直径 d_e 时，会改变摩擦损失项与动量交换项的相对大小，由式（6-4）可见，如果 $K_d \gg \dfrac{Lf}{6d_e}$，即摩擦损失项可以忽略不计时，流道内静压随 $\dfrac{x}{L}$ 的增大而上升，此时称为流动处于"动量交换控制"[9]，如果 $K_d \ll \dfrac{Lf}{6d_e}$，即动量交换项可以忽略不计时，流道内静压随 $\dfrac{x}{L}$ 的增大而下降，此时称为流动处于"摩擦损失控制"[9]。

例 6-1　$\phi300\text{mm}$ 径向反应器，在常压下操作，流道长 L 为 300mm，分流流道内壁外径 $\phi304\text{mm}$、外壁内径 $\phi332.6\text{mm}$，流道当量直径 $d_e = 28.6\text{mm}$，其摩阻系数 $f = 0.027$。试计算分流流道的静压分布。

解： $\dfrac{Lf}{6d_e} = 0.0474$，$K_d >> Lf/6d_e$，且长径比 $\dfrac{L}{d_e} = 10.5$，所以分流流道属于动量交换型。则由式（6-4），忽略其中摩擦损失项的影响，计算得其静压分布，如表（例 6-1-1）和图（例 6-1-1）所示。

表（例 6-1-1）　动量交换控制分流流道的静压分布

x/mm	0	30	60	90	120	150	180	210	240	270	300
x/L	0	0.1	0.2	0.3	0.4	0.5	0.6	0.7	0.8	0.9	1.0
$\Delta\bar{p}_{Ax}$	0	0.137	0.259	0.367	0.461	0.540	0.605	0.605	0.691	0.713	0.720

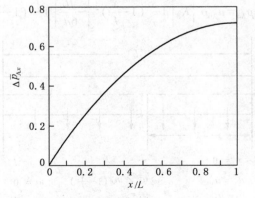

图（例 6-1-1）　$\Delta\bar{p}_{Ax} \sim x/L$ 关系

$$\Delta\bar{p}_{Ax} = \Delta p_{Ax}/u_{A0}^2 \rho_f$$

例 6-2 径向氨合成塔，在 30.0MPa 压力下操作，径向床层长度 L 为 8000mm，分流流道的当量直径 $d_e = 12mm$，其摩擦阻力系数 $f = 0.035$，试计算分流流道的静压分布。

解： $\dfrac{Lf}{6d_e} = 3.89$，$K_d \ll Lf/6d_e$，且长径比 $\dfrac{L}{d_e} = 667$，即流道中的摩擦阻力损失项远远大于动量交换系数，分流流道属于摩擦损失控制，由式 (6-4) 计算得静压分布，如表（例 6-2-1）和图（例 6-2-1）所示。

表（例 6-2-1）　摩擦损失控制分流流道的静压分布

x/mm	0	800	1600	2400	3200	4000	4800	5600	6400	7200	8000
x/L	0	0.1	0.2	0.3	0.4	0.5	0.6	0.7	0.8	0.9	1.0
$\Delta \bar{p}_{Ax}$	0	-1.054	-1.898	-2.550	-3.049	-3.404	-3.641	-3.784	-3.859	-3.886	-3.890

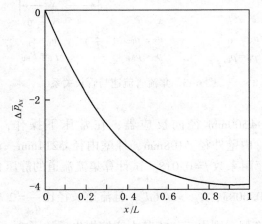

图（例 6-2-1）　$\Delta \bar{p}_{Ax} \sim x/L$ 关系

$$\Delta \bar{p}_{Ax} = \Delta p_{Ax} / u_{A0}^2 \rho_f$$

2. 集流流道的静压分布

当流体沿着等截面集流管均布时，如果以集流管末端为计算基准，如图 6-3 所示，由微分式对 x 自 0 至 x 处积分，可得：

$$\Delta p_{Bx} = p_{Bx} - p_{B0}$$

$$= u_{B0}^2 \rho_f \left\{ K_c \left[1 - \left(1 - \frac{x}{L} \right)^2 \right] + \frac{fL}{6d_e} \left[1 - \left(1 - \frac{x}{L} \right)^3 \right] \right\} \tag{6-5}$$

式 (6-5) 中的摩擦损失项和动量交换项相互加和，当集流流道出口

处流速 u_{B0} 不变时，无论怎样改变流道长度、摩擦系数 f 及当量直径 d_e，等截面均布集流流道内的静压沿流体流道方向总是下降的。由式(6-5) 可知，如果 $K_e \gg \dfrac{Lf}{6d_e}$，即摩擦损失项可以忽略不计，此时也称流动处于"动量交换控制"[9]，如果 $K_e \ll \dfrac{Lf}{6d_e}$，即动量交换项可以略去不计，称为流动处于"摩擦损失控制"[9]。

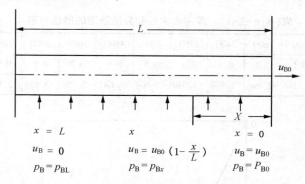

图6-3　集流管流速与管长关系

例6-3　$\phi 300mm$ 径向反应器，在常压下操作，流道长 L 为 300mm，集流管内壁外径 $\phi 108mm$、外壁内径 $\phi 214mm$，流道当量直径 $d_e = 108mm$ 其摩阻系数 $f = 0.018$。试计算集流流道的静压分布。

解： $\dfrac{Lf}{6d_e} = 0.0083$，$K_d \gg Lf/6d_e$，且流道长径比 $\dfrac{L}{d_e} = 2.78$，以集流流道属于动量交换型。则由于忽略其中摩擦损失项的影响，计算得其静压分布，如表(例6-3-1)和图(例6-3-1)所示。

表(例6-3-1)　**集流流道的静压分布**

x/mm	0	30	60	90	120	150	180	210	240	270	300
x/L	0	0.1	0.2	0.3	0.4	0.5	0.6	0.7	0.8	0.9	1.0
$\Delta_{\bar{p}Bx}$	0	0.218	0.414	0.585	0.735	0.861	0.965	1.04	1.10	1.14	1.15

（三）穿孔阻力损失及穿孔阻力系数

径向分布的分、集流流体通过侧壁孔流入，流出时的穿孔能量损失 ΔH_0，应包括分流流体和主流流体进行动量交换而引起的能量变化，流体转弯、进入及离开小孔时的收缩及扩大和克服孔壁摩擦引起的能量损

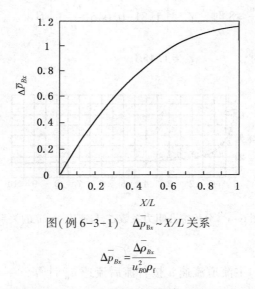

图(例6-3-1)　$\Delta \overline{p}_{Bx} \sim X/L$ 关系

$$\Delta \overline{p}_{Bx} = \frac{\Delta \overline{\rho}_{Bx}}{u_{B0}^2 \rho_f}$$

失。一般将穿孔能量损失表示为流体穿孔流速的动压头及局部阻力系数的形式

$$\Delta H_0 = \zeta_0 \frac{w_0^2 \rho_f}{2} \tag{6-6}$$

式中　ΔH_0——流体穿孔能量损失，N/m^2；

　　　w_0——按孔截面积计算的流体穿孔流速，m/s；

　　　ζ_0——穿孔阻力系数(无因次)。

研究结果表明[7]主流道截面形状和孔截面积 A_0 与主流道截面 A 之截面积之比 $\dfrac{A_0}{A}$ 对穿孔阻力系数的影响可略去不计，穿孔阻力系数决定于穿孔流速 w_0 与主流道流速 u 之流速比 $\dfrac{w_0}{u}$。

对于分流，主流道流速 u 按分流前流速 u_A 计算，在 $\dfrac{w_0}{u} = 0.2 \sim 25$ 范围内，分流穿孔阻力系数 ζ_{0d} 与 $\dfrac{w_0}{u}$ 的关系如图6-4所示，整理成数学关联式如下：

当 $\dfrac{w_0}{u} \leqslant 2.5$ 时，　　$\zeta_0 = 2.52 \left(\dfrac{w_0}{u} \right)^{-0.432} \beta \tag{6-7a}$

当 $2.5 \leqslant \dfrac{w_0}{u} \leqslant 8$ 时， $\zeta_0 = \left[1.81 - 0.046 \left(\dfrac{w_0}{u} \right) \right] \beta$ $\qquad$ (6-7b)

当 $\dfrac{w_0}{u} \geqslant 8$ 时， $\qquad \zeta_0 = 1.45\beta$ $\qquad$ (6-7c)

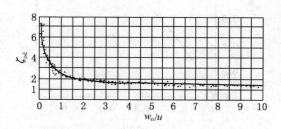

图 6-4　分流穿孔阻力系数 ζ_{0d} 与速比 w_0 / u 的关系

对于集流，主流道流速 u 按合流后流速 u_B 计算， $\dfrac{w_0}{u} = 0.2 \sim 16$ 的范围内，集流穿孔阻力系数 ζ_{0c} 与 $\dfrac{w_0}{u}$ 的关系如图 6-5 所示，整理成数学关联式如下：

当 $\dfrac{w_0}{u} \leqslant 2$ ， $\qquad \zeta_0 = 1.75 \left(\dfrac{w_0}{u} \right)^{-0.223} \beta$ $\qquad$ (6-8a)

当 $\dfrac{w_0}{u} > 2$ 时， $\qquad \zeta_0 = 1.5\beta$ $\qquad$ (6-8b)

式中， β 是侧壁厚度 δ 与穿孔直径 d_0 之比值的函数， $\dfrac{\delta}{d_0}$ 在 $0.39 \sim 3.1$ 的范围之内：

$$\beta = 1.11 \left(\dfrac{\delta}{d_0} \right)^{-0.338} \qquad (6-9)$$

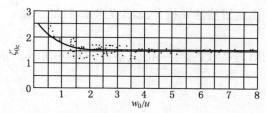

图 6-5　合流穿孔阻力系数 ζ_{0c} 与速比 w_0 / u 的关系

二、径向流体分布的形式和分布器的开孔设计

（一）径向流体分布的形式

径向流体分布的形式可大致分为 Z 型和 Π 型[9,12]，如图 6-6 所示。流体在分流和集流流道中作同方向的流动，称之为 Z 型分布；作相反方向流动称之为 Π 型分布。因而，它们仅是分流流道和集流流道的不同组合而已。有时，也有采用混合的形式（即一半 Z 型一半 Π 型）。除此以外，按径向流动的方向又可分为由外向内向心式和由内向外离心式两种方式。

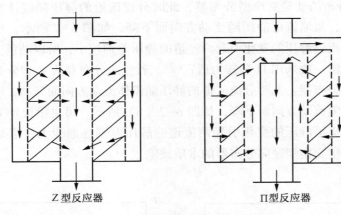

图 6-6　Z 型和 Π 型流体分布

（二）径向反应器的分类

在径向反应器流体均布研究中，如细划分可把分流、集流流道的流动过程划分为四个基本流动模型[9,12]：动量交换型流道、摩擦阻力型流道、动量交换占优型流道和摩擦阻力占优型流道。

对分流流道，其动量交换系数 $K_d = 0.72$，普通钢管的摩擦阻力系数 f 在 $0.015 \sim 0.030$ 之间，如分流流道的长径比 $\dfrac{L}{d_e}$ 不大于 30，即满足 $K_d \gg \dfrac{Lf}{6d_e}$，则分流流道就称为动量交换型。对于集流流道其动量交换系数 $K_c = 1.15$，长径比 $\dfrac{L}{d_e}$ 小于 50 时，即 $K_c \gg \dfrac{Lf}{6d_e}$ 满足，则集流流道就称为动量交换型。如若分流、集流流道均属于动量交换型的反应器，就称为

动量交换型径向反应器。常压和中压下操作的径向反应器，其分流流道通常满足于动量交换型的条件[12]，此时分、集流道中流体流速不能过高或过低，过高将引起流动中静压变化过大，对流体均布不利；过低则使流道截面过大，影响径向反应器有效容积。一般，低中压径向反应器其流道端点动压头应小于 200~500Pa，常压情况受到压降限制，故流道端点流速应取得较低，一般分、集流端点流速 10~50m/s 为宜。而高压反应一般属于摩阻型。

（三）动量交换型流道的均布设计

径向分布器的型式有 Π 型分布、Z 型分布等形式。若径向分布器为 Π 型分布的动量交换型分布器，此时分流流道的静压随流体流动方向而升高，集流流道静压随流动方向而下降，如图 6-7 所示，可见分流和集流流道静压的变化引起两流道的静压差别较小，所以动量交换型径向反应器一般采用 Π 型较为适宜[12]。若径向分布器为 Z 型分布的动量交换型分布器，此时分流流道的静压随流体流动方向而升高，而集流流道静压随流动方向而下降，如图 6-7（b）所示，可见沿流动方向分流和集流流道静压的变化引起两流道的静压差别逐渐变大，这是 Z 型分布的动量交换型径向分布器的本质缺陷。

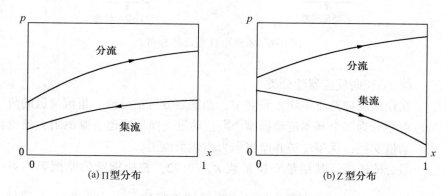

图 6-7　动量交换型径向反应器主流道静压组合示意图

1. 最佳截面比

Π 型分布能否使分、集流道内静压的差别完全对消，这就决定于径向反应器流道的合理设计。

在计算 Π 型分布的流道间静压差时，分、集流两流道的计算应该在同一位置，计算两流道的静压分布时，分流流道以进口端为基准，而集流流道以出口端为基准。

动量交换型分、集流道间静压的差值为：

$$\Delta p_{Ax} - \Delta p_{Bx} = (K_d u_{A0}^2 \rho_A - K_c u_{B0}^2 \rho_B) \left[1 - (1 - \frac{x}{L})^2 \right] \qquad (6\text{-}10)$$

式中，ρ_A 及 ρ_B 是流道 A 及 B 内流体的密度。如欲使分、集流间静压差全部得以抵消，则必使

$$K_d u_{A0}^2 \rho_A = K_c u_{B0}^2 \rho_B \qquad (6\text{-}11a)$$

设反应器的质量流量为 G_0，分、集流道截面积分别为 F_A 和 F_B，由 $u_{A0} = \dfrac{G_0}{F_A \rho_A}$，$u_{B0} = \dfrac{G_0}{F_B \rho_B}$ 就此关系代入上式，消去 G_0 整理后得：

$$\frac{F_A}{F_B} = (\frac{K_d \rho_B}{K_c \rho_A})^{1/2} \qquad (6\text{-}11b)$$

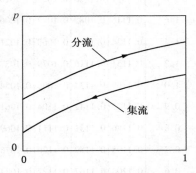

图 6-8　最佳流道 Π 型分布流道的静压差示意图

式（6-11-b）是动量交换 Π 型分布器的等截面分、集流道的最佳截面积比例，在这种面积比情况下，分、集流道的静压差的差别为零，如图 6-8 所示。

2. 最佳截面的开孔参数

在 Π 型分布器采用最佳流道截面比时，集流和分流两个流道内静压差已完全对消，但往往仍不能均匀开孔。这是因为侧流穿孔阻力系数与轴向流速有关。在主流道中，不同位置的速比（穿孔速度与轴向速度之比）是不同的，由于穿孔阻力系数的变化，导致了开孔的不均匀。

引入无因次管孔面积比 $F_管/F_孔$ 为参变数，由模型计算[12]，可以得到以无因次管孔面积比 $F_管/F_孔$ 为参变数时分布管的开孔参数 ϕ_x 的分布。所得结果如表 6-1 和表 6-2 所示。由表可见，随着管孔面积比 $F_管/F_孔$ 的增大，侧流开孔趋向均匀，如 $F_管/F_孔$ 大于一定的临界值如表 6-3 所示，即可作均匀开孔。由于分流穿孔阻力系数强烈依赖于速比，造成了分流侧开孔控制时 $F_管/F_孔$ 的临界值较集流侧为大。

表 6-1　最佳截面比 II 型分布分流控制时无因次开孔参数 ϕ_X（即 $F_X/F_孔$）值[12]

$F_管/F_孔$ \ X①	1	2	3	4	5	6	7	8	9	10
2.0	0.1082	0.1049	0.1023	0.1016	0.1009	0.0996	0.0977	0.0948	0.0948	0.0948
1.8	0.1099	0.1066	0.1029	0.1010	0.1004	0.0993	0.0976	0.0942	0.0939	0.0939
1.6	0.1116	0.1082	0.1047	0.1006	0.0996	0.0986	0.0971	0.0942	0.0927	0.0927
1.4	0.1134	0.1099	0.1063	0.1021	0.0983	0.0975	0.0962	0.0938	0.0911	0.0912
1.2	0.1151	0.1116	0.1079	0.1037	0.0990	0.0961	0.0950	0.0929	0.0893	0.0893
1.0	0.1169	0.1134	0.1096	0.1054	0.1006	0.0953	0.0932	0.0915	0.0871	0.0869
0.9	0.1177	0.1142	0.1104	0.1061	0.1013	0.0959	0.0919	0.0905	0.0865	0.0854
0.8	0.1186	0.1151	0.1111	0.1069	0.1021	0.0966	0.0906	0.0892	0.0858	0.0838
0.7	0.1195	0.1159	0.1120	0.1076	0.1028	0.0973	0.0908	0.0876	0.0847	0.0818
0.6	0.1204	0.1167	0.1127	0.1084	0.1035	0.0979	0.0914	0.0858	0.0834	0.0797
0.5	0.1213	0.1176	0.1137	0.1093	0.1044	0.0988	0.0922	0.0840	0.0815	0.0772
0.4	0.1222	0.1185	0.1145	0.1100	0.1050	0.0994	0.0928	0.0846	0.0789	0.0740
0.3	0.1232	0.1195	0.1155	0.1110	0.1060	0.1003	0.0936	0.0853	0.0755	0.0701
0.2	0.1239	0.1202	0.1161	0.1116	0.1066	0.1003	0.0941	0.0858	0.0745	0.0663
0.1	0.1247	0.1209	0.1169	0.1123	0.1073	0.1015	0.0947	0.0863	0.0750	0.0623

① $X=10$ 为分流分布管的始端，$X=0$ 则为末端。

表 6-2　最佳截面比 II 型分布集流控制时无因次开孔参数 ϕ_X（即 $F_X/F_孔$）值[12]

$F_管/F_孔$ \ X①	1	2	3	4	5	6	7	8	9	10
0.8	0.0964	0.0964	0.0964	0.0964	0.0971	0.0996	0.1018	0.1036	0.1053	0.1068
0.7	0.0955	0.0955	0.0955	0.0965	0.0977	0.1002	0.1024	0.1043	0.1060	0.1075
0.6	0.0943	0.0943	0.0943	0.0952	0.0983	0.1084	0.1030	0.1049	0.1066	0.1082
0.5	0.0929	0.0929	0.0929	0.0957	0.0989	0.1014	0.1036	0.1056	0.1073	0.1088
0.4	0.0911	0.0911	0.0922	0.0963	0.0994	0.1020	0.1042	0.1062	0.1079	0.1095
0.3	0.0887	0.0887	0.0924	0.0968	0.1000	0.1026	0.1049	0.1068	0.1085	0.1101
0.2	0.0852	0.0874	0.0933	0.0974	0.1006	0.1032	0.1055	0.1074	0.1092	0.1108
0.1	0.0797	0.0879	0.0938	0.0980	0.1012	0.1039	0.1061	0.1081	0.1099	0.1143

① $X=10$ 为集流分布管的始端，$X=0$ 则为末端。

表 6-3　最佳流道面积比时分布管临界管孔面积比 $F_管/F_孔$[12]

类　　型	分流控制	集流控制
允许±5%开孔差异	2.2	0.85
允许±10%开孔差异	1.4	0.41

（四）分布管开孔设计

1. 流体均布设计原则

径向反应器流体的流动如图 6-9 所示。流体沿中心的分流流道 A 不断均匀地穿过中心分布管的小孔进入催化剂床层，在床层中作径向流动，反应后穿过外分布筒小孔，进入集流流道 B，最终经集流后出反应器。

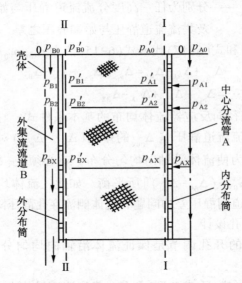

图 6-9　径向反应器流体流动分布示意图

要使流体沿催化床层轴向高度均匀分布，其必要条件是 I-I 环面上静压 p'_A 与 II-II 环面上静压 p'_B 的差压沿轴向各高度上保持相等，即：

$$p'_{A0}-p'_{B0}=p'_{A1}-p'_{B1}=p'_{A2}-p'_{B2}=\cdots\cdots=p'_{AX}-p'_{BX} \tag{6-12}$$

然而，p'_{AX} 和 p'_{BX} 与分流流道 A 静压 p_{AX} 和集流流道 B 中静压 p_{BX} 有如下关系：

$$p'_{AX}=p_{AX}-\Delta_{AX} \tag{6-13}$$

$$p'_{BX}=p_{BX}-\Delta_{BX} \tag{6-14}$$

式中，Δ_{AX} 和 Δ_{BX} 分别为任一高度下分流和集流分布筒的穿孔压降。

将式(6-13)和式(6-14)代入式(6-12)，则得：

$$p_{A0}-p_{B0}-(\Delta_{A0}-\Delta_{B0})=p_{A1}-p_{B1}-(\Delta_{A1}-\Delta_{B1})$$
$$=p_{A2}-p_{B2}-(\Delta_{A2}-\Delta_{B2})$$
$$=\cdots\cdots p_{AX}-p_{BX}-(\Delta_{AX}-\Delta_{BX}) \tag{6-15}$$

如果取 0—0 始端平面为基准面，将 p_{AX} 和 p_{BX} 表示为与 p_{A0} 和 p_{B0} 之压降差，则

$$p_{AX}=(p_{AX}-p_{A0})+p_{A0}=\Delta_{p_{AX}}+p_{A0} \tag{6-16}$$
$$p_{BX}=(p_{BX}-p_{B0})+p_{B0}=\Delta_{p_{BX}}+p_{B0} \tag{6-17}$$

式中 p_{A0}、p_{B0} ——分别为始端 0—0 平面的分流流道静压和集流流道
静压；

$\Delta_{p_{AX}}$、$\Delta_{p_{BX}}$ ——分别为任一高度分流流道静压与始端静压之压差
及集流流道静压与始端静压之差。

把式(6-16)和式(6-17)代入式(6-15)消去 $p_{A0}-p_{B0}$ 后，可得：

$$\Delta_{A0}+\Delta_{B0}=\Delta_{p_{B1}}-\Delta_{p_{A1}}+\Delta_{A1}-\Delta_{B1}=\Delta_{p_{B2}}-\Delta_{p_{A2}}+\Delta_{A2}-\Delta_{B2}$$
$$=\cdots\cdots=\Delta_{p_{BX}}-\Delta_{p_{AX}}+\Delta_{AX}-\Delta_{BX} \tag{6-18}$$

式(6-18)是径向反应器流体均布的基本条件式。它说明分流流道静压差 $\Delta_{p_{AX}}$ 和集流流道静压差 $\Delta_{p_{BX}}$ 的差别($\Delta_{p_{BX}}-\Delta_{p_{AX}}$)对流体的均布有着重要的影响，为使流体沿轴向均匀分布，就必须使($\Delta_{p_{BX}}-\Delta_{p_{AX}}$)被其穿孔压降[$\Delta_{AX}-\Delta_{BX}-(\Delta_{A0}-\Delta_{B0})$]所平衡。如此，流体均布问题可归结为分流、集流流道间静压差的问题和流体侧流穿孔静压降两大问题。

2. 分布管开孔设计

径向反应器的开孔调节是保证流体沿轴向均匀分布的一个重要手段。

当流体分布形式(Π 或 Z 型)和分、集流流道尺寸决定后，则主流道间静压差的差别就可按设计条件计算出来，开孔调节的目的就是采用侧流穿孔压降以平衡或抵消主流道静压差的差别对流体均匀分布的影响。

主流道间静压差的差别对开孔调节有决定性的影响，选择合适的气流分布形式、确定适宜的主流道尺寸参数、适当增大分流、集流的流道截面都可以有效地减少主流道间静压差的差别，从而有利于流体均匀的分布。

主流道间静压差的差别较小时，通常可以使开孔沿轴向均匀分布，此时流体穿过侧孔的压降应该大于主流道间静压差差别的 10 倍以上。如果主流道间静压差已等于零(如动量交换型 Π 型分布最适宜分、集流截面比)，则穿过侧孔的压降也应有一定的数值，以避免由设备加工制造、催

化剂填装等方面造成的不均匀因素的影响。

当主流道间静压差的差别与催化剂床层静压降相比很小时，主流道间静压差的差别对流体分布无决定性的影响，而催化剂层的填充均匀性将对流体均布起重要的作用。此时，为了强制流体的均匀，应尽可能(在工艺允许的条件下)增大侧流穿孔压降，以克服充填不均匀和催化剂沉降造成上层填充密度小而下层填充密度大的不均匀因素影响。

如果主流道间流体静压差的差别很大，通常可以采用不均匀开孔的方法，以使主流道间的静压差的差别被不同的穿孔压降相平衡。

径向反应器的开孔调节可分为单边调节和双边调节两种。单边调节仅只调节单边(仅调节分流侧孔或集流侧孔的一边)穿孔压降，而另一边是大开孔率，几乎无穿孔压降存在。双边调节是既调节分流侧孔压降又调节集流侧孔压降的双重调节方法。

显然，单边调节比双边调节结构简单些，现有的径向反应器大多采用单边调节的方法。但单边调节仅一边加以调节控制，另一边是自由的，它易受催化剂装填的影响作不均匀的流动，也会受不加调节一边主流道静压差的影响而作轴向的流动。双边调节则可以弥补单边调节的缺点，有利于克服催化剂装填不均匀的影响，可造成纯粹的径向流动。

当以分流侧孔单边调节时，式(6-18)可表示为：

$$\Delta_{A0} = \Delta_{p_{BX}} - \Delta_{p_{A1}} + \Delta_{A1} = \Delta_{p_{B2}} - \Delta_{p_{A2}} + \Delta_{A2}$$
$$= \cdots\cdots = \Delta_{p_{BX}} - \Delta_{p_{AX}} + \Delta_{AX}$$

任一截面上的穿孔压降 Δ_{AX} 可表示为：

$$\Delta_{AX} = \Delta_{A0} + \Delta_{p_{AX}} - \Delta_{p_{BX}} \tag{6-19}$$

这就是说，只要将 0-0 截面上的穿孔压降 Δ_{A0} 加上分流与集流流道间静压差的差值，即为该截面上应有的穿孔压降的数值。

当以集流侧孔单边调节时，同理得：

$$\Delta_{BX} = \Delta_{B0} + \Delta_{p_{AX}} - \Delta_{p_{BX}} \tag{6-20}$$

如果采用双边调节，造成纯粹的径向流动，此时应造成图6-9中I-I环面和II-II环面静压相等的条件，如此，可得双边调节的开孔压降为：

$$\begin{cases} \Delta_{AX} = \Delta_{A0} + \Delta_{p_{AX}} \\ \Delta_{BX} = \Delta_{B0} - \Delta_{p_{BX}} \end{cases} \tag{6-21}$$

由此可知，径向反应器各截面上的开孔压降和 0-0 截面上的初始压降 Δ_{A0} 或(Δ_{B0})密切有关。因此，0-0 截面的穿孔压降的数值大小，是开孔调节中的一个重要设计参数。显然增加 0-0 截面的穿孔压降，则各截面的穿孔压降均增大，流道间的静压差的差别对流体均布的影响就相应减少，且各截面上的开孔数将更趋近均匀。因此，在保证必要的开孔数（开孔数过少，孔间距过大会造成催化剂层局部死角的发生）的前提下，应尽可能增大 0-0 截面的起始穿孔压降。

知道了任一截面的穿孔压降 Δ_X 以后，其穿孔速度 w_{0X} 为：

$$w_{0X} = \sqrt{\frac{2\Delta_X}{\zeta_x\rho}} \tag{6-22}$$

因

$$w_{0X} = \frac{V}{0.785 d_0^2 \cdot n_x}$$

可得开孔数 n_X

$$n_X = \frac{V}{0.785 d_0\sqrt{\frac{\zeta_x\rho}{2\Delta_X}}} \tag{6-23}$$

式中 n_X——单位长度流道的开孔数，个/m，或该段上的孔数；

V——流道单位长度侧流的气量，$m^3/m \cdot s$，或该段内的气量，m^3/m；

d_0——开孔的孔径，m^2；

ζ_x——X 截面上分流或集流侧流穿孔阻力系数，为速比的函数；

ρ——流体密度，kg/m^3；

Δ_X——X 截面分流或集流穿孔压降，按开孔调节形式，由式（6-19）、式（6-20）、式（6-21）所决定，N/m^2。

由式（6-22）和式（6-23）即可算出开孔数的分布。如果要计算开孔率，则其为：

$$\Psi_X = \frac{V}{\pi Dl}\sqrt{\frac{\zeta_x\rho}{2\Delta_X}} \tag{6-24}$$

式中 D——分流和集流开孔筒的直径，m；

l——与气量 V 相对应的分流或集流管管长，m。

例6-4 设计一个直径为 ϕ300mm 钴催化剂氨氧化反应的径向分布器。原料气氨含量11%，反应前原料气温度 $t_1 = 200℃$，反应后气体温度 $t_2 = 780℃$，催化床层厚度40mm，反应气体标准状况下空速 $V_{sp} = 7\times10^4 m^3/(m^3 \cdot h)$，反应器出口转化率94%，钴催化剂颗粒为 ϕ5mm×5mm 圆柱体。径向反应内径为 ϕ300mm。

解：（1）工艺条件计算

气体组成

原料气除氨外，其余均为空气，由物料衡算可以计算得反应前后气体组成

	Y_{NH_3}	Y_{N_2}	Y_{O_2}	Y_{NO}	Y_{H_2O}
反应前气体组成(摩尔分数)	0.11	0.7031	0.1869	——	
反应后气体组成(摩尔分数)	——	0.6874	0.0513	0.1006	0.1605

氨氧化是分子数增加的反应，反应后气体为反应前的 1.027 倍。

气体物性数据

	反应前	反应后
平均相对分子质量 M	27.67	26.79
密度 $\rho_f/(kg/m^3)$	0.714	0.315
粘度 $\mu/Pa \cdot s$	——	4110×10^{-7}

（2）径向分布器形式的选定以及结构尺寸的确定

为减少分流流道和集流流道之间静压差的差别，从而减少分布管开孔的不均匀程度，最适宜的形式是 Π 型径向分布器，其结构尺寸选定：

中心管　　　　　　　　　　　　　$\phi108mm \times 4mm$
催化床外筒（即分流管）　　　　　$\phi304mm \times 2mm$
催化床内筒（即集流管）　　　　　$\phi220mm \times 2mm$
床层高（流道长）　　　　　　　　300mm
催化剂装填体积　　　　　　　　　$V_R = 9.80 \times 10^{-3} m^3$

（3）最佳流道尺寸计算

动量交换型 Π 型径向分布器有一最佳流道面积比

$$F_A = F_B \left(\frac{K_d \rho_B}{K_c \rho_A}\right)^{1/2} = 2.78 \times 10^{-2} \left(\frac{0.72}{1.15} \cdot \frac{0.315}{0.714}\right)^{1/2} = 1.43 \times 10^{-2} m^2$$

而　　　　　　　　　$F_A = 0.785 \ (d^2 - 0.304^2)$

所以径向反应器壳体内径 $d = 332.6mm$

验算，分流流道　$\dfrac{L}{d_e} = \dfrac{300}{332.4 - 304} = 10.5$

集流流道　$\dfrac{L}{d_e} = \dfrac{300}{216 - 108} = 2.78$

由此，分流流道 $\dfrac{L}{d_e} \leqslant 30$，集流流道 $\dfrac{L}{d_e} \leqslant 50$，则分、集流流道属动量交换型。

（4）分布管开孔计算

分流管进口端气体流量　　　　　　　　$V_{A0} = 0.330 \text{m}^3/\text{s}$

分流管进口端气体流速　　　　　　　　$u_{A0} = 23.10 \text{m/s}$

集流管开口端气体流量　　　　　　　　$V_{B0} = 0.756 \text{m}^3/\text{s}$

集流管出口端气体流速　　　　　　　　$u_{B0} = 27.34 \text{m/s}$

由式（6-4）和式（6-5）略去其中摩擦损失项的影响，分别计算出分流和集流流道的静压分布列于表（例6-4-1）。

表（例6-4-1）　分流和集流流道静压分布

x/L	0.1	0.2	0.3	0.4	0.5	0.6	0.7	0.8	0.9	1.0
$\Delta_{p_{AX}}/\text{Pa}$	26.6	50.3	71.3	89.5	105	117	127	134	138	139
$\Delta_{p_{BX}}/\text{Pa}$	26.0	50.0	70.2	88.2	103	115	124	132	136	138

由上可知，分、集流流道按最佳流道面积比设计，两流道间静压差可以对消（表上 $\Delta_{p_{AX}}$ 和 $\Delta_{p_{BX}}$ 之间的微小差别是由计算造成的），这就造成了两流体均布的良好条件。

为了减少催化床中孔隙率不均匀对分布的影响，同时使分布管开孔比较均匀，故采用了流体作纯径向流动双边开孔调节，分流和集流管的测孔穿压降分别取 171.6Pa。

由于流道间的静压差完全对消，由式（6-21）可知

$$\Delta_{AX} = \Delta_{A0} = 171.6 \text{Pa}$$

$$\Delta_{BX} = \Delta_{B0} = 171.6 \text{Pa}$$

① 分流管开孔

将分流管分成10段，先算出流道内管道内各段气体平均流速，然后由式（6-22）求出各段侧流穿孔流速，分布管各段开孔直径 d_0 与侧流穿孔流速 w_0 有关，而穿孔阻力系数是侧壁穿孔流速 w_0 于流道内轴向流速比 u 比值的函数，所以侧流穿孔阻力系数需要试差求解。

其试差过程是首先设该段侧流穿孔阻力系数 ζ'_0，然后由式（6-22）求出侧流穿孔流速 w_0，同时计算出流速比 $\dfrac{w_0}{u}$，由此再由式（6-22）求出侧流穿孔阻力系数 ζ_0，若 ζ_0 与 ζ'_0 原先假设不一致，需要再一次试差直至相符。

侧流穿孔阻力系数还要进行板厚校正，现分布板厚 $\delta = 2\text{mm}$，小孔孔径 $d_0 = 2.5\text{mm}$，由式（6-9）计算板厚校正系数：

$$\beta = 1.11\left(\frac{\delta}{d_0}\right)^{-0.336} = 1.196$$

分流管开孔结果列于表(例6-4-2)

表(例6-4-2)　分流管开孔计算结果

段　　　数	1	2	3	4	5	6	7	8	9	10
流道内平均流速 $u/\text{m} \cdot \text{s}^{-1}$	21.9	19.6	17.3	15.0	12.7	10.4	8.09	5.78	3.47	1.16
流速比 w_0/u	0.73	0.83	0.99	1.20	1.48	1.88	2.51	3.61	6.61	19.5
穿孔阻力系数 ζ_0	3.40	3.29	2.99	2.73	2.51	2.33	2.15	2.03	1.73	1.73
穿孔流速 $w_0/\text{m} \cdot \text{s}^{-1}$	16.1	16.4	17.2	18.0	18.8	19.5	20.3	20.9	22.6	22.6
开孔率/%	12.8	12.6	12.0	11.5	11.0	10.6	10.1	9.90	9.16	9.16
孔心距 t/mm	6.65	6.70	6.87	7.03	7.17	7.31	7.49	7.57	7.86	7.86

② 集流管开孔

同上，将集流管分成10段，先算出流道内各段气体平均轴向流速，然后用试差来解出侧流穿孔阻力系数，再算出侧流穿孔流速、开孔率和孔心距等。

集流管开孔计算结果列于表(例6-4-3)。

表(例6-4-3)　集流管开孔计算结果

段　　　数	1	2	3	4	5	6	7	8	9	10
流道内平均流速 $u/\text{m} \cdot \text{s}^{-1}$	22.5	20.2	17.8	15.4	13.0	10.7	8.30	5.93	3.86	1.19
流速比 w_0/u	1.01	1.15	1.32	1.55	1.86	2.30	2.96	4.15	6.91	20.6
穿孔阻力系数 ζ_0	2.10	2.03	1.98	1.91	1.85	1.80	1.80	1.80	1.80	1.80
穿孔流速 $w_0/\text{m} \cdot \text{s}^{-1}$	22.8	23.2	23.5	23.9	24.3	24.6	24.6	24.6	24.6	24.6
开孔率/%	15.6	15.4	15.2	14.9	14.6	14.5	14.5	14.50	14.56	14.5
孔心距 t/mm	6.02	6.07	6.11	6.16	6.22	6.25	6.25	6.25	6.25	6.25

第二节　轴径向反应器的流体二维流动

径向反应器一般由内、外多孔分布筒和壳体组成，内、外分布筒之间堆装催化剂，分布筒的顶部留有一段不开孔部分构成催化剂封。为了防止反应气体的回流、短路，在考虑了催化剂的下沉量后，催化剂封必须留有足够的高度，催化剂封高度不足，加之催化剂的下沉就会引起气体的短路，造成反应产量和转化率的下降；催化剂封高度过多，反应气体的停留时间过长，又会引起副反应的增加或结焦反应，此时催化剂封区的催化剂的活性往往不能得到有效的利用。

若在径向床顶部采用催化剂自封式结构[13~16]，如图 6-10 所示，即集气管比分气管低一定的高度，以使径向床的顶部造成轴径向二维混合流动。这种催化剂封简化了径向床的结构，充分有效地利用了催化剂，减少了死区；有利于减少催化剂封形成的死区所引起的副反应，增加选择性。催化剂封二维流动结构已被国外大型径向氨合成塔所采用，最近也已被成功地用于负压乙苯脱氢制苯乙烯国产化轴径向反应装置、多种类型的国产化轴径向氨合成塔和轴径向甲醇合成塔等。

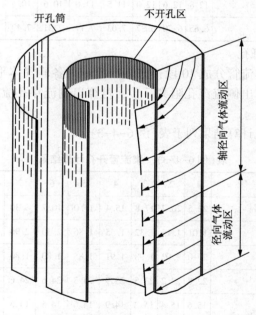

图 6-10　轴径向二维流动示意图

一、轴径向床中的流体二维流动

在大型轴径向床的冷模装置(直径为 $\phi 3000mm$、高度为 $4000mm$)中，通过床层的约百个测压点的实测结果，剖析轴径向床流体二维流动的状况，见图 6-11。

（一）向上流动离心式流体二维流动

催化剂封均设置在径向床层上部。气体由下从中心分流流道进入、沿流道向上流动，同时不断通过内筒侧壁小孔进入床层，然后经过外筒侧壁小孔汇入集流流道，从流道上端和床层顶部流出［见图6-11(a)］，图6-12是实测的轴径向床压力三维曲面图。从图中可以看出，在催化剂封以下，流体从内流道径向通过床层进入外流道，在同一轴向高度，由内向外压力逐渐降低，而同一径向位置不同轴向高度压力呈现均匀递减趋势，催化剂封以下几乎不存在轴向流动；在催化剂封区既有径向压差，还存在显著的轴向压降，说明在催化剂封区，既存在轴向流动，又保留有径向流动，即是轴径向二维混合流动区。

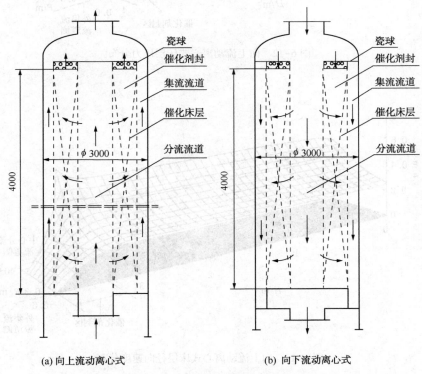

(a) 向上流动离心式   (b) 向下流动离心式

图6-11 轴径向反应器大型冷模实验装置示意图

图6-13是床层中径向流速的三维曲面图，图6-14是轴向流速的三维曲面图。由速度分布图可见，在催化剂封以下(除紧贴近催化剂封区之外)，几乎是均匀的径向流动，不存在轴向流速。在催化剂封区流体的轴向流动和径向流动情况颇为复杂，如图6-14所示靠近中心分流流道侧有很大的轴向流动，而邻近外集流流道侧轴向流速趋近于零；在催化剂封与径向床层的交界处，轴向流速最高，出现峰值，进入径向床区轴向流

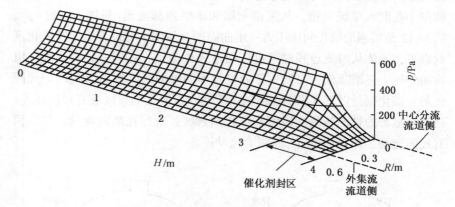

图 6-12 向上流动离心式床层压力分布

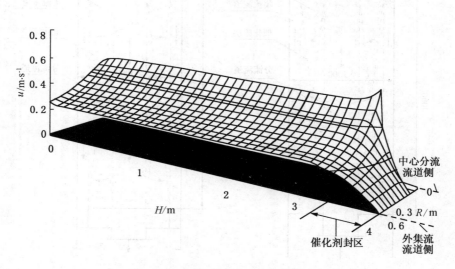

图 6-13 向上流动离心式床层径向速度分布

动迅速消失,而在催化剂封区愈靠近催化床层界面轴向流动也逐渐减弱。流体的径向流动也随催化剂封区的位置而变化,如图6-13所示,径向流速的最大值也出现贴近中心分流流道侧催化剂封与径向床的交界处,随气体由下向上地流动,径向流速很快降低,临近催化床床层界面减少到零。总之,催化剂封区是流体流动情况十分复杂、轴径向流动共存的二维流动区。

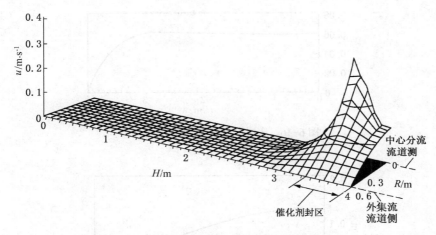

图 6-14 向上流动离心式床层轴向速率分布

图 6-15 是床层入口界面处(即贴近中心分流流道)的流量分布图,催化剂封区气体流量为零,径向床区除与催化剂封的交界处流体涌出,出现了流量峰值外,整个区域沿床层的纵轴径向气体流量相等。图 6-16 是床层出口界面处(即贴近外集流流道)的流量分布图,与床层入口界面相对应,径向床区各处流量也是相同的,催化剂封区沿纵轴径向流量逐渐减少,降低到零。

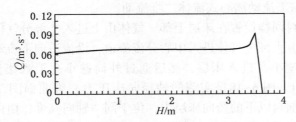

图 6-15 床层入口界面处的流量分布

图 6-17 是实测的催化剂封上端面(催化床层界面处)的轴向流速分布图,在靠近中心分流流道侧壁处轴向流速最高,之后,由内向外流速降低,到外集流流道侧壁处轴向流速趋近零。

由上述图可知,除邻近催化剂封区域外,径向床层区不存在轴向流动,几乎只有径向流动,其流速也是均匀的;催化剂封是流体的轴向和径向二维流混合流动区,该区域的轴向和径向流动是十分复杂,在与径向床区的交界处临近中心分流道侧的一环圈是轴向流动和径向流动的活跃区域,但

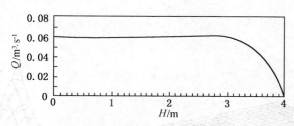

图 6-16　床层出口界面处的流量分布

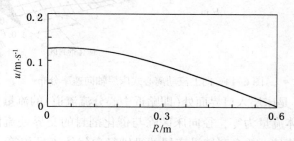

图 6-17　向上流动离心式催化床层界面处轴向速率分布

在接近外集流流道临近催化床层界面区域的一环圈是轴向流动和径向流动均很微弱的滞流区，但该部分体积所占催化剂封的比例较低。

（二）向下流动离心式流体二维流动

催化剂封同样设置在床层上部。气体由上进入，部分气体直接流入催化剂封区，大部分气体进入中心分流流道，沿流道向下流动，同时不断通过内筒壁小孔进入床层，然后通过外筒壁小孔汇入集流流道［见图 6-11(b)］。图 6-18 是实测的轴径向床压力三维曲面图，从图中看出，在催化剂封以下的径向床层中，位于同一轴向高度，由内向外沿流向压力逐渐降低，而在同一径向位置，不同轴向高度压力是均匀一致的；在催化剂封区既有径向压降，同时还存在轴向压降，且不同位置的轴向压降和径向压降不尽一致，说明在催化剂封区处既存在流体的轴向流动，又有径向流动，即是流体轴径向二维混合流动区。

图 6-19 和图 6-20 是床层中径向流速的三维曲面图和轴向流速的三维曲面图。由速度分布图可见，在催化剂封以下（除邻近催化剂封区之外），几乎全是均匀的径向流动，不存在轴向流动；而在催化剂封区是流体的轴径向二维流混合流动区域，靠近中心分流流道侧轴向流动显著，而邻近外集流流道侧轴向流速降为零。

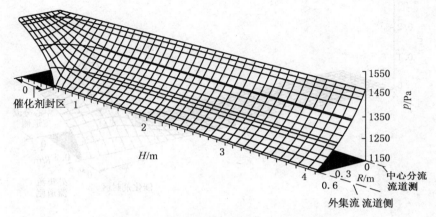

图 6-18　向下流动离心式床层压力分布

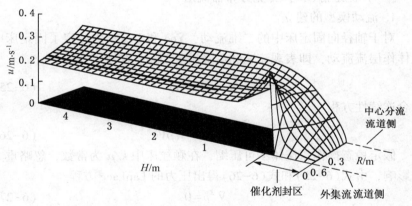

图 6-19　向下流动离心式床层径向速度分布

二、轴径向床中流体二维流流动模型

20 世纪 80 年代初国际上已提出了轴径向二维流流动概念，但关于轴径向反应的流体流动模型的研究很少有详细报道。本节在反应器冷态模拟研究基础上，应用 Ergun 方程和连续性方程描述床层中流体的二维流动。现分别以流道静压均衡（宽分布器流道）以及流道静压变化（限定分布器流道）的二种情况，分析流体向下流动时，离心式和向心式轴径向床的流体二维流流场模型。

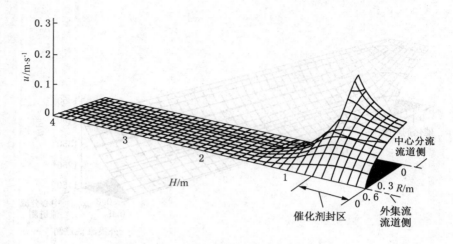

图 6-20　向下流动离心式床层轴向速率分布

（一）流道静压均恒（宽分布器流道）[17,18]

1. 流动模型的建立

对于轴径向固定床中的二维流动，Yoo 和 Dixon[16] 假定了固定床中流体作层流流动，即表观流速和压降满足 Darcy 方程

$$\vec{V} = -(k/\mu)(\nabla p - \rho) \qquad (6-25)$$

结合连续性方程

$$\varepsilon(\partial \rho/\partial t) = -\nabla(\rho \vec{V}) \qquad (6-26)$$

假定稳态操作，流体不可压缩，在颗粒床中 k/μ 为常数，忽略重力的影响，由式（6-25）和式（6-26）得出压力的 LapLace 方程

$$\nabla^2 p = 0 \qquad (6-27)$$

通过求解式（6-27），获得了床层中流体的静压分布和表观流速分布。对于轴径向床层流动截面是变化的，在向心流动情况下，流型从层流、过渡流到湍流；在离心流动情况下，则相反。Darcy 方程只适用于 $Re<10$ 的层流流型，而 Ergun 方程中包含了粘性耗散项和惯性项，适合于从层流、过渡流至湍流的所有流型。因此，采用 Ergun 方程描述轴径向床中流体流动是适宜的。

根据 Ergun 方程，由式（6-28）给出了流速和压力梯度的关系

$$-\nabla p = \vec{V}(f_1 - f_2 \parallel \vec{V} \parallel) \qquad (6-28)$$

结合式（6-26），可完整地描述不可压缩流体在固定床中的多维流动。

对于可压缩性流体必须结合状态方程[式(6-29)]，才构成封闭方程组。

$$\rho = \rho_0 \exp(mp) \tag{6-29}$$

假定轴径向床中流体是不可压缩，作稳态流动，床层均匀且各向同性。则由式(6-28)可以得：

$$\vec{V} = -\frac{2\nabla p}{f_1 + \sqrt{f_1^2 + 4f_2 \parallel \nabla p \parallel}} \tag{6-30}$$

将式(6-30)代入式(6-26)，在定态条件下得：

$$\nabla \cdot \left(\frac{2\nabla p}{f_1 + \sqrt{f_1^2 + 4f_2 \parallel \nabla p \parallel}} \right) = 0$$

由上式可推得：

$$\nabla^2 p = \nabla p \cdot \nabla \left[\ln \left(\frac{f_1}{2} + \sqrt{\left(\frac{f_1}{2} \right)^2 + f_2 \parallel \nabla p \parallel} \right) \right] = 0 \tag{6-31}$$

通过求解式(6-31)获得压力场，进而可由式(6-30)获得床层的速度场。在式(6-25)至式(6-31)中：

f_1——Ergun 方程的参数，$f_1 = \dfrac{150\varepsilon^3}{(1-\varepsilon)^2 (xd_e)^2} \mu$；

f_2——Ergun 方程的参数，$f_2 = \dfrac{1-\varepsilon}{\varepsilon^3 (xd_e)} \rho$；

k——渗透率，$k = \dfrac{(1-\varepsilon)^2 (xd_e)^2}{150\varepsilon^3} = \dfrac{\mu}{f_1}$；

m——压缩因子，不可压缩流体：$m=0$，可压缩流体：$m \neq 0$；

p——静压，kPa；

t——流体停留时间，s；

$\vec{V}, V_z, V_r$——分别为流速矢量、轴向流速和径向流速，m/s；

ε——孔隙率；

ρ——流体密度，kg/m³；

μ——流体粘度，Pa·s。

2. 流动模型的解

例 6-5　对密度 ρ 为 54kg/m³，粘度 μ 为 31.8μPa·s 的流体，孔隙率 ε 为 0.38，形状系数为 0.33，颗粒度为 1.5～3.3mm 的向下流动向心式轴径向床，在以下几个方面进行了计算和分析。

① 轴径向床长径比 $z^* = 5.0$，在 $p_{in} - p_{out} = 1.5$kPa，催化剂封高度与床层厚度（$R_2 - R_1$）之比 $\delta = 1.0$ 的条件下，计算了床层的静压分布和流速分布，并进行分析。

② 在 $p_{in} - p_{out} = 1.5\text{kPa}$，$z^* = 5.0$ 的条件下，改变催化剂封高度与床层厚度 $(R_2 - R_1)$ 之比 δ（δ 分别取为 0.6、0.7、0.8、0.9 和 1.0），计算了催化剂封高的变化对流场的影响。

③ 在 $p_{in} - p_{out} = 1.5\text{kPa}$，$\delta = 0.8$，$z^*$ 分别为 3.0、5.0、7.0 和 9.0 的条件下，计算长径比 z^* 对流场的影响。

解：边界条件的处理即对宽分布器流道，可假定进口边界、出口边界压力恒定。向心式轴径向床边界条件为：

$$z = 0, p = p_{in}; r = R_2, p = p_{in}$$
$$r = R_1, \text{当 } z > \delta(R_2 - R_1) \text{ 时}, \quad p = p_{out}$$
$$\text{当 } z \leqslant \delta(R_2 - R_1) \text{ 时}, \quad \partial p / \partial r = 0 \tag{例 6-5-1}$$
$$z = z_0, \quad \partial p / \partial r = 0$$

对上述模型用有限差分法求解，将求解区域的径向位置 $(R_2 - R_1)$ 等分 M 份，轴向高度 z_0 等分 N 份，在任意点 (R_i, R_j) 处［简记为 (i, j)］应用中心差商公式逼近导数。代入式(6-30)和式(6-31)则可得到流动方程的差分形式。记 $A = \ln\left[\dfrac{f_1}{2} + \sqrt{\left(\dfrac{f_1}{2}\right)^2 + f_2 \parallel \nabla p \parallel}\right]$，则式(6-31)可写成

$$\frac{p_{(i+1,j)} - 2p_{(i,j)} + p_{(i-1,j)}}{(\Delta r)^2} + \frac{1}{r_{(i)}} \frac{p_{(i+1,j)} - p_{(i-1,j)}}{2\Delta r} +$$

$$\frac{p_{(i,j+1)} - 2p_{(i,j)} + p_{(i,j-1)}}{(\Delta z)^2} - \left[\frac{p_{(i+1,j)} - p_{(i-1,j)}}{2\Delta r} \frac{A_{(i+1,j)} - A_{(i-1,j)}}{2\Delta r} +\right.$$

$$\left. \frac{p_{(i,j+1)} - p_{(i,j-1)}}{2\Delta r} \cdot \frac{A_{(i,j+1)} - A_{(i,j-1)}}{2\Delta z}\right] = 0 \tag{例 6-5-2}$$

式(6-30)可写成

$$\begin{cases} V_{r(i,j)} = -\dfrac{1}{\exp(A_{(i,j)})} \cdot \dfrac{p_{(i+1,j)} - p_{(i-1,j)}}{2\Delta r} \\[3mm] V_{z(i,j)} = -\dfrac{1}{\exp(A_{(i,j)})} \cdot \dfrac{p_{(i,j+1)} - p_{(i,j-1)}}{2\Delta z} \end{cases} \tag{例 6-5-3}$$

对于边界条件的处理，若边界条件直接给出边界上的静压值，只需将边界上的静压值直接代入式(例 6-5-2)；若边界条件给出了边界上的静压梯度，则可分别由式(例 6-5-4)和式(例 6-5-5)求得其边界上的静压值。

$$\left(\frac{\partial p}{\partial r}\right)_{(i,j)} = \frac{-p_{(3,j)} + 4p_{(2,j)} - 3p_{(i,j)}}{2\Delta r} = 0 \tag{例 6-5-4}$$

$$\left(\frac{\partial p}{\partial z}\right)_{(i,N+1)} = \frac{3p_{(i,N+1)} - 4p_{(i,N)} + p_{(i,N-1)}}{2\Delta z} = 0 \tag{例 6-5-5}$$

　　对于结构尺寸已确定的轴径向床，在给定进出口静压下，应用松弛法可求解式(例6-5-2)而获得压力分布，由式(例6-5-3)求得床层中流速分布。

　　式(例6-5-1)至式(例6-5-5)中

p^*——对比压力，$p^* = \dfrac{p-p_{out}}{p_{in}-p_{out}}$；

r，r^*——分别为径向坐标和径向无因次半径，$r^* = \dfrac{r-R_1}{R_2-R_1}$；

R_1，R_2——分别为床层内外径，m；

u^*——比流量；

z，z^*——分别为轴向坐标和轴向无因次长度，$z^* = \dfrac{z}{R_2-R_1}$；

z_0——床层长度，m；

β——催化剂封体积占床层总体积的比例；

β_1——从催化剂封进入床层流体流量与催化剂封体积之比；

δ——催化剂封高度与床层厚度(R_2-R_1)之比；

δ_1，δ_2——分别为催化剂封顶部及催化剂封进入床层的流体流量与总流量之比；

ρ_0——流体密度，kg/m³。

　　① 经计算，结果示于图(例6-5-1)。从图中可以得出，在催化封区与径向床交界处，静压变化最大，造成了此区域的轴向流速、径向流速为最大。而随着 z 的增加，轴向静压梯度趋于零，因而轴向流速趋于零；在催化剂封以下，径向静压梯度随 r 趋于 R_1 而逐渐增大，因而径向流速逐渐增大。在催化剂封区中轴向流动显著，在径向床中则以径向流动为主。

　　② 经计算，结果示于图(例6-5-2)和表(例6-5-1)。图(例6-5-2)给出了 δ 分别为0.6、0.8、1.0时床层中流场的流线和等压线。图中的流线是以 $R=R_1$，$0 \le z \le \delta(R_2-R_1)$ 侧壁处流量为0和以 $z=z_0$、$R_2 \le r \le R_1$ 侧壁流量为1而作出的。等压线则是以出口静压为1而作出的。

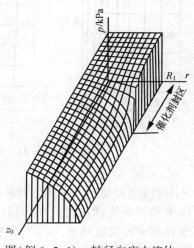

图(例6-5-1)　轴径向床中流体静压分布

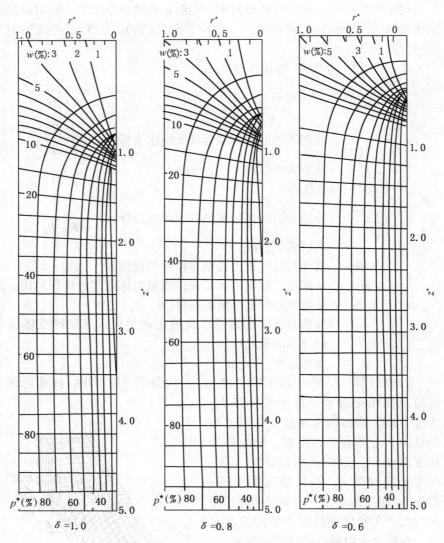

图(例6-5-2) 催化剂封高度对流场的影响

从图例中可以得出，在催化剂封区中以轴向流动较为显著，而在径向床区中则径向流动占优。在床层($r=R,z=0$)邻近的区域存在滞留区，表现在图中为流线稀疏；而在催化剂封下端出口处，流线紧密，等压线紧密，此处静压梯度大，流速亦较大。从表(例6-5-1)的停留时间亦能得到说明，当δ小时，催化剂封区的流速大，流体在床层中的停留时间短，如当 $\delta = 0.6$ 时，沿流量比为 1%、2%、3% 的流线流过床层的流体停留时间，均小于径向床区的停留时间（由于径向床区流线均匀，取沿流量比为 60% 的流线流过床层的流体停留时间为径向床区停留时间），造成了局部的沟流；而沿流线 5%、6%、7% 流过床层的流体停留时间远大于径向床区的停留时间，说明图（例 6-5-2）$(r=R,z=0)$ 邻近的局部区域为滞留区。为防止催化剂封区的局部沟流，需适当增加 δ，但随着 δ 增大，催化剂封区处的流速减少，因而左上角滞留区扩大。例如当 $\delta = 1.0$ 时，沿流量比为 1%~5% 等流线流过床层的流体停留时间，明显大于径向床区停留时间，催化剂封区已都处于滞留区，造成催化剂封容积利用率的降低。综合考虑催化剂封应防止沟流和抑止滞留区的扩大，这种情况下 δ 应取 0.8 左右为宜。

表（例 6-5-1）　流体沿流线在床层中的停留时间

流线	t/s				
	$\delta = 0.6$	$\delta = 0.7$	$\delta = 0.8$	$\delta = 0.9$	$\delta = 1.0$
1%	12.52	20.43	25.73	30.82	50.45
2%	18.29	23.67	30.32	38.71	53.04
3%	22.57	35.57	39.06	53.99	86.91
4%	27.63	76.72	58.72	72.49	62.53
5%	39.08	34.20	52.57	37.33	36.54
6%	60.92	28.72	43.74	29.59	29.18
7%	39.41	26.67	25.83	25.51	25.28
8%	24.24	25.13	25.46	24.76	24.95
9%	23.67	24.34	25.16	24.25	24.42
10%	23.60	23.69	24.49	23.46	23.98
60%	23.43	23.43	23.43	23.44	23.44

③ 经计算，由表（例 6-5-2）列出长径比对流场影响的部分数据。由表例可知，随着长径比 z^* 的增加，由催化剂封上端（床层界面）进入的流量 δ_1 和催化剂封轴向和径向进入床层的流量 δ_2 以及流量与床层容积比 β_1 都减小。由此可知，在给定催化剂封高度的条件下，不同的长径比决定了催化剂封轴向流量占总流量的份额，而受轴径向流动影响的区域和对于床层厚度基本不变。在长径比大的情况下，由于催化剂封所占容积在总容积中比例小，轴径向流动的不均匀性不至引起较大的不良

影响；但对长径比小的床层，因催化剂封在总容积中份额较大，催化剂封对流场的影响尤为重要，须引起注意。

表(例6-5-2)　长径比对轴径向流量分配的影响

z^*	$\beta/\%$	$\delta_1/\%$	$\delta_2/\%$	$\beta_1/\%$
3.0	26.7	7.94	20.0	74.9
5.0	16.0	4.32	10.9	68.2
7.0	11.4	2.98	7.47	65.5
9.0	8.88	2.27	5.69	64.7

(二)　流道静压变化(限定分布器流道)[19,20]

对于一般径向反应器而言反应空间是有限的，分布器的流道是由设计限定不可能无限宽，流道的静压随流体变质量流动而变化，其规律遵循修正动量方程[9]。

流体在床层中的流动可描述为：

Ergun 方程

$$-\frac{\partial p}{\partial r}=(f_1+f_2\sqrt{V_r^2+V_z^2})V_r \qquad (6-32)$$

$$-\frac{\partial p}{\partial z}=(f_1+f_2\sqrt{V_r^2+V_z^2})V_z \qquad (6-33)$$

连续性方程

$$\frac{\partial V_z}{\partial z}+\frac{V_r}{r}+\frac{\partial V_r}{\partial r}=0 \qquad (6-34)$$

流体在分布器流道内的流动，采用修正动量方程[式(6-1)]。如此，可建立完整的轴径向反应器的流体流动模型。

流道方程的边界条件为：

$$z=0,\quad \frac{\partial p}{\partial r}=\text{const},\quad \frac{\partial Vr}{\partial r}=0;$$

$$z=z_0,\quad \frac{\partial p}{\partial z}=0$$

$$r=R_1,\quad \frac{\partial p}{\partial z}+\frac{d(\Delta p_d)}{dz}+2k\rho u\frac{du}{dz}+\frac{f}{D_e}\rho\frac{u^2}{2}=0,\quad du=\frac{2\pi R_1}{S_d}V_r \qquad (6-35)$$

$$r=R_2,\quad z\leqslant\delta(R_2-R_1),\quad \frac{\partial p}{\partial r}=0$$

$$z>\delta(R_2-R_1),\quad \frac{\partial p}{\partial z}+\frac{d(\Delta p_c)}{dz}+2k\rho u\frac{du}{dz}+\frac{f}{D_e}\rho\frac{u^2}{2}=0$$

$$du = \frac{2\pi R_2}{S_c} V_r$$

其中 Δp_d，Δp_c 的计算参见文献 [9, 20]。

同时上述方程还需满足约束：

$$\int_{\Omega_1} \vec{V} \cdot dS = Q, \qquad \int_{\Omega_2} \vec{V} \cdot dS = Q \qquad (6\text{-}36)$$

以上模型可通过有限差分法求解。

例 6-6 $\phi 1000mm$ 轴径向氨合成塔，气体作离心式流动，对床层进行流场模拟计算和分析。

床层孔隙率 0.38，颗粒形状系数 0.33，颗粒当量直径 1.5 ~ 3.3mm，流体密度 ρ 为 54kg/m³，粘度 μ 为 31.8μPa·s。

床层尺寸 $R_1 = 192mm$，$R_2 = 452mm$，$z_0 = 3600mm$，流量 $Q = 783m^3/h$，分流流道截面积 $S_c = 0.0585m^2$，当量直径 $D_c = 40mm$，集流流道的多孔壁开孔率为 0.1%，流道截面积 S_d 分别为 0.0346m² 和 0.0641m²，对应当量直径 D_d 分别为 63mm、127mm；催化剂封分别为 260mm、390mm。

解： 经计算，结果示于图（例 6-6-1）、图（例 6-6-2）和表（例 6-6-1）中。可得出，如果分流流道较窄，流体在分流流道中的流动是摩擦阻力控制时，窄流道阻力增大，促使催化剂封轴向流动加剧，只能增长 H 以床层阻力来平衡流道压降，避免催化剂封中出现短路现象；如果分流流道较宽，流体在分流流道中的流动是动量交换控制时，流道静压下降反而有所升高，取 $\delta = 1$ 时就足以避免催化剂封中出现短路现象。因此，在确定流道截面积下有一个最佳 H，当 $S_d = 0.0346m^2$ 时，最佳 H 为 390mm；当 $S_d = 0.0641m^2$ 时，最佳 H 为 260mm。当 H 一定时，改变 S_d 也可显著地改变流体在床层中分布，因为流道宽度和流动截面积的增大导致流道压降的减少。

表（例 6-6-1） 催化剂封高度 H 对流体流场的影响

分流流道截面积 S_d/m^2	催化剂封高度 H/m	催化剂封高与床层厚度比 δ	催化剂封流量与总流量比 $\delta_1/\%$	停留时间方差 S
	260	1.0	10.5	39.5
0.0346	390	1.5	8.3	93.5
	540	2.1	4.1	137.1
	260	1.0	8.7	42.4
0.0641	390	1.5	6.2	88.9
	540	2.1	4.8	115.5

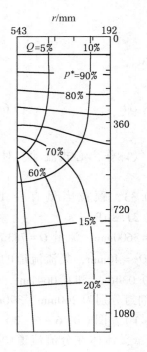 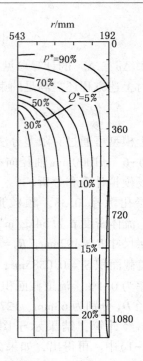

图(例 6-6-1)　$S_d = 0.0346\text{m}^2$，　　　　图(例 6-6-2)　$S_d = 0.0641\text{m}^2$，

$H = 390\text{mm}$ 时床层局部流场　　　　$H = 260\text{mm}$ 时床层局部流场

与向心流动相比，在相同 S_d 下，离心流动的最佳 H 较小。当 S_d 改变时，向心式轴径向床的最佳 H 变化明显，而离心式轴径向床的最佳 H 变化较小。

第三节　讨论和分析

苯乙烯是石油化工最重要的原料之一，苯乙烯 90% 的生产方法采用乙苯催化脱氢法，目前世界上乙苯负压催化脱氢工艺几乎均是 Mousanto/Lummus 和 Fina/Badger 的技术，其核心设备乙苯脱氢反应器采用的是二段径向反应器。自 1996 年以来由华东理工大学开发的轴径向反应器技术分别在抚顺石化公司 30kt/a，兰州石化公司 60kt/a 和大连石化公司 100kt/a 的苯乙烯装置上成功得到应用，现分别对二段绝热负压脱氢制苯乙烯轴径向反应器进行分析。

例 6-7　乙苯负压脱氢轴径向反应器模拟和分析

（1）乙苯脱氢轴径向反应器的二维流动-拟均相模型

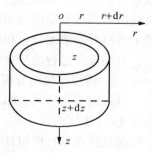

图(例6-7-1) 轴径向
反应器圆环微元体

设轴径向床的内半径为 R_1，外半径为 R_2，高度为 Z_0。假设：①流体流动为稳态流动；②不考虑相间和催化剂内部的浓度差和温度差；③忽略流体在反应过程中物性参数的变化。在床层中取一个内径为 r，厚度为 dr，自 z 截面向下高度为 dz 的圆环状微元体，并使其与床层中心轴线对称。选取苯乙烯、苯和甲苯为关键组分，其物料衡算方程分别为：

$$D_r \frac{1}{r} \frac{\partial}{\partial r}(r \frac{\partial c_i}{\partial r}) + D_z \frac{\partial^2 c_i}{\partial z^2} = V_r \frac{\partial c_i}{\partial r} + V_z \frac{\partial c_i}{\partial z} \pm \rho_b r_i \qquad (例6-7-1)$$

反应器的能量衡算方程为：

$$\lambda_r \frac{1}{r} \frac{\partial}{\partial r}(r \frac{\partial T}{\partial r}) + \lambda_z \frac{\partial^2 T}{\partial z^2}$$

$$= \rho_g C_p (V_r \frac{\partial T}{\partial r} + V_z \frac{\partial T}{\partial z}) + \rho_b \sum_{i=1}^{3} r_i (-\Delta H_R)_i \qquad (例6-7-2)$$

边界条件(离心流动)：

$$r = R_1, \qquad\qquad c_i = c_{i,in}, \quad T = T_{in} \qquad (例6-7-3)$$

$$r = R_2, \quad z \geq \delta(R_2 - R_1), \qquad \frac{\partial T}{\partial r} = \frac{\partial c_i}{\partial r} = 0$$

$$r = R_2, \quad z \leq \delta(R_2 - R_1), \qquad \frac{\partial T}{\partial r} = \frac{\partial c_i}{\partial r} = 0$$

$$z = 0, \qquad\qquad c_i = c_{i,in}, \quad T = T_{in}$$

$$z = Z_0, \qquad\qquad \frac{\partial T}{\partial z} = \frac{\partial c_i}{\partial z} = 0$$

式中 c_i——反应物浓度，$kmol/m^3$；

       C_P——反应物摩尔定压热容，$kJ/(kmol \cdot K)$；

       D_z——轴径向床轴向有效扩散系数，m/h；

       D_r——轴径向床径向有效扩散系数，m/h；

       λ_z——轴径向床轴向有效导热系数，$kJ/(h \cdot m^2 \cdot K)$；

       λ_r——轴径向床径向有效导热系数，$kJ/(h \cdot m^2 \cdot K)$。

式(例6-7-1)中反应项对于反应物，前取正号；对于生成物，前取负号。i 分别指苯乙烯、苯和甲苯。以上各式构成了乙苯脱氢轴径向反应器的二维流动拟均相反应器模型，用有限差分法求解，从而得出床层中各组分的浓度分布和温度分布。

有关反应过程的热力学和宏观动力学详见本书第四章。

（2）模拟结果与分析

以抚顺石化公司 30kt/a 装置为背景，对床层总高 4.3m，催化剂封高 0.8m，床层内径 0.8m、床层外径 2.0m，体积 12.7m³ 的第一和第二轴径向反应器进行模拟计算，假定分流和合流流道的静压均衡，计算设计条件下催化剂封高和流动形式对反应器转化率和选择性的影响，其计算工艺条件见表（例 6-7-1），计算结果见表（例 6-7-2）。

表（例 6-7-1）　工艺条件

乙苯投料量	W_{EB}	7800kg/h
水蒸气流量	W_S	11900kg·h
第一反应器进口苯乙烯浓度	$c_{in,1}$	0.08kmol·m⁻³
第二反应器进口苯乙烯浓度	$c_{in,2}$	3.76kmol·m⁻³
第一反应器进口温度	$T_{in,1}$	620℃
第二反应器进口温度	$T_{in,2}$	625℃
第一反应器进口压力	$p_{in,1}$	0.065MPa
第二反应器进口压力	$p_{in,2}$	0.055MPa

表（例 6-7-2）　催化剂封高与床层宽度比 δ 对转化率 x 和选择性 β 的影响

(a) 第一脱氢反应器

δ	轴径向反应器		径向反应器	
	$x_1/\%$	$\beta/\%$	$x_1/\%$	$\beta/\%$
0.6	40.97	97.32	40.18	97.32
0.8	40.59	97.34	39.60	97.35
1.0	40.18	97.35	39.15	97.36
1.2	39.76	97.37	38.67	97.38
1.4	39.31	97.38	38.18	97.40
2.0	37.83	97.42	36.52	97.45

（b）第二脱氢反应器　　　　　　　续表

δ	轴径向反应器		径向反应器	
	$x_2/\%$	$\beta/\%$	$x_2/\%$	$\beta/\%$
0.6	67.40	95.63	66.29	95.70
0.8	67.10	95.65	65.82	95.74
1.0	66.77	95.68	65.46	95.76
1.2	66.43	95.71	65.07	95.79
1.4	66.07	95.70	64.67	95.82
2.0	64.86	95.84	63.31	95.92

由表（例6-7-2）中可见：①轴径向床与对应的径向床相比转化率 x 提高了 0.8%~1.5% 左右，选择性 β 基本相同，可以认为这一结果是轴径向反应器发挥了催化剂封催化剂的作用所产生的。②当轴径向床总体积一定时，轴径向反应器转化率 x 随着催化剂封高的增加而降低，选择性 β 随着催化剂封高的增加而增加。这主要是由催化剂封高的增加，导致了径向段体积的减少，而催化剂封中反应物流的停留时间增加，其转化率提高，选择性降低了，但是由于大量的流体是在径向段通过的，因此，总效果主要取决于径向段的反应结果。

虽然轴径向反应器的转化率、选择性与径向反应器性能相差无几，但是催化剂封区域的温度场和浓度场因轴径向二维流动的存在是十分复杂的。如图（例6-7-2）所示，反应器采用离心流动，图给出了在第二反应器催化剂封顶部以下 2m 的局部床层中的流场、温度场和苯乙烯浓度场。

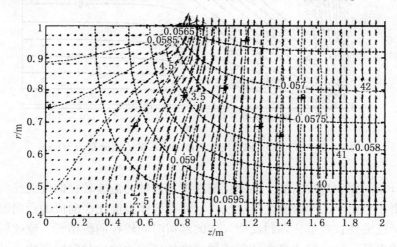

图（例6-7-2）　（a）轴径向反应器流场状态 $H=0.8\text{m}$

由图(例6-7-2)可知，在径向段流速分布均匀，则温度分布和浓

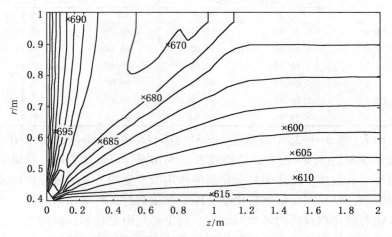

图(例6-7-2)　(b)轴径向反应器的温度分布 $H=0.8\mathrm{m}$

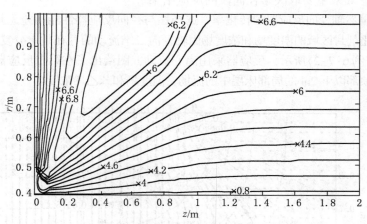

图(例6-7-2)　(c)轴径向反应器的苯乙烯浓度分布 $H=0.8\mathrm{m}$

度分布同样也是均匀的。在催化剂封中顶部轴向流速较径向段的径向流速更小，由于乙苯脱氢是吸热反应，使得气体温度比径向段的径向温降下降还要快；在催化剂封反应气体的停留时间较径向段稍长，流速较径向段更低，反应趋于平衡，苯乙烯浓度的递增速度比径向段更快，其苯乙烯浓度的变化趋势与温度场吻合；在 r 为 $0.4\sim0.6$ 和 z 为 $0\sim0.3$ 的之

间区域，由于气体轴向流速和径向流速均很小，造成了床层温急骤下降以及苯乙烯浓度的快速递增，随着轴向位置 z 与半径 r 的增加，不断有温度较高的气体的流入，反应床层的温降也逐渐地减小，这是催化剂封中轴向流和径向流的共同作用所致，从而在这催化剂封区域，形成了一个温度下降最快、苯乙烯浓度递增速度最高的特殊区域。

（3）模型检验

以抚顺 30kt/a 乙苯脱氢装置第二脱氢反应器实际运行工况为例作检验，运行数据见表（例 6-7-3），床层测温点布置如图（例 6-7-3），床层测温点温度数据见表（例 6-7-4）。

将上述实际工况数据与模拟计算的结果进行对照：第一脱氢反应器

表（例 6-7-3）　　生产运行实际工况

时间	$W_{EB}/m^3 \cdot h^{-1}$	$W_S/kg \cdot h^{-1}$	$T_{in,1}/℃$	$T_{out,1}/℃$	$T_{in,2}/℃$	$T_{out,2}/℃$	$x_1/\%$	$x_2/\%$
8：00	7368	10030	607	547	602	567	40.32	62.24
10：00	7718	10000	607	548	620	572	40.96	66.82
12：00	7678	10030	605	547	619	573	39.18	66.01
14：00	7705	10030	611	547	623	577	42.26	69.01
16：00	7666	10030	603	545	621	570	38.02	65.47
2：00	7778	10000	604	542	626	576	40.67	68.08
4：00	7680	10010	600	543	622	569	36.87	62.97
平均值	7705	10015	606	546	619.8	581.1	38.96	65.39

表（例 6-7-4）　　第二反应器实测温度点

时间	温度测定点					
	1	2	3	4	5	6
8：00	585	582	577	577	574	583
10：00	591	588	611	583	583	585
12：00	590	588	520	582	581	583
14：00	588	585	514	582	586	583
16：00	588	585	530	579	578	581
18：00	590	586	533	580	579	583
22：00	591	588	668	583	582	584
24：00	586	583	810	577	574	578
2：00	580	577	540	575	570	572
4：00	579	574	512	571	571	573
6：00	581	583	473	578	578	580
平均值	586	584	—	579	578	581
计算值	584	584	580	580	578	578

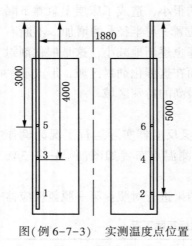

图(例6-7-3)　实测温度点位置

转化率 38.45%，总转化率 65.26%，与操作数据相符合，比较床层测温点的温度数据和计算温度数据，如图（例6-7-2）和表（例6-7-4）所示，温度的实测值和测量值一致。

由此可得出：

① 轴径向反应器转化率略高于径向反应器，这是轴径向反应器的催化剂封得到充分利用所致；

② 二维流动拟均相模型是合理的，可用来预测和分析轴径向反应器的性能以及轴径向反应器的设计。

参 考 文 献

[1] 张成芳，朱子彬等.多段组合式合成塔.CN 89222050.3

[2] 张成芳，朱子彬等.两段径向并联换热式氨合成塔.CN 91111245.6

[3] 朱子彬，张成芳等.中型氮肥厂φ1000轴径向氨合成塔内件的开发和使用情况.氮肥设计，1993，(6)：39~42

[4] 阿姆布托·乍迪.改进放热合成反应器——特别是合成氨反应器效率的系统.专利申请号88101750.7

[5] 石油三厂，催化重整.北京：石油化学工业出版社，1977.175~179

[6] 朱子彬，徐志刚，张成芳.制备苯乙烯的装置.CN 96114363.0

[7] 徐志刚，朱子彬等.考虑径向流速分布的二维非均向氨合成反应器模型.华东理工大学学报，1998，24(6)：632~638

[8] 上海化工学院等.径向反应器流体均布的研究.化学工程，1978，64(6)：80~96

[9] 张成芳，朱子彬，徐懋生，朱炳辰.径向反应器流体均布设计的研究.化工学报，1979，1(1)：67~90

[10] 宋续祺，汪占文，金涌.移动床径向流体反应器中流体力学行为的研究.化工学报，1993，44(3)：268~274

[11] 王峻晔，葛晓陵，吴东棣.分支流理论研究进展.力学进展，1998，28(3)：392~401

[12] 朱子彬，张成芳等.动量交换型径向反应器流体均布设计参数.化学工程，1983，69(5)：46~56

[13] 李瑞江，陈春燕，吴勇强，朱子彬.大型径向流反应器中流体均布参数的研究.化学工程，2009，37(10)：28~31

[14] 李瑞江，朱子彬.径向流反应器的研发和应用.化学反应工程与工艺，2008，24

（4）：368-374

[15] Zardi U，Commandini E，Gallazzi C. A Noval Reactor Design for Ammonia and Methanol Synthesis. In：More A I. Fertilizer Nitrogen（The 4th British Suphur Conference on fertilizer Technology）. London：Purley Press Ltd，1981. 173~193

[16] Yoo C S，Dixou A G. Chem Eng Sci，1988（10）：2859~2865

[17] 徐志刚，张成芳，朱子彬等．轴径向床流体二维流动的研究（Ⅰ）.流道静压均恒．华东理工大学学报，1994，20（3）：283~289

[18] 徐志刚，张成芳，朱子彬等．轴径向床流体二维流动的研究（Ⅱ）.限定流道．华东理工大学学报，1994，20（6）：717~722

[19] 徐志刚，张成芳，朱子彬等．轴径向床流体二维流动的研究（Ⅲ）.离心流动．华东理工大学学报，1995，21（5）：529~533

[20] 李瑞江，吴勇强，朱子彬.轴径向二维流反应器中催化剂封内流动特性的研究.高校化学工程学报，2010，24（3）：395-401

主 要 符 号

C_p——反应物摩尔定压热容，kJ/（kmol·K）

d_0——开孔的孔径，m

d_e——流道当量直径，m

D——分流和集流开孔管的直径，m

D_r——轴径向床径向有效扩散系数，m/h

D_z——轴径向床轴向有效扩散系数，m/h

f——摩擦阻力系数

ΔH_0——流体穿孔能量损失，N/m²

k——分流或集流流道的流体动量交换系数；渗透率

l——与气量 V 相对应的分流或集流管管长，m

m——压缩因子

n_X——单位长度流道的开孔数

p^*——对比压力

p——分流或集流流道气体静压，kPa

R_1，R_2——分别为床层内外径，m

t——流体停留时间，s

u——分流或集流气体流速，m/s

V——流道单位长度侧流的气量，m³/（m·h）

w_0——按孔截面积计算的流体穿孔流速，m/s；

W_{EB}——乙苯投料量，kg/h

W_S——水蒸气流量，kg/h

z_0——床层长度，m

Δ_X——X 截面分流或集流穿孔压降，N/m²

x——分流或集流流气体入口处至计算截面之间距离，m

β——催化剂封体积占床层总体积的比例

δ——催化剂封高度与床层厚度（R_2-R_1）之比

ε——孔隙率

λ_z——轴径向床轴向有效导热系数，kJ/（h·m²·K）

λ_r——轴径向床径向有效导热系数，kJ/（h·m²·K）

ζ_X——X 截面上分流或集流侧流穿孔阻力系数，为速比的函数

ζ_0——穿孔阻力系数（无因次）

μ——流体粘度，Pa·s

ρ_0——流体密度，kg/m³

第七章　气-液-固三相反应及反应器

气-液-固三相反应是反应工程中的一个新兴领域，具有巨大的现实及潜在的应用价值。一方面，在化工及生物生产过程中，经常遇到有气相、液相和固相参与的三相反应，例如，石油加工中的加氢反应和煤化工中的煤的加氢催化液化反应均为使用固相催化剂的三相催化反应，许多矿石的湿法加工过程中固相为矿石的三相反应，发酵及抗菌素生产过程使用的三相反应。另一方面，一些传统的气-固相反应过程如甲醇合成，由于反应温度并不太高，可以选择到合适的在反应状态下呈液态的惰性液相热载体，使用细颗粒催化剂悬浮在惰性液相热载体中，并且仍然使用合成气为原料气，形成气-液-固三相反应，既消除了催化剂内扩散过程对总体速率的影响，又在等温床下操作，消除了气-固反应床层温升对反应平衡的限制和固定床传热系数较低而形成的传热控制，提高了反应物的单程转化率和出口甲醇含量，节约了大量的气体循环压缩功。如果将三相床甲醇合成中的惰性液相热载体改为能对产物甲醇进行选择性吸收的高沸点溶剂，形成催化-吸收耦联过程，改变了气-固二相反应的化学平衡，可进一步提高反应物的平衡转化率、单程转化率和出口甲醇含量，在三相床中使用甲醇合成及甲醇脱水二种催化剂，可以一步生产二甲醚，可进一步提高经济技术指标。

论述三相床反应及反应器的专著很多，其中主要的可参见文献[1~7]。

第一节　气-液-固三相反应器的类型及宏观动力学

一、气-液-固三相反应器的类型

气-液-固三相反应器按反应物系的性质区分主要有下列类型：

（1）固相或是反应物或是产物的反应，例如，加压下用氨溶液浸取氧化铜矿、钢渣提钒碳酸化浸取反应、煤的热液化、钙和铝的磷化物与水的反应（磷化氢解吸），碳化钙与水反应生成乙炔等。

（2）固体为催化剂而液相为反应物或产物的气-液-固反应，这类反应在三相反应中占大多数，例如，煤的加氢催化液化、石油馏分加氢脱硫、乙炔铜为催化剂合成丁炔二醇、苯乙炔和苯乙烯的催化加氢、费-托（Fischer-Tropseh）合成过程等。

（3）液相为惰性相的气-液-固催化反应，液相作为热载体，例如，一氧化碳催化加氢生成烃类、醇类、醛类、酮类和酸类的混合物，在液相石蜡惰性介质中甲醇合成等。

（4）气体为惰性相的液-固反应，空气起搅拌作用，例如，硫酸分解钛铁矿槽式反应釜内用气体搅拌。

工业上采用的气-液-固反应器按床层的性质主要分成两种类型，即固体处于固定床和固体处于悬浮床。

（一）固定床气-液-固三相反应器

固定床气-液-固反应器中固体静止不流动，根据气流和液流的方向，一般能用三种方式操作，即气体和液体并流向下流动、并流向上流动及逆向流动（通常液体向下流动，气体向上流动）。在不同的流动方式下，反应器中的流体力学、传质和传热条件是不同的，见图7-1。

滴流床或称涓流床反应器是固定床三相反应器，液流向下流动，以一种很薄的液膜形式通过固体催化剂，而连续气相以并流或逆流的形式流动，但正常的操作方式是气流和液流并流向下流动，即图7-1（a）。这种反应器对石油加工中的加氢反应特别有利。

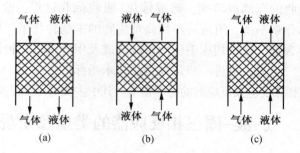

图7-1　固定床气-液-固三相反应器类型
（a）流体并流向下流动的固定床；（b）流体逆流流动的固定床；
（c）流体并流向上流动的固定床

工业滴流床反应器有许多优点：在平推流条件下操作，使催化剂充分地湿润，可获得较高转化率；液固比（或液体滞留量）很小，可使均相反应的影响降至最低，这一点对加氢脱硫反应是很重要的，可以最大限度地降低油的热裂化或加氢裂化。在气-液-固反应中，气-液界面和液–固界面的传质及传热阻力都很重要。滴流床反应器中液层很薄，这两种界面阻力能结合起来，使总的液层阻力比其他类型三相反应器要小，并流操作的滴流床反应器不存在液泛问题。滴流床三相反应器的压降比鼓泡反应器小。

滴流床反应器也有缺点：在大型滴流床反应器中，低液速操作的液流径向分布不均匀，如沟流、旁路，可能引起固体催化剂润湿不完全，并且引起径向温度不均匀，形成局部过热，使催化剂迅速失活并使液层过量气化，这些都不利于反应器的操作；催化剂颗粒不能太小，而大颗粒催化剂存在明显的内扩散影响，由于组分在液相中的扩散系数比在气体中的扩散系数低许多倍，催化剂孔隙中充满着液相，内扩散的影响比气–固相反应器更为严重。加氢脱硫过程中催化剂孔道阻塞将引起催化剂严重失活；还可能存在明显的轴向温升，形成热点，有时可能飞温，这时，可以沿轴向引入一股或多股"冷激流体"，以控制温升。

（二）悬浮床气–液–固三相反应器

固体呈悬浮状态的悬浮床气–液–固三相反应器一般使用细颗粒固体，有多种形式：①机械搅拌悬浮式；②不带搅拌的悬浮床气–液–固反应器，以气体鼓泡搅拌，又称为鼓泡淤浆反应器；③不带搅拌的气–液两相流体并流向上而颗粒不带出床外的三相流化床反应器；④不带搅拌的气–液两相流体并流向上而颗粒随液体带出床外的三相输送床反应器，又称为三相携带床反应器；⑤具有导流筒的内环流反应器。

机械搅拌悬浮三相反应器依靠机械搅拌使固体悬浮在三相反应器中，适用于三相反应过程的开发研究阶段及小规模生产。鼓泡淤浆三相反应器从气–液鼓泡反应器变化而来，将细颗粒物料加入气–液鼓泡反应器中去，固体颗粒依靠气体托起而呈悬浮状态，液相是连续相，与机械搅拌悬浮三相反应器一样适用于反应物和产物都是气相，而固相是细颗粒催化剂的三相催化反应，强化了床层传热及保持等温，显然鼓泡淤浆三相反应器比机械搅拌悬浮三相反应器适宜于大规模生产，这是三相催化反应器中使用最广泛的形式。如果液相连续地流入和流出三相反应器，而固体颗粒仍然保留在反应器内，即三相流化床，它是在液–固流态化的基础上鼓泡通入气体，固体颗粒主要依靠液相托起而呈悬浮状态。如果固体颗粒随同液相一起呈输送状态而连续地进入和流出三相床，固体夹带在液相中，即三相输送床或三相携带床。显然三相流化床反应器需要有从液相分离固体颗粒的装置，而三相携带床需要有淤浆泵输送浆料。如果将鼓泡淤浆三相催化反应器中的惰性液相热载体改为能对气相产物进行选择性吸收的高沸点选择性吸收溶剂，则溶剂需要脱除所吸收的气体而再生循环使用，或者溶剂就是三相反应的液相产物，就要将鼓泡淤浆三相反应器改为三相流化床反应器或三相携带床反应器。

具有导流筒的内环流反应器常用于生物反应工程[5]；用于湿法冶金中的浸取过程时，称为气体提升搅拌反应器或巴秋卡槽[8,9]，见图7-2。

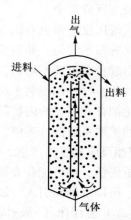

图 7-2　巴秋卡槽示意图

悬浮床气-液-固三相反应器由于存液量大，热容量大，并且悬浮床与传热元件之间的给热系数远大于固定床，容易回收反应热量和控制床层等温。对于强放热多重反应并且副反应是生成二氧化碳和水的深度氧化反应，可抑制其超温和提高选择率。三相悬浮床反应器可以使用含有高浓度反应物的原料气，并且仍然控制在等温下操作，这在固定床气-固相催化反应器中由于温升太大而不可能进行。三相悬浮床反应器使用细颗粒催化剂，可以消除内扩散过程的影响，但由于增加了液相，不可避免地增加了气体中反应组分通过液相的扩散阻力。三相悬浮床反应器易于更换、补充失活的催化剂，但又要求催化剂耐磨损。另一方面，如果必须使用三相流化床或三相携带床时，则三相流化床操作时存在液-固分离的技术问题，三相携带床存在淤浆输送的技术问题。

Fan 在《气-液-固流态化工程》的专著[4]中指出三相床体系的分类是根据颗粒的运动状态，采用类似于气-固或液-固体系的方法进行分类，颗粒运动可分为三种基本操作方式，即固定床、膨胀床（expanded bed，本书称为悬浮床，即 suspended bed）和输送床（transport bed，本书称为携带床即 entrained bed）。当气-液混合物流动产生的曳力小于系统中颗粒的有效重量时称为固定床，当气体和（或）液体的流速增加，使曳力与床中颗粒的有效重量相平衡时，床层处于临界流化状态，当气体或液体的流速进一步加大并超过临界流化速度 u'_{mf} 时，床层处于膨胀床状态，直至气速或液速达到气-液介质中的单颗颗粒终端速度 u'_t 为止。当气速或液速大于 u'_t 时，操作处于输送状态。

液体介质的液-固系统中固体单颗颗粒终端速度 u_t 即沉降速度，决定于颗粒密度 ρ_s 和液体介质密度 ρ_L 之差及颗粒直径 d_p，即

$$u_t = \sqrt{\frac{4g_c(\rho_s-\rho_L)d_p}{3\rho_L\zeta}} \tag{7-1}$$

由于通常鼓泡淤浆反应器中的颗粒直径小于 $500\mu m$，而三相流化床反应器中颗粒直径大于 $200\mu m$，属于 $Re_p(\dfrac{d_p u\rho_L}{\mu_L})<2$ 范围，式（7-1）中的阻力系数

$$\zeta = 24/Re_p \tag{7-2}$$

即

$$u_t = \frac{g_c d_p^2(\rho_s-\rho_L)}{18\mu_L} \tag{7-3}$$

式中，g_c 为重力加速度，μ_L 为液体粘度。

Fan 等[10]在空气-水-细颗粒系统中，实验研究了气-液-固系统中的颗粒终端速度 u'_t，液体表观流速 u_L 及临界流化速度 u'_{mf} 与液-固系统的颗粒终端速度 u_t 和床层状态之间的关系，结果见图 7-3。

图 7-3 中三相床反应器使用空气-水作为气-液系统，固体为玻璃球，当颗粒的直径和密度一定时，其液-固系统的终端速度 u_t 绘于图 7-3 的横坐标，图 7-3 的纵坐标是 u_L 或 u'_{mf} 或 u'_t。

图 7-3 下部有一组三根 $u'_{mf} \sim u_t$ 曲线，相应于气体流速 u_g 自上而下分别为 0 cm/s、1.73 cm/s 及 5.19 cm/s 时的气-液-固系统临界流化速度 u'_{mf} 值；当气体表观流速 $u_g = 0$ 时，系统为液-固流化系统。

图 7-3 上部有一组三根 $u'_t \sim u_t$ 曲线，相应于气体速度 u_g 自上而下分别为 0 cm/s、1.73 cm/s 及 5.19 cm/s 时的自上而下气-液-固系统颗粒终端速度 u'_t 值；当 $u_g = 0$ 时，系统为液-固流态化，$u'_t = u_t$。在曲线 $u'_{mf} \sim u_t$ 下方，属于固定床区；在曲线 $u'_t \sim u_t$ 的上方，属于输送床区；在这两组曲线之间，属于膨胀床区。

对于一定直径的玻璃球，u_t 值一定，当气体表观流速 u_g 一定，液体流速 u_L 由 0 cm/s 逐步增加时，床层开始处于固定床状态，直至 u_L 与 u'_{mf} 相等时，床层开始转入膨胀床；当 u_L 增至 u'_t 时，床层开始转入输送床。当气体流速 u_g 增加时，u'_{mf} 和 u'_t 值都相应地减小，这是由于气体也有托起固体颗粒的作用，若增加气体的密度，例如加压下的气体，则进一步增加气体的托起作用，进一步减小相应的 u'_{mf} 和 u'_t 值。

二、气-液-固三相反应器的应用

气-液-固三相反应器在石油加工、基本有机化工、煤化工、生物

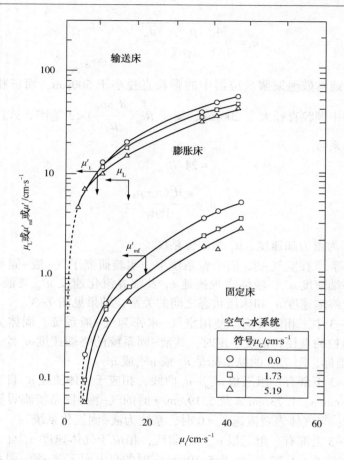

图 7-3　气液并流向上，液体为连续相的气-液-固体系操作流型

化工、化工冶金和环境保护等领域得到广泛的应用，例如石油馏分的加氢裂化和加氢脱硫、费-托合成、煤的催化加氢液化、煤的脱硫、甲醇合成、甲烷化、氢氧化钠溶液吸收二氧化硫、电极反应、环己烷加氢、乙炔加氢、二氧化硫氧化、乙二腈生产、乙烯氧化、α-甲基苯乙烯加氢、铜矿石浸渍、硫酸钙生产、聚乙烯和聚烯烃生产、石灰浆烟道气脱硫、沥青砂和渣油的加氢处理、由酵母细胞生产乙醇、用甜菜植物细胞生产维生素、用动物细胞生产克隆体、市政污水处理、含酚废水处理、葡萄糖 BOD 废水处理、异丁醇及醋酸废水处理、乳糖废水处理和从矿石中用生化法浸取金属[1,7]。

三、气–液–固三相反应的宏观动力学

气–液–固三相反应宏观动力学分颗粒级和床层级二个层次。颗粒级宏观反应动力学，简称宏观动力学，是指在固体颗粒被液体包围而完全润湿的情况下，以固体为对象的宏观动力学，其中包括气–液相间、液–固相间传质过程和固体颗粒内部传质的总体速率（global rate）。床层级宏观反应动力学，又称床层宏观动力学，是在颗粒宏观反应动力学的基础上，考虑三相反应器内气相和液相的流动状况对宏观反应过程的影响。

（一）颗粒宏观反应动力学[1]

三相床中颗粒催化剂的宏观反应过程包括下列几个过程：①气相反应物从气相主体扩散到气–液界面的传质过程；②气相反应物从气–液界面扩散到液相主体的传质过程；③气相反应物从液相主体扩散到催化剂颗粒外表面的传质过程；④颗粒催化剂内同时进行反应和内扩散的宏观反应过程；⑤产物从催化剂颗粒外表面扩散到液相主体的传质过程；⑥产物从液相主体扩散到气–液界面的传质过程；⑦产物从气–液界面扩散到气相主体的传质过程，上述过程中没有考虑到液相主体中的混合和扩散过程，显然，它是以气–液间传质的双膜论为基础的。

以下讨论等温条件下，包括一个气态反应物的一级不可逆催化反应，液相是惰性介质的基本情况。在此情况下，气相反应物 A 从气相主体扩散到催化剂颗粒外表面的各个过程中的浓度分布见图 7-4。三相反应中，固体催化剂颗粒内的反应模型，采用计入内扩散过程的扩散–反应模型；固体反应物颗粒内的反应模型可采用颗粒大小不变或颗粒缩小的缩芯模型，颗粒外则先考虑一层液相，外面再为气相，因此，除计及液–固相界面传质外，还要考虑气–液相之间的传质过程。

模型以单颗粒催化剂或固体反应物为基础，为反应器计算的方便，总体速率 $r_{A,g}$ 仍为单位床层体积内气相反应物 A 的摩尔流量的变化 $[kmol/(m^3 \cdot h)]$。而单位床层体积内的颗粒外表面积为 $S_e(m^2/m^3)$，即液–固相传质面积；单位床层体积内气–液相传质面积为 $a(m^2/m^3)$。定态情况下，若催化剂内进行一级不可逆反应，下列串联过程的速率均等于三相过程的总体速率，即

$$r_{A,g} = -\frac{dN_A}{dV_R} = k_{AG}a(c_{Ag} - c_{Aig}) \qquad \text{向气–液相界面传质}$$

$$= k_{AL}a(c_{AiL} - c_{AL}) \qquad \text{向液相主体传质}$$

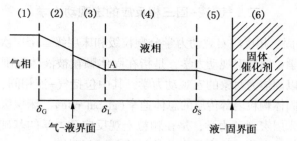

图 7-4   三相反应器中气相反应物的浓度分布图

（1）—气相主体；（2）—气膜；（3）—液膜（气-液间）；（4）—液相主体；

（5）—液膜（液-固间）；（6）—固体催化剂

$$= k_{AS}S_e(c_{AL}-c_{AS})   \quad\text{向催化剂外表面传质}$$

$$= k_e s_e c_{AS}\zeta   \quad\text{催化剂内的扩散-反应过程速率}   \quad (7\text{-}4)$$

气-液相界面的相平衡

$$c_{Aig}=K_{GL}c_{AiL} \tag{7-5}$$

令

$$r_A=-\frac{dN_A}{dV_R}=k_T S_e c_{Ag} \tag{7-6}$$

则

$$\frac{1}{k_T}=\frac{S_e}{a}\frac{1}{k_{AG}}+\frac{S_e}{a}\frac{K_{GL}}{k_{AL}}+K_{GL}\left(\frac{1}{k_{AS}}+\frac{1}{k_e\zeta}\right) \tag{7-7}$$

式中，k_{AG} 是以浓度为推动力的组分 A 的气相传质分系数，m/h；k_{AL} 是气-液相间组分 A 的液相传质分系数，m/h；k_{AS} 是液-固相间组分 A 的液相传质分系数，m/h；k_e 本征反应速率常数，对于一级反应，单位为 m/h；c_{Ag}、c_{Aig}、c_{AiL}、c_{AL} 和 c_{AS} 分别是组分 A 在气相主体中、气-液相界面气相侧、气-液相界面液相侧、液相主体中和颗粒外表面上的浓度，$kmol/m^3$；K_{GL} 是气-液相平衡常数，无因次；k_T 是以催化剂颗粒外表面积和气相主体中反应物 A 浓度计算的总体速率常数，m/h。ζ 是内扩散有效因子。

对于非一级反应，总体速率难以用类似式（7-7）的表达式，但式（7-4）的串联过程总是成立的。

某些极限情况下：

（1）不存在气膜传质阻力，$k_{AG}\rightarrow\infty$ 时

$$\frac{1}{k_T}=K_{GL}\left(\frac{S_e}{a}\frac{1}{k_{AL}}+\frac{1}{k_{AS}}+\frac{1}{k_e\zeta}\right) \tag{7-8}$$

（2）不存在气–液相界面处液膜传质阻力，$k_{AL} \to \infty$ 时，

$$\frac{1}{k_T} = \frac{S_e}{a}\frac{1}{k_{AG}} + K_{GL}\left(\frac{1}{k_{AS}} + \frac{1}{k_e\zeta}\right) \tag{7-9}$$

（3）不存在液–固相界面处液膜传质阻力，$k_{AS} \to \infty$ 时，

$$\frac{1}{k_T} = \frac{S_e}{a}\frac{1}{k_{AG}} + \frac{S_e}{a}\frac{K_{GL}}{k_{AL}} + \frac{K_{GL}}{k_e\zeta} \tag{7-10}$$

（4）催化剂内扩散有效因子趋近于 1，$\zeta \to 1$ 时，

$$\frac{1}{k_T} = \frac{S_e}{a}\frac{1}{k_{AG}} + \frac{S_e}{a}\frac{K_{GL}}{k_{AL}} + K_{GL}\left(\frac{1}{k_{AS}} + \frac{1}{k_e}\right) \tag{7-11}$$

Chaudhari 及 Ramachandran 对多种反应工况下三相床颗粒的宏观反应动力学作了研究[11]。

（二）床层宏观反应动力学

床层宏观反应动力学在考虑颗粒宏观反应动力学的基础上计及气相和液相在三相反应器中流动状况的影响，这就与反应器的类型有关。

滴流床三相反应器中固体颗粒如同填料吸收塔中填料一样装填在反应器中，在"滴流区"气相是连续相，液体则以膜状自上而下流动，由于固体颗粒间必然相互接触，液体不可能全部均匀地润湿固体颗粒，存在一个有效润湿率。从整个床层横截面看，液体的流动状况又是不均匀的，近器壁处液体的局部流速与中心处不同。应当设计一个良好的液体分布器使液体均匀地进入床层。工程设计时一般以计及颗粒催化剂内扩散过程的宏观速率为基础，将颗粒的有效润湿率和颗粒外气–液相间和液–固相间传递过程阻力的综合效应合并成为"外部接触效率"，显然，外部接触效率与液体的喷淋密度有关。滴流床三相反应器中液体量较少，某些反应热效应大的反应，存在轴向温升，可能形成热点甚至飞温，严重时可能使床层局部超温而使催化剂失活。滴流床三相反应器中气相和液相都可看作平推流。

在鼓泡淤浆床三相反应器、三相流化床反应器及三相携带床反应器中一般液相是连续相，气相呈鼓泡状分散在液相中，要求固体均匀地分散在液相中并且气泡细小，增大气–液相接触面积和均匀分散是三相反应器良好操作的前提，因此，需要研究三相反应器中固体颗粒悬浮且均布的条件、气含率、气–液相接触面积、气体均匀分布及液相和气相的返混等流体力学问题。这些问题都与三相床的类型、流动状态、操作条

件、气体分布器等内件设计等因素有关，并且也都不同程度地影响三相床的床层总体速率。

第二节 滴流床三相反应器

本节讨论气、液体并流向下滴流床反应器的流体力学和反应动力学。流体力学包括气、液并流固定床内的流动状况、持液量和液体分布。反应动力学则包括本征反应动力学、颗粒宏观动力学和床层宏观动力学。

一、气、液体并流向下通过固定床的流体力学

（一）流动状态

固定床中气–液二相的流动状态影响滴流床的持液量和返混等反应器性能，不同的流动条件可以产生不同的流动状态。因此，确定床层的流动状态是研究滴流床反应器性能的基础。

根据气、液体并流向下固定床内气体和液体的流动状态，过程可以分为稳定流动滴流区、脉冲流动区和分散鼓泡区，如图7-5所示，特征如下：

（1）气–液相稳定流动滴流区 当气速较低时，液体在颗粒表面形成滞流液膜，气体为连续相，这时的流动状态称为"滴流状"。若气速增加，颗粒表面出现波纹状或湍流状的液流，由于气流曳力的作用，有些液体呈雾滴状悬浮在气流中，称为"喷射流"。滴流与喷射流的转变不明显。喷射时气体仍为连续相。

（2）过渡流动区 继续提高气体流速，就进入过渡区。这时床层上部基本上是喷射流，床层下部则出现脉冲现象。在过渡区流动既不完全是喷射流，又不完全是脉冲流，两者交替并存。

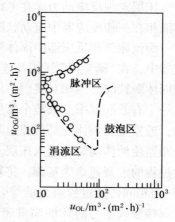

图7-5 气–液体并流固定床流动状态与操作条件

（3）脉冲流动区 随着气速进一步增大，脉冲不断出现，并充满整个床层。液体流速一定时，脉冲的频率和速度基本不变，脉冲现象具有一定的规律性。当液体流速增加时，脉冲频率也增加。

（4）分散鼓泡区 若再增大气速，各脉冲间的界限变得不易区分，达到一定程度后，形成分散鼓泡区。这时液体成为连续相，气体则呈气

泡状存在，形成分散相。

形成不同区域的最大气体流速与液体流速有关。液体流速越大，越易形成脉冲区与鼓泡区，有关实验研究可见文献[12]。

（二）持液量

持液量分内持液量 h_i、静持液量 h_s 和动持液量 h_d，以单位床层体积中液体的分率计。内持液量是颗粒孔隙内的持液量，颗粒的孔隙率越大，则内持液量越大，内持液量一般为 0.3~0.5。静持液量是液体不流动时，润湿颗粒间的持液量，静持液量 h_s 与颗粒的比外表面积和表面粗糙程度有关，颗粒的直径越小，比外表面积越大；表面越粗糙，静持液量也越大，静持液量一般为 0.02~0.06。

动持液量是气、液体流动稳定后，同时关闭气、液体进口阀，在出口处收集到的床层流出的液流量。采用电阻探针测定积分电压，以空气作气相，分别用水、5%甲醛水溶液、10%丁炔二醇水溶液和煤油作液相，进行动持液量的测定，根据实验数据回归得到下列关联式[12]：

$$h_d = 7.08 \left(\frac{\rho_L u_L d_p}{\mu_L}\right)^{0.54} \left(\frac{d_p^3 g_c \rho_L^2}{\mu_L^2}\right)^{-0.12} \qquad (7-12)$$

式中，u_L 是按空塔截面积计算液体的虚拟线速度，即表观液速；d_p 是颗粒的直径。式(7-12)的相对误差在±20%以内。实验所采用的四个系统中，空气-煤油和空气-丁炔二醇属发泡系统，故式(7-12)适用于发泡和不发泡系统，颗粒有无孔隙和液体表面张力对动持液量的影响都不大。式(7-12)的适用范围为：$Re_L = \dfrac{\rho_L u_L d_p}{\mu_L} = 5 \sim 170$；液体的表面张力 $\sigma_1 = 28 \times 10^{-3} \sim 75 \times 10^{-3}\,\text{N/m}$，$Ga = \dfrac{d_p^3 g_c \rho_L^2}{\mu_L^2} = 9 \times 10^4 \sim 7 \times 10^6$；颗粒为球形，有孔或无孔；流动区为滴流区。

在常压至 6MPa 的压力下，气、液两相并流向下流动的滴流床中动持液量的实验测定表明[13]：动持液量随液体流率增加而增加，随气体流率和填料空隙率增大而减少，随压力增加而加大，但压力增加到一定程度反而减小[13]。

（三）外部有效润湿率

在滴流床气-液-固三相反应器中，固体催化剂被液体润湿是很重要的。液体分布系统设计不良时，催化剂颗粒和流动液体之间的接触是不完全的，当液体负荷低时更是如此。这时，大部分液体沿着反应器壁向下流动，并且主要以溪流形式通过颗粒间的大空间，而不像粘性薄膜那样完全包住催化剂颗粒，由此形成了液、固相之间的接触效率。颗粒间的表面一部分为流动液膜所覆盖，另一部分表面为静止状态液囊所覆盖，见图 7-6，显见液囊区的传质效率远低于流动液膜区。采用多孔固体催化剂时，可以定义两种润湿率：①内部润湿或空隙充满，即在催化剂孔道内充满液体，这能衡量可利用于反应的潜在内部活性表面。由于催化剂内部孔道的毛细管作用，内部润湿通常是完全的。②外部有效润湿率，即

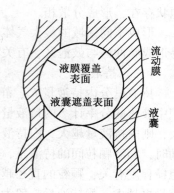

图 7-6　催化剂颗粒间的液囊和流动膜

颗粒与液体有效接触的外部面积。几乎催化剂颗粒内部液体和流动液体之间所有的质量交换都要通过这个面积。外部有效润湿率不同于物理的外部润湿，因为与颗粒接触的半停滞的液囊区对传质的贡献很小。

气速和液速对外部有效润湿率的影响尚待进一步研究，但液体的表面张力较小或粘度较高会增加外部有效润湿率。动态滞液量越高，外部润湿率越高。

二、滴流床三相反应器中的传递过程

（一）滴流状态下气-液相传质系数

许多对滴流床中气-液相间传质的研究表明[1]：在低气-液作用的滴流状态下，气-液相间传质主要决定于液相流速，它与相同条件下的连续吸收填充床具有相同的数量级。

滴流状态下的气相传质系数 k_G 可用 Gianetto 等[14] 推荐的下式计算：

$$\frac{k_G \varepsilon}{u_g} = 0.035 \left(-\frac{\Delta_P}{\Delta_l} \right) \left[\frac{g_c}{\overline{\Psi}(\rho_g u_g^2 + \rho_L u_L^2)} \right] \tag{7-13}$$

式中，$\overline{\Psi}$ 是润湿填充物的填充表面系数，某些填充物的 $\overline{\Psi}$ 值见表 7-1；u_g 是按空塔截面积计算气体的虚拟线速度，即表观气速；ε 是只有填充物时的干床层空隙率。

滴流状态下的液相传质系数 k_L 可用 Gianetto 等[14] 推荐的下式计算：

$$\frac{\rho_L k_L \varepsilon}{u_L} = 0.0305 \left\{ \left[\left(-\frac{\Delta_P}{\Delta_l} \right) \frac{g_c}{S_e \rho_L u_L^2} \right]^{0.068} - 1 \right\} \qquad (7-14)$$

表 7-1 $\overline{\Psi}$ 值

填充物	床层空隙率 ε	比表面积 $S_e / \mathrm{m^2 \cdot m^{-3}}$	$\overline{\Psi} / \mathrm{m^{-1}}$
玻璃球，6mm	0.41	590	24500
鞍形填料，6mm	0.59	900	18400
磁环，6mm	0.52	872	36500
玻璃环，6mm	0.70	891	17100

滴流状态下气-液相间传质面积 a 可根据固体颗粒的外表面积 S_e 由图 7-7 确定。

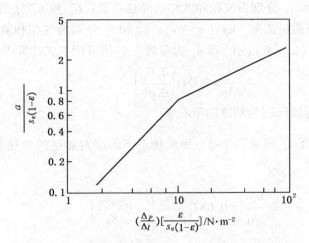

图 7-7 滴流状态下气-液间传质面积图

（二）滴流状态下液-固相传质系数

滴流状态下液-固相间传质系数可采用下式[15]：

$$\frac{k_S d_p}{D_L} \left(\frac{\mu_L}{\rho_L D_L} \right)^{-1/3} = 2.79 \left(\frac{u_l \rho_L}{S_e \mu_L} \right)^{0.7} \qquad (7-15)$$

式中，D_L 表示组分在液相中的扩散系数。

式(7-15)应用条件：$d_p = 3 \sim 6\mathrm{mm}$ 圆柱状，$Sc_L = \dfrac{\mu_L}{\rho_L D_L} = 1200 \sim 5400$，

$$Re_L = \frac{u_L \rho_L}{S_a \mu_L} = 0.1 \sim 20。$$

（三）滴流床中的传热

滴流状态操作时，气-液相间的相对湍动较少，传热性能较差，床层温度控制较困难。按照 Weekman 和 Myers 的概念[16]，固定床气-液-固三相反应器的床层径向有效导热系数 λ_e 为无气、液流动的静床层径向有效导热系数 $(\lambda_e)_0$、气流径向混合有效导热系数 $(\lambda_e)_G$ 和液相有效导热系数 $(\lambda_e)_L$ 之和，即

$$\lambda_e = (\lambda_e)_0 + (\lambda_e)_G + (\lambda_e)_L \tag{7-16}$$

式(7-16)又可进一步写为

$$\frac{\lambda_e}{\lambda_L} = \frac{(\lambda_e)_0}{\lambda_L} + A_G \left(\frac{d_p G_G c_{pG}}{\lambda_G} \right) \left(\frac{\lambda_G}{\lambda_L} \right) + A_L \left(\frac{d_p G_L c_{pL}}{\lambda_L} \right) \tag{7-17}$$

式中，λ_G 和 λ_L 分别为气相和液相的导热系数；G_G 和 G_L 分别为气相和液相的空塔质量流率，$kg/(m^2 \cdot s)$；c_{pG} 和 c_{pL} 分别为气相和液相的比定压热容，$J/(kg \cdot K)$；A_G 和 A_L 为参数。A_L 值可用下式计算[17]：

$$\frac{1}{A_L} = 0.041 \left(\frac{d_p G_L}{\beta_L \mu_L} \right)^{0.87} \tag{7-18}$$

式中，β_L 为以床层为基准的荷液率。

$\dfrac{(\lambda_e)_0}{\lambda_L}$ 及 A_G 值见表7-2。滴流状态下床层对器壁的给热系数 α_t 的关联式如下[18]：

$$\frac{\alpha_t d_p}{\lambda_L} = 0.057 \left(\frac{d_p G_L}{\beta_L \mu_L} \right)^{0.89} \left(\frac{c_{pL} \mu_L}{\lambda_L} \right)^{1/3} \tag{7-19}$$

表7-2 A_G 及 $\dfrac{(\lambda_e)_0}{\lambda_L}$ 值

颗粒 d_p/mm	1.2	2.6	4.3
$\dfrac{(\lambda_e)_0}{\lambda_L}$	1.3	1.7	1.5
A_G	0.412	0.334	0.290

三、滴流床三相催化反应过程开发研究

华东理工大学通过甲醛和乙炔以乙炔酮为催化剂合成丁炔二醇的滴流床反应器开发放大的研究[19]，提出以下三种滴流床三相催化反应过

程研究实验装置：①用间歇搅拌反应釜研究反应的本征动力学[20]；②用转筐反应器研究催化剂颗粒宏观动力学[21]；③用流体外循环微分滴流床反应器研究生产装置喷淋密度下的床层宏观动力学[22]。

根据上述研究结果，对年产 200t 丁炔二醇的中试装置进行了实测比较，采用拟均相一维平推流模型，计算不同床层高度处甲醛浓度和床层温度，并与现场生产中相应高度处的实测值进行比较，甲醛浓度差相对误差小于 10%，床层温度值相对误差小于 5%。

（一）三相床丁炔二醇合成本征反应动力学研究

三相床丁炔二醇合成催化反应本征动力学研究采用磁钢屏蔽转动的机械搅拌式反应器[20]，如果预实验表明反应物的气相分压对反应速率不产生影响，则可以采用液相浓度逐渐变化的间歇操作方式。

（二）三相床丁炔二醇合成颗粒宏观动力学研究

涡轮转筐反应器可用来研究三相床颗粒宏观反应动力学[21]，反应釜的涡轮转筐内有一个六叶涡轮，在叶片外围的环形框内放置催化剂颗粒。冷模实验表明，转速达 500r/min 时转筐反应釜内流体湍动剧烈，全釜内呈现均匀的气泡混合流，催化剂颗粒处于相同的流体力学、传质及传热条件下。反应釜内存液量为 220mL，液体流量小于 20mL/min 时，反应釜内达到无梯度全混流。

（三）滴流床丁炔二醇合成床层宏观反应动力学研究

前已述及，滴流床床层宏观反应动力学是在颗粒宏观反应动力学的基础上，考虑液体润湿及液体均布等有关因素的影响。液体的喷淋密度是影响床层总体速率的主要工程因素。为测得工业反应器生产操作条件下的床层总体速率，要求实验室反应器床层的液体喷淋密度与工业反应器相同。

实验室滴流床反应器通常采用单管式。由于实验室反应器高度远小于工业反应器的高度，当采用与工业反应器相同的喷淋密度时，液体空速偏高，液相反应组分的转化率很低，因此对试样分析精度要求很高，否则会造成很大的实验误差。其次，如果采用低液体喷淋密度，虽然仍保持与工业反应器相同的液体空速，使液相反应组分的转化率提高，但此时反应器内催化剂床层的有效润湿分率和气–液–固相间的传质过程与工业反应器相差甚远，所测得的床层总体速率不能反映工业反应器中的实际情况。

鉴于单管式滴流床实验室反应器的上述缺点，根据气–固相外循环催化反应器的原理，华东理工大学设计了气–液–固三相系统的外循环微分反应器，用以测定滴流床丁炔二醇合成的宏观反应动力学[22]。外循环反应器为内径 50mm 反应管，用加热油外保温，填充床高度 400mm，大量液体在反应器进出口处循环，一定量的新鲜液体加入循环，部分流出液体从循环抽出，维持喷淋密度与工业反应器相同，循环比大于 20，流出液体和新鲜液体之间有明显的液相反应组分浓度差，此时反应器成为全混流反应器。

气-液-固三相外循环微分反应器的结构示意图见图 7-8，整个实验装置见图 7-9。

令 $r'_{A,g}$ 为床层总体速率，则 $r'_{A,g}$ 与同样反应温度及物系组成的颗粒总体速率 $r_{A,g}$ 之比，称为外部接触效率 η，外部接触效率包含床层催化剂颗粒的外部有效润湿率和外部传质过程阻力这两个因素。可以借此判断滴流床反应器中液体流动状况的综合影响。

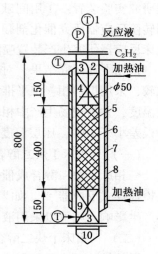

图 7-8　外循环微分反应器结构示意图

1—反应液进口测温热电偶；2—液体分布器；3—催化剂床层下端测温热电偶；4—ϕ3mm 玻璃珠填料；5—催化剂床层；6—不锈钢反应器本体；7—碳钢夹套；8—玻璃纤维保温层；9—ϕ3mm 玻璃珠填料；10—支撑板

在 82℃ 及 95℃ 温度下，测得不同喷淋密度 L 下滴流床丁炔二醇合成的外部接触效率，结果如图 7-10 所示。增加喷淋密度有利于催化剂颗粒的有效润湿，同时可降低催化剂颗粒外部传质过程阻力，二者影响的总结果必然导致外部接触效率增加。图中边框所围的部分是 Satterfield 所推荐的外部接触效率的范围[23]。

在相同的喷淋密度下，升高温度会改变液体的粘度、表面张力，这些因素会影响催化剂的有效润湿分率，但更主要的是催化剂颗粒外部传质系数受温度的影响较颗粒总体速率常数为小。因此，随着温度升高，外部传质阻力的影响更为明显，同一喷淋密度下 95℃ 的外部接触效率较 82℃ 为小。

例 7-1　滴流床丁炔二醇合成床层宏观反应动力学研究

在转筐反应器中进行了 ϕ5mm×5mm 乙炔铜催化剂上丁炔二醇合成总体速率实验，获得数据见表(例 7-1-1)。

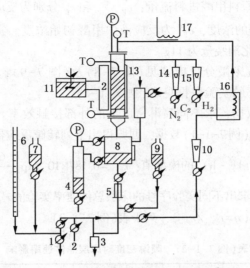

图 7-9　外循环微分反应器实验装置流程图

1—柱式进料泵；2—系统总放料阀；3—隔膜式循环泵；4—取样管；5—过滤器；

6—滴定器；7—分液漏斗；8—气-液分离器；9—分液漏斗；10—液体转子流量计；

11—超级恒温浴；12—反应器；13—放空气体冷却器；14—氮气进口流量计；

15—乙炔进口流量计；16—油浴预热器；17—可控硅自动加热器

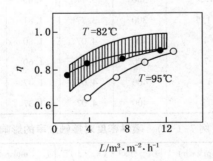

图 7-10　η-L 图

表(例 7-1-1)　丁炔二醇合成颗粒宏观动力学实验

实验序号	T/K	$V_0/mL \cdot h^{-1}$	$c_F^0/mol \cdot L^{-1}$	$c_F/mol \cdot L^{-1}$	$c_P/mol \cdot L^{-1}$	$c_B/mol \cdot L^{-1}$
1	355	42.0	4.03	3.48	0.080	0.18
2	361	42.0	4.04	3.22	0.109	0.28
3	368	42.0	2.86	2.00	0.234	0.36
4	368	42.0	4.04	2.95	0.136	0.42
5	368	42.0	5.32	4.00	0.141	0.42
6	375	42.0	5.32	3.52	0.178	0.62

表中 V_0 为原料甲醛进料流量；c_F、c_P 和 c_B 分别为反应液中甲醛、丙炔醇和丁炔二醇的浓度，c_F^0 为反应液中甲醛初始浓度。实验时乙炔压力为 0.5MPa，催化剂装量为 11g。

外循环滴流床微分反应器见（图 7-8）及（图 7-9），不同喷淋密度下床层总体速率的实验数据见表（例 7-1-2）。

根据以下数据，求不同喷淋密度下的外部接触效率。

解：根据表（例 7-1-1）数据，回归得出下列转筐反应器中颗粒总体速率方程 $r_{F,g}[\text{mol}/(\text{kg} \cdot \text{h})]$ 的模型值：$r_{F,g} = 0.187 \times 10^{10} \exp\left(-\dfrac{62341.6}{R_g T}\right) c_F^{0.5}$。从表（例 7-1-2）可求出不同实验序号的床层总体速率实验值 $r'_{F,g}$，由此可得外部接触效率 η 值（$\eta = r'_{F,g}/r_{F,g}$），列于表（例 7-1-3）。

表（例 7-1-2）　喷淋密度对床层总体速率影响

实验序号	T/K	$L/$ $m^3 \cdot (m^2 \cdot h)^{-1}$	$V_0/$ $mL \cdot h^{-1}$	$c_F^0/$ $mol \cdot L^{-1}$	$c_F/$ $mol \cdot L^{-1}$	$c_P/$ $mol \cdot L^{-1}$	$c_B/$ $mol \cdot L^{-1}$
1	355	1.9	300	3.77	2.01	0.145	0.735
2	355	3.9	300	3.77	1.92	0.154	0.753
3	355	7.5	300	3.77	1.85	0.139	0.743
4	355	11.5	300	3.77	1.81	0.138	0.754
5	368	4	400	4.07	1.80	0.146	0.770
6	368	7	400	4.07	1.60	0.171	0.970
7	368	10	400	4.07	1.47	0.163	1.045
8	368	13	400	4.07	1.37	0.120	1.089

表（例 7-1-3）　喷淋密度对接触效率的影响

实验序号	T/K	$L/m^3 \cdot (m^2 \cdot h)^{-1}$	$r'_{F,g}/\text{mol} \cdot (\text{kg} \cdot \text{h})^{-1}$	$r_{F,g}/\text{mol} \cdot (\text{kg} \cdot \text{h})^{-1}$	η
1	355	1.9	1.23	1.779	0.691
2	355	3.9	1.29	1.739	0.742
3	355	7.5	1.34	1.707	0.785
4	355	11.5	1.37	1.688	0.812
5	368	4	2.11	3.550	0.594
6	368	7	2.29	3.347	0.684
7	368	10	2.42	3.208	0.754
8	368	13	2.51	3.097	0.810

第三节　机械搅拌鼓泡悬浮式三相反应器

一、机械搅拌鼓泡悬浮式三相反应器的主要形式

机械搅拌鼓泡悬浮式三相反应器利用机械搅拌的方法使催化剂保持悬浮状态，它有较高的传质和传热系数，对于高粘度的非牛顿型流体的反应系统尤为合适，但带来了较高的动力消耗和催化剂颗粒磨损。按照气体的分散方式，机械搅拌悬浮反应器的主要形式有压力布气式和自吸式二种。

压力布气式搅拌悬浮反应器如图 7-11 所示。搅拌器一般安置于反应器底部上方 $0.1D_R \sim 0.2D_R$ 处（D_R 为反应器内直径）。容器壁通常装有四块宽度为 $0.1D_R$ 的纵向固定挡板以减少中心区的旋涡。搅拌器直径约为反应器直径的 1/3，可采用螺旋桨式和六叶片涡轮式，后者可在较小的转速下实现催化剂的悬浮，气体分布器可采用分布环和多孔烧结板。但在较高催化剂含量的液体中，多孔烧结板易于堵塞。

图 7-12 为具有二个搅拌桨的半自吸式悬浮反应器。上面的搅拌桨安置于临近液面处。搅拌旋转时从上方吸入气体，使表面液体充气，而安置于底部的搅拌桨将气体运送到反应器全部空间，此种表面充气搅拌反应器，气含率和比表面均很大，但功率消耗较大，适用于传质过程控制的反应系统。另有一种利用搅拌桨的旋转，背部产生负压而自中空轴吸入气体的自吸式搅拌悬浮反应器，它产生的气含率较低，适用于耗气量较少的气-液反应系统。机械搅拌鼓泡悬浮式三相反应器的基本特征与第六章讨论的用于气-液系统的搅拌鼓泡反应器相同。

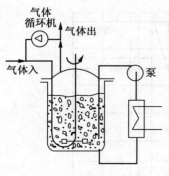

图 7-11　压力布气式搅拌
　　　　悬浮反应器

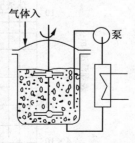

图 7-12　半自吸式搅拌
　　　　悬浮反应器

二、反应器中固体的悬浮

机械搅拌悬浮反应器中必须维持必要的转速使固体颗粒完全悬浮在液相中。搅拌悬浮反应器中还必须保持必要的表观气速。

Zweitering 得出了搅拌悬浮反应器的完全悬浮条件[24]，以颗粒在反应器底停留不超过 $1\sim2s$ 作为完全悬浮的基准，必需的最小转速 $N_{\min}$ 为

$$N_{\min} = \frac{\beta d_p^{0.2} v_L^{0.1} g_c^{0.45} (\rho_s - \rho_L)^{0.45} \left(\dfrac{W}{\rho_L}\right)^{0.13}}{\rho_L^{0.55} d_L^{0.85}} \qquad (7\text{-}20)$$

式中，$N_{\min}$ 的单位为 r/s；d_L 为搅拌桨直径，m；$\dfrac{W}{\rho_L}$ 为单位质量液体中悬浮固体的质量分数；d_p 为悬浮固体颗粒直径，m；ν_L 为液体运动粘度，m^2/s；β 为常数，它与反应器内直径 D_R 和搅拌桨直径之比 D_R/d_I 和不同搅拌桨的安排有关。Nienow[25] 指出对盘式涡轮搅拌器而言，

$$\beta = (D_R/d_I)^{1.33} \qquad (7\text{-}21)$$

Conti 等[26] 指出，搅拌桨与容器底面距离 H 对 $N_{\min}$ 有不连续的影响，当 $H/D_R < 0.22$ 时，$N_{\min}$ 的水平较低；当 $H/D_R > 0.22$ 时，$N_{\min}$ 骤然升高至相当水平。因此，工程上，H/D_R 值应小于 0.22，以利于颗粒的悬浮。

搅拌鼓泡悬浮反应器还存在一个允许的极限气速，如果超过了极限气速，搅拌器将失去分散气体的作用，气流将从容器中间冲破悬浮床垂直向上，此时容器底部的扰动较少，固体将会沉积在那里。此极限气速称之为泛速。气液搅拌悬浮反应器的泛速与转速的关系，见图 7-13，随着转速增大，泛速将相应提高，但固体含量对泛速的影响不大。

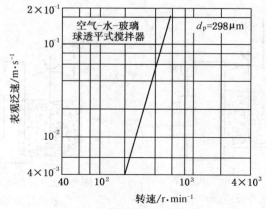

图 7-13　搅拌悬浮反应器的泛速

三、机械搅拌釜中三相床费托合成

气–液–固三相床存在较剧烈的搅拌及液体湍动，具有良好的传质、传热效果，反应器内床层温度容易控制，且可采用细小颗粒催化剂，消除内扩散对反应速率的影响，适用于通过费托合成反应制备液体燃料过程，且已实现百万吨级浆态床反应器工业化。

费托合成反应动力学研究对于反应器的开发、放大具有重要的指导意义。但费托合成的产物碳数分布广，组成复杂[27]，给产物的分析以及动力学研究带来了很大的困难。普遍采用的研究费托合成动力学的方法主要包括三方面：一是基于 CO 或者合成气消耗速率的动力学模型，该方法主要采用经验的幂函数形式动力学表达式或者通过假设不同的反应机理以及速率控制步骤推导 Langmuir–Hinshelwood–Hougen–Watson（LHHW）型的动力学表达式[28,29]，对于 CO 或者合成气的消耗速率具有很好的预测性，但是对于研究产物的分布无能为力。Yates[29]对钴基催化剂上的费托合成反应速率方程进行了总结，认为反应速率方程 CO 的反应级数为负值，氢气的级数为 0.5 ~2.0，催化剂活化能约为 98 ~ 103kJ/mol；二是基于详细产物分布的详细动力学模型，该类模型认为碳链增长因子与碳数相关，并在动力学表达式推导过程中涉及不同的碳链增长概率因子，因此动力学的推导及计算过程较复杂，该类模型能够同时预测 CO 或合成气的消耗速率及费托合成产物的详细分布，但是对于碳数为 1 和 2 的产物如甲烷和甲醇等的生成速率的预测与实际相差较大[30~32]；三是基于 CO 消耗速率模型和产物分布模型，并根据集总思想得到的描述产物生成速率的集总动力学模型。

例 7-2 机械搅拌釜反应器中活性炭负载钴基催化剂上的 CO 消耗宏观动力学。

解：钱炜鑫等[33]在机械搅拌釜式反应器中研究了钴基催化剂上的 CO 消耗宏观动力学。所使用的钴基催化剂上的费托合成产物包含约 85% 的烷烃和烯烃及 15% 的醇类，考虑到甲烷和甲醇的生成机理以及生成速率与其他产物有所不同，因此根据集总思想，将产物集总为：CH_4、$C_2 \sim C_4$ 烃、$C_5 \sim C_{20}$ 烃、C_{21+} 烃、CH_3OH、$C_2 \sim C_5$ 醇、C_{6+} 醇等七大类，分别用 CH_4、C_3H_8、C_8H_{18}、$C_{23}H_{48}$、CH_3OH、C_3H_7OH、$C_8H_{17}OH$ 来替代表示，反应式如式（例 7-2-1）~ （例 7-2-7）所示。

$$CO+3H_2 = CH_4+H_2O \qquad （例 7-2-1）$$

$$3CO+7H_2 = C_3H_8+3H_2O \qquad （例 7-2-2）$$

$$8CO+17H_2 = C_8H_{18}+8H_2O \qquad （例 7-2-3）$$

$$23CO+46H_2 \Longrightarrow C_{23}H_{46}+23H_2O \qquad (例7-2-4)$$
$$CO+2H_2 \Longrightarrow CH_3OH \qquad (例7-2-5)$$
$$3CO+6H_2 \Longrightarrow C_3H_7OH+2H_2O \qquad (例7-2-6)$$
$$8CO+16H_2 \Longrightarrow C_8H_{17}OH+7H_2O \qquad (例7-2-7)$$

实验以医用液体石蜡为液相惰性热载体，其密度（d_4^{20}）为 0.8390，20℃时粘度为 $41.2×10^{-3}Pa·s$，80℃时粘度为 $5.71×10^{-3}Pa·s$。砷、硫等杂质含量甚微，氯未检测出。常压下初馏点为 284℃，终馏点为 492.4℃。

实验流程如图（例7-2-1）所示。用氮气对整个反应系统进行气密性检查，并用原料气对质量流量计进行校正后调节至实验所需流量，通过稳压阀以及背压阀调节反应器内压力至实验所需压力，并按照设定程序升温。

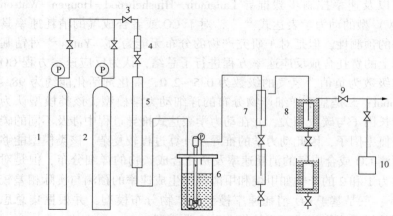

图(例7-2-1)　费托合成宏观反应动力学实验流程图

1—N₂钢瓶；2—原料气钢瓶；3—稳压阀；4—质量流量计；5—净化器；
6—高压釜；7—热阱；8—冷阱；9—背压阀；10—色谱仪

合成气经质量流量计控制流量后进入净化器中脱除微量的氧以及其他杂质，后通入已预先加有一定量液体石蜡和催化剂的悬浮液的搅拌釜反应器中进行反应，部分液相产物留在反应釜内，气相产物及未反应的 CO 和 N₂ 流出反应器，先经热阱（180℃）冷凝其中的高沸点组分，后进入冷阱（0℃）分离低沸点组分，不凝气体经背压阀进入皂膜流量计测量流量或进入气相色谱仪分析组成。

高压釜容积 0.5L，内壁装有 4 块纵向挡板，以增加液体的湍动并防止出现涡流。搅拌器由一根不锈钢空心轴（Φ10mm×2mm）和两圆盘组成，两圆盘外缘加 4 根肋条。空心轴上端开有 2 个 Φ3mm 的小孔，下端两圆盘间开有 3 个 Φ2mm 小孔。当搅拌器以一定的速度旋转时，在两圆

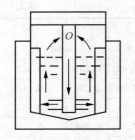

图（例7-2-2）　高压釜
内气体循环简图

盘间形成负压，高压釜内液面上方的气体由空心轴上端小孔处吸入，沿空心轴向下，并由下端圆盘间的小孔鼓出，气泡被两圆盘边缘的肋条打碎成很小的气泡，然后鼓泡通过釜内淤浆床，形成自吸搅拌。气体在高压釜内形成内循环。通过剧烈的搅拌，催化剂悬浮在惰性介质中，气体和颗粒催化剂充分接触，并使用细颗粒催化剂可获得高的总体速率。气体在反应器中的循环流型见图（例7-2-2）。医用液体石蜡为300mL，催化剂为5g（100~120目）。

催化剂焙烧及还原在一根 $\Phi24mm\times2mm$ 的石英管中进行。首先用氮气经稳压阀稳压、质量流量计计量流量后保持空速在1000h^{-1}进入石英管中，同时加热炉按照一定的升温程序升温对催化剂进行焙烧，待催化剂焙烧结束，切换到氢气，纯氢还原，还原压力为常压，还原气空速为1000h^{-1}。由于经过还原的活性炭负载钴基催化剂遇到氧极易被氧化而失去活性，因此在催化剂还原后从石英管转移到搅拌釜反应器的过程中，需迅速从石英管上部加入少量液体石蜡，并在石英管下方切换为 CO_2 气体保护还原的催化剂，同时将催化剂转移至搅拌釜反应器中。宏观动力学实验条件为：压力2.1~3.5MPa，反应温度210~225℃；入口气组成：CO24%~45%，$H_2$40%~56%，其余为 N_2，原料气流量0.12~0.25mol/h。

为了保证在催化剂活性稳定的情况下进行动力学实验，需考查催化剂在实验过程中的反应稳定性。调至反应条件后，反应100h以上并测定尾气组成，待组成稳定后，开始取样分析。每4h取一次样，若尾气组成及流量基本不变，则可认为催化剂反应活性已基本稳定。动力学实验完成后，将操作条件调整至最初的实验条件，并稳定一段时间后测定尾气组成及流量，发现与最初实验条件下的尾气组成和流量基本一致，可认为催化剂没有失活，整个实验是在催化剂活性稳定的情况下完成的。实验条件与结果见表（例7-2-1）。

表（例7-2-1）　宏观动力学实验数据表

$T/℃$	$p/$ MPa	$N_{in}/$ mol·h^{-1}	$H_2/$ CO	$y_{CO,in}/$ %	$y_{H_2,in}/$ %	$y_{CO,out}/$ %	$y_{H_2,out}/$ %	x_{CO}	$r_{CO}/$ mol·kg^{-1}·s^{-1}
213.3	3.10	0.2195	2.32	24.08	55.79	21.56	54.67	0.210	0.010
217.0	3.10	0.2150	2.32	24.08	55.79	20.71	53.81	0.246	0.012
221.0	3.10	0.2256	2.32	24.08	55.79	17.76	52.41	0.310	0.016
225.3	3.10	0.2347	2.32	24.08	55.79	8.64	49.97	0.557	0.030

续表

$T/℃$	$p/$ MPa	$N_{in}/$ mol·h⁻¹	$H_2/$ CO	$y_{CO,in}/$ %	$y_{H_2,in}/$ %	$y_{CO,out}/$ %	$y_{H_2,out}/$ %	x_{CO}	$r_{CO}/$ mol·kg⁻¹·s⁻¹
217.1	3.10	0.2506	2.32	24.08	55.79	19.54	52.42	0.203	0.012
217.1	3.10	0.2107	2.32	24.08	55.79	19.89	52.76	0.250	0.012
217.4	3.10	0.1850	2.32	24.08	55.79	18.10	51.89	0.313	0.014
217.4	3.10	0.1245	2.32	24.08	55.79	10.52	47.39	0.666	0.019
217.3	3.50	0.2207	2.32	24.08	55.79	21.32	53.06	0.266	0.015
217.4	3.00	0.2083	2.32	24.08	55.79	21.48	53.61	0.249	0.012
217.3	2.50	0.2072	2.32	24.08	55.79	22.39	54.56	0.220	0.009
217.3	2.10	0.2134	2.32	24.08	55.79	22.99	55.01	0.184	0.006
217.0	3.00	0.2110	0.91	44.19	40.36	42.39	37.95	0.054	0.005
217.2	3.05	0.2294	1.38	34.93	48.22	32.06	44.73	0.095	0.007
217.4	3.05	0.2317	1.87	27.86	52.04	25.53	48.27	0.153	0.009

注：x_{CO} 为 CO 的转化率；r_{CO} 为 CO 消耗速率，下标 in 和 out 分别表示反应器入口和出口。

在费托合成反应中，CO、H_2 先以分子态吸附在催化剂表面，后以解离态或分子态参与反应。选取幂指数型动力学模型进行验证，如式（例7-2-8）所示。

$$r_{CO} = k_0 \exp\left(-\frac{E}{RT}\right) p_{H_2}^a p_{CO}^b \qquad (例7-2-8)$$

用表（例7-2-1）中的实验数据对模型参数进行回归。采用全局最优的遗传算法得到所需回归的参数初值，目标函数为：CO 转化率的实验值与模型值的残差平方和最小，如式（例7-2-9）所示。

$$S_x = \sum_{i=1}^{N_{exp}} (x_{cal,i} - x_{exp,i})^2 \qquad (例7-2-9)$$

对回归得到的模型参数进行统计检验及相对误差分析，统计检验的相关参数计算式：

$$F = \frac{\left[\sum_{i=1}^{N_{exp}} (x_{exp,i})^2 - \sum_{i=1}^{N_{exp}} (x_{exp,i} - x_{cal,i})^2\right]/N_{exp}}{\sum_{i=1}^{N_{exp}} (x_{exp,i} - x_{cal,i})^2/(N_{exp} - M)}$$

$$(例7-2-10)$$

$$\rho^2 = 1 - \sum_{i=1}^{N_{exp}} (x_{exp,i} - x_{cal,i})^2 / \sum_{i=1}^{N_{exp}} (x_{exp,i})^2 \qquad (例7-2-11)$$

式中，N_{exp} 为实验组数，M 为参数个数。统计检验结果如表（例7-2-2）和图（例7-2-3）所示。

表（例7-2-2）　回归得到的模型参数值

No.	$k_0/mol \cdot kg^{-1} \cdot s^{-1} \cdot MPa^{-2}$	$E/kJ \cdot mol^{-1}$	a	b	ρ^2	F
幂指数	5.04×10^6	108.67	1.88	-0.67	0.993	324.62

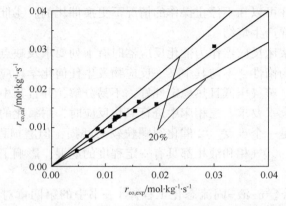

图（例7-2-3）　CO宏观消耗速率的实验值与计算值的比较

由图（例7-2-3）可见，实验值与计算值的相对误差均小于20%。取显著水平5%，查文献可得幂指数型CO消耗速率模型的自由度 $F_{0.05} = 3.48$。由模型检验结果可见，决定性指标 $\rho^2 = 0.993 > 0.9$，$F = 324.617 > 10$，$F_{0.05} = 34.8$，可见幂指数型的CO消耗速率模型对于预测搅拌釜反应器中活性炭负载钴基催化剂上的费托合成CO消耗速率是适宜的。因此选取幂指数型的CO消耗速率模型为CO消耗动力学模型。模型方程为：

$$r_{CO} = 5.04 \times 10^6 \times \exp\left(-\frac{108.67 \times 10^3}{RT}\right) p_{H_2}^{1.88} p_{CO}^{-0.67} \quad (例7-2-12)$$

第四节　鼓泡淤浆床反应器

鼓泡淤浆床反应器的基础是气-液相鼓泡反应器，所以往往文献中将气-液相鼓泡反应器与鼓泡淤浆床反应器同时进行综述，即在气-液相鼓泡的基础上加入固体。

作为催化反应器时，鼓泡淤浆床反应器有下列优点：①使用细颗粒催化剂，充分消除了大颗粒催化剂粒内传质及传热过程对反应转化率、收率及选择率的影响。②反应器内液体滞留量大，且热容量大，并且淤浆床与换热元件间的给热系数高，容易移走反应热，温度易控制，床层可处于等温状态，某些可逆放热反应处于固定床时由于传热及温升的限制而形成的对平衡转化率的影响可以大为消除，在较低空速下可达到较高的出口转化率，并且可以减少进行强放热带深度氧化副反应并且副反应活化能高于主反应活化能的多重反应的固定床内床层温升对降低选择率的影响。③可以在不停止操作的情况下更换催化剂。④催化剂不会像固定床中那样产生烧结。

鼓泡淤浆床反应器作为催化反应器时有下列要求及缺点：①要求所使用的液体为惰性，不与其中某一反应物发生任何化学反应，在操作状态下呈液态，蒸气压低且热稳定性好，不易分解，并且其中对催化剂有毒物质含量合乎要求。三相床中进行氧化反应时，耐氧化的惰性液相热载体的筛选是一个难点。②催化剂颗粒较易磨损，但磨损程度低于气-固相流化床。③气相和液相都具有一定程度的返混，影响了反应器中的总体速率。

Fan 所著《气-液-固流态化工程》[4]一书中的第四章对淤浆鼓泡反应器的有关问题做了深入的讨论。Shah 等于 1982 年对气-液相鼓泡反应器与淤浆床鼓泡反应器的有关研究工作做了综述，当固体为细颗粒，淤浆的性能可作为拟均相（即拟液体）处理时，可采用气-液相鼓泡反应器的有关理论[34]。Joshi 等于 1985 年对气-液-固三相反应器的有关研究工作做了综述[35]。Nigam 及 Schumpe 的专著[7]对鼓泡淤浆床反应器的流体力学、传热、传质及工业应用作了详细的综述及讨论。

一、鼓泡淤浆床反应器的流体力学

本节讨论鼓泡淤浆床反应器的流体力学，含流型、固体完全悬浮时的临界气速、气含率与气泡尺寸分布。

（一）流型

前已叙述，鼓泡淤浆床反应器的基础是气-液相鼓泡反应器，其流体力学特性与气-液相鼓泡反应器相同或相接近。Deckwer[36]等发表了气体分布器工作良好情况下气-液相鼓泡反应器的流型，见图 7-14，对水-空气系统，气-液相鼓泡反应器的流动状态与区域，见图 7-15。根据气泡流动的行为，可以划分出三种流动型态：①安静鼓泡区，又称为气泡分散区（dispersed bubble regime）；②湍流鼓泡区，又称为气泡聚并区（coalesced bubble regime）；③栓塞区（slugging regime），又称节涌区。

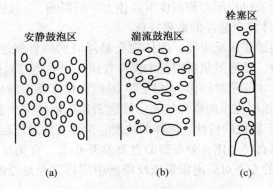

图 7–14 鼓泡淤浆床反应器中的流型

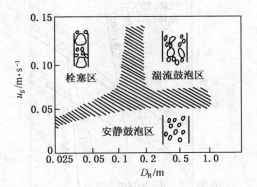

图 7–15 流动状态分区与气体流速及反应器直
径间的关系

对于淤浆的性能可作为拟液体时，例如当颗粒直径≤50μm，并且固含率不超过 16%，气–液二相流动的流动状态分区图可适用于气–液–固三相鼓泡淤浆反应器。上述流型间的过渡条件与液体特性、气体分布器的设计、颗粒特性及床层尺寸等因素有关。例如，对于高粘度的流体在很低的表观气速下可形成栓塞流。气体分布器如采用微孔平均直径低于 150μm 的素烧陶瓷板，当表观气速达 0.05~0.08m/s 时，仍为气泡分散区，当多孔板孔径超过 1mm 时，气泡分散区仅存在于很低的表观气速。综上所述，鼓泡淤浆床反应器能否使用图 7–15 流动状态分区图需视淤浆及分布器等系统具体情况而定。

大部分鼓泡淤浆反应器的流体力学研究工作是在常压及常温下进行

的，本章第七节讨论压力和温度对流体力学的影响。

（二）固体完全悬浮的临界气速

对于鼓泡淤浆床反应器，固体完全悬浮时的临界气速 u_{gc} 是非常重要的操作参数，鼓泡淤浆反应器中操作气速一定要超过固体完全悬浮时的临界气速，才能正常操作，如同气-固相流化床反应的操作气速一定要超过气-固相流化床的临界气速。鼓泡淤浆床固体完全悬浮时的临界气速 u_{gc} 取决于颗粒的特性、固体的浓度、液体特性及床层特性（如床层直径与分布器直径之比，分布器的类型及开孔率，有无导流筒）等因素有关。Fan[4] 的专著对鼓泡淤浆床反应器中固体完全悬浮时的临界气速 u_{gc} 作了综述。

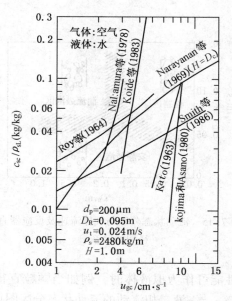

图 7-16　鼓泡淤浆床临界气速关系式

图 7-16 是 Kojima[37] 归纳的众多研究者关于鼓泡淤浆床临界气速 u_{gc} 的关联式，横坐标是 u_{gc}（cm/s），纵坐标是 c_{sc}/ρ_{sL}，其中 c_{sc} 是在无气泡二相淤浆中固体完全悬浮时的临界固体质量浓度（kg/m³），ρ_{sL} 是无气泡时的液-固二相淤浆密度（kg/m³）。由图 7-16 可见不同的关联式所得的临界气速有明显的差别，这可能来自设备几何形状与尺寸的差异，或不同类型的分布器及开孔率，或不同的临界气速测试方法。

Koide 等[38,39] 关于临界气速的关联式是基于压差法所得数据，且实验条件很广。对于无导流筒的鼓泡淤浆床，在常压及常温下，以空气作气体，水、甘油水溶液及乙二醇水溶液作液体，固体采用玻璃球（$77~\mu m \leqslant d_p \leqslant 846~\mu m$，$\rho_s = 2500~kg/m^3$）及青铜球（$d_p = 167\mu m$，$\rho_s = 8770~kg/m^3$）；鼓泡淤浆床直径 $D_R = 0.10~m$、$0.14~m$ 及 $0.30~m$；静止床层高度 $L_0 = 2m$，分布器为多孔板。实验数据表明：临界气速 u_{gc} 随着固体颗粒在液体中的终端速度 u_t 增大（即颗粒直径增大）而增大，随着颗粒与液体的密度差（$\rho_s - \rho_L$）增大和颗粒浓度 c_s 增大而增大；u_{gc} 随着床层直径增大而增大；u_{gc} 随着液体粘度 μ_L 增大而增大，并随着表面张力 σ_L 增大而减小。床层的锥形底比平底可降低 u_{gc}/u_t 值。Koide 将实验数据回归，获得按空床层截面积计算的固体完全悬浮的临界气速 u_{gc} 与固体颗粒在静止流体中的终端速度 u_t 之比如下：

$$\frac{u_{gc}}{u_t} = 0.801 \left(\frac{\rho_S - \rho_L}{\rho_L} \right)^{0.60} \left(\frac{c_s}{\rho_s} \right)^{0.146} \left(\frac{\sqrt{g_c D_R}}{u_t} \right)^{0.24} \left\{ 1 + 807 \left(\frac{g_c \mu_L^4}{\rho_L \sigma_L^3} \right)^{0.578} \right\}$$

$$(7-22)$$

图 7-17 是不含气相的液-固二相淤浆中颗粒浓度 c_s，kg/m^3，对固体完全悬浮的临界气速 u_{gc} 的影响[38]，有关参数见图上说明，本书今后"淤浆"指不含气泡的液-固二相淤浆。

由图 7-17 可见以空气为介质时，u_{gc} 值的大致范围。导流筒结构尺寸对 u_{gc} 具有影响。如果固体颗粒的粒度范围宽，则 u_{gc} 值有所增加。

（三）气含率

气-液-固三相鼓泡淤浆反应器的气含率，或气相分率 ε_G，反映占主导的气泡尺寸与上升速度，任一反映气泡尺寸与上升速度的体系均能影响气含率。在安静鼓泡区，径向气含率的分布趋于平坦。在湍流鼓泡区，气含率在床层中心区出现最大值，沿径向逐渐降低。一般说来，表观气速 u_g 增大，气含率 ε_G 增大。对于大颗粒固体，$d_p \geqslant 100~\mu m$ 时，ε_G 随淤浆中固含率 ε_s 增大而减小，对于小颗粒固体，ε_s 增大时，ε_G 的变化不明显。液体的粘度和表面张力增加，ε_G 减小。

Fan 的专著[4]第 4.2 节整理了众多研究者所得气-液二相鼓泡床气含率 ε_G 的关联式，其比较见图 7-18。一般说来气-液二相鼓泡床气含率随表观气速上升而增大，并取决于所在流型区域和分布器设计。除床层直径甚小者，气含率几乎与床层直径和静止床高无关。

Hughmark[40]对于空气-水系统，获得以下表征气-液二相鼓泡床气含率的关联式：

$$\varepsilon_{G} = \left[2 + \left(\frac{0.35}{u_{g}} \right) \left(\frac{\rho_{L}\sigma_{L}}{72} \right)^{1/3} \right]^{-1} \qquad (7-23)$$

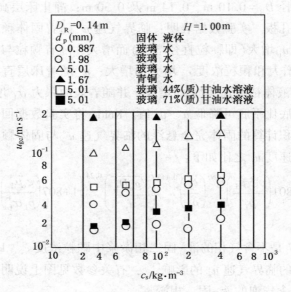

图 7-17　固体浓度对 u_{gc} 的影响

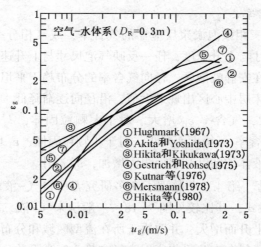

图 7-18　气液鼓泡淤浆床气含率关联式的比较

Smith 及 Ruether[41] 在内径 0.108 m，高 1.94 m，用单喷嘴分布器的鼓泡反应器中进行了不含固体的气-液二相鼓泡床及含固体的三相床气含率的研究，实验表明，用不含气相的淤浆密度 ρ_{sL} 代替气-液鼓泡床液体密度 ρ_L 时，Hughmark 的气含率关联式可用于三相淤浆床。

Koide 等[42] 的研究结果表明：在鼓泡淤浆床中，过渡区域内，分布器的设计对气含率和发生过渡流型的起始条件有影响；对于多孔板分布器，当小孔直径 d_0 小于 2 mm 或孔间距大于 2.5 mm，在气-液二相鼓泡床的安静鼓泡区内，随着气速上升，气含率近似线性地增加至极大值，然后在过渡区内随之下降，最后在湍流鼓泡区内重新随气速增大而上升。实验表明，对于空气-水系统，当分布器的小孔直径分别为 0.5 mm，1 mm 和 2.5 mm 时，在同一表观气速 u_g 下，气含率随小孔直径减小而增大，通过实验，获得湍流鼓泡区 ε_G 的关联式，表明当固体浓度、固体密度、液体密度、表面张力和粘度增加时，ε_G 减小；当表观气速 u_g 及淤浆床直径减小时，气含率 ε_G 减小，见下式[42]：

$$\frac{\varepsilon_G}{(1-\varepsilon_G)^4}=\frac{c_L\left(\dfrac{u_g\mu_L}{\sigma_L}\right)^{0.918}\left(\dfrac{g\mu_L^4}{\rho_L\sigma_L^3}\right)^{-0.252}}{1+4.35\left(\dfrac{c_s}{\rho_s}\right)^{0.748}\left(\dfrac{\rho_s-\rho_L}{\rho_L}\right)^{0.88}\left(\dfrac{D_R u_g\rho_L}{\mu_L}\right)^{-0.168}} \tag{7-24}$$

实验在常压及常温下进行，以空气为介质，对于水及甘油和乙二醇的水溶液，常数 $C_L=0.227$；对于无机电解质的水溶液，$C_L=0.364$。实验时，$0.14\text{m}\leqslant D_R\leqslant 0.30\text{m}$，$1.64\times 10^{-4}\leqslant\left(\dfrac{u_g\mu_L}{\sigma_L}\right)\leqslant 2.92\times 10^{-2}$，$0\leqslant\dfrac{c_s}{\rho_s}\leqslant 0.08$，$1.12\leqslant\left(\dfrac{\rho_s-\rho_L}{\rho_L}\right)\leqslant 0.280$，$1.61\times 10^{-11}\leqslant\left(\dfrac{g\mu_L^4}{\rho_L\sigma_L^3}\right)\leqslant 2.84\times 10^{-6}$，$3.15\times 10^2\leqslant\left(\dfrac{D_R u_g\rho_L}{\mu_L}\right)\leqslant 4.82\times 10^4$

例 7-3 冷态及热态鼓泡淤浆反应器中气含率的研究。

解： 中国科学院山西煤炭化学研究所测定了冷态及热态鼓泡淤浆床中的气含率。冷态气含率研究采用空气-水-石英砂系统[43]，根据测定结果获得气含率 ε_G 随表观气速 u_g 的变化及相应的关联式。总的趋势是 ε_G 随 u_g 增大而增大，但在不同区域，增大程度不同；并且 ε_G 随 c_s 增大而减小。

根据实验数据，可得下列关联式：

（1）安静鼓泡区 $u_g\leqslant 3$ cm/s，$Fr\leqslant 0.0391$ 时

$$\varepsilon_G = 5.057 \times 10^{-3} Fr^{0.927} Ga^{0.602} \left(\frac{d_0}{D_R} \right)^{1.463} \qquad (例7\text{-}3\text{-}1)$$

（2）过渡区 3.0cm/s $<u_g\leqslant$9cm/s，0.0391$<Fr\leqslant$0.0645 时

$$\varepsilon_G = 3.122 \times 10^{-4} Fr^{0.429} Ga^{0.884} \left(\frac{d_0}{D_R} \right)^{2.570} \qquad (例7\text{-}3\text{-}2)$$

（3）湍流鼓泡区 $u_g>$9cm/s，0.0645$<Fr\leqslant$0.1955 时

$$\varepsilon_G = 1.567 \times 10^{-2} Fr^{0.679} Ga^{0.353} \left(\frac{d_0}{D_R} \right)^{0.782} \qquad (例7\text{-}3\text{-}3)$$

上列诸式中，Fr（Froude 数）$= u_g/(g_c D_R)^{0.5}$；Ga（Galieo 数）$= g D_R^3 \rho_{sL}^2/\mu_{sL}^2$，$\rho_{sL} = \rho_s X_s + (1-X_s)\rho_L$；$\mu_{sL} = \mu_L \exp[0.6X_s/(1-X_s)]$。$X_s$ 为固体颗粒在不含气泡的淤浆中的体积分率；ρ_{sL} 及 μ_{sL} 分别为不含气泡的淤浆密度（g/cm^3）和粘度（mPa·s）。

热态气含率研究结合煤间接液化的费-托合成进行，三相床直径 0.098 m，静止床高 1.85 m，气体分布器为烧结金属板，孔径 40～60μm。采用氮-液体石蜡-石英砂系统，研究了表观气速、压力、温度、颗粒浓度等因素对气含率的影响。

研究结果表明，除了气含率随操作态表观气速 u_g 增大而增大外，在 $P = 1.01\times10^5 \sim 7.85\times10^5$Pa 范围内，压力对气含率没有影响；在温度 150～210℃范围内，温度对气含率没有影响，对平均粒径 165μm 的石英砂颗粒，气含率随颗粒质量浓度（0%～20%）增大而减小；但对于平均粒径 53 μm 的石英砂，颗粒浓度对气含率的影响不明显。

将 53μm 的数据进行处理，对上述使用液体石蜡油介质的 F-T 合成系统三相加压、加温淤浆床体系

$$\varepsilon_G = 0.053 u_g^{1.2} \qquad (例7\text{-}3\text{-}4)$$

将上述研究结果与其他研究工作所采用水-空气、甲醇-空气等气-液鼓泡床的气含率研究结果相比较，采用液体石蜡的系统，气含率之值较高，这与烃类体系鼓泡性质有关。

例7-4 不同关联式的鼓泡淤浆床气含率。

解： 华东理工大学在进行 ϕ0.2m 鼓泡淤浆三相床甲醇合成反应热模实验之前，进行了 ϕ0.2m 冷模中的平均气含率实验，所用的气体分布器为环形分布器，分布管下部有内/外二排均布向下的直径 ϕ1mm 的小孔，开孔率为 0.002，冷模鼓泡淤浆床中装有仿热态甲醇合成三相床反应器的换热构件。所用三相体系为空气-水-甲醇合成的 C302 催化剂

和空气-医用液体石蜡-C302 催化剂，催化剂的平均颗粒密度为 3.504 kg/L，粒度 120~150 目。实验时，空气-水-催化剂系统温度2~11℃，当时水的粘度 μ_L 为 1.140~1.346Pa·s，表面张力 σ_L 73.93~74.4 mN/m，空气-液体石蜡-催化剂系统温度 20~30℃，当时液体石蜡的粘度 μ_L 为 13.26~14.57 Pa·s，表面张力 σ_L 29.29~30.55 mN/m，密度 ρ_L 为 0.839 kg/L。

实验时，液-固二相淤浆中固体的质量分率 w_s 为 0.171~0.364，表观气速 0.5~27cm/s，用膨胀法测定床层的气含率。

当 $u_g > 6$ cm/s 及有构件的情况下，从实验数据整合得下列关联式[44]：

$$\varepsilon_G = 0.5845 u_g^{0.553} w_s^{-0.306} \mu_L^{0.014} \sigma_L^{0.155} \qquad (\text{例 } 7\text{-}4\text{-}1)$$

Akita 推荐下列关联式[45]：

$$\frac{\varepsilon_G}{(1-\varepsilon_G)^4} = 0.20 \left(\frac{g_c D_R^2 \rho_L}{\sigma_L}\right)^{1/8} \left(\frac{g_c D_R^3 \rho_L^2}{\mu_L^2}\right)^{1/12} \left(\frac{u_g}{g_c D_R}\right) \qquad (\text{例 } 7\text{-}4\text{-}2)$$

式(例 7-4-2)所用实验三相床高 4 m，内径 15.2 cm，可消除壁效应的影响，气体分布器为钻在厚 5 mm 板中心的单孔，实验用气体为空气、氮、二氧化碳及氧，液体为水、甘油及甘油水溶液、甲醇水溶液、四氯化碳及亚硫酸钠和氯化钠水溶液。实验时，表观气速 0.53~1.74cm/s；Froude 数 $\left(Fr = \dfrac{u_g}{\sqrt{g_c D_R}}\right)$ 为 $(4.8~204)\times 10^3$，Galileo 数 $\left(Ga = \dfrac{g_c D_R^3 \rho_L^2}{\mu_L^2}\right)$ 为 $(0.0097~179)\times 10^{-10}$，Bond 数 $\left(Bo = \dfrac{g_c D_R^2 \rho_L}{\mu_L}\right)$ 为 $(3~47.6)\times 10^{-3}$。

在床层内径 $D_R = 0.2$m，250℃，$w_S = 0.32$ 的条件下，分别按式(例 7-4-1)和(例 7-4-2)，在 $u_g = 8.0~18.0$cm/s 范围内计算了 ε_G 的值，见表(例 7-4-1)。

医用液体石蜡的物性参数：$\rho_L(\text{kg/m}^3)$、$\mu_L(\text{mPa·s})$ 和 $\sigma_L(\text{mN/m})$ 的测试数据如下：

$$\rho_L = 864.4 - 0.6714t \qquad (\text{例 } 7\text{-}4\text{-}3)$$

$$\ln\mu_L = -3.0912 - 1.7038\times 10^3/T \qquad (\text{例 } 7\text{-}4\text{-}4)$$

$$\sigma_L = 50.7657 - 0.0737T \qquad (\text{例 } 7\text{-}4\text{-}5)$$

上述三式中，温度 t，T 的单位分别为℃，K。

表(例 7-4-1)   不同关联式 ε_G 的计算结果

$u_g/\text{cm}\cdot\text{s}^{-1}$	ε_G，式（例 7-4-1）	ε_G，式（例 7-4-2）
6.0	0.093	0.095
8.0	0.108	0.125
10.0	0.121	0.158
12.0	0.133	0.190
14.0	0.145	0.212
16.0	0.155	0.153
18.0	0.165	0.185

由表(例 7-4-1)可见，不同的关联式，条件相同时，ε_G 值有较大差异，特别当 u_g 值较大时，这主要由于上述二个关联式所用的分布器结构不同。

（四）气泡尺寸与分布

气泡尺寸及尺寸分布可用摄像技术[46]或探头技术[47]测量，在气-液二相鼓泡床或三相鼓泡淤浆床体系中，气泡在分布器的小孔或喷嘴处形成。当气泡上升时，它们可能因合并而增大，或因液相中的湍流剪切力而分裂成更小的气泡。在给定的条件下气泡在小孔或喷嘴处形成的尺寸大致是均一的，由多孔分布板形成的初始气泡尺寸仅受小孔直径及通过小孔气速的影响，而体系的特征如液体的表面张力和粘度、气速和液体的密度对初始气泡尺寸都不敏感。

气泡的平均尺寸通常采用 Sauter 平均值(或称体积-表面积平均值)，对于一组实测的气泡直径，其 Sauter 平均值 d_{vs} 可用下式表示：

$$d_{vs} = \sum n_i d_{bi}^3 / \sum n_i d_{bi}^2 \tag{7-25}$$

式中，n_i 是尺寸为 d_{bi} 的气泡的数目。d_{bi} 可以为任意的当量直径(如体积当量直径)，选择 d_{bi} 的准确程度会影响 d_{vs} 的大小。

图 7-19 是 Fukama 等[48]整理的气泡平均尺寸 d_{vs} 与表观气速 u_g 的关系。图 7-19(a)表达了气-液鼓泡床中 u_g 对 d_{vs} 的影响与流型区域有关，在安静鼓泡区气泡平均尺寸小($d_{vs}<6\text{mm}$)并随气速增加而略有增大；在湍流鼓泡区，气泡平均尺寸大($d_{vs}>10\text{mm}$)并随气速增加而迅速增加。

图 7-19(b)是三相床的 $d_{vs}\sim u_g$ 图，采用 $d_p=0.16\text{mm}$ 玻璃球，$u_g=0.05\sim10\text{cm/s}$，$u_L=0.1\sim0.7\text{cm/s}$，气体为空气，液体为水及含 5%、16%、20% 及 50%(容积)甘油的水溶液。实验在常压及 20℃时进行。

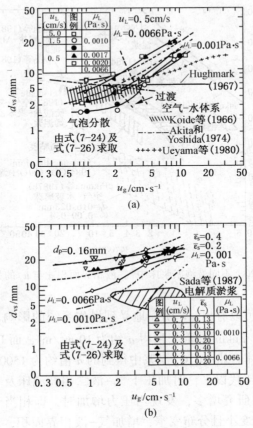

图7-19　$d_{vs} \sim u_g$ 的变化关系

(a)气-液二相鼓泡床；(b)三相淤浆床

Fukuma 等[48]提出 d_{vs} 可按下式计算：

$$d_{vs} = 0.59\{ [u_g(1-\varepsilon_G) - u_L\varepsilon_G(1-\varepsilon_G)/\varepsilon_L]/\varepsilon_G \}^2/g_c \qquad (7-26)$$

上式的实验范围为 $u_g = 0.8 \sim 10$ cm/s，$\mu_L = 1 \sim 6.6$ mPa·s，$\varepsilon_G = 0 \sim 0.45$。

气-液相界面积 a 可由气-液鼓泡床或三相床的平均气含率 ε_G 及 Sauter 平均直径 d_{vs} 求出，即

$$a = 6\varepsilon_G/d_{vs} \qquad (7-27)$$

气-液相界面积 a 可由前面所讨论的物理方法测定气泡尺寸分布而求得，也可用化学方法，即已知动力学的气-液反应，如亚硫酸盐氧化[49]来确定。图7-20是 Fan 的专著第4.7.4节所载不同鼓泡淤浆床中气-液相界面积 a 与 u_g 的关系图。

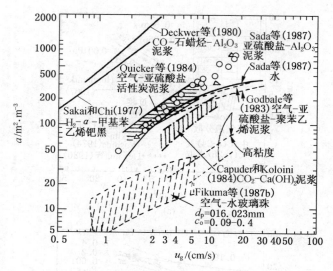

图 7-20　不同鼓泡淤浆床中气-液相界面积 a 与 u_g 的关系

从图 7-20 可以看出，a 明显地受到操作系统的影响，例如，当 u_g 约为 3 cm/s 时，Fukuma 等[48]所得 a 约为 10 m^2/m^3，而 Decker 等[36]在费-托合成的液体石蜡-Al_2O_3 淤浆中得到的 a 值约为 1500 m^2/m^3。

20 世纪 90 年代以来，对加压下气-液二相鼓泡床及三相悬浮床的流体力学性质的研究增多，发现当压力增加时，即相当于气体密度增加，气泡的尺寸变小且分布变窄，增加气-液相界面积，从而增加了单位床层容积的气-液传质，将在本章第六节加以讨论。

二、鼓泡淤浆反应器中的传递过程

在本章第一节已经讨论过，在气-液-固三相反应器中的宏观反应过程含气-液相间传质及液-固相间传质过程，而气-液相间传质又含气相中反应物及产物通过气-液相界面的气相传质和气-液相界面的液相传质。基于相界面积的气相传质分系数 k_G 和液相传质分系数 k_L，淤浆中气-液相传质面积即三相床中气泡面积 a，都与三相体系的性质、流体流动状况、压力和温度等因素有关。在三相鼓泡淤浆床反应器中，大多数反应气体组分在液相介质或淤浆中的溶解度很小，气相容积传质系数 $k_G a$ 常常可以忽略，本章只作简略讨论，而液相容积传质系数 $k_L a$ 是本章讨论的主要内容。对于液-固相传质过程，若不计入过程中固相颗粒的磨损，单位淤浆容积中固相的体积和外表面积 S_e 是固定的，一般只讨论液–固相传质系数 k_s。

（一）气–液相界面的气相容积传质系数 $k_G a$

对于高度易溶气体如烟道气中 SO_2 溶于水，气相传质的阻力不能忽略，有关气–液二相鼓泡床及三相鼓泡淤浆床中气相传质分系数的研究很少，现介绍 Sada 等[50]在鼓泡淤浆床中对电解质淤浆测定的经验方程。

$$k_G a = 5.9 u_g^{0.73} \tag{7-28}$$

式中，$k_G a$ 是气相容积(不含气相的淤浆体积)传质系数，$mol/(MPa \cdot m^3 \cdot s)$；$u_g$ 是表观气速，m/s。

（二）气–液相界面的液相传质

对于气–液相界面的液相传质的研究，可分为气–液相界面的液相传质分系数 k_L 和气–液相界面的液相容积传质系数 $k_L a$，k_L 和气–液相界面积 a 的乘积即为 $k_L a$，显然按 $k_L a$ 计算时，不需要单独研究或关联操作条件和系统性质对气–液相界面的影响。气–液相界面的液相传质分系数可用溶氧法或化学法测定。

根据 Fan 的专著[4]中第 4.7 节，Nigam 和 Schumpe 的专著[7]中第 3.6 节及 Beenakers 和 Swaaij 的综述[51]，介绍下列有关 k_L、a 和 $k_L a$ 的关联式。

1. 气–液相界面的液相传质分系数 k_L

Calderbank 和 Moo-Young[52]提出的计算 k_L 的关联式如下：

$$k_L Sc^{2/3} = A \left[\frac{\mu_L (\rho_L - \rho_G) g_c}{\rho_L^2} \right]^{1/3} \tag{7-29}$$

式中，k_L 的单位是 cm^2/s；当气泡平均直径 $<2.5mm$ 时 $A=0.31$；当气泡平均直径 $>2.5mm$ 时 $A=0.42$。Sc(即表征液体性质的 Schmidt 数) $= \mu_L/(\rho_L D_L)$；D_L 为气体在液体中的分子扩散系数。

Deckwer 等在研究费–托合成过程中的流体力学性质[36]和反应器模拟[53]时，使用式(7-29)计算 k_L，并提出其中连续相应为液–固二相淤浆，此时淤浆密度 $\rho_{sL}(g/cm^3)$：

$$\rho_{sL} = \varepsilon'_s \rho_s + \varepsilon'_L \rho_L = \varepsilon'_s \rho_s + (1 - \varepsilon'_s) \rho_L \tag{7-30}$$

式中，ε'_s 及 ε'_L 分别是不含气相的液–固二相淤浆中固体及液体的容积分率，或不含气相的固含率及液含率。对于 $\varepsilon'_s < 0.16$ 的低浓度悬浮固体淤浆的粘度[53]

$$\mu_{sL} = \mu_L (1 + 4.5 \varepsilon'_s) \tag{7-31}$$

对于高浓度的细颗粒的悬浮固体，可采用 Thomas[54]对于牛顿型流体的

关联式，即

$$\mu_{sL} = \mu_L [1.25\varepsilon'_s + 10.05(\varepsilon'_s)^2 + 2.73 \times 10^{-3} \exp(16.6\varepsilon'_s)] \qquad (7-32)$$

式（7-32）适用于 $0.099\mu m \leqslant d_p \leqslant 435 \mu m$，$\varepsilon'_s \leqslant 0.60$。

2. 气-液相界面的液相容积传质系数

Koide[42]等在直径 D_R 为 $10 \sim 20cm$ 的鼓泡淤浆反应器中，研究湍流鼓泡区的气含率，也研究了 $k_L a$，实验在常温及常压下进行，气体介质为空气，用溶氧法测定。溶氧在液体介质中的扩散系数 D_L 为 $(0.14 \sim 2.4) \times 10^{-9} m^2/s$。研究所得湍流鼓泡区的 $k_L a$ 关联式如下：

$$\frac{k_L a \sigma_L}{\rho_L D_L g_c} = \frac{2.11 \times \left(\dfrac{\mu_L}{\rho_L D_L}\right)^{0.50} \left(\dfrac{g_c \mu_L^4}{\rho_L \sigma_L^3}\right)^{-0.159} \varepsilon_G^{1.18}}{1 + 1.47 \times 10^4 \left(\dfrac{c_s}{\rho_s}\right)^{0.612} \left(\dfrac{u_t}{\sqrt{D_R g_c}}\right)^{0.486} \left(\dfrac{D_R^2 g_c \rho_L}{\sigma_L}\right)^{-0.477} \left(\dfrac{D_R u_g \rho_L}{\mu_L}\right)^{-0.345}} \qquad (7-33)$$

式中，u_t 为单颗粒在静止液体介质中的终端速度，m/s。对于细颗粒催化剂，处于 $Re_p < 2$ 的斯托克斯区，

$$u_t = g_c d_p^2 (\rho_s - \rho_L)/18\mu_L \qquad (7-34)$$

Sauer 及 Hempel[55] 研究 $k_L a$ 所用床层直径 D_R 为 14cm，大颗粒直径 d_p 为 $0.4 \sim 2.9mm$，ρ_s 为 $1020 \sim 1381 kg/m^3$，颗粒终端速度 u_t 为 $0.42 \sim 15.7cm/s$。小颗粒直径 d_p 为 2 mm 及 0.11 mm，ρ_s 为 2780 kg/m^3，终端速度 u_t 分别为 23.08 cm/s 及 0.21 cm/s。气体分布板为孔径 1mm 的多孔板及孔径 $3\mu m$ 的烧结板。实验在常温、常压下进行，液体介质为水，静止床层高度 L_0 为 1.2 m，用溶氧仪测试。实验所得 $k_L a$ 值随气速增加而增大，随固含率增加而降低，可整理成下列关联式：

$$k_L a \left(\frac{\nu_{sL}}{g_c u_g}\right)^{1/2} = C \left(\frac{u_g}{(\nu_{sL} g_c u_g)^{1/4}}\right)^{n1} \left(\frac{\nu_{sL}}{\overline{\nu}_{eff}}\right)^{n2} \left(\frac{\overline{c}_s}{c_{s0}}\right)^{n3} \qquad (7-35)$$

式中，ν_{sL} 为淤浆的运动粘度，m^2/s，$\nu_{sL} = \mu_{sL}/\rho_{sL}$；径向动量传递系数 $\overline{\nu}_{eff}$，m^2/s，由下式确定

$$\overline{\nu}_{eff} = 0.11 D_R \sqrt{g_c D_R} \left(\frac{u_g^3}{\nu_L g_c}\right)^{1/8} \qquad (7-36)$$

式中，三相床直径 D_R 的单位是 m，重力加速度 $g_c = 9.81 m/s^2$，ν_L 为流体的运动粘度。

式(7-35)中，对于 $3\mu m$ 孔的烧结分布板，$C = 0.231 \times 10^{-4}$，$n_1 = 0.305$，$n_2 = -0.0746$，$n_3 = -0.0127$；对于 $1mm$ 孔的多孔分布板，$C = 0.197 \times 10^{-4}$，$n_1 = 0.385$，$n_2 = -0.0712$，$n_3 = -0.0114$。式(7-35)中，$\overline{C}_s$ 为液-固二相淤浆中颗粒的平均浓度 kg/m^3；c_s^0 为分布板上颗粒的浓度 kg/m^3。按照 Kato[56] 的研究，$\dfrac{\overline{c}_s}{c_{s0}}$ 可用 Bo 数(Bodenstein number)表示，即

$$\frac{\overline{c}_s}{c_s^0} = \frac{1-\exp(-Bo)}{Bo}$$

$$Bo = \frac{u_{ts}L_0}{E_{sz}} = \left(\frac{u_{ts}}{u_g}\right)\left(\frac{L_0}{D_R}\right)\left[\frac{13Fr(1+0.009Re_tFr^{-0.85})}{1+8Fr^{0.85}}\right] \qquad (7-37)$$

式(7-37)中 Fr(Froude 数) $= \dfrac{u_g}{\sqrt{g_c D_R}}$，$Re_t$(按 u_t 计算的 Re 数) $= u_t d_p / \nu_L$。u_{ts} 是液-固二相淤浆床中颗粒在颗粒群中的平均终端速度，m/s，又称为受阻终端速度，可按下式计算

$$u_{ts} = 1.33 u_t (u_g/u_t)^{0.25}(\varepsilon'_L)^{2.5} \qquad (7-38)$$

式(7-37)中 E_{sz} 是颗粒轴向弥散系数，m^2/s；L_0 是不含气相的液-固二相淤浆静止床高度，m。

（三）液-固相传质

按照专著[7]，三相鼓泡淤浆床中液-固传质系数 k_s 可以用圆球形固体颗粒如苯甲酸在溶液中的溶解度或树脂在酸性或碱性溶液中的离子交换来测定，一般可写成下列形式

$$Sh_p = 2 + n_1 Re_p^{n_2} Sc^{n_3} \qquad (7-39)$$

式中，Sh_p(按颗粒直径 d_p 计算的 Sherwood 数) $= k_s d_p / D_L$；Sc_L(表征液体性质的 Schmidt 数) $= \mu_L /(D_L \rho_L)$；Re_s(按颗粒直径 d_p 并计入单位质量流体的能量耗散速率 E_{bs} 的 Reynolds 数) $= E_{bs} d_p^4 / \nu_L^3$。

对于三相鼓泡淤浆床反应器[57]，E_{bs} 可用下式表达

$$E_{bs} = u_g g_c \qquad (7-40)$$

式中，表观气速 u_g 的单位是 cm/s，重力加速度 g_c 的单位是 cm/s^2。

Sanger 及 Deckwer 研究了三相床的 k_s[57]，实验所用液体粘度为 $1 \sim 55 \ mPa \cdot s$，固含率为 1.5%(质)，表观气速为 $0.05 \ cm/s < u_g < 10 \ cm/s$ 时，获得如下计算 k_s 的关联式：

当 $Re_s \geqslant 1$ 时，$Sh = 2 + 2.857 Sc^{0.184} Re_s^{0.201}$ $\qquad (7-41)$

当 $Re_s \leqslant 1$ 时，$Sh = 2 + 33.76 Sc^{0.08} Re_s^{0.288}$ $\qquad (7-42)$

实验中 $10^{-2} < Re_s < 10^6$，$137 < Sc < 50500$。

Fan 的专著[4]第 4.8 节载有鼓泡淤浆反应器中计算固体颗粒完全悬浮状态下 k_s 值的关联式的比较，见图 7-21。对于 $50\ \mu m \leqslant d_p \leqslant 1000\ \mu m$ 的细颗粒，当固体颗粒密度 ρ_s 与液相密度 ρ_L 之差值 $(\rho_s - \rho_L)$ 为 $0.3 \sim 1.5$ g/cm^3 时，k_s 值大致为 0.01cm/s。

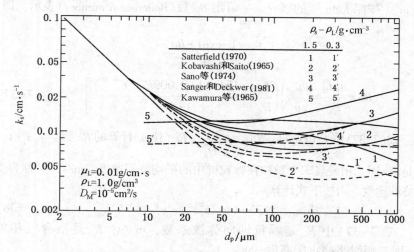

图 7-21　淤浆鼓泡反应器中计算固体颗粒完全悬浮状态下 k_s 值关联式的比较

(四)浸没表面对淤浆床的传热

鼓泡淤浆床反应器或气-液相鼓泡床与外界的传热一般使用蛇形管、垂直或水平设置的换热管系或壁面夹套，只在靠近传热表面处有温度突变，特征如下：①圆柱形、环形、蛇管或壁面等换热装置的几何形状对给热系数的影响不大，仅在低气速下差别较明显；②床径与床高对给热系数无影响；③增加气速强化了淤浆的湍动从而增大给热系数，但在高气速下这一影响逐渐减小。

Deckwer 等[58]研究了气-液-固三相淤浆床中床层对换热元件的给热系数，所得关联式如下：

$$St = 0.1(Re_h Fr^2 Pr^2)^{-0.25} \tag{7-43}$$

式中，St(Stanton 数)$ = \alpha_{sL}/(\rho_{sL} c_{sL} u_g)$；$Re_h$(Reynolds 数)$ = u_g \rho_{sL} D_R/\mu_{sL}$；$Pr$(Prandtl 数)$ = c_{sL}\mu_{sL}/\lambda_{sL}$；$\alpha_{sL}$ 为淤浆床对换热元件的给热系数，$W/(m^2 \cdot K)$；c_{sL} 为液-固二相淤浆的比热容，$J/(kg \cdot K)$；u_g 为气体的表观气速，m/s；λ_{sL} 为淤浆的导热系数，$W/(m \cdot K)$。

$$c_{sL} = W'_s c_{ps} + W'_L c_{pL} \tag{7-44}$$

式中，W'_s 及 W'_L 分别为液-固二相淤浆床中固体及液体的质量分率；c_{ps} 及 c_{pL} 分别是固体及液体的比热容，J/（kg·K）。μ_{sL} 的计算见式（7-31）及式（7-32）。

第五节　气-液相并流向上三相流化床反应器

三相流化床反应器是在液-固流化床的基础上，自下而上通入气体，即一般采用气-液相并流向上的操作方式。Fan 的专著[4]第二章讨论了并流向上三相流化床的流体力学，第三章讨论了并流向上三相流化床的传质、混合和传热。Muroyama 和 Fan 于 1985 年发表了关于三相流化床基础理论的综述[59]，Nigarm 及 Schumpe 的专著[7]中第二章及第三章分别有三相流化床传热及传质的综述。

一、气-液相并流向上三相流化床的流体力学

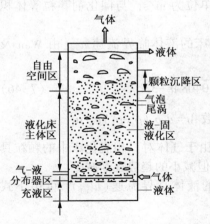

图 7-22　气-液相并流向上三相流化床示意图

（一）流型

图 7-22 是并流向上三相流化床示意图，图 7-23 是并流向上三相流化床的典型流型区域图[60]。如同鼓泡淤浆床一样，可分为安静鼓泡区(或气泡分散区)、湍流鼓泡区(或气泡聚并区)、栓塞区及过渡区。在低气速下，液体为连续相，在高气速下，气体为连续相。流型区域图与流体的性质(如密度、粘度)及固体颗粒的性质(如密度、粒度)有关。反应器的结构设计，如气体和液体分布装置设计，对气、液体的初始分布状况有关。

（二）并流向上三相流化床的液体临界流速

Song 等[61]对于渣油及煤液化中所用圆柱状加氢催化剂，研究了并流向上气-液-固三相流化床的液体临界流速 u'_{mf}。

根据实验数据，Song 等获得了表征上述三相流化床的液体临界流速 u'_{mf}(m/s)，与相应的液-固二相流化床的液体临界流速 u'_{mfo} 之比值

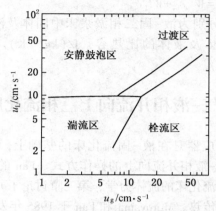

图 7-23　并流向上三相流化床的流型图

的普遍化经验关联式如下：

$$\frac{u'_{\text{mf}}}{u'_{\text{mfo}}} = 1 - 376 u_g^{0.327} \mu_L^{0.227} d_p^{0.213} (\rho_s - \rho_L)^{-0.423} \qquad (7-45)$$

式（7-45）使用 SI 制，即 u_g 和 μ_L 的单位为 m/s，与催化剂颗粒等体积的球体的当量直径 d_p 的单位为 m。

Song 的工作中，液-固二相流化床的液体临界流速 u'_{mfo} 由 Wan 及 Yu 的方程[62]确定，即

$$Re'_{\text{mfo}} = \sqrt{(33.7)^2 + 0.0408 Ar} - 33.7 \qquad (7-46)$$

式中，$Re'_{\text{mfo}} = \dfrac{u'_{\text{mfo}} d_p \rho_L}{\mu_L}$，Archimedes 数 $Ar = d_p^3 \rho_L (\rho_s - \rho_L) g_c / \mu_L^2$

当颗粒的粒度增大，u'_{mfo} 增大。由于气体对三相流化床中的颗粒具有托起作用，当 u_g 增大，u'_{mf} 减小，但减小的趋势逐渐减少。

对于双组分颗粒，三相流化床的液体临界流速 $(u'_{\text{mf}})_m$ 可由下式确定[63]：

$$\frac{(u'_{\text{mf}})_m}{(u'_{\text{mf}})_1} = [(u'_{\text{mf}})_2 / (u'_{\text{mf}})_1] x_2^{1.69} \qquad (7-47)$$

式中，x_2 为大颗粒的质量分率，$(u'_{\text{mf}})_1$ 及 $(u'_{\text{mf}})_2$ 分别为小颗粒及大颗粒的液体临界流速。混合颗粒的液体临界流速比单一大颗粒的液体临界流速低，小颗粒的加入使液体临界流速降低，并使床层均匀性得到改善。

（三）气含率

Song 等[61]的研究工作表明，对于空气-水系统，在安静鼓泡区，气含率

$$\varepsilon_G = 0.280(Fr^2)^{0.126} Re_L^{-0.0873} \qquad (7-48)$$

在湍流鼓泡区

$$\varepsilon_G = 0.342(Fr^2)^{0.0373} Re_L^{-0.192} \qquad (7-49)$$

式中，液-固相体系的颗粒 Reynolds 数 $Re_L = u_L d_p \rho_L / \mu_L$。 $\qquad (7-50)$

Lee 等于 1993 年发表了有关气-液相并流向上三相流化床中有关气含率及传质的研究工作[64]，实验是在内径 0.142m 高 2.0m 的三相床中进行。所用液体为水、乙醇、丙酮和 CMC（羧甲基纤维素）水溶液，后者为强粘性的假塑性流体，具有强烈的非牛顿流体的流动性质。

通过回归实验数据可得：

（1）在安静鼓泡区，并流向上三相流化床的气含率可表示为：

$$\varepsilon_G = 4.83\times10^{-3} u_g^{0.667} u_L^{-0.087} d_p^{0.196} \sigma_L^{-0.721} \mu_{eff}^{-0.024} \qquad (7-51)$$

（2）在湍流鼓泡区或栓塞区：

$$\varepsilon_G = 6.48\times10^{-3} u_g^{0.74} u_L^{-0.068} d_p^{0.052} \sigma_L^{-0.692} \mu_{eff}^{0.105} \qquad (7-52)$$

式（7-51）和式（7-52）采用 SI 制。

关于非牛顿型液体 μ_{eff} 的计算，可见文献[65]，即有效粘度

$$\mu_{eff} = k\gamma_{eff}^{n-1} \qquad (7-53)$$

式中，μ_{eff} 的单位为 Pa·s；γ_{eff} 为有效剪切速度，s^{-1}。

$$\gamma_{eff} = 2800\left(u_g - u_L \frac{\varepsilon_G}{\varepsilon_L}\right) + \left(\frac{12u_L\varepsilon_s}{d_p\varepsilon_L^2}\right)\left(\frac{3n+1}{4n}\right) \qquad (7-54)$$

对于牛顿型液体，$k=1$，$n=1$，则 $\mu_{eff}=1$。

二、气-液相并流向上三相流化床中的传递过程

（一）气-液相界面的液相容积传质系数

Lee 等[64]同时发表了三相流化床中气-液相界面的液相容积传质系数 $k_L a$ 的研究结果：

（1）在安静鼓泡区

$$\frac{k_L a d_p^2}{D_L} = 4.51\times10^{-5}\left(\frac{\mu_{eff}}{\rho_L D_L}\right)^{0.5}\left(\frac{E_{TF} d_p^4 \rho_L^3}{\mu_{eff}^3}\right)^{0.507}\left(\frac{u_t^2 \rho_L d_p}{\sigma_L}\right)^{0.457} \qquad (7-55)$$

（2）在湍流鼓泡区或栓塞区：

$$\frac{k_L a d_p^2}{D_L} = 4.19\times10^{-5}\left(\frac{\mu_{eff}}{\rho_L D_L}\right)^{0.5}\left(\frac{E_{TF} d_p^4 \rho_L^3}{\mu_{eff}^3}\right)^{0.483}\left(\frac{u_t^2 \rho_L d_p}{\sigma_L}\right)^{0.436} \qquad (7-56)$$

式（7-55）及式（7-56）中三相流化床的能量耗散速率 E_{TF}[65]，J/s，可表示为

$$E_{TF} = \frac{[(u_L + u_g)(\varepsilon_s \rho_s + \varepsilon_l \rho_L + \varepsilon_G \rho_G) - u_l \rho_L] \, g_c}{(\varepsilon_s \rho_s + \varepsilon_l \rho_L)} \tag{7-57}$$

（二）液-固相传质系数

三相流化床中的液体与固体颗粒表面间的传质速率可用液-固相传质系数 k_s、液-固相界面积即颗粒的外表面积和浓度差的乘积来表示，若不计入颗粒在三相床中的磨损，颗粒的外表面积是不变的，而液-固相传质系数明显受到操作参数和各相物理性质的影响。

并流向上三相流化床中的液-固相传质系数可采用 Arters 等的关联式[66]：

$$Sh_s = \frac{k_s d_p}{D_L} = 0.228(1 + 0.826 Re_G^{0.623}) \phi_s^{1.35} Ga^{0.323} \left(\frac{\rho_s - \rho_L}{\rho_L}\right)^{0.30} Sc^{0.40} \tag{7-58}$$

式中，d_p 为与颗粒等体积的球体直径；Re_G（气体 Reynolds 数）$= u_g d_p \rho_G / \mu_G$；Ga（Galileo 数）$= d_p^3 \rho_L^2 g_c / \mu_L^2$；$\phi_s$ 为实芯颗粒的形状系数，即与颗粒相等体积圆球的外表面积 S_s 与实芯颗粒外表面积 S_p 之比，$\phi_s = S_s / S_p$。

（三）传热表面对三相流化床的传热

浸没表面及壁面对气-液相并流向上三相流化床的给热系数 α_{TF}，可采用 Kang 等的研究工作[67]：

$$Nu_{TF} = 0.036 Pr_L^{0.65} Re_{TF}^{0.81} \tag{7-59}$$

式中，Nu_{TF}（三相流化床传热 Nu 数）$= \alpha_{TF} d_p (1 - \varepsilon_s) / (\lambda_L \varepsilon_s)$；$Re_{TF}$（三相流化床 Re 数）$= d_p \rho_L (u_g + u_L) / (\mu_L \varepsilon_s)$；$Pr_L$（Prandtl 数）$= c_p \mu_L / \lambda_L$；给热系数 α_{TF} 的单位是 J/($m^2 \cdot K \cdot s$)，λ_L 是液体的导热系数，J/($m \cdot K \cdot s$)。

由式（7-59）可知，三相流化床传热参数 α_{TF} 随气体表观流速增大而增大，随液体粘度和颗粒直径增大而减小。

Zaidi 等[68]研究了非牛顿型假塑性溶液的三相流化床传热的给热系数 α_{TF}，其值开始快速随 u_g 上升而增大，但等 $u_g > 6$ cm/s 后，几乎不再增加；随溶液的粘度增大而增大；开始随表观液速增加至极值后又下降。根据实验数据整理获得关联式如下：

$$Nu_{TF} = 0.042 Re_L^{0.720} Pr_L^{0.860} (Fr^2)^{0.067} \tag{7-60}$$

式中

$$Nu_{TF} = \frac{\alpha_{TF} d_p \varepsilon_L}{\lambda_L \varepsilon_s}; \quad Re_L = \frac{\rho_L u_L d_p}{\mu_L (1 - \varepsilon_L)}$$

第六节　三相悬浮床中的相混合

在气-液-固三相悬浮床反应器中，一般说来，小颗粒床中只有相当小的气相返混，液相有显著的返混；在宽筛分或宽密度分布颗粒的床中，会发生颗粒的沉降分层现象，而液相和固相的返混程度都与气泡的上升程度密切有关。

一、三相流化床中的相混合

（一）液相混合弥散模型

三相流化床中的液相混合用弥散模型（dispersion model）来描述，液相的轴向返混有二种极端的理想情况，即平推流及全混流。平推流中不存在返混，此时液相混合弥散系数接近于零；全混流中返混达到最大程度，即液相混合弥散系数极大。液相混合弥散系数用注入示踪剂并对系统响应曲线进行分析来求取。

管式反应器中单相流体流动的一维轴向返混模型，即在平推流流动中叠加一个涡流扩散项，并假定：①径向浓度分布均匀；②在每一截面上和沿流体流动方向，流体流速和轴向混合弥散系数均为常数，则示踪物注入后的浓度 c 随时间 t 的偏导数 $\dfrac{\partial c}{\partial t}$ 与其轴向浓度偏导数 $\dfrac{\partial c}{\partial z}$ 间的关系可用下列方程来表示：

$$\frac{\partial c}{\partial t}=E_z\frac{\partial^2 c}{\partial z^2}-v_L\frac{\partial c}{\partial z} \tag{7-61}$$

式中，v_L 为液体流动的实际流速；z 为轴向位置。

因此，在假定液相含率 ε_L 不因轴向位置而变的情况下，三相流化床中的液相轴向混合的一维动态模型为：

$$\frac{\partial c}{\partial t}=E_{Lz}\frac{\partial^2 c}{\partial z^2}-v_L\frac{\partial c}{\partial z} \tag{7-62}$$

式中，E_{Lz} 为液体的轴向混合弥散系数。考虑到三相床中液体的实际流速 v_L 与表观流速 u_L 间的关系，$v_L=\dfrac{u_L}{\varepsilon_L}$，可得：

$$\frac{\partial c}{\partial t}=E_{Lz}\frac{\partial^2 c}{\partial z^2}-\frac{u_L}{\varepsilon_L}\frac{\partial c}{\partial z} \tag{7-63}$$

而一维定态液相轴向混合弥散模型为：

$$E_{LZ}\frac{\partial^2 c}{\partial z^2}-\frac{u_L}{\varepsilon_L}\frac{\partial c}{\partial z}=0 \tag{7-64}$$

如果同时计入液相的径向混合，并假设液相和气相的流速和相含率在轴向和径向方向上都是均一的，并且整个三相流化床中液相的轴向混合弥散系数 E_{Lz} 和液相的径向混合弥散系数 E_L 都是常数，则二维动态液相混合弥散模型为：

$$\frac{\partial c}{\partial t}=E_{\text{L}z}\frac{\partial^2 c}{\partial z^2}+\frac{E_{\text{L}r}}{r}\frac{\partial}{\partial r}\left(r\frac{\partial c}{\partial r}\right)-\frac{u_{\text{L}}}{\varepsilon_{\text{L}}}\frac{\partial c}{\partial z} \tag{7-65}$$

而二维定态液相混合弥散模型为：

$$E_{\text{L}z}\frac{\partial^2 c}{\partial z^2}+\frac{E_{\text{L}r}}{r}\frac{\partial}{\partial r}\left(r\frac{\partial c}{\partial r}\right)-\frac{u_{\text{L}}}{\varepsilon_{\text{L}}}\frac{\partial c}{\partial z}=0 \tag{7-66}$$

二维定态液相混合弥散方程的边界条件和使用点源示踪注入示踪剂的物料衡算为：

$$r=0 \text{ 时，}\qquad \frac{\partial c}{\partial r}=0$$

$$r=R \text{ 时，}\qquad \frac{\partial c}{\partial r}=0 \tag{7-67}$$

$$z=\infty \text{ 时，}\qquad \frac{\partial c}{\partial z}=0 \text{ 和 } c=0$$

$$Q=\pi D_{\text{R}}^2 u_{\text{L}} c_{\text{o}}$$

式中，Q 是单位时间内示踪剂的注入量，c_{o} 是示踪剂注入反应器时 $z=-\infty$ 处示踪物的浓度。

在关联液相轴向混合弥散系数 $E_{\text{L}z}$ 时，使用了两种贝克来（Peclet）数，即基于液体实际流速 v_{L} 的准数 $Pe_{\text{L}z}$，和基于表观液速 u_{L} 的准数 $Pe'_{\text{L}z}$。

$$Pe_{\text{L}z}=\frac{v_{\text{L}}D_{\text{R}}}{E_{\text{L}z}}=\frac{u_{\text{L}}D_{\text{R}}}{\varepsilon_{\text{L}}E_{\text{L}z}}\text{ 和 }Pe'_{\text{L}z}=\frac{u_{\text{L}}D_{\text{R}}}{E_{\text{L}z}}\text{ 或 }Pe''_{\text{L}z}=\frac{u_{\text{L}}d_{\text{p}}}{E_{\text{L}z}}$$

（二）液相轴向混合弥散系数

在安静鼓泡区中，液相的轴向混合是有限的，轴向混合弥散系数较小，Peclet 准数较大。在湍流鼓泡区及栓塞区中，三相床内的非均匀流动形成了明显的液相轴向混合。液相轴向混合弥散系数 $E_{\text{L}z}$ 与床层流型、气体和液体流速和床径、颗粒尺寸等参数有关。

（1）Muroyama 等[69]有关并流向上三相流化床的 $E_{\text{L}z}$ 的研究结果：

在安静鼓泡区，$$Pe_{\text{L}z}=\frac{u_{\text{L}}D_{\text{R}}}{\varepsilon_{\text{L}}E_{\text{L}z}}=26\left(\frac{d_{\text{p}}}{D_{\text{R}}}\right)^{0.5} \tag{7-68}$$

在湍流鼓泡区及栓塞区，$Pe_{\text{L}z}=1.01u_{\text{L}}^{0.738}u_{\text{g}}^{-0.167}D_{\text{R}}^{-0.583}$ $\tag{7-69}$

式中，表观气速 u_{g} 及表观液速 u_{L} 的单位是 cm/s，反应器直径 D_{R} 的单位是 cm。

（2）Kim 等[70]有关多种牛顿型液体及非牛顿型液体-玻璃球为体系的液相轴向混合弥散系数的研究工作结果如下：

$$Pe''_{\text{L}z}=\frac{u_{\text{L}}d_{\text{p}}}{E_{\text{L}z}}=20.19\left(\frac{d_{\text{p}}}{D_{\text{R}}}\right)^{1.66}\left(\frac{u_{\text{L}}}{u_{\text{L}}+u_{\text{g}}}\right)^{1.03} \tag{7-70}$$

（三）液相径向混合弥散系数

Kang 等有关三相流化床的液相径向混合弥散系数 E_L 的研究工作[71]：

$$Pe_{Lr} = \frac{u_L d_p}{E_{Lr}} = 28.3 \left(\frac{d_p}{D_R} \right) \left(\frac{u_L}{u_L + u_g} \right)^{1.16} \tag{7-71}$$

E_L 随 u_g 增大而增大；E_L 随 u_L 增大而增大，到某一极大值后，又随 u_L 增大而下降，这是由于床层中的相含率及涡流状态随 u_L 而变所致。

（四）气相轴向混合弥散系数

关于三相流化床中的气相混合，发表的研究工作相当少，Fan 在专著[4]中第 3.2.2 节提出，当难以完全定量地衡量固体颗粒对气相混合的影响时，可用无颗粒的气–液二相鼓泡床中的气相混合弥散系数代替，作为粗糙的近似。

二、三相鼓泡淤浆床和携带床及二相气–液相鼓泡床的液相和气相混合

前已述及，当淤浆床中固体为细颗粒时，床层的性能与气–液两相鼓泡床接近。

（一）液相轴向混合弥散系数

（1）三相鼓泡淤浆床和三相携带床的液相轴向混合弥散系数均用 E_{sLz} 表示，Kato[56] 等获得如下关联式：

$$Pe'_{sL} = \frac{u_g D_R}{E_{sLz}} = 13Fr / (1 + 8Fr^{0.85}) \tag{7-72}$$

（2）Kara 等[72] 以煤的液化过程为背景，研究了三相淤浆鼓泡床及三相携带床的流体力学及液相混合。在实验条件下，对于细颗粒固体，E_{sLz} 与固体浓度无关，三相鼓泡淤浆床可看作二相气–液鼓泡床，E_{sLz} 随淤浆流速 u_{sL} 及颗粒直径增加而降低。

（3）Kawase 等[73] 获得表征牛顿型及非牛顿型流体的气–液二相鼓泡床的液相轴向混合弥散系数 E_{LBz} 的关联式如下：

$$Pe' = \frac{u_g D_R}{E_{LBz}} = 2.92 n^{8/3} (Fr^2)^{1/3} \tag{7-73}$$

上式的范围如下：$0.625 \leqslant n \leqslant 1.0$，$Fr^2 = 2 \times 10^{-5} \sim 0.5$。

（二）气相轴向混合弥散系数

对于小直径高床层的二相气–液鼓泡床可忽略气相的轴向混合，即平推

流。对于大直径的二相鼓泡床，应考虑气相的轴向混合，Deckwer 及 Schumpe[74] 提出，在安静鼓泡区，可使用 Wachi 及 Nojima[75] 根据气-液鼓泡床湍流鼓泡区的循环理论所得表征气相轴向混合弥散系数 E_{GBz} 的关联式：

$$E_{GBz} = \frac{180}{a} D_R^{1.5} u_g \qquad (7-74)$$

式中，D_R 的单位为 m，u_g 的单位为 m/s，E_{GBz} 的单位为 m^2/s；在常压、常温下用空气-水系统时，$\alpha = 9$。

（三）固相轴向沉降及颗粒密度分布

Smith 及 Ruether[76] 研究了鼓泡淤浆反应器中固体的轴向沉降密度分布，获得表征固相轴向沉降的弥散系数 E_{sz} 的关联式：

$$Pe_p = 9.6(Fr^6/Re_g)^{0.1114} + 0.019Re_p^{1.1} \qquad (7-75)$$

式中，$Pe_p = \dfrac{u_g D_R}{E_{sz}}$（$0.3 < Pe_p < 1.2$）；$Re_g = \dfrac{u_g D_R \rho_L}{\mu_L}$（$2100 < Re_g < 29000$）；$Re_p = \dfrac{u_t d_p \rho_L}{\mu_L}$（$0.1 < Re_p < 5.6$）；$0.030 < Fr < 0.207$；$u_t$ 是单颗颗粒的终端速度或沉降速度，m/s。

在比高度 $X(X = z/L_0)$ 处颗粒浓度 $c_s(kg/m^3)$ 与淤浆鼓泡床底部浓度 $c_s^o(kg/m^3)$ 之间关系用下式表达：

$$c_s = c_s^o \exp(AX) \qquad (7-76)$$

而
$$A = -\frac{\varepsilon'_L u_{ts} L_0}{E_{sz}}$$

式中，L_0 为静止床层（即流-固二相淤浆床）高度；床层颗粒群中颗粒的受阻沉降速度 u_{ts} 可按式（7-38）计算，亦可按下式计算：

$$u_{ts} = 1.10 u_g^{0.026} u_t^{0.80} (\varepsilon'_L)^{0.35} \qquad (7-77)$$

式中，u_t 及 u_g 的单位均为 m/s，u_t 适用范围为 $0.002 \sim 0.23 m/s$，适用的液-固二相淤浆中液相含率 ε_L 的范围为 $0.903 \sim 0.988$。

鼓泡淤浆床中固体颗粒的平均浓度 $\bar{c_s}(kg/m^3)$，可由下式表达：

$$c_s^o = \bar{c_s} A/[\exp A - 1] \qquad (7-78)$$

第七节　压力对三相悬浮床反应器操作性能的影响

许多重要的三相床催化反应过程在加压及较高温度下进行，例如，已工业化的费-托合成过程（Fischer-Tropsch Process，简称 F-T），在

2.0MPa～2.5MPa 压力及 200℃～300℃ 温度下进行，鼓泡三相淤浆床中的甲醇合成过程在 5MPa 压力和 240℃～250℃ 温度下进行。显然，压力及温度对三相悬浮床反应器操作性能的影响研究，主要是加压及较高温度对三相悬浮床的流体力学、传质、传热的影响等应用基础研究。80年代中期以来，这方面的研究逐渐增多。另一方面，前已述及，细颗粒低粘度液体组成的三相鼓泡淤浆床的性能与气-液鼓泡床大致相同，许多加压下气-液相鼓泡床性能的研究可适用于三相鼓泡淤浆床。

一、压力及气体密度对气-液相鼓泡床流体力学的影响

（一）对气含率、气泡直径及气-液相界面积的影响

Idogawa 等研究了加压下空气-水系统气-液鼓泡床中气泡的性质[77]，加压下气体和液体的性质对于气泡的影响[78]。实验表明：增加压力，气泡直径减小，气含率增加；当压力超过 5MPa，气泡直径分布变窄，气泡直径基本相同。常压下气泡性质与气体分布器的形式密切有关；压力增加后，上述关系变弱，当压力为 10MPa 时，气体分布器的影响消失。根据实验数据，Idogawa 等获得了下列关联式：

$$\frac{\varepsilon_G}{1-\varepsilon_G} = 0.059 u_g^{0.8} \rho_G^{0.17} \left(\frac{\sigma_L}{72}\right)^{-0.12\exp(-P)} \tag{7-79}$$

$$d_{vs} = 3.91 \rho_G \left(\frac{\sigma_L}{72}\right)^{0.22\exp(-P)} \tag{7-80}$$

Jiang 等研究了 0.1MPa 至 21MPa 压力下气-液鼓泡塔中气泡大小及其分布[79]。实验表明：压力增加，气泡尺寸变小，分布变窄而气含率增加。当压力超过 1.5MPa 时，压力对气泡 Sauter 平均直径的影响不大。0.1MPa 时气泡平均直径大约为 4mm，压力超过 1.5MPa 时，气泡直径尺寸大约为 1mm。

Wilkinson 等[80]在压力 0.1～2.0MPa 和常温下，使用气体 He、N_2、Ar、CO_2 和 SF_6，液体为去离子水，实验研究了气体密度 ρ_G 对内径16cm 气-液相鼓泡塔中气含率的影响，在同一表观气速 u_g 下，气含率随气体密度增加而增加，并且提出气含率增加是由于气体密度增加，气泡破裂加剧所致。根据三相床气-液相界面积 $a = 6\varepsilon_G/d_{vs}$，提出加压下气-液相界面积 a_p 可由常压下气-液相界面积 a_0 按下式计算，即

$$\frac{a_p}{a_0} = \frac{\varepsilon_{G,p}}{\varepsilon_{G,0}} \left(\frac{\rho_{G,p}}{\rho_{G,0}}\right)^{0.11} \tag{7-81}$$

式中，$\varepsilon_{G,p}$ 与 $\varepsilon_{G,0}$ 分别表示加压和常压下的气含率；$\rho_{G,p}$ 和 $\rho_{G,0}$ 分别为同一种气体加压和常压下的密度。

Wilkinson 等[81]根据压力 0.1~1.5MPa，表观气速 0.02~0.1m/s，气-液鼓泡床中气泡 Sauter 平均直径的实验，获得以下关联式：

$$\frac{g_c \rho_L d_{vs}^2}{\sigma_L} = 8.8 \left(\frac{u_g \mu_L}{\sigma_L}\right)^{-0.04} \left(\frac{\sigma_L^3 \rho_L}{g_c \mu_L^4}\right)^{-0.12} \left(\frac{\rho_L}{\rho_G}\right)^{0.22} \tag{7-82}$$

上式表明，气泡平均直径 d_{vs} 与气体密度的关系呈 -0.11 次幂，或气体密度增加 10 倍，气泡平均直径减小 30%。

（二）对流型转变的影响

Krishna 和 Wilkinson 等[82]研究了压力及气体密度对气-液鼓泡塔中流型转变的影响。研究结果表明：压力增加，延缓了流型由安静鼓泡区向湍流鼓泡区过渡，在安静鼓泡区，气含率与表观气速呈线性关系，一直到流型转变。在安静鼓泡区，气泡尺寸小，并且在大直径的气-液鼓泡床中呈现宽的停留时间分布和返混性质。在湍流鼓泡区，超过流型转变值 u_{tr} 相对应的气含率 $\varepsilon_{G,tr}$ 中的气体形成大尺寸的气泡并且以平推流型快速上升。

二、压力及气体密度对气-液相传质系数的影响

Wilkinson 等用亚硫酸盐氧化法研究了加压下液相鼓泡床中的液相容积传质系数 $k_L a$[83]，研究结果表明：

$$\frac{k_L a_p}{k_L a_0} = \left(\frac{\varepsilon_{G,p}}{\varepsilon_{G,0}}\right)^n \tag{7-83}$$

式中，$n = 1.0 \sim 1.2$。

Dewes 等[84]在 0.1~0.8MPa 压力范围内，用压硫酸盐氧化法研究了三相床中气体密度对气-液相界面积 a 和液体侧气-液传质系数 k_L 和容积传质系数 $k_L a_L$ 的影响。研究结果表明：在实验范围内，a 和 $k_L a$ 均随压力和表观气速增加，但 k_L 几乎保持恒定不变。因此可在常压下研究待测系统的 k_L 值，而 $k_L a_L$ 值由操作条件对气-液相界面积 a 的影响确定。

三、压力对气-液相鼓泡床液相轴向混合的影响

Wilkinson 等[85]研究了气-液相鼓泡塔中压力对液相轴向混合弥散系数 E_{LBz} 的影响。实验条件为：$0.1\text{MPa} \leq P \leq 1.5\text{MPa}$，$0.02\text{m/s} \leq u_g \leq 0.20\text{m/s}$，使用 NaCl 溶液作示踪剂。研究结果表明：加压下液相混合轴向混合弥散系数 $E_{LBz,p}$ 与常压下液相混合轴向弥散系数 $E_{LBz,0}$ 之比可近似看作与常压下液相分率 $\varepsilon_{L,0}$ 与加压下液相分率 $\varepsilon_{L,p}$ 之比呈反比，

$$\frac{E_{LBz,p}}{E_{LBz,0}} = \frac{\varepsilon_{L,0}}{\varepsilon_{L,p}} \tag{7-84}$$

第八节　气-液-固三相悬浮床反应器的数学模型

一、三相反应器的数学模型

在研究了气-液-固三相悬浮床的流体力学、传质、传热和液相及气相的返混及固相沉降等方面的基础上，众多研究工作者提出了三相反应器的数学模型，如 Govindarao[86]、Parulekar 及 Shah[87]、Сафонов[88]、赵玉龙[89]、Pandit 及 Joshi[90]、Joshi 及 Utgikar 等[35]、Joshi 及 Shertukde[91]、Torvik 及 Svendsen[92]、Schluter 及 Steiff 等[93]、Hillmer 及 Weismantel 等[94]。对于三相床 F-T 合成过程，已发表了许多反应器模拟和有关参数的论文，如 Deckwer 及 Louisini 等[36]、Deckwer 及 Serpemen 等[53,95]、Stern 及 Bell 等[96,97]、Bukur 及 Ravikumar[98]、Saxena 及 Rosen[99]、Turner 及 Mills[100]、Saxena[101]。

赵玉龙综合了有关研究工作者关于三相悬浮床催化反应器的数学模型[89]，对于单颗颗粒催化剂，其总体速率即式(7-4)至式(7-7)。对于反应 $A \longrightarrow \nu_B B$，A 为气相中反应物，B 为液相中产物，本征反应速率方程为 $-\dfrac{dN_A}{dw} = k_w f(c_A, c_B)$，$k_w$ 为按单位质量催化剂计算的反应速率常数，动力学方程中有 A 及 B 的浓度项，宏观动力学应计入 A 及 B 在气、液相间的传质过程，若不计入液相和气相的径向返混，则定态下三相床的数学模型如下：

气相　$E_{Gz} \dfrac{d}{dz}\left(\varepsilon_G \dfrac{dc_{A,L}}{dz}\right) - u_g \dfrac{dc_{A,g}}{dz} - k_L a(c_{A,L}^* - c_{A,L}) = 0$　　　　(7-85)

液相　$E_{Lz} \dfrac{d}{dz}\left(\varepsilon_L \dfrac{dc_{A,L}}{dz}\right) \pm u_L \dfrac{dc_{A,L}}{dz} + k_L a(c_{A,L}^* - c_{A,L})$

$- k_{s,A} S_e(c_{A,L} - c_{A,s}) = 0$　　　　(7-86)

$E_{Lz} \dfrac{d}{dz}\left(\varepsilon_L \dfrac{dc_{B,L}}{dz}\right) \pm u_L \dfrac{dc_{B,L}}{dz} - k_{S,B} S_e(c_{B,L} - c_{B,s}) = 0$　　　　(7-87)

固相　$E_{sz} \dfrac{d}{dz}\left(\varepsilon_s \dfrac{dc_{A,s}}{dz}\right) + \left(u_{ts} + \dfrac{u_L}{\varepsilon_L}\right)\dfrac{dc_{A,s}}{dz} + k_{s,B} S_e$

$(c_{A,L} - c_{A,s}) - \zeta k_w C_s f(c_{A,s}, c_{B,s}) = 0$　　　　(7-88)

$E_{sz} \dfrac{d}{dz}\left(\varepsilon_s \dfrac{dc_{B,L}}{dz}\right) + \left(u_{ts} + \dfrac{u_L}{\varepsilon_L}\right)\dfrac{dc_{B,L}}{dz} + k_{s,B} S_e$

$(c_{B,L} - c_{B,s}) - \zeta \nu_B k_w C_s f(c_{A,s}, c_{B,s}) = 0$　　　　(7-89)

式(7-88)及式(7-89)中，$k_w f(c_{A,s}, c_{B,s})$ 是单位质量催化剂上本征反应速率；c_s 是三相床中催化剂的浓度，g/cm^3。若式(7-88)及式(7-89)中的催化剂为细颗粒，可不计入内扩散过程的影响，则内扩散有效因子 $\zeta = 1$。若不计入轴向热弥散过程，则淤浆相

$$\pm \rho_L u_L \frac{dT}{dz} - \varepsilon_L K_H S_H (T - T_H) + (-\Delta H_R) \zeta k_w c_s f(c_{A,s}, c_{B,s}) = 0 \qquad (7-90)$$

式中，K_H 是三相床与传热介质间的传热总系数；S_H 是传热比表面积；T 和 T_H 分别是三相床和传热介质的温度。

催化剂的轴向颗粒浓度 c_s 分布

$$E_{sz} \frac{d^2 c_s}{dz^2} + \left(u_{ts} \pm \frac{u_L}{\varepsilon_L} \right) \frac{dc_s}{dz} = 0 \qquad (7-91)$$

式(7-90)和式(7-91)中，u_L 及 $\dfrac{u_L}{\varepsilon_L}$ 项前的正、负号分别代表气、液相逆流和并流。当 $u_L = 0$ 时，三相反应器为液相不流动半间歇操作的鼓泡淤浆反应器。

上述方程在不同的情况下，可以不同的简化。如，不计入气相的轴向混合，称为气相平推流模型，即 PFM(Plug Flow Model)；若计入气相和液相的轴向混合，称为轴向弥散模型，即 ADM(Axial Dispersion Model)。若液相作全混流型，称为连续搅拌槽模型，即 CSTR(Continuous Stirred Tank Reactor)。若计入催化剂的轴向颗粒浓度分布，称为沉降弥散模型，即 SDM(Sedimentation Dispersion Model)。

二、鼓泡淤浆床环氧乙烷合成和甲醇合成

环氧乙烷是乙烯工业衍生物中重要的基本化工原料。目前工业生产上主要采用乙烯直接氧化法制环氧乙烷，反应在气-固相反应器中进行。主要反应有

$$2C_2H_4 + O_2 \longrightarrow 2C_2H_4O \qquad \Delta H = -106.8 \text{kJ/mol}(25℃) \qquad (7-92)$$

$$C_2H_4 + 3O_2 \longrightarrow 2CO_2 + 2H_2O \qquad \Delta H = -1421.8 \text{kJ/mol}(25℃) \qquad (7-93)$$

$$C_2H_4O + \frac{5}{2}O_2 \longrightarrow 2CO_2 + 2H_2O \qquad \Delta H = -1314.7 \text{kJ/mol}(25℃) \qquad (7-94)$$

反应系统的独立反应数为 2，取前二个关键反应作为独立反应。乙烯氧化合成环氧乙烷是伴有强放热深度氧化副反应的多重反应体系，由于固定床反应器使用工业颗粒催化剂，存在床层内轴向温升和颗粒催化剂的粒内温升，难以获得高选择率，而选择率又是该反应过程中的一个关键指标。华东理工大学在环柱状银催化剂上气-固相环氧乙烷合成反应动

力学研究的基础上[102]，研究了国内外尚未见报道的在三相鼓泡淤浆床反应器中乙烯催化氧化合成环氧乙烷，采用 80~100 目细颗粒催化剂，以高沸点抗氧化溶剂作液相热载体，内径 15mm 高 300mm 的反应器放置于恒温盐浴内，可以充分消除颗粒催化剂粒内温升及床层轴向温升而获得比气-固相反应更高的选择率[103]。所筛选的抗氧化溶剂能满足高沸点、热稳定性好、抗氧化且对催化剂的毒物含量低于允许值等条件。

例 7-5　加压下气-液-固三相鼓泡淤浆床环氧乙烷合成实验

实验装置流程图见图（例 7-5-1）。

实验得到的出口气体中组分的碳平衡在 99.99%~100.01% 内。

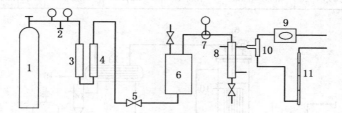

图（例 7-5-1）　三相淤浆床环氧乙烷合成实验流程图

1—钢瓶气；2—减压稳压阀；3、4—净化器；5—调节阀；6—三相淤浆床反应器；
7—稳压阀；8—冷凝分离器；9—气相色谱仪；10—三通阀；11—流量计

实验结果表明：由于该反应体系中深度氧化副反应活化能大于主反应活化能，反应温度越低，生成 CO_2 越少，选择率越高；随着反应温度升高。深度氧化副反应速率增加，选择率随之降低，但生成环氧乙烷量随反应温度提高而增大。当反应温度在 180℃ 左右时，原料气中乙烯摩尔分率为 0.27~0.60，选择率在 87.3%~88.8% 之间，反应后环氧乙烷摩尔分率为 0.0091~0.0153。比同型号催化剂的气-固相反应的选择率高三个百分点以上[104]，这表明由于三相床采用了液相热载体，使整个床层处于等温，且采用细颗粒催化剂，消除了工业颗粒的粒内温升和内扩散影响而提高了环氧乙烷选择率。

提出了上述实验室三相鼓泡淤浆床反应器的简化模型，经模拟计算值与实验值的比较，所提出的简化模型是适用的[105]。

例 7-6　$\phi0.2m$ 鼓泡淤浆反应器甲醇合成的数学模拟与试验验证。

1. 热模试验流程及三相淤浆鼓泡床

试验流程见图（例 7-6-1）。热模试验在上海焦化有限公司进行，试验条件列于表（例 7-6-1）。反应器内径 0.2m，静止液层高度 3.87m，反应器高度 8.7m。

试验采用 80～120 目 C302 型甲醇合成铜催化剂 40kg，医用液体石蜡 100L。

2. 鼓泡淤浆反应器的数学模型

表(例 7-6-1) 实验条件

压力/MPa	温度/K	质量空速(w_{SP})/ L·kg^{-1}·h^{-1}	液体石蜡量/ L	催化剂量/ kg	催化剂浓度 (w_s)/%	入口气体组成/%		
						H_2	CO	CO_2
2.4～3.1	493～528	4000～6500	100.0	40.0	32.0	0.64	0.31	0.03

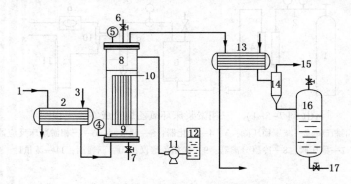

图(例 7-6-1) 试验流程示意图

1—原料气；2—原料气预热器；3—过热蒸汽；4—隔膜式压力表；5—精密压力表；6—催化剂与液体石蜡入口；7—排放口；8—鼓泡淤浆反应器；9—气体分布器；10—反应器内换热器；11—液体石蜡补给泵；12—液体石蜡贮槽；13—冷凝器；14—分离器；15—去气柜；16-粗甲醇产品贮槽；17—放料口

模型假定：①反应器内总压不变：由于反应器床层高度较低，且反应压力较高，因此不考虑静压的变化；②床层温度均匀：在高空速和原料气充分预热的条件下，床层可视为等温，ϕ0.2m 鼓泡淤浆反应器热模试验的轴向温度实测结果也表明这一假定是合理的；③热模反应器内径 0.2m，静止液层高度 3.87m，淤浆床高径比>20，假定气相为平推流是合理的；④液相存在轴向返混，采用轴向弥散模型描述液相的返混过程；⑤催化剂颗粒很小，液-固相之间传质阻力忽略不计，催化剂的内扩散过程阻力也不计；⑥所用液相热载体不吸附在甲醇合成铜基催化剂表面上，催化剂上甲醇合成本征动力学模型采用气-固相本征动力学模型；⑦所有气体组分均难溶于医用液体石蜡，气膜传质阻力可不计；⑧用固相沉降模型处理催化剂的轴向分布；⑨流体的性质，如气含率、传质系数、扩散系数等沿床层高度不变；⑩以 $CO+2H_2 \Longrightarrow CH_3OH$ 和 $CO_2+3H_2 \Longrightarrow CH_3OH+H_2O$ 为独立反应。

基于以上假定，在定态条件下，分别对气相、液相中的反应组分和产物进行物料衡算，可得下列描述半连续鼓泡淤浆反应器的数学模型。

气相中 j 组分的物料衡算：

$$\frac{d(u_g c_{g,j})}{dz}+k_{L,j}a(c_{g,j}^*-c_{L,j})=0 \quad j=H_2、CO、CO_2、CH_3OH、H_2O$$

（例 7-6-1）

液相中 j 组分的物料衡算：

$$\varepsilon_L E_{Lz}\frac{d^2 c_{L,j}}{dz^2}+k_{L,j}a(c_{g,j}^*-c_{L,j})-c_s r_i=0$$

$$i=1,2 \quad j=H_2、CO、CO_2 \quad （例 7-6-2）$$

$$\varepsilon_L E_{Lz}\frac{d^2 c_{L,j}}{dz^2}+k_{L,j}a(c_{g,j}^*-c_{L,j})+c_s r_i=0$$

$$i=1,2 \quad j=CH_3OH、H_2O \quad （例 7-6-3）$$

边界条件：

$$z=0; \quad c_{G,g}\big|_0=0 \quad \frac{dc_{L,j}}{dz}\bigg|_0=0;$$

$$z=L; \quad \frac{dc_{L,j}}{dz}=0$$

鼓泡淤浆反应器内颗粒轴向浓度分布用 Smith 颗粒沉降模型描述[76]，c_s 为三相床中催化剂的浓度表达式为：

$$c_s=c_s^0 \exp(AX) \quad （例 7-6-4）$$

式中，$A=-\varepsilon'_L u_{ts} L_0/E_{sz}$；$c_s^0=\overline{c_s}A/[\exp(A)-1.0]$；$u_{ts}=1.10 u_g^{0.026}u_t^{0.80}$ $(\varepsilon'_L)^{0.35}$；$\varepsilon'_L=(1-\overline{c_s}/\rho_p)$；而 L_0 为静止床层高度；式（例 7-6-4）中催化剂在静止床层中的（即流–固二相淤浆）中的平均浓度 $\overline{c_s}$ 及底部浓度 c_s^0 的单位是 kg/m^3。

所建立的鼓泡淤浆反应器模型中涉及的参数分别采用以下的关联式估算。

气–液相传质液相容积传质系数[46] $k_{L,j}a_L(s^{-1})$：

$$k_{L,j}a_L=0.6D_{L,j}^{0.5}\left(\frac{\mu_s}{\rho_{sL}}\right)^{-0.12}\left(\frac{\sigma_L}{\rho_s}\right)^{-0.62}D_R^{0.17}g_c^{0.93}\varepsilon_G^{1.1} \quad （例 7-6-5）$$

鼓泡淤浆反应器中液相轴向混合弥散系数[106]$E_{sLz}(m^2 \cdot s^{-1})$：

$$E_{sLz} = 0.768 D_R^{1.32} u_g^{0.32} \qquad (例 7-6-6)$$

固相沉降弥散系数[76]$E_{sz}(m^2 \cdot s^{-1})$

$$\frac{u_g D_R}{E_{sz}} = 9.6(Fr^6/Re_G)^{0.1114} + 0.019 Re_p^{1.1} \qquad (例 7-6-7)$$

式中，颗粒终端降速度 $u_t(m \cdot s^{-1})$，见式(7-3)。

气含率(采用环型气体分布器)[44]：

$$\varepsilon_G = 0.584 u_g^{0.553} w_s^{-0.306} \mu_L^{0.014} \sigma_L^{0.155} \qquad (例 7-6-8)$$

淤浆密度 ρ_{sL}、粘度 μ_s 的计算方法如下：

$$\mu_s = \mu_L(1 + 4.5 V_{cat}) \qquad (例 7-6-9)$$

式中，V_{cat} 为液-固相淤浆中催化剂的体积分率。

各组分在液体石蜡中的扩散系数按下式计算[107]：

$$D_{A,L} = 7.4 \times 10^{-8} \frac{(\phi M_L)^{0.5} T}{\mu_L (M_{V,A})^{0.6}} \qquad (例 7-6-10)$$

式中，M_L 为溶剂相对分子质量，液体石蜡的平均相对分子质量为 0.412 kg·mol⁻¹，对甲醇合成体系，$\phi = 1$；$M_{V,A}$ 为正常沸点下组分 A 的摩尔体积，cm³/mol。液体石蜡的物化性质分别如下：

密度/kg·m⁻³ $\rho_L = 864.4 - 0.6714t$ (例 7-6-11)

粘度/mPa·s $\ln\mu_L = -3.0912 + 1.7038 \times 10^3/T$ (例 7-6-12)

表面张力/mN·m⁻¹ $\sigma_L = 50.7657 - 0.0737T$ (例 7-6-13)

上三式中温度 t，T 的单位分别为℃，K。

各组分在液体石蜡中的溶解度 $C_i^*(mol/m^3)$：

$$C_{H_2}^* = 1.019 \times 10^6 \left(\frac{p_{H_2}}{T}\right)^{0.9} \exp(-1.942 \times 10^4/R_g T) \qquad (例 7-6-14)$$

$$C_{CO}^* = 3.741 \times 10^5 \left(\frac{p_{CO}}{T}\right)^{0.9} \exp(-1.281 \times 10^4/R_g T) \qquad (例 7-6-15)$$

$$C_{CO_2}^* = 2.247 \times 10^3 \left(\frac{p_{CO_2}}{T}\right)^{0.9} \exp(1.083 \times 10^4/R_g T) \qquad (例 7-6-16)$$

$$C_{CH_3OH}^* = 1.167 \times 10^4 \left(\frac{p_{CH_3OH}}{T}\right)^{0.4} \exp(3.938 \times 10^3/R_g T) \qquad (例 7-6-17)$$

$$C_{H_2O}^* = 1.875 \times 10^5 \frac{p_{H_2O}^{0.5}}{T^{0.9}} \exp(2.253 \times 10^3/RT) \qquad (例 7-6-18)$$

各组分的反应速率由甲醇合成反应本征动力学方程计算。

$$r_1 = r_{CO} = \frac{k_1 f_{CO} f_{H_2}^2 (1-\beta_1)}{(1+K_{CO} f_{CO} + K_{CO_2} f_{CO_2} + K_{H_2} f_{H_2})^3} \qquad (例7-6-19)$$

$$r_2 = r_{CO_2} = \frac{k_2 f_{CO_2} f_{H_2}^3 (1-\beta_2)}{(1+K_{CO} f_{CO} + K_{CO_2} f_{CO_2} + K_{H_2} f_{H_2})^4} \qquad (例7-6-20)$$

$$k_1 = 4.706 \times 10^5 \exp(-3.859 \times 10^4 / R_g T) \qquad (例7-6-21)$$
$$k_2 = 1.909 \times 10^6 \exp(-4.490 \times 10^4 / R_g T) \qquad (例7-6-22)$$
$$K_{CO} = \exp[-16.04 - 1.5 \times 10^4 (1/T - 1/508.05)] \qquad (例7-6-23)$$
$$K_{CO_2} = \exp[8.50 \times 10^{-2} + 1.715 \times 10^4 (1/T - 1/508.05)] \qquad (例7-6-24)$$
$$K_{H_2} = \exp[-5.791 \times 10^{-1} + 3.831 \times 10^2 (1/T - 1/508.05)] \qquad (例7-6-25)$$

式中　$\beta_1 = \dfrac{f_m}{K_{f_1} f_{CO} f_{H_2}^2}$；　　　　$\beta_2 = \dfrac{f_m f_{H_2O}}{K_{f_2} f_{CO_2} f_{H_2}^3}$

K_{f_1}、K_{f_2} 分别为 CO 加氢和 CO_2 加氢反应以逸度表示的平衡常数，由专著[108]提供的公式计算。

由 r_{CO}、r_{CO_2} 可确定其他组分的反应速率：

$r_{H_2} = 2r_{CO} + 3r_{CO_2}$；　$r_m = r_{CO} + r_{CO_2}$；　$r_{H_2O} = r_{CO_2}$

模型验证结果见表(例7-6-2)

表(例7-6-2)　模型计算值与试验值的比较

No	T/K	P/MPa	$W_{SP}/$ L·kg^{-1}·h^{-1}	$STY/$t·t$_{cat}^{-1}$·d^{-1}		$STY/\%$	$y_{m,out}/\%$		相对误差 $y_{m,out}/\%$
				STY_e	STY_c		$y_{m,e}$	$y_{m,c}$	
1	230	2.55	6500	5.00	4.76	4.88	2.47	2.23	9.72
2	228	2.55	6500	5.45	4.55	16.50	2.73	2.13	16.80
3	240	2.55	6500	5.25	5.35	-1.84	2.60	2.52	3.07
4	240	2.55	6500	5.00	5.20	-4.08	2.40	2.45	-2.08
5	242	2.50	6500	5.45	5.22	3.67	2.42	2.46	-1.65
6	242	2.53	6500	4.80	5.21	-8.58	2.60	2.45	5.77

续表

No	T/K	P/MPa	$W_{SP}/$ L·kg^{-1}·h^{-1}	$STY/$t·t$_{cat}^{-1}$·d^{-1}		$STY/\%$	$y_{m,out}/\%$		相对误差 $y_{m,out}/\%$
				STY_e	STY_c		$y_{m,e}$	$y_{m,c}$	
7	251	2.60	6625	4.87	5.44	-11.61	2.50	2.56	-2.40
8	252	2.58	6500	5.00	5.62	-12.34	2.50	2.66	-6.40
9	252	2.60	6625	5.40	5.66	-4.77	2.60	2.67	-2.69
10	250	2.60	6625	5.25	5.58	-6.28	2.60	2.64	-1.54
11	251	2.80	5250	4.00	4.82	-20.41	2.70	2.83	-4.81
12	251	2.82	5250	4.03	4.84	-20.15	2.60	2.84	-9.23
13	251	2.82	4750	4.11	4.55	-10.66	3.00	2.96	1.33
14	251	2.82	4500	4.40	4.38	0.44	3.40	3.01	5.94
15	251	2.81	4750	5.05	4.46	11.7	3.50	2.90	17.14
16	249	2.85	4500	4.50	4.36	3.13	3.10	2.99	3.55
17	250	2.85	4500	4.65	4.35	6.49	3.20	2.99	6.56
18	250	2.90	4625	4.95	4.48	9.54	3.40	2.99	12.06
19	225	3.10	4750	3.08	3.50	-13.47	1.55	2.24	-12.00
20	230	2.81	4500	3.10	3.12	0.50	2.00	2.10	-5.00
21	235	2.80	4500	2.76	3.36	-21.72	1.90	2.28	-8.57
22	235	2.80	4500	3.50	3.32	5.12	2.40	2.25	6.25
23	236	2.90	4625	3.20	3.47	-8.48	2.10	2.85	-9.62
24	245	2.81	4500	3.74	3.67	2.00	2.40	2.49	-3.75
25	242	2.60	6500	3.00	3.31	-10.46	1.44	1.53	-6.25
26	243	2.60	6500	3.00	3.31	-10.36	1.44	1.53	-6.25
27	244	2.92	4000	3.00	3.44	-14.51	2.30	2.64	-12.34
28	243	2.90	4000	2.81	3.31	-17.92	2.14	2.54	-18.69

　　表中 STY_e 和 STY_c 分别为甲醇合成的空时产率的试验值和模型计算值；$y_{m,e}$ 和 $y_{m,c}$ 分别为反应器出口甲醇摩尔分率的试验值和模型计算值。STY 和出口 y_m 相对误差绝对值的算术平均值(AAD)分别为 9.34% 和 7.20%，可见本试验所用的数学模型和模型参数是合适的。

三、鼓泡淤浆床费托合成

对于难溶气体，气相返混不大，可认为气体在淤浆床反应器内的流动是平推流，不存在轴向返混。气膜传质阻力可忽略。

$$u_g \frac{dc_{G,j}}{dz} + k_{L,j}a(c_{G,j}^* - c_{L,j}) = 0 \qquad (7-95)$$

$$\varepsilon_L E_L \frac{d^2 c_{L,j}}{dz^2} + k_{L,j}a(c_{G,j}^* - c_{L,j}) = \sum_{i=1}^{n} c_S \cdot \nu_{i,j} r_{i,j} \qquad (7-96)$$

式（7-96）中 c_S 为三相床中催化剂的浓度，见式（例7-6-4）。

式（7-95）、式（7-96）即为考虑了液相返混的采用本征动力学方程的鼓泡淤浆床反应器数学模型。式中，i 表示不同反应式，j 表示不同组分。

该模型需要提供在含有催化剂的费托合成产品中合成气的溶解度关联式、体积液相传质系数关联式以及液相、固相的有效扩散系数等数据，模型求解较为复杂。因此，在建立鼓泡淤浆床费托合成反应器数学模型的过程中，采用已包含了气、液、固三相间的传质和扩散等复杂过程的宏观反应动力学方程。因此，式（7-96）可以简化为：

$$k_{L,j}a(c_{G,j}^* - c_{L,j}) = \sum_{i=1}^{n} c_S \cdot \nu_{i,j} r_{i,j} \qquad (7-97)$$

将式（7-97）代入式（7-95），可得：

$$u_G \frac{dc_{G,j}}{dz} + \sum_{i=1}^{n} c_S \cdot \nu_{i,j} r_{i,j} = 0 \qquad (7-98)$$

式（7-98）即为基于费托合成宏观反应动力学，考虑了催化剂颗粒沉降的鼓泡淤浆床反应器数学模型。

例 7-7　鼓泡淤浆床费托合成反应器数学模拟[33]。

1. 产物按集总计算

对于费托合成制液态烃和高碳伯醇反应体系，以消耗 1mol CO 为基准，其反应方程式可采用集总方法表示为：

$$CO + sH_2 \Longrightarrow aCH_4 + bC_3H_8 + cC_8H_{18} +$$
$$dC_{23}H_{48} + eCH_3OH + fC_3H_7OH + gC_8H_{17}OH + hH_2O \quad (例7-7-1)$$

式中，a，b，c，d，e，f，g 为消耗 1mol CO 为基准的各产物的分配系数，各系数由实验数据关联得到[33]。根据反应方程式两端元素守恒，可知：

$$s = 2a + 4b + 9c + 24d + 2e + 4f + 9g + h \qquad (例7-7-2)$$

$$h = 1-e-f-g \quad\text{（例 7-7-3）}$$

令：$q = a+b+c+d+e+f+g+h$，$p = 1+s-q$

以 CO 作为关键组分，通过物料衡算可以得到反应器内混合气体瞬时摩尔流率与进口初始摩尔流率之间的关系：

$$N_T = N_{\mathrm{in}} \cdot \frac{1-p \cdot y_{\mathrm{CO,in}}}{1-p \cdot y_{\mathrm{CO}}} \quad\text{（例 7-7-4）}$$

由此可得，关键组分 CO 的摩尔流率为：

$$N_{\mathrm{co}} = N_T y_{\mathrm{co}} = N_{\mathrm{in}} \cdot \frac{1-p \cdot y_{\mathrm{CO,in}}}{1-p \cdot y_{\mathrm{CO}}} \cdot y_{\mathrm{CO}} \quad\text{（例 7-7-5）}$$

根据组分物料衡算，其他组分的流率为：

$$N_{\mathrm{H_2}} = N_{\mathrm{in}} \cdot \left(y_{\mathrm{H_2,in}} - s \cdot y_{\mathrm{CO,in}} + s \cdot y_{\mathrm{CO}} \cdot \frac{1-p \cdot y_{\mathrm{CO,in}}}{1-p \cdot y_{\mathrm{CO}}} \right) \quad\text{（例 7-7-6）}$$

$$N_{\mathrm{CH_4}} = N_{\mathrm{in}} \cdot \left(a \cdot y_{\mathrm{CO,in}} - a \cdot y_{\mathrm{CO}} \cdot \frac{1-p \cdot y_{\mathrm{CO,in}}}{1-p \cdot y_{\mathrm{CO}}} \right) \quad\text{（例 7-7-7）}$$

$$N_{\mathrm{C_3H_8}} = N_{\mathrm{in}} \cdot \left(b \cdot y_{\mathrm{CO,in}} - b \cdot y_{\mathrm{CO}} \cdot \frac{1-p \cdot y_{\mathrm{CO,in}}}{1-p \cdot y_{\mathrm{CO}}} \right) \quad\text{（例 7-7-8）}$$

$$N_{\mathrm{C_8H_{18}}} = N_{\mathrm{in}} \cdot \left(c \cdot y_{\mathrm{CO,in}} - c \cdot y_{\mathrm{CO}} \cdot \frac{1-p \cdot y_{\mathrm{CO,in}}}{1-p \cdot y_{\mathrm{CO}}} \right) \quad\text{（例 7-7-9）}$$

$$N_{\mathrm{C_{23}H_{48}}} = N_{\mathrm{in}} \cdot \left(d \cdot y_{\mathrm{CO,in}} - d \cdot y_{\mathrm{CO}} \cdot \frac{1-p \cdot y_{\mathrm{CO,in}}}{1-p \cdot y_{\mathrm{CO}}} \right) \quad\text{（例 7-7-10）}$$

$$N_{\mathrm{CH_3OH}} = N_{\mathrm{in}} \cdot \left(e \cdot y_{\mathrm{CO,in}} - e \cdot y_{\mathrm{CO}} \cdot \frac{1-p \cdot y_{\mathrm{CO,in}}}{1-p \cdot y_{\mathrm{CO}}} \right) \quad\text{（例 7-7-11）}$$

$$N_{\mathrm{C_3H_7OH}} = N_{\mathrm{in}} \cdot \left(f \cdot y_{\mathrm{CO,in}} - f \cdot y_{\mathrm{CO}} \cdot \frac{1-p \cdot y_{\mathrm{CO,in}}}{1-p \cdot y_{\mathrm{CO}}} \right) \quad\text{（例 7-7-12）}$$

$$N_{\mathrm{C_8H_{17}OH}} = N_{\mathrm{in}} \cdot \left(g \cdot y_{\mathrm{CO,in}} - g \cdot y_{\mathrm{CO}} \cdot \frac{1-p \cdot y_{\mathrm{CO,in}}}{1-p \cdot y_{\mathrm{CO}}} \right)$$

$$\text{（例 7-7-13）}$$

取床层轴向微元高度 $\mathrm{d}z$，可得：

$$\mathrm{d}N_{\mathrm{CO}} = N_{\mathrm{in}} \cdot \frac{1-p \cdot y_{\mathrm{CO,in}}}{(1-p \cdot y_{\mathrm{CO}})^2} \mathrm{d}y_{\mathrm{CO}} \quad\text{（例 7-7-14）}$$

同时基于以上假设，式（7-98）可写为：

$$\frac{\mathrm{d}\,(u_{\mathrm{G}} c_{\mathrm{G,CO}})}{\mathrm{d}z} + c_{\mathrm{S}} r_{\mathrm{CO}} = 0 \quad\text{（例 7-7-15）}$$

将 $c_{G,CO} = \dfrac{N_{CO}}{u_G A}$ 及式（例 7-7-14）代入式（例 7-7-15）中，并引入催化剂活性校正系数 C_{OR}，得到计算鼓泡淤浆床反应器内床层物料衡算微分方程：

$$\frac{dy_{CO}}{dz} = -\frac{c_S A C_{OR}}{N_{in} \cdot \dfrac{1-p \cdot y_{CO,in}}{(1-p \cdot y_{CO})^2}} r_{CO} \qquad （例\ 7\text{-}7\text{-}16）$$

其初值条件为：　　$z=0$ 时，$y_{CO}=y_{CO,in}$

采用四阶龙格-库塔法求解式（例 7-7-16），得到一氧化碳摩尔分率沿反应器轴向的分布，由式（例 7-7-4）、式（例 7-7-6）~ 式（例 7-7-13）可以求得各组分沿鼓泡淤浆床反应器轴向的摩尔流量以及组成分布。

CO 加氢合成液态烃以及高碳醇的宏观反应速率方程：

$$r_{CO} = 5.04 \times 10^6 \times \exp\left(-\frac{108.67 \times 10^3}{RT}\right) p_{H_2}^{1.88} p_{CO}^{-0.67} \qquad （例\ 7\text{-}2\text{-}12）$$

2. 160kt/a 费托合成反应器模拟结果

反应器入口气体的组成为：$y_{H_2}=0.60$；$y_{CO}=0.30$；$y_{N_2}=0.10$。反应器进气流量为 $5 \times 10^5\ Nm^3 \cdot h^{-1}$，催化剂在浆液中的质量分率为 30%，催化剂颗粒平均直径 0.075 mm，反应器直径 5.0 m，操作温度 230℃，压力为 3.0 MPa。

根据以上设计条件，在典型工况下对 160kt/a 费托合成反应器进行了模拟，模拟结果如表（例 7-7-1）所示。

表（例 7-7-1）　鼓泡淤浆床费托合成反应器模拟结果

项目			数值
操作条件	反应器直径/m		5.00
	反应压力/MPa		3.00
	反应温度/℃		230.00
	进气流量/Nm³·h⁻¹		500000
	表观气速/m·s⁻¹		0.43
	进口气体组成	y_{H_2}	0.60
		y_{CO}	0.30
		y_{N_2}	0.10

续表

项目		数值
模拟结果	静液床高/m	18.72
	床层操作高度/m	25.55
	平均气含率	0.27
	石蜡油质量/t	212.29
	催化剂质量/t	90.98
	$y_{H_2,out}$/%	53.57
	$y_{CO,out}$/%	24.60
	$y_{N_2,out}$/%	10.88
	x_{CO}/%	24.64
	$C_2 \sim C_4$ 选择性/%	46.19
	$C_2 \sim C_4$ 产量/$t \cdot a^{-1}$	80485.18
	液态烃选择性/%	24.61
	液态烃产量/$t \cdot a^{-1}$	47228.11
	醇选择性/%	12.85
	醇产量/$t \cdot a^{-1}$	32715.32
	总产量/$t \cdot a^{-1}$	160428.62

在 3.0 MPa、230℃的典型工况下，各反应物及产物摩尔分率沿床层轴向的模拟数据结果如表（例 7-7-2）所示。

表（例 7-7-2）　典型工况下各组分沿床层轴向的分布

z/m	y_{H_2}	y_{CO}	y_{N_2}	y_{CH_4}	y_{C_3}	y_{C_8}	$y_{C_{23}}$	y_{CH_3OH}	y_{C_3OH}	y_{C_8OH}
0.000	0.60000	0.30000	0.10000	0.00000	0.00000	0.00000	0.00000	0.00000	0.00000	0.00000
2.555	0.59377	0.29477	0.10086	0.00136	0.00120	0.00024	0.00001	0.00021	0.00017	0.00004
5.110	0.58749	0.28950	0.10172	0.00273	0.00241	0.00048	0.00002	0.00042	0.00034	0.00007
7.665	0.58118	0.28420	0.10259	0.00410	0.00363	0.00072	0.00004	0.00063	0.00052	0.00011
10.220	0.57481	0.27885	0.10346	0.00549	0.00485	0.00096	0.00005	0.00084	0.00069	0.00014
12.775	0.56841	0.27348	0.10434	0.00689	0.00609	0.00121	0.00006	0.00105	0.00087	0.00018
15.330	0.56196	0.26806	0.10522	0.00829	0.00733	0.00146	0.00007	0.00127	0.00104	0.00022
17.885	0.55546	0.26261	0.10612	0.00971	0.00858	0.00170	0.00008	0.00148	0.00122	0.00025
20.440	0.54892	0.25712	0.10701	0.01114	0.00984	0.00195	0.00010	0.00170	0.00140	0.00029
22.995	0.54234	0.25160	0.10792	0.01257	0.01111	0.00221	0.00011	0.00192	0.00158	0.00033
25.550	0.53572	0.24604	0.10883	0.01401	0.01239	0.00246	0.00012	0.00214	0.00176	0.00037

第九节　讨论和分析

一、悬浮床气-液-固三相反应器在强放热催化反应中的应用展望

悬浮床气-液-固三相反应器具有可使用细颗粒催化剂和床内等温的特点，如果强放热可逆反应平衡对气-固相反应过程的最终转化率具有很大的限制作用，可采用多段悬浮床气-液-固三相反应器串联操作，每段经历一定的转化率变化，在不同的等温下操作。考虑到所使用的细颗粒催化剂可完全消除内扩散过程的影响，各段的反应温度和各段进、出口的转化率可进行优化，可望超过传统的气-固相催化反应器的最终转化率和空时产率。如果将各段流出反应器的产物分离，逆反应对反应平衡的限制可进一步消除，可达到更高的转化率和空时产率；但另一方面，必须增加设备投资。

在气-固相反应器中进行的强放热多重反应，如烃类催化氧化，副反应是生成二氧化碳和水的深度氧化反应，往往深度氧化副反应的活化能超过主反应的活化能，则反应温度愈高，深度氧化副反应的反应速率愈大，目的产物的选择率愈低。上述反应在三相悬浮床中进行时，如本章例7-5，三相鼓泡淤浆床反应器中进行乙烯催化氧化合成环氧乙烷的试验，既消除了轴向温差，又消除了催化剂的内扩散影响，在180℃等温操作时，出口选择率比气-固相反应器高出7个百分点。当然，还可以对上述三相床等温反应的温度进行进一步优化，以求得较高的空时产率。

二、悬浮床气-液-固三相反应器所用的液相载热体

悬浮床三相反应器的床内能维持等温的关键是床层内具有高液相含率的液相载热体，它的热容比气相反应物大许多倍，并且三相床与换热体之间的传热远大于固定床。

如果产品是所用的液相载热体，或产品溶解于液相载热体，后者形成催化-分离一体化，必须使用三相流化床或三相携带床，三相流化床存在出口处液-固分离的困难，固相催化剂必须存留在三相床内。三相携带床存在输送管道的磨损问题。

如果可使用与反应物或产品无关的惰性液相载热体，则应使用三相鼓泡淤浆床，要求惰性液相载热体具有高沸点和低蒸气压，不含对催化

剂有毒成分，并不与气相反应物或产物发生化学反应。对于加压反应过程，加压下液相热载体的沸点会有所升高，而出口气体中热载体的蒸气分压占总压中的分率也有所降低，可降低从三相反应器出口气中冷凝所带载热体蒸汽的负荷。选择不含对催化剂有害毒物的高沸点载热体还比较容易，但如反应气体混合物中含有氧，则选择价廉的抗氧化的惰性液相载热体难度很大。

三、加压搅拌反应釜作为三相反应器的应用

加压机械搅拌反应釜作为三相反应器的主要优点是气体分布器容易设计，不存在三相悬浮床所需催化剂完全悬浮的最低气速的问题，可在低质量空速下操作；主要缺点是气相属全混流，反应器中气相组成即出口气相组成，不利于可逆反应。但由于易于设计和操作，仍然可以作为研究三相床催化合成过程的前期工作，如本章例7-2。

对于反应物及产物均为液相的过程如油脂的催化加氢，可采用机械搅拌反应釜，可连续操作，也可间歇操作，后者更为方便，并且放大过程也很简单。

如果三相机械搅拌反应釜使用于强放热多重不可逆反应，则主要优点是可在低质量空速和较高转化率工况下操作。

四、鼓泡淤浆三相反应器的气体分布器设计

气体分布器关系到鼓泡淤浆床三相反应器中的气含率、气泡尺寸及其分布、临界气速和气-液传质等参数。实验室三相床大都使用多孔分布板，其中小孔在长期工业使用中易堵塞，开发工业三相鼓泡淤浆反应器要改进气体分布器的设计，在研究开发过程中，应进行改进型气体分布器的冷模试验。本章例7-4反映了不同气体分布器，在同一表观气速下气含率有较大差异。

五、加压、加温下鼓泡淤浆三相反应器中的传递过程及相混合研究

一般鼓泡淤浆床三相反应器的传递过程及相混合研究在常温、常压下进行。但绝大多数工业三相床催化反应在加压、加温条件下进行。已进行的研究工作表明，加压操作淤浆反应器中气泡直径较小并且分布较窄，应进一步进行加压、加温条件下使用改进型气体分布器的气含率、气泡尺寸及分布、传递过程参数等方面的研究，以取得较好的工业生产效果和更接近实际的反应器数学模型中的模型参数。

参 考 文 献

[1] Shah Y T. Gas－liquid－Solid Reactor Design. New York：McGraw－Hill Inc，1979；气-液-固反应器设计.北京:烃加工出版社,1989

[2] Ramachandran P A, Chaudhari R V. Three－phase Catalytic Reactor. New York：Gorden and Breach Sci Publ,1983

[3] Gianetto A,Silveston P L.Multiphase Chemical Reactors.Washington：Hemispere Publ Cor,1986

[4] Fan L S. Gas－Liqiud－Solid Fluidization Engineering. Boston：Butterworths Publ, 1989；气-液-固流态化工程.北京:中国石化出版社,1994

[5] Schugerl K.Bioreaction Engineering.Chichester：John Wiley & Sons,1990

[6] Westerterp K R, van Swaiij W P M, Beenackers A A C M.Chemical Reactor Design and Operation.2nd ed.Chichester：John Wiley and Sons,1982

[7] Nigam K D P, Schump A. Three－phase Sparged Reactors. Netherlands：Gorden and Breach Sci Publ,1996

[8] 范正,黄安吉,陈家镛.气体提升搅拌反应器的研究.化学工程,1980(12):36~53

[9] 毛卓雄,戴佐虎,杨守志,陈家镛.多层气提式气-液-固三相反应器的研究.化工学报,1980,(1):11~18

[10] Fan L－S, Jean R H, Kitano K. On the operation regimes of cocurrent upward gas－liquid－solid systems with liquid as the continuous phase.Chem Eng Sci,1988, 42:1853~1855

[11] Chaudhari R V, Ramachandran P A. Three phase slurry reactors. AIChE J,1980, 26:177~201

[12] 张濂,毛之侯,顾其威.气-液并流固定床内流动状态研究.华东化工学院学报, 1984(4):427~433

[13] Anter A M,肖琼,程振民,袁渭康.高压下滴流床反应器动持液量的测定.华东理工大学学报,1999,25:555~558

[14] Gianetto A, Specchia V, Baldi G. Absorption in packed towers with cocurrent downward high velocity flow－Ⅱ:mass transfer.AIChE J.1973,19:916~922

[15] Specchia V,Baldi G,Gianetto A.Solid-liquid mass transfer in concurrent two-phase flow through packed beds.Ind Eng Chem,Proc Des Dev,1978,16:362~367

[16] Weekman Jr.J V W,Myers J E.Heat htansfer characteristics of concurrent gas－liquid in packed beds.AIChE J.1965,11:13~17

[17] Specchia V, Baldi G, Gianetto A. Heat transfer in trickle bed reactors. Chem Eng Comm,1979(3):483~499

[18] Matsaura A, Hitaka Y, Akehata T, et al. Radial effective thermal conductivity in packed beds with cocurrent gas－liquid downflow. Kagaku Kogaku Ronbushu, 1979 (5):263~369

［19］ 顾其威,毛之侯,朱余民.滴流床催化反应过程开发中的实验研究.化工学报, 1985(2):151~159

［20］ 赵玉龙,顾其威,朱炳辰.丁炔二醇催化合成的本征动力学.华东化工学院学报, 1984(2):153~159

［21］ 孙玉顺,顾其威,朱炳辰.气-液-固三相涡轮转框反应器的研制.华东化工学院学报,1983(2):147~153

［22］ 朱余民,顾其威,朱炳辰.丁炔二醇催化合成的床层宏观动力学.华东化工学院学报,1984(4):435~439

［23］ Satterfield C N.Trickle-bed reactors.AIChE J.1975,21:209~229

［24］ Zweitering T N.A backing model describing micromixing in single-phase continuous-flow systems.Chem Eng Sci, 1984,12:1765~1778

［25］ Nienow A W.Suspension of solid particles in turbine agitated buffled vessels.Chem Eng Sci,1968,23,1453~1459

［26］ Conti R,Sicardi S,Specchia V.Effect of the stirred clearance on particle suspension in agitated vessels.Chem Eng J,1981,22:247~249

［27］ Steynberg A P, Dry M E. Fischer-Tropsch technology. Studies in Surface Science and Catalysis, 2004,152: 32-45

［28］ Zennaro R, Tagliabue M, Martholomew C H. Kinetic of Fischer-Tropsch synthesis on titania-supported cobalt. Catalysis Today, 2000, 58(4): 309-319

［29］ Yates I C, Satterfield C N. Intrinsic kinetics of the Fischer-Tropsch synthesis on cobalt catalysis. Energy & Fuels, 1991, 5(1):167-173

［30］ Lox E S, Froment G F. Kinetics of the Fischer-Tropsch reaction on a precipitated promoted iron catalyst. 1. Experimental Procedure and Results［J］. Industrial & Engineering Chemistry Research, 1993, 32(1): 61-70.

［31］ Lox E S, Froment G F. Kinetics of the Fischer-Tropsch reaction on a precipitated promoted iron catalyst. 2. Kinetic modeling［J］. Industrial & Engineering Chemistry Research, 1993, 32(1): 71-78.

［32］ 马文平, 丁云杰, 李永旺等. 费托合成反应动力学研究的回顾与展望. 天然气化工, 2001, 26(3): 42-46

［33］ 钱炜鑫. 钴基催化剂费托合成反应动力学及浆态床反应器数学模拟. 华东理工大学博士学位论文, 2011

［34］ Shah Y T,Kelkar S P,Gogbole S P,Deckwer W-D.Design parameters estimation for bubble column reactors.AIChE J,1982,28:353~379

［35］ Joshi J B,Utgikar V P,Sharma M M,Juveker V A.Modelling of three phase spayged reactors.Rev in Chem Eng,1985(3):281~406

［36］ Deckwer W-D, Louisini Y, Zardi A, Ralik M. Hydrodynamic properties of the Fischer-Tropsh slurry process.Ind Eng Chem,Proc Des Dev,1980,19:699~708

［37］ Kojima H,Asano K.Hydrodynamic characteristic of a suspension bubble column.Int Chem Eng,1981,21:473~481

[38] Koide K, Yasuda T, Iwamoto S, Fukuda S. Critical gas velocity required for complete suspension of solid particles in solid-suspended bubble columns. J Chem Eng Japan, 1983, 16:7~12

[39] Koide K, Horibe K, Kawabata H, Ito S. Critical gas velocity requried for complete suspension of solid particles in solid-suspended column with draught tube. J Chem Eng Japan, 1984, 17:368~374

[40] Hughmark G A. Holdup and Mass transfer in bubble colummn. Ind Eng Chem, Proc Des Dev, 1967(6):218~220

[41] Smith D N, Ruether J A. Dispersed solid dynamics in a slurry bubble column. Chem Eng Sci, 1985, 40:741~754

[42] Koide K, Takazawa A, Komara M, Matsunaga H. Gas holdup and volumetric liquid-phase mass transfer coefficient in solid-suspended bubble column. J Chem Eng Japan, 1984, 17:459~466

[43] 宋同贵,曹翼卫,赵玉龙,张璧江. 淤浆床气泡特性研究. 燃料化学学报, 1987, 17:322~328

[44] 丁百全,张吉波,房鼎业,朱炳辰. 高固含率三相淤浆床反应器流体力学研究. 华东理工大学学报, 2000, 26:228~231

[45] Akita K, Yoshida F. Gas holdup and volumetric mass transfer coefficient in bubble columns. Ind Eng Chem, Process Des Dev, 1973, 12:76~80

[46] Akita K, Yoshida F. Bubble size interfacial area and liquid-phase mass transfer coeficent in bubble column. Ind Eng Chem, Process Des Dev, 1974, 13:84~91

[47] Yasanishi A, Fukuma M and Muroyama K. Measurement of behavior of gas bubble and gas holdup in a slurry bubble column by a dual electroresistivity probe method. J Chem Eng Japan, 1986, 19:444~448

[48] Fukuma M, Muroyama K, Yasunishi A. Properties of bubble swarm in a slurry bubble column. J Chem Eng Japan, 1987, 20:28~33

[49] Linek V, Vacek V. Chemical engineering use of catalyzed sulfite oxidation kinetics for the determinations of mass transfer characteristics of gas-liguid contactor. Chem Eng Sci, 1981, 36:1747~1768

[50] Sada E, Kumazawa H, Lee C, Fujiwara N. Gas-Liquid mass transfer characterictics in a bubble column with suspended sparingly solubbe fine particles. Ind Eng Chem, Proc Des Dev, 1985, 24:255~261

[51] Beenackers A A C M, van Swaaij W P M. Mass transfer in gas-liquid slurry reactor. Chem Eng Sci, 1993, 48:3109~3139

[52] Calderbank P H, Moo-Young M B. The continuous phase heat and mass-transfer properties of dispersions. Chem Eng Sci, 1961, 16:39~54

[53] Deckwer W-D, Serpemen Y Ralek M, Schmidt B. Modelling the Fischer-Tropsch synthesis in the slurry phase. Ind Eng Proc Des Dev, 1982, 21:231~241

[54] Thomas D. Transpost characteristics of suspension: Ⅷ. A note on the viscosity of new-

tonian suspension of uniform sphorical particles.J Colloid Sci,1965,20:267~277

[55] Sauer T,Hempel D-C.Fluid dynamics and mass transfer in a bubble column with suspended solids.Chem Eng Technol,1987,10:180~189

[56] Kato Y,Nishiwaki A,Fukuda T,Tanaka S.The behavoior of suspended solid particles and liquid in bubble column.J Chem Eng Japan,1972,5:112~118

[57] Sanger P,Deckwer W-D.Liquid-solid mass transfer in aerated suspensions.Chem Eng J,1981,22:179~186

[58] Deckwer W-D.On the mechanism of heat transfer in bubble column reactor.Chem Eng Sci,1980,35:1341~1346

[59] Muroyama K,Fan L S.Fundamentals of gas-liquid-solid fluidization.AIChE J,1985,3:1~34

[60] 张俊平,金涌,汪展文.采用压力脉动信号分析发对三相流化床流型划分的研究.化工学报,1989(6):645~653

[61] Song G-H,Bavarian F,Fan L S.Hydrodynamics of three-phase fliudized bed contraining cylindical hydro-treating catalysts.Cand J Chem.Eng.,1989,67:265~275

[62] Wen C Y,Yu Y H.Mechanmics of fliudization.Chem Eng Prog Symp Ser,1966,62:100~111

[63] Fan L-S Matsuttra A,Chern S H.Hydrodynamic characteristics of a gas-liquid-solid fliudization bed contraining a binery mixtures of particles.AIChE J,1985,31:1801~1810

[64] Lee D H,Kim J O,Kim S D.Mass transfer and phase holdup characteristics in three-phase fliudized bed.Chem Eng Commoun,1993,119:179~196

[65] Schumpe A,Deckwer W D,Nigam K D.Gas-liquid mass transfer in three-phase Fluidized bed with viscous pseudoplastic liquids.Cand J Chem Eng,1989,67:873~877

[66] Arters D C,Fan L S.Solid-liquid mass transfer in a gas-liquid-solid fluidized bed.Chem Eng Sci,1986,41:107~115

[67] Kang Y,Such I S,Kim S D.Heat transfer characteristics of three-phase fluidized beds.Chem Eng Commun,1985,34:1~13

[68] Zaidi A,Benchekchon B,Kanoun M,Akharaz.Heat transfer in three-phase fliudized beds with non-Newtonian pseudoplastic solutions.Chem Eng Commun,1990,93:135~146

[69] Muroyama K,Hashimoto K,Kawabata T,Shiota M.Axial liquid mixing in three-phase fluidized Beds.Kagaku Kogaku Ronbubshu,1978,4:622~628

[70] Kim S D,Kim C H.Axial dispersion characteristics of three-phase fluidized beds.J Chem Eng Japan,1983,16:172~177

[71] Kang Y,Kim S-D.Radial dispersion characteristics of two and three-phase fluidized beds.Ind Eng Chem Prog Des Dev,1986,25:717~722

[72] Kara S,Kelkar B G,Shah Y T,Carr N L.Hydrodynamics and axial mixing in a three-phase Bubble Column.Ind Eng Chem,Proc Des Dev,1982,21:584~594

[73] Kawase Y,Moo-Young M.Liquid phase mixing in bubble column with Newtonian and non-Newtonian fluids.Chem Eng Sci,1986,41:1969~1977

[74] Deckwer W D, Schumpe A. Improved tools for bubble column reactor design and scale-up. Chem Eng Sci, 1993, 48:889~911

[75] Wachi S, Nojima Y. Gas-phase dispersion in bubble column. Chem Eng Sci, 1990, 45:901~905

[76] Smith D N, Ruether J A. Dispersion solid dynamics in a slurry bubble column. Chem Eng Sci, 1985, 40:741~754

[77] Idogawa K, Ikeda K, Fukuda T, Morooka S. Bahavoir of bubble of the air-water system in a column under high pressure. Int Chem Eng, 1986, 26:468~474

[78] Idogawa K, Ikeda K, Fukuda T, Morooka S. Effect of gas and liquid properties on the behavior of bubble in a column under high pressure. Int Chem Eng, 1987, 27:93~99

[79] Jiang P, Lin T J, Luo X, Fan L S. Flow visualizatin of high pressure column: bubble chatacteristics. Tr Inst Chem Eng, 1995, 73, Part A:269~274

[80] Wilkinson P M, van Dierendsck L L. Pressure and gas density effects on bubbble break-up and gas hold-up in bubble column. Chem Eng Sci, 1990, 45:2309~2315

[81] Wilkinson P M, Haringa H, van Dierendonck L L. Mass transfer and bubble size in a bubble column under pressure. Chem Eng Sci, 1994, 49:1417~1427

[82] Krishna R, Wilkinson P M, van Dierendonck L L. A model for gas hold-up in bubble column interferting the in fluence of gas density in flow regime transitions. Chem Eng Sci, 1991, 46:2491~2496

[83] Wilkinson P M, Spek A P, Van Dierendonck L L. Design parameters estimation for scale-up of high pressure bubble column. AIChE J, 1992, 38:544~554

[84] Dewes I, Kuksal A, Schumpe A. Gas density effect on mass transfer in three-phase sparged reactors. Tr Inst Chem Eng, 1993, 73, PartA:697~700

[85] Wilkinson P M, Haringa H, Stokman F P, van Dierendonck L L. Liquid mixing in a bubble column under pressure. Chem Eng Sci, 1993, 48:1785~1791

[86] Govindarao V M H. On the dynamics of bubble column slurry reactors. Chem Eng J, 1975, 9:229~240

[87] Parulekar S J, Shah Y T. Steady-state behavior of gas-liquid-solid fluidized-bed reactors. Chem. Eng. J., 1980, 20:21~33

[88] Сафонов М С, идр. Сравнительное исслледование двух моделей противоточной колонны с насадком методом возмущения по концентрации обмениваемого вещества. Т О ХТ, 1982, 16:604~609

[89] 赵玉龙. 鼓泡淤浆反应器的反应工程问题. 化学反应工程与工艺, 1988, 4(4):94~110

[90] Pandit A B, Joshi J B. Three-phase sparged reactors-some design aspects. Rev in Chem Eng, 1984, 2:1~84

[91] Joshi J B, Shertukde P V. Modelling of three-phase sparged catalytic reactors. Rev in Chem Eng, 1998, 5:71~154

[92] Torvik R, Svendsen H F. Modelling of slurry reactors a fundamental approach. Chem

Eng Sci,1990,45:2325~2332

[93] Schluter S,Steiff A,Weinspach P M.Modelling and simulation of bubble column reactors.Chem Eng Process,1992,31:97~117

[94] Hillmer G,Weismantel L,Hofmann H.Investgation and modelling of slurry bubble columns.Chem Eng Sci,1994,49:837~843

[95] Deckwer W D,Serpeman Y,Raleik M,Schmidt B.On the relevance of mass transfer limitation in the Fischer-Tropsch slurry process.Chem Eng Sci,1981,36:756~771

[96] Stern D,Bell A T,Heinemann H.A theoretical model for the performance of bubble-column reactors used for Fischer－Tropsch synthesis.Chem Eng Sci,1985,40:1665~1677

[97] Stern D,Bell A T,Heinemann H.Experimental and theoretical studies of Fischer-Tropsch synthesis over ruthenium in a bubble-column reactor.Chem Eng Sci,1985,40:1917~1924

[98] Bukur D B,Ravikumar V.Effect of catalyst dispersion on performance of slurry bubble column reactors.Chem Eng Sci,1986,41:1435~1444

[99] Saxena S C,Rosen M.Mathmatical modelling of Fischer－Tropsch slurry bubble column reactors.Chem Eng Commun,1986,40:97~151

[100] Turner J R,Mills P L.Comparision of axial dispersion and mixing cell models for design and simulation of Fischer-Tropsch slurry bubble column reactors.Chem Eng Sci,1990,45:2317~2324

[101] Saxena S C.Bubble column reactors and Fischer-Tropsch synthesis.Catal Rev Sci Eng,1995,37:227~309

[102] 高崇,潘银珍,朱炳辰.环柱状催化剂内强放热复合反应-传质-传热耦合过程研究(Ⅱ).本征反应动力学及反应-传质-传热耦合过程数学模型.化工学报,1998,49:610~616

[103] 王元顺,周飞,丁百全,潘银珍,朱炳辰.加压下三相床环氧乙烷合成过程研究(Ⅰ).操作条件对选择率的影响.华东理工大学学报,1998,24:125~128

[104] 金积铨,徐涌,金国权等.高效环氧乙烷银催化剂.石油化工,1993,22:1~4

[105] Zhu Bingchen,Wang Yuanshun,Wang Hongshi.Modelling catalytic reaction-absorption coupling process of ethylene oxide synthesis in slurry reactor.Chem Eng Sci,1999,54:1531~1534

[106] Shah Y T,Deckwer W D.Scale-up in Chemical Process Industries.New York:John and Sons,1986

[107] 童景山.流体的热物理性质.北京:中国石化出版社,1996

[108] 房鼎业,姚佩芳,朱炳辰.甲醇合成技术及进展.上海:华东化工学院出版社,1990

主 要 符 号

A	反应器的截面积
a	单位体积气-液两相或气-液-固三相床中气-液相界面积
c	浓度
C_p	摩尔等压热容
D	扩散系数；直径
d	直径
d_{vs}	Sauter 平均直径
E	活化能
E_z	轴向混合弥散系数
E_{Lz}	三相流化床的液相轴向混合弥散系数
E_{Lr}	三相流化床的液相径向混合弥散系数
E_{sLz}	三相鼓泡淤浆床和三相携带床的液相轴向混合弥散系数
E_{LBz}	气-液二相鼓泡床的液相轴向混合弥散系数
E_{GBz}	气-液二相鼓泡床的气相轴向混合弥散系数
E_{sz}	三相鼓泡淤浆床中固相轴向沉降弥散系数
f	逸度
G	质量流率
g_c	重力加速度
h	持液量
H_R	反应热
K	反应平衡常数：总传质系数；总传热系数；气-液相平衡常数
k	反应速率常数；传质分系数
k_0	指前因子
l	长度；床高
L_0	不含气相的静止液-固淤浆床层高度
M	分子量
N	摩尔流量
n	摩尔数；反应级数；气泡数
P	总压
p	分压
R	半径
R_g	气体常数

r	反应速率；床层中径向距离
S	选择率；表面积
T	绝对温度
u	流体表观流速（按反应器中扣除内部构件的空截面积计算）
u_{gc}	三相鼓泡淤浆床中固体完全悬浮的临界气速
u_t	单颗颗粒终端速率
u_{ts}	液–固二相淤浆中颗粒在颗粒群中的平均终端速率，又称受阻终端速率
V	体积；体积流量
W	质量；催化剂质量
w'_s	液–固二相淤浆中的固体质量分率
w'_L	液–固二相淤浆中的液体质量分率
X	床层比高度
x	转化率
Y	收率
y	气相摩尔分率
Z	压缩因子；
z	床层轴向高度（变量）

希 腊 字 母

α	给热系数
ε	床层空隙率
ε_G	三相床中气含率
ε_L	三相床中液含率
ε_s	三相床中固含率
ε'_G	液–固二相淤浆床中气含率
ε'_L	液–固二相淤浆床中液含率
ζ	阻力系数；内扩散有效因子
λ	导热系数
μ	粘度
ν	化学计量系数；动力粘度
ρ	密度
σ	表面张力
ϕ	逸度系数

上　　　标

*	平衡状态
0	进口状态

下　　　标

A	组分 A
B	组分 B
b	床层；气泡
e	外部；颗粒外表面
G	气相
g	气相；宏观的
i	内部；气–液相界面
i	组分
L	液相
l	液相
mf	起始流化或临界流化
o	空塔基准
p	颗粒
R	反应器
r	径向
s	颗粒，固体，固相外表面
sL	淤浆
TF	三相流化床
z	轴向

第八章　催化反应过程进展

本章讨论催化反应过程的一些新研究方向和实例，如强制振荡非定态操作、催化-吸收偶联、催化-吸附偶联、催化-催化偶联、催化反应-蒸馏、膜催化分离及超临界化学反应等，其中大部分过程在多功能反应器中进行[1]。

第一节　强制振荡非定态周期操作催化反应过程

强制振荡非定态周期操作有三类方式，一类是周期性地改变进料组成、进料流量与反应温度的强制周期操作；一类是进料流的强制周期换向操作；另一类是在循环流化床中催化剂由于循环流动处于非定态。黄仲涛[2]及李成岳[3]等分别对上述问题进行了综述。

一、强制周期操作

有关催化反应过程强制浓度、温度、流量振荡的实验研究及效益见表 8-1。

有的研究者认为，强制周期振荡操作，即对催化反应过程进行瞬变的动态操作，可能改变反应组分在催化剂表面上的吸附态或吸附速率，从而促进了反应速率[2,4,5,6]，而改变原料气组成和方式的瞬变应答法是研究催化反应的一种新方法[4,7]。

二、流向周期变换操作

苏联学者 Boreskov，Matros 等开发的流向变换人为非定态周期操作过程，已实现了低 SO_2 浓度且波动大的有色金属冶炼烟气的工业化[8,9,10]。我国沈阳冶炼厂 1992 年从俄罗斯引进了该技术，用于处理鼓风炉机转化烟气。肖文德、袁渭康等采用三层中间换热式反应结构，进行了 H_2SO_4 1500t/a 规模的中试[11]，已完成回收铅烧结机低浓度 SO_2 烟气回收硫酸的直径 6m 的工业示范装置，并进行了理论分析[12]。李成岳等对二氧化硫的强制流向周期变换过程的模型化进行了研究[13]。由于流向周期变换操作具有蓄热性能，对自热操作的进料浓度要求大约降低了一个数量级，流程简化，能耗低，适应性强，工业废气中挥发性、低浓度有机化合物的脱除也在研究这种方式[14]。

三、循环流化床反应器

循环流化床反应器是催化剂颗粒由于循环流动处于非定态，而床内温度、浓度保持定态。循环流化床于 1942 年用于流化催化裂化过程后，在高温操作和部分氧化等领域得到了工业应用[15]。Ivanov 等[16]研究了邻二甲苯在 V_2O_5/TiO_2 上的催化氧化反应，在管式固定床反应器中邻苯二甲酸酐的收率为 75% ~ 82%，在非等温流化床反应器中收率为 92% ~ 97%。杜邦公司研究了正丁烷在 VPO 催化剂上选择氧化制顺酐的反应，开发了循环流化床工艺[17]。丁烷在提升管反应器中被催化剂选择氧化，该过程气相不通或少通氧，反应接触时间 10 ~ 30s；离开反应器后气相与催化剂颗粒相互分离，然后被还原的催化剂进入流化床被气相氧氧化再生。选择氧化和催化剂氧化再生在空间上分离进行，选择率达 80% ~ 85%，比普通流化床提高了 30% ~ 40%，比壁冷式固定床反应器也提高了 5% ~ 10%。据报道，该过程也已接近工业化。催化裂化是采用循环流化床技术的最大规模的装置[18]。1997 年出版了循环流化床的论文集[19]。

表 8-1　强制周期振荡研究①

编号	反应体系	周期操作方式	性能比较
1	乙醇脱水生成乙醚，阳离子交换柱	(1) 流速周期性变化；(2) 温度周期性变化	时空产率降低 3%，模型预测反应速率提高 9%
2	乙醇脱水生成乙醚和乙烯，γ-Al_2O_3 催化剂	乙醇流量周期性变化	收率提高 20%
3	乙烯氧化，银催化剂	乙烯浓度周期性变化，周期 2 ~ 40s	选择性显著提高，消除床层热点
4	乙酸制乙酸乙酯，硫酸催化剂	乙酸浓度周期性变换	反应速率提高 30%
5	丁二烯加氢生成丁烷，镍催化剂	C_4H_2/H_2 浓度比周期性变化，周期 2 ~ 30s	丁烷收率提高 24%
6	乙炔加氢生成乙烯和乙烷，镍催化剂	氢气流量周期性变化，周期 60 ~ 300s	转化率和收率提高

续表

编号	反应体系	周期操作方式	性能比较
7	SO_2 氧化,钒催化剂	SO_2/O_2 浓度比周期性变化,周期 4~6h	反应速率提高 24%
8	SO_2 氧化,V_2O_5 催化剂	空气与混合气循环进料,周期 26min	转化率由 95.8% 提高至 98.8%
9	CO 氧化,Pt/Al_2O_3 催化剂	CO/O_2 循环进料,周期1~2min	反应速率提高 20 倍
10	CO 氧化,V_2O_5 催化剂	CO/O_2 浓度比周期性变化,周期 10~60min	反应速率提高 84%
11	CO 氧化,V_2O_5 催化剂	CO/O_2 浓度比周期性变化,周期 2~60min	反应速率提高 150%
12	合成氨,Rt/O_s 催化剂	H_2 与 N_2 交替进料,周期 1min	反应速率提高 100~1000 倍
13	合成氨,铁催化剂	进料浓度循环,周期 30~420s	产率提高 50%
14	合成氨,铁催化剂	进料浓度循环,最优周期 6~20min	反应速率提高 30%
15	合成氨	进料浓度循环,周期 10~30s	反应速率提高 8%
16	F-T 合成反应,铁、钴催化剂	氢气组成周期性变化,最优周期 20、40min	铁催化剂选择性下降,钴催化剂选择性提高
17	F-T 合成反应,铁催化剂	进料组成周期性变化,周期 1~10min	改变产品分布,提高甲烷产率
18	F-T 合成反应,钴催化剂	进料组成周期性变化,周期 70~100s	CO 转化率提高 150%,选择率显著提高
19	Claus 反应,Al_2O_3 催化剂	H_2S/SO_2 交替进料,周期 1~10s	反应速率提高 50%
20	合成甲醇,Cu/ZnO 催化剂	氢气组成周期性变化	反应速率提高 35%
21	苯氧化制顺酐,催化剂 $V_2O_5-MoO_3/TiO_2$	苯/氧气浓度比周期性变化,周期<1min	选择性提高 1 倍

续表

编号	反应体系	周期操作方式	性能比较
22	苯氧化制顺酐，V_2O_5-MoO_3催化剂	苯-N_2-O_2-N_2连续脉冲，周期<30s	氧化速率提高36%
23	苯氧化制顺酐，V_2O_5催化剂	苯进料浓度周期性变化，周期20~80s	提高顺酐收率4%
24	乙烯环氧化制环氧乙烷，银催化剂	进料组成周期性变化，周期1min	选择率提高5%
25	甲烷偶联反应，Ce/Li/MgO催化剂	进料浓度周期性变化，周期3~300s	C_2收率提高33%~78%

① 表中资料来源详见文献[3]。

第二节 催化-吸收偶联

催化-吸收偶联，又称催化-吸收一体化，是催化合成的同时产物被一种溶剂所选择性吸收，使催化与吸收分离过程同时进行。国外于20世纪90年代初开始研究催化-吸收偶联甲醇合成新过程，简称溶剂甲醇过程（Solvent Methanol Process，或SMP），它是甲醇被固相催化剂合成的同时被某一种液相溶剂所选择性吸收，使催化和分离同时进行，改变了传统的气-固相催化合成反应中的平衡限制，从而大幅度地提高了合成气中的氢、一氧化碳和二氧化碳的转化率，催化反应后的气体无须循环，使甲醇合成工业生产过程减少了气体循环所需能耗[20,21]，并进行了过程模拟研究[22]。

SMP法已筛选了一种适用的溶剂四亚乙基乙二醇二甲醚（Tetraethylene Glycol Dimethyl Ether, TEGDME）。它的常压沸点为275℃，相对分子质量为222.3，有很好的热稳定性，甲醇和水在其中的溶解度远大于氢、一氧化碳、二氧化碳和甲烷的溶解度[23]。

国外研究工作者于7~10MPa压力下，在内循环无梯度反应器中使用含H_2、CO、CO_2和甲烷的合成气，在工业粒度铜基催化剂上SMP法合成实验数据见表8-2。

由以下数据可见，当原料气流速较低时，SMP法无梯度反应器出口的CO及H_2的转化率均可超过该反应条件下传统的气-固相甲醇合成的平衡转化率。李绍芬等对SMP法甲醇合成的平衡收率进行了研究[24]。

表 8-2 SMP 法研究

反应形式	温度/K	压力/MPa	原料气流速①/ mol·h⁻¹	转化率②/%		甲醇合成速率/ mol·(kg·h)⁻¹
				CO	H₂	
连续	493	10.0	1.34	64.3 (86.8)	61.6 (74.6)	8.60
连续	513	7.6	0.67	75.3 (73.1)	70.2 (62.2)	5.84

① 原料气组成 H₂：CO：CO₂：CH₄=62.7：76.2：4.2：6.9。

② 括号内的数字为该温度、压力下，气-固相合成甲醇的平衡转化率。

第三节　催化-吸附偶联

催化-吸附偶联，又称催化-吸附一体化，是催化合成的同时产物被一种吸附剂所选择性吸附，使催化与吸附分离过程同时进行。国外于80 年代后期进行了逆流气-固-固相涓流床甲醇合成反应器研究，反应气体由下而上，固体由上而下流动。此项实验研究工作者 Westerterp 等所用固体吸附剂为无定形硅铝[25]，并进行了实验研究[26]及反应器模拟[27]，实验采用三段绝热反应，段间冷却，催化床中装填 $\phi5mm\times5mm$ 圆柱状铜基甲醇合成催化剂，并用 $7mm\times7mm\times1mm$ 拉西环填料稀释，拉西环与催化剂的容积比为 2：1。实验结果表明，在压力 5.0～6.0MPa、温度 500～528K，进口气体中一氧化碳摩尔分率为 0.20～0.35，对于化学计量比组成的进口气体一次通过时，可达完全转化。

第四节　催化-催化偶联

催化-催化偶联是在一个反应器内，使用双功能催化剂，或两种不同功能的催化剂，将原料气经催化合成中间产品，再进一步催化合成最终产品。典型的是一步法催化-催化偶联生产二甲醚。一种是在固定床反应器中由合成气直接制取二甲醚，即采用 HZSM-5 分子筛催化剂与铜基甲醇合成催化剂组成复合催化剂在固定床反应器中生成二甲醚，在220～260℃温度范围内，压力 3～5MPa，二甲醚的选择率可达82%[28]，可省去合成的甲醇先经精馏，获得的精甲醇气化后再经催化脱水的步骤，缩短流程。另一种催化-催化偶联制二甲醚的最新工艺是在气-液-固三相淤浆床反应器中进行合成气一步法合成二甲醚，气体是合成气，液态是高沸点的热载体并且其中不含对催化剂有毒害物质，固体是甲醇合成及甲醇脱水的双功能催化剂[29,30,31]，它是在三相淤浆反应器内合成甲醇的基础上开发的。中国科学院山西煤炭研究所在机械搅拌反应釜内研究了C301 甲醇合成催化剂与 γ-Al$_2$O$_3$ 甲醇脱水催化剂的质量比，温度 260~330℃，压力 3.0~5.0MPa，进料空速 4~7L(STP)/(g·h) 等参数对三相床 CO 加氢制二甲醚过程影响的研究[29]。

在三相淤浆反应器内催化-催化偶联合成二甲醚有下列优点：(1)经催化剂合成甲醇同时催化脱水生成二甲醚，即转移了生成的甲醇，有利于甲醇合成的化学平衡和可逆反应速率；(2)三相淤浆床采用细颗粒催化剂可消除内扩散过程对反应速率的影响；(3)反应可控制在优化的等温床下进行；(4)三相床催化-催化偶联合成二甲醚较气-固相反应器中催化-催化偶联合成二甲醚在强化过程总体速率方面更有突出的优点。

第五节　催化-蒸馏

催化-蒸馏是采用固体催化剂并作为填料或蒸馏塔内件提供传质表面的非均相催化反应-蒸馏偶合过程。催化-蒸馏具有选择率和收率高、设备投资少、能耗低、操作简单等优点。

催化-蒸馏技术的主要应用领域可见表 8-3[32,33,34,35]。

催化剂可采用填料方式装入塔内，主要有：①粒状催化剂与惰性填充物质(如瓷环)混合装入塔内，催化剂装卸方便；②将催化剂颗粒放入刚性中空多孔柱体内，或装入柔性或半刚性网管内，作为催化剂包，然后放于塔内，装卸较麻烦，但单位体积中催化剂装填量较大；③催化剂颗粒放入丝网的夹层或多孔板框的夹层内，然后将这些构件直立有规则地布于塔内。这种结构压降低，传质效果好，但装卸较麻烦。另一种方式是将催化剂装在塔板上，主要有：①催化剂粒子放在塔板上的筛网上；②装在降液管中。

催化蒸馏的工艺条件由催化剂的性质决定，如醚化等以离子交换树脂为催化剂，在 150℃ 以下及加压下进行；烷基化等以分子筛为催化剂，温度 200℃ 左右，在加压下进行。如果催化剂的活性温度与该系统在某一压力下的沸点不匹配，则不能使用催化-蒸馏技术。

催化蒸馏过程具有下列优点：①对于连串反应，当中间产品为目的产品时，反应中生成的中间产品很快离开反应段，避免了进一步的连串反应，从而提高了选择率；②对于可逆反应，由于产品很快离开反应段，转移了平衡，从而提高了收率；③对于放热反应，反应热可用来产生塔内的上行蒸气，减少了再沸器的热负荷；④容易控制温度，可改变塔的操作压力来改变液体混合物的泡点，即反应温度，并且改变多组分的气相分压，即改变液相中反应物的浓度，从而改变反应速率和产品分布；⑤将原来的反应器和蒸馏塔合并为一个塔，节省了投资，简化了流程。尽管催化蒸馏与常规的反应-分离相比有许多优点，但应对催化剂的性质、反应条件、反应速率、化学平衡常数、多组分的相对挥发度、共沸点等因素进行综合考虑，才能确定是否采用催化蒸馏偶联技术。

关于催化蒸馏过程的模拟，可参见文献[36]。关于催化蒸馏过程中催化剂包的效率因子可参见文献[37,38]。由于催化剂包所含颗粒间隙中存在催化剂包内反应液的对流、交换过程，催化剂包内组分的有效扩散系数远大于分子扩散系数，而气化量增加又有碍于催化剂包内反应液的对流[37]。

表 8-3　催化蒸馏技术的主要应用领域

序号	反应类型	产物①	反应组分	催化剂	工艺条件
1	醚化	MTBE（ETBE）	甲醇(乙醇)/异丁烯	酸性阳离子交换树脂	40 ～ 160℃，0 ～ 2.4MPa，醚收率(对醇)可达 80.1%
2	脱水醚化	二环戊基醚	环戊醇	ZSM - 5、HY、Hβ沸石	75～175℃，0.1～7MPa，WHSV：0.01～10/h，烯转化率 60%-80%
3	醚交换	TAME	MTBE/异戊烯	酸性阳离子交换树脂	<180℃，0～2.4 MPa，n（MTBE）：n（异戊烯）= 1：1
4	醚解	异丁烯	MTBE	酸性阳离子交换树脂	66～121℃，0.06~0.36 MPa，$LHSV$ 0.1～20/h，异丁烯纯度可达 99%(质量分数)
5	二聚	异丁烯二聚体	异丁烯	酸性阳离子交换树脂	10 ～ 100℃，0.18～0.9MPa，回流比 1.1～20，二聚体产率达 96.3%
6	异构化	1-丁烯	含 2-丁烯的 C_4 烃	氧化铝负载的氧化钯	60 ～ 82℃，0.6～0.9MPa，回流比 0.5~33
7	酯化	乙酸甲酯	乙酸/甲醇	酸性阳离子交换树脂	50 ～ 100℃，122～170kPa，回流比 1.5~2.0

续表

序号	反应类型	产物①	反应组分	催化剂	工艺条件
8	酯水解	乙酸	乙酸甲酯/水	酸性阳离子交换树脂	37.8~298℃,8.96~1034kPa,乙酸选择率(对酯)可达99.2%
9	烷基化	烷基苯(乙苯、异丙苯等)	苯/乙烯、丙烯等	酸性沸石或酸性阳离子交换树脂	50~300℃,0.05~2MPa;苯烯比=(2~10):1(摩尔比),烯转化率可达98%,单烷基苯选择率(对苯)可达90%
10	水合	叔醇	水/叔醇	离子交换树脂	60~93℃,0.78~1.2 MPa
11	脱水	叔烯	叔醇	酸性阳离子交换树脂	74~93℃,0~0.3 MPa,回流比(0.5~25):1,醇转化率可达100%
12	氧化	对甲基苯甲酸	对二甲苯/空气	Co(BO₂)OH	160~240℃,0.6~1.32MPa

① MTBE—甲基叔丁基醚；ETBE—乙基叔丁基醚；TAME—甲基叔戊基醚；*WHSV*—质量空速；*LHSV*—液时空速。

第六节 膜 催 化

膜催化是催化转化和产品分离组合起来的过程，是当代催化学科的前沿研究领域之一，有关的综述可参见文献[39，40]。

膜与催化剂的组合主要有下列四种形式：①膜与催化剂作为膜反应器的两个分立的组成部分；②催化剂装填在管状膜反应器中；③膜物质本身具有催化活性；④膜作催化剂。膜催化比常规催化有显著的优点，如：①扩散阻力小；②温度易控制；③选择性很高，如果制成的催化膜具有选择性透过功能，可获得超高纯产品。膜催化剂按性质及形状的分类，见表8-4。无机膜催化剂具有热稳定性高、机械性能好、结构较稳定、抗化学及微生物腐蚀性强、再生简易等优点，适合于工业催化的应用[41]。

在石油化工和碳一化工领域中进行了多种类型反应的膜催化技术研究工作[39,42,43,44,45]，其中主要的研究项目有以下几类：

表 8-4　膜催化剂的分类

按性质划分	按结构和外形划分	
无机膜	致密型	管状
金属膜	多孔型	中空管
合金膜	微孔型	薄板状
陶瓷膜	超微孔型，具有半渗透功能型	
玻璃膜		
氧化物膜		
有机膜		
高分子膜（含生物膜）		
复合膜		

一、烃类脱氢反应

一般情况下，烃类脱氢反应在装载于反应管中的传统催化剂上进行，但反应管壁为 γ-Al_2O_3、ZrO_2 等多孔陶瓷膜。反应生成的氢透过多孔无机膜并通过管内侧惰性气体吹扫，催化脱氢反应生成的氢及时从系统分离，从而使可逆反应的化学平衡向有利于产物的方向移动，提高转化率。膜的制备及其透氢率是关键。环己烷脱氢的研究可参见文献[46,47]，膜反应器对甲醇脱氢制甲酸甲酯的研究可参见文献[48]，乙苯脱氢制苯乙烯膜反应器的研究可参见文献[49]。有关脱氢反应的数学模型、工程分析及优化可参见文献[50,51,52]。

利用钯膜对氢分子的溶解-扩散机理，可进行脱氢及加氢的膜催化反应[53,54]。在膜的高氢分压侧的氢分子在钯表面解离吸附，然后被电离成质子与电子在钯内扩散；在膜的低氢分压侧，质子再从金属格子接纳电子变成吸附氢原子，缔合后作为氢原子被脱附。因此，只有能解离吸附成质子状态的氢才能扩散透过钯膜，而不能变成质子的其他气体不能透过钯膜。采用钯膜法精制出氢的纯度可达 9 个 9 以上，钯膜是透氢选择性极高的膜物质，这是其他多孔膜通过物理扩散来分离所不能比拟的。钯膜催化反应器用于脱氢及加氢反应除了具有对氢高选择性膜分离和氢透过系数外，还由于钯膜具备特有的耐热性，可直接用于 500℃ 的高温操作。在钯膜催化反应器中的膜一侧进行 1-丁烯脱氢制丁二烯反应，在另一侧对透过的氢进行氧化反应，氧化反应所释放出的热可用来加热另一侧的脱氢反应。

已开展复合钯膜的脱氢研究[42]，如 Pd-Ni 合金膜用于异丙醇脱氢制丙酮、Pd-W-Ru 合金膜用于 2-甲基-1-丁烯脱氢制异戊二烯、环己烷脱氢制苯、庚烷脱氢环化制苯。进行了甲醇脱氢制甲酸甲酯铜-钯复合膜的研究[55]。

二、烃类加氢反应

烃类加氢反应的膜催化反应器一般采用钯膜或钯合金膜，已探索多种烃类加氢反应使用膜催化技术，见表 8-5[42]。

表 8-5　膜催化反应器在烃类加氢工艺的应用

膜反应材料	反　　　应	操作条件	转化率或选择率
Pd-Ru 合金	乙炔醇+H_2 —→ 乙烯醇 二丁炔二醇+H_2 —→ 顺丁烯二醇		选择率 98%~99% 选择率 95%~96.5%
Pd 合金	环戊二烯+H_2 —→ 环戊烯 萘+H_2 —→ 四氢呋喃 呋喃+H_2 —→ 四氢呋喃 醛+H_2 —→ 醇	140℃	选择率 92% 选择率 99% 选择率 100% 选择率 72%
Pd-Rh 合金	1,3-环辛二烯+H_2 —→ 环辛烯	626~746℃	收率 83%，选择率 94%
Pd-Ru 合金	硝基苯+H_2 —→ 苯胺	170℃，3h， 0.1MPa	全部生成苯胺，产品无 须提纯净化
Pd-Ni 合金	苯醌+乙酐+H_2 —→ 维生素	132℃，0.1MPa	过去四步反应，80%收率； 现一步反应，95%收率

与常规钯催化剂相比，钯及钯合金膜的最大优点是：由于透过钯膜催化剂的氢为高度活化的原子氢，因此加氢活性可以比普通钯催化剂高 100 倍。另外，由于氢和反应物在膜表面的浓度能加以控制，有利于达到选择性加氢。钯膜反应器的最大缺点是膜材料昂贵，并容易中毒。

三、烃类氧化反应

已经开展了甲烷选择性氧化制甲醇的膜催化剂[56]和金属氧化物催化膜用于甲烷氧化偶联制乙烯的研究[57,58]。

四、CO 水蒸气变换反应

研究了在多孔金属钛管上多孔金属-SiO_2 复合膜反应器进行水蒸气 CO 变换反应[59]。

膜催化反应器的关键技术之一是增加制成膜管的长度，目前，国内可达 0.5~0.6m，国外可达 1.0~1.5m。

第七节　超临界化学反应

　　超临界流体（Supercritical Fluids，简称 SCFs）是对比温度和对比压力同时大于 1 的流体，它既具有与气体相似的密度、粘度、扩散系数等物性，又兼有与液体相近的特性，它是处于气态和液态之间的中间状态的物质。在临界点附近，通过压力和（或）温度的微小变化可使流体的密度、粘度、扩散系数及极性等物性发生显著的改变。因此超临界流体已被用来达到某些特定的目的，如超临界萃取、分离、结晶造粒等。近年内，超临界流体已被应用在化学反应中。

　　在超临界条件下进行多相催化反应，一般有两种方式：在反应物本身的超临界条件下进行反应，和在反应条件下引入超临界介质。Savage 等[60]对超临界条件在化学反应中的应用和基础作了详细的综述，其内容主要涉及 1985 年以后的进展。

　　2000 年出版的朱自强的专著《超临界流体技术-原理和应用》[61]对超临界流体分别与固体、液体、聚合物所构成系统的相平衡热力学和模型化，超临界流体萃取过程中的传质，有关实验技术和方法及超临界流体萃取过程的应用、设计和开发等内容进行了深入的讨论和阐述。

一、超临界流体作为反应介质所具有的优良特性[62,63]

　　1. 高溶解能力

　　只需改变压力，就可以控制反应的相态。即可使反应呈均相，又可控制反应呈非均相。超临界流体对大多数固体有机化合物都可以溶解，使反应在均相中进行。特别是对氢等气体具有很高的溶解度，提高氢的浓度，有利于加快反应速率。如 Jessop 等人[64,65]利用超临界 CO_2 对氢有很大的溶解度，在金属钌络合物催化剂存在下，二氧化碳可以加氢生产甲酸；若有甲醇存在，可合成甲酸甲酯；若与二甲胺反应可合成二甲基甲酰胺。

　　2. 高扩散系数

　　一般固体催化剂是多孔性物质，对于液-固相反应，液态扩散到催化剂内部很困难，反应只能在固体催化剂表面进行。然而，在超临界状态下，由于组分在超临界流体中的扩散系数相当大，对气体的溶解性大，对于受扩散制约的一些反应，可以显著地提高其反应速率。如

Fujimoto[66]等人用正己烷作超临界介质，考察了 H_2 和 CO 在固体催化剂上合成烃类混合物的反应，超临界相中高碳产物中烯烃含量高于气相，也高于液相，避免了烯烃的进一步反应，这也说明利用超临界介质较强的溶解性和高扩散系数能够把产物及时地从催化剂表面上萃取下来，使可逆反应转变为不可逆反应。

3. 有效控制反应活性和选择性

超临界流体具有连续变化的物性（密度、极性和粘度等），可以通过溶剂与溶质或者溶质与溶质之间的分子作用力产生的溶剂效应和局部凝聚作用的影响来有效控制反应活性和选择性。

4. 无毒性和不燃性

超临界流体（例如：二氧化碳、水、二氟乙烷、己烷等），大多数是无毒和不燃的，有利于安全生产，而且来源丰富，价格低廉，有利于推广应用，降低成本。如二氧化碳的临界温度为 31℃，临界压力 7.4MPa，其超临界条件容易达到。

二、在超临界流体中化学反应的特点

1. 加快受扩散速率控制的均相反应速率

对于受反应物的扩散所控制的化学反应，在超临界环境下，可使反应速率提高，因为与液体相比，在超临界条件的扩散系数远比液体中的大。

2. 克服界面阻力，增加反应物的溶解度

在超临界流体中可以增加反应物的溶解度，从而加快了反应速率，并可消除传质阻力。

房鼎业、桂新胜等[67,68,69]在高压机械搅拌反应釜中以金属镁为催化剂，进行了甲醇与 CO_2 合成碳酸二甲酯的实验研究。实验中发现，碳酸二甲酯含量先随压力升高而升高，升至 7.5MPa 时达到最高，后随压力升高缓慢下降，即在 7.5MPa 附近出现和经典化学理论不一致的临界反应现象（CO_2 的临界压力为 7.37MPa）。在此反应中，CO_2 既为溶剂，又作为反应介质参与反应，实验中出现的现象从超临界流体临界点附近的性质角度上做了以下的解释：①在 CO_2 的临界点附近，其极性发生变化，使反应向有利的方向进行。在一般条件下，CO_2 是非极性的，在临界点附近，CO_2 的极性发生变化。因此，可以通过连续变化的极性有效控制反应的进行，这是其他液相均相反应无法比拟的。②在 CO_2 的超临界流体中，扩散速率加快。组分在超临界流体中的扩散系数比液体中的扩散系数大 100 倍；同时，反应物和生成物都溶解在超临界 CO_2 中，多相反应转化为均相反应，传质速率加快。③金属镁粉与甲醇生成的活性中间体在二氧化碳临界点附近被进一步激活。由于超临界流体具有良好的溶解性和扩散性能，可以提高催化剂活性，并延长其寿命。

3. 在超临界流体中的反应和分离相偶合

在超临界流体中溶质的溶解度随相对分子质量、温度和压力的改变而有明显的改变，可利用这一性质，及时地将反应产物从反应体系中除去，以获得较大的转化率。

中国科学院山西煤炭化学研究所发明了超临界相中甲醇合成[69]技术，以正己烷、环己烷、正庚烷作为超临界介质，在铜基催化剂合成甲醇的工业条件下，生成的甲醇转入超临界相，形成反应与分离过程偶合，可使气－固相甲醇合成的单程 CO 转化率超过 90%，床层温升由 50℃降为 30℃。

4. 延长固体催化剂的寿命，保持催化剂的活性

延长固体催化剂的寿命，保持催化剂的活性是超临界流体在反应过程中的又一用途。许多重质有机化合物吸附在催化剂上，超临界流体能及时将其溶解，避免或减轻了催化剂上的积炭，或将能使催化剂中毒的物质及时地溶解，延长了催化剂的寿命。如高勇、朱晓蒙等[70]研究了超临界反应条件 Y 型沸石分子筛催化剂失活状况。当反应在液相中进行时，催化剂的活性经过 12h 后出现明显的下降，乙苯所占分率从 17.2%降至 15.6%；而在超临界相进行时，催化剂同样的活性却能保持 55h(乙苯所占分率从 17.5%降至 17.46%)。这表明超临界反应条件对保持催化剂活性具有明显优势。进一步的研究发现，由于超临界流体的溶解性和组分在其中的扩散系数比液体的溶解性和扩散系数大得多，反应在超临界流体中进行时，超临界流体能够及时地把焦的前驱物从催化剂表面上移出、带离反应区，从而延长了催化剂的操作周期。

5. 在超临界介质中压力对反应速率常数的影响增强

6. 酶催化反应的影响增强

酶能在非水的环境下保持活性和稳定性，因此，采用非水超临界流体作为一种溶剂，对酶催化反应具有促进作用。因为组分在超临界流体中的扩散系数大，粘度小，在临界点附近温度和压力对溶剂性质的改变十分敏感，对于固定化酶，超临界流体溶剂还有利于反应物和产物在固体孔道内的扩散。

参 考 文 献

[1] 刘金生,张志新,周敬来.新型多功能反应器.天然气化工,1997,22(4):43~48

[2] 黄仲涛,吴国华.强制振荡条件下的催化反应过程和机理.化工进展,1987,5:10~15

[3] 黄晓峰,陈标华,潘立登,李成岳.催化反应器人为非定态操作的研究进展.化学反应工程与工艺,1997,14:337~348

[4] 王明.研究催化反应的一种新方法.石油化工,1983,12:38~43,97~103

[5] 沈瀛坪,吴奕,王霞.瞬变应答法研究苯氧化的反应机理.化学反应工程与工艺,1991,7:231~236

[6] 张濂,朱海东.苯氧化固定床反应器的振荡操作研究.化学反应工程与工艺,1993,9:402~407

[7] 胡剑利,朱起明,李晋鲁,袁乃驹.几种动态技术在催化研究中的应用.煤化工,1990,(4):24~32

[8] Boreskov G K, Matros Y S.Unsteady-state performance of heterogeneous catalytic reactions.Catal Rev Sci Eng,1983,25:551~590

[9] Matros Yu Sh, Catalytic processes under unsteady-state conditions.Elsevier,Amsterdam,1989.

[10] Matros Yu Sh, Bunimovich G A.Reverse-flow operation in fixed-bed catalytic reactions.Catal Rev Sci Eng, 1996,38:1~68

[11] 肖文德,袁渭康,马继丰,迟学义,郑琪健,肖任坚.非定态二氧化硫转化过程的中试研究.硫酸工业,1995,1:3~13,2:3~18

[12] Xiao W-D, Yuan W-K. Modelling and simulation for adiabatic fixed-bed reactor with flow reversal.Chem Eng Sci,1994,49:3631~3641

[13] 吴慧雄,张澍增,李成岳,傅举孚.二氧化硫强制动态氧化过程的模型化.(1)催化剂固定床的传热特性.化工学报,1995,46:416~423;(2)过程模拟与参数分析.化工学报,1995,46:424~430

[14] Eigenberger G, Nieken U.Catalytic combustion with periodic flow reversal.Chem Eng Sci,1988,42:2109~2115

[15] Berruri F, Chaouki J, Godfroy L,et al.Hydrodynamics of circulating fluidized bed risers:a review.Can J Chem Eng,1995,73:579~602

[16] Ivanov A A, Balzhinimaev B S.Control of unsteady state of catalysts in fluidizing bed.USPC Proc.Inter.Conf. , Matros Yu Sh Eds. , Novosibirsk, USSR, 1990:91~111

[17] Contractor R M, Garnett D I, Horrowitz H S,et al.A new commercial scale process for n-butane oxidation to maleic anhydride using a circulating fluidized bed reactor,New development in selective oxidation II.Corberan V C and Bellon S V Eds. ,1994:233~242

［18］陈俊武,曹汉昌.催化裂化工艺与工程.北京:中国石化出版社,1995:414~650

［19］Grace J R,Avidan A A and Knowlton T M.Eds.Circulating fluidized beds.London: Blackie Acad.& Profes,1997

［20］Berty J M,Krishnan C,Elliott J R.Beat the equilibrium,Chemtech,1990,20:624~629

［21］Krishnan C,Elliott J R,Berty J M.Continuous operation of the berty reactor for the solvent methanol process.Ind Eng Chem Rev,1991,30:1413~1418

［22］Krishnan C,Elliott J R and Berty J M.Simulation of a three－phase reactor for the solvent methanol process.Chem Eng Comm,1991,105:155~170

［23］Khosla P,Krishnan C,Elliott J R,Berty J M.Binary and multicomponent vapor－liquid equilibrium of synthesis gas components,methanol and water with tetraethylene glycol dimethyl ether (Tetraglyme).Chem Eng Comm,1991,102:35~46

［24］尹秋响,李绍芬.液相法甲醇合成的平衡收率.化学工程,1995,23(5):31~35

［25］Kuczynski M,Ooteghem A,Westerterp K R.Methanol adsorption by amorphous silica alumina in the critical temperature range.Colloid Polymer Sci,1986,264:362~367

［26］Kuczynski M, Oyevaar M H,Pieters R T,Westerterp K R.Methanol gas-solid-solid trickle flow reactor.An experimental study.Chem Eng Sci,1987,42:1887~1898

［27］Westerterp K R, Kuczynski M. A model for a conntercurrent gas-solid-solid trickle flow reactou fou equilibrium reactions. The methanol synthesis. Chem Eng Sci,1987, 42:1871~1875

［28］陈建刚,牛玉琴.HZSM-5分子筛与铜基复合催化剂上合成气制二甲醚.天然气化工,1997,22(6):6-10

［29］郭俊旺,牛玉琴,张碧江.气-液-固三相合成二甲醚技术进展.天然气化工,1996,21(4):38~43

［30］Lewnard J J et. al Single step synthesis of dimethyl ether in a slurry reactou. Chen Eng Sci. 1990,45:2735~2741

［31］Brown D M et. al. Novel technlolgy for the synthesis of dimethyl ether from syn-gas. Catal Today,1990,8:279~304

［32］许锡恩,朱宝福,陈洪钫,白庚辛.反应精馏(Ⅰ).石油化工,1985,11:480~486

［33］许锡恩,李家玲,陈洪钫,白庚辛.反应精馏(Ⅱ).石油化工,1985,11:550~555

［34］许锡恩,李家玲,刘铁涌.催化精馏进展.石油化工,1989,18:642~649

［35］许锡恩,孟祥坤.催化蒸馏过程研究进展.化工进展,1998,1:7~13

［36］许锡恩,郑宇翔,李家玲,董为毅.催化蒸馏合成乙二醇乙醚的过程模拟.化工学报,1997,44:269~276

［37］王光润,秦文军,催化蒸馏技术中催化剂的有效因子测定.化工学报,1992,43:184~189

[38] Sundmacher K, Zhang R－S, Hoffmann U. Mass transfer effe cts on kinetics of monideal liquid phase ethyl tert－butyl ether formation. Chem Eng Tech, 1995, 18: 269~278

[39] 黄仲涛, 温镇杰. 国外膜催化剂的研究与应用. 化学反应工程与工艺, 1991, 7: 177~186

[40] Saracco G and Specchia V. Catalytic inorganic－membrane reac tors: present experience and future opportunities. Catal Rev－Sci Eng, 1994, 36: 305~384

[41] 黄仲涛, 曾昭槐, 钟邦克, 庞先, 王乐夫. 无机膜技术及其应用. 北京: 中国石化出版社, 1997

[42] 闵恩泽. 开发石油化工催化新技术的一些科研领域. 化学反应工程与工艺, 1991, 7: 319~332

[43] 于晓东, 许勇, 汪仁. 膜反应器在催化反应中的研究进展. 天然气化工, 1994, 19 (1): 37~43

[44] 胡云光. 膜反应器在石油化工中的应用. 石油化工, 1994, 23: 400~406

[45] 卢冠忠. 膜催化技术在碳一化学中的应用. 天然气化工, 1992, 17(3): 32~35

[46] 赵修仁, 黄闻迪, 陈淑兰. 无机膜催化反应器中的环己烷脱氢反应. 化学反应工程与工艺, 1994, 10: 297~300

[47] 夏长荣, 吕新宇, 孟广耀, 彭定坤. 多孔膜反应器的实验研究－环己烷脱氢反应. 化工学报, 1996, 47: 217~221

[48] 张映珊, 王乐夫. 膜反应器对甲醇脱氢制甲酸甲酯平衡移动的影响. 天然气化工, 1993, 18(6): 27~30

[49] 夏长荣, 王亭, 张卉, 杨爱华, 孟广耀, 彭定坤. 乙苯脱氢多孔膜反应器的研究. 石油化工, 1998, 27: 95~99

[50] Clough D E, Ramirez W F. Mathematical modelling and optimiza tion of the dehydrogenation of ethylbenzene to from styrene. AICHE J, 1976, 22: 1097~1105

[51] Sun Y－M, Khang S－J. Catalytic membrane for simultaneous chemical reaction and separation applied to a dehydrogenation reaction. Ind Eng Chem Res, 1998, 27: 1136~1142

[52] Wu J C S, Liu P K T. Mathematical analysis in catalytic dehy drogenation of ethylbenzene using ceramic membranes. Ind Eng Chem Res, 1992, 31: 322~327

[53] 王学松. 钯膜反应器的开发与应用. 石油化工, 1992, 21(1): 43~46

[54] 李雪辉, 王乐夫, 黄仲涛. 钯基膜反应器的研究进展. 天然气化工, 1997, 24 (3): 40~44

[55] 莫洄桦, 卢冠忠, 严京峰, 王筠松. 铜－钯复合催化膜在甲醇脱氢制甲酸甲酯中的应用. 催化学报, 1998, 19: 14~17

[56] 黄仲涛, 罗儒显. 甲烷选择性氧化制甲醇的膜催化剂研究. 天然气化工, 1993, 18 (3): 3~9

[57] 熊国兴, 赵宏宾, 鲁孟成. 多组分金属氧化物催化膜及其在甲烷偶联反应中的应

用.天然气化工,1994,19(2):45~51

[58] Nozaki T,Hashimoto H,Omata K,Fujimoto K.Oxidative coupling of methane with membrane reactors containing lead oxide,Ind Eng Chem Res,1993,32:1174~1179

[59] 田茂东,王立秋,张守臣,刘长厚.用多孔金属-SO₂复合膜反应器进行 CO 水蒸气变换反应.高校化学工程学报,1999,13:44~49

[60] Savage P E,et al.Reactions at supercritical conditions:app lications and fundamentals.AIChE J,1995,41:1723~1778

[61] 朱自强.超临界流体技术——原理和应用.北京:化学工业出版社,2000

[62] Achifford A.Supercritical fluids.eds.by Kiran E and Sengers J M H L.Kluwer Acad. Publ.Dordrechr,1994:449

[63] Buback M.Supercritical fluids.eds.by Kiran E and Sengers J M H L.Kluwer Acad. Publ.Dordrechr,1994:481

[64] Jessop P G,Ikariya T,Noyori R. Homogeneous catalytic hydrog enation of supercritical carbon dioxide.Nature,1994,368:231~233

[65] Jessop P G,Hsiao Y,Ikariya T,Noyori R.Catalytic production of dimethylformamide from supercritical carbon dioxide.J Am Chem Soc,1994,116:8851~8852

[66] Yokota K,Fujimoto K.Supercritical-phase Fischer-Tropsch synthesis reaction.2.The effective diffusion of reactant and products in the super critical-phase reaction.Ind Eng Chem Res,1991,30:95~100

[67] 房鼎业,曹发海,刘殿华,桂新胜.超临界条件下 CO₂ 与 CH₃OH 的催化酯化.燃料化学学报,1998,26:170~174

[68] 桂新胜,曹发海,刘殿华,房鼎业.超临界条件下二氧化碳与甲醇直接合成碳酸二甲酯.高校化学工程学报,1998,12:152~156

[69] 钟炳,李文怀,相宏伟等.一种合成甲醇的方法.CN 1144214A,1997

[70] 高勇,朱晓蒙,朱中南,袁渭康.超临界反应条件下 Y 型分子筛催化剂失活的研究.催化学报,1995,16:44~48